电子信息科学与工程类专业系列教材

信号检测与估计

（第2版）

周　强　曲长文　张　彬　编著

電子工業出版社
Publishing House of Electronics Industry
北京·BEIJING

内容简介

从匹配滤波、信号检测及信号估计 3 个方面，本书系统地讨论了信号检测与估计的基本理论。第 1 章介绍信号检测与估计理论的研究对象、研究内容及研究方法。第 2 章讨论匹配滤波器最佳准则、匹配滤波器方程、白噪声及色噪声背景下的匹配滤波器。第 3 章讨论信号检测的数学基础、基本理论及方法。第 4 章和第 5 章分别讨论高斯白噪声和高斯色噪声中信号检测的基本理论和方法。第 6 章介绍序列检测的基本原理和方法。第 7 章介绍非参量检测的基本概念和方法。第 8 章讨论信号参量估计的数学基础、基本理论及性能分析方法。第 9 章讨论高斯噪声中信号参量估计的基本理论和方法。第 10 章讨论信号波形估计的基本概念和方法，包括维纳滤波和卡尔曼滤波的基本概念、算法推导及应用。

书中配有一定量的思考题和习题，供读者练习。附录 B 为实验指导书，供读者进行仿真实验。全书的思考题及习题解答、教学 ppt 和实验 MATLAB 参考程序等放在出版社的教材网站上，供读者使用。

本书可作为高等院校电子信息类专业的研究生和高年级本科生教材或教学参考书，也可作为相关工程技术人员的参考书。

图书在版编目（CIP）数据

信号检测与估计 / 周强，曲长文，张彬编著. —2 版. —北京：电子工业出版社，2021.8
ISBN 978-7-121-41581-4

Ⅰ. ①信…　Ⅱ. ①周…　②曲…　③张…　Ⅲ. ①信号检测－高等学校－教材②参数估计－高等学校－教材
Ⅳ. ①TN911.23

中国版本图书馆 CIP 数据核字（2021）第 138373 号

责任编辑：韩同平
印　　刷：北京虎彩文化传播有限公司
装　　订：北京虎彩文化传播有限公司
出版发行：电子工业出版社
　　　　　北京市海淀区万寿路 173 信箱　　邮编：100036
开　　本：787×1092　1/16　印张：18.25　字数：584 千字
版　　次：2016 年 3 月第 1 版
　　　　　2021 年 8 月第 2 版
印　　次：2025 年 1 月第 4 次印刷
定　　价：75.90 元

凡所购买电子工业出版社图书有缺损问题，请向购买书店调换。若书店售缺，请与本社发行部联系，联系及邮购电话：（010）88254888，88258888。

质量投诉请发邮件至 zlts@phei.com.cn，盗版侵权举报请发邮件至 dbqq@phei.com.cn。

本书咨询联系方式：010-88254525，hantp@phei.com.cn。

前言

信息已经成为人类社会赖以生存和发展的重要资源，信息传输已经成为人类社会对信息资源开发和利用的手段。信号作为信息的载体，在其产生和传输过程中，必然受到各种干扰因素的影响。信息传输的目的是通过信号传递信息，将有用的信息无失真、高效率地进行传输，同时还要在传输过程中将无用信息和有害信息加以有效抑制。信号检测与估计是研究信息传输系统中接收设备如何从噪声中把所需信号及其所需信息检测、恢复出来的理论，是信息传输系统的基本任务之一。

信号检测与估计是研究从噪声环境中检测出信号，并估计信号参量或信号波形的理论，是现代信息理论的一个重要分支，广泛应用于电子信息系统、自动控制、模式识别、射电天文学、气象学、地震学、生物医学工程及航空航天系统工程等领域。

信号检测与估计利用信号与噪声不同的统计特性，用数理统计的方法研究随机信号的处理，尽可能地抑制噪声，从而提取信号。信号检测与估计是随机信号的统计处理理论，与概率论、数理统计及随机信号分析（随机过程）并驾齐驱地支撑着随机现象规律的研究，它们共同构成了科技工作者研究随机现象的完整知识结构。因此，信号检测与估计是“信息与通信工程”学科的重要基础课。

信号检测与估计的基本任务和内容可以分为 3 大部分：匹配滤波、信号检测及信号估计。信号检测又可分为参量检测和非参量检测。信号估计又可分为信号参量估计和波形估计。

全书共分 10 章和 4 个附录。

第 1 章是绪论，论述了信号检测与估计理论的研究对象及应用，概述了信号检测与估计的任务及研究方法，阐述了信号检测与估计课程与其他相关课程的关系，说明了本书的内容安排，给出了信号检测与估计的学习方法建议。

第 2 章是匹配滤波的内容，重点讨论匹配滤波器的基本概念、最佳准则、单位冲激响应和传输函数，并进一步讨论白噪声背景下和色噪声背景下的匹配滤波器。

第 3 章至第 7 章构成信号检测部分，重点讨论信号检测的基本理论和方法，包括信号模型、最佳检测准则、检测系统的结构和检测性能分析等内容。第 3 章至第 6 章组成参量检测的内容，主要讨论信道噪声概率密度为已知情况下的信号检测的基本理论和方法。第 7 章是非参量检测，主要讨论信道噪声概率密度为未知情况下的信号检测。第 3 章是信号检测的基本理论，论述信号检测的数学基础，重点讨论信号检测的基本概念、最佳检测准则及分析方法。在第 3 章的基础上，第 4 章讨论高斯白噪声中信号的检测，第 5 章讨论高斯色噪声中信号的检测，第 6 章讨论序列信号的检测。

第 8 章至第 10 章构成信号估计部分，主要讨论信号参量估计和信号波形估计的基本理论和方法。第 8 章和第 9 章组成信号参量估计的内容，重点讨论信号参量估计的基本理论和方法，包括信号模型、最佳参量估计准则、估计系统的结构和估计性能分析等内容。第 8 章是信号参量估计的基本理论，论述信号参量估计的数学基础，重点讨论信号参量估计的基本概念、最佳估计准则、分析方法及估计性能的评价标准。在第 8 章的基础上，第 9 章讨论高斯噪声中信号参量估计。第 10 章是信号波形估计，主要讨论信号波形估计的概念、准则，维纳滤波和卡尔曼滤波的基本理论和方法。

为了便于读者更好地理解和把握信号检测与估计的内容和研究方法，附录 A 归纳了本书内容编排的逻辑关系。为了方便读者更好地巩固所学信号检测与估计的基本理论和方法，附录 B 为实验指导书。为了方便读者完成习题和开展实验，附录 C 简要介绍了 Q 函数和误差函数。

在本书的编写过程中，作者参阅了大量的相关文献资料，在此向所有参考文献的作者致以诚挚的谢意。

由于作者水平有限，书中难免会出现一些疏漏和不妥之处，恳请读者给予批评和指正。

编　著

目　录

第1章 绪　论

信号检测与估计是研究从噪声环境中检测出信号，并估计信号参量或信号波形的理论，是现代信息理论的一个重要分支，广泛应用于电子信息系统、自动控制、模式识别、射电天文学、气象学、地震学、生物医学工程及航空航天系统工程等领域。

1.1 信号检测与估计的研究对象及应用

信息已经成为人类社会赖以生存和发展的重要资源，信息传输已经成为人类社会对信息资源开发和利用的手段。信息传输是由信息传输系统通过传输载有信息的信号来完成的。信号作为信息的载体，在产生和传输过程中，受到各种噪声的影响而产生畸变，信息接收者无法直接使用，需要接收设备对所接收的信号加以处理，才能提供给信息接收者使用。接收设备对所接收的信号进行处理的基本任务是检测信号(即判定某种信号是否存在)、估计携带信息的信号参量和信号波形，由此导致信号检测与估计研究领域的产生。由于被传输的信号本身和各种噪声往往具有随机性，接收设备必须对信号进行统计处理。因此，信号检测与估计就是随机信号的统计处理理论，所要解决的问题是信息传输系统的基本问题。

1．信号检测与估计的研究对象

实现信息传输的方式和手段很多，主要有：电的和非电的信息传输。电的信息传输是指利用电信号运载信息的传输方式，如电报、电话、广播、电视、遥控、遥测、互联网和计算机通信等。非电的信息传输是指利用人力或机械的方式传递信息，如旌旗、消息树、烽火台及信号灯等。随着社会的需求、生产力的发展和科学技术的进步，目前的信息传输越来越依赖利用电的信息传输方式来传递信息。因为电的信息传输方式迅速、准确、可靠且不受时间、地点、距离的限制，因而得到了迅速发展和广泛应用。

为了利用电的信息传输方式获取并利用信息，人们常需要将信息调制到信号中(也就是通过调制的方式，将信息附加到信号中)，并将载有信息的信号传输给信息的需要者。信息传输就是指从一个地方向另一个地方进行信息的有效传输与交换。为了完成这一任务，需要信号发送设备和信号接收设备。信号发送设备产生信号，并将信息调制到信号中，然后将信号发送出去；信号经过信道的传输到达信号接收设备。信号接收设备接收载有信息的信号，并将信息从信号中提取出来，然后将信息提供给信息需要者。

信息传输离不开信息传输系统。传输信息的全部设备和传输媒介所构成的总体称为信息传输系统。信息传输系统的任务是尽可能好地将信息调制到信号中，有效发送信号，从接收信号中恢复被传送的信号，将信息从信号中解调出来，达到有效、可靠传输信息的目的。信息传输系统的一般模型如图 1.1.1 所示。它通常由信息源、发送设备、信道、接收设备、终端设备以及噪声源组成。信息源和发送设备统称为发送端。接收设备和终端设备统称为接收端。图 1.1.1 所示的信息传输系统模型高度地概括了各种信息传输系统传送信息的全过程和各种信息传输系统的工作原理。它常称为香农(Shannon)信息传输系统模型，是广义的通信系统模型。图中的每一个方框都完成某种特定的功能，且每个方框都可能由很多的电路甚至是庞大的设备组成。

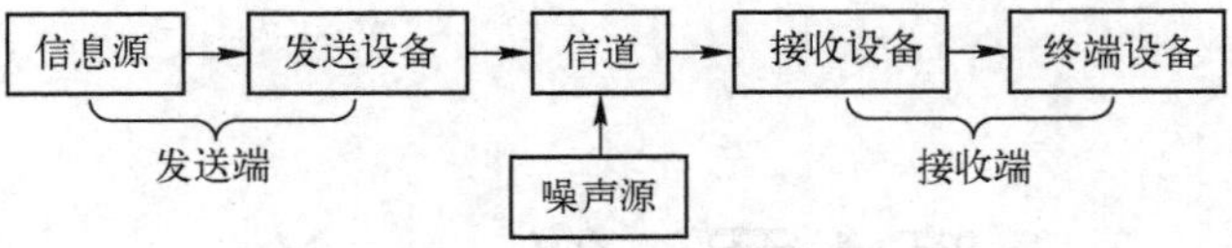

图 1.1.1　信息传输系统模型

信息源(简称信源)是指向信息传输系统提供信息的人或设备，简单地说就是信息的发出者。信源发出的信息可以有多种形式，但可以归纳为两类：一类是离散信息，如字母、文字和数字等；另一类是连续信息，如语音信号、图像信号等。信源也就可分为模拟信源和数字信源。

发送设备将信源产生的信息变换为适合于信道传输(频段、带宽、功率)的信号，送往信道。如广播电台、电视台、通信发射机及雷达发射机等。

信道是将来自发送设备的信号传送到接收设备的物理媒介(质)，是介于发送设备和接收设备之间的信号传输通道，又称为传输媒介(质)。信道分为有线信道和无线信道两大类。

噪声是指信息传输中不需要的电信号的统称。噪声源是信道的噪声以及分散在信息传输系统中各种设备噪声的集中表示。信息传输系统中各种设备的噪声称为内部噪声；信道的噪声称为外部噪声。由于噪声主要是来自信道，通常将内部噪声等效到信道中，这种处理方式可以给分析问题带来许多方便，并不影响主要问题的研究。噪声是有害的，会干扰有用信号，降低信息传输的质量。

接收设备是从受到减损的接收信号中正确恢复出原始电信号的系统。如收音机、电视机、通信接收机、雷达接收机、声呐接收机及导航接收机等。信号检测与估计是接收设备的基本任务之一。

终端设备(也称为受信者或信宿)是将接收设备复原的原始电信号转换成相应信息的装置，如扬声器及显示器等。

信息传输系统模型是一个高度概括的模型，概括地反映了信息传输系统的共性，通信系统、遥测系统、遥感系统、生物信息传输系统都可以看作它的特例。信号检测与估计的讨论就是针对信息传输系统模型而开展的。

信号在传输过程中，不可避免地与噪声混杂在一起，受到噪声的干扰，使信号产生失真。噪声与信号混杂在一起的类型有 3 种：噪声与信号相加，噪声与信号相乘(衰落效应)，噪声与信号卷积(多径效应)。与信号相加的噪声称为加性噪声，与信号相乘的噪声称为乘性噪声，与信号卷积的噪声称为卷积噪声。加性噪声是最常见的干扰类型，数学上处理最为方便，加性噪声中信号检测与估计问题的研究最为成熟。加性噪声中信号检测与估计也是最基本的，因为乘性噪声和卷积噪声中信号检测与估计均可转换为加性噪声的情况。通过取对数的方法，可以将乘性噪声的情况转换为加性噪声的情况；通过先进行傅里叶变换，再取对数的方法，可以将卷积噪声的情况转换为加性噪声的情况。因此，本书主要讨论加性噪声中信号检测与估计问题。从而，本书所讨论的信号检测与估计的研究对象就是加性噪声情况下的信息传输系统模型。加性噪声情况下的信息传输系统模型如图 1.1.2 所示。

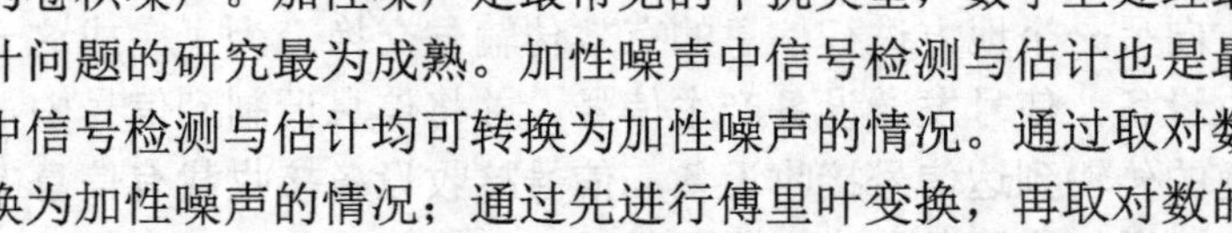

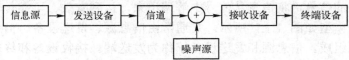

图 1.1.2　加性噪声情况下的信息传输系统模型

在信息传输系统中，匹配滤波器(Matched filter)、信号检测系统及信号估计系统通常是接收设备的基本组成部分，并且是串联的。接收设备的组成框图如图 1.1.3 所示。

图 1.1.3　接收设备的组成框图

信息传输系统分类的方式很多。按照传输媒质，信息传输系统可分为有线信息传输系统和无线信息传输系统两大类。有线信息传输系统是用导线(如架空明线、同轴电缆、光导纤维、波导等)作为传输媒质完成通信的系统，如市内电话、有线电视、海底电缆通信等。无线信息传输系统是依靠电磁波在空间传播达到传递信息目的的系统，如短波电离层传播、微波视距传播、卫星中继等。

按照信道中传输的信号特征，信息传输系统分为模拟信息传输系统和数字信息传输系统。模拟信息传输系统是利用模拟信号来传递信息的信息传输系统。数字信息传输系统是利用数字信号来传递信息的信息传输系统。

按照应用领域，信息传输系统分为广播、电视、通信、雷达、声呐、导航、遥感及医学等方面。

对信息传输系统的性能要求，主要有两个方面：有效性和可靠性。要求信息传输系统能高效率地传输信息是系统的有效性；要求信息传输系统能可靠地传输信息是系统的可靠性或抗干扰性。有效性衡量系统传输信息的“速度”问题；可靠性衡量系统传输信息的“质量”问题。

使信息传输可靠性降低的主要原因有：① 信息传输不可避免地受到的外部噪声和内部噪声的影响；② 传输过程中携带信息的有用信号的畸变。

携带信息的电磁信号在大气层中传播时，由于大气层和电离层的吸收系数与折射系数的随机变化，必然导致电磁信号的振幅、频率和相位等参量的随机变化，从而引起电磁信号的畸变。

在大气层中传播的电磁信号会受到雷电、大气噪声、宇宙噪声、太阳黑子及宇宙射线等自然噪声的干扰，也会受到来源于各种电气设备的工业噪声和来源于各种无线电发射机的无线电噪声等人为噪声的干扰。这些自然噪声和人为噪声都属于信道的噪声，是外部噪声的主要来源。电磁信号除了受外部噪声的干扰外，还受发送设备和接收设备内部噪声的影响，使得在许多实际情形中，接收设备所接收的有用电磁信号埋没在噪声干扰之中，因而难以辨认。信息传输过程中存在的这些外部噪声和内部噪声的干扰，大大降低了信息传输的可靠性。噪声源是信息传输系统中各种设备以及信道中所固有的，并且是人们所不希望的。为了保障信息可靠地传输，就必须同这些不利因素进行斗争，降低这些不利因素的影响。信号检测与估计理论正是在人们长期从事这种斗争的实践过程中逐步形成和发展起来的。

经信道传送到接收端的信号是有用信号和噪声叠加的混合信号，因此接收设备的主要作用是从接收到的混合信号中，最大限度地提取有用信号，抑制噪声，以便恢复出原始信号。

信息传输的目的是通过信号传递信息，它要将有用的信息无失真、高效率地进行传输，同时还要在传输过程中将无用信息和有害信息加以有效抑制。接收设备的任务是从受到噪声干扰的信号中正确地恢复出原始的信息。信号检测与估计是研究信息传输系统中接收设备如何从噪声中把所需信号及其所需信息检测、恢复出来的理论。因此，从系统的角度来看，信号检测与估计的研究对象是信息传输系统中的接收设备；从处理信息的角度来看，信号检测与估计的研究对象是随机信号。

2．信号检测与估计的应用

尽管信号检测与估计理论最早由雷达、通信、声呐等领域产生并发展起来的，但它已成为许多学科的理论基础，不仅在自动控制、模式识别、系统识辨、图像处理、语音识别中广泛应用，而且在地震、天文、生物医学工程、化学、物理等学科也得到应用。

监测地震波在大地中传播是一个信息传输系统。地震波在传输过程中，会受到各种干扰，这就需要寻求有效方法，尽量减小干扰的影响，以便从记录下来的地震信号中预测地震的位置和震级。

在石油和天然气勘探中，常用爆破法产生地震波，通过接收这种地震波并加以处理，来获取地层所含石油和天然气的信息。这种通过爆破法获取地震波并进行分析的系统实际是以地层为信道的信息传输系统。应用信号检测与估计理论，可以研究出一套信息提取和分析方法。

在天文学中，利用接收到的天体辐射电磁波，分析射电现象，研究太阳、月亮、各行星等天体内部物理、化学性质，从而形成了一个信息传输系统。由于天体离地面很遥远，因此接收到的信号极其微弱，并受到噪声影响，需要应用信号检测与估计理论进行处理。

人的感官是一个信息处理系统，需要处理极其微弱信号，通常把刺激变量看作信号，把刺激中的随机物理变化或感官信息处理中的随机变化看作噪声。感官对刺激的分辨问题可等效为一个在噪声中检测信号的问题。因此，在生物物理中，信号检测与估计理论加深了人们对感官系统的认识和理解。只要知道了人的感官噪声的统计特性，便可应用信号检测与估计理论中有关结果。

1.2 信号检测与估计的内容及研究方法

信号检测与估计的基本任务是：以数理统计为工具，解决接收端信号与数据处理中的信息恢复与获取问题，即从被噪声及其他干扰污染的信号中提取、恢复出所需的信息。具体讲就是，研究如何在干扰和噪声的影响下最有效地辨认出有用信号的存在与否，以及估计出未知的信号参量或信号波形本身。它实质上是有意识地利用信号与噪声的统计特性的不同，来尽可能地抑制噪声，从而最有效地提取有用信号的信息。

1．信号检测与估计的内容

根据信号检测与估计的基本任务，信号检测与估计的内容主要包括 3 个方面：匹配滤波、信号检测及信号估计。

（1）匹配滤波

匹配滤波就是从含有噪声的接收信号中，尽可能抑制噪声，提高信噪比。匹配滤波是利用信号与噪声各自的统计特性和它们之间的相关性，来提高信噪比的。

（2）信号检测

信号在传输过程中受到噪声的影响，使得信号接收设备很难判断信号是否存在或哪种信号存在。信号检测就是在噪声环境中，判断信号是否存在或哪种信号存在，也可以说是信号状态的检测。

信号检测分为参量检测和非参量检测。以已知信道噪声概率密度为前提的信号检测称为参量检测。信道噪声概率密度为未知的情况下的信号检测称为非参量检测。

（3）信号估计

在信号接收设备中，不仅要知道信号是否存在或哪种信号存在，还要知道信号的参量，或更进一步地需要知道信号的波形，这一方面的内容就是信号估计。信号估计就是在噪声环境中，对信号的参量或波形进行估计。信号估计又包括两个方面的内容：信号参量估计和信号波形估计。

信号参量估计是指对信号所包含的参量(或信息)进行的估计，所关心的不是信号波形，而是信号的参量，属于静态估计。

信号波形估计是指在线性最小均方误差意义下，对信号波形进行的估计，所关心的是整个信号波形本身，属于动态估计。

信号检测与估计的 3 个方面的内容，相互之间有着密切的联系，不可能截然分开。信号检测与信号估计既可以依次进行，有时也可以同时进行，或者是交互进行。匹配滤波既可以在信号检测或信号估计之前进行，也可以穿插在信号检测或信号估计之中进行。

2．信号检测与估计的研究方法

信号检测与估计的数学基础是数理统计中的统计推断或统计决策理论。统计推断或统计决策均是利用有限的资料对所关心的问题给出尽可能精确可靠的结论，均是关于做判决的理论和方法，两者的差别仅在于是否考虑判决结果的损失。它们具有深刻的统计思想内涵和推理机制，是各种数理统计方法的基础。从数理统计的观点看，可以把从噪声干扰中提取有用信号的过程看作是一个统计推断或统计决策过程，即用统计推断或统计决策方法，根据接收到的信号加噪声的混合波形，做出信号存在与否的判断，以及关于信号参量或信号波形的估计。

数理统计中的统计推断或统计决策针对的是随机变量，而信号检测与估计针对的是随机信号的统计推断或统计决策，故信号检测与估计是对数理统计中的统计推断或统计决策的拓展。

假设检验和参数估计是数理统计的两类重要问题，可以采用统计推断或统计决策的理论和方法来解决这两类问题。

- 检测信号是否存在用的是统计推断或统计决策的理论和方法来解决随机信号的假设检验问题。假设检验是对若干个假设所进行的多择一判决，判决要依据一定的最佳准则来进行。信号检测是对数理统计中假设检验的拓展。
- 估计信号的未知参量用的是统计推断或统计决策的理论和方法来解决随机信号的参数估计问题，即根据接收混合波形的一组观测样本，来估计信号的未知参量。由于观测样本是随机变量，由它们构成的估计量本身也是一个随机变量，其好坏要用其取值在参量真值附近的密集程度来衡量。因此参量估计问题是：如何利用观测样本来得到具有最大密集程度的估计量。信号参量估计是对数理统计中参数估计的拓展。

估计信号波形则属于滤波理论，即维纳（Wiener）和卡尔曼（Kalman）的线性滤波理论以及后来发展的非线性滤波理论。

信号检测与估计的研究方法：用概率论与数理统计方法，分析接收信号和噪声的统计特性，按照一定准则设计相应的检测和估计算法，并进行性能评估。主要体现在如下 3 个方面：用概率密度函数、各阶矩、相关函数、协方差函数、功率谱密度函数等来描述随机信号的统计特性；用数理统计中的判决理论和估计理论进行各种处理和选择，建立相应的检测和估计算法；用判决概率、平均代价、平均错误概率、均值、方差、均方误差等统计平均量来度量处理结果的优劣，建立相应的性能评估方法。

信号检测与估计研究方法的实施过程归纳起来有以下 4 个步骤。

（1）信号检测与估计将所要处理的问题归纳为一定的系统模型，依据系统模型，然后运用概率论、随机过程及数理统计等理论，用普遍化的形式建立相应的数学模型，以寻求普遍化的答案和结论或规律。

（2）信号检测与估计主要依据数理统计中的统计推断或统计决策的理论和方法，采用最优化的方法寻求最佳检测、估计和滤波的算法。

（3）根据检测和估计的性能指标，分析最佳检测、估计和滤波算法的性能，以判别性能是否达到最优。

（4）结合工程实际，根据最佳检测、估计和滤波的算法构造最佳接收、估计和滤波的系统模型。

1.3 信号检测与估计课程与其他相关课程的关系

信号检测与估计是研究不确定性随机现象规律的课程(分支学科)之一，其他主要研究不确定性随机现象规律的课程(分支学科)有：概率论、数理统计及随机过程(或随机信号分析)。

大多数教科书及文献认为，概率论是研究随机现象数量规律的一门学科，是数学的分支学科。其实，这个术语界定的范畴有些偏大。实际上，概率论是研究随机变量及其统计特性的性质和规律的一门学科。

数理统计是运用概率论的知识，研究如何有效地收集、整理和分析带有随机性的数据，以对所考察的问题做出统计推断、预测或者决策的一门学科，是数学的分支学科。

概率论与数理统计研究的对象均是随机变量，但研究方法不同。在概率论中，是在假定概率分布已知的情况下研究随机变量的性质和特点的。在数理统计中，是在随机变量概率分布未知的前提下通过对所研究的随机变量进行重复独立的观察，并对观察数据进行分析，从而对所研究的随机变量的分布做出推断。

概率论是数理统计的基础，数理统计需要应用概率论的知识，但是它们是两个并列的数学分支学科，并无从属关系。概率论是对随机现象统计规律进行演绎的研究，而数理统计则是对随机现象统计规律进行归纳的研究。

概率论与数理统计研究的对象均是随机变量，而不是随机过程。随机过程是反映随着时间变量(或其他变量)而变化的随机现象的物理量。随机过程是随机变量概念的拓展。在电子信息工程领域，随机过程常称为随机信号。

随机信号分析及信号检测与估计研究的对象均是随机信号。

随机信号分析是研究随机信号及其统计特性的性质和规律，以及随机信号通过系统的理论和分析方法的一门学科。它可以看作是概率论的研究内容向随机信号研究对象的扩展。

信号检测与估计是研究在噪声、干扰和信号共存的环境中如何正确发现、辨别和测量信号的一门学科。它可以看作是数理统计的研究内容向随机信号的扩展。有些文献也将信号检测与估计称为统计信号处理。

概率论、数理统计、随机信号分析及信号检测与估计构成研究随机现象规律的主干，也是科技工作者所具有的知识结构的重要组成部分。

学习和研究信号检测与估计应具备一定的概率论、随机过程及数理统计的预备知识。除此之外，也应具备一定的信号与系统的预备知识。

信号与系统是研究确定信号的表示和性质，线性时不变系统的特性和功能，以及信号通过线性时不变系统的基本分析方法的一门学科。

1.4 内容编排和学习建议

信号检测与估计是随机信号统计处理的理论和方法，或者用数理统计的方法研究随机信号处理的理论和方法。它与概率论、数理统计及随机信号分析(或随机过程)并驾齐驱地支撑着随机现象规律的研究，它们共同构成了科技工作者研究随机现象的完整知识结构。因此，信号检测与估计是“信息与通信工程”学科的重要基础课，是电子信息工程、通信工程、电子信息科学与技术，以及电子科学与技术等专业的专业基础选修课。

通过本书的学习，读者应了解信号检测与估计的统计处理方法的特点，掌握信号检测与估计的基本概念、理论和方法，建立随机信号统计处理的观念和思维方法，提高用统计处理方法解决问题的能力，能对工程实际中应用的系统建立数学模型，并对数学模型进行统计求解。

1. 内容编排

本书在数学分析的基础上，注重物理概念及分析方法，对复杂的理论和数学问题着重用与实际的电子工程技术问题相联系的途径和方法去处理。

本书的主要内容分为 3 部分：匹配滤波、信号检测及信号估计。每一部分所包含的内容如下：

第一部分是匹配滤波，由第 2 章组成，重点讨论匹配滤波器理论，包括白噪声背景下和色噪声背景下的匹配滤波器。由于对于其他内容，匹配滤波器具有相对的独立性，它又是信息传输系统中接收设备最佳检测系统和最佳估计系统的基本组成部分，是信息传输系统中接收设备的重要组成部分，因此，根据信息传输系统对信号的处理流程及匹配滤波器的作用和重要性，将匹配滤波器作为一章单独讨论。

第二部分是信号检测，由第 3 章至第 7 章组成，重点论述信号的统计检测理论和技术，包括信号模型、最佳检测准则、检测系统的结构、检测性能的分析和最佳波形设计等内容。信号检测分为参量检测和非参量检测。参量检测由第 3 章至第 6 章组成，主要讨论信道噪声概率密度为已知情况下的信号检测。非参量检测由第 7 章组成，是信道噪声概率密度为未知的情况下的信号检测。

第三部分是信号估计，由第 8 章至第 10 章组成，主要讨论信号参量及信号波形的估计。信号估计分为信号参量估计和信号波形估计。信号参量估计由第 8 章和第 9 章组成，主要讨论信号参量的最佳估计理论和算法，包括最佳估计准则，估计量的构造和主要性质等内容。信号波形估计由第 10 章组成，主要讨论信号波形估计的概念、准则，维纳滤波和卡尔曼滤波算法等内容。

本书内容编排的结构图见附录 A。

为了使信号检测与估计的基本概念和理论更清晰，使读者把握信号检测与估计的实质和方法论，本书强调并阐述了信号检测与估计所依赖的数学基础——贝叶斯统计。为了提高读者用统计处理方法解决问题的能力，在内容的叙述和问题的分析中，始终强调随机信号统计处理的思维观念和方法。

为了使读者深刻理解和掌握信号检测与估计的方法和过程，本书构建了相应的模拟实验，并以附录 B 的形式给出实验指导书；为了使读者巩固所学知识，本书精选了一定数量的思考题和习题。

信号检测与估计主要依据贝叶斯统计理论和方法，并采用最优化方法寻求最佳检测、估计和滤波的算法。为了使读者更好地理解最佳检测、估计和滤波算法的推导过程，附录 D 简要介绍最优化方法。

2. 学习方法的建议

信号检测与估计是随机信号分析(或随机过程)与数理统计的结合，也可以看作是数理统计由针对随机变量到针对随机信号(或随机过程)的扩展。根据这一特点，下面给出几点学习方法的建议，以供读者参考。

(1) 建立随机信号统计信号处理的观念及思维方法。对随机信号统计信号处理方法，概念要清楚，思路要清晰。具体讲，就是对随机信号的统计描述、统计意义上的最佳处理、性能的统计评估等概念要清楚，分析思路要清晰。有些读者对信号检测与估计解决问题的方法不适应，究其根本原因是：没有从解决确定问题的方法观念上转变到解决随机问题的统计处理方法观念上。

（2）在一定数学分析的基础上，从物理意义上加深理解。作为随机信号统计处理的理论，数学符号多，数学表示式多，数学分析多，往往让学习者感到内容繁杂，无所适从。其实，数学符号及数学表示式是一种语言，它们只是一定物理概念、物理现象、客观规律及系统模型的物理意义的表达方法，是我们可以用语言叙述出来或用文字写下来内容的一种简洁表示方式。为了克服数学符号多、数学表示式多及数学分析多所形成的客观困难，学习者一定要注意数学符号及数学表示式所代表的物理意义，从物理意义上而不仅限于数学表示式上加以理解，最好能够将数学符号及数学表示式所代表的物理意义用语言叙述出来，避免将内在的涵义淹没在公式推导的海洋中，有助于提高分析、解决随机现象问题的能力。

（3）信号检测与估计中的核心问题是最优化问题，例如检测的最优化、估计的最优化及滤波的最优化。因此，一定要注意和掌握不同内容中的最优化的方法，包括如何根据实际问题的物理意义建立最优化问题的目标函数，求解最优化问题的方法。

（4）信号检测与估计研究的是系统处理随机过程的行为。描述这样行为的数学模型，不但包括信号模型，还要包括统计模型。在信号检测与估计的学习中，遗漏统计模型的情况很容易发生，而描述随机现象，统计模型是必不可少的，这种情况希望引起读者的注意，以避免类似情况发生。

（5）信号检测与估计的最终目标是设计出(或求出)信息传输系统中接收设备的最佳检测算法(或最佳检测数学模型)、最佳估计算法(或最佳估计数学模型)，并进一步给出相应的最佳检测系统模型、最佳估计系统模型。不要因繁杂的数学推导而将这一点掩盖住。

（6）无论是信号检测，还是信号估计，最佳准则或最佳算法较多，读者一定要注意每一种最佳准则或最佳算法的前提条件以及适用范围，以免混淆，影响以后的研究和实际应用。

（7）信号检测与估计理论从实际需求牵引中产生，但作为基础理论，又做了相应的抽象概括。故此，读者在学习过程中，一定要将所学内容和自己专业领域的相关实际应用联系起来，为将来的实际应用奠定基础。

（8）信号检测与估计的学习可分成两个层次。第一个层次是信号统计处理技能的学习。这是一个最基础、最重要的层次，这一层次的学习属于技能学习，需要选做一定量的习题，以巩固、加深和扩展对所讨论问题的基本概念和基本方法的掌握，有助于加强所学内容和实际的联系，学会应用。第二个层次是对统计思想的学习。所谓统计思想，讲的是一种认识问题的方法，就是如何从随机信号中加工、提炼所需的信息，就是各种统计方法所依赖的原理。这一层次的学习属于能力学习，必须经过深入思考，广泛的联系与比较。当然，这个过程不是一次就能完成的，一般要经过初步理解→广泛练习→逐步深刻理解的循环。

总之，若要较好地掌握信号检测与估计理论，一定要注重物理意义、模型的概念及统计处理的观念。

本章小结

本章是信号检测与估计的总论，旨在使读者从总体上对信号检测与估计有个基本的认识，形成完整的观念，对信号检测与估计的学科性质、研究对象、研究思路、研究方法和任务有个总的理解，为读者更好地掌握信号检测与估计的内容和分析方法提供参考。学习本章的具体要求有：① 理解信号检测与估计的研究对象，了解信号检测与估计的应用。② 认识信号检测与估计的任务及内容，理解信号检测与估计的研究方法。③ 认识信号检测与估计课程与其他相关课程的关系，理解信号检测与估计的特点。④ 把握本书内容编排的逻辑关系，领会信号检测与估计的内涵和外延。⑤ 了解学习本书的建议，增强统计处理的观念。

思考题

1.1 简述信号检测与估计的研究对象并画出研究对象的框图。

1.2 概述信号在传输过程中与噪声混叠在一起的类型及不同混叠类型的关系。

1.3 概括地给出信号检测与估计的概念。

1.4 简述信号检测与估计的基本任务。

1.5 简述信号检测与估计的研究内容。

1.6 归纳信号检测与估计与概率论、数理统计及随机过程(或随机信号分析)的关系。

第 2 章　匹配滤波器

匹配滤波器是一种最佳滤波器，是以输出信噪比最大为准则的一种线性系统。它是信息传输系统中接收设备最佳检测系统的基本组成部分，广泛应用于通信、雷达及广播等信息传输系统的接收设备中，在最佳信号检测、信号分辨、某些信号波形的产生和压缩等方面起着重要作用。

2.1　概　　述

信息传输系统中接收设备的任务是尽可能好地从接收信号中恢复被传送的信号，达到有效、可靠传输信息的目的。由于信号在信道中传输时受到噪声的污染，接收设备所接收的是信号加噪声的混合信号，接收设备要达到有效、可靠恢复被传送信号的目的，一种自然而简单的想法就是尽可能地压制或抑制噪声，使信号在信号加噪声中所占的比例尽可能大，从而减小噪声对信号的影响，有利于对信号的处理。这一朴素的思路就是以输出信号与噪声的功率比(简称信噪比)达到最大作为标准来设计接收设备的。例如，在雷达、声呐及红外等探测系统中，需要在噪声背景中检测微弱信号，其接收设备输出的信噪比越高，越容易发现信号。在通信系统中，误码率与接收设备输出的信噪比有关，接收设备输出的信噪比越大，信息传输发生错误的概率越小。一般说来，对于一定的输入信号和噪声而言，使输出信噪比大的系统要比使信噪比小的系统为好。

以输出信噪比最大作为标准设计出来的接收设备是一种最佳系统。最佳系统是个相对的概念。所谓的最佳是指系统在某种标准下性能达到最佳。衡量最佳的标准通常用准则来表达，故输出信噪比最大的标准就称为输出信噪比最大准则。在某种准则下的最佳系统，在另外一种准则下就不一定是最佳的。在某些特定条件下，几种最佳准则也可能是等价的。

对于滤波器作为线性系统的设计，通常有两种最佳准则：一种是使滤波器输出的信号波形与发送信号波形之间的均方误差最小准则，由此而导出的最佳线性滤波器称为维纳滤波器和卡尔曼滤波器，将在第 10 章“波形估计”中讨论；另一种是使滤波器输出信噪比最大准则，由此而导出的最佳线性滤波器称为匹配滤波器，本章将讨论匹配滤波器理论。维纳滤波器和卡尔曼滤波器所关注的是使信号波形最佳地复现，使输出波形失真最小。匹配滤波器所关注的不是复现原来的信号波形，而是在输出端能够提供最大的信噪比，有利于判断信号能量是否存在。对于维纳滤波器和卡尔曼滤波器，所复现的信号波形通常是未知的。对于匹配滤波器，所输入的信号波形是已知的，可以达到把已知波形的信号从噪声背景中提取出来的目的。

在输入为确定信号加平稳噪声的情况下，使输出信噪比达到最大的线性系统称为匹配滤波器。关于匹配滤波器需要把握以下几点：① 匹配滤波器是线性系统，而且在大多数情况下限定为线性时不变系统。② 已经知道了输入的确定信号。③ 输入的噪声是平稳随机过程。④ 所采用的最佳准则是输出信噪比最大准则。所谓的匹配是指滤波器要与输入的已知确定信号相匹配。匹配滤波器具有较强的针对性，只能对某种或某类信号匹配，而不可能对所有信号都匹配。

在信号接收设备中，匹配滤波器的作用有两个方面：一是使滤波器输出有用信号成分尽可能强；二是抑制噪声，使滤波器输出噪声成分尽可能小，减小噪声对信号处理的影响。

对于已知的确定信号，匹配滤波器输出的信噪比能够达到最大，有利于把已知波形的信号从噪声背景中提取出来。对于未知的信号，匹配滤波器输出的信噪比不能够达到最大，不能与输入信号相匹配。

匹配滤波器理论在信号检测理论中占有十分重要的地位。在电子信息系统中，信号接收设备通常要求按匹配滤波器来设计，以改善信噪比，提高接收设备检测信号的能力。

本章所讨论的内容是匹配滤波器的设计，研究思路是在输入信号模型为确定信号加平稳噪声的情况下，已知确定信号和平稳噪声的自相关函数或功率谱密度，采用最大信噪比准则，建立或求出匹配滤波器的冲激响应或传输函数，从而为匹配滤波器的设计提供数学模型。

本章从最大信噪比准则出发，首先讨论匹配滤波器所满足的方程；在此基础上，分别讨论白噪声背景下和色噪声背景下的匹配滤波器，并讨论匹配滤波器的有关性质。

2.2 匹配滤波器冲激响应及传输函数

在输入信号模型为确定信号加平稳噪声的情况下，已知确定信号和平稳噪声的自相关函数或功率谱密度，采用最大信噪比准则，得出匹配滤波器冲激响应及传输函数。

1. 匹配滤波器的已知条件

规定匹配滤波器是线性时不变系统，并假设确定信号加平稳噪声的输入信号模型为

$$x(t)=s(t)+n(t) \tag{2.2.1}$$

式中，$s(t)$为确定信号，并存在于时间间隔$[0,T]$内；$n(t)$为平稳噪声，其均值为 0，自相关函数为$R_n(\tau)$。

在上述已知条件下，下面采用最大信噪比准则来推导匹配滤波器的冲激响应$h_0(t)$和传输函数$H_0(\omega)$。

2. 匹配滤波器冲激响应

设线性时不变系统的冲激响应为$h(t)$，对于输入$x(t)$，它满足叠加原理，则线性时不变系统的输出为

$$y(t)=s_0(t)+n_0(t) \tag{2.2.2}$$

式中，$s_0(t)$是输出信号；$n_0(t)$是输出噪声。输出信号与输出噪声分别为

$$s_0(t)=\int_{-\infty}^{\infty}s(t-\tau)h(\tau)\mathrm{d}\tau \tag{2.2.3}$$

$$n_0(t)=\int_{-\infty}^{\infty}n(t-\tau)h(\tau)\mathrm{d}\tau \tag{2.2.4}$$

相应地，在时刻T，输出信号与输出噪声分别为

$$s_0(T)=\int_0^T h(\tau)s(T-\tau)\mathrm{d}\tau \tag{2.2.5}$$

$$n_0(T)=\int_0^T h(\tau)n(T-\tau)\mathrm{d}\tau \tag{2.2.6}$$

对于线性时不变系统，输入噪声是平稳随机过程，输出噪声也是平稳随机过程。输入噪声的均值为0，则输出噪声的均值也为0。输出噪声的功率(即噪声的方差)为

$$\begin{aligned}\sigma_n^2=E[n_0^2(T)]&=E\left[\int_0^T h(\tau)n(T-\tau)\mathrm{d}\tau\int_0^T h(t)n(T-t)\mathrm{d}t\right]\\&=\int_0^T\int_0^T h(\tau)h(t)R_n(t-\tau)\mathrm{d}t\mathrm{d}\tau\end{aligned} \tag{2.2.7}$$

在时刻T，输出信号的功率为$s_0^2(T)$，线性时不变系统的输出信噪比为

$$\mathrm{SNR}(T)=\frac{s_0^2(T)}{\sigma_n^2}=\frac{s_0^2(T)}{E\left[n_0^2(T)\right]}=\frac{\left[\int_0^T h(\tau)s(T-\tau)\mathrm{d}\tau\right]^2}{\int_0^T\int_0^T h(\tau)h(t)R_n(t-\tau)\mathrm{d}t\mathrm{d}\tau} \tag{2.2.8}$$

式中，SNR 表示信噪比。

匹配滤波器就是使输出信噪比SNR为最大的线性时不变系统。使SNR最大等效于在$s_0(T)$为常数的约束条件下，使输出噪声功率$E[n_0^2(T)]$最小。这是一个有约束条件的最优化问题，通常应用拉格朗日(Largrange)乘数法解这个问题。首先构造最优化问题的目标函数为

$$\begin{aligned}J=E[n_0^2(T)]-\mu s_0(T)&=\int_0^T\int_0^T h(\tau)h(t)R_n(t-\tau)\mathrm{d}t\mathrm{d}\tau-\mu s_0(T)\\&=\int_0^T\int_0^T h(\tau)h(t)R_n(t-\tau)\mathrm{d}t\mathrm{d}\tau-\mu\int_0^T h(\tau)s(T-\tau)\mathrm{d}\tau\end{aligned} \tag{2.2.9}$$

式中，μ为拉格朗日乘数。

设$h_0(t)$是使J达到极小的匹配滤波器的冲激响应，则任意线性时不变系统的冲激响应可表示为

$$h(t)=h_0(t)+\alpha\varepsilon(t) \tag{2.2.10}$$

式中，α为一任意乘数；$\varepsilon(t)$是定义于$0\leqslant t\leqslant T$的任意函数。

将式(2.2.10)代入式(2.2.9)得

$$\begin{aligned}J=&\int_0^T\int_0^T\left[h_0(t)+\alpha\varepsilon(t)\right]\left[h_0(\tau)+\alpha\varepsilon(\tau)\right]R_n(t-\tau)\mathrm{d}t\mathrm{d}\tau-\\&\mu\int_0^T\left[h_0(t)+\alpha\varepsilon(t)\right]s(T-\tau)\mathrm{d}t\end{aligned} \tag{2.2.11}$$

对于任意给定的函数$\varepsilon(t)$，J应在$\alpha=0$处达到极值，也就是$h_0(t)$应满足如下方程

$$\left.\frac{\partial J}{\partial\alpha}\right|_{\alpha=0}=0 \tag{2.2.12}$$

J对α求导，得

$$\begin{aligned}\frac{\partial J}{\partial\alpha}=&\int_0^T\int_0^T\left[\varepsilon(t)h_0(\tau)+\varepsilon(\tau)h_0(t)+2\alpha\varepsilon(\tau)\varepsilon(t)\right]R_n(t-\tau)\mathrm{d}t\mathrm{d}\tau-\\&\mu\int_0^T\varepsilon(t)s(T-t)\mathrm{d}t\end{aligned} \tag{2.2.13}$$

因为平稳随机过程的自相关函数是偶函数，即$R_n(\tau-t)=R_n(t-\tau)$，故式(2.2.13)的重积分中第一项和第二项相等。将式(2.2.13)代入式(2.2.12)，则得到匹配冲激响应$h_0(t)$应满足的方程，即

$$\int_0^T\varepsilon(t)\left[\int_0^T 2h_0(\tau)R_n(t-\tau)\mathrm{d}\tau-\mu s(T-t)\right]\mathrm{d}t=0 \tag{2.2.14}$$

由于$\varepsilon(t)$是任意给定的函数，式(2.2.14)等效于

$$\int_0^T 2h_0(\tau)R_n(t-\tau)\mathrm{d}\tau-\mu s(T-t)=0\quad 0\leqslant t\leqslant T \tag{2.2.15}$$

进一步将式(2.2.15)写成

$$\int_0^T h_0(\tau)R_n(t-\tau)\mathrm{d}\tau=\frac{1}{2}\mu s(T-t)\quad 0\leqslant t\leqslant T \tag{2.2.16}$$

因为拉格朗日乘数是一个常数，$\mu/2$只改变滤波器的增益，对信号和噪声的影响相同，并不改变信噪比，可以令$\mu/2=1$。因此，匹配滤波器冲激响应应满足的积分方程为

$$\int_0^T h_0(\tau)R_n(t-\tau)\mathrm{d}\tau = s(T-t) \quad 0 \leqslant t \leqslant T \tag{2.2.17}$$

式(2.2.17)就是匹配滤波器方程，它是匹配滤波器方程的普遍形式。所谓匹配滤波器方程的普遍形式是指，式(2.2.17)既适用于白噪声，也适用于色噪声。匹配滤波器冲激响应可通过求解匹配滤波器方程得到。匹配滤波器方程的物理意义为：当滤波器输入端确知信号为$s(t)$，加性噪声的自相关函数为$R_n(\tau)$时，则满足式(2.2.17)的滤波器$h_0(t)$使输出信噪比达到最大。

将式(2.2.17)代入式(2.2.8)中，就得到匹配滤波器的最大输出信噪比，即

$$\begin{aligned}\mathrm{SNR}_{\max} &= \frac{s_0^2(T)}{E\left[n_0^2(T)\right]} = \frac{\left[\int_0^T h_0(\tau)s(T-\tau)\mathrm{d}\tau\right]^2}{\int_0^T h_0(\tau)\left[\int_0^T h_0(t)R_n(\tau-t)\mathrm{d}t\right]\mathrm{d}\tau} \\ &= \int_0^T h_0(\tau)s(T-\tau)\mathrm{d}\tau\end{aligned} \tag{2.2.18}$$

为了具体求出匹配滤波器的冲激响应，需要解积分方程式(2.2.17)，该方程是第一类弗雷霍姆(Fredholm)积分方程。一般来说，这样的积分方程不能直接求解。但当积分方程的核是有理核时可以直接求解，详见参考文献[27]。

3．匹配滤波器传输函数

设线性时不变系统冲激响应$h(t)$对应的传输函数为$H(\omega)$，输入信号$s(t)$的傅里叶变换为$S(\omega)$，则输出信号$s_0(t)$的傅里叶变换为

$$S_0(\omega) = H(\omega)S(\omega) \tag{2.2.19}$$

输出信号$s_0(t)$也可以表示为

$$s_0(t) = \frac{1}{2\pi}\int_{-\infty}^{\infty} S_0(\omega)\mathrm{e}^{\mathrm{j}\omega t}\mathrm{d}\omega = \frac{1}{2\pi}\int_{-\infty}^{\infty} S(\omega)H(\omega)\mathrm{e}^{\mathrm{j}\omega t}\mathrm{d}\omega \tag{2.2.20}$$

设平稳噪声自相关函数$R_n(\tau)$的傅里叶变换(即功率谱密度)为$S_n(\omega)$，则输出噪声$n_0(t)$的功率谱密度为

$$S_{n0}(\omega) = |H(\omega)|^2 S_n(\omega) \tag{2.2.21}$$

$n_0(t)$的功率也可以表示为

$$E[n_0^2(t)] = \frac{1}{2\pi}\int_{-\infty}^{\infty} S_{n0}(\omega)\mathrm{d}\omega = \frac{1}{2\pi}\int_{-\infty}^{\infty} |H(\omega)|^2 S_n(\omega)\mathrm{d}\omega \tag{2.2.22}$$

将式(2.2.20)和式(2.2.22)代入式(2.2.8)中，得到线性时不变系统的输出信噪比为

$$\mathrm{SNR}(T) = \frac{s_0^2(T)}{E\left[n_0^2(T)\right]} = \frac{\left|\frac{1}{2\pi}\int_{-\infty}^{\infty} S(\omega)H(\omega)\mathrm{e}^{\mathrm{j}\omega T}\mathrm{d}\omega\right|^2}{\frac{1}{2\pi}\int_{-\infty}^{\infty}|H(\omega)|^2 S_n(\omega)\mathrm{d}\omega} \tag{2.2.23}$$

要得到使输出功率信噪比达到最大的条件，可利用施瓦兹(Schwarz)不等式。施瓦兹不等式为

$$\left|\int_{-\infty}^{\infty} P^*(x)Q(x)\mathrm{d}x\right|^2 \leqslant \int_{-\infty}^{\infty}|P(x)|^2\mathrm{d}x\int_{-\infty}^{\infty}|Q(x)|^2\mathrm{d}x \tag{2.2.24}$$

式中，$P(x)$、$Q(x)$都是实变量x的复函数；$*$表示复共轭。当且仅当满足

$$Q(x) = \beta P(x) \tag{2.2.25}$$

时，式(2.2.24)的等号才成立。其中，β为任意非0常数。

为了利用施瓦兹不等式，令

$$P^*(x)=\frac{S(\omega)\mathrm{e}^{\mathrm{j}\omega T}}{\sqrt{S_n(\omega)}} \tag{2.2.26}$$

和
$$Q(x)=\sqrt{S_n(\omega)}H(\omega) \tag{2.2.27}$$

将施瓦兹不等式用于式(2.2.23)的分子，有

$$\mathrm{SNR}(T)=\frac{\left|\frac{1}{2\pi}\int_{-\infty}^{\infty}H(\omega)\sqrt{S_n(\omega)}\frac{S(\omega)}{\sqrt{S_n(\omega)}}\mathrm{e}^{\mathrm{j}\omega T}\mathrm{d}\omega\right|^2}{\frac{1}{2\pi}\int_{-\infty}^{\infty}|H(\omega)|^2S_n(\omega)\mathrm{d}\omega}$$

$$\leqslant\frac{\frac{1}{2\pi}\int_{-\infty}^{\infty}H^2(\omega)S_n(\omega)\mathrm{d}\omega\frac{1}{2\pi}\int_{-\infty}^{\infty}\frac{|S(\omega)|^2}{S_n(\omega)}\mathrm{d}\omega}{\frac{1}{2\pi}\int_{-\infty}^{\infty}|H(\omega)|^2S_n(\omega)\mathrm{d}\omega}$$

$$=\frac{1}{2\pi}\int_{-\infty}^{\infty}\frac{|S(\omega)|^2}{S_n(\omega)}\mathrm{d}\omega \tag{2.2.28}$$

根据施瓦兹不等式中等号成立的条件式(2.2.25)，可得到不等式(2.2.28)中等号成立的条件是

$$H_0(\omega)=\frac{\beta S^*(\omega)\mathrm{e}^{-\mathrm{j}\omega T}}{S_n(\omega)} \tag{2.2.29}$$

式(2.2.29)就是匹配滤波器传输函数的普遍形式。所谓匹配滤波器传输函数的普遍形式是指，式(2.2.29)既适用于白噪声，也适用于色噪声。任意非零常数β表示匹配滤波器的相对放大量和引入的固定相移。对于匹配滤波器来说，重要的是它的传输函数的形状，而不是此传输函数的相对大小以及它的固定相移。为了简化运算而又不影响分析的一般性，可以令$\beta=1$。

由式(2.2.29)所示匹配滤波器的传输函数可以看出，匹配滤波器传输函数的幅频特性与信号频谱的幅度成正比，与噪声的功率谱密度成反比；对于某个频率点，信号越强，该频率点的加权系数越大，噪声越强，加权越小。可见，匹配滤波器具有抑制噪声的作用。

匹配滤波器传输函数的普遍形式也可以由匹配滤波器方程的普遍形式得到。将式(2.2.17)中积分限的限制由$[0,T]$扩充为$(-\infty,\infty)$，于是式(2.2.17)便可作为一个卷积积分来求解。

将式(2.2.17)的积分限扩充后的形式为

$$\int_{-\infty}^{\infty}h_0(\tau)R_n(t-\tau)\mathrm{d}\tau=s(T-t) \tag{2.2.30}$$

这相当于求$h_0(t)$的近似最佳非因果解。积分限扩充之后，式(2.2.30)就是如下的卷积运算：

$$h_0(t)*R_n(t)=s(T-t) \tag{2.2.31}$$

对式(2.2.30)取傅里叶变换，有

$$H_0(\omega)S_n(\omega)=S^*(\omega)\mathrm{e}^{-\mathrm{j}\omega T} \tag{2.2.32}$$

于是有
$$H_0(\omega)=\frac{S^*(\omega)\mathrm{e}^{-\mathrm{j}\omega T}}{S_n(\omega)} \tag{2.2.33}$$

式(2.2.33)与式(2.2.29)相同。由于在得到式(2.2.33)的过程中，将积分限由$[0,T]$扩充到$(-\infty,\infty)$，故式(2.2.33)所示的匹配滤波器传输函数的表示式是物理不可实现的。为了保证匹配滤波器的物理可实现性，将式(2.2.33)分解为 2 部分：$H_0(\omega)=[H_0(\omega)]^++[H_0(\omega)]^-$，其中$[H_0(\omega)]^+$表示$H_0(\omega)$的极、零点都在$S$左半平面的部分，$[H_0(\omega)]^-$表示$H_0(\omega)$的极、零点都在

S右半平面的部分，而物理可实现匹配滤波器的传输函数仅取$H_0(\omega)$的极、零点都在S左半平面的部分，即

$$H_{0c}(\omega)=\left[H_0(\omega)\right]^+=\left[\frac{S^*(\omega)\mathrm{e}^{-\mathrm{j}\omega T}}{S_n(\omega)}\right]^+ \tag{2.2.34}$$

2.3 白噪声背景下的匹配滤波器

为了进一步讨论匹配滤波器，将输入的平稳噪声分为白噪声和色噪声两种情况，分别讨论这两种情况下的匹配滤波器。本节将讨论白噪声背景下的匹配滤波器。

1．白噪声背景下匹配滤波器的冲激响应

设白噪声的自相关函数为$R_n(\tau)=(N_0/2)\delta(\tau)$，功率谱密度为$S_n(\omega)=N_0/2$。

将白噪声的自相关函数代入到匹配滤波器方程式(2.2.17)，就可以直接求出白噪声背景下匹配滤波器的冲激响应，即

$$h_0(t)=\frac{2}{N_0}s(T-t)\qquad 0\leqslant t\leqslant T \tag{2.3.1}$$

由式(2.3.1)可见：白噪声背景下匹配滤波器的冲激响应是输入的已知确定信号沿时间轴反褶，并延迟时间T。因此，如果设计白噪声背景下的匹配滤波器，需要知道输入确定信号的波形。

根据式(2.3.1)和式(2.2.18)，白噪声背景下匹配滤波器的输出信噪比为

$$\mathrm{SNR}_{\max}=\int_0^T\frac{2}{N_0}s^2(T-\tau)\mathrm{d}\tau=\int_0^T\frac{2}{N_0}s^2(t)\mathrm{d}t=\frac{2E}{N_0} \tag{2.3.2}$$

式中，E为输入信号能量。

由式(2.3.2)可见：白噪声背景下匹配滤波器的输出信噪比只与输入信号能量E和白噪声功率谱密度$N_0/2$有关，而与输入信号的波形和噪声的概率分布无关。

白噪声背景下匹配滤波器在时刻T的输出为

$$y_0(T)=\int_0^T x(T-t)h_0(t)\mathrm{d}t=\int_0^T\frac{2}{N_0}x(T-t)s(T-t)\mathrm{d}t=\frac{2}{N_0}\int_0^T x(t)s(t)\mathrm{d}t \tag{2.3.3}$$

2．白噪声背景下匹配滤波器的传输函数

将白噪声的功率谱密度代入式(2.2.33)，就可以直接求出白噪声背景下匹配滤波器的传输函数，即

$$H_0(\omega)=\frac{2S^*(\omega)\mathrm{e}^{-\mathrm{j}\omega T}}{N_0}=KS^*(\omega)\mathrm{e}^{-\mathrm{j}\omega T} \tag{2.3.4}$$

式中，$K=2/N_0$。通常取$K=1$。

当然，白噪声背景下匹配滤波器的传输函数可以直接由冲激响应的傅里叶变换得到。由式(2.3.4)可见：白噪声背景下匹配滤波器的传输函数为输入的已知确定信号频谱的共轭，并附加相移$-\omega T$。因此，白噪声背景下匹配滤波器的幅频特性等于输入确定信号的幅频特性，或者说二者是相匹配的。这也是把此种滤波器称为匹配滤波器的缘故。

3．白噪声背景下匹配滤波器的性质

匹配滤波器的概念在信号检测理论中起着重要的和基本的作用，匹配滤波理论是信号检测理论中的特别重要的一个论题。为了更好地理解和应用匹配滤波理论，下面对白噪声背景下匹

配滤波器的某些性质做进一步的讨论。

（1）在所有线性滤波器中，匹配滤波器输出的信噪比最大，其数值等于$2E/N_0$。

（2）匹配滤波器的输出信噪比，仅与输入信号能量E和白噪声的功率谱密度$N_0/2$有关，而与输入信号的波形、噪声的分布律无关。输入信号的波形只影响匹配滤波器冲激响应或传输函数的形状。只要各种信号的能量相同，白噪声的功率谱密度相同，与它们相应的匹配滤波器的输出信噪比就都一样。换句话说，在同样的噪声干扰条件下，只有增加信号的能量，才能提高匹配滤波器的检测能力。

（3）匹配滤波器的幅频特性与输入信号的幅频特性一致，而匹配滤波器的相频特性与输入信号的相频特性相反，并有一附加的相位项$-\omega T$。

设输入信号的频谱和匹配滤波器的传输函数分别为

$$S(\omega)=|S(\omega)|\exp[\mathrm{j}\varphi_{\mathrm{s}}(\omega)] \tag{2.3.5}$$

$$H_0(\omega)=|H_0(\omega)|\exp[\mathrm{j}\varphi_{\mathrm{h}}(\omega)] \tag{2.3.6}$$

式中，$|S(\omega)|$和$\varphi_{\mathrm{s}}(\omega)$分别为输入信号的幅频特性和相频特性；$|H_0(\omega)|$和$\varphi_{\mathrm{h}}(\omega)$分别为传输函数的幅频特性和相频特性。

根据式(2.3.4)，有

$$H_0(\omega)=|H_0(\omega)|\exp[\mathrm{j}\varphi_{\mathrm{h}}(\omega)]=|S(\omega)|\exp[-\mathrm{j}\varphi_{\mathrm{s}}(\omega)-\mathrm{j}\omega T] \tag{2.3.7}$$

故有

$$|H_0(\omega)|=|S(\omega)| \tag{2.3.8}$$

$$\varphi_{\mathrm{h}}(\omega)=-\varphi_{\mathrm{s}}(\omega)-\omega T \tag{2.3.9}$$

由式(2.3.8)可见，匹配滤波器的幅频特性与输入信号的幅频特性一致，说明匹配滤波器对输入信号中较强的频率成分给以较大的权重，而对输入信号中较弱的频率成分，则给以较小的权重，这显然是在白噪声(它具有均匀的功率谱密度)中过滤信号的一种最有效的权重方式。

由式(2.3.9)可见，匹配滤波器的相频特性与输入信号的相位谱互补(除线性相位项ωT外)。它说明，不管输入信号有怎样复杂的非线性相位谱，经过匹配滤波器以后，这些非线性相位谱将全部被补偿掉，输出信号仅保留有线性相位谱。这就意味着输出信号的各不同频率成分将在某一时刻T达到同一相位，振幅代数相加，从而形成输出信号的峰值。至于噪声，由于它固有的随机性，匹配滤波器的相位特性对它没有任何影响。因此，匹配滤波器对信号的各频率分量起到同相相加的作用，而对噪声仍按照随机相位的情形相加，从而使输出端的信噪比得到提高。

（4）匹配滤波器的物理可实现性。

为了保证匹配滤波器的物理可实现性，式(2.3.4)的右端必须取S左半平面的极、零点，即

$$H_0(\omega)=\left[S^*(\omega)\mathrm{e}^{-\mathrm{j}\omega T}\right]^+ \tag{2.3.10}$$

或者表示成另外一种形式

$$H_0(\omega)=\int_0^{\infty}\left[\frac{1}{2\pi}\int_{-\infty}^{\infty}S^*(\omega)\mathrm{e}^{-\mathrm{j}\omega T}\mathrm{e}^{\mathrm{j}\omega t}\mathrm{d}\omega\right]\mathrm{e}^{-\mathrm{j}\omega t}\mathrm{d}t \tag{2.3.11}$$

若输入信号$s(t)$为实函数(物理上存在的信号都是实函数)，即有$S^*(\omega)=S(-\omega)$，则

$$H_0(\omega)=\int_0^{\infty}\left[\frac{1}{2\pi}\int_{-\infty}^{\infty}S(-\omega)\mathrm{e}^{-\mathrm{j}\omega(T-t)}\mathrm{d}\omega\right]\mathrm{e}^{-\mathrm{j}\omega t}\mathrm{d}t=\int_0^{\infty}s(T-t)\mathrm{e}^{-\mathrm{j}\omega t}\mathrm{d}t$$

因此，匹配滤波器的冲激响应为

$$h_0(t)=\begin{cases}s(T-t) & t>0\\ 0 & t<0\end{cases} \tag{2.3.12}$$

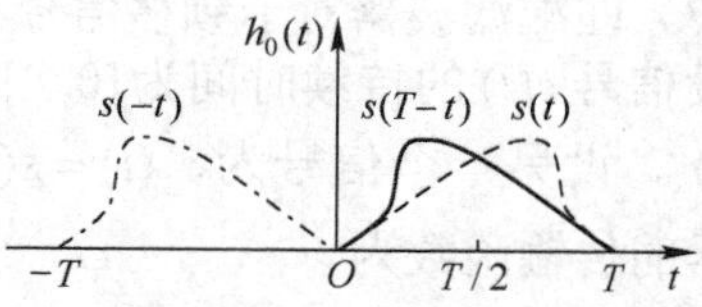

图 2.3.1　白噪声背景下匹配滤波器的冲激响应

式(2.3.12)说明，匹配滤波器的冲激响应是输入信号的镜像函数，对称点在时间轴的 $T/2$ 点上，如图 2.3.1 所示。在图 2.3.1 中，虚线表示输入信号 $s(t)$，点划线表示 $s(-t)$，实线表示 $s(T-t)$。

（5）匹配滤波输出的观测时刻选择在输入信号的末尾。

由于输入信号 $s(t)$ 的持续时间为 $(0,T)$，根据式(2.3.12)所示的匹配滤波器冲激响应，可知匹配滤波器输出信号在时刻 T 达到最大，在时刻 T 瞬时功率也达到最大，从而在时刻 T 输出信噪比达到最大值。设对匹配滤波输出的观测时刻为 t_0，根据卷积运算的特性，在 $t_0 \leqslant T$ 时，匹配滤波输出信噪比随着观测时刻 t_0 逐渐增大；在 $t_0=T$ 时，匹配滤波输出信噪比达到最大值；在 $t_0>T$ 时，匹配滤波输出信噪比随着观测时刻 t_0 逐渐减小。因为在输入信号未全部结束之前，便无从得到它的全部能量，滤波器的输出信噪比当然也不可能达到它的最大值 $2E/N_0$。输入信号全部送入匹配滤波器的时刻，使输出信噪比达到最大值。因此，匹配滤波输出的观测时刻选择在输入信号的末尾，即 $t_0=T$。

如果输入信号 $s(t)$ 的持续时间为 $(0,\infty)$，则以匹配滤波输出信噪比 $2E/N_0$ 达到要求值的时刻 t_0 作为观测时刻；并且，为了满足物理可实现性的要求，匹配滤波器的冲激响应为

$$h_0(t)=\begin{cases}s(t_0-t) & 0<t\leqslant t_0\\ 0 & t<0,\ t>t_0\end{cases} \tag{2.3.13}$$

（6）匹配滤波器对于波形相似而振幅和时延参量不同的信号具有适应性。就是说，对与信号 $s(t)$ 匹配的匹配滤波器，对于所有与 $s(t)$ 波形相似仅振幅及时延不同的其他信号，也是匹配的。

设信号 $s(t)$ 的持续时间为 $(0,T)$，其频谱为 $S(\omega)$，与之相匹配的匹配滤波器的传输函数 $H_0(\omega)$ 为

$$H_0(\omega)=S^*(\omega)\exp(-\mathrm{j}\omega T) \tag{2.3.14}$$

设另一个信号为 $s_1(t)=as(t-\tau)$，其频谱为

$$S_1(\omega)=aS(\omega)\exp(-\mathrm{j}\omega\tau) \tag{2.3.15}$$

式中，a 为任意实常数；τ 为延迟时间。

与信号 $s_1(t)$ 匹配的匹配滤波器的传输函数 $H_1(\omega)$ 为

$$\begin{aligned}H_1(\omega)&=S_1^*(\omega)\exp(-\mathrm{j}\omega T_1)=aS^*(\omega)\exp[-\mathrm{j}\omega(T_1-\tau)]\\&=aH_0(\omega)\exp\{-\mathrm{j}\omega[(T_1-(T+\tau)]\}\end{aligned} \tag{2.3.16}$$

式中，T 表示匹配滤波器 $H_0(\omega)$ 输出信噪比达到最大值的时刻；T_1 表示匹配滤波器 $H_1(\omega)$ 输出信噪比达到最大值的时刻。若观测时刻都选在信号的末尾，由于 $s_1(t)$ 相对于 $s(t)$ 延迟了时间 τ，所以 T_1 也比 T 延迟时间 τ，即 $T_1=T+\tau$。在式(2.3.16)中，令 $T_1=T+\tau$，便有

$$H_1(\omega)=aH_0(\omega) \tag{2.3.17}$$

由式(2.3.17)可见，两个匹配滤波器之间除了一个表示相对放大量的常数 a 以外，它们的传输函数完全一致。所以，匹配滤波器 $H_0(\omega)$ 对于信号 $s_1(t)=as(t-\tau)$ 来说，也是匹配的，只是最大信噪比出现的时刻平移了而已。

（7）匹配滤波器对于频移信号不具有适应性。

设信号 $s(t)$ 的持续时间为 $[0,T]$，其频谱为 $S(\omega)$，与之相匹配的匹配滤波器的传输函数为 $H_0(\omega)$。设另一个信号为 $s_2(t)=s(t)\exp(-\mathrm{j}\gamma t)$，其频谱为 $S_2(\omega)=S(\omega+\gamma)$，与之相应的匹配滤波器的传输函数为

$$H_2(\omega)=S^*(\omega+\gamma)\exp(-\mathrm{j}\omega T) \tag{2.3.18}$$

显然，$H_2(\omega)$ 与 $H(\omega)$ 是不相同的，故匹配滤波器对于频移信号没有适应性。

（8）匹配滤波器与相关器是完全等效的。

设两个信号 $x_1(t)$ 和 $x_2(t)$，持续时间均为 $[0,T]$，它们的相关运算定义为

$$r(T)=\int_0^T x_1(\tau)x_2(\tau)\mathrm{d}\tau \tag{2.3.19}$$

完成相关运算的装置称为相关器。

在输入为 $x(t)=s(t)+n(t)$ 时，白噪声背景下匹配滤波器在时刻 T 的输出为

$$y_0(T)=\int_0^T x(T-t)h_0(t)\mathrm{d}t=\int_0^T \frac{2}{N_0}x(T-t)s(T-t)\mathrm{d}t=\frac{2}{N_0}\int_0^T x(t)s(t)\mathrm{d}t \tag{2.3.20}$$

显然，在时刻 T，白噪声背景下匹配滤波器的输出与相关器的输出是相等的。由此称：匹配滤波器与相关器是完全等效的。

相关器和匹配滤波器各有特点，采用哪个合适要根据具体情况而定。一般来说，相关器需要一个与有用信号相同的本地相干信号，而且要求它和接收信号中的有用信号严格同步，这一点是难以实现的。匹配滤波器不需要本地相干信号，因此结构比较简单，但其冲激响应与有用信号的匹配往往难以精确做到。此外，要求有准确的抽样时刻，这也不是轻而易举能办到的。

（9）匹配滤波器的输出信号是输入信号的自相关函数。

对于输入信号 $s(t)$，匹配滤波器的输出信号为

$$s_0(t)=\int_0^\infty h_0(\tau)s(t-\tau)\mathrm{d}\tau=\int_0^\infty s(T-\tau)s(t-\tau)\mathrm{d}\tau \tag{2.3.21}$$

式(2.3.21)的积分下限实际上不可能小于 0，因而，不妨将积分下限改为 $-\infty$，于是有

$$s_0(t)=\int_{-\infty}^\infty s(T-\tau)s(t-\tau)\mathrm{d}\tau=R_s(t-T) \tag{2.3.22}$$

式中，$R_s(t-T)$ 表示输入信号的自相关函数。

设输入信号 $s(t)$ 的频谱为 $S(\omega)$，输出信号 $s_0(t)$ 的频谱 $S_0(\omega)$ 为

$$S_0(\omega)=H_0(\omega)S(\omega)=S^*(\omega)\exp(-\mathrm{j}\omega T)S(\omega)=|S(\omega)|^2\exp(-\mathrm{j}\omega T) \tag{2.3.23}$$

式中，$|S(\omega)|^2$ 是输入信号频谱 $S(\omega)$ 模的平方，称为输入信号 $s(t)$ 的能量频谱。因此，匹配滤波器输出信号的频谱 $S_0(\omega)$ 与输入信号的能量频谱成正比，同时乘以与频率成比例的时延因子 $\exp(-\mathrm{j}\omega T)$。

例 2.3.1 设输入信号为单个矩形脉冲，即

$$s(t)=\begin{cases} a & 0\leqslant t\leqslant\tau \\ 0 & t<0, t>\tau \end{cases}$$

求与之相匹配的白噪声背景下匹配滤波器及对应于 $s(t)$ 的输出信号。

解： 输入信号 $s(t)$ 的频谱为

$$S(\omega)=\int_{-\infty}^\infty s(t)\mathrm{e}^{-\mathrm{j}\omega t}\mathrm{d}t=a\int_0^\tau \mathrm{e}^{-\mathrm{j}\omega t}\mathrm{d}t=\frac{a}{\mathrm{j}\omega}(1-\mathrm{e}^{-\mathrm{j}\omega\tau})$$

与输入信号 $s(t)$ 对应的白噪声背景下匹配滤波器的传输函数为

$$H(\omega)=\frac{a}{\mathrm{j}\omega}(\mathrm{e}^{\mathrm{j}\omega\tau}-1)\mathrm{e}^{-\mathrm{j}\omega\tau}=\frac{a}{\mathrm{j}\omega}(1-\mathrm{e}^{-\mathrm{j}\omega\tau})$$

由上式所示的传输函数可得到匹配滤波器的组成，如图 2.3.2 所示。匹配滤波器由视频放大器(放大系数为 a)、积分器、延迟时间为 τ 的延迟线及减法器组成。

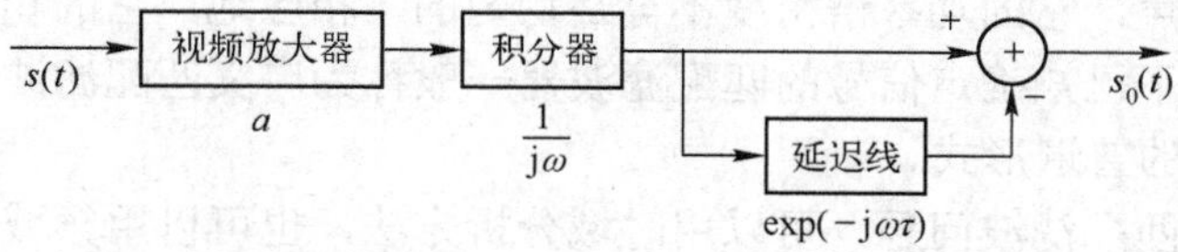

图 2.3.2　单个矩形脉冲信号匹配滤波器组成

与输入信号 $s(t)$ 对应的白噪声背景下匹配滤波器的冲激响应为

$$h(t)=\begin{cases}a & 0\leqslant t\leqslant\tau\\0 & t>\tau\end{cases}$$

将输入信号和匹配滤波器的冲激响应进行卷积运算，可得匹配滤波器的输出信号为

$$s_0(t)=\begin{cases}0 & t<0\\a^2t & 0\leqslant t\leqslant\tau\\a^2(2\tau-t) & \tau\leqslant t\leqslant 2\tau\\0 & t>2\tau\end{cases}$$

输出信号峰值出现在 $t=\tau$ 时刻并等于 E，这里有 $E=a^2\tau$。输入信号 $s(t)$ 的波形及匹配滤波器的冲激响应，如图 2.3.3 所示；输出信号 $s_0(t)$ 的波形如图 2.3.4 所示；匹配滤波器把矩形脉冲变成了持续期加倍的三角形脉冲。

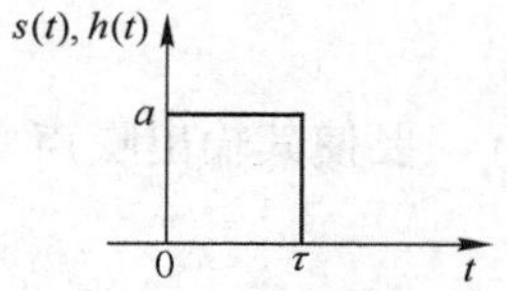

图 2.3.3　单个矩形脉冲信号波形及匹配滤波器冲激响应

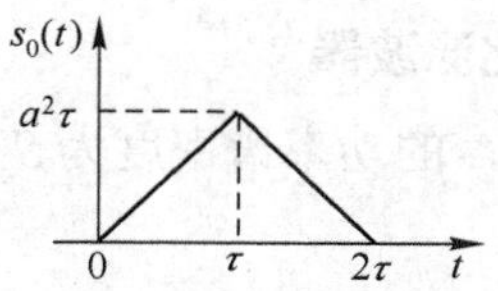

图 2.3.4　输出信号波形

例 2.3.2　设输入信号为单个射频脉冲信号，脉冲宽度为 τ，射频角频率为 ω_0，其表示式为 $s(t)=aP(t)\cos\omega_0 t$，式中

$$P(t)=\begin{cases}1 & 0\leqslant t\leqslant\tau\\0 & t<0,\ t>\tau\end{cases}$$

求与之相匹配的白噪声背景下的匹配滤波器。

解： 输入信号 $s(t)$ 的频谱为

$$S(\omega)=\frac{a}{2\mathrm{j}(\omega-\omega_0)}[1-\mathrm{e}^{-\mathrm{j}(\omega-\omega_0)\tau}]+\frac{a}{2\mathrm{j}(\omega+\omega_0)}[1-\mathrm{e}^{-\mathrm{j}(\omega+\omega_0)\tau}]$$

与输入信号 $s(t)$ 对应的白噪声背景下匹配滤波器的传输函数为

$$H(\omega)=\frac{a(\mathrm{e}^{-\mathrm{j}\omega_0\tau}-\mathrm{e}^{-\mathrm{j}\omega\tau})}{2\mathrm{j}(\omega-\omega_0)}+\frac{a(\mathrm{e}^{\mathrm{j}\omega_0\tau}-\mathrm{e}^{-\mathrm{j}\omega\tau})}{2\mathrm{j}(\omega+\omega_0)}$$

与输入信号 $s(t)$ 对应的白噪声背景下匹配滤波器的冲激响应为

$$h(t) = aP(\tau - t)\cos\omega_0(\tau - t)$$

2.4 色噪声背景下的匹配滤波器

上一节讨论了白噪声背景下的匹配滤波器，本节将讨论色噪声背景下的匹配滤波器问题。色噪声就是指非白噪声，它的功率谱密度不再是均匀的，相应地，它的相关函数也不再是δ函数型的。色噪声背景下已知确定信号的匹配滤波器一般称为广义匹配滤波器，它应满足匹配滤波器方程及传输函数的普遍形式。

解决色噪声下的匹配滤波问题，可以用时域分析方法，也可以用频域分析方法。时域分析方法就是直接求解积分方程式(2.2.17)，得出色噪声背景下匹配滤波器的冲激响应$h(t)$，具体方法见参考文献[27]。本节讨论色噪声背景下匹配滤波器的频域分析方法，通常应用白化处理方法求广义匹配滤波器的频域解。

白化处理方法就是：先将含有色噪声的输入信号通过一个白化滤波器，把色噪声变为白噪声，然后让白化滤波器输出通过白噪声背景下的匹配滤波器，从而实现色噪声背景下的匹配滤波，这样，就可将在白噪声下得到的结果应用到色噪声情况中。具体地说，就是把传输函数为$H(\omega)$的色噪声背景下匹配滤波器等效为两个滤波器的级联，它们的传输函数分别为$H_{\mathrm{w}}(\omega)$和$H_{\mathrm{m}}(\omega)$，如图 2.4.1 所示。在图 2.4.1 中，第一个滤波器用来作为白化滤波器，将输入色噪声$n(t)$变换成白噪声$n_1(t)$，因此，在它的输出端为已知信号$s_1(t)$与白噪声$n_1(t)$之和。第二个滤波器则是在白噪声下对于信号$s_1(t)$的匹配滤波器。

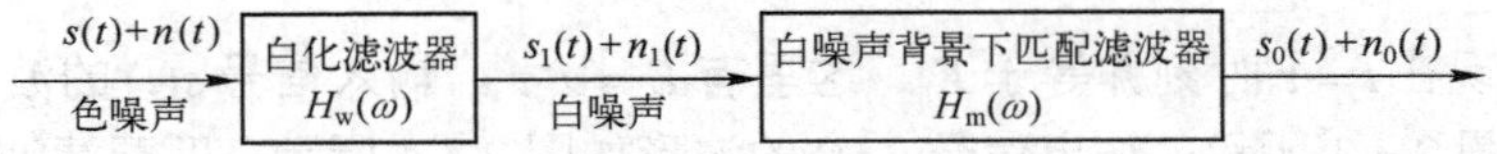

图 2.4.1 色噪声背景下匹配滤波器

1. 白化滤波器

设色噪声的功率谱密度为$S_n(\omega)$，对于白化滤波器$H_{\mathrm{w}}(\omega)$，要使其输出噪声变为白噪声，则需满足

$$|H_{\mathrm{w}}(\omega)|^2 S_n(\omega) = c \tag{2.4.1}$$

式中，c为任意常数。为了简化运算，后面取$c=1$。

由式(2.4.1)得到
$$|H_{\mathrm{w}}(\omega)|^2 = \frac{1}{S_n(\omega)} \tag{2.4.2}$$

由于噪声的功率谱密度$S_n(\omega)$为非负的实函数，则$S_n(\omega)$可分解为

$$S_n(\omega) = S_n^+(\omega)S_n^-(\omega) \tag{2.4.3}$$

式中，$S_n^+(\omega)$的零、极点都在S的左半平面，即对于$t<0$，它的逆傅里叶变换为 0；$S_n^-(\omega)$的零、极点都在S的右半平面，即对于$t>0$，它的逆傅里叶变换为 0。

由于噪声的功率谱密度$S_n(\omega)$为实函数，所以其零、极点是成对共轭出现的，即在S平面上关于虚轴对称。所以出现在S平面左半面的零点(或极点)，其在右半平面的对称点也一定是它的零点(或极点)。由此得到

$$S_n^+(\omega) = [S_n^-(\omega)]^* \tag{2.4.4}$$

故有
$$S_n(\omega) = S_n^+(\omega)S_n^-(\omega) = S_n^+(\omega)[S_n^+(\omega)]^* = S_n^-(\omega)[S_n^-(\omega)]^*$$

$$=|S_n^+(\omega)|^2=|S_n^-(\omega)|^2 \tag{2.4.5}$$

由式(2.4.1)得到
$$|H_{\mathrm{w}}(\omega)|^2=\frac{1}{|S_n^+(\omega)|^2}=\frac{1}{|S_n^-(\omega)|^2} \tag{2.4.6}$$

进一步得到白化滤波器的传输函数为

$$H_{\mathrm{w}}(\omega)=\frac{1}{S_n^+(\omega)} \tag{2.4.7}$$

注意：在构造式(2.4.7)所示的白化滤波器传输函数时，没有选择式(2.4.6)中的$S_n^-(\omega)$，而是选择了$S_n^+(\omega)$。这是因为$S_n^+(\omega)$的零、极点均在S平面的左半面，所以$H_{\mathrm{w}}(\omega)$的零、极点也全部在S平面的左半面，其逆傅里叶变换是正时间函数，也就是说，这样构造的白化滤波器是物理可实现滤波器。

2．白噪声下的匹配滤波器

由于输入确定信号$s(t)$也通过了白化滤波器$H_{\mathrm{w}}(\omega)$，白化滤波器的输出确定信号$s_1(t)$的频谱$S_1(\omega)$为

$$S_1(\omega)=H_{\mathrm{w}}(\omega)S(\omega) \tag{2.4.8}$$

由于白化滤波器$H_{\mathrm{w}}(\omega)$后串接的白噪声背景下匹配滤波器是针对白化滤波器的输出确定信号$s_1(t)$的，故与$s_1(t)$相匹配的白噪声背景下匹配滤波器的传输函数$H_{\mathrm{m}}(\omega)$为

$$H_{\mathrm{m}}(\omega)=S_1^*(\omega)\mathrm{e}^{-\mathrm{j}\omega T}=H_{\mathrm{w}}^*(\omega)S^*(\omega)\mathrm{e}^{-\mathrm{j}\omega T} \tag{2.4.9}$$

3．色噪声下的匹配滤波器

由式(2.4.7)和式(2.4.9)，得到色噪声背景下广义匹配滤波器的传输函数为

$$\begin{aligned}H(\omega)&=H_{\mathrm{w}}(\omega)H_{\mathrm{m}}(\omega)=H_{\mathrm{w}}(\omega)H_{\mathrm{w}}^*(\omega)S^*(\omega)\mathrm{e}^{-\mathrm{j}\omega T}\\&=\frac{1}{S_n^+(\omega)}\frac{1}{[S_n^+(\omega)]^*}S^*(\omega)\mathrm{e}^{-\mathrm{j}\omega T}=\frac{S^*(\omega)}{S_n(\omega)}\mathrm{e}^{-\mathrm{j}\omega T}\end{aligned} \tag{2.4.10}$$

式(2.4.10)与式(2.2.33)完全一致。注意：在式(2.4.10)中，$H_{\mathrm{w}}(\omega)$是物理可实现滤波器，但滤波器$H_{\mathrm{m}}(\omega)$有可能是物理不可实现的。因此，在构造式(2.4.10)所示的色噪声背景下匹配滤波器的传输函数时，若要求匹配滤波器物理可实现，式(2.4.10)中的$H_{\mathrm{m}}(\omega)$应该用物理可实现的$H_{\mathrm{m}}(\omega)$代替，或直接通过式(2.4.10)求取$H(\omega)$所对应的物理可实现的广义匹配滤波器的传输函数$[H(\omega)]^+$。

例 2.4.1　已知信号$s(t)=\begin{cases}\mathrm{e}^{-t/2}-\mathrm{e}^{-t}, & t\geqslant 0\\ 0, & t<0\end{cases}$，噪声的功率谱密度为$S_n(\omega)=\dfrac{1}{\omega^2+1}$，求对于$s(t)$匹配的广义匹配滤波器。

解：将色噪声的功率谱密度分解为因子乘式，即

$$S_n(\omega)=S_n^+(\omega)S_n^-(\omega)=\left(\frac{1}{1+\mathrm{j}\omega}\right)\left(\frac{1}{1-\mathrm{j}\omega}\right)$$

则白化滤波器的传输函数为

$$H_{\mathrm{w}}(\omega)=\frac{1}{S_n^+(\omega)}=1+\mathrm{j}\omega$$

已知信号 $s(t)$ 的频谱为 $$S(\omega)=\frac{2}{1+2\mathrm{j}\omega}-\frac{1}{1+\mathrm{j}\omega}$$

白化滤波器输出信号 $s_1(t)$ 的频谱为

$$S_1(\omega)=S(\omega)H_{\mathrm{w}}(\omega)=\left(\frac{2}{1+2\mathrm{j}\omega}-\frac{1}{1+\mathrm{j}\omega}\right)(1+\mathrm{j}\omega)=\frac{1}{1+2\mathrm{j}\omega}$$

白化滤波器输出噪声 $n_1(t)$ 的功率谱密度为

$$S_{n1}(\omega)=S_n(\omega)\left|H_{\mathrm{w}}(\omega)\right|^2=1$$

白化滤波器输出信号为 $$s_1(t)=\frac{1}{2}\mathrm{e}^{-\frac{t}{2}}\qquad t\geqslant 0$$

在白噪声 $n_1(t)$ 下对 $s_1(t)$ 的匹配滤波器的传输函数为

$$H_{\mathrm{m}}(\omega)=S_1^*(\omega)\mathrm{e}^{-\mathrm{j}\omega t_0}$$

式中，t_0 是观测时刻。将 $S_1^*(\omega)$ 代入上式，得

$$H_{\mathrm{m}}(\omega)=\frac{1}{1-2\mathrm{j}\omega}\mathrm{e}^{-\mathrm{j}\omega t_0}$$

与 $H_{\mathrm{m}}(\omega)$ 相应的冲激响应为

$$h_{\mathrm{m}}(t)=\begin{cases}\dfrac{1}{2}\mathrm{e}^{(t-t_0)/2}, & -\infty<t<t_0\\ 0, & t>t_0\end{cases}$$

可见，在白噪声 $n_1(t)$ 下对 $s_1(t)$ 的匹配滤波器是物理不可实现滤波器。因此，取 $h_{\mathrm{m}}(t)$ 的物理可实现部分作为物理可实现滤波器，于是有

$$h_{\mathrm{mc}}(t)=\begin{cases}\dfrac{1}{2}\mathrm{e}^{(t-t_0)/2}, & 0<t<t_0\\ 0, & t>t_0,\ t<0\end{cases}$$

相应的传输函数为 $$H_{\mathrm{mc}}(\omega)=\int_0^{t_0}\frac{1}{2}\mathrm{e}^{(t-t_0)/2}\mathrm{e}^{-\mathrm{j}\omega t}\mathrm{d}t=\frac{1}{1-2\mathrm{j}\omega}(\mathrm{e}^{-\mathrm{j}\omega t_0}-\mathrm{e}^{-t_0/2})$$

广义匹配滤波器的传输函数为

$$H(\omega)=H_{\mathrm{w}}(\omega)H_{\mathrm{mc}}(\omega)=\frac{1+\mathrm{j}\omega}{1-2\mathrm{j}\omega}(\mathrm{e}^{-\mathrm{j}\omega t_0}-\mathrm{e}^{-t_0/2})$$

$$=\left(-\frac{1}{2}+\frac{3/2}{1-2\mathrm{j}\omega}\right)(\mathrm{e}^{-\mathrm{j}\omega t_0}-\mathrm{e}^{-t_0/2})$$

广义匹配滤波器的冲激响应为

$$h(t)=-\frac{1}{2}\delta(t-t_0)+\frac{1}{2}\mathrm{e}^{-t_0/2}\delta(t)+\frac{3}{4}\mathrm{e}^{(t-t_0)/2}\left[u(t_0-t)-u(-t)\right]$$

式中，$u(t)$ 表示单位阶跃函数。

本章小结

匹配滤波器是电子信息系统的基本组成部分，其作用是使输出信噪比达到最大，减小噪声对信号处理的影响。它只要求输出信噪比最大，不要求输出信号波形和输入信号波形之间的相

似程度。

匹配滤波器具有以下特点：① 输入信号是确定信号加平稳噪声，而且信号与噪声相互独立。② 匹配滤波器是线性时不变系统。③ 采用输出信噪比最大准则作为最佳准则。④ 若要得到匹配滤波器的时域冲激响应或传输函数，要求掌握确定信号的特性和噪声的部分统计特性，也就是，要求已知确定信号的波形和噪声的一、二阶矩，即噪声的平均值和自相关函数或功率谱密度。

本章首先讨论了匹配滤波器的概念、作用及研究思路。3.2 节依据最大信噪比准则，从时域和频域两个方面，推导出既适合于白噪声，又适合于色噪声的匹配滤波器方程的普遍形式和匹配滤波器传输函数的普遍形式。3.3 节针对白噪声，根据匹配滤波器方程的普遍形式和匹配滤波器传输函数的普遍形式，得出白噪声背景下匹配滤波器的冲激响应和传输函数，进一步讨论了白噪声背景下匹配滤波器的一些性质。3.4 节针对色噪声，采用白化处理方法，从频域求解色噪声背景下匹配滤波器的传输函数。

匹配滤波器是一种与输入确定信号相匹配的最佳线性滤波器，对输入确定信号具有针对性。匹配滤波器的设计需要注意物理可实现性。

匹配滤波器这种实现系统最佳的方法称为限定结构型方法。即首先限定了系统的结构，然后在给定的最佳准则下，寻求在此条件下的最佳系统。这种限定结构型方法的特点是：

（1）在给定的最佳准则下，所得到的系统只是在所限定那类系统中的最佳者，但并不一定是所有系统中的最佳系统，例如，匹配滤波器只是最大信噪比准则下的最佳线性系统，但还可能有其他结构的系统(比如非线性系统)比它更好，能给出更大的信噪比。

（2）实现这种系统，只要求掌握信号与噪声的部分统计特性，而无须掌握它们的完备统计知识。

思考题

2.1　论述匹配滤波器的概念和特点，写出匹配滤波器方程的表达式并解释其物理意义。

2.2　简述白噪声、高斯白噪声和色噪声的含义。

2.3　简述匹配滤波器及广义匹配滤波器的含义，说明采用白化处理法求解广义匹配滤波器的方法并画出广义匹配滤波器原理框图。

2.4　说明匹配滤波输出的观测时刻选择在输入信号末尾的原因。

2.5　简述白噪声背景下匹配滤波器与相关器的关系。

习题

2.1　设线性滤波器的输入为 $x(t)=s(t)+n(t)$ ，其中 $n(t)$ 是功率谱密度为 $N_0/2$ 的白噪声，信号为 $s(t)=\begin{cases}A, & T\leqslant t\leqslant 2T\\ 0, & t<T,t>2T\end{cases}$ ，式中， $A>0$ ， $T>0$ 。

（1）试求匹配滤波器的冲激响应及对应于 $s(t)$ 的输出信号。

（2）画出输入信号 $s(t)$ 的波形、匹配滤波器冲激响应及输出信号 $s_0(t)$ 的波形。

（3）求匹配滤波器输出的信噪比。

2.2　设信号是矩形脉冲，脉冲持续时间为 τ_0 。信号表示式为 $s(t)=A\mathrm{rect}(t/\tau_0)$ ，其中 $\mathrm{rect}(x)$ 为矩形函数，即 $\mathrm{rect}(x)=\begin{cases}1, & |x|\leqslant 1/2\\ 0, & |x|>1/2\end{cases}$ ，设白噪声均值为 0、功率谱密度为 $N_0/2$ 。

（1）求匹配滤波器的传输函数及冲激响应；

（2）求输出信噪比；

（3）求匹配滤波器的输出信号，并画出其波形。

2.3　假设信号是具有矩形包络的高频脉冲，脉冲持续时间为τ_0，高频信号频率为ω_0。信号表示式为$s(t)=A\mathrm{rect}(t/\tau_0)\cos\omega_0 t$，其中$\mathrm{rect}(x)$为矩形函数，即$\mathrm{rect}(x)=\begin{cases}1, & |x|\leqslant 1/2\\ 0, & |x|>1/2\end{cases}$，设白噪声均值为0、功率谱密度为$N_0/2$。

（1）求匹配滤波器的传输函数及冲激响应；

（2）求匹配滤波器的输出信噪比；

（3）求匹配滤波器的输出信号，并画出其波形。

2.4　对于白噪声背景下正弦信号的非相干匹配滤波器(即匹配滤波器后接一个包络检波器)，证明其相位选择是任意的。

2.5　设线性滤波器的输入为$x(t)=s(t)+n(t)$，其中$n(t)$是功率谱密度为$N_0/2$的白噪声，信号为$s(t)=\begin{cases}A\exp[\alpha(t-T)], & 0\leqslant t\leqslant T\\ 0, & t<0,t>T\end{cases}$，式中，$\alpha>0$。试求匹配滤波器的传输函数和冲激响应。

2.6　设线性滤波器的输入为$x(t)=s(t)+n(t)$，其中$n(t)$是功率谱密度为$N_0/2$的白噪声，信号为$s(t)=\begin{cases}\exp(-t), & t\geqslant 0\\ 0, & t<0\end{cases}$。

（1）求物理不可实现匹配滤波器的传输函数及冲激响应。

（2）求物理可实现匹配滤波器的传输函数及冲激响应。

2.7　设线性滤波器的输入为$x(t)=s(t)+n(t)$，其中$n(t)$是功率谱密度为$N_0/2$的白噪声，信号为$s(t)=\begin{cases}\exp(-t), & 0\leqslant t\leqslant T\\ 0, & t<0,t>T\end{cases}$，求匹配滤波器的传输函数及冲激响应。

2.8　已知输入色噪声的功率谱密度为$S_n(\omega)=2\beta/(\omega^2+\beta^2)$，其中$\beta>0$，求白化滤波器的传输函数$H_{\mathrm{w}}(\omega)$。

2.9　已知色噪声的功率谱密度为$S_n(\omega)=\dfrac{2(\omega^2+1)}{\omega^2+4}$，求白化滤波器传输函数$H_w(\omega)$。

2.10　已知输入色噪声的功率谱密度为$S_n(\omega)=\dfrac{1}{\omega^2+\omega_0^2}$，求与已知信号$s(t)$匹配的广义匹配滤波器的冲激响应。

2.11　设线性滤波器的输入为$x(t)=s(t)+n(t)$，其中信号为$s(t)=A\cos\omega_0 t$，色噪声的功率谱密度为$S_n(\omega)=\dfrac{1}{\omega^2+\omega_0^2}$，求对应于已知信号$s(t)$的非因果广义匹配滤波器的冲激响应。

2.12　设线性滤波器的输入为$x(t)=s(t)+n(t)$，其中信号为$s(t)=\begin{cases}A, & 0\leqslant t\leqslant\tau\\ 0, & t<0,\ t>\tau\end{cases}$；平稳色噪声$n(t)$的功率谱密度为$S_n(\omega)=\dfrac{2\alpha\omega^2}{\omega^2+\alpha^2}$，求与已知信号$s(t)$匹配的广义匹配滤波器的传输函数。

2.13　设线性滤波器的输入为$x(t)=s(t)+n(t)$，其中$n(t)$是功率谱密度为$N_0/2$的白噪声，信号为$s(t)=\begin{cases}t, & 0\leqslant t\leqslant\tau_0\\ 0, & t<0,t>\tau_0\end{cases}$，对输入$x(t)$的观测时间为$(0,T)$，且$T>\tau_0$。

（1）试求匹配滤波器的冲激响应及对应于$s(t)$的输出信号。

（2）求匹配滤波器输出的信噪比。

2.14　设线性滤波器的输入为$x(t)=s(t)+n(t)$，其中$n(t)$是功率谱密度为$N_0/2$的白噪声，信号为$s(t)=\begin{cases}\exp(\mathrm{j}\omega_0 t), & 0\leqslant t\leqslant T\\ 0, & t<0,t>T\end{cases}$。

（1）求匹配滤波器的传输函数、冲激响应及对应于 $s(t)$ 的输出信号。

（2）求匹配滤波器的输出信噪比。

2.15　设线性滤波器的输入为 $x(t)=s(t)+n(t)$，其中信号为 $s(t)=A\cos\omega_0 t$，色噪声的功率谱密度为 $S_n(\omega)=\dfrac{1}{\omega^2+\omega_0^2}$，求对应于已知信号 $s(t)$ 的物理可实现的广义匹配滤波器的冲激响应。

2.16　设线性滤波器的输入为 $x(t)=s(t)+n(t)$，其中信号为 $s(t)=\begin{cases}A, & 0\leqslant t\leqslant\tau\\ 0, & t<0,\ t>\tau\end{cases}$，平稳色噪声 $n(t)$ 的功率谱密度为 $S_n(\omega)=\dfrac{1}{\omega^2+1}$，求对应于已知信号 $s(t)$ 的广义匹配滤波器的冲激响应。

第 3 章　信号检测的基本理论

信号检测是信号检测与估计的基本问题之一，也是信息传输系统中接收设备的基本任务之一。因为信息传输系统的发送设备所发送的载有信息的信号在传输过程中，受到信道噪声的干扰而发生畸变，使得信息传输系统的接收设备难以断定信号是否存在或者信号是属于哪种状态。信息传输系统中接收设备若要完成尽可能好地从接收信号中恢复被传送信号的任务，达到有效、可靠传输信息的目的，需要判决信号存在与否或者信号是属于哪种状态，而判决信号存在与否或者信号是属于哪种状态就是信号检测的问题。

信号检测理论主要研究在受噪声干扰的随机信号中，信号是否存在或信号属于哪个状态的最佳判决的概念、方法和性能等问题，其数学基础是数理统计中贝叶斯统计的贝叶斯统计决策的理论和方法。

3.1　信号检测的实质

信号检测是信息传输系统中接收设备经常遇到的实际问题。例如，在雷达系统中，发射机向空间某处发射了一个已知信号波形，接收机通过接收被目标反射回来的这个信号来获取目标的信息，而接收信号中混入了噪声与干扰，同时信号本身也发生了畸变。这样在接收信号中是否含有回波信号，就会使人产生怀疑，需要做出目标是否存在的判决。在数字通信系统中，传送信息的是若干个特定的信号波形，每个波形代表一个指定的信息组。这些波形在传输过程中，可能会受到工业噪声、交流噪声、随机脉冲噪声、宇宙噪声以及元器件内部热噪声的污染，同时还会受到信号间干扰、同信道干扰、邻信道干扰的影响，不可避免地会产生畸变，结果使处在接收机处的接收者无法确定所收到的信号波形究竟是若干个可能波形中的哪一个。在射电天文学中，接收机单独用作被动接收设备，信源所发出的信号本身就不可能是确知的，这种形式未知的信号也混入了干扰与噪声，因而更增加了信号存在的不确定性，更需要做出信号是否存在的判决。因此，信号检测的问题是从含有噪声的观测数据或波形中判决是否有某个信号存在，或区分几种不同的信号。

面对信号检测问题，需要研究信号检测理论和技术来解决这个问题。在信号检测问题中，所要检测的信号是接收设备所接收的信号，而接收设备所接收的信号是受噪声影响或干扰的信号，故接收设备所接收的信号是随机信号，而随机信号的波形是不确定的，致使噪声环境中信号检测的判决是不确定的，每次判决不可能都是正确的，判决有时会是错误的。因此，信号检测的判决问题需要用统计的方法来处理。判决信号是否存在或者信号是属于哪一种状态，是一个对随机信号的统计推断或统计决策的过程，与数理统计中的假设检验问题相似。数理统计中假设检验问题是对随机变量的统计推断或统计决策，而不是对随机信号的统计推断或统计决策。这就启发我们借鉴数理统计中统计推断或统计决策的思路，以数理统计中统计推断或统计决策理论为基础，研究随机信号的假设检验问题，也就是信号检测问题，研究信号检测问题所形成的一套理论就是信号检测理论。

信号检测的实质就是随机信号的假设检验问题，信号检测理论所研究的是具有随机特性的信号处理问题，采用统计推断或统计决策的研究方法，是统计信号处理的理论基础之一。

尽管本章中仍沿用假设检验这一术语，但它是指随机信号的假设检验，而非数理统计中随机变量的假设检验。随机信号的假设检验实际是随机变量假设检验的拓展。

数理统计是研究如何通过部分数据来对整体规律性进行认识的一门学科，体现了用部分认识整体的一种思维方法。在数理统计中，将研究对象或研究对象的某项数量指标值的全体概括为总体，将组成总体的每个基本单元称为个体。从总体中随机地抽取若干个个体或对总体进行若干次观测所得的数据称为样本。从而，样本就是这种认识活动的起点，总体就是认识的终点。对总体的不同侧面的认识及由此而产生的方法就形成了一系列的统计方法，统计推断理论构成了其中的核心内容。

任何一个总体都可以用一个随机变量或随机过程来描述。描述总体的随机变量或随机过程的概率分布或概率密度称为总体分布。任何一个样本也可以用一个随机变量或随机过程来描述。描述样本的随机变量或随机过程的概率分布或概率密度称为样本分布。

统计推断或统计决策是根据样本对总体的性质进行判决的。样本是通过抽样得到的。在抽取样本时要尽可能使它在总体中具有代表性，因此在抽样时应满足以下两个要求：同分布和独立性。同分布是指：抽取的每个样本应与总体有相同的分布。独立性是指：抽样必须是独立的，即每次抽样的结果既不影响其他各次的抽样的结果，也不受其他各次抽样结果的影响。

假设检验与参数估计是数理统计的两个基本问题，可以采用统计推断或统计决策的理论和方法来解决这两个基本问题。解决这两个基本问题的方法是统计思想的具体体现，通过这些基本方法的学习，可以领悟到统计处理的基本思路和推理机制。参数估计解决的是参数的取值，侧重于得到定量的结论。假设检验是判决假设是否成立，侧重于得到定性的结论。

假设检验是统计推断或统计决策的两个基本内容之一，其统计推理过程就是先假设再检验。具体地讲，假设检验就是先对未知总体提出某种假设或推断，然后利用抽取的一组样本，通过一定的方法，检验这个假设是否合理，从而做出接受还是拒绝这个假设的结论。假设检验问题就是研究如何根据抽样后获得的样本来检验抽样前所做的假设。

假设检验包括参数假设检验和非参数假设检验两种形式。在假设检验问题中，如果所检验的假设，是对总体分布中未知参数所做的假设，则称为参数假设检验。如果所检验的假设，是对总体分布所做的假设，则称为非参数假设检验。本书第 3 章、第 4 章和第 5 章是数理统计中对随机变量的参数假设检验拓展到信号检测与估计中对随机信号的参量假设检验。本书第 7 章是数理统计中对随机变量的非参数假设检验拓展到信号检测与估计中对随机信号的非参量假设检验。

本章主要讨论信号统计检测的基本理论，包括信号检测的数学基础、信号检测的描述、二元确知信号检测、多元确知信号检测及随机参量信号检测。

3.2 信号检测的数学基础

把总体看作随机信号，就可以借鉴数理统计的理论和方法研究信号检测与估计的问题，将数理统计的理论和方法拓展到随机信号。信号检测的数学基础是数理统计中贝叶斯统计的贝叶斯统计决策理论。

3.2.1 贝叶斯统计

数理统计分为经典统计和贝叶斯(T. R. Bayes)统计。经典统计或经典统计学是指由皮尔逊(K.Pearson)、费歇(R.A.Fisher)及奈曼(J.Neyman)等学者创立的解决统计问题的理论和方法。基于贝叶斯定理的系统阐述和解决统计问题的理论和方法称为贝叶斯方法。采用贝叶斯方法研究统计问题的理论和方法，称为贝叶斯统计或贝叶斯统计学。贝叶斯统计主要包括贝叶斯统计推断和贝叶斯统计决策两个方面的内容。采用贝叶斯方法做统计推断的理论和方法称为贝叶斯统计推断。通常，统计学和数理统计书籍所讨论的理论和方法就是经典统计，而冠以“贝叶斯”词语的统计学和数理统计书籍才是讨论贝叶斯统计的理论和方法。数理统计的分支如图 3.2.1 所示。

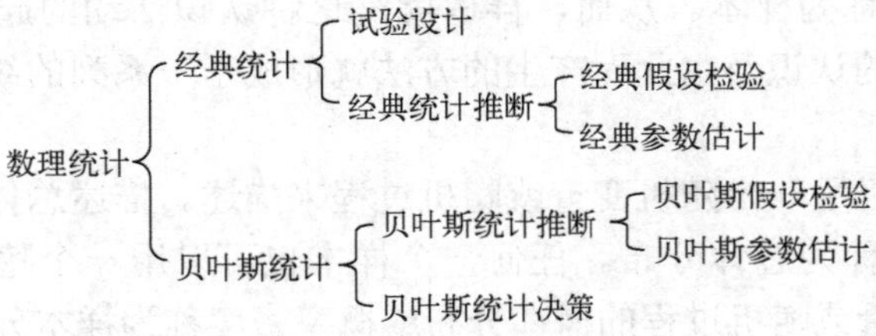

图 3.2.1　数理统计的分支

经典统计包括两大类内容：试验设计和经典统计推断。试验设计是研究如何对随机现象进行合理观测、试验，以获得有效的观测值。经典统计推断是研究对已取得有代表性的观测值进行整理、分析，做出推断、决策。

1．贝叶斯统计的基本观点

贝叶斯统计的基本观点是：① 把任意一个未知参量都看成随机变量，应用一个概率分布去描述它的未知状况，该分布称为先验分布。先验分布是在抽样前就有的关于未知参量的先验信息的概率陈述。因为任意一个未知参量都有不确定性，而在表述不确定性程度时，概率与概率分布是最好的语言。相反，经典统计学却把未知参量简单看成一个未知参数，来对它进行统计推断。② 通过贝叶斯定理，用数据(也就是样本)来调整先验分布，得到一个后验分布。③ 任何统计问题都应由后验分布决定。

贝叶斯定理也称为贝叶斯公式，是贝叶斯统计的基础，它有两种形式：事件形式和随机变量概率密度形式。后面主要用到随机变量概率密度形式，故仅讨论这种形式。

设依赖于参数 θ 的随机变量 X，参数 θ 的先验分布为 $p(\theta)$。将依赖于参数 θ 的随机变量 X 的概率密度记为 $p(x|\theta)$，它表示在参数 θ 给定某个值时，随机变量 X 的条件分布。贝叶斯定理表示为

$$p(\theta|x)=\frac{p(x,\theta)}{p(x)}=\frac{p(x|\theta)p(\theta)}{\int p(x|\theta)p(\theta)\mathrm{d}\theta} \tag{3.2.1}$$

式中，$p(\theta|x)$ 称为 θ 的后验分布，它表示在给定随机变量 X 的样本 x 条件下，θ 的条件概率密度。$p(x,\theta)=p(x|\theta)p(\theta)$ 表示样本 x 和参数 θ 的联合概率密度，它将总体信息、样本信息和先验信息综合起来。$p(x)=\int p(x|\theta)p(\theta)\mathrm{d}\theta$ 表示样本 x 的边缘概率密度，它与参数 θ 无关，不含参数 θ 的任何信息。

条件分布 $p(x|\theta)$ 表示在 θ 出现的条件下，样本为 x 的概率密度。它综合了总体信息和样本信息，常称为似然函数。在有了观察样本之后，总体和样本中所含 θ 的信息都被包含在似然函数之中。

如果没有任何以往的知识和经验来帮助人们确定先验分布 $p(\theta)$，贝叶斯提出可以采用均匀分布作为先验分布，即参数 θ 在其变化范围内取得各个值的机会是相同的，这种确定先验分布的原则称为贝叶斯假设。先验分布 $p(\theta)$ 采用均匀分布就意味着完全缺乏参数 θ 的信息，对于统计推断和统计决策是一种最不利的分布。因此，均匀分布的先验信息是最不利的先验信息。

后验分布 $p(\theta|x)$ 是集中了总体、样本和先验等三种信息中有关 θ 的一切信息，而又是排

除一切与 θ 无关的信息之后所得到的结果，故基于后验分布 $p(\theta|x)$ 对 θ 进行统计推断是更为有效，也是最合理的。后验分布给人们提供的信息称为后验信息。

先验分布 $p(\theta)$ 是反映人们在抽样前对 θ 的认识，后验分布 $p(\theta|x)$ 是反映人们在抽样后对 θ 的认识。两者之间的差异是由于样本 x 出现后人们对 θ 认识的一种调整。所以，后验分布 $p(\theta|x)$ 可以看作是人们用总体信息和样本信息（综合称为抽样信息）对先验分布 $p(\theta)$ 做调整的结果。

贝叶斯定理是根据联合概率密度这一概念推出的，它体现了先验分布、似然函数及后验分布三者之间的关系。贝叶斯定理实质上是通过观察随机变量 X，把参数 θ 的先验分布 $p(\theta)$ 转换为后验分布 $p(\theta|x)$ 的。

2. 贝叶斯统计推断

贝叶斯统计推断所需的信息有 3 种：总体信息、样本信息和先验信息。

经典统计方法在进行统计推断时，依据两种信息：总体信息（或模型信息）和样本信息（或数据信息），而贝叶斯统计方法则除了依据经典统计方法的两种信息外，还利用另外一种信息即先验信息。

总体信息是指总体分布或总体所属分布族所给人们的信息。样本信息是指从总体抽取的样本给人们提供的信息。它是最“新鲜”的信息，并且越多越好。人们希望通过对样本信息的加工和处理以对总体的某些特征做出较为精确的统计推断。先验信息是指在抽样之前有关统计问题的一些信息。一般来说，先验信息主要来源于经验和历史资料。

基于总体信息和样本信息这两种信息进行的统计推断称为经典统计推断，它的基本观点是把数据（样本）看成是来自具有一定概率分布的总体，所研究的对象是这个总体而不局限于数据本身。

基于总体信息、样本信息和先验信息这 3 种信息进行的统计推断称为贝叶斯统计推断。它与经典统计推断的主要差别在于是否利用了先验信息。在使用样本信息上也是有差异的。贝叶斯统计重视已出现的样本观察值，而对尚未发生的样本观察值不予考虑。贝叶斯统计重视先验信息的收集、挖掘和加工，使它数量化，形成先验分布，参加到统计推断中来，以提高统计推断的质量。忽视先验信息的利用，有时是一种浪费，有时还会导致不合理的结论。

贝叶斯统计推断的核心思想是：根据贝叶斯定理，将关于未知参数的先验信息与样本信息进行综合，得出后验信息，然后根据后验信息作统计推断。

贝叶斯统计推断的一般模式是：通过贝叶斯定理，综合样本信息与先验信息，得出后验信息，然后做统计推断，如图 3.2.2 所示。

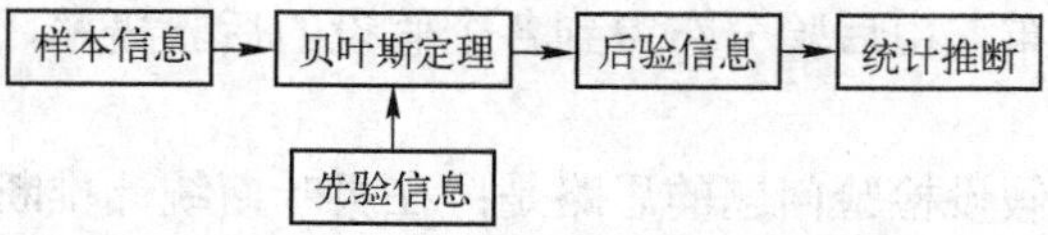

图 3.2.2　贝叶斯统计推断的一般模式

贝叶斯统计推断主要包括贝叶斯假设检验和贝叶斯参数估计两个方面的内容。采用贝叶斯方法研究假设检验问题的理论和方法称为贝叶斯假设检验。贝叶斯假设检验依据最大后验概率准则进行统计推断。采用贝叶斯方法研究参数估计问题的理论和方法称为贝叶斯参数估计。贝叶斯参数估计依据最大后验概率密度准则进行估计。

3. 贝叶斯统计决策

决策就是对一件事要做决定。统计决策论是运用统计知识来认识和处理决策中的某些不确定性，从而做出决策。统计决策与统计推断的差别在于是否涉及后果。统计推断很少或根本不考虑推断结论在使用后的损失，而统计决策在使用推断结果时必须与得失联系在一起考虑。能给决策者带来收益的推断就被采用，而使决策者遭受损失的推断就不会被采用；如果无论何种推断总是有一定损失，使决策者遭受损失小的推断就被采用，而使决策者遭受损失大的推断就不会被采用。度量得失的尺度就是损失函数。它是著名统计学家瓦尔德(A. Wald)在 20 世纪 40 年代引入的一个概念。损失函数与决策环境密切相关。因此，从实际归纳出损失函数是决策成败的关键。把损失函数加入贝叶斯统计推断就形成贝叶斯统计决策。在贝叶斯统计中，损失函数被称为是继总体信息、样本信息和先验信息之后的第四种信息。

贝叶斯统计决策实际就是利用总体信息、样本信息、先验信息和损失信息进行统计推断。贝叶斯统计决策的一般模式是：综合样本信息与损失函数得出风险函数，再由风险函数与先验信息得出贝叶斯风险，最后根据贝叶斯风险做统计决策，如图 3.2.3 所示。

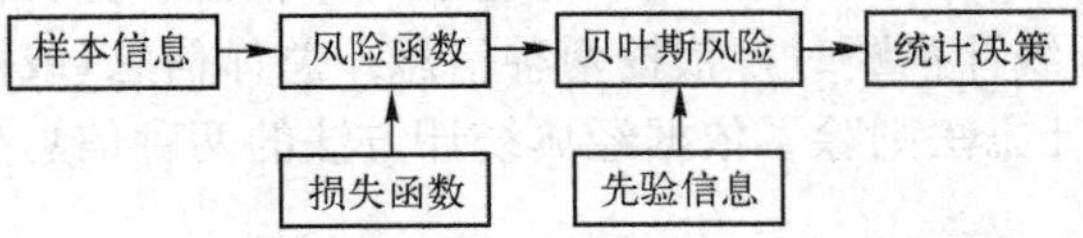

图 3.2.3　贝叶斯统计决策的一般模式

经典统计推断利用总体信息和样本信息；贝叶斯统计推断除了利用总体信息和样本信息外，还利用先验信息；贝叶斯统计决策除了利用总体信息、样本信息和先验信息外，还利用损失函数。这也从一个侧面反映了人类认识世界的逐步深入过程。贝叶斯统计推断将先验信息结合到经典统计推断中；贝叶斯统计决策将损失函数结合到贝叶斯统计推断中，或者是将先验信息和损失函数结合到经典统计推断中。很多标准的贝叶斯统计推断准则可以看作具有某种形式的损失函数的贝叶斯统计决策准则，贝叶斯统计推断的一些结论可以看作贝叶斯统计决策结论的特例。统计推断也可以看作统计决策的一部分。

3.2.2　信号检测的思路

假设检验是统计学的一类重要问题。解决假设检验问题，可以采用经典统计推断、贝叶斯统计推断或贝叶斯统计决策的理论和方法。

经典统计推断解决假设检验问题的思路是：先做假设，然后选取检验统计量，依据显著性水平确定拒绝域，最后根据抽样信息计算检验统计量并进行推断。

贝叶斯统计推断解决假设检验问题的思路是：先做假设，然后通过综合先验信息和抽样信息得到各个假设的后验分布，由后验分布得到各个假设的后验概率，最后依据后验概率的大小进行推断。

贝叶斯统计决策解决假设检验问题的思路是：在贝叶斯统计推断解决假设检验问题思路的基础上，由后验信息与损失函数得出贝叶斯风险，再根据贝叶斯风险做统计决策。

信号检测问题其实就是针对随机信号的假设检验问题。解决随机信号的假设检验问题，可以采用经典统计推断、贝叶斯统计推断或贝叶斯统计决策的理论和方法。依据贝叶斯统计思路，研究随机信号的假设检验问题，也就是随机信号的贝叶斯假设检验。由于贝叶斯统计推断得到的结论可以看作贝叶斯统计决策结论的特例。因此，在信号检测中，信号贝叶斯假设检验的研究通常采用贝叶斯统计决策的理论和方法。信号检测的思路是借鉴贝叶斯统计决策的理论和方法，解决随机信号的假设检验问题，相应的研究结果构成信号检测的基本理论。

3.3 信号检测的基本原理

在信息传输系统中，信息源产生的信息由发送设备调制到信号中，载有信息的信号经信道传输给接收设备，接收设备从接收信号中恢复出原始信号及信息。信号在传输过程中，不可避免地受到噪声的干扰，使信号产生失真。由于接收信号失真，若要从接收信号中恢复出原始信号及信息，首先需要判断载有信息的信号是否存在或是哪一种。因此，信号检测成为信息传输系统中接收设备的基本任务之一，接收设备应该包含信号检测系统以实现信号检测这一功能，信号检测系统也就成为接收设备的基本组成部分之一。信号检测理论的主要任务就是依据贝叶斯统计决策的理论和方法，设计信号检测系统的数学模型和系统模型。

1．信号检测的信息传输系统模型

由于接收设备接收的信号不仅与载有的信息和发送设备产生的信号波形有关，还与信道噪声的统计特性有关，研究设计信号检测系统的信号检测理论离不开信号检测所在的信息传输系统，并将信号检测所在的信息传输系统称为信号检测的信息传输系统。信号检测系统作为一个分系统或组成部分，不能与其所在的大系统分割开来。因此，信号检测理论研究的第一步是要确定信号检测的信息传输系统模型。本书所讨论的信号检测的信息传输系统模型就是加性噪声情况下的信息传输系统模型。加性噪声情况下的信息传输系统模型如图 3.3.1 所示。

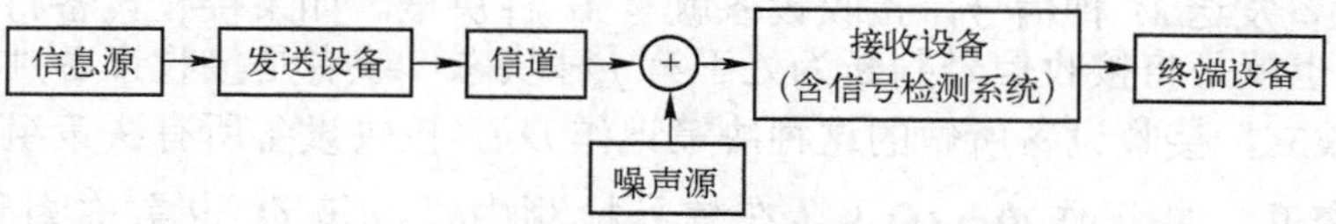

图 3.3.1　加性噪声情况下的信息传输系统模型

2．信号检测的接收信号模型

接收设备所接收的信号称为接收信号或观测信号。信号检测的接收信号模型是指接收设备的接收信号形式及其数学描述。

设发送设备发送的信号为 $s(t)$，信道的加性噪声为 $n(t)$，接收设备的接收信号为 $x(t)$，则加性噪声情况下的信息传输系统的接收信号模型为

$$x(t)=s(t)+n(t) \tag{3.3.1}$$

由于噪声是随机信号，故接收设备的接收信号也是随机信号。

信号 $s(t)$ 按其确知的程度，可分为确知信号、未知参量信号、随机参量信号和随机信号。确知信号包含了两层含义：一是信号的形式、类型或波形是确知的，二是信号中所含有的参量是确知的。未知参量信号是指信号的形式或类型是确知的，而信号的参量是未知的。未知参量信号的未知参量可能是未知非随机的，也可能是随机参量。随机参量信号是指信号的形式或类型是确知的，而信号的参量是随机的。随机信号是指随时间的变化没有明确的变化规律，在任何时间的信号幅值的大小不能预测的信号。由于贝叶斯统计把任意一个未知参量都看成随机变量，故在信号检测与估计中，将未知参量信号看作随机参量信号。

在信号检测中，将所有可能观测的接收信号组成的集合称为观测空间，并记为 $\Psi=\{x(t)\}$。如果 k 维向量表示对连续时间的接收信号 $x(t)$ 进行的 k 次观测，并且接收信号 $x(t)$ 可以由 k 维向量 $\boldsymbol{x}=[x_1,x_2,\cdots,x_k]^{\mathrm{T}}$ 来表示，则观测空间为 k 维向量组成的集合 $\Psi=\{\boldsymbol{x}=[x_1,x_2,\cdots,x_k]^{\mathrm{T}}\}$。信号检测中的观测空间就是贝叶斯统计决策问题中的样本空间。

由于本章讨论的是信号检测的基本理论，它对连续时间的接收信号组成的观测空间和 k 维

向量组成的观测空间均适合，故在没有特别说明的情况下，观测空间一般记为$\Psi=\{x\}$。观测空间$\Psi=\{x\}$可以是连续时间接收信号组成的观测空间，也可以是k维向量组成的观测空间。

3. 信号检测的假设空间及判决空间

设发送设备可能发送M种信号$s_1(t),s_2(t),\cdots,s_M(t)$，相应地，作为被观察对象的接收设备所接收信号也就可能有M种信号，即

$$x_i(t)=s_i(t)+n(t) \quad i=1,2,\cdots,M \tag{3.3.2}$$

如果将接收信号可能出现的每一种信号看作是接收信号的一种状态，接收信号就有M种状态，接收信号的每一种状态都有可能出现，但出现哪一种状态无法确定，通常是先假设某种状态出现，然后通过对接收信号的观测来判断这种状态是否出现。因此，接收信号的每一种状态都作为信号检测的一种假设。接收信号所有假设或状态组成的集合称为信号检测的假设空间。在贝叶斯统计中，假设空间称为状态空间。对应接收信号第i种状态的假设记作H_i，并将假设H_i表示为

$$H_i：x(t)=s_i(t)+n(t) \tag{3.3.3}$$

假设空间记作$\Theta=\{H_i\}$。

对于接收设备来说，不知道发送设备发送M种信号中的哪一种信号，只能通过对接收信号的观测来判断所接收信号是哪一种信号，接收设备判断所接收信号是哪一种信号就是一种决策。因为发送设备发送M种信号，接收设备就有M种决策。如果接收设备将所接收信号判断为第j种信号，也就是将接收信号判断为处于第j种状态，或者是接收设备判断其事先所做的第j种假设H_j成立，接收设备所做的这种决策记作D_j。接收设备所有决策组成的集合称为信号检测的决策空间，并记作$\Phi=\{D_j\}$。在信号检测中，决策D_j也常称为判决，决策空间$\Phi=\{D_j\}$也常称为判决空间。

4. 信号检测所需的信息

信号检测所需的信息是指信号、噪声以及信息传输系统的统计特性，也就是贝叶斯统计决策所需的信息，包括先验信息、抽样信息和损失信息。对于信号检测问题，先验信息就是信息源和发送设备发送信号的概率分布或概率密度。总体信息就是信道噪声的概率分布或概率密度；样本信息就是接收设备接收的信号；通常将总体信息和样本信息综合在一起构成抽样信息，并通过似然函数来反映抽样信息。损失信息就是信号检测系统做出正确或错误判决的损失函数或损失矩阵，表示信号检测系统所做决策的正确程度。在信号检测与估计中，通常将损失函数或损失矩阵称为代价函数或代价矩阵，代价矩阵的元素称为代价因子。

（1）先验信息

设发送设备可能发送M种信号$s_1(t),s_2(t),\cdots,s_M(t)$，或者说，发送设备有$M$种可能的输出信号状态，并且$M$种信号是互不相容的，发送每一种信号都有一定的可能性。对于接收设备来说，在接收信号和做出判断之前，并不能确定发送设备发送哪一种信号，但可以事先确定发送设备发送每一种信号的概率。可以事先确定的发送设备发送每一种信号的概率称为先验概率，就是贝叶斯统计决策的先验信息。如果将发送设备发送M种信号作为M个互不相容的事件，并记为$H_1,H_2,\cdots,H_M$，这M个事件就是M个假设，假设H_i就表示发送设备发送第i种信号，将发送设备发送M种信号的先验概率记为$P(H_1),P(H_2),\cdots,P(H_M)$，则有$P(H_1)+P(H_2)+\cdots+P(H_M)=1$。对于信号检测来说，先验概率是发送设备统计特性的描述。

（2）抽样信息

信道噪声的概率分布是信道统计特性的描述。对于式(3.3.1)所示的接收信号模型，如果发

送设备发送的信号 $s(t)$ 是确知信号、未知参量信号或随机参量信号，则接收设备接收信号的概率分布形式与噪声的概率分布形式相同，只是概率分布的参数不相同。如果把接收设备的接收信号看作总体，对于发送设备发送确知信号、未知参量信号或随机参量信号的情况，知道了信道噪声的概率分布形式，就知道了接收设备接收信号的概率分布形式，从而也就知道了接收设备所接收信号的总体分布。

知道了接收设备所接收信号的总体分布，就容易得到似然函数。设信道噪声 $n(t)$ 的概率密度为 $p(n)$，如果接收信号模型为 $x(t)=s(t)+n(t)$，则接收信号的总体分布为 $p(x|s)$。由接收信号的总体分布可以进一步得到各种假设条件下的似然函数。如果假设发送设备发送信号 $s_i(t)$，此时接收设备的接收信号应该为 $x(t)=s_i(t)+n(t)$，也就是接收设备对接收信号做了假设 H_i。以假设 H_i 为条件的接收信号的条件分布为

$$p(x|H_i)=p(x|s_i)=p(n)|_{n=x-s_i}=p(x-s_i) \tag{3.3.4}$$

条件分布 $p(x|H_i)$ 就是似然函数，它是对接收信号统计特性的描述，是对发送设备和信道统计特性的综合反映，也是接收信号观测样本信息与接收的信号总体信息的综合反映。似然函数由信道噪声 $n(t)$ 的概率密度 $p(n)$ 和发送信号 $s(t)$ 共同确定，其物理意义是：反映了接收信号观测样本与假设的相似程度或相关程度。似然函数越大，表示接收信号观测样本与假设的相似程度越大；似然函数越小，表示接收信号观测样本与假设的相似程度越小。

（3）损失信息

信道噪声的存在使接收设备接收信号具有不确定性，接收设备的信号检测系统在做出判决时，并不能保证每次判决都是正确的。判决的结论有时会是错误的。为了描述信号检测系统做出各种判决所产生的损失或付出的代价，引入代价的概念。如果发送设备发送的信号是 $s_i(t)$，而信号检测系统将信号判决为 $s_j(t)$，定义信号检测系统为此判决付出的代价为代价因子 c_{ji}。所有代价因子按照矩阵的形式排列在一起称为代价矩阵。注意：习惯上，代价因子下角标的顺序在贝叶斯统计决策和信号检测文献中是不同的。在贝叶斯统计决策文献中，代价因子下角标的顺序是状态在先，决策在后。在信号检测文献中，代价因子下角标的顺序是决策在先，状态(或假设)在后。在本书中，遵从这些习惯。

如果知道了信号检测问题的假设空间、决策空间及所需的信息，一个贝叶斯统计决策问题就被给定了，信号检测问题就变为一个贝叶斯统计决策问题，这种情况下的信号检测问题也就给定了。

5．最佳检测准则

检测准则是信号检测所依据的原则。最佳检测准则是指信号检测在某种统计意义下为最佳的准则。最佳检测准则主要有贝叶斯准则、最大后验概率准则、最小错误概率准则及最大似然准则等。如果最佳检测准则是使贝叶斯风险最小的贝叶斯准则，相应的信号检测问题就变为一个贝叶斯统计决策问题。其他准则可以看作是贝叶斯准则的特例。

6．信号检测算法

对于一定条件下的信号检测问题，通过应用最佳检测准则，就可以得到信号检测算法，也就是信号检测系统的数学模型。根据最佳检测准则所得到的信号检测算法才是最佳检测算法，是对应某种统计意义的最佳检测算法。在检测算法比较简洁的情况下，为了表述方便，检测算法也常称为检测判决式。

7．检测性能分析

由于信号检测是通过接收信号的观测样本来检验所做的假设的，而接收信号具有随机性，

这样对假设检验结论的判断随之也就具有随机性，这样就存在着出现错误决策的可能。这种错误可以分为以下两类。

原假设本来是正确的，但根据样本提供的信息做出了拒绝原假设的决策，此类错误称为第一类错误或弃真错误。

原假设实际上不正确，但根据样本提供的信息做出了接受原假设的决策，称这类错误为第二类错误或取伪错误。

根据上述分析可见，衡量检测性能的评价标准就可以选取使犯两类错误的概率越小越好。或者，在一类错误概率一定的情况下，使另一类错误概率越小越好。

依据检测性能的评价标准，可以分析信号检测算法的检测性能，或者是比较不同信号检测算法的检测性能，或者是比较不同设计者的信号检测算法的检测性能，以提出改善检测性能的措施。

8. 信号检测系统框图设计

依据信号检测算法，设计信号检测系统的系统模型，并画出系统框图。如果信号检测算法是根据最佳检测准则所得到的最佳检测算法，则相应的信号检测系统是最佳检测系统。

总之，上述内容既是信号检测问题的基本原理，也是信号检测算法或信号检测系统设计的步骤。为了方便，设计信号检测算法或信号检测系统的步骤也可以归纳为 4 大步骤：一是确定信号检测所需的已知条件；二是寻求一种最佳准则的检测算法；三是分析检测算法的检测性能；四是设计信号检测系统框图。

3.4 二元确知信号检测

二元信号检测是指发送设备有两种可能发送信号情况的信号检测。在不同的最佳准则下，二元信号检测就有不同的检测算法。

信号贝叶斯假设检验的步骤通常有：一是确定信号检测所需的已知条件，二是寻求在某种最佳检测准则下的信号检测算法，三是衡量信号检测算法的检测性能，四是设计信号检测系统的系统模型。

3.4.1 贝叶斯准则下的二元确知信号检测

任何信号检测首先需要确定其所需的已知条件。

1. 信号检测所需的已知条件

设发送设备的发送信号为$s(t)$，信道噪声为$n(t)$，接收设备的接收信号为$x(t)$，信号检测的接收信号模型为$x(t)=s(t)+n(t)$。

设发送设备可能发送两种信号$s_0(t)$和$s_1(t)$，且均为确知信号，每种可能的发送信号对应着一种假设，则二元信号检测的假设空间为$\Theta=\{H_0,H_1\}$，两种假设表示为

$$\begin{cases}H_0: x(t)=s_0(t)+n(t)\\ H_1: x(t)=s_1(t)+n(t)\end{cases} \tag{3.4.1}$$

并设$P(H_0)$和$P(H_1)$分别是假设H_0和假设H_1的先验概率，且两种假设互不相容，则有$P(H_0)+P(H_1)=1$。

发送设备可能发送的两个信号经信道传输并混叠噪声后，接收设备进行接收并做出判决。对每一个可能的信号加噪声，判决的可能结果有两个。设信号检测的判决空间为$\Phi=\{D_0,D_1\}$。

判决 D_0 表示判决假设 H_0 成立，判决 D_1 表示判决假设 H_1 成立。

在信号检测中，信号检测判决将接收信号样本空间 $\Psi=\{x\}$ 分为两个互不相容的子空间 Ψ_0 和 Ψ_1。子空间 Ψ_0 和 Ψ_1 称为信号检测判决的判决域 Ψ_0 和 Ψ_1。判决域 Ψ_0 对应判决 D_0，接收信号样本落入判决域 Ψ_0，就做出判决 D_0，从而判决假设 H_0 成立；判决域 Ψ_1 对应判决 D_1，接收信号样本落入判决域 Ψ_1，就做出判决 D_1，从而判决假设 H_1 成立。

对于二元信号检测，总共有 4 种可能的判决结果，其中两种判决是正确的，两种判决是错误的。设代价因子 c_{ij} 表示假设 H_j 为真，却判决假设 H_i 成立的代价。在二元信号检测情况下，i 和 j 只能为 0 或 1。c_{10} 和 c_{01} 表示错误判决的代价，c_{00} 和 c_{11} 表示正确判决的代价。

设信道噪声的概率密度为 $p(n)$，由此得到模型为 $x(t)=s(t)+n(t)$ 的接收信号的总体分布 $p(x|s)$，从而可以进一步得到假设 H_0 和假设 H_1 条件下的似然函数 $p(x|H_0)$ 和 $p(x|H_1)$。

有了上述已知条件后，接下来的工作就是在贝叶斯准则下，通过使贝叶斯风险最小，得到信号检测算法，并据此设计信号检测系统的系统模型。

2. 贝叶斯准则的检测算法

在二元信号检测的已知条件确定的情况下，信号检测就是根据观测信号，判决假设 H_0 和假设 H_1 哪一个是真的。或者说，信号检测就是将观测信号划归为判决域 Ψ_0 或判决域 Ψ_1。也或者说，信号检测就是将观测空间 $\Psi=\{x\}$ 划分为判决域 $\Psi_0=\{x|D_0\}$ 和判决域 $\Psi_1=\{x|D_1\}$。

信号检测系统对观测信号做判决时，依据的标准不同，做出的判决方式也就不同，对观测空间 $\Psi=\{x\}$ 的划分方式也就不同，形成的判决域 Ψ_0 和判决域 Ψ_1 也就不同。引入判决函数或决策函数 $\delta(x)$ 来描述不同的判决方式。判决函数 $\delta(x)$ 是从观测空间 $\Psi=\{x\}$ 到判决空间 $\Phi=\{D_0,D_1\}$ 的一个映射。由于判决 D_0 对应于判决域 Ψ_0，判决 D_1 对应于判决域 Ψ_1，故判决空间 $\Phi=\{D_0,D_1\}$ 也可以表示为 $\Phi=\{\Psi_0,\Psi_1\}$。因此，不同的判决方式应该对应不同的判决函数 $\delta(x)$。根据判决函数的作用，二元信号检测的判决函数定义为

$$\delta(x)=\begin{cases}q_0 & x\in\Psi_0\\ q_1 & x\in\Psi_1\end{cases} \tag{3.4.2}$$

式中，q_0 和 q_1 只是对判决域 Ψ_0 和判决域 Ψ_1 的索引或指示，可以任意取为两个不同的常数。但是，对于不同的判决域 Ψ_0，q_0 的取值应不相同；对于不同的判决域 Ψ_1，q_1 的取值应不相同。判决函数与判决域 Ψ_0 和判决域 Ψ_1 有一一对应关系。所有从观测空间 Ψ 到判决空间 Φ 的判决函数组成的集合称为判决函数空间，用 $\Delta=\{\delta(\boldsymbol{x})\}$ 表示。

信号检测算法是将观测空间 $\Psi=\{x\}$ 划分为判决域 Ψ_0 和判决域 Ψ_1 的表示式，它是一条曲线或曲面，将观测空间 $\Psi=\{x\}$ 划分为两个区域。对于观测空间 $\Psi=\{x\}$ 来说，有许多种将其划分为两个判决域 Ψ_0 和 Ψ_1 的方式，也就有许多个判决函数。选择一种最佳信号检测算法，就是选择判决域 Ψ_0 和判决域 Ψ_1 的划分，就是选择一个判决函数 $\delta(x)$，就是选择一种最佳准则。不同的最佳准则对应不同的判决函数。

在二元信号检测的已知条件确定的情况下，贝叶斯准则下的二元信号检测的核心就是寻求一种检测算法，使判决引入的贝叶斯风险最小。

已知假设 H_0 为真的条件下，信号检测系统做出判决 D_0 的判决概率为

$$P(D_0|H_0)=\int_{\Psi_0} p(x|H_0)\mathrm{d}x \tag{3.4.3}$$

信号检测系统做出判决 D_1 的判决概率为

$$P(D_1|H_0)=\int_{\Psi_1} p(x|H_0)\mathrm{d}x \tag{3.4.4}$$

在假设 H_0 为真的条件下的风险函数是信号检测系统做出判决的平均代价，风险函数为代价对

判决概率 $P(D_i \mid H_0)$ 的数学期望，即

$$R(H_0,\delta)=\sum_{i=0}^{1}c_{i0}P(D_i \mid H_0)=c_{00}P(D_0 \mid H_0)+c_{10}P(D_1 \mid H_0) \tag{3.4.5}$$

由于信号检测系统做出判决就相当于将观测空间 $\varPsi=\{x\}$ 划分为判决域 $\varPsi_0$ 和 $\varPsi_1$，也就相应地取了一个判决函数 $\delta(x)$，故风险函数也是判决函数 $\delta(x)$ 的函数。

已知假设 H_1 为真的条件下，信号检测系统做出判决 D_0 的判决概率为

$$P(D_0 \mid H_1)=\int_{\varPsi_0}p(x \mid H_1)\mathrm{d}x \tag{3.4.6}$$

信号检测系统做出判决 D_1 的判决概率为

$$P(D_1 \mid H_1)=\int_{\varPsi_1}p(x \mid H_1)\mathrm{d}x \tag{3.4.7}$$

在假设 H_1 为真的条件下的风险函数是信号检测系统做出判决的平均代价，风险函数为代价对判决概率 $P(D_i \mid H_1)$ 的数学期望，即

$$R(H_1,\delta)=\sum_{i=0}^{1}c_{i1}P(D_i \mid H_1)=c_{01}P(D_0 \mid H_1)+c_{11}P(D_1 \mid H_1) \tag{3.4.8}$$

由于事先并不知道假设 H_0 或假设 H_1 为真，风险函数也就具有不确定性，需要将风险函数对先验概率求统计平均，得到平均风险，此平均风险就是贝叶斯风险。贝叶斯风险是风险函数对先验分布的数学期望，即

$$\begin{aligned}R(\delta)&=\sum_{j=0}^{1}R(H_j,\delta)P(H_j)=R(H_0,\delta)P(H_0)+R(H_1,\delta)P(H_1)\\&=[c_{00}P(D_0 \mid H_0)+c_{10}P(D_1 \mid H_0)]P(H_0)+[c_{01}P(D_0 \mid H_1)+c_{11}P(D_1 \mid H_1)]P(H_1)\end{aligned} \tag{3.4.9}$$

贝叶斯准则就是使贝叶斯风险最小的准则，其数学表示为

$$\delta_{\mathrm{B}}(x)=\arg\min_{\delta\in\varDelta}R(\delta)=\begin{cases}q_{\mathrm{B0}} & x\in\varPsi_{\mathrm{B0}}\\ q_{\mathrm{B1}} & x\in\varPsi_{\mathrm{B1}}\end{cases} \tag{3.4.10}$$

式中，$\delta_{\mathrm{B}}(x)$ 表示对应最小贝叶斯风险的判决函数；$\arg\min R(\delta)$ 表示使贝叶斯风险函数 $R(\delta)$ 达到最小值的自变量 δ；$\varPsi_{\mathrm{B0}}$ 和 $\varPsi_{\mathrm{B1}}$ 表示对应贝叶斯准则的判决域；q_{B0} 和 q_{B1} 是对判决域 $\varPsi_{\mathrm{B0}}$ 和 $\varPsi_{\mathrm{B1}}$ 的索引或指示数值。

为了使式(3.4.9)所示的贝叶斯风险最小，而得到检测算法或判决函数，对式(3.4.9)做必要的变换：将两个判决域转化为用单一判决域表示。由于判决域 $\varPsi_{\mathrm{B0}}$ 和判决域 $\varPsi_{\mathrm{B1}}$ 是互不相容的子空间，则有概率关系式

$$P(D_0 \mid H_0)=1-P(D_1 \mid H_0) \text{ 和 } P(D_0 \mid H_1)=1-P(D_1 \mid H_1)$$

将这些关系式代入式(3.4.9)，并利用式(3.4.4)和式(3.4.7)，则有

$$\begin{aligned}R(\delta)&=c_{00}P(H_0)+c_{01}P(H_1)+(c_{10}-c_{00})P(D_1 \mid H_0)P(H_0)-(c_{01}-c_{11})P(D_1 \mid H_1)P(H_1)\\&=c_{00}P(H_0)+c_{01}P(H_1)+\int_{\varPsi_{\mathrm{B1}}}[(c_{10}-c_{00})P(H_0)p(x \mid H_0)-\\&\quad(c_{01}-c_{11})P(H_1)p(x \mid H_1)]\mathrm{d}x\end{aligned} \tag{3.4.11}$$

在先验概率和代价因子确定的情况下，式(3.4.11)中前两项就是确定的。要使式(3.4.9)所示的贝叶斯风险最小，则需要使式(3.4.11)中第三项积分式达到最小。由于积分式的大小既与被积函数有关，也与判决域 $\varPsi_{\mathrm{B1}}$ 有关，并且，被积函数可能为正，也可能为负，为了使积分式达到最小，只要选择判决域 $\varPsi_{\mathrm{B1}}$ 用期使被积函数总为负或 0 就能达到。因此，选择判决 D_1 的判决域 $\varPsi_{\mathrm{B1}}$ 应满足

$$(c_{10}-c_{00})P(H_0)p(x|H_0)\leqslant(c_{01}-c_{11})P(H_1)p(x|H_1) \tag{3.4.12}$$

设正确判决的代价总小于错误判决的代价，即有 $c_{01}-c_{11}>0$ ，$c_{10}-c_{00}>0$，将式(3.4.12)进行简单代数运算，得到判决 D_1 的检测判决式为

$$\frac{p(x|H_1)}{p(x|H_0)}\geqslant\frac{P(H_0)(c_{10}-c_{00})}{P(H_1)(c_{01}-c_{11})} \tag{3.4.13}$$

同理，可以得到判决 D_0 的检测判决式为

$$\frac{p(x|H_1)}{p(x|H_0)}<\frac{P(H_0)(c_{10}-c_{00})}{P(H_1)(c_{01}-c_{11})} \tag{3.4.14}$$

为了表示方便，通常将式(3.4.13)和式(3.4.14)合在一起，则贝叶斯准则的检测判决式为

$$\frac{p(x|H_1)}{p(x|H_0)}\underset{H_0}{\overset{H_1}{\gtrless}}\frac{P(H_0)(c_{10}-c_{00})}{P(H_1)(c_{01}-c_{11})} \tag{3.4.15}$$

式(3.4.15)的左边是假设 H_1 和 H_0 下的似然函数之比，称为似然比，记为 $\Lambda(x)$ 。于是，贝叶斯准则的检测判决式变为

$$\Lambda(x)=\frac{p(x|H_1)}{p(x|H_0)}\underset{H_0}{\overset{H_1}{\gtrless}}\frac{P(H_0)(c_{10}-c_{00})}{P(H_1)(c_{01}-c_{11})}=\Lambda_{\mathrm{B0}} \tag{3.4.16}$$

式中，Λ_{B0} 称为贝叶斯检测门限，它由代价因子和各假设的先验概率决定。由式(3.4.16)可见，贝叶斯准则的检测算法变为似然比检测算法。似然比检测算法就是将似然比 $\Lambda(x)$ 与一个门限 Λ_0 比较，如果 $\Lambda(x)\geqslant\Lambda_0$，判 H_1 为真；反之，则判 H_0 为真。

由于似然函数 $p(x|H_1)$ 和 $p(x|H_0)$ 是随机观测量 x 的两个条件概率密度，而似然比 $\Lambda(x)$ 是似然函数 $p(x|H_1)$ 和 $p(x|H_0)$ 之比，因此，不论随机观测量 x 的值取正还是取负，也不论 x 是连续随机信号、随机向量或一维随机变量，$\Lambda(x)$ 都是非负的一维变量。由于 $\Lambda(x)$ 是 x 的函数，所以 $\Lambda(x)$ 是随机变量函数。又因为 $\Lambda(x)$ 与似然比检测门限 Λ_0 比较，可以做出是假设 H_1 成立还是假设 H_0 成立的判决，所以，$\Lambda(x)$ 是一个检测统计量。

贝叶斯准则的检测算法实际上是将观测空间 $\Psi=\{x\}$ 划分为判决域 Ψ_{B0} 和 Ψ_{B1} 的判别式 $\Lambda(x)\geqslant\Lambda_{\mathrm{B0}}$ 或 $\Lambda(x)<\Lambda_{\mathrm{B0}}$，它对 $\Psi=\{x\}$ 的最佳划分为 $\Psi_{\mathrm{B0}}=\{x|\Lambda(x)<\Lambda_{\mathrm{B0}}\}$，$\Psi_{\mathrm{B1}}=\{x|\Lambda(x)\geqslant\Lambda_{\mathrm{B0}}\}$。这种判决域 Ψ_{B0} 和 Ψ_{B1} 的划分，使贝叶斯风险为最小。

二元信号检测问题实质上是对观测空间 $\Psi=\{x\}$ 进行划分，将其划分为区域 Ψ_0 和 Ψ_1。如果 $x\in\Psi_0$，则判决 H_0 为真；如果 $x\in\Psi_1$，则判决 H_1 为真。对观测空间 $\Psi=\{x\}$ 划分的示意图如图 3.4.1 所示。二元信号检测的基本问题是如何决定区域 Ψ_0 和 Ψ_1 的划分，使判决在某种意义下为最佳。

为了进一步说明似然比准则的物理概念，设观测空间为 k 维向量组成的集合 $\Psi=\{\boldsymbol{x}=[x_1,x_2,\cdots,x_k]^{\mathrm{T}}\}$，似然函数表示向量 $\boldsymbol{x}=[x_1,x_2,\cdots,x_k]^{\mathrm{T}}$ 在观测空间上的概率密度分布，如图 3.4.2 所示。对于观测空间中的每一点 $\boldsymbol{x}\in\Psi$，似然函数 $p(\boldsymbol{x}|H_1)$ 和 $p(\boldsymbol{x}|H_0)$ 具有确定的数值，图 3.4.2 中点的密度形象地表示似然函数的大小。显然，似然函数 $p(\boldsymbol{x}|H_0)$ 较大的区域应判 H_0 为真，而似然函数 $p(\boldsymbol{x}|H_1)$ 较大的区域应判 H_1 为真。根据式(3.4.16)，判决规则应为：如果 $p(\boldsymbol{x}|H_1)\geqslant\Lambda_0 p(\boldsymbol{x}|H_0)$，则该点属于区域 Ψ_1，反之，属于 Ψ_0。区域 Ψ_1 和 Ψ_0 的分界面满足方程式 $\Lambda(\boldsymbol{x})=\Lambda_0$。

3．信号检测性能的评价

在不同的最佳准则下，二元信号检测就有不同的信号检测算法，不同的信号检测算法就会导致不同的信号检测系统。因此，需要衡量信号检测算法或信号检测系统性能的优劣。衡量信号

检测算法或信号检测系统性能的优劣需要确定衡量信号检测算法或信号检测系统性能的指标。

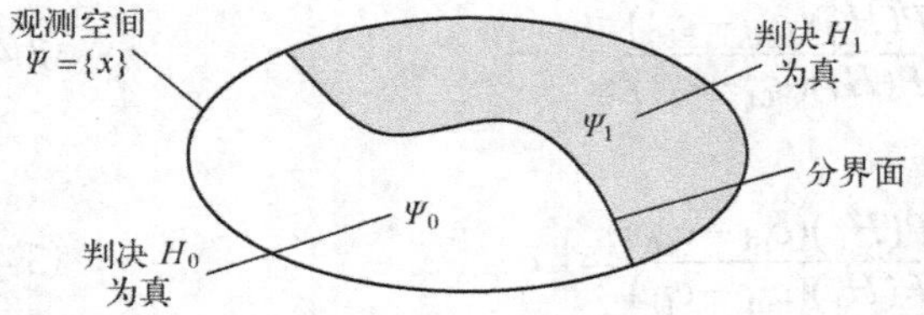

图 3.4.1　二元信号检测的判决域

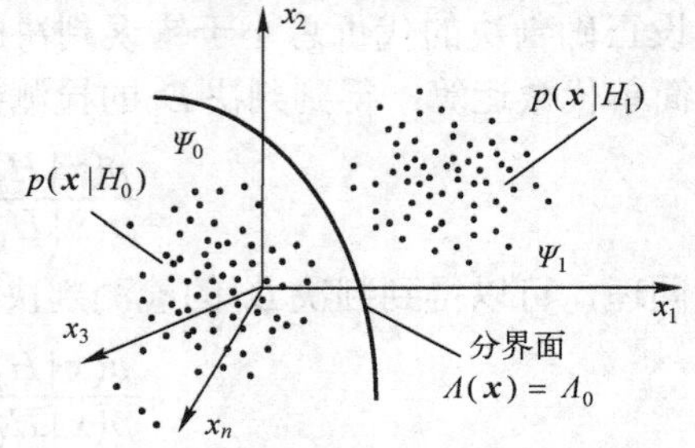

图 3.4.2　似然比检测的观测空间示意图

由于采用的是贝叶斯准则，而贝叶斯准则是使贝叶斯风险最小的信号检测准则，所以贝叶斯风险可以作为衡量信号检测算法或信号检测系统性能的评价指标。而在贝叶斯风险计算式中，各判决概率是关键的因素，故希望通过判决概率建立信号检测算法或信号检测系统性能的评价指标。

在假设 H_0 为真的条件下，信号检测系统做出判决 D_1 的判决概率 $P(D_1|H_0)$ 是第一类错误概率，称为虚警概率。

在假设 H_1 为真的条件下，信号检测系统做出判决 D_0 的判决概率 $P(D_0|H_1)$ 是第二类错误概率，称为漏警(报)概率。

在假设 H_1 为真的条件下，信号检测系统做出判决 D_1 的判决概率 $P(D_1|H_1)$ 称为检测概率。

在假设 H_0 为真的条件下，信号检测系统做出判决 D_0 的判决概率 $P(D_0|H_0)$ 称为正确拒绝概率。

上述 4 类判决概率并不是独立的，它们的关系是 $P(D_0|H_0)+P(D_1|H_0)=1$，$P(D_0|H_1)+P(D_1|H_1)=1$。因此，在 4 类判决概率中，只能有两类是独立的。

为了直观地了解 4 类判决概率的特点和关系，以观测空间为一维向量组成的集合为例，画出二元信号检测的判决概率示意图，如图 3.4.3 所示。

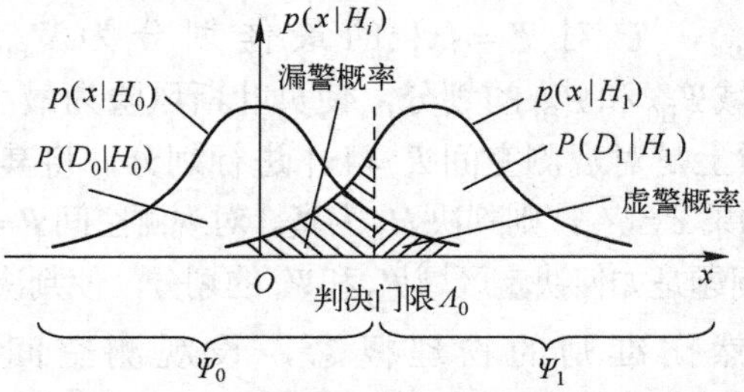

图 3.4.3　二元信号检测的判决概率示意图

对于信号检测算法或信号检测系统，自然希望正确判决概率尽可能大，而错误判决概率尽可能小，但正确判决概率与错误判决概率相互依赖，相互对立。因此。可以通过下述两种方式建立检测性能的评价指标。

（1）平均错误概率

由于事先并不知道假设 H_0 或假设 H_1 为真，两类错误概率具有不确定性，需要两类错误概率的统计平均来衡量信号检测算法或信号检测系统的优劣。平均错误概率是错误概率对先验概率的数学期望，即

$$P_e=P(H_0)P(D_1|H_0)+P(H_1)P(D_0|H_1) \tag{3.4.17}$$

平均错误概率越小，信号检测算法或信号检测系统的性能越好。对于像通信系统这样的信息传输系统，通常用平均错误概率来评价信号检测性能的优劣。

（2）检测概率

对于像雷达这样的信息探测系统，假设 H_0 表示没有目标信号，假设 H_1 表示有目标信号，通常要求发现目标信号的检测概率越大越好。但是，在检测概率增大的同时，虚警概率也会随之增大。在这种情况下，评价信号检测性能的标准规定为：在给定虚警概率 $P(D_1 \mid H_0)$ 条件下，用信号检测算法或信号检测系统的检测概率 $P(D_1 \mid H_1)$ 作为评价标准。

4．信号检测系统

根据式(3.4.16)可画出贝叶斯准则下的信号检测系统的框图，如图 3.4.4 所示。应当指出，似然比 $\Lambda(x)$ 通常是观测信号 x 的非线性函数，而检测判决本身更是一个非线性过程，因而信号检测系统总是非线性的。对于贝叶斯准则下的信号检测系统，图 3.4.4 中检测门限 Λ_0 为贝叶斯检测门限 Λ_{B0}。

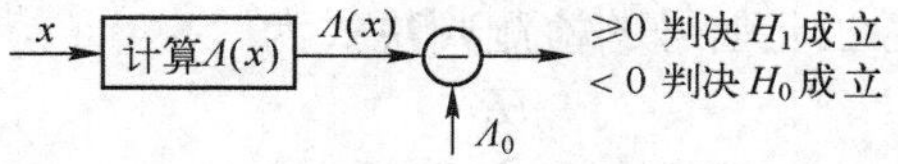

图 3.4.4　贝叶斯准则下的信号检测系统框图

3.4.2　最小平均错误概率准则下的二元确知信号检测

在贝叶斯准则下的二元信号检测中，信号检测需要同时知道似然函数、两种假设的先验概率和各个判决的代价因子。

如果将代价因子用其最大值归一化，则代价因子为 0 就表示不付出代价，代价因子为 1 就表示付出的代价最大。在二元信号检测中，如果假定正确判决不付出代价，而错误判决的代价最大，即 $c_{00}=c_{11}=0$，$c_{01}=c_{10}=1$，此时，贝叶斯风险与平均错误概率相等，即

$$R = P(H_0)P(D_1 \mid H_0) + P(H_1)P(D_0 \mid H_1) = P_e \tag{3.4.18}$$

使平均错误概率最小的准则称为最小平均错误概率准则。由式(3.4.11)可见，最小平均错误概率准则是在 $c_{00}=c_{11}=0$ 和 $c_{01}=c_{10}=1$ 条件下的贝叶斯准则，或者说，最小平均错误概率准则是贝叶斯准则在 $c_{00}=c_{11}=0$ 和 $c_{01}=c_{10}=1$ 条件下的特例。

在最小平均错误概率准则下，信号检测需要同时知道似然函数、两种假设的先验概率和各个判决的代价因子，并且代价因子满足 $c_{00}=c_{11}=0$ 和 $c_{01}=c_{10}=1$ 的条件。最小平均错误概率准则作为贝叶斯准则的特例，只要贝叶斯准则的检测算法中，令 $c_{00}=c_{11}=0$ 和 $c_{01}=c_{10}=1$，就可以得到最小平均错误概率准则的检测算法。最小平均错误概率准则的检测判决式为

$$\Lambda(x) = \frac{p(x \mid H_1)}{p(x \mid H_0)} \underset{H_0}{\overset{H_1}{\gtrless}} \frac{P(H_0)}{P(H_1)} = \Lambda_{A0} \tag{3.4.19}$$

式中，Λ_{A0} 称为最小平均错误概率检测门限，它仅由各假设的先验概率决定。

由式(3.4.19)可看出，判决过程并不要求知道代价因子，因而可以把它用于不知道代价因子或两种错误代价因子相等的情况。

在最小平均错误概率准则下，信号检测性能的评价标准与贝叶斯准则下的评价标准相同。

在最小平均错误概率准则下，信号检测系统的构成框图与贝叶斯准则下的构成框图一致，不同点仅是检测门限 Λ_0 按式(3.4.19)选择，它仅与先验概率有关。

3.4.3 最大后验概率准则下的二元确知信号检测

最大后验概率准则是从贝叶斯统计推断的观点来研究信号检测问题的，其出发点是：在已知假设的先验概率和似然函数(综合了总体概率密度和观测信号的样本信息)的条件下，比较假设 H_0 和 H_1 的后验概率。用 $P(H_0 | x)$ 表示已知观测信号样本条件下假设 H_0 的后验概率，用 $P(H_1 | x)$ 表示已知观测信号样本条件下假设 H_1 的后验概率。显然，后验概率应当与先验概率 $P(H_0)$ 和 $P(H_1)$ 不同，这反映了获得观测信号样本 x 后(即试验后)所获得的信息。显而易见，对应于较大后验概率的那个假设更可能出现，于是，应该选择对应于后验概率最大的那个假设作为判决。因此，最大后验概率准则就是选择对应于后验概率最大的那个假设作为判决。

在最大后验概率准则下，信号检测需要同时知道似然函数和两种假设的先验概率，并不知道各个判决的代价因子。

在最大后验概率准则下，二元信号的检测判决式为

$$P(H_1 | x) \underset{H_0}{\overset{H_1}{\gtrless}} P(H_0 | x) \tag{3.4.20}$$

如果已知接收设备接收信号为 x，根据贝叶斯定理，由假设的先验概率和似然函数可以得到假设的后验概率为

$$P(H_i | x) = \frac{P(H_i)p(x | H_i)\mathrm{d}x}{\sum\limits_k P(H_k)p(x | H_k)\mathrm{d}x} = \frac{P(H_i)p(x | H_i)}{\sum\limits_k P(H_k)p(x | H_k)} \tag{3.4.21}$$

式中，$P(H_i | x)$ 为已知 x 条件下假设 H_i 发生的后验概率。$p(x | H_i)\mathrm{d}x$ 为假设 H_i 条件下，x 处于区间 $[x, x+\mathrm{d}x]$ 内的概率。

将假设的后验概率代入式(3.4.20)中，得到

$$p(x | H_1)P(H_1) \underset{H_0}{\overset{H_1}{\gtrless}} p(x | H_0)P(H_0) \tag{3.4.22}$$

从而进一步得到最大后验概率准则的检测判决式为

$$\Lambda(x) = \frac{p(x | H_1)}{p(x | H_0)} \underset{H_0}{\overset{H_1}{\gtrless}} \frac{P(H_0)}{P(H_1)} = \Lambda_{A0} \tag{3.4.23}$$

显然，式(3.4.23)与式(3.4.19)相同，这说明最大后验概率准则与最小平均错误概率准则一致，因而它们的性能评价标准及实现方法也完全一致。它们是贝叶斯准则的同一特例，只不过提出问题的方法不同而已。有的作者把这两种准则称为理想观察者准则。通过比较式(3.4.23)与式(3.4.16)，可以发现：最大后验概率准则的检测算法是贝叶斯准则的检测算法在 $c_{10} - c_{00} = c_{01} - c_{11}$ 条件下的特例。最大后验概率准则的检测算法是贝叶斯准则的检测算法的特例，不要求事先知道代价因子。由于少了代价因子这一条件，它的精确程度不如贝叶斯准则的检测算法的高。

尽管最大后验概率准则与最小平均错误概率准则解决问题的方法不同，但两者的结果是一致的，两者均可看作是已知似然函数和假设的先验概率，而判决的代价因子未知情况下的最佳判决准则。它们比贝叶斯准则要求的条件宽松。

在最大后验概率准则下，信号检测性能的评价标准与贝叶斯准则下的评价标准相同。

在最大后验概率准则下，信号检测系统的构成框图与贝叶斯准则下的构成框图一致，不同点仅是门限 Λ_0 按式(3.4.23)选择，它仅与先验概率有关。

3.4.4 极小极大准则下的二元确知信号检测

在贝叶斯准则下，信号检测需要同时知道似然函数、假设的先验概率和判决的代价因子。如果已知似然函数和假设的先验概率，而不知道代价因子，则可使用最大后验概率准则和最小平均错误概率准则。在实际工程中常常会出现这样一种情况，即已知似然函数和代价因子，而不知道假设的先验概率。例如，在雷达观测中，敌方目标出现或不出现的先验概率是很难确定的。在这种情况下，采用极小极大准则来解决信号检测问题。极小极大准则也称为极大极小准则。

在极小极大准则下，信号检测需要同时知道似然函数和判决的代价因子，并不知道假设的先验概率。

由于已知似然函数和判决的代价因子，而不知道假设的先验概率，不能使用贝叶斯风险、平均错误概率及后验概率等度量作为标准来推导信号检测算法。在这种情况下，只能使用风险函数来推导信号检测算法。风险函数是在一定的假设条件下，代价因子对观测信号样本概率分布或概率密度的数学期望，故它也是一种平均代价，是在观测信号样本空间上的平均。但是，风险函数 $R(H_i,\delta)$ 是假设 H_i 的函数。如果依据 $R(H_i,\delta)$ 做出判决，那就需要对不同假设 H_i 的 $R(H_i,\delta)$ 进行逐点比较，而通过逐点比较风险函数往往是选不出最佳判决的。既然不能通过逐点比较风险函数来达到全面比较不同假设 H_i 的 $R(H_i,\delta)$，自然希望比较不同假设 H_i 的 $R(H_i,\delta)$ 的某一方面。通常选择 $R(H_i,\delta)$ 的最大值 $\max R(H_i,\delta)$ 来代替不同假设 H_i 的 $R(H_i,\delta)$ 的全面比较。$R(H_i,\delta)$ 的最大值表示检测系统选择判决后可能引发的最大风险，它是决策者最不愿意看到的风险。最大风险是不可回避的事实，也是做出判决的最坏的情况。从最坏处着眼，为了使这种最坏的情况不至于产生过分大的最大风险，应该使最大风险极小。因此，使风险函数可能出现的最大值达到极小的准则就是极小极大准则。即

$$\delta_{\mathrm{M}}(x)=\arg\min_{\delta\in\varDelta}\max_{H_i\in\varTheta}R(H_i,\delta)=\begin{cases}q_{\mathrm{M0}} & x\in\varPsi_{\mathrm{M0}}\\ q_{\mathrm{M1}} & x\in\varPsi_{\mathrm{M1}}\end{cases}\tag{3.4.24}$$

式中，$\delta_{\mathrm{M}}(x)$ 表示对应极小极大准则的判决函数；$\varPsi_{\mathrm{M0}}$ 和 $\varPsi_{\mathrm{M1}}$ 表示对应极小极大准则的判决域；q_{M0} 和 q_{M1} 是对判决域 $\varPsi_{\mathrm{M0}}$ 和 $\varPsi_{\mathrm{M1}}$ 的索引或指示数值。

由于直接使用风险函数不方便，而是假定假设 H_0 的先验概率 $P(H_0)=P_0$ 是一个变量，通过贝叶斯风险来解决风险函数的极小极大问题。

由于假定假设 H_0 的先验概率为 P_0，则假设 H_1 的先验概率为 $P(H_1)=1-P_0$。假设 H_0 的风险函数为 $R(H_0,\delta)$，假设 H_1 的风险函数为 $R(H_1,\delta)$，则贝叶斯风险为

$$\begin{aligned}R(\delta)&=R(H_0,\delta)P_0+R(H_1,\delta)(1-P_0)\\&=R(H_1,\delta)+[R(H_0,\delta)-R(H_1,\delta)]P_0\end{aligned}\tag{3.4.25}$$

如果假定判决函数 δ 已经确定，相应的风险函数 $R(H_0,\delta)$ 和 $R(H_1,\delta)$ 也就是确定的，则作为先验概率 P_0 函数的贝叶斯风险是一条直线。由于 P_0 的取值范围为[0，1]，对于先验概率 $P_0=0$ 时，贝叶斯风险 $R_0(\delta)=R(H_1,\delta)$；对于先验概率 $P_0=1$ 时，贝叶斯风险 $R_1(\delta)=R(H_0,\delta)$。由于贝叶斯风险是一条直线，其最大值出现在起始点或终点，而风险函数的最大值为 $\max\{R(H_0,\delta),R(H_1,\delta)\}$，故贝叶斯风险的最大值就是风险函数的最大值。故此，将风险函数 $R(H_i,\delta)$ 对不同假设 H_i 求最大值转换为贝叶斯风险 $R(\delta)$ 对先验概率 P_0 求最大值。因此，极小

极大准则变为使贝叶斯风险可能出现的最大值达到极小的准则，即

$$\delta_{\mathrm{M}}(x)=\arg\min_{\delta\in\varDelta}\max_{0\leqslant P_0\leqslant 1}R(\delta)=\begin{cases}q_{\mathrm{M0}} & x\in\varPsi_{\mathrm{M0}}\\ q_{\mathrm{M1}} & x\in\varPsi_{\mathrm{M1}}\end{cases}\tag{3.4.26}$$

可以证明，使贝叶斯风险极小极大与极大极小是等价的(详见参考文献[16]和[17])，即

$$\min_{\delta\in\varDelta}\max_{0\leqslant P_0\leqslant 1}R(\delta)=\max_{0\leqslant P_0\leqslant 1}\min_{\delta\in\varDelta}R(\delta)\tag{3.4.27}$$

并将随先验概率 P_0 而变化的极小贝叶斯风险表示为

$$R(P_0)=\min_{\delta\in\varDelta}R(\delta)\tag{3.4.28}$$

由于贝叶斯风险极小极大与极大极小是等价的，极小极大准则也称为极大极小准则。极大极小准则是将贝叶斯风险先极小，后极大。极小极大准则是将贝叶斯风险先极大，后极小。

当给定先验概率 P_0 时，可以有许多种将观测空间 $\varPsi=\{x\}$ 划分为两个判决域的方法，也就有许多个判决函数 δ。对应于不同的判决函数，风险函数 $R(H_0,\delta)$ 和 $R(H_1,\delta)$ 的大小是变化的，存在 $R(H_0,\delta)\geqslant R(H_1,\delta)$ 或 $R(H_0,\delta)<R(H_1,\delta)$ 的情况。式(3.4.25)所示的直线有斜率为正、负或 0 的情况，并且这些直线限定在 $P_0\in[0,1]$ 范围内。设虚警概率 $P(D_1|H_0)=P_{\mathrm{F}}$，漏警概率 $P(D_0|H_1)=P_{\mathrm{M}}$，则正确拒绝概率 $P(D_0|H_0)=1-P_{\mathrm{F}}$，检测概率 $P(D_1|H_1)=1-P_{\mathrm{M}}$。采用极大极小准则，使贝叶斯风险极小也就是使式(3.4.16)成立，相应的贝叶斯检测门限为

$$\varLambda_{\mathrm{B0}}=\frac{P(H_0)(c_{10}-c_{00})}{P(H_1)(c_{01}-c_{11})}=\frac{P_0(c_{10}-c_{00})}{(1-P_0)(c_{01}-c_{11})}\tag{3.4.29}$$

当先验概率 $P_0=0$ 时，贝叶斯检测门限 $\varLambda_{\mathrm{B0}}=0$，由于似然比 $\varLambda(x)$ 是非负的，总是判决假设 H_1 为真，故 $P_{\mathrm{F}}=1$，$P_{\mathrm{M}}=0$，从而得到 $R(P_0=0)=c_{11}$。当先验概率 $P_0=1$ 时，贝叶斯检测门限 $\varLambda_{\mathrm{B0}}=\infty$，总是判决假设 H_0 为真，故 $P_{\mathrm{F}}=0$，$P_{\mathrm{M}}=1$，从而得到 $R(P_0=1)=c_{00}$。因此，极小贝叶斯风险 $R(P_0)$ 是一条向上凸的曲线，如图 3.4.5 所示。图 3.4.5 中的 $P_{0\mathrm{L}}$ 是极小贝叶斯风险 $R(P_0)$ 的最大值所对应的先验概率 P_0。

贝叶斯风险极大极小准则相当于使贝叶斯风险同时满足对判决函数的极小和对先验概率 P_0 的极大。贝叶斯风险对判决函数的极小就是贝叶斯准则，对应的检测算法满足式(3.4.16)所示关系。使贝叶斯风险达到极大值的先验概率 P_0 称为最不利的先验概率。贝叶斯风险对先验概率 P_0 的极大，通过 $\mathrm{d}R(\delta)/\mathrm{d}P_0=0$ 得到最不利的先验概率 P_0 应满足的关系式为

$$c_{00}+(c_{10}-c_{00})P_F=c_{11}+(c_{01}-c_{11})P_M\tag{3.4.30}$$

因此，极小极大准则的检测判决式应为

$$\varLambda(x)=\frac{p(x|H_1)}{p(x|H_0)}\underset{H_0}{\overset{H_1}{\gtrless}}\frac{P_0(c_{10}-c_{00})}{(1-P_0)(c_{01}-c_{11})}=\varLambda_{\mathrm{M0}}\tag{3.4.31}$$

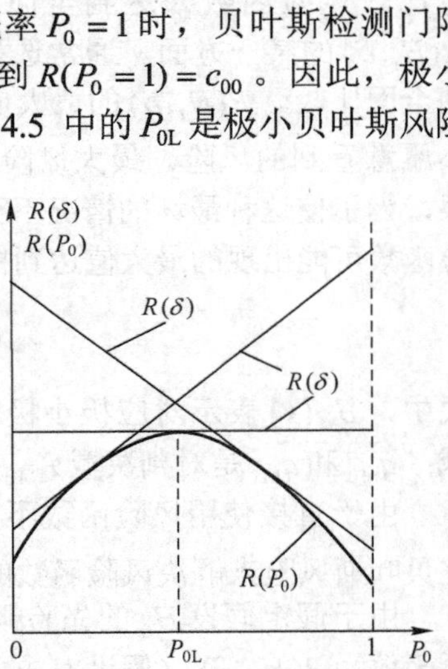

图 3.4.5　贝叶斯风险极大极小示意图

以使贝叶斯风险极小，且满足式(3.4.30)以使贝叶斯风险极大。在式(3.4.31)中，$\varLambda_{\mathrm{M0}}$ 为极小极大检测门限。

由于先验概率 P_0 是通过极小极大检测门限 $\varLambda_{\mathrm{M0}}$ 在式(3.4.31)中起作用，而极小极大检测门限 $\varLambda_{\mathrm{M0}}$ 是通过虚警概率 P_{F} 和漏警概率 P_{M} 的积分限起作用的，因此，应用极小极大准则的检测算法，需要先找到一个使式(3.4.30)满足的极小极大检测门限 $\varLambda_{\mathrm{M0}}$，然后通过式(3.4.31)做判决。

极小极大准则的检测算法形式与贝叶斯准则的检测算法形式是一样的，只是确定检测门限的方式不同。在极小极大准则下，信号检测系统的构成框图与贝叶斯准则下的构成框图一致，不同点仅是检测门限不同。极小极大检测门限 Λ_{M0} 通过式(3.4.31)确定。

在极小极大准则下，信号检测性能的评价标准与贝叶斯准则下的评价标准相同。

3.4.5 奈曼–皮尔逊准则下的二元确知信号检测

在贝叶斯准则下，信号检测需要同时知道似然函数、假设的先验概率和判决的代价因子。如果已知似然函数和假设的先验概率，而不知道代价因子，则可使用最大后验概率准则和最小平均错误概率准则。如果已知似然函数和判决的代价因子，而不知道假设的先验概率，则可使用极小极大准则。在实际工程中常常会出现这样一种情况，即已知似然函数，而不知道假设的先验概率和判决的代价因子。例如，在雷达观测中，既不能预知敌方目标是否出现的先验概率，也很难确定各种判决的代价因子。在这种情况下，先前讨论的各种最佳准则都不适用了。针对这种情况，提出了奈曼–皮尔逊(Neyman-Pearson)准则。在虚警概率 $P(D_1|H_0)=\alpha$ 的约束条件下，使检测概率 $P(D_1|H_1)$ 最大的准则，就是奈曼–皮尔逊准则。

由于漏警概率 $P(D_0|H_1)=1-P(D_1|H_1)$，故奈曼–皮尔逊准则也可以这样描述：在虚警概率 $P(D_1|H_0)=\alpha$ 的约束条件下，使漏警概率 $P(D_0|H_1)$ 最小的准则。对于给定的虚警概率 $P(D_1|H_0)=\alpha$，可以有许多种将观测空间 $\Psi=\{x\}$ 划分为两个判决域的方法，也就有许多个判决函数。奈曼–皮尔逊准则就是在使 $P(D_1|H_0)=\alpha$ 成立的判决域划分或判决函数中，寻找使漏警概率 $P(D_0|H_1)$ 最小的判决域划分或判决函数。这是一个最优化的求解问题，可以通过拉格朗日乘数法构造一个目标函数

$$J=P(D_0|H_1)+\mu[P(D_1|H_0)-\alpha] \tag{3.4.32}$$

式中，μ 为拉格朗日乘数，且 $\mu\geqslant 0$。显然，若 $P(D_1|H_0)=\alpha$，则 J 达到最小，漏警概率 $P(D_0|H_1)$ 就达到最小。

设观测空间 $\Psi=\{x\}$ 划分判决域 Ψ_{N0} 和 Ψ_{N1}，则目标函数 J 变为

$$\begin{aligned}J&=\int_{\Psi_{N0}}p(x|H_1)\mathrm{d}x+\mu\left[\int_{\Psi_{N1}}p(x|H_0)\mathrm{d}x-\alpha\right]\\&=\int_{\Psi_{N0}}p(x|H_1)\mathrm{d}x+\mu\left[1-\int_{\Psi_{N0}}p(x|H_0)\mathrm{d}x-\alpha\right]\\&=\mu(1-\alpha)+\int_{\Psi_{N0}}[p(x|H_1)-\mu p(x|H_0)]\mathrm{d}x\end{aligned} \tag{3.4.33}$$

式(3.4.33)的第一项是非负的，要使目标函数 J 达到最小，只要把第二项中使被积函数项为负的 x 值划归给判决域 Ψ_{N0}，判决 D_0 成立就可以了，否则把 x 值划归给判决域 Ψ_{N1}，判决 D_1 成立，即奈曼–皮尔逊准则的检测判决式为

$$\Lambda(x)=\frac{p(x|H_1)}{p(x|H_0)}\underset{H_0}{\overset{H_1}{\gtrless}}\mu=\Lambda_{N0} \tag{3.4.34}$$

式中，$\Lambda_{N0}=\mu$ 称为奈曼–皮尔逊检测门限，它由虚警概率 $P(D_1|H_0)=\alpha$ 这一约束条件给出，即

$$P(D_1|H_0)=\int_{\Psi_{N1}}p(x|H_0)\mathrm{d}x=\int_{\Lambda_{N0}}^{\infty}p(\Lambda(x)|H_0)\mathrm{d}x=\alpha \tag{3.4.35}$$

式中，$p(\Lambda(x)|H_0)$ 是在假设 H_0 为真的条件下，似然比 $\Lambda(x)$ 的概率密度。

设 $p(\Lambda(x)|H_1)$ 是在假设 H_1 为真条件下，似然比 $\Lambda(x)$ 的概率密度。在给定奈曼–皮尔逊检测门限 Λ_{N0} 的情况下，检测概率为

$$P(D_1|H_1)=\int_{\Psi_{N1}} p(x|H_1)\mathrm{d}x=\int_{\Lambda_{N0}}^{\infty} p(\Lambda(x)|H_1)\mathrm{d}x \tag{3.4.36}$$

显然，Λ_{N0} 增大，$P(D_1|H_0)$ 减小，$P(D_1|H_1)$ 减小；相反，Λ_{N0} 减小，$P(D_1|H_0)$ 增大，$P(D_1|H_1)$ 增大。这就是说，改变 Λ_{N0} 就能调整判决域 Ψ_{N0} 和 Ψ_{N1}。

如果在贝叶斯准则的检测算法中，令 $(c_{10}-c_{00})P(H_0)=\Lambda_{N0}$，$(c_{01}-c_{11})P(H_1)=1$，贝叶斯准则的检测算法就变为奈曼–皮尔逊准则的检测算法，故奈曼–皮尔逊准则是贝叶斯准则的特例。

应用奈曼–皮尔逊准则的检测算法，首先需要根据似然函数 $p(x|H_0)$ 和 $p(x|H_1)$ 构成似然比 $\Lambda(x)$ 检验，然后确定 $\Lambda(x)$ 在假设 H_0 和 H_1 条件下的概率密度 $p(\Lambda(x)|H_0)$ 和 $p(\Lambda(x)|H_1)$，再根据约束条件 $P(D_1|H_0)=\alpha$，由式(3.4.35)求出奈曼–皮尔逊检测门限 Λ_{N0}，最后通过式(3.4.34)做判决。

奈曼–皮尔逊准则的检测算法形式与贝叶斯准则的检测算法形式是一样的，只是确定检测门限的方式不同。在奈曼–皮尔逊准则下，信号检测系统的构成框图与贝叶斯准则下的构成框图一致，只是检测门限不同。奈曼–皮尔逊检测门限 Λ_{N0} 通过式(3.4.35)确定。

在奈曼–皮尔逊准则下，信号检测性能的评价标准与贝叶斯准则下的评价标准相同。通常采用以虚警概率为条件的检测概率作为评价标准。

3.4.6 最大似然准则下的二元确知信号检测

在已知似然函数，而不知道假设的先验概率和判决的代价因子的情况下，除了可以采用奈曼–皮尔逊准则外，还可以采用最大似然准则。

对于二元信号检测，似然函数 $p(x|H_i)$ 表示在假设 H_i 条件下的观测信号样本 x 的概率密度，它既是观测信号样本 x 的函数，也是假设 H_i 的函数。似然函数的直观含义是：在同一观测信号样本 x 的情况下，使 $p(x|H_i)$ 大的假设 H_i 比使 $p(x|H_i)$ 小的假设 H_k 更像是假设 H_i 的真值。也就是，似然函数大的假设 H_i 比似然函数小的假设 H_k 更像是假设 H_i。似然函数反映了观测信号样本 x 来自哪一种假设情况的可能性的大小，反映了观测信号样本 x 与假设 H_i 的相似程度，故采用了似然函数这一直观术语。有了观测信号样本 x 之后，在做关于假设 H_i 的推断或决策时，所有与试验有关的信息均被包含在观测信号样本 x 的似然函数之中。

最大似然准则就是选择对应于似然函数最大的那个假设作为判决。在最大似然准则下，二元信号检测仅需要知道似然函数，并不需要知道假设的先验概率和判决的代价因子。最大似然检测门限 $\Lambda_{L0}=1$。最大似然准则的检测判决式为

$$\Lambda(x)=\frac{p(x|H_1)}{p(x|H_0)}\underset{H_0}{\overset{H_1}{\gtrless}}\Lambda_{L0}=1 \tag{3.4.37}$$

如果代价因子满足 $c_{ii}=0$ 和 $c_{ij}=1\,(i\neq j)$ 条件，并且，假定各假设先验概率相等，即 $P(H_i)=1/2$，则贝叶斯检测门限 $\Lambda_{B0}=1$。因此，最大似然准则的检测算法形式与贝叶斯准则的检测算法形式是一样的，只是确定检测门限的方式不同。最大似然准则是贝叶斯准则的特例。最大似然准则检测算法与贝叶斯准则、最大后验概率准则或最小平均错误概率准则、极小极大准则及奈曼–皮尔逊准则检测算法，均可以看作是似然比检测算法的特例。

在最大似然准则下，信号检测系统的构成框图与贝叶斯准则下的构成框图一致，不同点仅是检测门限不同。最大似然检测门限 $\Lambda_{L0}=1$ 。

在最大似然准则下，信号检测性能的评价标准与贝叶斯准则下的评价标准相同。由于不知道先验概率，可以通过假定各假设先验概率相等，即 $P(H_i)=1/2$ ，来计算平均错误概率。

例 3.4.1 设观测信号为 $x(t)=s(t)+n(t)$ ，信号 $s(t)$ 为正常值 a_0 或正常值 a_1 ，且 $a_0<a_1$ ，噪声 $n(t)$ 是均值为 0、方差为 σ^2 的高斯噪声。在信号 $s(t)$ 的持续时间 $(0,T)$ 内，对观测信号 $x(t)$ 进行了 k 次独立采样，得到观测信号样本 $x_1,x_2,\cdots,x_k$ 。如果似然比检测门限 Λ_0 已知，试确定似然比检测的检测判决式，并证明随着采样次数 k 的增加，判决的平均错误概率减小。

解： 根据题意，二元信号检测的假设为

$$H_0：\ x(t)=a_0+n(t)$$
$$H_1：\ x(t)=a_1+n(t)$$

用 k 次观测信号样本 $x_1,x_2,\cdots,x_k$ 表示假设为

$$H_0：\ x_i=a_0+n_i\quad i=1,2,\cdots,k$$
$$H_1：\ x_i=a_1+n_i\quad i=1,2,\cdots,k$$

因为噪声样本 n_i 是均值为 0、方差为 σ^2 的高斯随机变量，所以其概率密度函数为

$$p(n_i)=\frac{1}{\sqrt{2\pi}\sigma}\exp\left(-\frac{n_i^2}{2\sigma^2}\right)$$

在假设 H_0 和 H_1 下，观测信号样本 x_i 的似然函数为

$$p(x_i\,|\,H_0)=\frac{1}{\sqrt{2\pi}\sigma}\exp\left[-\frac{(x_i-a_0)^2}{2\sigma^2}\right]$$

$$p(x_i\,|\,H_1)=\frac{1}{\sqrt{2\pi}\sigma}\exp\left[-\frac{(x_i-a_1)^2}{2\sigma^2}\right]$$

将 k 次观测信号样本 $x_1,x_2,\cdots,x_k$ 表示为随机观测向量 $\boldsymbol{x}=[x_1,x_2,\cdots,x_k]^{\mathrm{T}}$ ，因为观测信号样本 $x_1,x_2,\cdots,x_k$ 之间相互统计独立，在假设 H_0 和 H_1 下，观测向量的似然函数为观测信号样本 $x_1,x_2,\cdots,x_k$ 的联合概率密度，即

$$\begin{aligned}p(\boldsymbol{x}\,|\,H_0)&=p(x_1,x_2,\cdots,x_k\,|\,H_0)=\prod_{i=1}^{k}p(x_i\,|\,H_0)\\&=(2\pi\sigma^2)^{-k/2}\exp\left[-\sum_{i=1}^{k}\frac{(x_i-a_0)^2}{2\sigma^2}\right]\end{aligned}$$

$$\begin{aligned}p(\boldsymbol{x}\,|\,H_1)&=p(x_1,x_2,\cdots,x_k\,|\,H_1)=\prod_{i=1}^{k}p(x_i\,|\,H_1)\\&=(2\pi\sigma^2)^{-k/2}\exp\left[-\sum_{i=1}^{k}\frac{(x_i-a_1)^2}{2\sigma^2}\right]\end{aligned}$$

于是，似然比为

$$\Lambda(\boldsymbol{x})=\frac{p(\boldsymbol{x}\,|\,H_1)}{p(\boldsymbol{x}\,|\,H_0)}=\exp\left[\frac{(a_1-a_0)}{\sigma^2}\sum_{i=1}^{k}x_i-\frac{k(a_1^2-a_0^2)}{2\sigma^2}\right]$$

则似然比检测判决式为

$$\Lambda(\boldsymbol{x})=\frac{p(\boldsymbol{x}\,|\,H_1)}{p(\boldsymbol{x}\,|\,H_0)}=\exp\left[\frac{(a_1-a_0)}{\sigma^2}\sum_{i=1}^{k}x_i-\frac{k(a_1^2-a_0^2)}{2\sigma^2}\right]\underset{H_0}{\overset{H_1}{\gtrless}}\Lambda_0$$

如果$\Lambda(\boldsymbol{x}) \geqslant \Lambda_0$，则选择假设$H_1$；反之，则选择假设$H_0$。检测门限$\Lambda_0$根据所选的最佳准则而定。

由于指数函数是单调函数，对检测判决式两边取对数不影响原来的判决。通过对检测判决式两边取对数，进一步得到检测判决式为

$$m_x = \frac{1}{k}\sum_{i=1}^{k} x_i \underset{H_0}{\overset{H_1}{\gtrless}} \frac{a_1 + a_0}{2} + \frac{\sigma^2 \ln \Lambda_0}{k(a_1 - a_0)} = \beta$$

式中，m_x是样本平均值，β是以m_x为检测统计量的检测门限。划分判决区域Ψ_0和Ψ_1的界面是k维空间中的一个平面，其方程为

$$\sum_{i=1}^{k} x_i = k\beta$$

最终的检测统计量为样本平均值m_x，它与检测门限β进行比较而做出各种判决。因为检测统计量m_x是随机变量，为了计算判决概率，需要求出m_x在两种假设下的概率密度$p(m_x \mid H_0)$和$p(m_x \mid H_1)$，然后根据判决式在相应区间的积分来求得判决概率$P(D_i \mid H_j)$。

由于m_x是k个高斯随机变量的线性组合，因而它也是高斯分布的，其均值在假设H_1和H_0下分别为a_1和a_0，方差为σ^2 / k，则m_x在假设H_0和H_1下的概率密度为

$$p(m_x|H_0) = (2\pi\sigma^2 / k)^{-\frac{1}{2}} \exp\left[-\frac{(m_x - a_0)^2}{2\sigma^2 / k}\right]$$

$$p(m_x|H_1) = (2\pi\sigma^2 / k)^{-\frac{1}{2}} \exp\left[-\frac{(m_x - a_1)^2}{2\sigma^2 / k}\right]$$

因而两种错误概率为

$$P(D_1 \mid H_0) = \int_{\beta}^{\infty} p(m_x \mid H_0) \mathrm{d}m_x = \mathrm{Q}\left(\frac{\beta - a_0}{\sigma / \sqrt{k}}\right)$$

$$P(D_0 \mid H_1) = \int_{-\infty}^{\beta} p(m_x \mid H_1) \mathrm{d}m_x = 1 - \int_{\beta}^{\infty} p(m_x \mid H_1) \mathrm{d}m_x$$

$$= 1 - \mathrm{Q}\left(\frac{\beta - a_1}{\sigma / \sqrt{k}}\right) = \Phi\left(\frac{\beta - a_1}{\sigma / \sqrt{k}}\right)$$

式中，$\mathrm{Q}(x)$为补标准正态累积分布函数或标准正态概率右尾函数，简称为 Q 函数；$\Phi(x)$为标准正态累积分布函数。它们的定义为

$$\mathrm{Q}(x) = \int_{x}^{\infty} \frac{1}{\sqrt{2\pi}} \exp\left(-\frac{y^2}{2}\right) \mathrm{d}y = 1 - \Phi(x)$$

$$\Phi(x) = \int_{-\infty}^{x} \frac{1}{\sqrt{2\pi}} \exp\left(-\frac{y^2}{2}\right) \mathrm{d}y$$

当$k \to \infty$时，$\beta \to (a_1 + a_0)/2$，如$a_1 > a_0$，则显然有$P(D_1 \mid H_0) \to 0$，$P(D_0 \mid H_1) \to 0$。由此可看出，随着观测采样次数的增加，判决的错误概率可以降低。

如果假设H_0和H_1的先验概率为$P(H_0)$和$P(H_1)$，则判决的平均错误概率为

$$P_{\mathrm{e}} = P(H_0)P(D_1 \mid H_0) + P(H_1)P(D_0 \mid H_1)$$

因此，当$k \to \infty$时，$P_{\mathrm{e}} \to 0$，即随着观测采样次数的增加，判决的平均错误概率可以降低。

例 3.4.2 在二元通信系统中，发送设备或者发送幅度为A的信号，或者不发送信号，且$A > 0$。加性噪声服从均值为 0、方差为σ^2的高斯分布。假定假设正确判决不付出代价，错误

判决的代价均为 1，先验概率未知。试采用极大极小准则，确定检测门限和平均错误概率。

解：根据题意，二元信号检测的假设为

$$H_0:\ x(t)=n(t)$$
$$H_1:\ x(t)=A+n(t)$$

在假设 H_0 和 H_1 下，观测信号样本 x 的似然函数为

$$p(x\,|\,H_0)=\frac{1}{\sqrt{2\pi}\sigma}\exp\left(-\frac{x^2}{2\sigma^2}\right)$$

$$p(x\,|\,H_1)=\frac{1}{\sqrt{2\pi}\sigma}\exp\left[-\frac{(x-A)^2}{2\sigma^2}\right]$$

似然比为

$$\Lambda(x)=\frac{p(x\,|\,H_1)}{p(x\,|\,H_0)}=\exp\left(\frac{Ax}{\sigma^2}-\frac{A^2}{2\sigma^2}\right)$$

因为正确判决不付出代价，错误判决的代价均为 1，即 $c_{11}=c_{00}=0$，$c_{10}=c_{01}=1$，并设假设 H_0 的先验概率为 $P(H_0)$，极大极小准则检测门限为 η，则使平均风险最小的检测判决式为

$$\Lambda(x)=\frac{p(x\,|\,H_1)}{p(x\,|\,H_0)}=\exp\left(\frac{Ax}{\sigma^2}-\frac{A^2}{2\sigma^2}\right)\underset{H_0}{\overset{H_1}{\gtrless}}\eta=\frac{P(H_0)}{1-P(H_0)}$$

通过对检测判决式两边取对数，进一步得到检测判决式为

$$x\underset{H_0}{\overset{H_1}{\gtrless}}\frac{A}{2}+\frac{\sigma^2}{A}\ln\eta=\gamma$$

由于检验统计量为一次观测数据 x，因而两种错误概率为

$$P(D_1\,|\,H_0)=\int_{\gamma}^{\infty}p(x\,|\,H_0)\mathrm{d}x=\mathrm{Q}\left(\frac{\gamma}{\sigma}\right)=1-\mathrm{Q}\left(\frac{-\gamma}{\sigma}\right)$$

$$P(D_0\,|\,H_1)=\int_{-\infty}^{\gamma}p(x\,|\,H_1)\mathrm{d}x=1-\int_{\gamma}^{\infty}p(x\,|\,H_1)\mathrm{d}x$$
$$=1-\mathrm{Q}\left(\frac{\gamma-A}{\sigma}\right)=\Phi\left(\frac{\gamma-A}{\sigma}\right)$$

又因为最不利先验概率或检测门限应满足的关系式为

$$P(D_0\,|\,H_1)=P(D_1\,|\,H_0)$$

即

$$\mathrm{Q}\left(\frac{-\gamma}{\sigma}\right)=\mathrm{Q}\left(\frac{\gamma-A}{\sigma}\right)$$

故极大极小准则的检测门限为

$$\gamma=A/2$$

由此可得

$$\frac{A}{2}+\frac{\sigma^2}{A}\ln\eta=\gamma=\frac{A}{2}$$

则有 $\eta=1$。从而得到 $P(H_0)=P(H_1)=1/2$。

平均错误概率为

$$P_{\mathrm{e}}=P(D_1\,|\,H_0)=\mathrm{Q}\left(\frac{\gamma}{\sigma}\right)=\mathrm{Q}\left(\frac{A}{2\sigma}\right)$$

例 3.4.3 在二元数字通信系统中，发送设备或者发送 1V 的信号，或者不发送信号。加性噪声服从均值为 0、方差 $\sigma^2=2$ 的高斯分布。在 $P(D_1\,|\,H_0)=0.1$ 的条件下，采用奈曼-皮尔逊准则，根据一次观测数据 x 进行检测判决。

解：根据题意，二元信号检测的假设为

$$H_0: \ x(t) = n(t)$$
$$H_1: \ x(t) = 1 + n(t)$$

在假设H_0和H_1下，观测信号样本x的似然函数为

$$p(x \mid H_0) = \frac{1}{2\sqrt{\pi}} \exp\left(-\frac{x^2}{4}\right)$$
$$p(x \mid H_1) = \frac{1}{2\sqrt{\pi}} \exp\left[-\frac{(x-1)^2}{4}\right]$$

似然比为

$$\Lambda(x) = \frac{p(x \mid H_1)}{p(x \mid H_0)} = \exp\left(\frac{x}{2} - \frac{1}{4}\right)$$

似然比检测判决式为

$$\Lambda(x) = \frac{p(x \mid H_1)}{p(x \mid H_0)} = \exp\left(\frac{x}{2} - \frac{1}{4}\right) \underset{H_0}{\overset{H_1}{\gtrless}} \Lambda_0$$

通过对检测判决式两边取对数，进一步得到检测判决式为

$$x \underset{H_0}{\overset{H_1}{\gtrless}} \frac{1}{2} + 2\ln \Lambda_0 = \gamma$$

对于奈曼-皮尔逊准则，检测门限Λ_0或γ的选择应满足虚警概率的约束条件，即

$$P(D_1 \mid H_0) = 0.1 = \int_{\Psi_1} p(x \mid H_0) \mathrm{d}x = \int_\gamma^\infty \frac{1}{2\sqrt{\pi}} \exp\left(-\frac{x^2}{4}\right) \mathrm{d}x = \mathrm{Q}\left(\frac{\gamma}{\sqrt{2}}\right)$$

从而算出$\gamma = 1.8$。于是检测判决式为

$$x \underset{H_0}{\overset{H_1}{\gtrless}} 1.8$$

检测概率为

$$P(D_1|H_1) = \int_{\Psi_1} p(x \mid H_1) \mathrm{d}x = \int_{1.8}^\infty \frac{1}{2\sqrt{\pi}} \exp\left[-\frac{(x-1)^2}{4}\right] \mathrm{d}x = 0.285$$

3.5　多元确知信号检测

多元信号检测是指发送设备有多于两种可能发送信号情况的信号检测。在实际工程中，常常存在发送设备可能发送多种信号的情况。例如，通信中可能不是使用二进制码，而是使用四相码，这时发送设备可能发送 4 种信号。在雷达中，要判定目标处于M个距离单元中的哪一个单元，也属于M元信号检测问题。

同二元信号检测一样，由于噪声等随机因素的影响，判决发送设备发送哪一个信号为真是一个统计学问题，因而多元信号检测问题实质上是多元信号假设检验问题。在不同的最佳准则下，多元信号检测就有不同的信号检测算法。

多元信号检测同样包括 4 个关键步骤：确定信号检测所需的已知条件，寻求一定准则下的信号检测算法，衡量信号检测算法的检测性能，设计信号检测系统的系统模型。

3.5.1 贝叶斯准则下的多元确知信号检测

多元信号检测首先需要确定其所需要的已知条件。

1．信号检测所需的已知条件

设发送设备的发送信号为$s(t)$，信道噪声为$n(t)$，接收设备的接收信号为$x(t)$，信号检测的信号模型为$x(t)=s(t)+n(t)$。

设发送设备可能发送M个信号$s_0(t)$，$s_1(t)$，…，$s_{M-1}(t)$，且均为确知信号，每个可能的发送信号对应着一个假设，则相应的多元信号检测就是M元信号检测，M元信号检测的假设空间为$\Theta=\{H_0,H_1,\cdots,H_{M-1}\}$，$M$种假设表示为

$$\begin{cases} H_0: & x(t)=s_0(t)+n(t) \\ H_1: & x(t)=s_1(t)+n(t) \\ & \vdots \\ H_{M-1}: & x(t)=s_{M-1}(t)+n(t) \end{cases} \tag{3.5.1}$$

并设$P(H_0)$，$P(H_1)$，…，$P(H_{M-1})$分别是假设H_0，H_1，…，H_{M-1}的先验概率，且两种假设互不相容，则有$P(H_0)+P(H_1)+\cdots+P(H_{M-1})=1$。

发送设备可能发送的M个信号经信道传输并混叠噪声后，接收设备进行接收并做出判决。对每一个可能的信号加噪声，判决的可能结果有M个。设信号检测的判决空间为$\Phi=\{D_0,D_1,\cdots,D_{M-1}\}$。判决$D_0$表示判决假设$H_0$成立，判决$D_1$表示判决假设$H_1$成立，判决$D_{M-1}$表示判决假设$H_{M-1}$成立。

在信号检测中，信号检测判决将接收信号样本空间$\Psi=\{x\}$分为M个互不相容的子空间Ψ_0，Ψ_1，…，Ψ_{M-1}。子空间Ψ_0，Ψ_1，…，Ψ_{M-1}是M元信号检测的判决域。判决域Ψ_0对应判决D_0，接收信号样本落入判决域Ψ_0，就做出判决D_0，从而判决假设H_0成立；判决域Ψ_1对应判决D_1，接收信号样本落入判决域Ψ_1，就做出判决D_1，从而判决假设H_1成立；判决域Ψ_{M-1}对应判决D_{M-1}，接收信号样本落入判决域Ψ_{M-1}，就做出判决D_{M-1}，从而判决假设H_{M-1}成立。

对于M元信号检测，总共有M^2种可能的判决结果，其中M种判决是正确的，$M(M-1)$种判决是错误的。设代价因子c_{ij}表示假设H_j为真，却判决假设H_i成立的代价。对于M元信号检测，总共有M^2个代价因子。

设信道噪声的概率密度为$p(n)$，并由此得到假设H_0，H_1，…，H_{M-1}条件下的似然函数$p(x|H_0)$，$p(x|H_1)$，…，$p(x|H_{M-1})$。

有了上述已知条件后，接下来的工作就是在贝叶斯准则下，得到信号检测的检测算法，并据此设计信号检测系统的系统模型。

2．贝叶斯准则的检测算法

在M元信号检测的已知条件确定的情况下，信号检测就是根据观测信号，判决M个假设H_0，H_1，…，H_{M-1}中的哪一个是真的。或者说，信号检测就是将观测信号划归为M个判决域Ψ_0，Ψ_1，…，Ψ_{M-1}中的一个。也可以说，信号检测就是将观测空间$\Psi=\{x\}$划分为M个判决域$\Psi_0=\{x|D_0\}$，$\Psi_1=\{x|D_1\}$，…，$\Psi_{M-1}=\{x|D_{M-1}\}$。

不同的判决D_i对应于相应的判决域Ψ_i。判决函数$\delta(x)$是从观测空间$\Psi=\{x\}$到判决空间$\Phi=\{D_i\}$的一个映射，则M元信号检测的判决函数$\delta(x)$为

$$\delta(x)=q_i \quad x\in\Psi_i(i=0,1,\cdots,M-1) \tag{3.5.2}$$

式中，q_i是对判决域Ψ_i的索引或指示，可以任意取为M个不同的常数。但是，对于不同的判决域Ψ_i，q_i的取值应不相同。判决函数与判决域的不同划分有一一对应关系。判决函数空间用$\Delta=\{\delta(\boldsymbol{x})\}$表示。

选择一种信号检测算法，就是选择判决域的划分，选择一个判决函数，选择一种最佳准则。不同的最佳准则对应不同的判决函数、判决域的划分、信号检测算法。

在M元信号检测的已知条件确定的情况下，贝叶斯准则下的M元信号检测的核心就是寻求一种检测算法，使决策引入的贝叶斯风险最小。

已知假设H_j为真的条件下，信号检测系统做出判决D_i的判决概率为

$$P(D_i \mid H_j) = \int_{\Psi_i} p(x \mid H_j)\mathrm{d}x \tag{3.5.3}$$

在假设H_j为真的条件下的风险函数是信号检测系统做出判决的平均代价，风险函数为代价对判决概率$P(D_i \mid H_j)$的数学期望，即

$$R(H_j,\delta) = \sum_{i=0}^{M-1} c_{ij} P(D_i \mid H_j) \tag{3.5.4}$$

由于信号检测系统做出判决就相当于将观测空间$\Psi = \{x\}$划分为M个判决域Ψ_0，Ψ_1，…，Ψ_{M-1}，也就相应地取了一个判决函数$\delta(x)$，故风险函数也是判决函数$\delta(x)$的函数。

贝叶斯风险是风险函数对先验分布的数学期望，即

$$\begin{aligned}
R(\delta) &= \sum_{j=0}^{M-1} R(H_j,\delta)P(H_j) = \sum_{j=0}^{M-1}\sum_{i=0}^{M-1} c_{ij}P(D_i \mid H_j)P(H_j) \\
&= \sum_{j=0}^{M-1}\sum_{i=0}^{M-1} c_{ij}P(H_j)\int_{\Psi_i} p(x \mid H_j)\mathrm{d}x \\
&= \sum_{i=0}^{M-1}\sum_{j=0}^{M-1} \int_{\Psi_i} c_{ij}P(H_j)p(x \mid H_j)\mathrm{d}x \\
&= \sum_{i=0}^{M-1}\int_{\Psi_i}\sum_{j=0}^{M-1} c_{ij}P(H_j)p(x \mid H_j)\mathrm{d}x \\
&= \sum_{i=0}^{M-1}\int_{\Psi_i}\sum_{j=0}^{M-1} c_{ij}P(H_j \mid x)p(x)\mathrm{d}x \\
&= \sum_{i=0}^{M-1}\int_{\Psi_i} c_i(x)p(x)\mathrm{d}x
\end{aligned} \tag{3.5.5}$$

式中

$$c_i(x) = \sum_{j=0}^{M-1} c_{ij}P(H_j \mid x) \tag{3.5.6}$$

如果已知接收信号为x，假设H_j为真，则式(3.5.6)表示与判决D_i相联系的条件代价。

贝叶斯准则就是使贝叶斯风险最小的准则，其数学表示为

$$\delta_{\mathrm{B}}(x) = \arg\min_{\delta\in\Delta} R(\delta) = \arg\min_{0\leqslant i\leqslant M-1} c_i(x) = q_{\mathrm{B}i} \quad x \in \Psi_{\mathrm{B}i} \tag{3.5.7}$$

式中，$\delta_{\mathrm{B}}(x)$表示对应最小贝叶斯风险的判决函数；$\Psi_{\mathrm{B}i}$表示对应贝叶斯准则的判决域；$q_{\mathrm{B}i}$是对判决域$\Psi_{\mathrm{B}i}$的索引或指示数值。式(3.5.7)表明，只要每次判决都是在已知输入x条件下选取条件代价$c_i(x)$最小的假设H_i，必能保证贝叶斯风险达到极小。于是，贝叶斯准则变为将与每个假设H_i相联系的条件代价$c_i(x)$进行比较，取其最小者作为判决的结果。

为了计算方便，令

$$\lambda_i(x) = c_i(x)p(x) = \sum_{j=0}^{M-1} c_{ij}p(x)P(H_j \mid x) = \sum_{j=0}^{M-1} c_{ij}P(H_j)p(x \mid H_j) \tag{3.5.8}$$

由于$p(x)$与假设无关，因而选择$c_i(x)$最小等效于选择$\lambda_i(x)$最小。于是，贝叶斯准则下的M元信号检测算法为：如果

$$\lambda_i(x)=\min\{\lambda_0(x),\lambda_1(x),\cdots,\lambda_{M-1}(x)\} \tag{3.5.9}$$

做出判决 D_i，即假设 H_i 为真。也就是说，贝叶斯准则的检测算法为：计算 $\lambda_i(x)$，并判决 $\lambda_i(x)$ 为最小的那个假设 H_i 为真。

3. 信号检测性能的评价

在不同的最佳准则下，M 元信号检测就有不同的信号检测算法，不同的信号检测算法就会导致不同的信号检测系统。因此，需要衡量信号检测算法或信号检测系统性能的优劣。衡量信号检测算法或信号检测系统性能的优劣需要确定衡量信号检测算法或信号检测系统性能的指标。

对于贝叶斯准则，可以将贝叶斯风险作为衡量 M 元信号检测算法或信号检测系统性能的评价指标。在贝叶斯风险计算式中，各判决概率是关键的因素，故通过判决概率建立信号检测算法或信号检测系统性能的评价指标。对于 M 元信号检测，也像二元信号检测一样，采用平均错误概率作为衡量 M 元信号检测算法或信号检测系统性能的评价指标。

M 元信号检测的平均错误概率是错误概率对先验概率的数学期望，即

$$P_{\mathrm{e}}=\sum_{i=0}^{M-1}\sum_{j=0}^{M-1}P(H_j)P(D_i\,|\,H_j) \quad i\neq j \tag{3.5.10}$$

平均错误概率越小，信号检测算法或信号检测系统的性能越好。

如果进一步假定所有假设的先验概率为等概率情况，即 $P(H_i)=1/M$，则平均错误概率为

$$P_{\mathrm{e}}=\frac{1}{M}\sum_{i=0}^{M-1}\sum_{j=0}^{M-1}P(D_i\,|\,H_j) \quad i\neq j \tag{3.5.11}$$

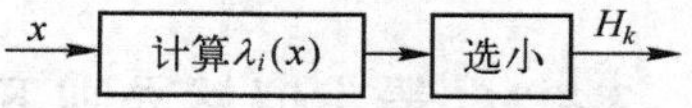

图 3.5.1　贝叶斯准则下的 M 元信号检测系统框图

4. 信号检测系统

贝叶斯准则下的 M 元信号检测算法是计算 $\lambda_i(x)$，并选其最小值，相应的贝叶斯准则下的 M 元信号检测系统如图 3.5.1 所示。

3.5.2　最大后验概率准则下的多元确知信号检测

最大后验概率准则是从贝叶斯统计推断的观点来研究信号检测问题的，其出发点是：已知假设的先验概率和似然函数，而不知道代价因子，通过比较不同假设 H_i 的后验概率 $P(H_i\,|\,x)$，并选择后验概率最大的假设为真。因为实事上，后验概率较大的假设更可能出现，于是，应该选择对应于后验概率最大的那个假设作为判决。

在最大后验概率准则下，M 元信号检测需要同时知道似然函数和 M 个假设的先验概率，并不知道各个判决的代价因子。

在最大后验概率准则下，M 元信号的检测算法为：如果

$$P(H_k\,|\,x)\geqslant P(H_i\,|\,x) \qquad i\neq k \tag{3.5.12}$$

或

$$P(H_k\,|\,x)=\max\{P(H_0\,|\,x),P(H_1\,|\,x),\cdots,P(H_{M-1}\,|\,x)\} \tag{3.5.13}$$

则做出判决 D_k，或选择假设 H_k 为真。

利用贝叶斯定理，则最大后验概率准则下的 M 元信号检测算法为：如果

$$p(x\,|\,H_k)P(H_k)\geqslant p(x\,|\,H_i)P(H_i) \qquad i\neq k \tag{3.5.14}$$

则做出判决 D_k，或选择假设 H_k 为真。

最大后验概率准则的检测算法是贝叶斯准则的检测算法在 $c_{ii}=0$ 和 $c_{ij}=1(i\neq j)$ 条件下的特例。在 $c_{ii}=0$ 和 $c_{ij}=1(i\neq j)$ 条件下，有

$$\lambda_i(x)=\sum_{\substack{j=0\\j\neq i}}^{M-1}P(H_j)p(x\mid H_j) \tag{3.5.15}$$

贝叶斯准则下的 M 元信号检测算法是在 λ_i 中选择其最小值 $\lambda_k=\{\lambda_i\}_{\min}$，即 $\lambda_i-\lambda_k\geqslant 0(i\neq k)$，这等效于寻求 λ_k，以满足

$$\lambda_i-\lambda_k=P(H_k)p(x\mid H_k)-P(H_i)p(x\mid H_i)\geqslant 0 \tag{3.5.16}$$

即对所有的 $i\neq k$，有

$$P(H_k)p(x\mid H_k)\geqslant P(H_i)p(x\mid H_i) \tag{3.5.17}$$

于是，选择 λ_i 最小值，相当于选择 $P(H_i)p(x\mid H_i)$ 的最大值。因此，在 $c_{ii}=0$ 和 $c_{ij}=1(i\neq j)$ 条件下，选择 λ_i 最小值等效于选择后验概率 $P(H_i\mid x)$ 的最大值，贝叶斯准则等效为最大后验概率准则。在 $c_{ii}=0$ 和 $c_{ij}=1(i\neq j)$ 条件下，贝叶斯准则就成为最小平均错误概率准则。因此，最大后验概率准则与最小平均错误概率准则是一致的。

最大后验概率准则下的 M 元信号检测算法是选择后验概率 $P(H_i\mid x)$ 最大值所对应的判决。相应的最大后验概率准则下的 M 元信号检测系统将计算各假设的后验概率，并选其最大值，如图 3.5.2 所示。应当指出，M 元信号检测情况下的最大后验概率准则是二元信号检测情况的自然推广。

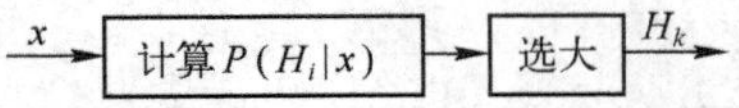

图 3.5.2　最大后验概率准则下的 M 元信号检测系统框图

在最大后验概率准则下，信号检测性能的评价标准与贝叶斯准则下的评价标准相同。

3.5.3　最大似然准则下的多元确知信号检测

在贝叶斯准则下，M 元信号检测需要同时知道似然函数、假设的先验概率和判决的代价因子。如果已知似然函数和假设的先验概率，而不知道代价因子，则可使用最大后验概率准则。在已知似然函数，而不知道假设的先验概率和代价因子的情况下，M 元信号检测可以采用最大似然准则。

在最大似然准则下，M 元信号检测仅需要知道似然函数，并不需要知道假设的先验概率和判决的代价因子。

似然函数反映了观测信号样本 x 来自哪一种假设情况的可能性的大小，反映了观测信号样本 x 与假设 H_i 的相似程度，因此，最大似然准则就是选择对应于似然函数最大的那个假设作为判决。

最大似然准则下的 M 元信号检测算法为：如果

$$p(x\mid H_i)=\max\{p(x\mid H_0),\ p(x\mid H_1),\ \cdots,\ p(x\mid H_{M-1})\} \tag{3.5.18}$$

做出判决 D_i，即假设 H_i 为真。也就是说，最大似然准则的检测算法为：计算似然函数 $p(x\mid H_i)$，并判决 $p(x\mid H_i)$ 为最大的那个假设 H_i 为真。

如果代价因子满足 $c_{ii}=0$ 和 $c_{ij}=1(i\neq j)$ 条件，并且，假定各假设先验概率相等，即 $P(H_i)=1/M$，则使后验概率 $P(H_i\mid x)$ 最大，等效于使似然函数 $P(x\mid H_i)$ 最大。因此，最大似然准则既是贝叶斯准则的特例，也是最大后验概率准则的特例。

最大似然准则下的 M 元信号检测算法是计算各假设的似然函数，并选其最大值，相应的最大似然准则下的 M 元信号检测系统如图 3.5.3 所示。在 M 元通信系统中，常常采用最大似然准则。

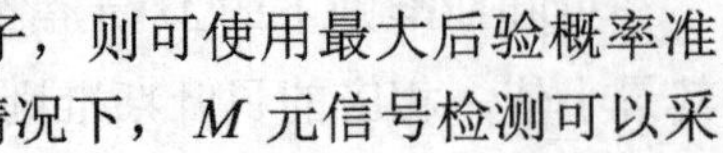

图 3.5.3　最大似然准则下的 M 元信号检测系统框图

在最大似然准则下，信号检测性能的评价标准与贝叶斯准则下的评价标准相同。由于不知道先验概率，可以通过假定各

假设先验概率相等，即$P(H_i)=1/M$，来计算平均错误概率。

例 3.5.1 在四元数字通信系统中，发送设备有 4 个可能的输出：假设为H_1时输出 1，假设为H_2时输出 2，假设为H_3时输出 3，假设为H_4时输出 4。各个假设的先验概率相等。发送信号在传输和接收过程中叠加有均值为 0、方差为σ^2的加性高斯噪声。各种判决的代价因子为$c_{ii}=0$，$c_{ij}=1\,(i\neq j)$。设计一个四元信号的最佳检测系统，根据k次独立观测数据进行检测判决。

解：根据题意，四元信号检测的假设为

$$H_i:\ x_j=s_i+n_j \quad i=1,2,3,4 \quad j=1,2,\cdots,k$$

式中，$s_1=1$，$s_2=2$，$s_3=3$，$s_4=4$。噪声样本n_j服从均值为0、方差为σ^2的高斯分布。

因为代价因子为$c_{ii}=0$，$c_{ij}=1\,(i\neq j)$，各个假设的先验概率相等，贝叶斯准则变为最大似然准则，即选择$P(x\,|\,H_i)$最大的假设H_i可使平均风险达到极小。

将k次观测信号样本$x_1,x_2,\cdots,x_k$表示为随机观测向量$\boldsymbol{x}=[x_1,x_2,\cdots,x_k]^{\mathrm{T}}$，因为观测信号样本$x_1,x_2,\cdots,x_k$之间相互统计独立，在假设$H_i$下，观测向量的似然函数为观测信号样本$x_1,x_2,\cdots,x_k$的联合概率密度，即

$$p(\boldsymbol{x}\,|\,H_i)=p(x_1,x_2,\cdots,x_k\,|\,H_i)=\prod_{j=1}^{k}p(x_j\,|\,H_i)$$

$$=(2\pi\sigma^2)^{-k/2}\exp\left[-\sum_{j=1}^{k}\frac{(x_j-s_i)^2}{2\sigma^2}\right] \qquad i=1,2,3,4$$

选择$P(\boldsymbol{x}\,|\,H_i)$的最大值等效于选择$\sum_{j=1}^{k}\left(\frac{x_j-s_i}{\sigma}\right)^2$的最小值，又因

$$\sum_{j=1}^{k}\left(\frac{x_j-s_i}{\sigma}\right)^2=\frac{E}{\sigma^2}-\left(\frac{2}{\sigma^2}\sum_{j=1}^{k}x_js_i-\frac{k}{\sigma^2}s_i^2\right)$$

式中，$E=\sum_{j=1}^{k}x_j^2$与假设H_i无关，判决规则变为选择上式等号右端括号部分的最大值，即

$$\frac{2}{k}\sum_{j=1}^{k}x_js_i-s_i^2=\frac{2s_i}{k}\sum_{j=1}^{k}x_j-s_i^2=2s_im_x-s_i^2$$

为最大的假设H_i。式中，$m_x=\frac{1}{k}\sum_{j=1}^{k}x_j^2$，因此，判决规则变为$2s_im_x-s_i^2$，$i=1,2,3,4$，并选择其中最大者所对应的假设$H_i$为真。

假设H_1成立的检测判决式为

$$2m_x-1\geqslant 4m_x-4,\quad 2m_x-1\geqslant 6m_x-9,\quad 2m_x-1\geqslant 8m_x-16$$

假设H_1成立的判决域$\varPsi_1$为$m_x\leqslant 1.5$。

假设H_2成立的检测判决式为

$$4m_x-4\geqslant 2m_x-1,\quad 4m_x-4\geqslant 6m_x-9,\quad 4m_x-4\geqslant 8m_x-16$$

假设H_2成立的判决域$\varPsi_2$为$1.5\leqslant m_x\leqslant 2.5$。

假设H_3成立的检测判决式为

$$6m_x-9\geqslant 2m_x-1,\quad 6m_x-9\geqslant 4m_x-4,\quad 6m_x-9\geqslant 8m_x-16$$

假设H_3成立的判决域$\varPsi_3$为$2.5\leqslant m_x\leqslant 3.5$。

假设 H_4 成立的检测判决式为

$$8m_x-16\geqslant 2m_x-1,\quad 8m_x-16\geqslant 4m_x-4,\quad 8m_x-16\geqslant 6m_x-9$$

假设 H_4 成立的判决域 Ψ_4 为 $m_x\geqslant 3.5$。

因为高斯随机变量之和也是高斯随机变量，因而检测统计量 m_x 在各假设下的条件概率密度 $p(m_x\mid H_i)$ 均是高斯的，且其方差为 σ^2/k，其均值分别是 1、2、3、4。于是

$$p(m_x\mid H_i)=\frac{\sqrt{k}}{\sqrt{2\pi}\sigma}\exp\left[-\frac{k}{2\sigma^2}(m_x-i)^2\right]\qquad i=1,2,3,4$$

检测统计量 m_x 在各假设下的条件概率密度 $p(m_x\mid H_i)$ 及判决区域 Ψ_i，如图 3.5.4 所示。

由图 3.5.4 还可看出 M 元假设检验的实质是把输入空间划分成 M 个区域，并在各区域判决相应的假设为真。

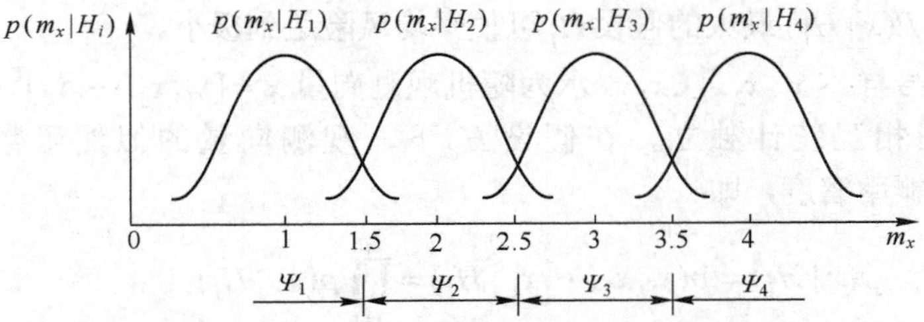

图 3.5.4　检测统计量 m_x 在各假设下的概率密度和判决区域示意图

3.6　随机参量信号检测

在前面所讨论的二元和多元信号检测问题中，各种假设下的信号都认为是确知信号。在实际工程问题中，常常需要研究未知参量信号或随机参量信号的检测问题。例如，雷达目标回波信号的幅度、到达时间、初始相位和频率都可能是未知的或随机的，无法事先预言其取值。

如果知道了信道噪声的概率密度，也就知道了接收信号的总体概率密度的形式。在已知接收信号的总体概率密度形式的情况下，如果各种假设下的信号是确知信号，则各种假设下的似然函数是完全已知的，统计学将这种情况的假设称为简单假设，针对简单假设的检验称为简单假设检验；如果某种假设下的信号是未知参量信号或随机参量信号，则这种假设下的似然函数含有未知参量或随机参量，是不完全已知的，统计学将这种情况的假设称为复合假设，针对复合假设的检验称为复合假设检验。复合假设检验是简单假设检验的拓展。

将任意一个未知参量都看成随机变量，这样，未知参量信号就可以看作随机参量信号，未知参量信号的检测就可以看作随机参量信号的检测。随机参量信号检测也分为二元和多元随机参量信号检测。

3.6.1　贝叶斯准则下的二元随机参量信号检测

对于二元随机参量信号检测，首先需要确定信号检测所需要的已知条件。

1．信号检测所需要的已知条件

设发送设备的发送信号为 $s(t)$，信道噪声为 $n(t)$，接收设备的接收信号为 $x(t)$，信号检测的信号模型为 $x(t)=s(t)+n(t)$。

设发送设备可能发送的信号 $s(t)$ 为两个随机参量信号 $s_0(t,\boldsymbol{\alpha})$ 和 $s_1(t,\boldsymbol{\beta})$，随机参量信号

$s_0(t,\boldsymbol{\alpha})$表示为

$$s_0(t,\boldsymbol{\alpha}) = s_0(t,\alpha_1,\alpha_2,\cdots,\alpha_m) \tag{3.6.1}$$

式中，$\boldsymbol{\alpha}=[\alpha_1,\alpha_2,\cdots,\alpha_m]^{\mathrm{T}}$为随机参量向量，表示随机参量信号的$m$个随机参量。

随机参量信号$s_1(t,\boldsymbol{\beta})$表示为

$$s_1(t,\boldsymbol{\beta}) = s_1(t,\beta_1,\beta_2,\cdots,\beta_b) \tag{3.6.2}$$

式中，$\boldsymbol{\beta}=[\beta_1,\beta_2,\cdots,\beta_b]^{\mathrm{T}}$为随机参量向量，表示随机参量信号的$b$个随机参量。

令随机参量信号$s_0(t,\boldsymbol{\alpha})$和$s_1(t,\boldsymbol{\beta})$对应的复合假设为$H_0$和$H_1$，则二元随机参量信号检测的假设空间为$\varTheta=\{H_0,H_1\}$，两种假设表示为

$$\begin{cases} H_0: & x(t)=s_0(t,\boldsymbol{\alpha})+n(t) \\ H_1: & x(t)=s_1(t,\boldsymbol{\beta})+n(t) \end{cases} \tag{3.6.3}$$

并设$P(H_0)$和$P(H_1)$分别是假设H_0和假设H_1的先验概率，且两种假设互不相容，则有$P(H_0)+P(H_1)=1$。

设随机参量信号$s_0(t,\boldsymbol{\alpha})$的$m$个随机参量的联合先验概率密度为$p(\boldsymbol{\alpha})$，随机参量信号$s_1(t,\boldsymbol{\beta})$的$b$个随机参量的联合先验概率密度为$p(\boldsymbol{\beta})$。

简单假设检验是解决单个确知信号的存在问题，而复合假设检验是解决依赖于一组随机参量的一个信号集的存在问题。在复合假设检验问题中，发送设备的状态$s_0(t,\boldsymbol{\alpha})$可能有无限多个，因为$s_0(t,\boldsymbol{\alpha})$取决于随机参量向量$\boldsymbol{\alpha}$的取值。但对于接收设备，只需判决有无信号$s_0(t,\boldsymbol{\alpha})$存在，而无需估计$\boldsymbol{\alpha}$的具体数值，因而有别于参量估计问题。从决策理论来讲，信号$s_0(t,\boldsymbol{\alpha})$虽有无限多个可能取值，但仅把信号$s_0(t,\boldsymbol{\alpha})$作为一个判决$D_0$。同样，仅把信号$s_1(t,\boldsymbol{\beta})$作为一个判决$D_1$。判决$D_0$表示判决假设$H_0$成立，判决$D_1$表示判决假设$H_1$成立。二元随机参量信号检测的判决空间为$\varPhi=\{D_0,D_1\}$。

在二元随机参量信号检测中，信号检测判决将接收信号样本空间$\varPsi=\{x\}$分为两个互不相容的子空间$\varPsi_0$和$\varPsi_1$。子空间$\varPsi_0$和$\varPsi_1$为信号检测判决的判决域。判决域$\varPsi_0$对应判决D_0，接收信号样本落入判决域$\varPsi_0$，就做出判决D_0，从而判决假设H_0成立；判决域$\varPsi_1$对应判决D_1，接收信号样本落入判决域$\varPsi_1$，就做出判决D_1，从而判决假设H_1成立。

对于二元随机参量信号检测，总共有 4 种可能的判决结果，其中两种判决是正确的，两种判决是错误的。设代价因子c_{ij}表示假设H_j为真，却判决假设H_i成立的代价。在假设H_0下，代价因子c_{00}和c_{10}可能是$\boldsymbol{\alpha}$的函数，即对于不同的随机参量$\boldsymbol{\alpha}$，代价可能不同，因而可写成$c_{00}(\boldsymbol{\alpha})$和$c_{10}(\boldsymbol{\alpha})$。在假设$H_1$下，代价因子$c_{01}$和$c_{11}$可能是$\boldsymbol{\beta}$的函数，即对于不同的随机参量$\boldsymbol{\beta}$，代价可能不同，因而可写成$c_{01}(\boldsymbol{\beta})$和$c_{11}(\boldsymbol{\beta})$。

设信道噪声的概率密度为$p(n)$，在假设H_0下，由于信号$s_0(t,\boldsymbol{\alpha})$含有随机参量$\boldsymbol{\alpha}$，故接收信号$x$的条件概率密度依赖于随机参量$\boldsymbol{\alpha}$的取值，即假设$H_0$下的似然函数可表示为$p(x|\boldsymbol{\alpha},H_0)$。在假设$H_1$下，由于信号$s_1(t,\boldsymbol{\beta})$含有随机参量$\boldsymbol{\beta}$，故接收信号$x$的条件概率密度依赖于随机参量$\boldsymbol{\beta}$的取值，即假设$H_1$下的似然函数可表示为$p(x|\boldsymbol{\beta},H_1)$。

对于贝叶斯准则，二元随机参量信号检测问题比二元确知信号检测问题需要多增加已知条件：随机参量$\boldsymbol{\alpha}$和$\boldsymbol{\beta}$的先验概率密度$p(\boldsymbol{\alpha})$和$p(\boldsymbol{\beta})$。

有了上述已知条件后，接下来的工作就是在贝叶斯准则下，得到信号检测的检测算法，并据此设计信号检测系统的系统模型。

2．贝叶斯准则的检测算法

在二元信号检测的已知条件确定的情况下，贝叶斯准则下的二元信号检测的核心就是寻求

一种检测算法，使判决引入的贝叶斯风险最小。

在假设 H_0 为真的条件下的风险函数是信号检测系统做出判决的平均代价，但在求假设 H_0 的条件代价时需对随机参量 $\boldsymbol{\alpha}$ 平均，于是风险函数为

$$R(H_0,\delta)=\int_{\{\boldsymbol{\alpha}\}}[c_{00}(\boldsymbol{\alpha})\int_{\Psi_0}p(x\,|\,\boldsymbol{\alpha},H_0)\mathrm{d}x+c_{10}(\boldsymbol{\alpha})\int_{\Psi_1}p(x\,|\,\boldsymbol{\alpha},H_0)\mathrm{d}x]p(\boldsymbol{\alpha})\mathrm{d}\boldsymbol{\alpha} \tag{3.6.4}$$

式中，$\int_{\{\alpha\}}$ 表示 m 维随机参量 $\boldsymbol{\alpha}$ 在可能的取值范围内的 m 重积分。由于信号检测系统做出判决就相当于将观测空间 $\Psi=\{x\}$ 划分为判决域 Ψ_0 和 Ψ_1，也就相应地取了一个判决函数 $\delta(x)$，故风险函数也是判决函数 $\delta(x)$ 的函数。

在假设 H_1 为真的条件下的风险函数是信号检测系统做出判决的平均代价，但在求假设 H_1 的条件代价时需对随机参量 $\boldsymbol{\beta}$ 平均，于是风险函数为

$$R(H_1,\delta)=\int_{\{\boldsymbol{\beta}\}}[c_{01}(\boldsymbol{\beta})\int_{\Psi_0}p(x\,|\,\boldsymbol{\beta},H_1)\mathrm{d}x+c_{11}(\boldsymbol{\beta})\int_{\Psi_1}p(x\,|\,\boldsymbol{\beta},H_1)\mathrm{d}x]p(\boldsymbol{\beta})\mathrm{d}\boldsymbol{\beta} \tag{3.6.5}$$

式中，$\int_{\{\boldsymbol{\beta}\}}$ 表示 b 维随机参量 $\boldsymbol{\beta}$ 在可能的取值范围内的 b 重积分。

将风险函数对先验概率求统计平均，得到贝叶斯风险

$$\begin{aligned}R(\delta)=P(H_0)&\int_{\{\boldsymbol{\alpha}\}}[c_{00}(\boldsymbol{\alpha})\int_{\Psi_0}p(x\,|\,\boldsymbol{\alpha},H_0)\mathrm{d}x+c_{10}(\boldsymbol{\alpha})\int_{\Psi_1}p(x\,|\,\boldsymbol{\alpha},H_0)\mathrm{d}x]p(\boldsymbol{\alpha})\mathrm{d}\boldsymbol{\alpha}+\\&+P(H_1)\int_{\{\boldsymbol{\beta}\}}[c_{01}(\boldsymbol{\beta})\int_{\Psi_0}p(x\,|\,\boldsymbol{\beta},H_1)\mathrm{d}x+c_{11}(\boldsymbol{\beta})\int_{\Psi_1}p(x\,|\,\boldsymbol{\beta},H_1)\mathrm{d}x]p(\boldsymbol{\beta})\mathrm{d}\boldsymbol{\beta}\end{aligned} \tag{3.6.6}$$

贝叶斯准则就是使贝叶斯风险最小的准则，其数学表示为

$$\delta_{\mathrm{B}}(x)=\arg\min_{\delta\in\varDelta}R(\delta)=\begin{cases}q_{\mathrm{B}0} & x\in\Psi_{\mathrm{B}0}\\ q_{\mathrm{B}1} & x\in\Psi_{\mathrm{B}1}\end{cases} \tag{3.6.7}$$

式中，$\delta_{\mathrm{B}}(x)$ 表示对应最小贝叶斯风险的判决函数；$\arg\min R(\delta)$ 表示使函数 $R(\delta)$ 达到最小值的自变量 δ；$\Psi_{\mathrm{B}0}$ 和 $\Psi_{\mathrm{B}1}$ 表示对应贝叶斯准则的判决域；$q_{\mathrm{B}0}$ 和 $q_{\mathrm{B}1}$ 是对判决域 $\Psi_{\mathrm{B}0}$ 和 $\Psi_{\mathrm{B}1}$ 的索引或指示数值。

为了使贝叶斯风险最小，而得到检测算法或判决函数，需要将两个判决域表示形式的贝叶斯风险转化为用单一判决域表示的形式。由于 $\Psi_{\mathrm{B}0}$ 和 $\Psi_{\mathrm{B}1}$ 是互不相容的子空间，则有概率关系式

$$\int_{\Psi_0}p(x\,|\,\boldsymbol{\alpha},H_0)\mathrm{d}x=1-\int_{\Psi_1}p(x\,|\,\boldsymbol{\alpha},H_0)\mathrm{d}x \tag{3.6.8}$$

$$\int_{\Psi_0}p(x\,|\,\boldsymbol{\beta},H_1)\mathrm{d}x=1-\int_{\Psi_1}p(x\,|\,\boldsymbol{\beta},H_1)\mathrm{d}x \tag{3.6.9}$$

将式(3.6.8)和式(3.6.9)代入式(3.6.6)，则贝叶斯风险表示为

$$\begin{aligned}R(\delta)=P(H_0)&\int_{\{\boldsymbol{\alpha}\}}c_{00}(\boldsymbol{\alpha})p(\boldsymbol{\alpha})\mathrm{d}\boldsymbol{\alpha}+P(H_1)\int_{\{\boldsymbol{\beta}\}}c_{01}(\boldsymbol{\beta})p(\boldsymbol{\beta})\mathrm{d}\boldsymbol{\beta}+\\&+\int_{\Psi_{\mathrm{B}1}}\{P(H_0)\int_{\{\boldsymbol{\alpha}\}}[c_{10}(\boldsymbol{\alpha})-c_{00}(\boldsymbol{\alpha})]p(x\,|\,\boldsymbol{\alpha},H_0)p(\boldsymbol{\alpha})\mathrm{d}\boldsymbol{\alpha}-\\&-P(H_1)\int_{\{\boldsymbol{\beta}\}}[c_{01}(\boldsymbol{\beta})-c_{11}(\boldsymbol{\beta})]p(x\,|\,\boldsymbol{\beta},H_1)p(\boldsymbol{\beta})\mathrm{d}\boldsymbol{\beta}\}\mathrm{d}x\end{aligned} \tag{3.6.10}$$

在先验概率、代价因子和随机参量的联合先验概率密度确定的情况下，式(3.6.10)中前两项就是确定的。要使式(3.6.10)所示的贝叶斯风险最小，则需要求式(3.6.10)中第三项积分式达到最小。由于积分式的大小既与被积函数有关，也与判决域 $\Psi_{\mathrm{B}1}$ 有关，并且，被积函数可能为正，也可能为负，为了使积分式达到最小，只要选择判决域 $\Psi_{\mathrm{B}1}$ 使被积函数总为负或 0 就能达到。因此，选择判决 D_1 的判决域 $\Psi_{\mathrm{B}1}$ 应满足

$$P(H_0)\int_{\{\boldsymbol{\alpha}\}}[c_{10}(\boldsymbol{\alpha})-c_{00}(\boldsymbol{\alpha})]p(x\,|\,\boldsymbol{\alpha},H_0)p(\boldsymbol{\alpha})\mathrm{d}\boldsymbol{\alpha}$$

$$\leqslant P(H_1)\int_{\{\boldsymbol{\beta}\}}[c_{01}(\boldsymbol{\beta})-c_{11}(\boldsymbol{\beta})]p(x\,|\,\boldsymbol{\beta},H_1)p(\boldsymbol{\beta})\mathrm{d}\boldsymbol{\beta} \tag{3.6.11}$$

设正确判断的代价总小于错误判断的代价，即有关系式 $c_{10}(\boldsymbol{\alpha})-c_{00}(\boldsymbol{\alpha})>0$，$c_{01}(\boldsymbol{\beta})-c_{11}(\boldsymbol{\beta})>0$。将式(3.6.11)进行简单代数运算，得到判决 D_1 的检测判决式为

$$\frac{\int_{\{\boldsymbol{\beta}\}}[c_{01}(\boldsymbol{\beta})-c_{11}(\boldsymbol{\beta})]p(x\,|\,\boldsymbol{\beta},H_1)p(\boldsymbol{\beta})\mathrm{d}\boldsymbol{\beta}}{\int_{\{\boldsymbol{\alpha}\}}[c_{10}(\boldsymbol{\alpha})-c_{00}(\boldsymbol{\alpha})]p(x\,|\,\boldsymbol{\alpha},H_0)p(\boldsymbol{\alpha})\mathrm{d}\boldsymbol{\alpha}}\geqslant\frac{P(H_0)}{P(H_1)} \tag{3.6.12}$$

同理，可以得到判决 D_0 的检测判决式为

$$\frac{\int_{\{\boldsymbol{\beta}\}}[c_{01}(\boldsymbol{\beta})-c_{11}(\boldsymbol{\beta})]p(x\,|\,\boldsymbol{\beta},H_1)p(\boldsymbol{\beta})\mathrm{d}\boldsymbol{\beta}}{\int_{\{\boldsymbol{\alpha}\}}[c_{10}(\boldsymbol{\alpha})-c_{00}(\boldsymbol{\alpha})]p(x\,|\,\boldsymbol{\alpha},H_0)p(\boldsymbol{\alpha})\mathrm{d}\boldsymbol{\alpha}}<\frac{P(H_0)}{P(H_1)} \tag{3.6.13}$$

为了表示方便，通常将式(3.6.12)和式(3.6.14)合在一起，则贝叶斯准则的检测判决式为

$$\frac{\int_{\{\boldsymbol{\beta}\}}[c_{01}(\boldsymbol{\beta})-c_{11}(\boldsymbol{\beta})]p(x\,|\,\boldsymbol{\beta},H_1)p(\boldsymbol{\beta})\mathrm{d}\boldsymbol{\beta}}{\int_{\{\boldsymbol{\alpha}\}}[c_{10}(\boldsymbol{\alpha})-c_{00}(\boldsymbol{\alpha})]p(x\,|\,\boldsymbol{\alpha},H_0)p(\boldsymbol{\alpha})\mathrm{d}\boldsymbol{\alpha}}\underset{H_0}{\overset{H_1}{\gtrless}}\frac{P(H_0)}{P(H_1)} \tag{3.6.14}$$

如果代价因子与随机参量 $\boldsymbol{\alpha}$ 和 $\boldsymbol{\beta}$ 无关，即代价因子 c_{00} 和 c_{10} 不是 $\boldsymbol{\alpha}$ 的函数，c_{01} 和 c_{11} 不是 $\boldsymbol{\beta}$ 的函数，则贝叶斯准则的检测判决式为

$$\frac{\int_{\{\boldsymbol{\beta}\}}p(x\,|\,\boldsymbol{\beta},H_1)p(\boldsymbol{\beta})\mathrm{d}\boldsymbol{\beta}}{\int_{\{\boldsymbol{\alpha}\}}p(x\,|\,\boldsymbol{\alpha},H_0)p(\boldsymbol{\alpha})\mathrm{d}\boldsymbol{\alpha}}\underset{H_0}{\overset{H_1}{\gtrless}}\frac{P(H_0)(c_{10}-c_{00})}{P(H_1)(c_{01}-c_{11})} \tag{3.6.15}$$

如果信号 $s_0(t)$ 是确知信号，而信号 $s_1(t,\boldsymbol{\beta})$ 是随机参量信号，则假设 H_0 是简单假设，假设 H 是复合假设，代价因子 c_{00} 和 c_{10} 不是 $\boldsymbol{\alpha}$ 的函数，则贝叶斯准则的检测判决式为

$$\frac{\int_{\{\boldsymbol{\beta}\}}[c_{01}(\boldsymbol{\beta})-c_{11}(\boldsymbol{\beta})]p(x\,|\,\boldsymbol{\beta},H_1)p(\boldsymbol{\beta})\mathrm{d}\boldsymbol{\beta}}{(c_{10}-c_{00})p(x\,|\,H_0)}\underset{H_0}{\overset{H_1}{\gtrless}}\frac{P(H_0)}{P(H_1)} \tag{3.6.16}$$

如果事先无法指定随机参量的先验概率密度，可以利用某些先验知识，猜测一个合理的先验概率密度。如果没有任何先验知识可供利用，就应当使用无信息的先验概率密度。无信息的先验概率密度是一种尽可能平的概率密度。例如，随机参量在其取值范围内服从均匀分布就是一种无信息的先验概率密度。在猜测随机参量的先验概率密度后，就可按照已知概率密度函数的统计平均方法进行处理了。

3．信号检测性能的评价

对于二元确知信号检测，可以采用平均错误概率作为衡量信号检测算法或信号检测系统优劣的标准。对于二元随机参量信号检测，同样可以采用平均错误概率作为衡量信号检测算法或信号检测系统优劣的标准，但错误概率 $P(D_1\,|\,\boldsymbol{\alpha},H_0)$ 和 $P(D_0\,|\,\boldsymbol{\beta},H_1)$ 是随机参量 $\boldsymbol{\alpha}$ 和 $\boldsymbol{\beta}$ 的函数。为了去掉随机参量对错误概率的影响，需要用统计方法将错误概率对随机参量 $\boldsymbol{\alpha}$ 和 $\boldsymbol{\beta}$ 的先验概率密度 $p(\boldsymbol{\alpha})$ 和 $p(\boldsymbol{\beta})$ 求平均。

平均虚警概率是虚警概率 $P(D_1\,|\,\boldsymbol{\alpha},H_0)$ 对随机参量 $\boldsymbol{\alpha}$ 的先验概率密度 $p(\boldsymbol{\alpha})$ 的统计平均，即

$$P_{\mathrm{AV}}(D_1|H_0)=\int_{\{\boldsymbol{\alpha}\}}P(D_1|\boldsymbol{\alpha},H_0)p(\boldsymbol{\alpha})\mathrm{d}\boldsymbol{\alpha}=\int_{\{\boldsymbol{\alpha}\}}\int_{\varPsi_{\mathrm{N}1}}p(x|\boldsymbol{\alpha},H_0)p(\boldsymbol{\alpha})\mathrm{d}x\mathrm{d}\boldsymbol{\alpha}$$
$$=\int_{\varPsi_{\mathrm{N}1}}\int_{\{\boldsymbol{\alpha}\}}p(x|\boldsymbol{\alpha},H_0)p(\boldsymbol{\alpha})\mathrm{d}\boldsymbol{\alpha}\mathrm{d}x \tag{3.6.17}$$

平均漏警概率是漏警概率 $P(D_0|\boldsymbol{\beta},H_1)$ 对随机参量 $\boldsymbol{\beta}$ 的先验概率密度 $p(\boldsymbol{\beta})$ 的统计平均，即

$$P_{\mathrm{AV}}(D_0|H_1)=\int_{\{\boldsymbol{\beta}\}}P(D_0|\boldsymbol{\beta},H_1)p(\boldsymbol{\beta})\mathrm{d}\boldsymbol{\beta}=\int_{\{\boldsymbol{\beta}\}}\int_{\varPsi_{\mathrm{N}0}}p(x|\boldsymbol{\beta},H_1)p(\boldsymbol{\beta})\mathrm{d}x\mathrm{d}\boldsymbol{\beta}$$
$$=\int_{\varPsi_{\mathrm{N}0}}\int_{\{\boldsymbol{\beta}\}}p(x|\boldsymbol{\beta},H_1)p(\boldsymbol{\beta})\mathrm{d}\boldsymbol{\beta}\mathrm{d}x \tag{3.6.18}$$

将平均虚警概率 $P_{\mathrm{AV}}(D_1|H_0)$ 和平均漏警概率 $P_{\mathrm{AV}}(D_0|H_1)$ 对先验概率 $P(H_0)$ 和 $P(H_1)$ 求统计平均得到平均错误概率，即

$$P_{\mathrm{e}}=P(H_0)P_{\mathrm{AV}}(D_1|H_0)+P(H_1)P_{\mathrm{AV}}(D_0|H_1) \tag{3.6.19}$$

平均错误概率越小，信号检测算法或信号检测系统的性能越好。对于像通信系统这样的信息传输系统，通常用平均错误概率来评价信号检测性能的优劣。

对于像雷达这样的信息探测系统，通常在给定平均虚警概率 $P_{\mathrm{AV}}(D_1|H_0)$ 的条件下，将平均检测概率 $P_{\mathrm{AV}}(D_1|H_1)$ 作为评价信号检测算法或信号检测系统的标准。

平均检测概率是检测概率 $P(D_1|\boldsymbol{\beta},H_1)$ 对随机参量 $\boldsymbol{\beta}$ 的先验概率密度 $p(\boldsymbol{\beta})$ 的统计平均，即

$$P_{\mathrm{AV}}(D_1|H_1)=\int_{\{\boldsymbol{\beta}\}}P(D_1|\boldsymbol{\beta},H_1)p(\boldsymbol{\beta})\mathrm{d}\boldsymbol{\beta}=\int_{\{\boldsymbol{\beta}\}}\int_{\varPsi_{\mathrm{N}1}}p(x|\boldsymbol{\beta},H_1)p(\boldsymbol{\beta})\mathrm{d}x\mathrm{d}\boldsymbol{\beta}$$
$$=\int_{\varPsi_{\mathrm{N}1}}\int_{\{\boldsymbol{\beta}\}}p(x|\boldsymbol{\beta},H_1)p(\boldsymbol{\beta})\mathrm{d}\boldsymbol{\beta}\mathrm{d}x \tag{3.6.20}$$

3.6.2 最大平均后验概率准则下的二元随机参量信号检测

对于假设 H_0 和 H_1 均为复合假设的情况，如果仅知道假设 H_0 和 H_1 下的似然函数 $p(x|\boldsymbol{\alpha},H_0)$ 和 $p(x|\boldsymbol{\beta},H_1)$，知道假设的先验概率和随机参量的概率密度，而不知道判决的代价因子。在这种情况下，二元随机参量信号检测可以采用最大后验概率准则。

最大后验概率准则是选择对应于后验概率最大的那个假设作为判决的。对于二元随机参量信号检测，已知观测信号样本条件下假设 H_0 的后验概率 $P(H_0|\boldsymbol{\alpha},x)$ 是随机参量 $\boldsymbol{\alpha}$ 的函数，假设 H_1 的后验概率 $P(H_1|\boldsymbol{\beta},x)$ 是随机参量 $\boldsymbol{\beta}$ 的函数。对于函数的比较，需要对不同的随机参量 $\boldsymbol{\alpha}$ 和 $\boldsymbol{\beta}$ 取值的后验概率 $P(H_0|\boldsymbol{\alpha},x)$ 和 $P(H_1|\boldsymbol{\beta},x)$ 进行逐点比较，而通过逐点比较似然函数往往是做不出判决的。由于已知随机参量 $\boldsymbol{\alpha}$ 和 $\boldsymbol{\beta}$ 的先验概率密度 $p(\boldsymbol{\alpha})$ 和 $p(\boldsymbol{\beta})$，可以采用统计平均的方法去掉随机参量的随机性对后验概率的影响。具体地说，就是把后验概率对随机参量的先验概率密度求统计平均得到平均后验概率。通过比较平均后验概率，对假设做出判决。因此，最大平均后验概率准则就是选择对应于平均后验概率最大的那个假设作为判决的。

在最大平均后验概率准则下，二元随机参量信号的检测判决式为

$$\int_{\{\boldsymbol{\beta}\}}P(H_1|\boldsymbol{\beta},x)p(\boldsymbol{\beta})\mathrm{d}\boldsymbol{\beta}\underset{H_0}{\overset{H_1}{\gtrless}}\int_{\{\boldsymbol{\alpha}\}}P(H_0|\boldsymbol{\alpha},x)p(\boldsymbol{\alpha})\mathrm{d}\boldsymbol{\alpha} \tag{3.6.21}$$

应用式(3.4.21)所示的关系，式(3.6.21)变为

$$P(H_1)\int_{\{\boldsymbol{\beta}\}}p(x|\boldsymbol{\beta},H_1)p(\boldsymbol{\beta})\mathrm{d}\boldsymbol{\beta}\underset{H_0}{\overset{H_1}{\gtrless}}P(H_0)\int_{\{\boldsymbol{\alpha}\}}p(x|\boldsymbol{\alpha},H_0)p(\boldsymbol{\alpha})\mathrm{d}\boldsymbol{\alpha} \tag{3.6.22}$$

从而进一步得到最大平均后验概率准则的检测判决式为

$$\Lambda(x)=\frac{\int_{\{\boldsymbol{\beta}\}}p(x\,|\,\boldsymbol{\beta},H_1)p(\boldsymbol{\beta})\mathrm{d}\boldsymbol{\beta}}{\int_{\{\boldsymbol{\alpha}\}}p(x\,|\,\boldsymbol{\alpha},H_0)p(\boldsymbol{\alpha})\mathrm{d}\boldsymbol{\alpha}}\underset{H_0}{\overset{H_1}{\gtrless}}\frac{P(H_0)}{P(H_1)}=\Lambda_{\mathrm{A0}} \tag{3.6.23}$$

最大平均后验概率准则的检测算法为平均似然函数之比与检测门限 Λ_{A0} 的比较。检测门限 Λ_{A0} 按式(3.6.23)选择，它仅与先验概率有关。最大平均后验概率准则的检测算法是贝叶斯准则的检测算法在代价因子与随机参量 $\boldsymbol{\alpha}$ 和 $\boldsymbol{\beta}$ 无关，并在 $c_{10}-c_{00}=c_{01}-c_{11}$ 条件下的特例。

在最大后验概率准则下，信号检测性能的评价标准与贝叶斯准则下的评价标准相同。

根据式(3.6.23)可画出最大平均后验概率准则下的二元随机参量信号检测系统的框图，如图 3.6.1 所示。应当指出，似然比 $\Lambda(x)$ 是平均似然函数之比。

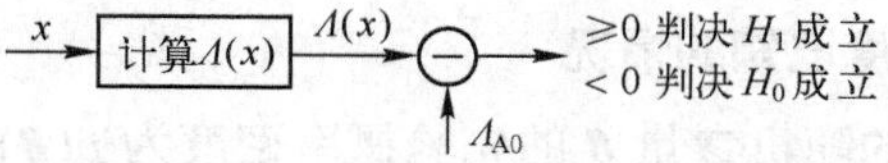

图 3.6.1　最大平均后验概率准则下二元随机参量信号的检测系统框图

3.6.3　极小极大准则下的二元随机参量信号检测

对于假设 H_0 和 H_1 均为复合假设的情况，如果知道假设 H_0 和 H_1 下的似然函数 $p(x\,|\,\boldsymbol{\alpha},H_0)$ 和 $p(x\,|\,\boldsymbol{\beta},H_1)$，知道判决的代价因子，而不知道假设的先验概率 $P(H_0)$ 及 $P(H_1)$，也不知道随机参量 $\boldsymbol{\alpha}$ 和 $\boldsymbol{\beta}$ 的先验概率密度 $p(\boldsymbol{\alpha})$ 和 $p(\boldsymbol{\beta})$。在这种情况下，二元随机参量信号检测可以采用极小极大准则。但是，在应用极小极大准则的基础上，还需要寻求使贝叶斯风险达到最大值时的先验概率密度 $p(\boldsymbol{\alpha})$ 和 $p(\boldsymbol{\beta})$。对于特定的先验概率 $P(H_0)$ 或 $P(H_1)$，使贝叶斯风险最小值达到极大值的先验概率密度 $p(\boldsymbol{\alpha})$ 和 $p(\boldsymbol{\beta})$，称为随机参量 $\boldsymbol{\alpha}$ 和 $\boldsymbol{\beta}$ 的最不利分布。最不利的先验概率 $P(H_0)$、先验概率密度 $p(\boldsymbol{\alpha})$ 和 $p(\boldsymbol{\beta})$，需要通过方程组 $\mathrm{d}R(\delta)/\mathrm{d}P(H_0)=0$、$\mathrm{d}R(\delta)/\mathrm{d}p(\boldsymbol{\alpha})=0$ 和 $\mathrm{d}R(\delta)/\mathrm{d}p(\boldsymbol{\beta})=0$ 的联立求解得到，而这一方程组的联立求解很难用理论计算确定。因此，对于复合假设检验，很少采用极小极大准则。即使采用极小极大准则，往往也是通过观察由经验确定最不利的先验概率密度 $p(\boldsymbol{\alpha})$ 和 $p(\boldsymbol{\beta})$。在最不利的先验概率密度 $p(\boldsymbol{\alpha})$ 和 $p(\boldsymbol{\beta})$ 确定的情况下，采用极小极大准则处理二元随机参量信号检测。

在已知假设的似然函数、判决的代价因子和随机参量的先验概率密度，而不知道假设的先验概率的情况下，极小极大准则首先通过令 $\mathrm{d}R(\delta)/\mathrm{d}P(H_0)=0$，确定最不利的先验概率 $P(H_0)$；然后将最不利的先验概率 $P(H_0)$ 代入到贝叶斯风险，得到对于先验概率的极大贝叶斯风险；最后，将极大贝叶斯风险对于判决域极小化，得到检测算法。

对于式(3.6.6)所示的贝叶斯风险 $R(\delta)$，通过令 $\mathrm{d}R(\delta)/\mathrm{d}P(H_0)=0$，得到最不利的先验概率 $P(H_0)$ 应满足的关系式为

$$\begin{aligned}&\int_{\{\boldsymbol{\alpha}\}}c_{00}(\boldsymbol{\alpha})p(\boldsymbol{\alpha})\mathrm{d}\boldsymbol{\alpha}+\int_{\Psi_{\mathrm{B1}}}\int_{\{\boldsymbol{\alpha}\}}[c_{10}(\boldsymbol{\alpha})-c_{00}(\boldsymbol{\alpha})]p(x\,|\,\boldsymbol{\alpha},H_0)p(\boldsymbol{\alpha})\mathrm{d}\boldsymbol{\alpha}\mathrm{d}x\\&=\int_{\{\boldsymbol{\beta}\}}c_{01}(\boldsymbol{\beta})p(\boldsymbol{\beta})\mathrm{d}\boldsymbol{\beta}+\int_{\Psi_{\mathrm{B1}}}\int_{\{\boldsymbol{\beta}\}}[c_{11}(\boldsymbol{\beta})-c_{01}(\boldsymbol{\beta})]p(x\,|\,\boldsymbol{\beta},H_1)p(\boldsymbol{\beta})\mathrm{d}\boldsymbol{\beta}\mathrm{d}x\end{aligned} \tag{3.6.24}$$

由式(3.6.24)得到最不利的先验概率 $P(H_0)$。将最不利的先验概率 $P(H_0)$ 代入式(3.6.6)得到极大贝叶斯风险，再利用贝叶斯风险最小化的方法，得到使极大贝叶斯风险极小的检测判决式为

$$\frac{\int_{\{\boldsymbol{\beta}\}}[c_{01}(\boldsymbol{\beta})-c_{11}(\boldsymbol{\beta})]p(x\,|\,\boldsymbol{\beta},H_1)p(\boldsymbol{\beta})\mathrm{d}\boldsymbol{\beta}}{\int_{\{\boldsymbol{\alpha}\}}[c_{10}(\boldsymbol{\alpha})-c_{00}(\boldsymbol{\alpha})]p(x\,|\,\boldsymbol{\alpha},H_0)p(\boldsymbol{\alpha})\mathrm{d}\boldsymbol{\alpha}}\underset{H_0}{\overset{H_1}{\gtrless}}\frac{P(H_0)}{1-P(H_0)}=\Lambda_{\mathrm{M0}} \tag{3.6.25}$$

由上述分析可见，极小极大准则的检测算法应同时满足式(3.6.24)和式(3.6.25)。因此，应用极小极大准则的检测算法，需要先找到一个使式(3.6.24)满足的极小极大检测门限 Λ_{M0}，然后通过式(3.6.25)做判决。

在极小极大准则下，信号检测性能的评价标准与贝叶斯准则下的评价标准相同。

3.6.4 奈曼-皮尔逊准则下的二元随机参量信号检测

如果假设 H_0 是简单假设，假设 H_1 是复合假设，并且知道假设 H_0 和 H_1 下的似然函数 $p(x|H_0)$ 和 $p(x|\boldsymbol{\beta},H_1)$，而不知道假设的先验概率和判决的代价因子。在这种情况下，二元随机参量信号检测可以采用奈曼-皮尔逊准则。

1. 随机参量先验概率密度已知的情况

设随机参量信号 $s_1(t,\boldsymbol{\beta})$ 的随机参量 $\boldsymbol{\beta}$ 的先验概率密度为 $p(\boldsymbol{\beta})$，确知信号为 $s_0(t)$，则虚警概率 $P(D_1|H_0)$ 与 $\boldsymbol{\beta}$ 无关，漏警概率 $P(D_0|\boldsymbol{\beta},H_1)$ 是 $\boldsymbol{\beta}$ 的函数。因此，应用奈曼-皮尔逊准则，需要采用统计平均的方法去掉 $\boldsymbol{\beta}$ 的随机性对 $P(D_0|\boldsymbol{\beta},H_1)$ 的影响，故应该使用平均漏警概率 $P_{AV}(D_0|H_1)$，它是 $P(D_0|\boldsymbol{\beta},H_1)$ 对 $p(\boldsymbol{\beta})$ 的统计平均，即

$$\begin{aligned}P_{AV}(D_0|H_1) &= \int_{\{\boldsymbol{\beta}\}} P(D_0|\boldsymbol{\beta},H_1)p(\boldsymbol{\beta})\mathrm{d}\boldsymbol{\beta} = \int_{\{\boldsymbol{\beta}\}}\int_{\Psi_{N0}} p(x|\boldsymbol{\beta},H_1)p(\boldsymbol{\beta})\mathrm{d}x\mathrm{d}\boldsymbol{\beta} \\ &= \int_{\Psi_{N0}}\int_{\{\boldsymbol{\beta}\}} p(x|\boldsymbol{\beta},H_1)p(\boldsymbol{\beta})\mathrm{d}\boldsymbol{\beta}\mathrm{d}x = \int_{\Psi_{N0}} p_{AV}(x|\boldsymbol{\beta},H_1)\mathrm{d}x\end{aligned} \tag{3.6.26}$$

式中，$p_{AV}(x|\boldsymbol{\beta},H_1)$ 为平均似然函数，是似然函数 $p(x|\boldsymbol{\beta},H_1)$ 对 $p(\boldsymbol{\beta})$ 的统计平均，即

$$p_{AV}(x|\boldsymbol{\beta},H_1) = \int_{\{\boldsymbol{\beta}\}} p(x|\boldsymbol{\beta},H_1)p(\boldsymbol{\beta})\mathrm{d}\boldsymbol{\beta} \tag{3.6.27}$$

对于复合假设 H_1，相当于用 $p_{AV}(x|\boldsymbol{\beta},H_1)$ 代替了简单假设中的似然函数 $p(x|H_1)$。

奈曼-皮尔逊准则要求这样来选择判决域 Ψ_{N0} 和 Ψ_{N1}：在 $P(D_1|H_0)$ 给定条件下使平均检测概率达到极大，亦即使平均漏警概率达到极小。对于简单假设 H_0，复合假设 H_1 的情况，采用与奈曼-皮尔逊准则下的二元确知信号检测类似的分析方法，并用平均似然函数 $p_{AV}(x|\boldsymbol{\beta},H_1)$ 代替简单假设中的似然函数 $p(x|H_1)$，得到奈曼-皮尔逊准则下的二元随机参量信号检测判决式为

$$\Lambda(x) = \frac{\int_{\{\boldsymbol{\beta}\}} p(x|\boldsymbol{\beta},H_1)p(\boldsymbol{\beta})\mathrm{d}\boldsymbol{\beta}}{p(x|H_0)} \underset{H_0}{\overset{H_1}{\gtrless}} \Lambda_{N0} \tag{3.6.28}$$

式中，Λ_{N0} 为奈曼-皮尔逊检测门限，它由虚警概率 $P(D_1|H_0)=\gamma$ 这一约束条件给出，即

$$P(D_1|H_0) = \int_{\Psi_{N1}} p(x|H_0)\mathrm{d}x = \int_{\Lambda_{N0}}^{\infty} p(\Lambda(x)|H_0)\mathrm{d}x = \gamma \tag{3.6.29}$$

式中，$p(\Lambda(x)|H_0)$ 是在假设 H_0 为真条件下，似然比 $\Lambda(x)$ 的概率密度。

设 $p(\Lambda(x)|H_1)$ 是在假设 H_1 为真条件下，似然比 $\Lambda(x)$ 的概率密度。在给定 Λ_{N0} 的情况下，平均检测概率为

$$P_{AV}(D_1|H_1) = \int_{\Psi_{N1}}\int_{\{\boldsymbol{\beta}\}} p(x|\boldsymbol{\beta},H_1)p(\boldsymbol{\beta})\mathrm{d}\boldsymbol{\beta}\mathrm{d}x = \int_{\Lambda_{N0}}^{\infty} p(\Lambda(x)|H_1)\mathrm{d}x \tag{3.6.30}$$

显然，Λ_{N0} 增大，$P(D_1|H_0)$ 减小，$P_{AV}(D_1|H_1)$ 减小；相反，Λ_{N0} 减小，$P(D_1|H_0)$ 增大，$P_{AV}(D_1|H_1)$ 增大。这就是说，改变 Λ_{N0} 就能调整判决域 Ψ_{N0} 和 Ψ_{N1}。

2. 随机参量先验概率密度未知的情况

对于简单假设 H_0，复合假设 H_1 的情况，如果随机参量 $\boldsymbol{\beta}$ 的先验概率密度 $p(\boldsymbol{\beta})$ 未知，则无

法计算平均检测概率或平均漏警概率。为了解决这一问题，可以分几种情况予以讨论。

一种最简单的情况是，在给定虚警概率 $P(D_1|H_0)$ 条件下，不论$\boldsymbol{\beta}$为何值，判决域Ψ_{N0}和Ψ_{N1}的划分，总可以使漏警概率 $P(D_0|\boldsymbol{\beta},H_1)$ 达到最小。也就是说，对于某一特定问题，如果存在一种奈曼-皮尔逊检验，可用同一种判决区域的划分使漏警概率 $P(D_0|\boldsymbol{\beta},H_1)$ 达到最小而与$\boldsymbol{\beta}$无关，则这个检验应对一切$\boldsymbol{\beta}$值均为最佳，因而对任何 $p(\boldsymbol{\beta})$ 均为最佳。这种检验称为一致最大势检验。此时，不知道 $p(\boldsymbol{\beta})$，并不影响判决过程。

在一般情况下，一致最大势检验不存在，对于不同的$\boldsymbol{\beta}$，判决域Ψ_{N0}和Ψ_{N1}的划分也不同。在这种情况下，一种可能的办法是，事先选择一种合理的 $p(\boldsymbol{\beta})$，使得 $P_{AV}(D_0|H_1)$ 达到极小。这种情况就等效于 $p(\boldsymbol{\beta})$ 已知的情况。

如果选择一种合理的 $p(\boldsymbol{\beta})$ 非常困难，这时可以在所有的 $p(\boldsymbol{\beta})$ 中，找到某个先验概率密度 $\omega(\boldsymbol{\beta})$，使 $P_{AV}(D_0|H_1)$ 达到最大。$\omega(\boldsymbol{\beta})$ 称为奈曼-皮尔逊准则下的最不利先验概率密度，其含义是：不管真实 $p(\boldsymbol{\beta})$ 如何，其平均漏警概率不可能超过使用最不利先验概率密度 $\omega(\boldsymbol{\beta})$ 得到的漏警概率。这种方法类似于极小极大化准则，但不同之处在于这里不涉及代价函数和假设的先验概率，而仅涉及$\boldsymbol{\beta}$的先验概率密度 $p(\boldsymbol{\beta})$。

如果确定了 $\omega(\boldsymbol{\beta})$，就可以按照 $p(\boldsymbol{\beta})$ 已知的情况来处理。具体做法是：通过 $\mathrm{d}P_{AV}(D_0|H_1)/\mathrm{d}p(\boldsymbol{\beta})=0$ 得到使 $P_{AV}(D_0|H_1)$ 达到最大的 $\omega(\boldsymbol{\beta})$，然后将 $\omega(\boldsymbol{\beta})$ 代入式(3.6.28)求出相应的似然比 $\Lambda(x)$，并进一步确定 $\Lambda(x)$ 的概率密度，根据式(3.6.29)确定 Λ_{N0}，从而确定了奈曼-皮尔逊准则下的二元随机参量信号检测算法。

根据式(3.6.28)可画出奈曼-皮尔逊准则下二元随机参量信号检测系统的框图，如图 3.6.2 所示。应当指出，似然比 $\Lambda(x)$ 是平均似然函数与似然函数之比。Λ_{N0} 根据式(3.6.29)确定。

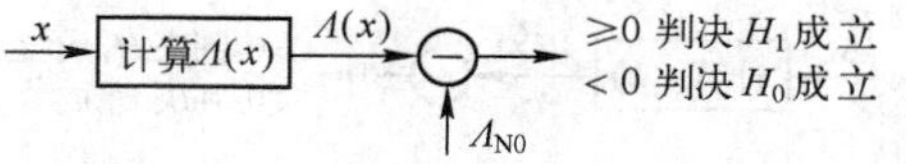

图 3.6.2　奈曼-皮尔逊准则下二元随机参量信号检测系统框图

上述针对简单假设 H_0 和复合假设 H_1 的分析方法可以推广到假设 H_0 和 H_1 均是复合假设的情况。

在奈曼-皮尔逊准则下，信号检测性能的评价标准与贝叶斯准则下的评价标准相同。通常采用检测概率作为评价标准。

3.6.5　最大广义似然准则下的二元随机参量信号检测

对于假设 H_0 和 H_1 均为复合假设的情况，如果仅知道假设 H_0 和 H_1 下的似然函数 $p(x|\boldsymbol{\alpha},H_0)$ 和 $p(x|\boldsymbol{\beta},H_1)$，而不知道假设的先验概率、随机参量的概率密度和判决的代价因子。在这种情况下，二元随机参量信号检测可以采用最大广义似然准则。

对于二元确知信号检测，似然函数反映了观测信号样本x来自哪一种假设情况的可能性的大小，反映了观测信号样本x与假设H_i的相似程度，因此，最大似然准则就是选择对应于似然函数最大的那个假设作为判决的。对于二元随机参量信号检测，假设 H_0 和 H_1 下的似然函数 $p(x|\boldsymbol{\alpha},H_0)$ 和 $p(x|\boldsymbol{\beta},H_1)$ 还依赖于随机参量$\boldsymbol{\alpha}$和$\boldsymbol{\beta}$的取值。由于 $p(x|\boldsymbol{\alpha},H_0)$ 是$\boldsymbol{\alpha}$的函数，$p(x|\boldsymbol{\beta},H_1)$ 是$\boldsymbol{\beta}$的函数，如果通过比较 $p(x|\boldsymbol{\alpha},H_0)$ 和 $p(x|\boldsymbol{\beta},H_1)$ 来做判决，则需要对不同的随机参量$\boldsymbol{\alpha}$和$\boldsymbol{\beta}$取值的似然函数 $p(x|\boldsymbol{\alpha},H_0)$ 和 $p(x|\boldsymbol{\beta},H_1)$ 进行逐点比较，而通过逐点比较似然函数往往是做不出判决的。在这种情况下，往往通过比较 $p(x|\boldsymbol{\alpha},H_0)$ 和 $p(x|\boldsymbol{\beta},H_1)$ 的最大值来做出判决。

通过比较不同假设条件下似然函数最大值，选择对应于似然函数最大值最大的那个假设作为判决的准则称为最大广义似然准则。两个不同假设条件下似然函数最大值之比称为广义似然比。在实际应用中，最大广义似然准则经常通过广义似然比的方式来实现。

利用最大广义似然准则的二元随机参量信号检测，首先由似然函数 $p(x|\boldsymbol{\alpha},H_0)$ 和 $p(x|\boldsymbol{\beta},H_1)$，利用最大似然估计方法求随机参量 $\boldsymbol{\alpha}$ 和 $\boldsymbol{\beta}$ 的最大似然估计。所谓参量的最大似然估计，就是使 $p(x|\boldsymbol{\alpha},H_0)$ 达到最大的参量 $\boldsymbol{\alpha}$ 作为该参量的估计量，并记为 $\hat{\boldsymbol{\alpha}}_{\text{ml}}$。同理，可以得到随机参量 $\boldsymbol{\beta}$ 的最大似然估计，并记为 $\hat{\boldsymbol{\beta}}_{\text{ml}}$。然后用求得的估计量 $\hat{\boldsymbol{\alpha}}_{\text{ml}}$ 和 $\hat{\boldsymbol{\beta}}_{\text{ml}}$ 代替似然函数中的随机参量 $\boldsymbol{\alpha}$ 和 $\boldsymbol{\beta}$，使问题转变为二元确知信号的检测。这样，广义似然比检测判决式为

$$\Lambda(x)=\frac{p(x|\hat{\boldsymbol{\beta}}_{\text{ml}},H_1)}{p(x|\hat{\boldsymbol{\alpha}}_{\text{ml}},H_0)}\underset{H_0}{\overset{H_1}{\gtrless}}1 \tag{3.6.31}$$

如果假设 H_0 是简单假设，而假设 H_1 是复合假设，则广义似然比检测判决式为

$$\Lambda(x)=\frac{p(x|\hat{\boldsymbol{\beta}}_{\text{ml}},H_1)}{p(x|H_0)}\underset{H_0}{\overset{H_1}{\gtrless}}1 \tag{3.6.32}$$

应当指出，应用最大广义似然准则，把最大似然估计 $\hat{\boldsymbol{\alpha}}_{\text{ml}}$ 和 $\hat{\boldsymbol{\beta}}_{\text{ml}}$ 当做真实的 $\boldsymbol{\alpha}$ 和 $\boldsymbol{\beta}$，由于不存在一致最大势检验，检验的结果可能不是最佳的，但一般接近于最佳。

根据式(3.6.31)可画出最大广义似然准则下二元随机参量信号检测系统的框图，如图 3.6.3 所示。应当指出，$\Lambda(x)$ 是广义似然比。

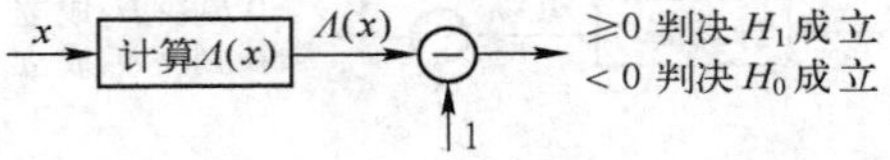

图 3.6.3 最大广义似然准则下二元随机参量信号检测系统框图

在最大广义似然准则下，信号检测性能的评价标准与贝叶斯准则下的评价标准相同。由于不知道先验概率，可以通过假定各假设先验概率相等，即 $P(H_i)=1/2$，来计算平均错误概率。

例 3.6.1 在二元通信系统中，发送设备或者发送幅度为 A 的信号，或者不发送信号，且 A 是均值为 0、方差为 σ_A^2 的高斯随机变量。加性噪声 $n(t)$ 服从均值为 0、方差为 σ_n^2 的高斯分布。假定代价因子与信号参量 A 无关，似然比检测门限为 Λ_0，并根据一次观测数据 x 进行信号检测，试建立最佳信号检测方法。

解： 根据题意，二元信号检测的假设为

$$H_0:\ x(t)=n(t)$$
$$H_1:\ x(t)=A+n(t)$$

在假设 H_0 和 H_1 下，观测信号样本 x 的似然函数为

$$p(x|H_0)=\frac{1}{\sqrt{2\pi}\sigma_n}\exp\left(-\frac{x^2}{2\sigma_n^2}\right)$$

$$p(x|A,H_1)=\frac{1}{\sqrt{2\pi}\sigma_n}\exp\left[-\frac{(x-A)^2}{2\sigma_n^2}\right]$$

随机参量 A 的概率密度为

$$p(A)=\frac{1}{\sqrt{2\pi}\sigma_A}\exp\left(-\frac{A^2}{2\sigma_A^2}\right)$$

在假设 H_1 下，平均似然函数为

$$p(x|H_1)=\int_{-\infty}^{\infty}p(x|A,H_1)p(A)\mathrm{d}A$$

$$=\frac{1}{2\pi\sigma_n\sigma_A}\int_{-\infty}^{\infty}\exp\left[-\frac{(x-A)^2}{2\sigma_n^2}-\frac{A^2}{2\sigma_A^2}\right]\mathrm{d}A$$

$$=\frac{1}{\sqrt{2\pi(\sigma_n^2+\sigma_A^2)}}\exp\left[-\frac{x^2}{2(\sigma_n^2+\sigma_A^2)}\right]$$

似然比为

$$\Lambda(x)=\frac{p(x|H_1)}{p(x|H_0)}=\frac{\sigma_n}{\sqrt{\sigma_n^2+\sigma_A^2}}\exp\left[-\frac{x^2\sigma_A^2}{2\sigma_n^2(\sigma_n^2+\sigma_A^2)}\right]$$

最佳信号检测的检测判决式为

$$\Lambda(x)=\frac{\sigma_n}{\sqrt{\sigma_n^2+\sigma_A^2}}\exp\left[\frac{x^2\sigma_A^2}{2\sigma_n^2(\sigma_n^2+\sigma_A^2)}\right]\underset{H_0}{\overset{H_1}{\gtrless}}\Lambda_0$$

通过对检测判决式两边取对数，进一步得到检测判决式为

$$x^2\underset{H_0}{\overset{H_1}{\gtrless}}\frac{2\sigma_n^2(\sigma_n^2+\sigma_A^2)}{\sigma_A^2}\left[\ln\Lambda_0+\frac{1}{2}\left(\frac{\sigma_n^2}{\sigma_n^2+\sigma_A^2}\right)\right]$$

这样，判决准则确定后，似然比检测门限 Λ_0 就确定了，于是上式可完成是假设 H_1 成立还是假设 H_0 成立的判决。

例 3.6.2 在二元通信系统中，发送设备或者发送幅度为 A 的信号，或者不发送信号，且 A 是未知的信号参量。加性噪声 $n(t)$ 服从均值为 0、方差为 σ_n^2 的高斯分布。假定代价因子与信号参量 A 无关，虚警概率为 η，并根据一次观测数据 x 进行信号检测，试建立最佳信号检测方法。

解： 根据题意，二元信号检测的假设为

$$H_0:\ x(t)=n(t)$$

$$H_1:\ x(t)=A+n(t)$$

在假设 H_0 和 H_1 下，观测信号样本 x 的似然函数为

$$p(x|H_0)=\frac{1}{\sqrt{2\pi}\sigma_n}\exp\left(-\frac{x^2}{2\sigma_n^2}\right)$$

$$p(x|H_1)=\frac{1}{\sqrt{2\pi}\sigma_n}\exp\left[-\frac{(x-A)^2}{2\sigma_n^2}\right]$$

似然比为

$$\Lambda(x)=\frac{p(x|H_1)}{p(x|H_0)}=\exp\left(\frac{Ax}{\sigma_n^2}-\frac{A^2}{2\sigma_n^2}\right)$$

设似然比检测门限为 Λ_0，则似然比检测的检测判决式为

$$\Lambda(x)=\exp\left(\frac{Ax}{\sigma_n^2}-\frac{A^2}{2\sigma_n^2}\right)\underset{H_0}{\overset{H_1}{\gtrless}}\Lambda_0$$

通过对检测判决式两边取对数，进一步得到检测判决式为

$$Ax-\frac{A^2}{2}\underset{H_0}{\overset{H_1}{\gtrless}}\sigma_n^2\ln\Lambda_0$$

当 $A>0$ 时，检测判决式为

$$x\underset{H_0}{\overset{H_1}{\gtrless}}\frac{A}{2}+\frac{\sigma_n^2}{A}\ln\Lambda_0=\gamma_1$$

可见，当 $A>0$ 时，检测统计量为观测数据 x，相应的检测门限为 γ_1，其值本身可正可负，由虚警概率 η 确定，即

$$P(D_1\mid H_0)=\int_{\gamma_1}^{\infty}\frac{1}{\sqrt{2\pi}\sigma_n}\exp\left(-\frac{x^2}{2\sigma_n^2}\right)\mathrm{d}x=\eta$$

当 $A>0$ 时，判决区域的划分，如图 3.6.4 所示。

当 $A<0$ 时，检测判决式为

$$x\underset{H_0}{\overset{H_1}{\lessgtr}}\frac{A}{2}+\frac{\sigma_n^2}{A}\ln\Lambda_0=\gamma_2$$

可见，当 $A<0$ 时，检测统计量为观测数据 x，相应的检测门限为 γ_2，其值本身可正可负，由虚警概率 η 确定，即

$$P(D_1\mid H_0)=\int_{-\infty}^{\gamma_2}\frac{1}{\sqrt{2\pi}\sigma_n}\exp\left(-\frac{x^2}{2\sigma_n^2}\right)\mathrm{d}x=\eta$$

当 $A<0$ 时，判决区域的划分，如图 3.6.5 所示。

上述结果表明：若 A 仅取正值或 A 仅取负值，则例 3.6.2 的检测是一致最大势检验。

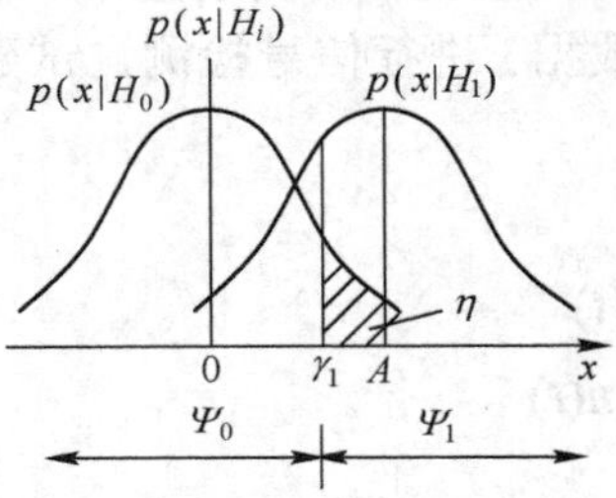

图 3.6.4　A 为正值时的判决区域

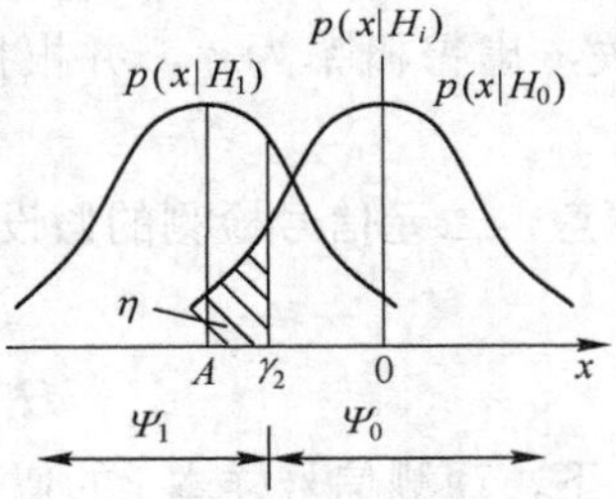

图 3.6.5　A 为负值时的判决区域

3.6.6　多元随机参量信号检测

可以把二元随机参量信号检测的处理方法推广到多元随机参量信号检测中，现做简要说明。

如果已知似然函数、各假设的先验概率和判决的代价因子，并且在假设 H_i 下，随机参量信号的参量 $\boldsymbol{\alpha}_i$ 的概率密度 $p(\boldsymbol{\alpha}_i)$ 已知，或者用合理猜测的方法得到 $p(\boldsymbol{\alpha}_i)$，则采用贝叶斯准则进行多元随机参量信号的检测。具体方法是：先将似然函数 $p(x\mid\boldsymbol{\alpha}_i,H_i)$ 对参量 $\boldsymbol{\alpha}_i$ 进行统计平均，以去掉 $\boldsymbol{\alpha}_i$ 的随机性，即

$$p(x\mid H_i)=\int_{\{\boldsymbol{\alpha}_i\}}p(x\mid\boldsymbol{\alpha}_i,H_i)p(\boldsymbol{\alpha}_i)\mathrm{d}\boldsymbol{\alpha}_i \tag{3.6.33}$$

这样，问题就回到多元确知信号的检测问题。然后，用 3.5.1 节的贝叶斯准则下的多元确知信号检测的方法进行多元随机参量信号的检测。

如果已知似然函数和各假设的先验概率，判决的代价因子未知，并且在假设 H_i 下，随机参量信号的参量 $\boldsymbol{\alpha}_i$ 的概率密度 $p(\boldsymbol{\alpha}_i)$ 已知，或者用合理猜测的方法得到 $p(\boldsymbol{\alpha}_i)$，则采用最大后验概率准则进行多元随机参量信号的检测。具体方法是：先将似然函数 $p(x\,|\,\boldsymbol{\alpha}_i,H_i)$ 对参量 $\boldsymbol{\alpha}_i$ 进行统计平均，以去掉 $\boldsymbol{\alpha}_i$ 的随机性，如式(3.6.33)所示。然后，用 3.5.2 节的最大后验概率准则下的多元确知信号检测的方法进行多元随机参量信号的检测。

如果已知似然函数，各假设的先验概率和判决的代价因子未知，并且在假设 H_i 下，随机参量信号的参量 $\boldsymbol{\alpha}_i$ 的概率密度 $p(\boldsymbol{\alpha}_i)$ 也未知，或者用合理猜测的方法无法得到 $p(\boldsymbol{\alpha}_i)$，则采用广义最大似然准则进行多元随机参量信号的检测。具体方法是：在假设 H_i 下，估计信号参量 $\boldsymbol{\alpha}_i$ 的最大似然估计量 $\hat{\boldsymbol{\alpha}}_{i\,\mathrm{ml}}$，用该估计量代替似然函数 $p(x\,|\,\boldsymbol{\alpha}_i,H_i)$ 中的随机或未知参量 $\boldsymbol{\alpha}_i$，求得类似于确知信号的似然函数 $p(x\,|\,\hat{\boldsymbol{\alpha}}_{i\,\mathrm{ml}},H_i)$。然后，用 3.5.3 节的最大似然准则下的多元确知信号检测的方法进行多元随机参量信号的检测。

本章小结

尽管本章的一些数学表示式较复杂，但它们都是最朴素的统计推理在信号统计处理中的应用和体现。这些统计推理观念和方法不但是信号检测与估计的基础，而且对于相关领域的研究也是十分有益的。故此，本章对贝叶斯统计推断和贝叶斯统计决策做了必要的讨论，为形成统计推理观念和掌握统计推理方法奠定一定的基础。

本章从 3 个线条展开对信号检测基本理论的讨论。第一个线条是信号的多少，它包含了二元信号检测和多元信号检测。第二个线条是信号的类型，它包含了确知信号检测和随机参量信号检测。第三个线条是统计推理的准则，它包含了贝叶斯准则、最小平均错误概率准则、最大后验概率准则、极小极大准则、奈曼-皮尔逊准则和最大似然准则。这 3 个线条是互容的，它们交叉结合，形成种类繁多的信号检测类型。

本章所讨论的信号检测基本理论有两个基本前提：一是信道的噪声为加性噪声；二是已经知道了接收信号的概率密度，或者已经知道了噪声的概率密度。如果实际应用情况不满足这两个基本前提，本章的研究结果不能直接应用，需要根据情况加以拓展。

各种统计推理准则所要求的已知条件是不同的。贝叶斯准则需要已知似然函数、假设的先验概率和判决的代价因子。最大后验概率准则和最小平均错误概率准则需要已知似然函数和假设的先验概率，而不需要知道判决的代价因子。极小极大准则需要已知似然函数和判决的代价因子，而不需要知道假设的先验概率。奈曼-皮尔逊准则和最大似然准则需要已知似然函数，而不需要知道假设的先验概率和判决的代价因子。最大后验概率准则和最小平均错误概率准则是等价的。尽管各种统计推理准则的出发点不同，其他准则可以看作是贝叶斯准则的特例。总之，似然函数是基本的条件，各种准则都要有这个已知条件。

归纳各种统计推理准则的检测算法，可以发现：大多数检测算法可以看作是似然比与检测门限的比较，只不过是每种检测算法的检测门限选取方法不同。因此，各种统计推理准则的检测算法都可以统一到似然比检测算法：似然比与门限比较，不同的准则只需对应不同的门限。

信号检测的根本任务就是设计信号检测算法或信号检测系统。在信号检测的信息传输系统模型、信号模型、假设空间及判决空间确定的情况下，设计信号检测算法或信号检测系统的步骤可以归纳为 4 大步骤：一是确定信号检测所需的已知条件；二是寻求一种准则的检测算法；三是分析检测算法的检测性能；四是设计信号检测系统框图。

下面针对二元确知信号检测的检测准则做一个具体的小结，以利于读者把握二元确知信号检测的脉络。

（1）针对的问题

在接收到信号 $x(t)=s(t)+n(t)$ 的条件下，针对两种假设：H_0 和 H_1，可以做出两种判决：D_0 和 D_1。

（2）已知条件

① 先验概率 $P(H_0)$ 和 $P(H_1)$；② 代价因子 c_{ij}；③ 似然函数 $p(x|H_i)$。注意：$p(x|H_i)$ 包含了信道噪声的概率密度和有用信号 $s(t)$ 的波形。

判决准则不同要求的上述已知条件也就有所差别。

（3）判决准则

① 二元信号检测的检测统计量都是似然比 $\Lambda(x)=p(x|H_1)/p(x|H_0)$。

② 二元信号检测的任何判决准则都归结为似然比准则，即

$$\Lambda(x)=\frac{p(x|H_1)}{p(x|H_0)}\underset{H_0}{\overset{H_1}{\gtrless}}\Lambda_0$$

③ 几种准则的差别只在于计算门限的方法不同。

④ 根据接收到的数据计算检测统计量 $\Lambda(x)$，按判决准则做出判决。

⑤ 贝叶斯准则是一个普遍的准则，其他准则均是其特例。

⑥ 检测的实质是利用两种假设下统计特性差别做判决。

（4）检测门限

① 贝叶斯准则的门限：$\varLambda_{\mathrm{B0}}=\dfrac{P(H_0)(c_{10}-c_{00})}{P(H_1)(c_{01}-c_{11})}$；

② 最大后验概率或最小错误概率准则的门限：$\varLambda_{\mathrm{A0}}=\dfrac{P(H_0)}{P(H_1)}$；

③ 极大极小准则的门限：由下述二式共同确定

$$c_{00}+\int_{\varLambda_{\mathrm{M0}}}^{\infty}(c_{10}-c_{00})p(x|H_0)\mathrm{d}x=c_{11}+\int_{0}^{\varLambda_{\mathrm{M0}}}(c_{01}-c_{11})p(x|H_1)\mathrm{d}x$$

$$\varLambda_{\mathrm{M0}}=\frac{P(H_0)(c_{10}-c_{00})}{[1-P(H_0)](c_{01}-c_{11})}=\frac{[1-P(H_1)](c_{10}-c_{00})}{P(H_1)(c_{01}-c_{11})}$$

④ 奈曼-皮尔逊准则的门限：根据给定的虚警概率 $P(D_1|H_0)$，由下列方程确定

$$\int_{\varLambda_{\mathrm{N0}}}^{\infty}p(x|H_0)\mathrm{d}x=P(D_1|H_0)$$

⑤ 最大似然准则的门限：$\varLambda_{\mathrm{L0}}=1$。

思考题

3.1 在信号检测与估计中，信号是如何按照确知程度进行分类的？

3.2 概述二元确知信号检测的准则、应用范围及确定门限的方法。

3.3 概述二元信号检测的4类判决概率以及它们相互之间的关系，并说明二元信号检测的性能评价指标。

3.4 概述多元确知信号检测的准则及适用条件。

3.5 简述复合假设和简单假设，并说明复合假设检验和简单假设检验适用的场合。

3.6 概述二元随机参量信号检测的准则及适用场合。

3.7 在似然比检测情况下，比较二元确知信号检测方法和随机参量信号检测方法的差异。

习题

3.1 在二元通信系统中，有通信信号和无通信信号的先验概率分别为$P(H_1)=0.9$和$P(H_0)=0.1$，若对某次观测值x的有条件概率密度为$p(x\mid H_1)=0.25$和$p(x\mid H_0)=0.45$，试用最大后验概率准则对该观测样本x进行分类。

3.2 在存在加性噪声的情况下，测量只能为 1V 或 0V 的直流电压。设噪声服从均值为 0、均方差为$\sigma=2\,\text{V}$的正态分布，测量电压为 1V 的先验概率为 0.2。如果正确判决没有损失，虚警代价为 2，漏报代价为 1，根据一次测量结果进行分类，试确定贝叶斯准则下的检测门限β，并计算出相应的平均风险。

3.3 在二元数字通信系统中，发送端等概率发送 2V 和 0V 的脉冲信号，信道上叠加的噪声服从均值为 0、方差为σ^2的高斯分布，试用最大后验概率准则对接收信号进行检测判决。

3.4 在存在加性噪声的情况下，测量只能为 1V 或 0V 的直流电压。设噪声服从均值为 0、方差为σ^2的正态分布，测量电压为 1V 或 0V 的先验概率分别为$P(H_1)$和$P(H_0)$，试用最大后验概率准则对一次测量结果进行分类。

3.5 在存在加性噪声的情况下，测量只能为 1V 或 0V 的直流电压。设噪声服从均值为 0、方差为σ^2的正态分布，测量电压为 1V 或 0V 的先验概率分别为$P(H_1)$和$P(H_0)$。如果正确判决没有损失，虚警代价为c_{f}，漏报代价为c_{m}，试根据一次测量结果进行分类，并画出判决区域示意图。

3.6 在存在加性噪声的情况下，测量只能为 1V 或 0V 的直流电压。设噪声服从均值为 0、均方差为$\sigma=2\,\text{V}$的正态分布；测量电压为 1V 的先验概率为P_1，测量电压为 0V 的先验概率为P_0；正确判决没有损失，虚警代价为c_{f}，漏报代价为c_{m}。如果进行二次独立测量，得到x_1和x_2，根据二次测量结果进行分类，（1）试确定在$x_1\,x_2$平面上划分判决区域$\varPsi_0$和$\varPsi_1$的曲线方程；（2）计算虚警概率、漏报概率和平均风险。

3.7 在二元数字通信系统中，假设为H_1时信源输出为 1，假设为H_0时信源输出为 0；信号在通信信道上传输时叠加了均值为 0、方差为σ^2的高斯噪声。（1）如果根据一次观测数据进行检测判决，确定贝叶斯检测判决式。（2）如果根据M次独立观测数据进行检测判决，确定贝叶斯检测判决式。

3.8 在启闭键控（OOK）通信系统中，发送设备或者发送数值为A的常值信号，且$A>0$，或者不发送信号。加性噪声服从均值为 0、方差为σ^2的高斯分布。如果发送设备发送信号和不发送信号的先验概率相等，代价因子为$c_{11}=c_{00}=0$，$c_{10}=c_{01}=1$。采用最小平均错误概率准则，试确定根据一次观测数据进行检测判决的判决表示式，并求平均错误概率。

3.9 在通信系统中，发送设备或者发送数值为A的常值信号，且$A<0$，或者不发送信号。加性噪声服从均值为 0、方差为σ^2的高斯分布。如果发送设备发送信号和不发送信号的先验概率相等，代价因子$c_{11}=c_{00}=0$，$c_{10}=c_{01}=1$。采用最小平均错误概率准则，试确定根据一次观测数据进行检测判决的判决表示式，并求平均错误概率。

3.10 在通信系统中，发送设备或者发送数值为A的常值信号，且$A>0$，或者发送数值为$-A$的信号。加性噪声服从均值为 0、方差为σ^2的高斯分布。如果发送设备发送信号A的先验概率为 0.2，发送信号$-A$的先验概率为 0.8，根据一次观测数据进行检测判决。（1）试确定最大后验概率检测判决式，并求平均错误概率。（2）当代价因子$c_{11}=c_{00}=0$，$c_{10}=1$，$c_{01}=2$时，确定贝叶斯检测判决式，并求平均错误概率。

3.11 在二元信号检测中，两种假设为H_0：$x(t)=-1+n(t)$，H_1：$x(t)=1+n(t)$，其中噪声$n(t)$是均值为 0、方差为$\sigma^2=1/2$的高斯噪声。如果两种假设的先验概率相等，代价因子分别为$c_{00}=1$，$c_{10}=4$，$c_{11}=2$，$c_{01}=8$，根据一次观测样本x确定贝叶斯检测判决式，并求平均代价。

3.12 在二元数字通信系统中，假设为H_1时信源输出为 1，假设为H_0时信源输出为 0；信号在通信信道上传输时叠加了均值为 0、方差为$\sigma^2=1$的高斯噪声。在$P(D_1\mid H_0)=0.1$的条件下，试构造根据一次观测数据进行判决的奈曼-皮尔逊接收机。

3.13 设计一个似然比检测，对下面两种假设做选择。设观测信号 x 在两种假设下的似然函数为

$$H_0:\ p(x|H_0)=\begin{cases}1-|x| & |x|\leqslant 1\\ 0 & |x|>1\end{cases}\qquad H_1:\ p(x|H_1)=\begin{cases}1/3 & -1\leqslant x\leqslant 2\\ 0 & x<-1, x>2\end{cases}$$

求贝叶斯检测判决式。

3.14 在信息传输系统中，两种假设为 H_0：$x(t)=r_1$ 和 H_1：$x(t)=r_1^2+r_2^2$，其中，r_1 和 r_2 是独立同分布的高斯随机变量，它们的均值为0、方差为1，试求贝叶斯检测判决式。

3.15 设观测信号 x 在两种假设下的似然函数为

$$H_0:\ p(x|H_0)=\frac{1}{2}\exp(-|x|)\qquad H_1:\ p(x|H_1)=\frac{1}{\sqrt{2\pi}}\exp(-x^2/2)$$

并根据一次观测数据进行检测判决。（1）如果似然比检测门限为 Λ_0，确定似然比检测判决式。（2）如果先验概率 $P(H_1)=3/4$，代价因子 $c_{11}=c_{00}=0$，$c_{01}=c_{10}=1$，求贝叶斯检测判决时判决概率 $P(D_1|H_0)$ 和 $P(D_1|H_1)$。

3.16 在信息传输系统中，两种假设为 H_0：$x(t)=n(t)$ 和 H_1：$x(t)=1+n(t)$，噪声 $n(t)$ 是均值为 0、方差为 σ^2 的高斯随机过程。根据一次观测，用极大极小化准则进行检测判决，判决代价因子为 $c_{11}=c_{00}=0$，$c_{10}=c_{01}=1$。试求：（1）检测门限 β；（2）与检测门限 β 相应的各假设先验概率。

3.17 在信息传输系统中，两种假设为 H_0：$x(t)=n(t)$ 和 H_1：$x(t)=d+n(t)$，噪声 $n(t)$ 是均值为 0、方差为 σ^2 的高斯随机过程。根据一次观测，用极大极小化准则进行检测判决，判决代价因子为 $c_{11}=c_{00}=0$，$c_{10}=c_{01}=1$。试求：（1）检测门限 β；（2）与检测门限 β 相应的各假设先验概率。

3.18 在信息传输系统中，两种假设为 H_0：$x(t)=n(t)$ 和 H_1：$x(t)=1+n(t)$，噪声 $n(t)$ 是均值为 0、方差为 σ^2 的高斯随机过程。根据一次观测，用极大极小化准则进行检测判决，判决代价因子为 $c_{11}=c_{00}=0$，$c_{10}=3$，$c_{01}=6$。试求：（1）达到极大极小化风险的每个假设的先验概率；（2）根据一次观测的判决区域。

3.19 在通信系统中，假设为 H_1 时信源输出为 $A>0$，假设为 H_0 时信源输出为 0；信号在通信信道上传输时叠加了均值为 0、方差为 $\sigma^2=1$ 的高斯噪声。在 $P(D_1|H_0)=0.05$ 的条件下，根据 M 个独立观测样本 $x_1,x_2,\cdots,x_M$，用奈曼-皮尔逊准则进行检测判决。如果 $M=10$，确定奈曼-皮尔逊检测判决式，并求判决区域。

3.20 在信息传输系统中，两种假设为 H_0：$x(t)=n(t)$ 和 H_1：$x(t)=2+n(t)$，噪声 $n(t)$ 是均值为 0、方差 $\sigma^2=2$ 的高斯随机过程。根据 M 个独立观测样本 $x_1,x_2,\cdots,x_M$，用奈曼-皮尔逊准则进行检测判决。令 $P(D_1|H_0)=0.1$，试求：（1）检测门限 β；（2）相应的检测概率 $P(D_1|H_1)$。

3.21 根据一次观测样本 x 对下面两种假设做出选择，H_0：观测样本 x 是均值为 0、方差为 σ_0^2 的高斯随机变量，H_1：观测样本 x 是均值为0、方差为 σ_1^2 的高斯随机变量，且 $\sigma_1^2>\sigma_0^2$。

（1）根据观测结果 x，确定判决区域 Ψ_0 和 Ψ_1。

（2）画出似然比检测系统的框图。

（3）求两类错误概率。

3.22 设计一个似然比检测，对下面两种假设做选择。

$$H_1:\ p(x|H_1)=\frac{1}{\sqrt{2\pi}\sigma}\exp\left(-\frac{x^2}{2\sigma^2}\right)\qquad H_0:\ p(x|H_0)=\begin{cases}1/2 & |x|\leqslant 1\\ 0 & |x|>1\end{cases}$$

（1）假定检测门限 $\Lambda_0=1$，确定判决区域 Ψ_0 和 Ψ_1。

（2）假定 $P(D_1|H_0)=\alpha$，应用奈曼-皮尔逊准则进行检测判决，确定判决区域 Ψ_0 和 Ψ_1。

3.23 设观测信号 x 在两种假设下的似然函数为

$$H_0:\ p(x|H_0)=\delta(x+1)+\delta(x-1) \qquad H_1:\ p(x|H_1)=\begin{cases}1/2 & |x|\leqslant 1\\ 0 & |x|>1\end{cases}$$

已知先验概率 $P(H_0)=0.3$，$P(H_1)=0.7$，代价因子 $c_{11}=c_{00}=0$，$c_{01}=c_{10}=1$，根据一次观测数据进行检测判决。（1）试确定贝叶斯检测判决式；（2）求平均错误概率。

3.24　在二元确知信号检测中，如果两种假设分别为

$$H_0:\ x_k=n_k,\ \ k=1,2 \qquad H_1:\ x_k=s_k+n_k,\ \ k=1,2$$

其中，s_1 和 s_2 为确知信号，且 $s_1>0$，$s_2>0$。已知观测噪声 n_k 服从均值为 0、方差为 σ^2 的高斯分布，且两次观测相互统计独立，似然比检测门限为 Λ_0。

（1）确定贝叶斯检测判决式。

（2）确定判决概率 $P(D_1|H_0)$ 和 $P(D_1|H_1)$ 的计算式。

3.25　在二元确知信号检测中，如果两种假设分别为

$$H_0:\ x_k=n_k,\ \ k=1,2,\cdots,M \qquad H_1:\ x_k=s_k+n_k,\ \ k=1,2,\cdots,M$$

其中，$s_k\,(k=1,2,\cdots,M)$ 是确知信号。已知观测噪声 n_k 服从均值为 0、方差为 σ^2 的高斯分布，且各次观测相互统计独立，似然比检测门限为 Λ_0。

（1）确定似然比检测判决式。

（2）确定判决概率 $P(D_1|H_0)$ 和 $P(D_1|H_1)$ 的计算式。

3.26　在信息传输系统中，在假设 H_0 下，观测信号样本 x 服从自由度为 2 的 χ^2 分布；在假设 H_1 下，观测信号样本 x 服从自由度为 M 的 χ^2 分布。如果两种假设的先验概率相等，正确判决没有损失，两种错误代价相等，试求贝叶斯检测判决式。

3.27　假定 3 个假设为

$$H_0:\ x(t)=n(t) \qquad H_1:\ x(t)=1+n(t) \qquad H_2:\ x(t)=2+n(t)$$

其中噪声 $n(t)$ 服从三角分布，即 $p(n)=\begin{cases}1-|n|, & |n|\leqslant 1\\ 0, & |n|>1\end{cases}$，如果各种假设的先验概率相等，正确判决代价为 0，任何错误判决代价相等，根据一次观测进行检测判决。（1）确定检测判决式并画出判决区域示意图；（2）求 3 个检测概率；（3）求最小平均错误概率。

3.28　假定 3 个假设为

$$H_0:\ x(t)=n(t) \qquad H_1:\ x(t)=1+n(t) \qquad H_2:\ x(t)=-1+n(t)$$

其中噪声 $n(t)$ 是均值为 0、方差为 σ^2 的高斯噪声。如果各种假设的先验概率相等，并根据 M 次独立观测数据进行检测判决。（1）确定最大似然检测判决式和判决区域；（2）求最小平均错误概率。

3.29　在信息传输系统中，存在 4 个假设。在假设 H_0 下，观测信号样本 x 服从自由度为 2 的 χ^2 分布；在假设 H_1 下，观测信号样本 x 服从自由度为 4 的 χ^2 分布；在假设 H_2 下，观测信号样本 x 服从自由度为 6 的 χ^2 分布；在假设 H_3 下，观测信号样本 x 服从自由度为 8 的 χ^2 分布。假定各种假设的先验概率相等，正确判决代价为 0，任何错误判决代价相等。

（1）依据一个观测样本 x，证明似然比检测的结果为

$$H_0:\ 0\leqslant x<2 \qquad H_1:\ 2\leqslant x<4 \qquad H_2:\ 4\leqslant x<6 \qquad H_3:\ x\geqslant 6$$

（2）如果采用 M 个统计独立观测样本 $x_1,x_2,\cdots,x_M$，证明只要以 $\left[\prod_{i=1}^{M}x_i\right]^{1/M}$ 代替 x，所得最佳检测判决式与（1）相同。

3.30　在二元通信系统中，发送设备或者发送幅度为 A 的信号，或者不发送信号，且 A 是未知的随机参量。加性噪声 $n(t)$ 服从均值为 0、方差为 σ_n^2 的高斯分布。假定代价因子与信号参量 A 无关，似然比检测门限为 Λ_0，并根据一次观测数据 x 进行信号检测，确定广义似然比检测判决式。

3.31　在二元随机参量信号检测中，两种假设分别为H_0：$x=n$，H_1：$x=s+n$，其中，信号s和噪声n是相互统计独立的随机变量，其概率密度函数分别为

$$p(s)=\begin{cases}a\exp(-as), & s\geqslant 0,\ a>0\\ 0, & s<0\end{cases}\qquad p(n)=\begin{cases}b\exp(-bn), & n\geqslant 0,\ b>0,\ b>a\\ 0, & n<0\end{cases}$$

（1）设似然比检测门限为Λ_0，确定似然比检测判决式。

（2）如果采用贝叶斯准则，求针对检测统计量的检测门限γ与先验概率和代价因子的函数关系。

（3）如果采用奈曼-皮尔逊准则，求针对检测统计量的检测门限γ与虚警概率的函数关系。

第 4 章　高斯白噪声中信号的检测

由第 3 章所讨论的信号检测的基本理论可知，无论是何种准则下的信号检测，均需要已知似然函数，也就是各种假设下观测信号的概率密度。似然函数的形式取决于接收信号的总体分布。在信道噪声为加性噪声的条件下，接收信号的总体分布取决于信道噪声的概率密度。第 3 章的研究内容仅指出信道噪声的概率密度为已知，但对其具体形式并没有指定。对于信号检测的实际问题，需要指定信道噪声概率密度的具体形式。本章将讨论信道噪声为高斯白噪声情况的信号检测问题。它是把信号检测的基本理论根据信道噪声具体化的一种情况。

4.1　高斯白噪声

噪声是指与接收的有用信号混杂在一起而引起信号失真的不希望的信号，是一种随机信号或随机过程。加性噪声与有用信号呈相加的数学关系，包括信道的噪声以及分散在信息传输系统中的各种设备噪声。加性噪声虽然独立于有用信号，却始终叠加在信号之上，干扰有用信号。它会使模拟信号失真，会使数字信号发生错码，并且限制传输的速率，对信息传输造成危害。如果能够很好地掌握噪声的统计特性及规律，就能降低它对有用信号的影响。

高斯白噪声是一种幅度分布服从高斯分布，功率谱密度在整个频带内为常数的随机信号或随机过程。它包含了两个不同方面的含义：概率密度和功率谱密度两个方面所满足的条件，前者是指信号取值的规律服从高斯分布，后者指信号不同时刻取值的关联性。高斯白噪声既具有高斯噪声的特性，又具有白噪声的特性。

虽然高斯白噪声是理想情况，不过在许多实际问题中，特别是在电子信息系统中，信道噪声往往近似为白噪声。起伏噪声在很宽的频率范围内都具有平坦的功率谱密度，故一律把起伏噪声作为高斯白噪声。

1．高斯噪声

高斯噪声是一种幅度分布服从高斯分布的随机信号或随机过程。高斯噪声的任意维分布均服从高斯分布。高斯噪声 $n(t)$ 的一维概率密度为

$$p_n(n_1,t_1)=\frac{1}{\sqrt{2\pi}\sigma(t_1)}\exp\left\{-\frac{[n_1-m(t_1)]^2}{2\sigma^2(t_1)}\right\} \tag{4.1.1}$$

式中，n_1 为高斯噪声 $n(t)$ 在 t_1 时刻的取值，即 $n(t_1)$；$m(t_1)$ 和 $\sigma^2(t_1)$ 分别为 $n(t_1)$ 的均值和方差。

高斯噪声是一种典型的随机过程，大多数噪声都可近似为高斯噪声。高斯噪声具有如下的重要性质。

（1）高斯噪声的概率密度值依赖于均值、方差和协方差。因此，对于高斯噪声，只需要研究它的一、二阶数字特征就可以了。

（2）广义平稳的高斯噪声也是严平稳的高斯噪声。

（3）高斯噪声的线性组合仍是高斯噪声。

（4）高斯噪声与确定信号相加的结果只改变噪声平均值，不改变其他特性。

（5）高斯噪声经过线性变换后生成的随机信号仍是高斯噪声。也就是说，若线性系统的输入为高斯噪声，则线性系统输出也是高斯噪声。

（6）如果高斯噪声在不同时刻的取值是不相关的，则它们也是统计独立的，即

$$p_n(n_1,n_2,\cdots,n_M,t_1,t_2,\cdots,t_M)=p_n(n_1,t_1)p_n(n_2,t_2)\cdots p_n(n_M,t_M) \tag{4.1.2}$$

2．白噪声

白噪声是一种功率谱密度在整个频带内为常数的平稳随机信号或平稳随机过程，可分为理想白噪声和带限白噪声。下面主要分析白噪声的统计特性。

（1）理想白噪声

理想白噪声是指功率谱密度在整个频率轴上为非 0 常数的平稳随机信号或平稳随机过程。其功率谱密度表示为

$$S_n(\omega)=N_0/2 \quad -\infty<\omega<\infty \tag{4.1.3}$$

式中，N_0 为常数。

利用傅里叶反变换可求得理想白噪声的自相关函数。理想白噪声的自相关函数为

$$R_n(\tau)=\frac{N_0}{2}\delta(\tau) \tag{4.1.4}$$

可见，理想白噪声的自相关函数仅在 $\tau=0$ 时才不为 0；而对于其他任意的 τ，自相关函数都为 0。这说明，理想白噪声只有在相同时刻才相关，而在任意两个不同时刻上都是不相关的。理想白噪声的功率谱密度和自相关函数分别如图 4.1.1 和图 4.1.2 所示。

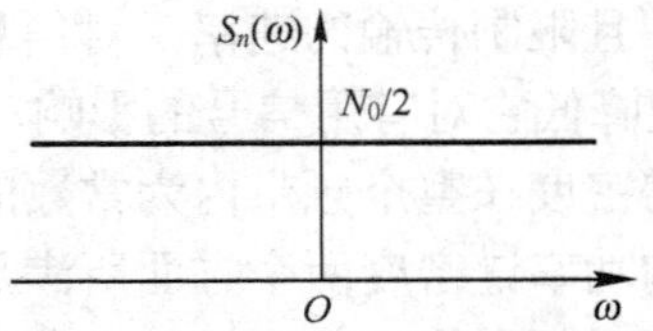

图 4.1.1　理想白噪声的功率谱密度

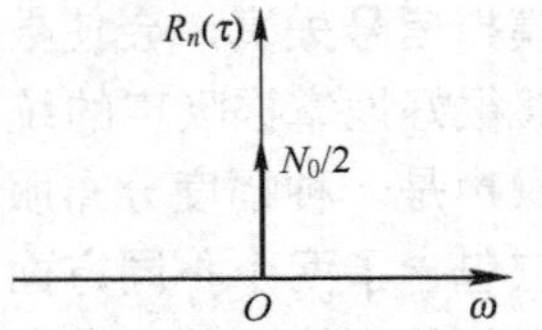

图 4.1.2　理想白噪声的自相关函数

实际上完全理想的白噪声是不存在的，通常只要噪声功率谱密度函数均匀分布的频率范围超过信息传输系统工作频率范围很多时，就可近似认为是白噪声。

（2）带限白噪声

如果平稳随机信号或平稳随机过程在有限频带内的功率谱密度为非 0 常数，在频带之外为 0，则称为带限白噪声。带限白噪声有两种：低通白噪声和带通白噪声。

① 低通白噪声

如果平稳随机信号或平稳随机过程的功率谱密度在 $|\omega|\leqslant\Omega$ 内为非 0 常数，而在 $|\omega|\leqslant\Omega$ 外为 0，则称为低通白噪声。低通白噪声可以看作是理想白噪声通过理想低通滤波器后得到的噪声。其功率谱密度表示为

$$S_n(\omega)=\begin{cases}\dfrac{N_0}{2} & |\omega|\leqslant\Omega\\ 0 & 其他\end{cases} \tag{4.1.5}$$

式中，N_0 为常数；Ω 为低通白噪声的带宽。

低通白噪声的自相关函数为

$$R_n(\tau)=E[n(t)n(t+\tau)]=\frac{N_0\Omega}{2\pi}\frac{\sin\Omega\tau}{\Omega\tau} \tag{4.1.6}$$

如果低通白噪声的均值为 0，则其方差为

$$\sigma_n^2=R_n(0)=\frac{N_0\Omega}{2\pi} \tag{4.1.7}$$

低通白噪声的功率谱密度和自相关函数分别如图 4.1.3 和图 4.1.4 所示。自相关函数 $R_n(\tau)$ 在 $\tau = k\pi/\Omega\ (k = \pm1, \pm2, \cdots)$ 处为 0。

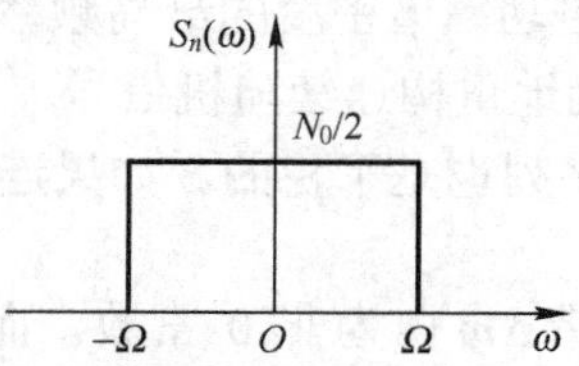

图 4.1.3　低通白噪声的功率谱

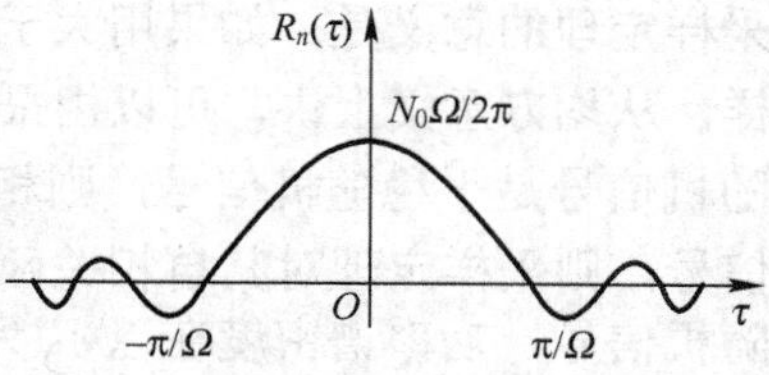

图 4.1.4　低通白噪声的自相关函数

② 带通白噪声

如果平稳随机信号或平稳随机过程的功率谱密度在以 ω_0 为中心的频带 $\varOmega$ 内为非 0 常数，而在频带 $\varOmega$ 外为 0，则称为带通白噪声。带通白噪声可以看作是理想白噪声通过理想带通滤波器后的输出噪声。其功率谱密度表示为

$$S_n(\omega) = \begin{cases} \dfrac{N_0}{2} & \omega_0 - \dfrac{\varOmega}{2} < |\omega| < \omega_0 + \dfrac{\varOmega}{2} \\ 0 & 其他 \end{cases} \tag{4.1.8}$$

带通白噪声的自相关函数为

$$R_n(\tau) = \frac{N_0\varOmega}{2\pi}\frac{\sin(\varOmega\tau/2)}{\varOmega\tau/2}\cos\omega_0\tau \tag{4.1.9}$$

如果带通白噪声的均值为 0，则其方差为 $R_n(0) = N_0\varOmega/2\pi$。

带通白噪声的功率谱密度和自相关函数分别如图 4.1.5 和图 4.1.6 所示。

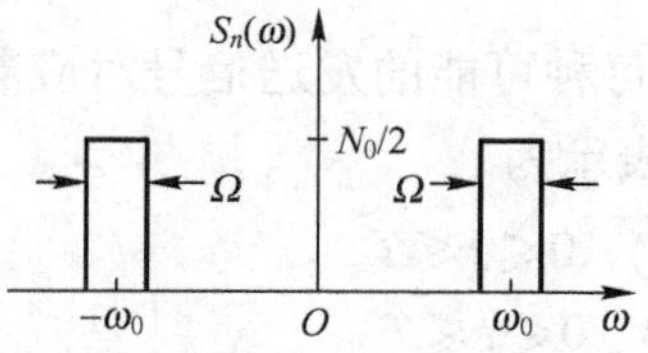

图 4.1.5　带通白噪声的功率谱密度

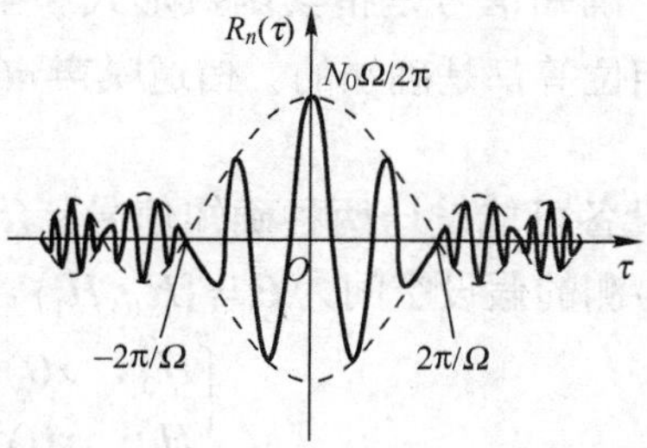

图 4.1.6　带通白噪声的自相关函数

3．随机信号的采样定理

如果随机信号的功率谱密度限制在某一有限频带内，则称为带限随机信号。带限随机信号可分为低通和带通随机信号。如果随机信号 $x(t)$ 的功率谱密度 $S_x(\omega)$ 满足

$$S_x(\omega) = 0 \quad |\omega| \geqslant \omega_c \tag{4.1.10}$$

则 $x(t)$ 称为低通随机信号，式中 ω_c 表示功率谱密度的最高角频率。

设以采样间隔 T_s 对低通随机信号 $x(t)$ 进行采样，采样后随机序列为 $x(kT_s)$，只要采样频率 f_s 满足：

$$T_s = \frac{1}{f_s} \leqslant \frac{\pi}{\omega_c} \tag{4.1.11}$$

则有以下采样重构公式：

$$\hat{x}(t) = \sum_{k=-\infty}^{\infty} x(kT_s)\frac{\sin\omega_c(t-kT_s)}{\omega_c(t-kT_s)} \tag{4.1.12}$$

使 $x(t)$ 在均方意义上等于 $\hat{x}(t)$，即

$$E[|x(t)-\hat{x}(t)|^2]=0 \tag{4.1.13}$$

随机信号采样定理的意义是：如果用大于或等于 2 倍功率谱密度的最高频率的采样率对随机信号进行采样，从均方意义上讲，可以由采样序列准确地重构连续随机信号。

如果连续随机信号是平稳随机信号，则相应的采样序列也是平稳的。如果连续平稳随机信号是低通随机信号，则采样定理对其自相关函数也成立。

对于带通随机信号，功率谱密度在以 ω_0 为中心的频带 $\Delta\omega$ 内为非 0 常数，而在频带 $\Delta\omega$ 外为 0，如果中心频率 ω_0 远远大于 $3\Delta\omega/2$，则采样频率 f_s 满足：

$$f_s \geqslant \Delta\omega/\pi \tag{4.1.14}$$

则随机信号采样定理成立。

4.2　高斯白噪声中二元确知信号的检测

虽然高斯白噪声中确知信号的检测是较为简单的理想情况，但是相当多的实际系统接近这种理想情况，而且这种理想系统的性能还可以作为其他非理想系统的比较标准，是研究噪声中信号检测的基础。

对于高斯白噪声中确知信号的检测，信息传输系统模型假定为如图 3.3.1 所示的加性噪声情况下的信息传输系统模型。接收信号模型为

$$x(t)=s(t)+n(t)\quad 0\leqslant t\leqslant T \tag{4.2.1}$$

式中，$s(t)$ 为发送设备发送的确知信号；$n(t)$ 为信道的加性噪声；T 为接收设备观测接收信号 $x(t)$ 的时间。确知信号是指其函数形式和全部参量都是已知的信号。例如正弦信号，它的幅度、频率和相位等都是确知的。信道噪声 $n(t)$ 是均值为 0、方差为 σ_n^2、功率谱密度为 $N_0/2$ 的高斯白噪声。

设发送设备可能发送两种确知信号 $s_0(t)$ 和 $s_1(t)$，每种可能的发送信号对应着一种假设，则二元信号检测的假设空间为 $\Theta=\{H_0,H_1\}$，两种假设表示为

$$\begin{cases}H_0：\ x(t)=s_0(t)+n(t)\quad 0\leqslant t\leqslant T\\ H_1：\ x(t)=s_1(t)+n(t)\quad 0\leqslant t\leqslant T\end{cases} \tag{4.2.2}$$

在此，除了将信道的加性噪声具体化为高斯白噪声之外，信号检测所需的其他已知条件与第 3 章中二元确知信号检测的相同。针对式(4.2.2)所示假设空间的信号检测常称为一般二元信号的检测，也称为二元通信系统的信号检测。

信号检测的目标是设计一种最佳检测系统来对接收信号 $x(t)$ 进行处理，以便在两种假设 H_0 和 H_1 中选择一个，即判断出哪个信号存在。由第 3 章可知，最佳检测可以根据不同的准则进行。但不管采用哪一种准则，最佳判决规则都是似然比与某一门限进行比较，不同的准则仅仅体现在门限值不同。因此，可以先不考虑指定哪一个具体准则，而是从一般的似然比检测方法着手研究最佳检测系统，其结构如图 4.2.1 所示。

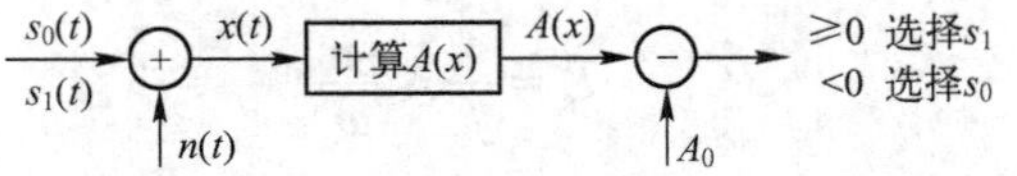

图 4.2.1　似然比检测方法最佳检测系统

针对高斯白噪声，分带限高斯白噪声和理想高斯白噪声两种情况讨论。

4.2.1 带限高斯白噪声中二元确知信号的检测

对于带限高斯白噪声，如果功率谱密度如式(4.1.5)所示，自相关函数 $R_n(\tau)$ 在 $\tau = k\pi/\Omega, (k=\pm 1, \pm 2, \cdots)$ 处为 0，说明接收信号按 $\tau = k\pi/\Omega$ 的时间间隔进行采样，得到的各样本是不相关的，又由于是高斯分布的，所以它们又是统计独立的。

对于接收信号 $x(t) = s(t) + n(t)$，通常有用信号 $s(t)$ 的频带宽度小于噪声 $n(t)$ 的频带宽度，故接收信号 $x(t)$ 的频带宽度为噪声 $n(t)$ 的频带宽度 $\varOmega$。以采样间隔 $T_s \leqslant \pi/\varOmega$ 对接收信号 $x(t)$ 进行采样，得到随机序列为 $x(kT_s)$，且 $x(kT_s)$ 可以满足式(4.1.12)和式(4.1.13)。

为了保证对接收信号采样后的信息不丢失和采样序列 $x(kT_s)$ 的不相关，采样间隔 Δt 需同时满足 $\Delta t \leqslant \pi/\varOmega$ 和 $\Delta t = k\pi/\varOmega$，故采样间隔取为 $\Delta t = \pi/\varOmega$。也就是说，对接收信号的采样既要满足采样定理要求，也要满足不相关要求。满足采样定理可以保证对接收信号采样后的信息不丢失。满足不相关要求可以使所有采样值的联合概率密度等于每次采样值概率密度的乘积。在带限高斯白噪声情况下，用满足采样定理和不相关要求的采样值来代替连续时间随机信号。

设采样间隔 $\Delta t = \pi/\varOmega$，$x(t)$、$s_i(t)$ 和 $n(t)$ 在 $t = k\Delta t$ 时刻的采样值记为 x_k、s_{ik} 和 n_k。在观测时间 $(0,T)$ 内，采样数目为

$$N = \frac{T}{\Delta t} = \frac{T\varOmega}{\pi} \tag{4.2.3}$$

对噪声 $n(t)$、有用信号 $s_0(t)$、$s_1(t)$ 和接收信号 $x(t)$ 的 N 个采样值分别定义为噪声向量 $\boldsymbol{n}$、信号向量 $\boldsymbol{s}_0$、信号向量 $\boldsymbol{s}_1$ 和观测向量 $\boldsymbol{x}$ 如下：

$$\begin{cases} \boldsymbol{n} = [n_1, n_2, \cdots, n_N]^{\mathrm{T}} \\ \boldsymbol{s}_0 = [s_{01}, s_{02}, \cdots, s_{0N}]^{\mathrm{T}} \\ \boldsymbol{s}_1 = [s_{11}, s_{12}, \cdots, s_{1N}]^{\mathrm{T}} \\ \boldsymbol{x} = [x_1, x_2, \cdots, x_N]^{\mathrm{T}} \end{cases} \tag{4.2.4}$$

由于带限高斯白噪声 $n(t)$ 的均值为 0，方差为

$$\sigma_n^2 = R_n(0) = \frac{N_0\varOmega}{2\pi} = \frac{N_0}{2\Delta t} \tag{4.2.5}$$

故噪声 $n(t)$ 的采样值 n_k 是均值为 0、方差为 σ_n^2 的高斯随机变量。由于 $x_k = s_{ik} + n_k$，且 s_{ik} 是确定值，故 x_k 是高斯随机变量，其条件均值为

$$E[x_k \mid H_i] = E[(s_{ik} + n_k) \mid H_i] = E[s_{ik} \mid H_i] = s_{ik} \tag{4.2.6}$$

其条件方差为

$$\mathrm{Var}[x_k \mid H_i] = E[(x_k - E[x_k])^2 \mid H_i] = E[n_k^2 \mid H_i] = \mathrm{Var}[n_k] = \sigma_n^2 \tag{4.2.7}$$

故 x_k 的条件概率密度函数为

$$p(x_k \mid H_i) = \frac{1}{\sqrt{2\pi}\sigma_n} \exp\left[-\frac{(x_k - s_{ik})^2}{2\sigma_n^2}\right] \tag{4.2.8}$$

由于接收信号 $x(t)$ 是高斯随机信号，其 N 个采样值是不相关的，也就是统计独立的。因此，观测向量 $\boldsymbol{x}$ 的似然函数等于每次采样值的似然函数乘积。在假设 H_0 下，观测向量 $\boldsymbol{x}$ 的似然函数为

$$p(\boldsymbol{x} \mid H_0) = \prod_{k=1}^{N} p(x_k \mid H_0) = \left(\frac{1}{2\pi\sigma_n^2}\right)^{\frac{N}{2}} \prod_{k=1}^{N} \exp\left[-\frac{(x_k - s_{0k})^2}{2\sigma_n^2}\right] \tag{4.2.9}$$

在假设 H_1 下，观测向量 $\boldsymbol{x}$ 的似然函数为

$$p(\boldsymbol{x}|H_1)=\prod_{k=1}^{N}p(x_k|H_1)=\left(\frac{1}{2\pi\sigma_n^2}\right)^{\frac{N}{2}}\prod_{k=1}^{N}\exp\left[-\frac{(x_k-s_{1k})^2}{2\sigma_n^2}\right] \tag{4.2.10}$$

观测向量 $\boldsymbol{x}$ 的似然比为

$$\begin{aligned}\Lambda(\boldsymbol{x})&=\frac{p(\boldsymbol{x}|H_1)}{p(\boldsymbol{x}|H_0)}=\prod_{k=1}^{N}\exp\left[-\frac{(x_k-s_{1k})^2}{2\sigma_n^2}\right]\exp\left[\frac{(x_k-s_{0k})^2}{2\sigma_n^2}\right]\\&=\exp\left\{\sum_{k=1}^{N}\left[-\frac{(x_k-s_{1k})^2-(x_k-s_{0k})^2}{2\sigma_n^2}\right]\right\}\\&=\exp\left\{\sum_{k=1}^{N}\frac{x_k(s_{1k}-s_{0k})}{\sigma_n^2}-\sum_{k=1}^{N}\frac{(s_{1k}^2-s_{0k}^2)}{2\sigma_n^2}\right\}\end{aligned} \tag{4.2.11}$$

似然比检测方法的一般检测判决式为

$$\Lambda(\boldsymbol{x})\underset{H_0}{\overset{H_1}{\gtrless}}\Lambda_0 \tag{4.2.12}$$

式中，Λ_0 为似然比门限，取决于所选用的最佳准则。

根据似然比检测方法的一般检测判决式，得到带限高斯白噪声中二元确知信号检测的检测判决式为

$$\exp\left\{\sum_{k=1}^{N}\frac{x_k(s_{1k}-s_{0k})}{\sigma_n^2}-\sum_{k=1}^{N}\frac{(s_{1k}^2-s_{0k}^2)}{2\sigma_n^2}\right\}\underset{H_0}{\overset{H_1}{\gtrless}}\Lambda_0 \tag{4.2.13}$$

或者

$$\sum_{k=1}^{N}x_k(s_{1k}-s_{0k})\underset{H_0}{\overset{H_1}{\gtrless}}\sigma_n^2\ln\Lambda_0+\sum_{k=1}^{N}\frac{(s_{1k}^2-s_{0k}^2)}{2} \tag{4.2.14}$$

如果将式(4.2.14)中的判别号改为等号，就可以得到对接收信号进行 N 次观测时的判决界限，即

$$\sum_{k=1}^{N}x_k(s_{1k}-s_{0k})=\sigma_n^2\ln\Lambda_0+\sum_{k=1}^{N}\frac{(s_{1k}^2-s_{0k}^2)}{2} \tag{4.2.15}$$

在一般情况下，N 维空间内的判决界限可能是一个曲面，式(4.2.15)仅是在高斯信道内检测确知信号的一个特例。

4.2.2 理想高斯白噪声中二元确知信号的检测

对于理想高斯白噪声，只有在相同时刻才相关，而在任意两个不同时刻上采样值都是不相关的，满足不相关的要求。但是，理想高斯白噪声的带宽无穷大，不满足采样定理的要求，不能用离散的采样值来代替连续时间随机信号。如果对理想高斯白噪声的采样间隔 Δt 趋于 0，而不等于 0 时，仍可以保证任何两个采样值不相关。为了满足采样定理和不相关要求，对理想高斯白噪声的采样间隔 Δt 应趋于 0，成为连续采样情况。因此，理想高斯白噪声中二元确知信号的检测需要对接收信号连续采样，而接收信号的连续采样就是其连续函数形式或连续波形。理想高斯白噪声中二元确知信号检测的判决式也就用连续函数来表示。

为了方便，通过将带限白噪声转变为理想白噪声的方法，研究理想高斯白噪声中二元确知信号的检测。在观测时间 T 不变的情况下，使采样间隔 Δt 趋于 0，相应的采样数 N 趋于无穷

大，带限白噪声的带宽 $\Omega = \pi/\Delta t$ 趋于无穷大，这样，带限白噪声变为理想白噪声，离散采样变为连续采样。

为了得到连续接收信号的似然函数，将 $\sigma_n^2 = N_0/2\Delta t$ 代入到各种假设下观测向量 $\boldsymbol{x}$ 的似然函数中，有

$$p(\boldsymbol{x} \mid H_0) = \left(\frac{\Delta t}{\pi N_0}\right)^{\frac{N}{2}} \exp\left[-\sum_{k=1}^{N}\frac{(x_k - s_{0k})^2 \Delta t}{N_0}\right] \tag{4.2.16}$$

$$p(\boldsymbol{x} \mid H_1) = \left(\frac{\Delta t}{\pi N_0}\right)^{\frac{N}{2}} \exp\left[-\sum_{k=1}^{N}\frac{(x_k - s_{1k})^2 \Delta t}{N_0}\right] \tag{4.2.17}$$

在 $N\Delta t = T$ 保持为常数的条件下，使采样间隔 Δt 趋于 0，采样数 N 趋于无穷大的极限情况下，便得到连续接收信号 $x(t)$ 的似然函数为

$$p(x \mid H_0) = F\exp\left\{-\frac{1}{N_0}\int_0^T \left[x(t) - s_0(t)\right]^2 \mathrm{d}t\right\} \tag{4.2.18}$$

$$p(x \mid H_1) = F\exp\left\{-\frac{1}{N_0}\int_0^T \left[x(t) - s_1(t)\right]^2 \mathrm{d}t\right\} \tag{4.2.19}$$

式中，F 为一常数。

连续接收信号 $x(t)$ 的似然比为

$$\begin{aligned}
\Lambda(x) &= \frac{p(x \mid H_1)}{p(x \mid H_0)} \\
&= \exp\left\{-\frac{1}{N_0}\int_0^T \left[x(t) - s_1(t)\right]^2 \mathrm{d}t + \frac{1}{N_0}\int_0^T \left[x(t) - s_0(t)\right]^2 \mathrm{d}t\right\} \\
&= \exp\left\{\frac{2}{N_0}\int_0^T x(t)\left[s_1(t) - s_0(t)\right]\mathrm{d}t - \frac{1}{N_0}\int_0^T \left[s_1^2(t) - s_0^2(t)\right]\mathrm{d}t\right\}
\end{aligned} \tag{4.2.20}$$

连续接收信号 $x(t)$ 的似然比检测判决式为

$$\exp\left\{\frac{2}{N_0}\int_0^T x(t)\left[s_1(t) - s_0(t)\right]\mathrm{d}t - \frac{1}{N_0}\int_0^T \left[s_1^2(t) - s_0^2(t)\right]\mathrm{d}t\right\} \underset{H_0}{\overset{H_1}{\gtrless}} \Lambda_0 \tag{4.2.21}$$

或者

$$\int_0^T x(t)\left[s_1(t) - s_0(t)\right]\mathrm{d}t \underset{H_0}{\overset{H_1}{\gtrless}} \frac{N_0}{2}\ln\Lambda_0 + \frac{1}{2}\int_0^T \left[s_1^2(t) - s_0^2(t)\right]\mathrm{d}t \tag{4.2.22}$$

令

$$\beta = \frac{N_0}{2}\ln\Lambda_0 + \frac{1}{2}\int_0^T \left[s_1^2(t) - s_0^2(t)\right]\mathrm{d}t = \frac{N_0}{2}\ln\Lambda_0 + \frac{1}{2}\left[E_1 - E_0\right] \tag{4.2.23}$$

式中，β 为判决门限；E_1 和 E_0 分别表示确知信号 $s_1(t)$ 和 $s_0(t)$ 的能量，即

$$E_i = \int_0^T s_i^2(t)\mathrm{d}t \quad i = 0,1 \tag{4.2.24}$$

故连续接收信号 $x(t)$ 的似然比检测判决式又可简写为

$$\int_0^T x(t)s_1(t)\mathrm{d}t - \int_0^T x(t)s_0(t)\mathrm{d}t \underset{H_0}{\overset{H_1}{\gtrless}} \beta \tag{4.2.25}$$

根据式(4.2.25)就可以得到高斯白噪声中二元确知信号的最佳检测系统，其原理框图如图 4.2.2 所示。图 4.2.2 就是通常所说的相关接收机，它通过计算接收信号 $x(t)$ 与确知信号 $s_1(t)$ 和 $s_0(t)$ 的互相关，相减后再与判决门限 β 比较，最后做出判决。

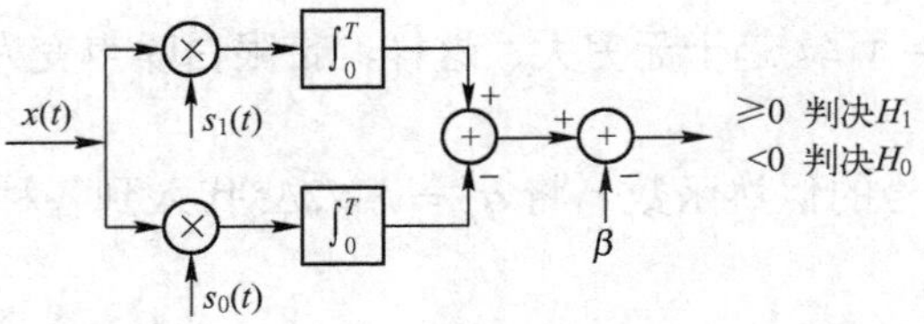

图 4.2.2　二元确知信号的最佳检测系统

4.2.3　通信系统的检测性能分析

检测性能通常是指在假定的信号与噪声的条件下，检测系统的平均风险或某种判决概率与输入信噪比之间的关系。式(4.2.2)所示假设空间对应信号的检测为一般二元信号的检测。应用一般二元信号检测的典型系统是二元通信系统。对于二元通信系统，检测性能通常是指检测系统的平均错误概率与输入信噪比之间的关系。

令检测统计量 G 为

$$G=\int_0^T x(t)s_1(t)\mathrm{d}t-\int_0^T x(t)s_0(t)\mathrm{d}t \tag{4.2.26}$$

则检测判决式变为

$$G \underset{H_0}{\overset{H_1}{\gtrless}} \beta \tag{4.2.27}$$

两种错误概率分别为

$$P(D_1 \mid H_0)=\int_\beta^\infty p(G \mid H_0)\mathrm{d}G \tag{4.2.28}$$

$$P(D_0 \mid H_1)=\int_{-\infty}^\beta p(G \mid H_1)\mathrm{d}G \tag{4.2.29}$$

平均错误概率为

$$\begin{aligned}P_\mathrm{e}&=P(H_0)P(D_1 \mid H_0)+P(H_1)P(D_0 \mid H_1)\\&=P(H_0)\int_\beta^\infty p(G \mid H_0)\mathrm{d}G+P(H_1)\int_{-\infty}^\beta p(G \mid H_1)\mathrm{d}G\end{aligned} \tag{4.2.30}$$

要计算平均错误概率，首先需要求出 G 的概率密度函数。由式(4.2.26)可见，G 是 $x(t)$ 进行线性运算的结果，故 G 是高斯随机变量。只要求出 G 的均值和方差，便可求出 G 的概率密度函数，从而可按式(4.2.30)得到平均错误概率。

在假设 H_0 下，$x(t)=s_0(t)+n(t)$，并且 $n(t)$ 的均值为 0，故 G 的条件均值为

$$\begin{aligned}E[G \mid H_0]&=E\{\int_0^T [s_0(t)+n(t)]s_1(t)\mathrm{d}t-\int_0^T [s_0(t)+n(t)]s_0(t)\mathrm{d}t\}\\&=E[\int_0^T s_0(t)s_1(t)\mathrm{d}t]+\int_0^T E[n(t)]s_1(t)\mathrm{d}t-E[\int_0^T s_0^2(t)\mathrm{d}t]-\int_0^T E[n(t)]s_0(t)\mathrm{d}t\\&=\int_0^T s_0(t)s_1(t)\mathrm{d}t-\int_0^T s_0^2(t)\mathrm{d}t\end{aligned} \tag{4.2.31}$$

令

$$R(T)=\int_0^T s_0(t)s_1(t)\mathrm{d}t \tag{4.2.32}$$

它表示两种确知信号的时间互相关。将式(4.2.32)代入式(4.2.31)，可得

$$E[G \mid H_0]=R(T)-E_0 \tag{4.2.33}$$

在假设 H_0 下，检测统计量 G 的条件方差为

$$\mathrm{Var}[G \mid H_0]=E[(G-E[G \mid H_0])^2 \mid H_0] \tag{4.2.34}$$

因为

$$G-E[G \mid H_0]=\int_0^T n(t)[s_1(t)-s_0(t)]\mathrm{d}t \tag{4.2.35}$$

故有

$$\mathrm{Var}[G \mid H_0]=\int_0^T\int_0^T E[n(t)n(\tau)][s_1(t)-s_0(t)][s_1(\tau)-s_0(\tau)]\mathrm{d}t\mathrm{d}\tau \tag{4.2.36}$$

又因为
$$E[n(t)n(\tau)]=\frac{N_0}{2}\delta(t-\tau) \tag{4.2.37}$$
则假设 H_0 下 G 的条件方差为
$$\mathrm{Var}[G\,|\,H_0]=\frac{N_0}{2}\int_0^T[s_1(t)-s_0(t)]^2\,\mathrm{d}t=\frac{N_0}{2}[E_1+E_0-2R(T)] \tag{4.2.38}$$
同理，可求得假设 H_1 下 G 的条件均值为
$$E[G\,|\,H_1]=E_1-R(T) \tag{4.2.39}$$
假设 H_1 下 G 的条件方差与假设 H_0 下相同，即
$$\mathrm{Var}[G\,|\,H_1]=\mathrm{Var}[G\,|\,H_0]=\frac{N_0}{2}[E_1+E_0-2R(T)]=\sigma_G^2 \tag{4.2.40}$$
定义两种确知信号的平均能量为
$$E_{\mathrm{K}}=\frac{E_1+E_2}{2} \tag{4.2.41}$$
两种确知信号的时间相关系数为
$$r_{\mathrm{K}}=\frac{R(T)}{E_{\mathrm{K}}}=\frac{1}{E_{\mathrm{K}}}\int_0^T s_0(t)s_1(t)\mathrm{d}t \tag{4.2.42}$$
则检测统计量 G 的方差可写为
$$\sigma_G^2=N_0E_{\mathrm{K}}(1-r_{\mathrm{K}}) \tag{4.2.43}$$
易证 $|r_{\mathrm{K}}|\leqslant 1$，这就保证了方差的非负性质。于是两种假设下检测统计量 G 的条件概率密度函数为
$$p(G\,|\,H_0)=\frac{1}{\sqrt{2\pi}\sigma_G}\exp\left\{-\frac{[G-(R(T)-E_0)]^2}{2\sigma_G^2}\right\} \tag{4.2.44}$$
$$p(G\,|\,H_1)=\frac{1}{\sqrt{2\pi}\sigma_G}\exp\left\{-\frac{[G-(E_1-R(T))]^2}{2\sigma_G^2}\right\} \tag{4.2.45}$$
第一类错误概率为
$$P(D_1\,|\,H_0)=\int_\beta^\infty\frac{1}{\sqrt{2\pi}\sigma_G}\exp\left\{-\frac{[G-(R(T)-E_0)]^2}{2\sigma_G^2}\right\}\mathrm{d}G \tag{4.2.46}$$
令 $u=[G-(R(T)-E_0)]/\sigma_G$，则
$$P(D_1\,|\,H_0)=\int_{u_{\mathrm{T}}}^\infty\frac{1}{\sqrt{2\pi}}\exp(-\frac{u^2}{2})\mathrm{d}u=\mathrm{Q}(u_{\mathrm{T}})=1-\Phi(u_{\mathrm{T}}) \tag{4.2.47}$$
式中，u_{T} 是用变量 u 进行判决时对应的门限值，其表示式为
$$\begin{aligned}u_{\mathrm{T}}&=\frac{\beta-(R(T)-E_0)}{\sigma_G}=\frac{\frac{N_0}{2}\ln\varLambda_0+\frac{E_1-E_0}{2}-R(T)+E_0}{\sqrt{N_0E_{\mathrm{K}}(1-r_{\mathrm{K}})}}\\&=\frac{\frac{N_0}{2}\ln\varLambda_0+E_{\mathrm{K}}-R(T)}{\sqrt{N_0E_{\mathrm{K}}(1-r_{\mathrm{K}})}}=\frac{\frac{N_0}{2}\ln\varLambda_0+E_{\mathrm{K}}(1-r_{\mathrm{K}})}{\sqrt{N_0E_{\mathrm{K}}(1-r_{\mathrm{K}})}}\end{aligned} \tag{4.2.48}$$
第二类错误概率为
$$P(D_0\,|\,H_1)=\int_{-\infty}^\beta\frac{1}{\sqrt{2\pi}\sigma_G}\exp\left\{-\frac{[G-(E_1-R(T))]^2}{2\sigma_G^2}\right\}\mathrm{d}G \tag{4.2.49}$$
令 $v=[G-(E_1-R(T))]/\sigma_G$，则
$$P(D_0\,|\,H_1)=\int_{-\infty}^{v_{\mathrm{T}}}\frac{1}{\sqrt{2\pi}}\exp(-\frac{v^2}{2})\mathrm{d}v=\Phi(v_{\mathrm{T}}) \tag{4.2.50}$$
式中，v_{T} 是用变量 v 进行判决时对应的门限值，其表示式为

$$v_{\mathrm{T}}=\frac{\beta-(E_1-R(T))}{\sigma_G}=\frac{\frac{N_0}{2}\ln\Lambda_0+\frac{E_1-E_0}{2}-E_1+R(T)}{\sqrt{N_0E_{\mathrm{K}}(1-r_{\mathrm{K}})}}$$

$$=\frac{\frac{N_0}{2}\ln\Lambda_0-[E_{\mathrm{K}}-R(T)]}{\sqrt{N_0E_{\mathrm{K}}(1-r_{\mathrm{K}})}}=\frac{\frac{N_0}{2}\ln\Lambda_0-E_{\mathrm{K}}(1-r_{\mathrm{K}})}{\sqrt{N_0E_{\mathrm{K}}(1-r_{\mathrm{K}})}} \tag{4.2.51}$$

由式(4.2.46)和式(4.2.50)可见，接收机的性能主要取决于两种确知信号的平均能量E_{K}、噪声功率谱密度N_0和两种确知信号之间的时间互相关系数，而与所用信号的具体波形无关。

为了便于分析二元通信系统中检测系统的检测性能，可以假定两种假设的先验概率相等，即$P(H_0)=P(H_1)=1/2$；并且假定正确判决不付出代价，错误判决付出相等的代价，即$c_{11}=c_{00}=0$，$c_{01}=c_{10}=1$。这样，贝叶斯准则就等效为最小错误概率准则。在这种情况下，似然比门限值$\Lambda_0=P(H_0)/P(H_1)=1$，$\ln\Lambda_0=0$，$u_{\mathrm{T}}=-v_{\mathrm{T}}$。这时两类错误概率相等，平均错误概率为

$$P_{\mathrm{e}}=P(H_0)P(D_1\mid H_0)+P(H_1)P(D_0\mid H_1)$$

$$=P(D_1\mid H_0)=P(D_0\mid H_1)=\mathrm{Q}\left[\sqrt{\frac{E_{\mathrm{K}}(1-r_{\mathrm{K}})}{N_0}}\right] \tag{4.2.52}$$

由此可见，当输入信噪比(功率)E_{K}/N_0增加时，平均错误概率减小。当E_{K}/N_0给定时，$(1-r_{\mathrm{K}})$越大，平均错误概率越小。最佳的信号形式为$r_{\mathrm{K}}=-1$，即$s_0(t)=-s_1(t)$，采用这种信号的系统称为理想二元通信系统。

例 4.2.1 在$0\leqslant t\leqslant T$时间范围内，二元相干相移键控(CPSK)通信系统发送的二元信号为$s_0(t)=A\sin\omega_{\mathrm{c}}t$，$s_1(t)=-A\sin\omega_{\mathrm{c}}t$，其中，信号的振幅$A$和频率$\omega_{\mathrm{c}}$已知，并假定发送两种信号的先验概率相等。二元信号在信道传输中叠加了均值为0、功率谱密度为$N_0/2$的高斯白噪声$n(t)$。如果采用最小平均错误概率准则，试确定检测判决式，并计算平均错误概率。

解：根据题意，二元信号检测的假设为

$$H_0:\ x(t)=s_0(t)+n(t)=A\sin\omega_{\mathrm{c}}t+n(t)$$

$$H_1:\ x(t)=s_1(t)+n(t)=-A\sin\omega_{\mathrm{c}}t+n(t)$$

信号$s_0(t)$和$s_1(t)$的能量分别为

$$E_0=\int_0^T s_0^2(t)\mathrm{d}t=\int_0^T(A\sin\omega_{\mathrm{c}}t)^2\mathrm{d}t=A^2T/2$$

$$E_1=\int_0^T s_1^2(t)\mathrm{d}t=\int_0^T(-A\sin\omega_{\mathrm{c}}t)^2\mathrm{d}t=A^2T/2=E_0$$

因为先验概率$P(H_0)=P(H_1)$，故最小平均错误概率检测门限$\Lambda_0=1$，并且信号$s_0(t)$和$s_1(t)$的能量E_0和E_1相等，则最小平均错误概率检测判决式为

$$\int_0^T x(t)A\sin\omega_{\mathrm{c}}t\mathrm{d}t \underset{H_1}{\overset{H_0}{\gtrless}} 0=\beta$$

令检测统计量为

$$G=\int_0^T x(t)A\sin\omega_{\mathrm{c}}t\mathrm{d}t$$

可见，G是$x(t)$的线性运算，因而它是高斯随机变量。

在假设H_0和H_1下，G的均值分别为

$$E[G\mid H_0]=E\{\int_0^T[A\sin\omega_{\mathrm{c}}t+n(t)]A\sin\omega_{\mathrm{c}}t\mathrm{d}t\}=E_0$$

$$E[G\mid H_1]=E\{\int_0^T[-A\sin\omega_{\mathrm{c}}t+n(t)]A\sin\omega_{\mathrm{c}}t\mathrm{d}t\}=-E_0$$

在假设 H_0 和 H_1 下，G 的方差分别为

$$\begin{aligned}\mathrm{Var}[G\mid H_0]&=E[(G-E_0)^2\mid H_0]=E\{[\int_0^T n(t)A\sin\omega_c t\mathrm{d}t]^2\}\\&=\int_0^T\int_0^T E[n(t)n(\tau)]A^2\sin\omega_c t\sin\omega_c\tau\,\mathrm{d}t\mathrm{d}\tau=\frac{N_0}{2}E_0\end{aligned}$$

$$\begin{aligned}\mathrm{Var}[G\mid H_1]&=E[(G-E_0)^2\mid H_1]=E\{[\int_0^T n(t)A\sin\omega_c t\mathrm{d}t]^2\}\\&=\frac{N_0}{2}E_0=\mathrm{Var}[G\mid H_0]=\sigma_G^2\end{aligned}$$

在假设 H_0 和 H_1 下

$$p(G\mid H_0)=\frac{1}{\sqrt{2\pi}\sigma_G}\exp\left[-\frac{(G-E_0)^2}{2\sigma_G^2}\right]$$

$$p(G\mid H_1)=\frac{1}{\sqrt{2\pi}\sigma_G}\exp\left[-\frac{(G+E_0)^2}{2\sigma_G^2}\right]$$

因为先验概率 $P(H_0)=P(H_1)$，两类错误概率相等，故平均错误概率为

$$\begin{aligned}P_e&=P(D_0\mid H_1)=\int_0^\infty\frac{1}{\sqrt{2\pi}\sigma_G}\exp\left[-\frac{(G+E_0)^2}{2\sigma_G^2}\right]\mathrm{d}G\\&=\mathrm{Q}\left(\frac{E_0}{\sigma_G}\right)=\mathrm{Q}\left(\sqrt{\frac{2E_0}{N_0}}\right)\end{aligned}$$

例 4.2.2 在 $0\leqslant t\leqslant T$ 时间范围内，二元相干频移键控(CFSK)通信系统发送的二元信号为 $s_0(t)=A\sin\omega_0 t$，$s_1(t)=A\sin\omega_1 t$，其中，信号的振幅 A 和频率 ω_0、ω_1 已知，且 $(\omega_0+\omega_1)T=k\pi$，$k$ 为正整数。二元信号在信道传输中叠加了均值为 0、功率谱密度为 $N_0/2$ 的高斯白噪声 $n(t)$。假定发送两种信号的先验概率相等，求使平均错误概率最小的两种信号的频差 $\omega_d=\omega_1-\omega_0$ 为多大？

解：根据题意，二元信号检测的假设为

$$\begin{aligned}H_0:&\ x(t)=s_0(t)+n(t)=A\sin\omega_0 t+n(t)\\H_1:&\ x(t)=s_1(t)+n(t)=A\sin\omega_1 t+n(t)\end{aligned}$$

因为先验概率 $P(H_0)=P(H_1)$，故最小平均错误概率检测门限 $\Lambda_0=1$。信号 $s_0(t)$ 和 $s_1(t)$ 的能量相等，即 $E_0=E_1=A^2T/2$，则最小平均错误概率检测判决式为

$$\int_0^T x(t)A\sin\omega_1 t\mathrm{d}t-\int_0^T x(t)A\sin\omega_0 t\mathrm{d}t\underset{H_0}{\overset{H_1}{\gtrless}}0=\beta$$

令检测统计量为

$$G=\int_0^T x(t)A\sin\omega_1 t\mathrm{d}t-\int_0^T x(t)A\sin\omega_0 t\mathrm{d}t$$

可见，G 是 $x(t)$ 的线性运算，因而它是高斯随机变量。G 以 β 为检测门限的最小错误概率为

$$P_e=P(D_1\mid H_0)=Q\left[\sqrt{\frac{(1-r)E_0}{N_0}}\right]$$

式中，r 为信号 $s_0(t)$ 和 $s_1(t)$ 的相关系数，即

$$\begin{aligned}r&=\frac{R(T)}{E_0}=\frac{\int_0^T s_1(t)s_0(t)\mathrm{d}t}{E_0}=\frac{2}{T}\int_0^T\sin\omega_1 t\sin\omega_0 t\mathrm{d}t\\&=\frac{1}{T}\int_0^T\cos(\omega_1-\omega_0)t\mathrm{d}t-\frac{1}{T}\int_0^T\cos(\omega_1+\omega_0)t\mathrm{d}t\\&=\frac{1}{(\omega_1-\omega_0)T}\sin(\omega_1-\omega_0)t\Big|_0^T=\frac{1}{\omega_d T}\sin\omega_d T\end{aligned}$$

要使平均错误概率 P_e 最小，则要求 $(1-r)E_0/N_0$ 最大，也就是要求信号 $s_0(t)$ 和 $s_1(t)$ 的相关系数 r 最小。

为求得使 r 最小的频差 ω_d，将 r 对 ω_d 求导数，并令结果等于 0，得到

$$\frac{\mathrm{d}r}{\mathrm{d}\omega_d}=\frac{1}{T}\frac{\cos(\omega_d T)\omega_d T-\sin\omega_d T}{\omega_d^2}=0$$

即满足方程

$$\tan\omega_d T=\omega_d T$$

的频差 ω_d 就是使平均错误概率 P_e 最小的两种信号的频率差。

由于 $\tan\omega_d T=\omega_d T$ 是超越方程，其解是直线 $\omega_d T$ 与 $\tan\omega_d T$ 的交点。用逐步搜索法可以求得，当 $\omega_d T=1.41\pi$ 时，相关系数 r 最小，且为 $r=\dfrac{\sin\omega_d T}{\omega_d T}=-0.22$。

4.2.4 相干雷达系统的检测性能分析

雷达回波信号的检测是二元信号的检测问题。相干雷达对固定目标回波信号的检测就是二元确知信号的检测问题，其假设空间为 $\Theta=\{H_0,H_1\}$，两种假设表示为

$$\begin{cases}H_0:\ x(t)=n(t) & 0\leqslant t\leqslant T\\ H_1:\ x(t)=s_1(t)+n(t) & 0\leqslant t\leqslant T\end{cases}\tag{4.2.53}$$

式中，$n(t)$ 是均值为 0、方差为 σ_n^2、功率谱密度为 $N_0/2$ 的高斯白噪声；T 为接收设备观测接收信号 $x(t)$ 的时间。在此，$s_0(t)=0$，$s_1(t)$ 是确知的目标回波信号。假设 H_0 代表目标不存在，假设 H_1 代表目标存在。针对式(4.2.53)所示假设空间的信号检测也称为简单二元信号的检测。

相干雷达对固定目标回波信号检测的检测统计量为

$$G=\int_0^T x(t)s_1(t)\mathrm{d}t-\int_0^T x(t)s_0(t)\mathrm{d}t=\int_0^T x(t)s_1(t)\mathrm{d}t\tag{4.2.54}$$

则回波信号检测的判决式为

$$G\underset{H_0}{\overset{H_1}{\gtrless}}\beta\tag{4.2.55}$$

对于雷达情况，通常无法事先确定先验概率和代价因子，因而采用奈曼-皮尔逊准则，即在给定虚警概率 P_f 的条件下，使检测概率 P_d 达到最大。此时最佳检测系统的框图如图 4.2.3 所示，判决门限 β 则由给定的 P_f 确定。

虚警概率为

$$P_f=\int_\beta^\infty p(G\,|\,H_0)\mathrm{d}G\tag{4.2.56}$$

检测概率为

$$P_d=\int_\beta^\infty p(G\,|\,H_1)\mathrm{d}G\tag{4.2.57}$$

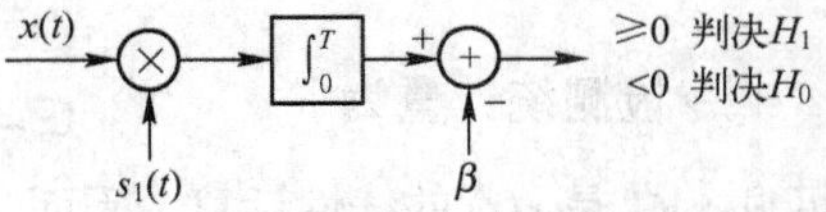

图 4.2.3 相干雷达的最佳检测系统

对于相干雷达情况，有 $r_K=0$，$E_0=0$，$E_K=E_1/2$。在假设 H_0 条件下，$x(t)=n(t)$，此时的检测统计量为

$$G=\int_0^T s_1(t)n(t)\mathrm{d}t\tag{4.2.58}$$

它也是高斯随机变量，均值 $E[G\,|\,H_0]=0$，方差 $\mathrm{Var}[G\,|\,H_0]=\sigma_G^2=N_0E_1/2$，因此，假设 H_0 下检测统计量 G 的条件概率密度函数为

$$p(G\,|\,H_0)=\frac{1}{\sqrt{\pi N_0E_1}}\exp\left(-\frac{G^2}{N_0E_1}\right)\tag{4.2.59}$$

在假设 H_1 条件下，$x(t)=s_1(t)+n(t)$，此时的检测统计量为

$$G=\int_0^T s_1(t)n(t)\mathrm{d}t+E_1\tag{4.2.60}$$

它也是高斯随机变量，均值为$E[G|H_1]=E_1$，方差为$\mathrm{Var}[G|H_1]=\sigma_G^2=N_0E_1/2$，因此，假设$H_1$下检测统计量$G$的条件概率密度函数为

$$p(G|H_1)=\frac{1}{\sqrt{\pi N_0E_1}}\exp\left[-\frac{(G-E_1)^2}{N_0E_1}\right] \tag{4.2.61}$$

由假设H_0下检测统计量G的条件概率密度函数得到虚警概率为

$$\begin{aligned}P_\mathrm{f}&=\int_\beta^\infty\frac{1}{\sqrt{\pi N_0E_1}}\exp\left(-\frac{G^2}{N_0E_1}\right)\mathrm{d}G=\int_{u_0}^\infty\frac{1}{\sqrt{2\pi}}\exp\left(-\frac{u^2}{2}\right)\mathrm{d}u\\&=\mathrm{Q}(u_0)=\mathrm{Q}\left(\beta\sqrt{\frac{2}{N_0E_1}}\right)\end{aligned} \tag{4.2.62}$$

式中，$G=u\sqrt{N_0E_1/2}$，$\beta=u_0\sqrt{N_0E_1/2}$。

由假设H_1下检测统计量G的条件概率密度函数得到检测概率为

$$\begin{aligned}P_\mathrm{d}&=\int_\beta^\infty\frac{1}{\sqrt{\pi N_0E_1}}\exp\left[-\frac{(G-E_1)^2}{N_0E_1}\right]\mathrm{d}G=\int_{v_0}^\infty\frac{1}{\sqrt{2\pi}}\exp\left(\frac{v^2}{2}\right)\mathrm{d}v\\&=\mathrm{Q}(v_0)=\mathrm{Q}\left(\beta\sqrt{\frac{2}{N_0E_1}}-\sqrt{\frac{2E_1}{N_0}}\right)\end{aligned} \tag{4.2.63}$$

式中，$G-E_1=v\sqrt{N_0E_1/2}$，$\beta-E_1=v_0\sqrt{N_0E_1/2}$。

对于给定的虚警概率P_f，由式(4.2.62)可算出$\beta\sqrt{2/N_0E_1}$，再将此值及选定的信噪比$d=\sqrt{2E_1/N_0}$代入式(4.2.63)，即可算出检测概率P_d，从而可得到系统的检测性能曲线。由式(4.2.63)可看出，当P_f给定之后，P_d只与信号能量E_1及噪声谱密度N_0之比有关，而与信号$s_1(t)$的波形无关。这便是检测理论中有名的能量原理。根据式(4.2.62)和式(4.2.63)绘成的以P_f为参变量的$P_\mathrm{d}\sim\sqrt{2E_1/N_0}$曲线，称为相干雷达系统的检测特性曲线，常称为接收机的工作特性曲线，如图4.2.4所示。根据给定的P_f和输入信噪比$\sqrt{2E_1/N_0}$，由图4.2.4可以方便地求出P_d，因此检测特性曲线可用于相干雷达系统的设计。根据P_d、P_f与输入信噪比$\sqrt{2E_1/N_0}$的关系，也可以用输入信噪比$\sqrt{2E_1/N_0}$作为参变量，画出P_d与P_f的曲线作为系统的检测性能曲线，如图4.2.5所示。

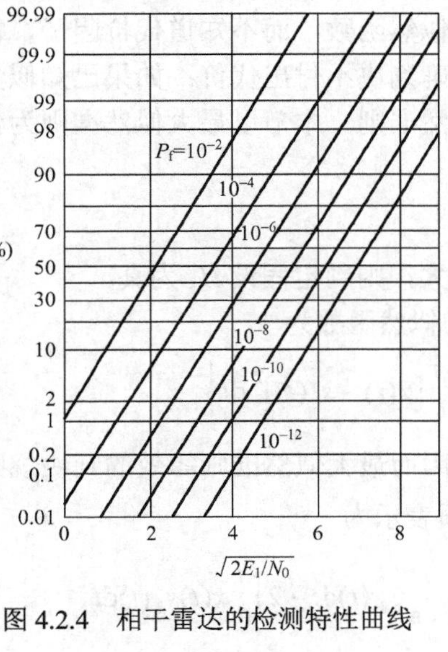

图 4.2.4　相干雷达的检测特性曲线

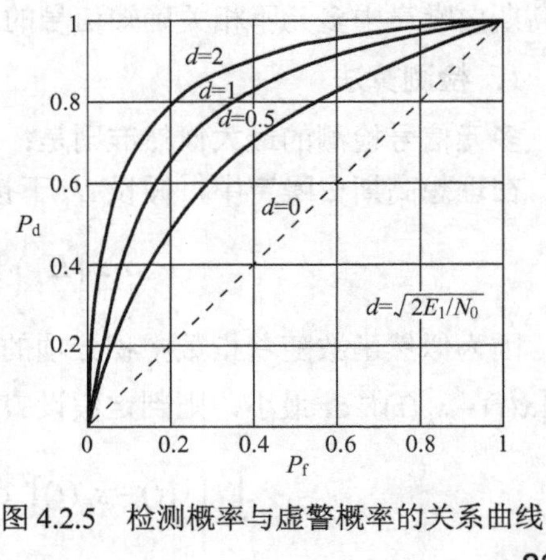

图 4.2.5　检测概率与虚警概率的关系曲线

4.3 高斯白噪声中多元确知信号的检测

前面已经研究了高斯白噪声中二元确知信号的检测问题。在实际工程应用中，经常遇到$M(M>2)$元确知信号的检测问题。这种问题在通信中经常出现，系统每次发送M个可能信号中的一个，当接收到信号$x(t)$后，需要判决M个可能信号中的哪一个信号出现，这就是M元信号的检测问题。在M元信号的检测中，尽管奈曼-皮尔逊准则也是可以采用的，但实际上很少采用这种准则，更多的是采用最大似然准则、最小平均错误概率准则或更具一般性的贝叶斯准则。

设信道噪声是加性高斯白噪声，高斯白噪声$n(t)$的均值为0，功率谱密度为$N_0/2$。

设发送设备可能发送M个确知信号$s_k(t)\ (k=1,2,\cdots,M)$，每个可能的发送信号$s_k(t)$对应着一个假设$H_k(k=1,2,\cdots,M)$，则M元信号检测的假设空间为$\Theta=\{H_k(k=1,2,\cdots,M)\}$，$M$个假设表示为

$$\begin{cases} H_1: & x(t)=s_1(t)+n(t) \quad 0\leqslant t\leqslant T \\ H_2: & x(t)=s_2(t)+n(t) \quad 0\leqslant t\leqslant T \\ & \vdots \\ H_M: & x(t)=s_M(t)+n(t) \quad 0\leqslant t\leqslant T \end{cases} \tag{4.3.1}$$

设确知信号$s_k(t)$的能量为E_k，即

$$E_k=\int_0^T s_i^2(t)\mathrm{d}t \quad k=1,2,\cdots,M \tag{4.3.2}$$

对于M元确知信号的检测，其主要任务仍然是根据采用的最佳检测准则，将接收信号样本空间Ψ划分为M个不相覆盖的子空间Ψ_1，Ψ_2，…，Ψ_M，并根据检测判决式设计最佳检测系统(最佳接收机)，分析检测系统的性能等。

对于M元确知信号的检测，可以分为两种情况来讨论：① M个确知信号的一般检测方法；② M个确知信号的正交检测方法。

4.3.1 高斯白噪声中多元确知信号的一般检测方法

对于高斯白噪声中多元确知信号的检测，如果已知假设的先验概率、代价因子和似然函数，常采用贝叶斯准则；如果已知假设的先验概率和似然函数，而不知道代价因子，常采用最大后验概率准则，即相当于错误判决的代价相等，正确判决不付出代价；如果已知似然函数，而不知道假设的先验概率和代价因子，则采用最大似然准则。本节以最大似然准则为代表，讨论高斯白噪声中多元不相关确知信号的检测。

1. 检测算法

多元信号检测的最大似然准则是：若$p(x\,|\,H_k)$最大，则判定假设H_k为真。

在理想高斯白噪声中，假设H_k下接收信号$x(t)$的似然函数为

$$p(x\,|\,H_k)=F\exp\left\{-\frac{1}{N_0}\int_0^T\left[x(t)-s_k(t)\right]^2\mathrm{d}t\right\} \tag{4.3.3}$$

因为似然函数随着指数中积分项的减小而增大，因而最大似然准则等效的判决规则为：若$\int_0^T\left[x(t)-s_k(t)\right]^2\mathrm{d}t$最小，则判定假设$H_k$为真。积分项表示为

$$\int_0^T\left[x(t)-s_k(t)\right]^2\mathrm{d}t=\int_0^T x^2(t)\mathrm{d}t+\int_0^T s_k^2(t)\mathrm{d}t-2\int_0^T x(t)s_k(t)\mathrm{d}t \tag{4.3.4}$$

由于式(4.3.4)中第一和第二项的积分与选择哪个假设为真无关，所以选取检测统计量为

$$G_k = \int_0^T x(t)s_k(t)\mathrm{d}t \tag{4.3.5}$$

因此，最大似然准则最终等效的判决规则：若 G_k 最大，则判定假设 H_k 为真。对应的最佳检测系统如图 4.3.1 所示。

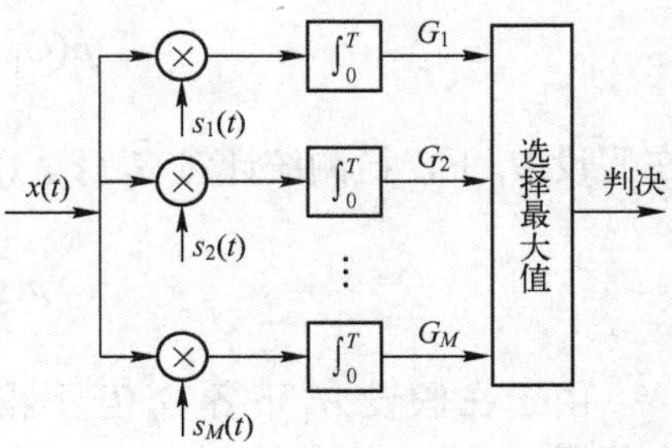

图 4.3.1　M 元确知信号的最佳检测系统

2．检测性能分析

一般来说，要确定错误概率是很困难的，这是因为：如果 $M-1$ 个检测统计量中的任何一个超过与真实假设有关的那一个，就会发生一个错误。另外，其他 $M-1$ 个检测统计量中最大的一个超过真实的那一个就会发生错误。对于不是独立的检测统计量，求其中最大一个检测统计量的概率密度是一个不易处理的问题。如果检测统计量是高斯随机变量，并且是不相关的，从而是统计独立的，则分析错误概率就比较容易。

设 M 个确知信号互不相关，即

$$\int_0^T s_i(t)s_k(t)\mathrm{d}t = 0 \quad i \neq k \tag{4.3.6}$$

从而保证检测统计量 $G_k\ (k=1,2,\cdots,M)$ 互不相关。为了方便，假定 M 个确知信号的能量相等，即 $E_1 = E_2 = \cdots = E_M = E$。假定各类假设的先验概率和各种错误判决的代价相等，因此，各类假设的错误判决概率相等，且平均错误概率等于某一类假设的错误判决概率。

不失一般性，以假设 H_1 为真条件下的错误概率来计算平均错误概率。以 D_1 代表正确判决，以 $\bar{D}_1$ 代表错误判决，则有

$$P_\mathrm{e} = P(\bar{D}_1 \mid H_1) = 1 - P(D_1 \mid H_1) = 1 - P\{\text{所有} G_k < G_1, k \neq 1\} \tag{4.3.7}$$

在假设 H_1 下，检测统计量 G_k 的条件均值为

$$E[G_k \mid H_1] = E\{\int_0^T [s_1(t)+n(t)]s_k(t)\mathrm{d}t\} = \begin{cases} E & k=1 \\ 0 & k \neq 1 \end{cases} \tag{4.3.8}$$

在假设 H_1 下，检测统计量 G_1 的条件方差为

$$\begin{aligned}\mathrm{Var}[G_1 \mid H_1] &= E[(G_1 - E[G_1 \mid H_1])^2 \mid H_1] = E\left\{\left[\int_0^T [s_1(t)+n(t)]s_1(t)\mathrm{d}t - E\right]^2\right\} \\ &= E\left\{\left[\int_0^T n(t)s_1(t)\mathrm{d}t\right]^2\right\} = \int_0^T\int_0^T E[n(t)n(\tau)]s_1(t)s_1(\tau)\mathrm{d}t\mathrm{d}\tau \\ &= \frac{N_0}{2}\int_0^T\int_0^T \delta(t-\tau)s_1(t)s_1(\tau)\mathrm{d}t\mathrm{d}\tau = \frac{N_0 E}{2}\end{aligned} \tag{4.3.9}$$

在假设 H_1 下，检测统计量 $G_k\ (k \neq 1)$ 的条件方差为

$$\begin{aligned}\mathrm{Var}[G_k \mid H_1] &= E[(G_k - E[G_k \mid H_1])^2 \mid H_1] = E\left\{\left[\int_0^T [s_1(t)+n(t)]s_k(t)\mathrm{d}t\right]^2\right\} \\ &= E\left\{\left[\int_0^T n(t)s_k(t)\mathrm{d}t\right]^2\right\} = \int_0^T\int_0^T E[n(t)n(\tau)]s_k(t)s_k(\tau)\mathrm{d}t\mathrm{d}\tau \\ &= \frac{N_0}{2}\int_0^T\int_0^T \delta(t-\tau)s_k(t)s_k(\tau)\mathrm{d}t\mathrm{d}\tau = \frac{N_0 E}{2}\end{aligned} \tag{4.3.10}$$

在假设 H_1 下，检测统计量 G_1 的概率密度函数为

$$p(G_1 \mid H_1)=\frac{1}{\sqrt{\pi N_0 E}}\exp\left[-\frac{(G_1-E_1)^2}{N_0 E}\right] \tag{4.3.11}$$

在假设 H_1 下，检测统计量 $G_k\ (k\neq 1)$ 的概率密度函数为

$$p(G_k \mid H_1)=\frac{1}{\sqrt{\pi N_0 E}}\exp\left(-\frac{G_k^2}{N_0 E}\right) \tag{4.3.12}$$

由于在假设 H_1 下各 G_k 互不相关，又是高斯随机变量，所以 G_k 是统计独立的。因此，在假设 H_1 为真的条件下，$(G_1,G_2,\cdots,G_M)$ 的联合概率密度函数是各个 G_k 概率密度函数的乘积，即

$$p(G_1,G_2,\cdots,G_M \mid H_1)=p(G_1 \mid H_1)p(G_2 \mid H_1)\cdots p(G_M \mid H_1) \tag{4.3.13}$$

由于假设 H_1 为真，除 $p(G_1 \mid H_1)$ 外，其余 $p(G_k \mid H_1)$ 的表示形式均一样，因此，平均错误概率为

$$\begin{aligned}
P_e &= 1-P\{\text{所有}G_k<G_1,k\neq 1\}\\
&=1-\int_{-\infty}^{\infty}\left[\int_{-\infty}^{G_1}\cdots\int_{-\infty}^{G_1}p(G_1,G_2,\cdots,G_M \mid H_1)\mathrm{d}G_2\cdots \mathrm{d}G_M\right]\mathrm{d}G_1\\
&=1-\int_{-\infty}^{\infty}p(G_1 \mid H_1)\left[\int_{-\infty}^{G_1}p(G_2 \mid H_1)\mathrm{d}G_2\right]^{M-1}\mathrm{d}G_1\\
&=1-\int_{-\infty}^{\infty}\frac{1}{\sqrt{\pi N_0 E}}\exp\left[-\frac{(G_1-E_1)^2}{N_0 E}\right]\times\\
&\quad\left[\int_{-\infty}^{G_1}\frac{1}{\sqrt{\pi N_0 E}}\exp\left(-\frac{G_2^2}{N_0 E}\right)\mathrm{d}G_2\right]^{M-1}\mathrm{d}G_1
\end{aligned} \tag{4.3.14}$$

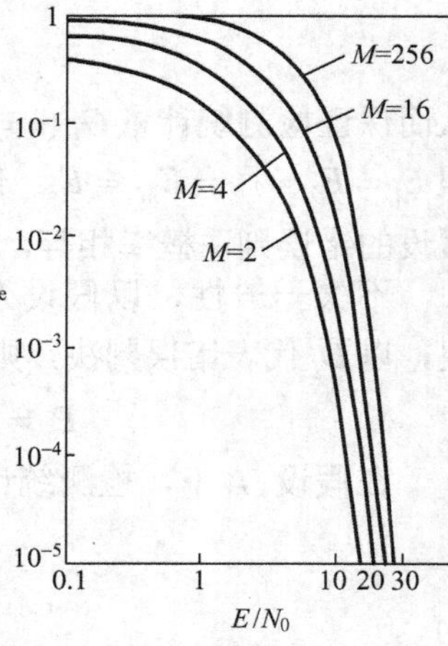

图 4.3.2 平均错误概率 P_e 随 E/N_0 变化的曲线

令 $G_1=x\sqrt{N_0E/2}$，$G_2=y\sqrt{N_0E/2}$，则

$$P_e=1-\int_{-\infty}^{\infty}\frac{1}{\sqrt{2\pi}}\exp\left[-\frac{(x-\sqrt{2E/N_0})^2}{2}\right]\times \left[\int_{-\infty}^{x}\frac{1}{\sqrt{2\pi}}\exp\left(-\frac{y^2}{2}\right)\mathrm{d}y\right]^{M-1}\mathrm{d}x \tag{4.3.15}$$

式(4.3.15)不能解析积分，通过数字积分，可以作出以 M 为参变量的平均错误概率 P_e 随 E/N_0 变化的曲线，如图 4.3.2 所示。由图 4.3.2 可见，若保持 E/N_0 不变，当 M 增大时，P_e 迅速增大。若要保持 P_e 不变，则当 M 增大时，E/N_0 也要相应地增大。

4.3.2 高斯白噪声中多元确知信号的正交检测方法

为了解决多元确知信号的一般检测方法分析错误概率困难的问题，可以采用正交检测方法。

1. 检测算法

设确知信号 $s_k(t)$ 的能量为 E_k，信号 $s_i(t)$ 与 $s_k(t)$ 的相关系数为

$$\rho_{ik}=\frac{1}{\sqrt{E_iE_k}}\int_0^T s_i(t)s_k(t)\mathrm{d}t \tag{4.3.16}$$

对于白噪声 $n(t)$，取任意正交函数集 $\{f_j(t)\}$ 将平稳随机过程 $x(t)=s(t)+n(t)$ 进行展开，其

展开系数 $x_j\,(j=1,2,\cdots)$ 之间都是互不相关的。这就是白噪声情况下正交函数集的任意性。根据这一性质，能够利用格拉姆-施密特正交化方法来构造一个与各假设中的信号 $s_k(t)$ 相联系的正交函数集 $\{f_j(t)\}$，使各假设 H_k 下，接收信号 $x(t)$ 的正交级数展开系数 x_{kj} 互不相关，从而形成各假设下的似然函数，建立似然比检测。

根据格拉姆-施密特正交化方法，令

$$f_1(t)=\frac{1}{\sqrt{E_1}}s_1(t)\quad 0\leqslant t\leqslant T \tag{4.3.17}$$

为正交函数集 $\{f_j(t)\}$ 的第 1 个坐标函数，它是对 $g_1(t)=s_1(t)$ 归一化得到的。令

$$f_2(t)=\frac{1}{\sqrt{(1-\rho_{12}^2)E_2}}\left[s_2(t)-\rho_{12}\sqrt{\frac{E_2}{E_1}}s_1(t)\right]\qquad 0\leqslant t\leqslant T \tag{4.3.18}$$

为正交函数集 $\{f_j(t)\}$ 的第 2 个坐标函数，它是对与 $f_1(t)$ 正交的函数

$$g_2(t)=s_2(t)-f_1(t)\int_0^T s_2(t)f_1(t)\mathrm{d}t \tag{4.3.19}$$

归一化得到的。令

$$f_3(t)=c_3[s_3(t)-c_1f_1(t)-c_2f_2(t)]\qquad 0\leqslant t\leqslant T \tag{4.3.20}$$

它是对与 $f_1(t)$ 和 $f_2(t)$ 正交的函数 $g_3(t)$ 归一化得到的，其中，系数 c_1 和 c_2 是构造 $g_3(t)$ 时产生的，而系数 c_3 是对 $g_3(t)$ 归一化获得正交函数集 $\{f_j(t)\}$ 的第 3 个坐标函数 $f_3(t)$ 时形成的。这样进行下去，获得正交函数集 $\{f_j(t)\}$ 的第 4 个坐标函数 $f_4(t)$，第 5 个坐标函数 $f_5(t)$，直到第 M 个信号 $s_M(t)$ 被用来构造出第 M 个坐标函数 $f_M(t)$ 为止。对正交函数集 $\{f_j(t)\}$ 中，$j\geqslant M+1$ 的坐标函数 $f_j(t)$，具体函数形式不必设计。

在用信号 $s_1(t)$，$s_2(t)$，$\cdots$，$s_M(t)$ 构造正交函数集 $\{f_j(t)\}$ 的坐标函数 $f_1(t)$，$f_2(t)$，$\cdots$的过程中，如果这 M 个信号 $s_1(t)$，$s_2(t)$，$\cdots$，$s_M(t)$ 是线性不相关的，那么，能够构造出 M 个正交函数集 $\{f_j(t)\}$ 的坐标函数 $f_1(t)$，$f_2(t)$，$\cdots$，$f_M(t)$。如果这 M 个信号 $s_1(t)$，$s_2(t)$，$\cdots$，$s_M(t)$ 中，只有 N 个信号是线性不相关的，而其余的 $M-N$ 个信号的每一个可由其余信号的线性组合来表示，那么，能够构造出 N 个正交函数集 $\{f_j(t)\}$ 的坐标函数 $f_1(t)$，$f_2(t)$，$\cdots$，$f_N(t)$。对于这两种情况，根据 M 个信号 $s_1(t)$，$s_2(t)$，$\cdots$，$s_M(t)$ 构造的正交函数集 $\{f_j(t)\}$ 的坐标函数，统一地记为 $f_1(t)$，$f_2(t)$，$\cdots$，$f_N(t)$，$N\leqslant M$，$j\geqslant N+1$ 的坐标函数 $f_j(t)$ 不需要具体设计。

利用构造的 N 个正交坐标函数 $f_j(t)(j=1,2,\cdots,N)$，对任意假设下的接收信号 $x(t)$ 进行正交级数展开，级数展开的前 N 个展开系数为

$$x_j=\int_0^T x(t)f_j(t)\mathrm{d}t\quad j=1,2,\cdots,N \tag{4.3.21}$$

由于噪声 $n(t)$ 是高斯白噪声，因而接收信号 $x(t)$ 是高斯平稳随机过程。正交函数集 $\{f_j(t)\}$ 的坐标函数 $f_j(t)$ 是由信号 $s_1(t)$，$s_2(t)$，$\cdots$，$s_M(t)$ 构造出来的，因而坐标函数 $f_j(t)$ 是确知函数。因此，接收信号 $x(t)$ 的前 N 个展开系数 x_j 是相互统计独立的高斯随机变量。

展开系数 x_j 的均值取决于假设 H_k，即在假设 H_k 下展开系数 x_j 的均值为

$$\begin{aligned}\mu_{kj}&=E[x_j\mid H_k]=E\left[\int_0^T[s_k(t)+n(t)]f_j(t)\mathrm{d}t\right]\\&=s_{kj}\quad j=1,2,\cdots,N;k=1,2,\cdots,M\end{aligned} \tag{4.3.22}$$

在假设 H_k 下展开系数 x_j 的方差为

$$\begin{aligned}\mathrm{Var}[x_j \mid H_k] &= E\left\{\left[\int_0^T [s_k(t)+n(t)]f_j(t)\mathrm{d}t - s_{kj}\right]^2\right\} = E\left\{\left[\int_0^T n(t)f_j(t)\mathrm{d}t\right]^2\right\} \\ &= E\left[\int_0^T\int_0^T n(t)f_j(t)n(\tau)f_j(\tau)\mathrm{d}t\mathrm{d}\tau\right] = \int_0^T\int_0^T E[n(t)n(\tau)]f_j(t)f_j(\tau)\mathrm{d}t\mathrm{d}\tau \\ &= \frac{N_0}{2}\int_0^T\int_0^T \delta(t-\tau)f_j(t)f_j(\tau)\mathrm{d}t\mathrm{d}\tau = \frac{N_0}{2}\end{aligned} \tag{4.3.23}$$

可见，展开系数的方差与哪个假设 H_k 为真无关，都是 $N_0/2$。

由于展开系数 x_j 之间是互不相关的，所以 x_j 与 x_i 之间的协方差 $C_{ji}=0(j\neq i)$，$C_{jj}=\mathrm{Var}[x_j \mid H_k]$。

由 N 个展开系数构成 N 维随机向量，即

$$\boldsymbol{x}=[x_1,x_2,\cdots,x_N]^{\mathrm{T}} \tag{4.3.24}$$

在假设 H_k 下，$\boldsymbol{x}$ 的均值向量为

$$\boldsymbol{\mu_k}=[\mu_{k1},\mu_{k2},\cdots,\mu_{kN}]^{\mathrm{T}}=[s_{k1},s_{k2},\cdots,s_{kN}]^{\mathrm{T}} \tag{4.3.25}$$

在每个假设下，$\boldsymbol{x}$ 的协方差矩阵为

$$\boldsymbol{C_k}=\boldsymbol{C}=\begin{bmatrix} C_{11} & C_{12} & \cdots & C_{1N} \\ C_{21} & C_{22} & \cdots & C_{2N} \\ \vdots & \vdots & \ddots & \vdots \\ C_{N1} & C_{N2} & \cdots & C_{NN}\end{bmatrix}=\begin{bmatrix} \frac{N_0}{2} & 0 & \cdots & 0 \\ 0 & \frac{N_0}{2} & \cdots & 0 \\ \vdots & \vdots & \ddots & \vdots \\ 0 & 0 & \cdots & \frac{N_0}{2}\end{bmatrix} \tag{4.3.26}$$

于是，在假设 H_k 下，高斯随机向量 $\boldsymbol{x}$ 的 N 维联合概率密度函数为

$$\begin{aligned}p(\boldsymbol{x} \mid H_k) &= \frac{1}{(2\pi)^{N/2}\,|\boldsymbol{C}|^{N/2}}\exp\left[-\frac{1}{2}(\boldsymbol{x}-\boldsymbol{\mu}_k)^{\mathrm{T}}\boldsymbol{C}^{-1}(\boldsymbol{x}-\boldsymbol{\mu}_k)\right] \\ &= \prod_{j=1}^{N} p(x_j \mid H_k) = \prod_{j=1}^{N}\frac{1}{\sqrt{\pi N_0}}\exp\left[-\frac{(x_j-s_{kj})^2}{N_0}\right] \\ &= \frac{1}{(\pi N_0)^{N/2}}\exp\left[-\sum_{j=1}^{N}\frac{(x_j-s_{kj})^2}{N_0}\right]\end{aligned} \tag{4.3.27}$$

对于最小平均错误概率准则，代价因子 $c_{ki}=1-\delta_{ki}\ (k,i=1,2,\cdots,M)$，此时，使平均错误概率最小的准则等价为最大后验概率准则。所以，采用最小平均错误概率准则的 M 元信号检测，需要计算各假设下的后验概率 $P(H_i \mid \boldsymbol{x})\,(i=1,2,\cdots,M)$，选择 $P(H_i \mid \boldsymbol{x})$ 中最大的 $P(H_k \mid \boldsymbol{x})=\max\{P(H_i \mid \boldsymbol{x}), i=1,2,\cdots,M\}$ 对应的假设 H_k 成立。即表示为：若

$$P(H_k \mid \boldsymbol{x}) > P(H_i \mid \boldsymbol{x}) \qquad i=1,2,\cdots,M\,,\quad k\neq i \tag{4.3.28}$$

则判决假设 H_k 成立。这个问题也可以等价地表示为：若

$$\frac{P(H_k)p(\boldsymbol{x} \mid H_k)}{p(\boldsymbol{x})} > \frac{P(H_i)p(\boldsymbol{x} \mid H_i)}{p(\boldsymbol{x})} \qquad i=1,2,\cdots,M\,,\quad k\neq i \tag{4.3.29}$$

则判决假设 H_k 成立。

因为 $p(\boldsymbol{x} \mid H_i)$ 是 N 维联合高斯概率密度函数，式(4.3.29)可以进一步化简为

$$\ln P(H_k)-\frac{1}{N_0}\sum_{j=1}^{N}\frac{(x_j-s_{kj})^2}{N_0}>$$

$$\ln P(H_i)-\frac{1}{N_0}\sum_{j=1}^{N}\frac{(x_j-s_{ij})^2}{N_0} \quad i=1,2,\cdots,M\ , \quad k\neq i \tag{4.3.30}$$

则判决假设 H_k 成立。

如果进一步假定：各假设 H_i 为真的先验概率 $P(H_i)$ 相等，即 $P(H_i)=1/M$ ，$i=1,2,\cdots,M$ ，则式(4.3.30)化简为

$$\sum_{j=1}^{N}(x_j-s_{kj})^2<\sum_{j=1}^{N}(x_j-s_{ij})^2 \quad i=1,2,\cdots,M\ , \quad k\neq i \tag{4.3.31}$$

则判决假设 H_k 成立。式(4.3.31)可以进一步化简为

$$\sum_{j=1}^{N}(x_js_{kj}-s_{kj}^2/2)>\sum_{j=1}^{N}(x_js_{ij}-s_{ij}^2/2) \quad i=1,2,\cdots,M\ , \quad k\neq i \tag{4.3.32}$$

则判决假设 H_k 成立。如果令

$$G_i=\sum_{j=1}^{N}(x_js_{ij}-s_{ij}^2/2) \quad i=1,2,\cdots,M \tag{4.3.33}$$

检测判决算法为：若

$$G_k=\max\{G_i,i=1,2,\cdots,M\} \tag{4.3.34}$$

则判决假设 H_k 成立。

因为检测统计量 G_i 也可以表示为连续信号的形式，即

$$G_i=\sum_{j=1}^{N}(x_js_{ij}-s_{ij}^2/2)=\int_0^T x(t)s_i(t)\mathrm{d}t-E_i/2 \tag{4.3.35}$$

故检测判决算法为：若

$$G_k=\max\{G_i=\int_0^T x(t)s_i(t)\mathrm{d}t-E_i/2,\quad i=1,2,\cdots,M\} \tag{4.3.36}$$

则判决假设 H_k 成立。对应的最佳检测系统如图 4.3.3 所示。

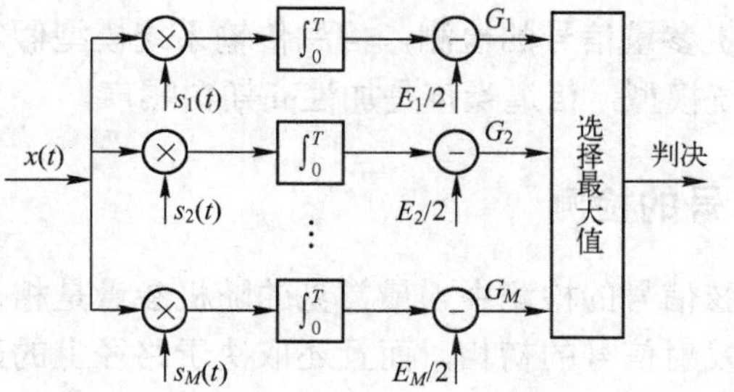

图 4.3.3　M 元相关确知信号的最佳检测系统

2．检测性能分析

多元相关确知信号检测系统的检测性能仍然是平均错误概率，即

$$P_{\mathrm{e}}=\sum_{k=1}^{M}\sum_{\substack{i=1\\ i\neq k}}^{M}P(H_i)P(D_k\,|\,H_i) \tag{4.3.37}$$

其基本方法仍然是先求出各假设 H_i 下各检测统计量 G_k 的概率密度函数 $p(G_k \mid H_i)$，然后根据判决式对 $p(G_k \mid H_i)$ 在相应区间积分，得到各判决概率 $P(D_k \mid H_i)$，最后计算平均错误概率。

如果各假设出现的先验概率 $P(H_i)$ 相等，则平均错误概率为

$$P_{\mathrm{e}} = \frac{1}{M}\sum_{k=1}^{M}\sum_{\substack{i=1\\ i\neq k}}^{M} P(D_k \mid H_i) \tag{4.3.38}$$

如果各假设出现的先验概率 $P(H_i)$ 相等，且各假设下信号的能量相等，则各假设的错误判决概率相等，平均错误概率为

$$\begin{aligned} P_{\mathrm{e}} &= P(\bar{D}_k \mid H_k) = 1 - P(D_k \mid H_k) \\ &= 1 - P\{\text{所有}\, G_i < G_k, i \neq k, i = 1,2,\cdots,M\} \quad k = 1,2,\cdots,M \end{aligned} \tag{4.3.39}$$

式中，$\bar{D}_k$ 代表错误判决。

4.4 高斯白噪声中二元随机参量信号的检测

除了确知信号的检测外，高斯白噪声中信号的检测还包括随机参量信号的检测。在实际中，接收信号 $x(t)$ 中有用信号 $s(t)$ 往往含有随机的或未知的参量。这样，不但信道加性噪声会引起信号检测的判决错误，信号参量的随机性或未知性也会对信号检测的性能带来影响。例如，在雷达系统中，目标回波信号的幅度、相位、多普勒频率和到达时间等都可能是随机参量，这些参量的随机性，不仅涉及处理方式和处理器的结构，还会影响与检测性能有关的参数；在通信系统中，信号发生器的相位抖动导致随机相位信号，经过电离层或者对流层传播后接收到的多径信号就是随机幅度和相位信号。

由于贝叶斯统计将未知参量看作随机变量，故随机参量信号在这里是一个统称，它包含了随机参量信号和未知参量信号。当然，未知参量信号包括未知非随机参量信号和未知随机参量信号。随机参量信号的假设是复合假设，因而随机参量信号的检测是复合假设检验问题。

噪声中二元随机参量信号检测的一般理论已在 3.6 节中做了讨论。本节着重研究高斯白噪声中二元随机参量信号的检测，并将有用信号 $s(t)$ 设定为正弦信号或余弦信号，因为许多通信和雷达系统有用信号采用正弦信号或余弦信号，但本节所用的方法可以推广到高斯白噪声中多元随机参量信号检测的情况。

对于高斯白噪声中随机参量信号的检测，信息传输系统模型假定为如图 3.3.1 所示的加性噪声情况下的信息传输系统模型，信道噪声是加性高斯白噪声。

4.4.1 随机相位信号的检测

在随机参量信号为正弦信号的检测中，最常见的随机参量是相位。如许多通信系统中，接收信号的相位不仅取决于发射信号的初相，而且还取决于路径上的延时。在假定随机相位的先验概率密度已知的情况下，下面分两种情况来讨论二元随机相位信号的检测：简单二元随机相位信号的检测和一般二元随机相位信号的检测。

简单二元信号的检测是指一种假设下不存在有用信号，而另一种假设下存在有用信号。它适用于雷达、声呐和通断型二元通信系统。一般二元信号的检测是指两种假设下均存在有用信号。它适用于一般二元通信系统。

1．简单二元随机相位信号的检测

对于简单二元随机相位信号的检测，设发送设备发送的二元信号为

$$\begin{cases} s_0(t)=0 \quad 0\leqslant t\leqslant T \\ s_1(t,\theta)=A\sin(\omega t+\theta) \quad 0\leqslant t\leqslant T \end{cases} \tag{4.4.1}$$

式中，A 为振幅；ω 为频率；θ 为相位，是随机变量，其先验概率密度 $p(\theta)$ 在区间 $[0,2\pi]$ 上为均匀分布，即

$$p(\theta)=\begin{cases} \dfrac{1}{2\pi} & 0\leqslant\theta\leqslant 2\pi \\ 0 & \text{其余} \end{cases} \tag{4.4.2}$$

相位均匀分布意味着完全缺乏相位信息，是一种最不利的分布。

接收设备检测信号对应的两种假设为

$$\begin{cases} H_0: x(t)=s_0(t)+n(t)=n(t) \quad 0\leqslant t\leqslant T \\ H_1: x(t)=s_1(t,\theta)+n(t)=A\sin(\omega t+\theta)+n(t) \quad 0\leqslant t\leqslant T \end{cases} \tag{4.4.3}$$

式中，$n(t)$ 是均值为 0，功率谱密度为 $N_0/2$ 的高斯白噪声。式（4.4.3）所示假设模型应用的典型实例是具有随机初相的窄带雷达单个回波信号的检测。

下面讨论高斯白噪声中简单二元随机相位信号的检测算法、检测系统的结构及检测性能。

（1）检测算法

二元信号的检测都可以归结为似然比检测，不同的判决准则只影响门限值的大小，因此下面按照似然比检测来讨论，无需指定具体的准则。

一般情况下，代价与 θ 无关，因而其平均似然比判决规则为

$$\Lambda(x)=\frac{p(x|H_1)}{p(x|H_0)}=\frac{\int_{\{\theta\}}p(x|\theta,H_1)p(\theta)\mathrm{d}\theta}{p(x|H_0)}\underset{H_0}{\overset{H_1}{\gtrless}}\Lambda_0 \tag{4.4.4}$$

式中，Λ_0 为判决门限，它取决于所采用的判决准则。

要计算似然比，首先需计算似然函数。在假设 H_0 下，接收信号 $x(t)=n(t)$，其似然函数为

$$p(x|H_0)=F\exp\left[-\frac{1}{N_0}\int_0^T x^2(t)\mathrm{d}t\right] \tag{4.4.5}$$

式中，F 为与信号无关的常数。

在假设 H_1 下，接收信号 $x(t)=A\sin(\omega t+\theta)+n(t)$，其似然函数为

$$p(x|\theta,H_1)=F\exp\left\{-\frac{1}{N_0}\int_0^T\left[x(t)-A\sin(\omega t+\theta)\right]^2\mathrm{d}t\right\} \tag{4.4.6}$$

因为 $p(x|\theta,H_1)$ 中含有随机参量 θ，需要将 $p(x|\theta,H_1)$ 对 θ 求统计平均，得到平均似然函数，即

$$\begin{aligned} p(x|H_1)&=\int_0^{2\pi}p(x|\theta,H_1)p(\theta)\mathrm{d}\theta \\ &=\int_0^{2\pi}F\exp\left\{-\frac{1}{N_0}\int_0^T\left[x(t)-A\sin(\omega t+\theta)\right]^2\mathrm{d}t\right\}\frac{\mathrm{d}\theta}{2\pi} \\ &=\int_0^{2\pi}F\exp\left\{-\frac{1}{N_0}\int_0^T\left[x^2(t)-2Ax(t)\sin(\omega t+\theta)+A^2\sin^2(\omega t+\theta)\right]\mathrm{d}t\right\}\frac{\mathrm{d}\theta}{2\pi} \\ &=F\exp\left[-\frac{1}{N_0}\int_0^T x^2(t)\mathrm{d}t\right]\exp\left(-\frac{A^2T}{2N_0}\right)\int_0^{2\pi}\exp\left[\frac{2}{N_0}\int_0^T Ax(t)\sin(\omega t+\theta)\,\mathrm{d}t\right]\frac{\mathrm{d}\theta}{2\pi} \end{aligned} \tag{4.4.7}$$

在式(4.4.7)的推导中，一般取$\omega T = k\pi$，k为正整数，则有

$$\int_0^T \sin^2(\omega t+\theta)\mathrm{d}t = \frac{1}{2}\int_0^T [1-\cos 2(\omega t+\theta)]\,\mathrm{d}t = \frac{T}{2} \tag{4.4.8}$$

根据假设H_0下似然函数和假设H_1下平均似然函数，得到似然比为

$$\Lambda(x) = \frac{p(x|H_1)}{p(x|H_0)} = \exp\left(-\frac{A^2T}{2N_0}\right)\int_0^{2\pi}\exp\left[\frac{2}{N_0}\int_0^T Ax(t)\sin(\omega t+\theta)\,\mathrm{d}t\right]\frac{\mathrm{d}\theta}{2\pi} \tag{4.4.9}$$

将信号$s_1(t,\theta) = A\sin(\omega t+\theta)$展开，得

$$A\sin(\omega t+\theta) = A\sin\omega t\cos\theta + A\cos\omega t\sin\theta \tag{4.4.10}$$

从而有 $$\int_0^T Ax(t)\sin(\omega t+\theta)\,\mathrm{d}t = A\cos\theta\int_0^T x(t)\sin\omega t\mathrm{d}t + A\sin\theta\int_0^T x(t)\cos\omega t\mathrm{d}t \tag{4.4.11}$$

令 $$\int_0^T x(t)\sin\omega t\mathrm{d}t = M\cos\xi = M_{\mathrm{I}} \tag{4.4.12}$$

$$\int_0^T x(t)\cos\omega t\mathrm{d}t = M\sin\xi = M_{\mathrm{Q}} \tag{4.4.13}$$

式中 $$M = \sqrt{\left[\int_0^T x(t)\sin\omega t\mathrm{d}t\right]^2 + \left[\int_0^T x(t)\cos\omega t\mathrm{d}t\right]^2} = \sqrt{M_{\mathrm{I}}^2 + M_{\mathrm{Q}}^2} \tag{4.4.14}$$

$$\xi = \arctan\left[\frac{\int_0^T x(t)\cos\omega t\mathrm{d}t}{\int_0^T x(t)\sin\omega t\mathrm{d}t}\right] = \arctan\left(\frac{M_{\mathrm{Q}}}{M_{\mathrm{I}}}\right) \tag{4.4.15}$$

这样，式(4.4.11)可变为

$$\int_0^T Ax(t)\sin(\omega t+\theta)\,\mathrm{d}t = AM\cos(\theta-\xi) \tag{4.4.16}$$

将式(4.4.16)代入式(4.4.9)，得到似然比为

$$\begin{aligned}\Lambda(x) &= \exp\left(-\frac{A^2T}{2N_0}\right)\int_0^{2\pi}\exp\left[\frac{2AM}{N_0}\cos(\theta-\xi)\right]\frac{\mathrm{d}\theta}{2\pi} \\ &= \exp\left(-\frac{A^2T}{2N_0}\right)\mathrm{I}_0\left(\frac{2AM}{N_0}\right) = \exp\left(-\frac{E_{\mathrm{s}}}{N_0}\right)\mathrm{I}_0\left(\frac{2AM}{N_0}\right)\end{aligned} \tag{4.4.17}$$

式中，$E_{\mathrm{s}} = A^2T/2$是信号$s_1(t,\theta) = A\sin(\omega t+\theta)$的能量；$\mathrm{I}_0(x)$为修正的零阶第一类贝塞尔函数，其表示式为

$$\mathrm{I}_0(x) = \int_0^{2\pi}\exp[x\cos(\theta-\xi)]\frac{\mathrm{d}\theta}{2\pi} \tag{4.4.18}$$

于是检测判决式可以写成

$$\exp\left(-\frac{E_{\mathrm{s}}}{N_0}\right)\mathrm{I}_0\left(\frac{2AM}{N_0}\right) \underset{H_0}{\overset{H_1}{\gtrless}} \Lambda_0 \tag{4.4.19}$$

显然式(4.4.19)中只有M与接收波形$x(t)$有关。为了得出以M为检测统计量的判决准则，式(4.4.19)改写为

$$\mathrm{I}_0\left(\frac{2AM}{N_0}\right) \underset{H_0}{\overset{H_1}{\gtrless}} \Lambda_0\exp\left(\frac{E_{\mathrm{s}}}{N_0}\right) \tag{4.4.20}$$

由于修正的零阶第一类贝塞尔函数$\mathrm{I}_0(x)$是其变量的单调增函数，故以$\mathrm{I}_0(2AM/N_0)$进行判决完全效于以统计量M进行判决，于是，检测判决式可以写为

$$M \underset{H_0}{\overset{H_1}{\gtrless}} \beta \tag{4.4.21}$$

式中，β 是用 M 作为检测统计量时的判决门限。

（2）检测系统结构

根据高斯白噪声中简单二元随机相位信号的检测算法，可以得到相应检测系统的结构，如图 4.4.1 所示，它是由正交的两个支路构成的，故称为正交双路检测系统，通常称为正交接收机。

图 4.4.1 所示的正交双路检测系统结构还可以进一步简化。为此，设计一个与 $\sin\omega t$ 相匹配的滤波器，其冲激响应为

$$h(t)=\sin\omega(T-t) \quad 0\leqslant t\leqslant T \tag{4.4.22}$$

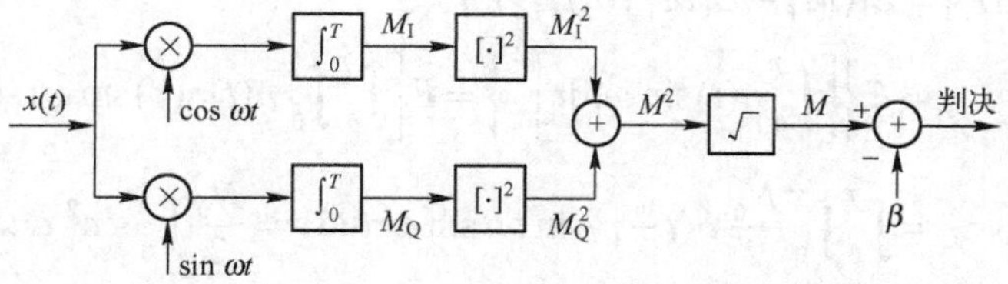

图 4.4.1　正交双路检测系统

当接收信号 $x(t)$ 输入到该滤波器时，其输出为

$$\begin{aligned}y(t)&=\int_0^t x(\lambda)h(t-\lambda)\mathrm{d}\lambda=\int_0^t x(\lambda)\sin\omega(T-t+\lambda)\mathrm{d}\lambda\\&=\sin\omega(T-t)\int_0^t x(\lambda)\cos\omega\lambda\mathrm{d}\lambda+\cos\omega(T-t)\int_0^t x(\lambda)\sin\omega\lambda\mathrm{d}\lambda\end{aligned} \tag{4.4.23}$$

当 $t=T$ 时，$y(t)$ 的包络值为

$$M=\sqrt{\left[\int_0^T x(\lambda)\sin\omega\lambda\mathrm{d}\lambda\right]^2+\left[\int_0^T x(\lambda)\cos\omega\lambda\mathrm{d}\lambda\right]^2} \tag{4.4.24}$$

正好与式(4.4.14)所示的检测统计量 M 一致。这说明，使接收信号 $x(t)$ 通过一个与信号 $\sin\omega t$ 匹配的滤波器，然后再通过一个包络检波器，在 $t=T$ 时刻的输出与正交双路检测系统的输出相同，都是 M。匹配滤波器和包络检波器的组合常称为非相干匹配滤波器，如图 4.4.2 所示。可以进一步证明，对信号任何一个相位匹配的滤波器，都可以组成非相干匹配滤波器。

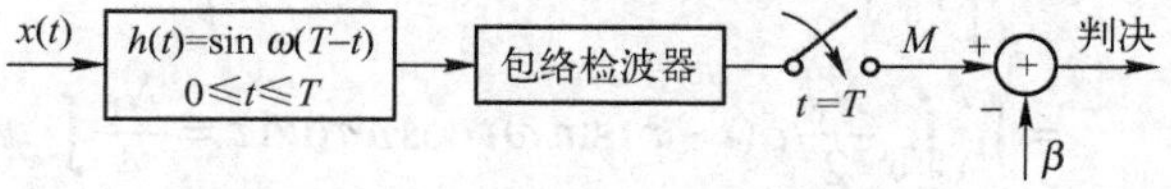

图 4.4.2　非相干匹配滤波器

（3）检测性能分析

高斯白噪声中简单二元随机相位信号检测算法的关键是计算检测统计量 M 的值，然后再与门限值 β 进行比较。由于检测算法的检测统计量为 M，若要分析高斯白噪声中简单二元随机相位信号检测算法或检测系统的检测性能，首先需要求出 M 的条件概率密度。

由于 $M=\sqrt{M_{\mathrm{I}}^2+M_{\mathrm{Q}}^2}$，若要求 M 的条件概率密度，一般需要先求出 M_{I} 和 M_{Q} 的联合概率密度，然后通过 M 与 M_{I} 和 M_{Q} 的关系，用雅可比变换来求出 M 的条件概率密度。由于 $x(t)$ 服从高斯分布，而 M_{I} 和 M_{Q} 都是 $x(t)$ 经过线性变换得到的，所以 M_{I} 和 M_{Q} 也是高斯随机变量，只要求出它们的条件数学期望及方差，便可确定它们的条件概率密度函数。由于随机变量

M_{I} 和 M_{Q} 是由相位相差 90° 的通道获得的，可以证明它们不相关，因而是统计独立的。

在假设 H_1 下，对于给定的初相 θ，考虑到高斯白噪声 $n(t)$ 的均值为 0，则 M_{I} 的条件数学期望为

$$E[M_{\mathrm{I}} \mid \theta, H_1] = E\left[\int_0^T [A\sin(\omega t+\theta)+n(t)]\sin\omega t \mathrm{d}t\right]$$

$$= E\left[\int_0^T \frac{A}{2}[\cos\theta - \cos(2\omega t+\theta)]\mathrm{d}t\right] = \frac{AT}{2}\cos\theta \tag{4.4.25}$$

同理，M_{Q} 的条件数学期望为

$$E[M_{\mathrm{Q}} \mid \theta, H_1] = \frac{AT}{2}\sin\theta \tag{4.4.26}$$

考虑到白噪声 $n(t)$ 的自相关函数为 $(N_0/2)\delta(\tau)$，则 M_{I} 的条件方差为

$$\mathrm{Var}[M_{\mathrm{I}} \mid \theta, H_1] = E[(M_{\mathrm{I}} - E[M_{\mathrm{I}} \mid \theta, H_1])^2]$$

$$= E\left\{\left[\int_0^T n(t)\sin\omega t \mathrm{d}t\right]^2\right\} = E\left[\int_0^T\int_0^T n(t)n(\tau)\sin\omega t\sin\omega\tau \mathrm{d}t\mathrm{d}\tau\right]$$

$$= \int_0^T\int_0^T \frac{N_0}{2}\delta(t-\tau)\sin\omega t\sin\omega\tau \mathrm{d}t\mathrm{d}\tau = \frac{N_0}{2}\int_0^T \sin^2\omega t \mathrm{d}t = \frac{N_0 T}{4} \tag{4.4.27}$$

同理，M_{Q} 的条件方差为

$$\mathrm{Var}[M_{\mathrm{Q}} \mid \theta, H_1] = \frac{N_0 T}{4} \tag{4.4.28}$$

由于 M_{I} 和 M_{Q} 的条件方差相同，均用 σ_T^2 表示，即 $\sigma_T^2 = N_0 T/4$。

M_{I} 和 M_{Q} 的条件概率密度分别为

$$p(M_{\mathrm{I}} \mid \theta, H_1) = \frac{1}{\sqrt{2\pi}\sigma_T}\exp\left[-\frac{(M_{\mathrm{I}} - AT\cos\theta/2)^2}{2\sigma_T^2}\right] \tag{4.4.29}$$

$$p(M_{\mathrm{Q}} \mid \theta, H_1) = \frac{1}{\sqrt{2\pi}\sigma_T}\exp\left[-\frac{(M_{\mathrm{Q}} - AT\sin\theta/2)^2}{2\sigma_T^2}\right] \tag{4.4.30}$$

由于 M_{I} 和 M_{Q} 的协方差为

$$E[(M_{\mathrm{I}} - E[M_{\mathrm{I}} \mid \theta, H_1])(M_{\mathrm{Q}} - E[M_{\mathrm{Q}} \mid \theta, H_1])]$$

$$= E\left[\int_0^T\int_0^T n(t)n(\tau)\sin\omega t\cos\omega\tau \mathrm{d}t\mathrm{d}\tau\right]$$

$$= \int_0^T\int_0^T \frac{N_0}{2}\delta(t-\tau)\sin\omega t\cos\omega\tau \mathrm{d}t\mathrm{d}\tau = \frac{N_0}{4}\int_0^T \sin 2\omega t \mathrm{d}t = 0 \tag{4.4.31}$$

故 M_{I} 和 M_{Q} 是互不相关的高斯随机变量，即相互独立。因此，M_{I} 和 M_{Q} 的联合概率密度为各自密度的乘积，即

$$p(M_{\mathrm{I}}, M_{\mathrm{Q}} \mid \theta, H_1) = \frac{1}{2\pi\sigma_T^2}\exp\left[-\frac{(M_{\mathrm{I}} - AT\cos\theta/2)^2}{2\sigma_T^2} - \frac{(M_{\mathrm{Q}} - AT\sin\theta/2)^2}{2\sigma_T^2}\right] \tag{4.4.32}$$

由于变量 $(M_{\mathrm{I}}, M_{\mathrm{Q}})$ 和变量 (M, ξ) 的关系为

$$\begin{cases} M_{\mathrm{I}} = M\cos\xi \\ M_{\mathrm{Q}} = M\sin\xi \end{cases} \tag{4.4.33}$$

它们之间的雅可比式为

$$J=\begin{vmatrix}\dfrac{\partial M_{\mathrm{I}}}{\partial M} & \dfrac{\partial M_{\mathrm{Q}}}{\partial M}\\ \dfrac{\partial M_{\mathrm{I}}}{\partial \xi} & \dfrac{\partial M_{\mathrm{Q}}}{\partial \xi}\end{vmatrix}=\begin{vmatrix}\cos\xi & \sin\xi\\ -M\sin\xi & M\cos\xi\end{vmatrix}=M \tag{4.4.34}$$

由 M_{I} 和 M_{Q} 的联合概率密度得到 M 和 ξ 的联合概率密度为

$$p(M,\xi\mid\theta,H_1)=\frac{M}{2\pi\sigma_T^2}\exp\left\{-\frac{1}{2\sigma_T^2}\left[M^2+\frac{(AT)^2}{4}-ATM\cos(\theta-\xi)\right]\right\} \tag{4.4.35}$$

因此，在假设 H_1 下，对于给定的初相 θ，检测统计量 M 的条件概率密度为

$$\begin{aligned}p(M\mid\theta,H_1)&=\int_0^{2\pi}p(M,\xi\mid\theta,H_1)\mathrm{d}\xi\\&=\frac{M}{\sigma_T^2}\exp\left\{-\frac{1}{2\sigma_T^2}\left[M^2+\left(\frac{AT}{2}\right)^2\right]\right\}\mathrm{I}_0\left(\frac{MAT}{2\sigma_T^2}\right)\end{aligned} \tag{4.4.36}$$

由于 M 的条件概率密度 $p(M\mid\theta,H_1)$ 含有随机参量 θ，需要将 $p(M\mid\theta,H_1)$ 对 θ 求统计平均，得到平均条件概率密度，即

$$\begin{aligned}p(M\mid H_1)&=\int_0^{2\pi}p(M\mid\theta,H_1)p(\theta)\mathrm{d}\theta\\&=\frac{M}{\sigma_T^2}\exp\left\{-\frac{1}{2\sigma_T^2}\left[M^2+\left(\frac{AT}{2}\right)^2\right]\right\}\mathrm{I}_0\left(\frac{MAT}{2\sigma_T^2}\right)\end{aligned} \tag{4.4.37}$$

式(4.4.37)为莱斯分布。

在假设 H_0 下，由于 $A=0$，$\mathrm{I}_0(0)=1$，故 M 的条件概率密度为

$$p(M\mid H_0)=\frac{M}{\sigma_T^2}\exp\left(-\frac{M^2}{2\sigma_T^2}\right) \tag{4.4.38}$$

式(4.4.38)为瑞利分布。

虚警概率为
$$P_{\mathrm{f}}=\int_\beta^\infty p(M\mid H_0)\mathrm{d}M=\exp\left(-\frac{\beta^2}{2\sigma_T^2}\right) \tag{4.4.39}$$

检测概率为
$$\begin{aligned}P_{\mathrm{d}}&=\int_\beta^\infty p(M\mid H_1)\,\mathrm{d}M\\&=\int_\beta^\infty\frac{M}{\sigma_T^2}\exp\left\{-\frac{1}{2\sigma_T^2}\left[M^2+\left(\frac{AT}{2}\right)^2\right]\right\}\mathrm{I}_0\left(\frac{MAT}{2\sigma_T^2}\right)\mathrm{d}M\end{aligned} \tag{4.4.40}$$

令 $Z=M/\sigma_T$，信噪比 $d=2E_{\mathrm{s}}/N_0$，式(4.4.40)可化为

$$P_{\mathrm{d}}=\int_{\beta_1}^\infty Z\exp\left(-\frac{Z^2+d}{2}\right)\mathrm{I}_0(Z\sqrt{d})\mathrm{d}Z \tag{4.4.41}$$

式中，$\beta_1=\beta/\sigma_T$，$E_{\mathrm{s}}=A^2T/2$ 是信号能量。式(4.4.41)称为马库姆(Marcum)函数。

对于给定的虚警概率 P_{f}，相应得检测门限为

$$\beta=\sqrt{-2\sigma_T^2\ln P_{\mathrm{f}}}=\sigma_T\sqrt{-2\ln P_{\mathrm{f}}} \tag{4.4.42}$$

如果采用奈曼－皮尔逊准则，检测性能的分析方法为：给定 P_{f}，由式(4.4.42)算出 β；由 β 和给定的信噪比 d，利用式(4.4.41)就可算出 P_{d}，也可查马库姆函数表得出 P_{d}。高斯白噪声中简单二元随机相位信号检测系统的检测特性曲线如图 4.4.3 所示，常称为随机相位信号(非相

干）检测系统的检测特性曲线。将其与确知信号（即相干检测系统）的检测特性曲线（图 4.2.4）相比较，发现前者略差于后者，但在大部分区域内相差不到 1dB。非相干系统的性能之所以变坏，是因为不知道或者未利用相位信息的缘故。值得指出：虽然对于单个信号来说这一差别不是太大，但是当检测多个脉冲时，非相干接收机的性能明显变坏。这一点将在后面予以讨论。

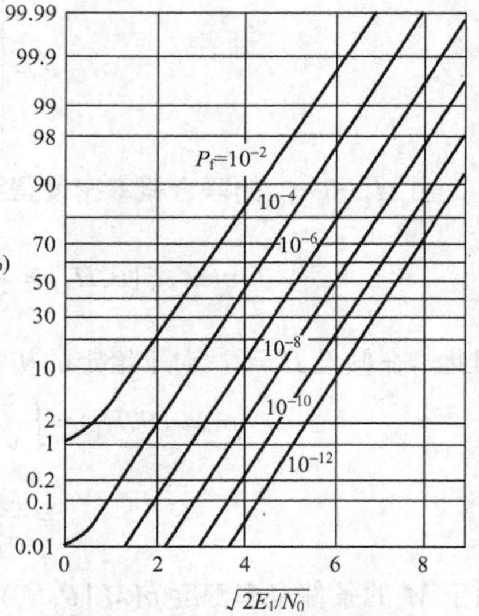

图 4.4.3　随机相位信号的检测特性曲线

2．一般二元随机相位信号的检测

对于一般二元随机相位信号的检测，设发送设备发送的二元信号为

$$\begin{cases} s_0(t,\theta_0)=A\sin(\omega_0 t+\theta_0) & 0\leqslant t\leqslant T \\ s_1(t,\theta_1)=A\sin(\omega_1 t+\theta_1) & 0\leqslant t\leqslant T \end{cases} \tag{4.4.43}$$

式中，A 为振幅；ω_0 和 ω_1 为频率，且二者不同，相隔较远；θ_0 和 θ_1 为相位，均是随机变量，其先验概率密度 $p(\theta_0)$ 和 $p(\theta_1)$ 在区间 $(0,2\pi)$ 上为均匀分布。设 $\omega_0 T=k_0\pi$，$\omega_1 T=k_1\pi$，k_0 和 k_1 均为正整数。信号 $s_0(t,\theta_0)$ 的能量为 $E_0=A^2T/2$，信号 $s_1(t,\theta_1)$ 的能量为 $E_1=A^2T/2$，且 $E_0=E_1=E$。

接收设备检测信号对应的两种假设为

$$\begin{cases} H_0：x(t)=s_0(t,\theta_0)+n(t)=A\sin(\omega_0 t+\theta_0)+n(t) & 0\leqslant t\leqslant T \\ H_1：x(t)=s_1(t,\theta_1)+n(t)=A\sin(\omega_1 t+\theta_1)+n(t) & 0\leqslant t\leqslant T \end{cases} \tag{4.4.44}$$

式中，$n(t)$ 是均值为 0，功率谱密度为 $N_0/2$ 的高斯白噪声。式（4.4.44）所示假设模型应用的典型实例是一般二元通信系统信号的检测。

（1）检测算法

在假设 H_0 下，接收信号 $x(t)=A\sin(\omega_0 t+\theta_0)+n(t)$，其似然函数为

$$p(x\,|\,\theta_0,H_0)=F\exp\left\{-\frac{1}{N_0}\int_0^T\left[x(t)-A\sin(\omega_0 t+\theta_0)\right]^2\mathrm{d}t\right\} \tag{4.4.45}$$

因为 $p(x\,|\,\theta_0,H_0)$ 中含有随机参量 θ_0，需要将 $p(x\,|\,\theta_0,H_0)$ 对 θ_0 求统计平均，得到平均似然函数，即

$$\begin{aligned} p(x\,|\,H_0)&=\int_0^{2\pi}p(x\,|\,\theta_0,H_0)p(\theta_0)\mathrm{d}\theta_0 \\ &=F\exp\left[-\frac{1}{N_0}\int_0^T x^2(t)\mathrm{d}t\right]\exp\left(-\frac{E}{N_0}\right)\times\int_0^{2\pi}\exp\left[\frac{2}{N_0}\int_0^T Ax(t)\sin(\omega_0 t+\theta_0)\mathrm{d}t\right]\frac{\mathrm{d}\theta_0}{2\pi} \end{aligned} \tag{4.4.46}$$

令

$$\int_0^T x(t)\sin\omega_0 t\mathrm{d}t=M_0\cos\xi_0=M_{\mathrm{I}0} \tag{4.4.47}$$

$$\int_0^T x(t)\cos\omega_0 t\mathrm{d}t=M_0\sin\xi_0=M_{\mathrm{Q}0} \tag{4.4.48}$$

式中

$$M_0=\sqrt{\left[\int_0^T x(t)\sin\omega_0 t\mathrm{d}t\right]^2+\left[\int_0^T x(t)\cos\omega_0 t\mathrm{d}t\right]^2}=\sqrt{M_{\mathrm{I}0}^2+M_{\mathrm{Q}0}^2} \tag{4.4.49}$$

$$\xi_0 = \arctan\left[\frac{\int_0^T x(t)\cos\omega_0 t\mathrm{d}t}{\int_0^T x(t)\sin\omega_0 t\mathrm{d}t}\right] = \arctan\left(\frac{M_{\mathrm{Q0}}}{M_{\mathrm{I0}}}\right) \tag{4.4.50}$$

假设 H_0 下的平均似然函数为

$$p(x \mid H_0) = F\exp\left[-\frac{1}{N_0}\int_0^T x^2(t)\mathrm{d}t\right]\exp\left(-\frac{E}{N_0}\right)\mathrm{I}_0\left(\frac{2AM_0}{N_0}\right) \tag{4.4.51}$$

同理，假设 H_1 下的平均似然函数为

$$p(x \mid H_1) = F\exp\left[-\frac{1}{N_0}\int_0^T x^2(t)\mathrm{d}t\right]\exp\left(-\frac{E}{N_0}\right)\mathrm{I}_0\left(\frac{2AM_1}{N_0}\right) \tag{4.4.52}$$

式中

$$M_1 = \sqrt{\left[\int_0^T x(t)\sin\omega_1 t\mathrm{d}t\right]^2 + \left[\int_0^T x(t)\cos\omega_1 t\mathrm{d}t\right]^2} = \sqrt{M_{\mathrm{I1}}^2 + M_{\mathrm{Q1}}^2} \tag{4.4.53}$$

$$\int_0^T x(t)\sin\omega_1 t\mathrm{d}t = M_1\cos\xi_1 = M_{\mathrm{I1}} \tag{4.4.54}$$

$$\int_0^T x(t)\cos\omega_1 t\mathrm{d}t = M_1\sin\xi_1 = M_{\mathrm{Q1}} \tag{4.4.55}$$

$$\xi_1 = \arctan\left[\frac{\int_0^T x(t)\cos\omega_1 t\mathrm{d}t}{\int_0^T x(t)\sin\omega_1 t\mathrm{d}t}\right] = \arctan\left(\frac{M_{\mathrm{Q1}}}{M_{\mathrm{I1}}}\right) \tag{4.4.56}$$

根据假设 H_0 下平均似然函数和假设 H_1 下平均似然函数，得到似然比为

$$\Lambda(x) = \frac{p(x \mid H_1)}{p(x \mid H_0)} = \frac{\mathrm{I}_0(2AM_1/N_0)}{\mathrm{I}_0(2AM_0/N_0)} \tag{4.4.57}$$

于是一般二元随机相位信号检测的检测判决式为

$$\Lambda(x) = \frac{p(x \mid H_1)}{p(x \mid H_0)} = \frac{\mathrm{I}_0(2AM_1/N_0)}{\mathrm{I}_0(2AM_0/N_0)} \underset{H_0}{\overset{H_1}{\gtrless}} \Lambda_0 \tag{4.4.58}$$

式中，Λ_0 为判决门限，它取决于所采用的判决准则。

在二元通信系统中，通常采用最小平均错误概率准则，即 $c_{00} = c_{11} = 0$，$c_{01} = c_{10} = 1$。如果假设的先验概率 $P(H_0) = P(H_1)$，判决门限 $\Lambda_0 = 1$，则一般二元随机相位信号检测的检测判决式简化为

$$\mathrm{I}_0(2AM_1/N_0) \underset{H_0}{\overset{H_1}{\gtrless}} \mathrm{I}_0(2AM_0/N_0) \tag{4.4.59}$$

由于修正的零阶第一类贝塞尔函数 $\mathrm{I}_0(x)$ 是其变量的单调增函数，故以 $\mathrm{I}_0(2AM/N_0)$ 进行判决完全等效于以统计量 M 进行判决，于是，检测判决式可以写为

$$M_1 \underset{H_0}{\overset{H_1}{\gtrless}} M_0 \tag{4.4.60}$$

（2）检测系统结构

根据高斯白噪声中一般二元随机相位信号的检测算法，可以得到相应检测系统的结构，如图 4.4.4 所示。当然，图 4.4.4 中的开方运算可以省去，检测统计量 M_0 和 M_1 分别可由匹配滤波器和包络检波器组成的非相干匹配滤波器获得。

（3）检测性能分析

对于高斯白噪声中一般二元随机相位信号的检测，为了能得到检测性能的解析结果，假定两个信号的频率 ω_0 和 ω_1 满足 $\omega_1 = k\omega_0$，k 为大于 1 的整数，这意味着信号 $s_0(t,\theta_0)$ 与 $s_1(t,\theta_1)$ 是两个正交信号。这样，在假设 H_1 为真时，图 4.4.4 所示检测系统的上半支路输出随机相位信号 $s_1(t,\theta_1)$ 加高斯白噪声的包络 M_1，而下半支路输出高斯白噪声的包络 M_0。因此，M_1 和 M_0 分别相当于简单二元随机相位信号检测时，在假设 H_1 和假设 H_0 为真时的检测统计量。于是，可以利用简单二元随机相位信号检测系统性能分析的结果来分析一般二元随机相位信号检测系统性能。

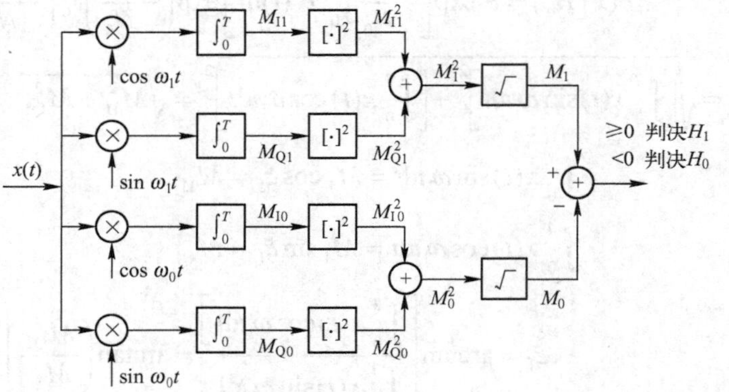

图 4.4.4　一般二元随机相位信号检测系统

由于两种信号能量相等，即 $E_0 = E_1 = E = A^2T/2$，且 $\sigma_T^2 = N_0T/4$，因此，在假设 H_1 为真时，检测统计量 M_1 的概率密度为

$$p(M_1 \mid H_1) = \frac{M_1}{\sigma_T^2}\exp\left\{-\frac{1}{2\sigma_T^2}\left[M_1^2 + \left(\frac{AT}{2}\right)^2\right]\right\}\mathrm{I}_0\left(\frac{M_1AT}{2\sigma_T^2}\right) \tag{4.4.61}$$

检测统计量 M_0 的概率密度为

$$p(M_0 \mid H_1) = \frac{M_0}{\sigma_T^2}\exp\left(-\frac{M_0^2}{2\sigma_T^2}\right) \tag{4.4.62}$$

在假设 H_1 为真时，如果检测统计量 $M_1 \geqslant M_0$，则判决 D_1 是正确的，否则将出现错误判决 D_0。所以，错误判决概率为

$$\begin{aligned}
P(D_0 \mid H_1) &= P(M_0 > M_1 \mid H_1) \\
&= \int_0^\infty\left[\int_{M_1}^\infty p(M_0 \mid H_1)\mathrm{d}M_0\right]p(M_1 \mid H_1)\mathrm{d}M_1 \\
&= \int_0^\infty\left[\int_{M_1}^\infty \frac{M_0}{\sigma_T^2}\exp\left(-\frac{M_0^2}{2\sigma_T^2}\right)\mathrm{d}M_0\right]p(M_1 \mid H_1)\mathrm{d}M_1 \\
&= \int_0^\infty \exp\left(-\frac{M_1^2}{2\sigma_T^2}\right)\frac{M_1}{\sigma_T^2}\exp\left\{-\frac{1}{2\sigma_T^2}\left[M_1^2 + \left(\frac{AT}{2}\right)^2\right]\right\}\mathrm{I}_0\left(\frac{M_1AT}{2\sigma_T^2}\right)\mathrm{d}M_1 \\
&= \int_0^\infty \frac{M_1}{\sigma_T^2}\exp\left\{-\frac{1}{2\sigma_T^2}\left[2M_1^2 + \left(\frac{AT}{2}\right)^2\right]\right\}\mathrm{I}_0\left(\frac{M_1AT}{2\sigma_T^2}\right)\mathrm{d}M_1
\end{aligned} \tag{4.2.63}$$

令 $u = \sqrt{2}M_1/\sigma_T$，信噪比 $d = 2E/N_0$，则错误判决概率为

$$
\begin{aligned}
P(D_0 \mid H_1) &= \int_0^{\infty} \frac{1}{2} u \exp\left(-\frac{u^2+d}{2}\right) \mathrm{I}_0(u\sqrt{d/2})\,\mathrm{d}u \\
&= \int_0^{\infty} \frac{1}{2} u \exp\left(-\frac{u^2+d/2+d/2}{2}\right) \mathrm{I}_0(u\sqrt{d/2})\mathrm{d}u \\
&= \int_0^{\infty} \frac{1}{2} \exp\left(-\frac{d/2}{2}\right) u \exp\left(-\frac{u^2+d/2}{2}\right) \mathrm{I}_0(u\sqrt{d/2})\mathrm{d}u \\
&= \frac{1}{2}\exp\left(-\frac{d}{4}\right) \int_0^{\infty} u \exp\left(-\frac{u^2+d/2}{2}\right) \mathrm{I}_0(u\sqrt{d/2})\mathrm{d}u \\
&= \frac{1}{2}\exp\left(-\frac{d}{4}\right) = \frac{1}{2}\exp\left(-\frac{E}{2N_0}\right)
\end{aligned} \tag{4.2.64}
$$

式中

$$
\int_0^{\infty} u \exp\left(-\frac{u^2+d/2}{2}\right) \mathrm{I}_0(u\sqrt{d/2})\mathrm{d}u = 1 \tag{4.2.65}
$$

是莱斯分布的全域积分，结果等于 1。

同理，在假设 H_0 为真时，错误判决概率为

$$
P(D_1 \mid H_0) = P(M_1 > M_0 \mid H_0) = \frac{1}{2}\exp\left(-\frac{E}{2N_0}\right) \tag{4.2.66}
$$

最小平均错误概率为

$$
P_{\mathrm{e}} = P(H_0)P(D_1 \mid H_0) + P(H_0)P(D_1 \mid H_1) = \frac{1}{2}\exp\left(-\frac{E}{2N_0}\right) \tag{4.2.67}
$$

4.4.2 随机振幅和相位信号的检测

实际中，接收设备所接收到的信号，除相位通常是随机的以外，信号的振幅和相位也都是随机的，就是经常会遇到的情况之一。例如，在无线电通信系统中，信号以电磁波的形式在对流层、电离层等信道媒体中传输时，由于信道衰落、信道媒质扰动、多路径效应等随机因素的影响，接收信号的振幅是随机起伏的；在雷达系统中，目标回波信号的幅度和相位的随机性是由于发射信号的起始相位、目标闪烁的反射特性和传播衰落等随机因素引起的。

1．简单二元随机振幅和相位信号的检测

对于简单二元随机振幅和相位信号的检测，设发送设备发送的二元信号为

$$
\begin{cases} s_0(t) = 0 \quad 0 \leqslant t \leqslant T \\ s_1(t, A, \theta) = A\sin(\omega t + \theta) \quad 0 \leqslant t \leqslant T \end{cases} \tag{4.4.68}
$$

式中，A 为振幅，是随机变量；ω 为频率；θ 为相位，是随机变量，其先验概率密度 $p(\theta)$ 在区间 $(0, 2\pi)$ 上为均匀分布，即

$$
p(\theta) = \begin{cases} \dfrac{1}{2\pi} & 0 \leqslant \theta \leqslant 2\pi \\ 0 & 其余 \end{cases} \tag{4.4.69}
$$

振幅 A 与相位 θ 是相互统计独立的。振幅 A 服从瑞利分布，其先验概率密度为

$$
p(A) = \begin{cases} \dfrac{A}{\sigma_A^2}\exp\left(-\dfrac{A^2}{2\sigma_A^2}\right) & A \leqslant 0 \\ 0 \quad A < 0 \end{cases} \tag{4.4.70}
$$

接收设备检测信号对应的两种假设为

$$\begin{cases} H_0: x(t)=s_0(t)+n(t)=n(t) & 0\leqslant t\leqslant T \\ H_1: x(t)=s_1(t,A,\theta)+n(t)=A\sin(\omega t+\theta)+n(t) & 0\leqslant t\leqslant T \end{cases} \tag{4.4.71}$$

式中，$n(t)$ 是均值为 0，功率谱密度为 $N_0/2$ 的高斯白噪声。

下面讨论高斯白噪声中简单二元随机振幅和相位信号的检测算法、检测系统的结构及检测性能。

（1）检测算法

二元信号的检测都可以归结为似然比检测，需要首先研究似然比。高斯白噪声中简单二元随机振幅和相位信号的似然比为

$$\begin{aligned} \Lambda(x)&=\frac{p(x\,|\,H_1)}{p(x\,|\,H_0)}=\frac{\int_{\{A\}}\int_{\{\theta\}}p(x\,|\,A,\theta,H_1)p(\theta)p(A)\mathrm{d}\theta\mathrm{d}A}{p(x\,|\,H_0)} \\ &=\int_{\{A\}}\left[\frac{\int_{\{\theta\}}p(x\,|\,A,\theta,H_1)p(\theta)\mathrm{d}\theta}{p(x\,|\,H_0)}\right]p(A)\mathrm{d}A=\int_{\{A\}}\Lambda(x\,|\,A)p(A)\mathrm{d}A \end{aligned} \tag{4.4.72}$$

式中，$\Lambda(x\,|\,A)$ 是以振幅 A 为条件的似然比，它就是将振幅 A 看作常量时，简单二元随机相位信号的似然比，其表示式为

$$\Lambda(x\,|\,A)=\frac{\int_{\{\theta\}}p(x\,|\,A,\theta,H_1)p(\theta)\mathrm{d}\theta}{p(x\,|\,H_0)}=\exp\left(-\frac{A^2T}{2N_0}\right)\mathrm{I}_0\left(\frac{2AM}{N_0}\right) \tag{4.4.73}$$

则简单二元随机振幅和相位信号的似然比为

$$\begin{aligned} \Lambda(x)&=\int_0^{\infty}\exp\left(-\frac{A^2T}{2N_0}\right)\mathrm{I}_0\left(\frac{2AM}{N_0}\right)\frac{A}{\sigma_A^2}\exp\left(-\frac{A^2}{2\sigma_A^2}\right)\mathrm{d}A \\ &=\int_0^{\infty}\frac{A}{\sigma_A^2}\exp\left[-\frac{A^2}{2}\left(\frac{1}{\sigma_A^2}+\frac{T}{N_0}\right)\right]\mathrm{I}_0\left(\frac{2AM}{N_0}\right)\mathrm{d}A \end{aligned} \tag{4.4.74}$$

利用积分公式

$$\int_0^{\infty}u\exp(-bu^2)\mathrm{I}_0(au)\mathrm{d}u=\frac{1}{2b}\exp\left(\frac{a^2}{4b}\right) \tag{4.4.75}$$

得到似然比为

$$\Lambda(x)=\frac{N_0}{N_0+T\sigma_A^2}\exp\left[\frac{2\sigma_A^2M^2}{N_0(N_0+T\sigma_A^2)}\right] \tag{4.4.76}$$

于是，似然比检测判决式为

$$\Lambda(x)=\frac{N_0}{N_0+T\sigma_A^2}\exp\left[\frac{2\sigma_A^2M^2}{N_0(N_0+T\sigma_A^2)}\right]\underset{H_0}{\overset{H_1}{\gtrless}}\Lambda_0 \tag{4.4.77}$$

对数似然比检测判决式为

$$\ln\left(\frac{N_0}{N_0+T\sigma_A^2}\right)+\left[\frac{2\sigma_A^2M^2}{N_0(N_0+T\sigma_A^2)}\right]\underset{H_0}{\overset{H_1}{\gtrless}}\ln\Lambda_0 \tag{4.4.78}$$

或等效为

$$M\underset{H_0}{\overset{H_1}{\gtrless}}\left\{\frac{N_0(N_0+T\sigma_A^2)}{2\sigma_A^2}\ln\left[\frac{\Lambda_0(N_0+T\sigma_A^2)}{N_0}\right]\right\}^{1/2}=\beta \tag{4.4.79}$$

（2）检测系统结构

由高斯白噪声中简单二元随机振幅和相位信号的检测算法及简单二元随机相位信号的检测

算法可见：二者最佳检测系统的结构是一样的，仍如图 4.4.1 和图 4.4.2 所示，所不同的只是判决门限的取值不同。可以证明：振幅的随机性不影响简单二元随机振幅和相位信号最佳检测系统的结构，最佳检测系统的结构与简单二元随机相位信号最佳检测系统的结构相同。即简单二元随机振幅和相位信号最佳检测系统的结构均为简单二元随机相位信号最佳检测系统的结构，而与振幅 A 的先验概率分布无关。可见，检测统计量 M 提供了对于振幅 A 的一致最大势检验，即使振幅的先验分布未知，仍然可以确信采用检测统计量 M 是最佳的。这一点对于雷达检测系统有实际意义，它表明对于不同幅度起伏特性的目标可用同一系统检测，只要恰当选择门限即可逼近最佳系统。

（3）检测性能分析

由于简单二元随机振幅和相位信号检测与简单二元随机相位信号检测的检测统计量相同，故二者的检测统计量的条件概率密度也相同，则简单二元随机振幅和相位信号检测的虚警概率为

$$P_{\mathrm{f}}=\int_{\beta}^{\infty} p(M \mid H_0)\,\mathrm{d}M=\exp\left(-\frac{\beta^2}{2\sigma_T^2}\right) \tag{4.4.80}$$

对于简单二元随机相位信号检测，由检测统计量 M 求出的检测概率是确定值。而对于简单二元随机振幅和相位信号检测，由于振幅 A 是随机变量，由检测统计量 M 求出的检测概率则是随机变量。在振幅 A 是随机变量的条件下，检测概率为

$$\begin{aligned}P_{\mathrm{d}}(A)&=\int_{\beta}^{\infty} p(M \mid A,H_1)\mathrm{d}M\\&=\int_{\beta}^{\infty}\frac{M}{\sigma_T^2}\exp\left\{-\frac{1}{2\sigma_T^2}\left[M^2+\left(\frac{AT}{2}\right)^2\right]\right\}\mathrm{I}_0\left(\frac{MAT}{2\sigma_T^2}\right)\mathrm{d}M\end{aligned} \tag{4.4.81}$$

由于振幅 A 是随机变量，检测概率是振幅 A 的函数，故最终的检测概率应是 $P_{\mathrm{d}}(A)$ 对振幅 A 的统计平均，即

$$P_{\mathrm{d}}=E[P_{\mathrm{d}}(A)]=\int_{\{A\}}P_{\mathrm{d}}(A)p(A)\mathrm{d}A=\exp\left[-\frac{2\beta^2}{T(N_0+T\sigma_A^2)}\right] \tag{4.4.82}$$

在观测时间 $(0,T)$ 内，若信号振幅 A 为恒值，则其信号能量为 $E_{\mathrm{s}}=A^2T/2$，现在由于振幅 A 为随机变量，故信号的平均能量为

$$E_{\mathrm{p}}=\int_{\{A\}}E_{\mathrm{s}}p(A)\mathrm{d}A=\int_0^{\infty}\frac{A^2T}{2}\frac{A}{\sigma_A^2}\exp\left(-\frac{A^2}{2\sigma_A^2}\right)\mathrm{d}A=\sigma_A^2T \tag{4.4.83}$$

故检测概率又可以表示为

$$P_{\mathrm{d}}=\exp\left[-\frac{2\beta^2}{T(N_0+E_{\mathrm{p}})}\right] \tag{4.4.84}$$

将虚警概率和检测概率联立求解，则有

$$\ln P_{\mathrm{f}}=-\frac{\beta^2}{2\sigma_T^2}=-\frac{2\beta^2}{N_0T} \tag{4.4.85}$$

$$\ln P_{\mathrm{d}}=-\frac{2\beta^2}{T(N_0+E_{\mathrm{p}})}=\frac{N_0}{N_0+E_{\mathrm{p}}}\ln P_{\mathrm{f}} \tag{4.4.86}$$

最后，得到检测概率、虚警概率和平均信噪比三者之间的关系，即

$$P_{\mathrm{d}}=P_{\mathrm{f}}^{\frac{N_0}{N_0+E_{\mathrm{p}}}}=P_{\mathrm{f}}^{\frac{1}{1+E_{\mathrm{p}}/N_0}} \tag{4.4.87}$$

以虚警概率为参变量，检测概率 P_d 随信噪比变化的曲线，即检测特性曲线，如图 4.4.5 所示。图 4.4.5 中还用虚线绘出了只有相位随机的情况。二者相比，可见在大信噪比条件下，振幅瑞利起伏会引起检测概率的降低。而在低信噪比情况下则相反，振幅起伏使检测概率有所提高。

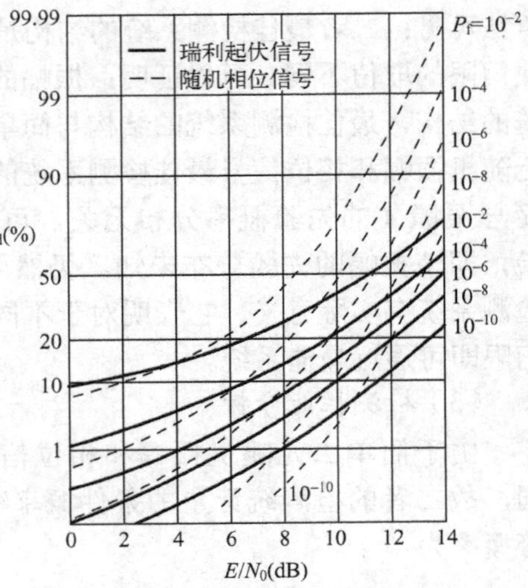

图 4.4.5 简单二元随机振幅和相位信号的检测特性曲线

2．一般二元随机振幅和相位信号的检测

对于一般二元随机振幅和相位信号的检测，设发送设备发送的二元信号为

$$\begin{cases} s_0(t,A_0,\theta_0)=A_0\sin(\omega_0 t+\theta_0) & 0\leqslant t\leqslant T \\ s_1(t,A_1,\theta_1)=A_1\sin(\omega_1 t+\theta_1) & 0\leqslant t\leqslant T \end{cases} \tag{4.4.88}$$

式中，A_0 和 A_1 为振幅，均是随机变量，服从瑞利分布；ω_0 和 ω_1 为频率，且二者不同，相隔较远；θ_0 和 θ_1 为相位，均是随机变量，其先验概率密度 $p(\theta_0)$ 和 $p(\theta_1)$ 在区间 $(0,2\pi)$ 上为均匀分布。设 $\omega_0 T=k_0\pi$，$\omega_1 T=k_1\pi$，k_0 和 k_1 均为正整数。振幅 A_0 和 A_1 的先验概率密度分别为

$$p(A_0)=\begin{cases} \dfrac{A_0}{\sigma_A^2}\exp\left(-\dfrac{A_0^2}{2\sigma_A^2}\right) & A_0\geqslant 0 \\ 0 & A_0<0 \end{cases} \tag{4.4.89}$$

$$p(A_1)=\begin{cases} \dfrac{A_1}{\sigma_A^2}\exp\left(-\dfrac{A_1^2}{2\sigma_A^2}\right) & A_1\geqslant 0 \\ 0 & A_1<0 \end{cases} \tag{4.4.90}$$

接收设备检测信号对应的两种假设为

$$\begin{cases} H_0: x(t)=s_0(t,A_0,\theta_0)+n(t)=A_0\sin(\omega_0 t+\theta_0)+n(t) & 0\leqslant t\leqslant T \\ H_1: x(t)=s_1(t,A_1,\theta_1)+n(t)=A_1\sin(\omega_1 t+\theta_1)+n(t) & 0\leqslant t\leqslant T \end{cases} \tag{4.4.91}$$

式中，$n(t)$ 是均值为 0，功率谱密度为 $N_0/2$ 的高斯白噪声。

（1）检测算法

为了利用简单二元随机振幅和相位信号已经导出的结果，可以采用虚拟假设的方法，即在假设模型中再加入一个虚拟假设 H_2，它表示为

$$H_2: x(t)=s_2(t)+n(t)=n(t) \quad 0\leqslant t\leqslant T \tag{4.4.92}$$

并假设 H_2 出现的概率为 0，即 $P(H_2)=0$。

在假设 H_2 下，接收信号 $x(t)=n(t)$，其似然函数为

$$p(x\,|\,H_2)=F\exp\left[-\frac{1}{N_0}\int_0^T x^2(t)\mathrm{d}t\right] \tag{4.4.93}$$

在假设 H_0 和 H_1 下，一般二元随机振幅和相位信号的似然比为

$$\Lambda(x)=\frac{p(x\,|\,H_1)}{p(x\,|\,H_0)}=\frac{\int_{\{A_1\}}\int_{\{\theta_1\}}p(x\,|\,A_1,\theta_1,H_1)p(\theta_1)p(A_1)\mathrm{d}\theta_1\mathrm{d}A_1}{\int_{\{A_0\}}\int_{\{\theta_0\}}p(x\,|\,A_0,\theta_0,H_0)p(\theta_0)p(A_0)\mathrm{d}\theta_0\mathrm{d}A_0}$$

$$=\frac{\dfrac{\int_{\{A_1\}}\int_{\{\theta_1\}}p(x\mid A_1,\theta_1,H_1)p(\theta_1)p(A_1)\mathrm{d}\theta_1\mathrm{d}A_1}{p(x\mid H_2)}}{\dfrac{\int_{\{A_0\}}\int_{\{\theta_0\}}p(x\mid A_0,\theta_0,H_0)p(\theta_0)p(A_0)\mathrm{d}\theta_0\mathrm{d}A_0}{p(x\mid H_2)}}$$

$$=\frac{p(x\mid H_1)/p(x\mid H_2)}{p(x\mid H_0)/p(x\mid H_2)}=\frac{\dfrac{N_0}{N_0+T\sigma_A^2}\exp\left[\dfrac{2\sigma_A^2M_1^2}{N_0(N_0+T\sigma_A^2)}\right]}{\dfrac{N_0}{N_0+T\sigma_A^2}\exp\left[\dfrac{2\sigma_A^2M_0^2}{N_0(N_0+T\sigma_A^2)}\right]}$$

$$=\exp\left[\frac{2\sigma_A^2(M_1^2-M_0^2)}{N_0(N_0+T\sigma_A^2)}\right] \tag{4.4.94}$$

式中

$$M_1=\sqrt{\left[\int_0^T x(t)\sin\omega_1 t\mathrm{d}t\right]^2+\left[\int_0^T x(t)\cos\omega_1 t\mathrm{d}t\right]^2} \tag{4.4.95}$$

$$M_0=\sqrt{\left[\int_0^T x(t)\sin\omega_0 t\mathrm{d}t\right]^2+\left[\int_0^T x(t)\cos\omega_0 t\mathrm{d}t\right]^2} \tag{4.4.96}$$

高斯白噪声中一般二元随机振幅和相位信号检测的检测判决式为

$$\Lambda(x)=\exp\left[\frac{2\sigma_A^2(M_1^2-M_0^2)}{N_0(N_0+T\sigma_A^2)}\right]\underset{H_0}{\overset{H_1}{\gtrless}}\Lambda_0 \tag{4.4.97}$$

或等效地表示为

$$M_1^2-M_0^2\underset{H_0}{\overset{H_1}{\gtrless}}\frac{N_0(N_0+T\sigma_A^2)}{2\sigma_A^2}\ln\Lambda_0 \tag{4.4.98}$$

如果采用最小平均错误概率准则，并假定两种假设的先验概率相等，判决门限 $\Lambda_0=1$，则一般二元随机振幅和相位信号检测的判决式变为

$$M_1^2\underset{H_0}{\overset{H_1}{\gtrless}}M_0^2 \tag{4.4.99}$$

或表示为

$$M_1\underset{H_0}{\overset{H_1}{\gtrless}}M_0 \tag{4.4.100}$$

（2）检测系统结构

根据高斯白噪声中一般二元随机振幅和相位信号检测的判决式，其检测系统的结构与一般二元随机相位信号的检测系统结构是一样的，与信号振幅的随机性无关。

（3）检测性能分析

在分析高斯白噪声中一般二元随机振幅和相位信号检测的性能时，可以利用前面已经求得的一般二元随机相位信号检测时的错误判决概率，即

$$P(D_0\mid A_1,H_1)=P(M_0>M_1\mid A_1,H_0)=\frac{1}{2}\exp\left(-\frac{A_1^2T}{4N_0}\right) \tag{4.4.101}$$

$$P(D_1\mid A_0,H_0)=P(M_1>M_0\mid A_0,H_0)=\frac{1}{2}\exp\left(-\frac{A_0^2T}{4N_0}\right) \tag{4.2.102}$$

由于振幅 A_0 和 A_1 均是随机变量，随之条件错误判决概率 $P(D_0 | A_1, H_1)$ 和 $P(D_1 | A_0, H_0)$ 也是随机变量。将 $P(D_0 | A_1, H_1)$ 对 A_1 取统计平均，就得到平均错误判决概率为

$$
\begin{aligned}
P(D_0 | H_1) &= E[P(D_0 | A_1, H_1)] = \int_{\{A_1\}} P(D_0 | A_1, H_1) p(A_1) \mathrm{d}A_1 \\
&= \int_0^\infty \frac{1}{2} \exp\left(-\frac{A_1^2 T}{4N_0}\right) \frac{A_1}{\sigma_A^2} \exp\left(-\frac{A_1^2}{2\sigma_A^2}\right) \mathrm{d}A_1 \\
&= \frac{1}{2\sigma_A^2} \int_0^\infty A_1 \exp\left[-\frac{A_1^2 (T\sigma_A^2 + 2N_0)}{4N_0 \sigma_A^2}\right] \mathrm{d}A_1 \\
&= \frac{N_0}{2N_0 + T\sigma_A^2} = \frac{N_0}{2N_0 + E_\mathrm{p}}
\end{aligned}
\tag{4.4.103}
$$

式中，$E_\mathrm{P} = T\sigma_A^2$ 是信号 $s_1(t, A_1, \theta_1)$ 的平均能量。

同理，有

$$
\begin{aligned}
P(D_1 | H_0) &= E[P(D_1 | A_0, H_0)] = \int_{\{A_0\}} P(D_1 | A_0, H_0) p(A_0) \mathrm{d}A_0 \\
&= \frac{N_0}{2N_0 + E_\mathrm{p}}
\end{aligned}
\tag{4.4.104}
$$

式中，$E_\mathrm{P} = T\sigma_A^2$ 是信号 $\mathrm{S_0(t, A_0, \theta_0)}$ 的平均能量。

最小平均错误概为

$$
\begin{aligned}
P_\mathrm{e} &= P(H_0) P(D_1 | H_0) + P(H_0) P(D_1 | H_1) \\
&= \frac{N_0}{2N_0 + E_\mathrm{p}} = \frac{1}{2 + E_\mathrm{p}/N_0}
\end{aligned}
\tag{4.4.105}
$$

式中，$E_\mathrm{P}/N_0 = T\sigma_A^2/N_0$ 是平均信噪比。

4.4.3 随机频率和相位信号的检测

信号的频率参量是随机变量的情况也是常见的。例如，在雷达中，从运动目标反射回来的信号的频率与发射信号的频率相差一个多普勒频率，多普勒频率与目标相对于雷达的径向速度成正比。如果目标的径向速度是未知的，那么回波信号的多普勒频率也是未知的。对于未知的频率，一般将它看作是一个随机变量。

对于简单二元随机频率和相位信号的检测，设发送设备发送的二元信号为

$$
\begin{cases}
s_0(t) = 0 \quad 0 \leqslant t \leqslant T \\
s_1(t, A, \theta) = A\sin(\omega t + \theta) \quad 0 \leqslant t \leqslant T
\end{cases}
\tag{4.4.106}
$$

式中，A 为振幅，是确知参量；ω 为频率，是随机变量，其先验密度函数为 $p(\omega)$，$\omega_l \leqslant \omega \leqslant \omega_h$；$\theta$ 为相位，是随机变量，其先验概率密度 $p(\theta)$ 在区间 $(0, 2\pi)$ 上为均匀分布。

接收设备检测信号对应的两种假设为

$$
\begin{cases}
H_0: x(t) = s_0(t) + n(t) = n(t) \quad 0 \leqslant t \leqslant T \\
H_1: x(t) = s_1(t, A, \theta) + n(t) = A\sin(\omega t + \theta) + n(t) \quad 0 \leqslant t \leqslant T
\end{cases}
\tag{4.4.107}
$$

式中，$n(t)$ 是均值为 0，功率谱密度为 $N_0/2$ 的高斯白噪声。

对于简单二元随机频率和相位信号的检测，可以先将频率看作是确知参量，利用简单二元随机相位信号检测的似然比，得到以频率 ω 为条件的似然比，然后再对频率 ω 取统计平均，得到平均似然比。

直接利用简单二元随机相位信号检测的似然比，得到以频率 ω 为条件的似然比为

$$\Lambda(x|\omega)=\frac{\int_{\{\theta\}}p(x|\omega,\theta,H_1)p(\theta)\mathrm{d}\theta}{p(x|H_0)}$$

$$=\exp\left(-\frac{A^2T}{2N_0}\right)\mathrm{I}_0\left(\frac{2AM}{N_0}\right)=\exp\left(-\frac{E_s}{N_0}\right)\mathrm{I}_0\left(\frac{2AM}{N_0}\right) \quad (4.4.108)$$

式中，$E_s=A^2T/2$，并且

$$M^2=\left[\int_0^T x(t)\sin\omega t\mathrm{d}t\right]^2+\left[\int_0^T x(t)\cos\omega t\mathrm{d}t\right]^2 \quad (4.4.109)$$

平均似然比为

$$\Lambda(x)=\int_{\{\omega\}}\Lambda(x|\omega)p(\omega)\mathrm{d}\omega=\int_{\omega_l}^{\omega_h}\Lambda(x|\omega)p(\omega)\mathrm{d}\omega \quad (4.4.110)$$

要计算此积分，必须知道 $p(\omega)$，但实际上是难以精确知道的，可用间隔任意小的离散密度函数来代替概率密度函数 $p(\omega)$，从而用求和来近似代替积分。

令

$$p(\omega)=\sum_{i=1}^{m}P(\omega_i)\delta(\omega-\omega_i) \quad (4.4.111)$$

选择适当的频率增量 $\Delta\omega$，则某一特定频率 ω_i 的出现概率为

$$P(\omega_i)=p(\omega_i)\Delta\omega \quad (4.4.112)$$

式中

$$\omega_i=\omega_l+i\Delta\omega \quad i=1,2,\cdots,m \quad (4.4.113)$$

$$m=(\omega_h-\omega_l)/\Delta\omega \quad (4.4.114)$$

于是平均似然比变为

$$\Lambda(x)=\sum_{i=1}^{m}\Lambda(x|\omega_i)P(\omega_i)=\sum_{i=1}^{m}\exp\left(-\frac{E_s}{N_0}\right)\mathrm{I}_0\left(\frac{2AM_i}{N_0}\right)P(\omega_i) \quad (4.4.115)$$

简单二元随机频率和相位信号检测的似然比检测的检测判决式为

$$\Lambda(x)=\sum_{i=1}^{m}\exp\left(-\frac{E_s}{N_0}\right)\mathrm{I}_0\left(\frac{2AM_i}{N_0}\right)P(\omega_i)\underset{H_0}{\overset{H_1}{\gtrless}}\Lambda_0 \quad (4.4.116)$$

或表示为

$$\sum_{i=1}^{m}\mathrm{I}_0\left(\frac{2AM_i}{N_0}\right)P(\omega_i)\underset{H_0}{\overset{H_1}{\gtrless}}\Lambda_0\exp\left(\frac{E_s}{N_0}\right)=\Lambda_1 \quad (4.4.117)$$

由简单二元随机频率和相位信号检测的似然比检测的检测判决式可见，其最佳检测系统需要 m 条支路，其中第 i 条支路非相干匹配滤波器的中心频率为 ω_i，其包络检波器的输出为 M_i；获得 M_i 后完成 $\mathrm{I}_0(2AM_i/N_0)$ 运算并乘以 $P(\omega_i)$；将各条支路的输出求和得检测统计量；最后将检测统计量与门限进行比较，从而完成信号状态的判决。简单二元随机频率和相位信号的最佳检测系统如图 4.4.6 所示。

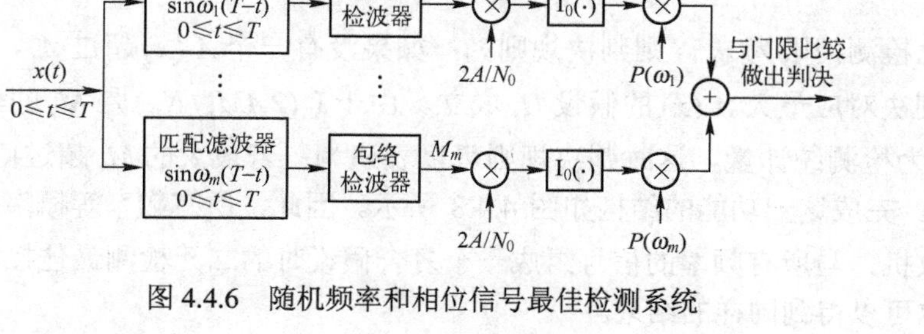

图 4.4.6　随机频率和相位信号最佳检测系统

图 4.4.6 中各匹配滤波器的冲激响应是

$$h_i(t)=\sin\omega_i(T-t)\quad i=1,2,\cdots,m;0\leqslant t\leqslant T \tag{4.4.118}$$

对于小信噪比，贝塞尔函数可以近似为

$$\mathrm{I}_0\left(\frac{2AM_i}{N_0}\right)=1+\left(\frac{AM_i}{N_0}\right)^2 \tag{4.4.119}$$

假定频率的先验分布是均匀分布，即 $P(\omega_i)=1/m$，则此时似然比为

$$\Lambda(x)=\frac{1}{m}\sum_{i=1}^{m}\exp\left(-\frac{A^2T}{2N_0}\right)\left[1+\left(\frac{AM_i}{N_0}\right)^2\right] \tag{4.4.120}$$

因而判决规则可以表示为

$$\sum_{i=1}^{m}M_i^2\underset{H_0}{\overset{H_1}{\gtrless}}\beta \tag{4.4.121}$$

式中，β 是门限。

在小信噪比情况下，频率和相位均匀分布信号的最佳接收系统如图 4.4.7 所示。

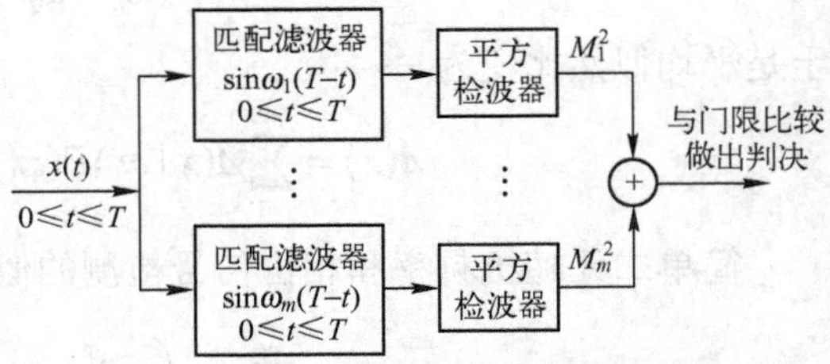

图 4.4.7　小信噪比情况下随机频率和相位信号最佳检测系统

对随机频率和相位信号检测也可以采用多元信号检测方法。这种方法既能检测信号，又能识别其频率。设信号频率具有 m 个可能值之一(如果频率是连续随机变量，就用一组离散值做它的近似，相应地，用一组离散概率来近似其概率密度函数)，每个离散频率 ω_i 对应一个假设 H_i，即

$$\begin{cases}H_0: x(t)=n(t)\quad 0\leqslant t\leqslant T\\ H_1: x(t)=A\sin(\omega_1 t+\theta_1)+n(t)\quad 0\leqslant t\leqslant T\\ \vdots\qquad\vdots\\ H_m: x(t)=A\sin(\omega_m t+\theta_m)+n(t)\quad 0\leqslant t\leqslant T\end{cases} \tag{4.4.122}$$

假定各假设下相位都是均匀分布的。为简化分析，又假设各频率等概率出现，因而 $P(\omega_i)=1/m$。对于固定振幅的情况，假设 H_i 对假设 H_0 的似然比为

$$\Lambda_i(x)=\exp\left(-\frac{E_s}{N_0}\right)\mathrm{I}_0\left(\frac{2AM_i}{N_0}\right)\quad i=1,2,\cdots,m \tag{4.4.123}$$

设似然比检测门限为 Λ_0，则判决规则为：如果没有一个 $\Lambda_i(x)$ 超过 Λ_0，则判决假设 H_0 成立；否则，判决对应最大 $\Lambda_i(x)$ 的假设 H_i 成立。由于 $\mathrm{I}_0(2AM_i/N_0)$ 是 M_i 的单调增函数，故可直接用 M_i 作为检测统计量，这时判决规则可以表述为：若最大的 M_i 超过门限，则选择 H_i，否则选择 H_0。完成这一功能的结构如图 4.4.8 所示。因此，所有频率等概率出现时的多元信号检测最佳接收机，与所有频率的信号组成一个复合假设时的二元检测最佳接收机近似相同。对于起伏信号也可以得到同样的结果。

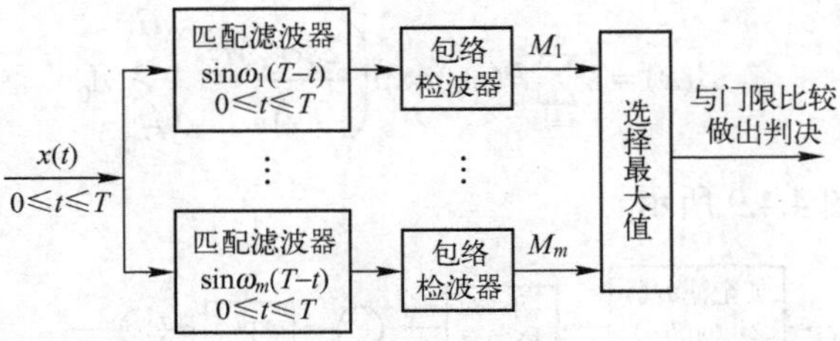

图 4.4.8　随机频率和相位信号多元检测的检测系统

4.4.4　随机振幅、频率和相位信号的检测

对于简单二元随机振幅、频率和相位信号的检测，设发送设备发送的二元信号为

$$\begin{cases} s_0(t)=0 \quad 0\leqslant t\leqslant T \\ s_1(t,A,\theta)=A\sin(\omega t+\theta) \quad 0\leqslant t\leqslant T \end{cases} \tag{4.4.124}$$

式中，ω 为频率，是随机变量，其先验密度函数为 $p(\omega)$，$\omega_l\leqslant\omega\leqslant\omega_h$；$\theta$ 为相位，是随机变量，其先验概率密度 $p(\theta)$ 在区间 $(0,2\pi)$ 上为均匀分布。A 为振幅，是服从瑞利分布的随机变量，其先验概率密度为

$$p(A)=\begin{cases} \dfrac{A}{\sigma_A^2}\exp\left(-\dfrac{A^2}{2\sigma_A^2}\right) \quad A\geqslant 0 \\ 0 \quad A<0 \end{cases} \tag{4.4.125}$$

接收设备检测信号对应的两种假设为

$$\begin{cases} H_0: x(t)=s_0(t)+n(t)=n(t) \quad 0\leqslant t\leqslant T \\ H_1: x(t)=s_1(t,A,\theta)+n(t)=A\sin(\omega t+\theta)+n(t) \quad 0\leqslant t\leqslant T \end{cases} \tag{4.4.126}$$

式中，$n(t)$ 是均值为 0，功率谱密度为 $N_0/2$ 的高斯白噪声。

对于简单二元随机振幅、频率和相位信号的检测，可以先将频率看作是确知参量，利用简单二元随机振幅和相位信号检测的似然比，得到以频率 ω 为条件的似然比，然后再对频率 ω 取统计平均，得到平均似然比。

直接利用简单二元随机振幅和相位信号检测的似然比，得到以频率 ω 为条件的似然比为

$$\Lambda(x\mid\omega)=\frac{N_0}{N_0+T\sigma_A^2}\exp\left[\frac{2\sigma_A^2M^2}{N_0(N_0+T\sigma_A^2)}\right] \tag{4.4.127}$$

平均似然比为

$$\Lambda(x)=\int_{\{\omega\}}\Lambda(x\mid\omega)p(\omega)\mathrm{d}\omega=\int_{\omega_l}^{\omega_h}\Lambda(x\mid\omega)p(\omega)\mathrm{d}\omega \tag{4.4.128}$$

仍用离散形式对频率的连续概率密度函数做近似，得到

$$\Lambda(x)=\frac{N_0}{N_0+T\sigma_A^2}\sum_{i=1}^{m}P(\omega_i)\exp\left[\frac{2\sigma_A^2M_i^2}{N_0(N_0+T\sigma_A^2)}\right] \tag{4.4.129}$$

令 $\varepsilon=N_0/(N_0+T\sigma_A^2)$，则有

$$\Lambda(x)=\varepsilon\sum_{i=1}^{m}P(\omega_i)\exp\left(\frac{2\varepsilon\sigma_A^2M_i^2}{N_0^2}\right) \tag{4.4.130}$$

简单二元随机振幅、频率和相位信号检测的似然比检测的检测判决式为

$$\Lambda(x)=\varepsilon\sum_{i=1}^{m}P(\omega_i)\exp\left(\frac{2\varepsilon\sigma_A^2M_i^2}{N_0^2}\right)\underset{H_0}{\overset{H_1}{\gtrless}}\Lambda_0 \tag{4.4.131}$$

相应的最佳检测系统如图 4.4.9 所示。

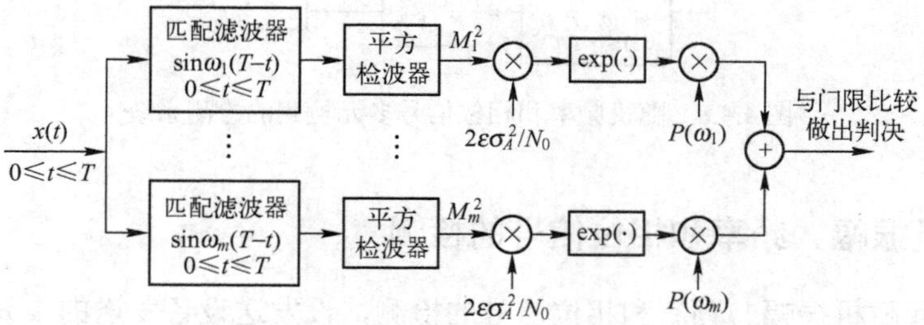

图 4.4.9　随机振幅、频率和相位信号检测系统

对随机振幅、频率和相位信号检测也可以采用多元信号检测方法。设信号频率具有 m 个可能值之一(如果频率是连续随机变量，就用一组离散值做它的近似，相应地，用一组离散概率来近似其概率密度函数)，每个离散频率 ω_i 对应一个假设 H_i，即

$$\begin{cases}H_0: x(t)=n(t) \quad 0\leqslant t\leqslant T\\ H_1: x(t)=A\sin(\omega_1 t+\theta_1)+n(t) \quad 0\leqslant t\leqslant T\\ \vdots \qquad \vdots\\ H_m: x(t)=A\sin(\omega_m t+\theta_m)+n(t) \quad 0\leqslant t\leqslant T\end{cases} \tag{4.4.132}$$

假定各假设下相位都是均匀分布的。为简化分析，又假设各频率等概率出现，因而 $P(\omega_i)=1/m$。对于振幅服从瑞利分布的情况，假设 H_i 对假设 H_0 的似然比为

$$\Lambda_i(x)=\varepsilon\exp\left(\frac{2\varepsilon\sigma_A^2M_i^2}{N_0^2}\right) \quad i=1,2,\cdots,m \tag{4.4.133}$$

设似然比检测门限为 Λ_0，则判决规则为：如果没有一个 $\Lambda_i(x)$ 超过 Λ_0，则判决假设 H_0 成立；否则，判决对应最大 $\Lambda_i(x)$ 的假设 H_i 成立。由于 $\Lambda_i(x)$ 是 M_i 的单调增函数，故可直接用 M_i 作为检测统计量，这时判决规则可以表述为：若最大的 M_i 超过门限，则选择 H_i，否则选择 H_0。完成这一功能的结构如图 4.4.8 所示，它与非起伏信号最佳检测系统的结构一致。

4.4.5　随机相位和到达时间信号的检测

对于随机相位和到达时间信号的检测，两种假设分别为

$$\begin{cases}H_0: x(t)=n(t) \quad 0\leqslant t\leqslant \tau+T\\ H_1: x(t)=s(t-\tau)+n(t) \quad 0\leqslant t\leqslant \tau+T\end{cases} \tag{4.4.134}$$

式中，信号 $s(t)=A\sin(\omega t+\theta)$，其振幅 A 和频率 ω 为常数，相位 θ 在 $(0,2\pi)$ 上为均匀分布，到达时间 τ 的概率密度 $p(\tau)$ 定义于 $0\leqslant\tau\leqslant\tau_m$。噪声 $n(t)$ 是均值为 0，功率谱密度为 $N_0/2$ 的高斯白噪声。

对于随机相位和时延信号的检测，可以先将到达时间 τ 看作是确知参量，利用简单二元随机相位信号检测的似然比，得到以 τ 为条件的似然比，然后再对 τ 取统计平均，到平均似然比。

直接利用简单二元随机相位信号检测的似然比，得到以 τ 为条件的似然比为

$$\Lambda(x|\tau)=\exp\left(-\frac{E_s}{N_0}\right)\mathrm{I}_0\left[\frac{2AM(\tau+T)}{N_0}\right] \tag{4.4.135}$$

式中 $$M^2(\tau+T)=\left[\int_{\tau}^{\tau+T}x(t)\sin\omega(t-\tau)\mathrm{d}t\right]^2+\left[\int_{\tau}^{\tau+T}x(t)\cos\omega(t-\tau)\mathrm{d}t\right]^2 \tag{4.4.136}$$

平均似然比为

$$\begin{aligned}\Lambda(x)&=\int_0^{\tau_m}\Lambda(x|\tau)p(\tau)\mathrm{d}\tau\\&=\int_0^{\tau_m}\exp\left(-\frac{E_s}{N_0}\right)\mathrm{I}_0\left[\frac{2AM(\tau+T)}{N_0}\right]p(\tau)\mathrm{d}\tau\end{aligned} \tag{4.4.137}$$

与随机频率信号相似，也可以把到达时间量化为一组等概率的离散时延 τ_i，$i=1,2,\cdots,m$，$P(\tau_i)=1/m$。于是平均似然比变为

$$\Lambda(x)=\sum_{i=1}^{m}\exp\left(-\frac{E_s}{N_0}\right)\mathrm{I}_0\left[\frac{2AM(\tau_i+T)}{N_0}\right]P(\tau_i) \tag{4.4.138}$$

随机相位和时延信号检测的似然比检测的检测判决式为

$$\Lambda(x)=\sum_{i=1}^{m}\exp\left(-\frac{E_s}{N_0}\right)\mathrm{I}_0\left[\frac{2AM(\tau_i+T)}{N_0}\right]P(\tau_i)\underset{H_0}{\overset{H_1}{\gtrless}}\Lambda_0 \tag{4.4.139}$$

或表示为

$$\sum_{i=1}^{m}\mathrm{I}_0\left[\frac{2AM(\tau_i+T)}{N_0}\right]\underset{H_0}{\overset{H_1}{\gtrless}}m\Lambda_0\exp\left(\frac{E_s}{N_0}\right)=\Lambda_1 \tag{4.4.140}$$

相应的最佳检测系统如图 4.4.10 所示。

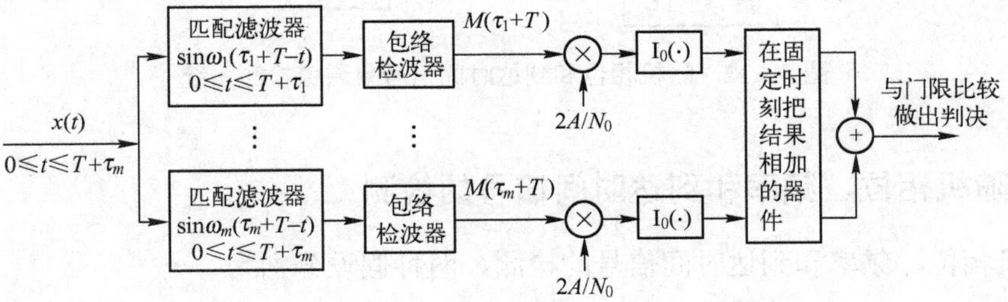

图 4.4.10 随机相位和到达时间信号检测系统

由于 $\mathrm{I}_0[2AM(\tau_i+T)/N_0]$ 是 $M(\tau_i+T)$ 的单调增函数，故可直接用 $M(\tau_i+T)$ 作为检测统计量，这时判决规则可以表述为：若最大的 $M(\tau_i+T)$ 超过门限，则选择 H_i，否则选择 H_0。最佳检测系统可以进一步简化成如图 4.4.11 所示的结构。

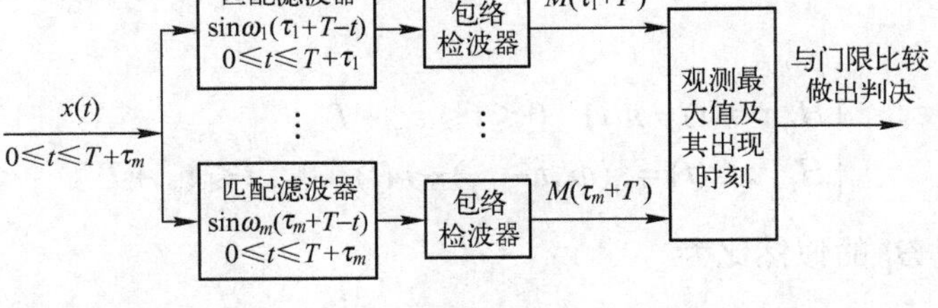

图 4.4.11 随机相位和到达时间信号检测系统的简化形式

对于随机相位和时延信号，也可以采用多元信号检测的方法来确定信号是否存在，并识别它的到达时间。此时假设

$$\begin{cases} H_0: x(t)=n(t) \quad 0\leqslant t\leqslant \tau_m+T \\ H_1: x(t)=s(t-\tau_1)+n(t) \quad 0\leqslant t\leqslant \tau_m+T \\ \vdots \qquad\qquad \vdots \\ H_m: x(t)=s(t-\tau_m)+n(t) \quad 0\leqslant t\leqslant \tau_m+T \end{cases} \tag{4.4.141}$$

对于信号 $s(t)=A\sin(\omega t+\theta)$ 和等概率到达时间的情况，假设 H_i 对假设 H_0 的似然比为

$$\Lambda_i(x)=\exp\left(-\frac{E_s}{N_0}\right)\mathrm{I}_0\left[\frac{2AM(\tau_i+T)}{N_0}\right] \quad i=1,2,\cdots,m \tag{4.4.142}$$

设似然比检测门限为 Λ_0，则判决规则为：如果没有一个 $\Lambda_i(x)$ 超过门限 Λ_0，则判决假设 H_0 成立；否则，判决对应最大 $\Lambda_i(x)$ 的假设 H_i 成立。由于 $\mathrm{I}_0[2AM(\tau_i+T)/N_0]$ 是 $M(\tau_i+T)$ 的单调增函数，故可直接用 $M(\tau_i+T)$ 作为检测统计量，这时判决规则可以表述为：选择 $M(\tau_i+T)$ 的最大值，若最大的 $M(\tau_i+T)$ 小于门限，则选择 H_0；否则，选择对应于 $M(\tau_i+T)$ 最大值的假设 H_i。最佳接收机结构与图 4.4.11 完全相同。

考虑到匹配滤波器对于时延信号具有适应性(即如果滤波器对某一信号是匹配的，则它对该信号的延迟信号仍然匹配)，则图 4.4.11 所示的多路系统可用图 4.4.12 所示的单通道系统实现。对于瑞利起伏信号也可以做同样的处理。这正是一般雷达系统测量目标回波到达时间的典型框图。

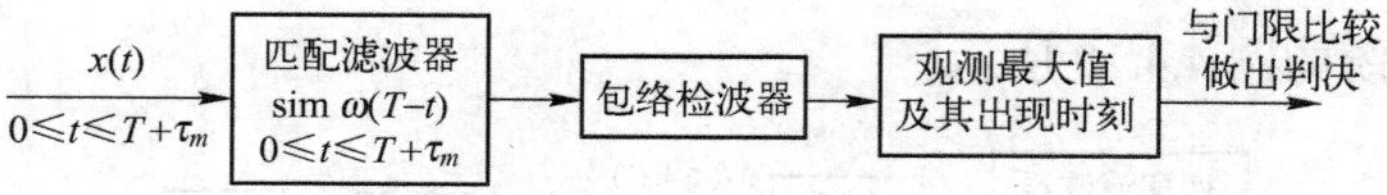

图 4.4.12　随机相位和到达时间信号单通道检测系统

4.4.6　随机相位、频率和到达时间信号的检测

对于随机相位、频率和到达时间信号的检测，两种假设分别为

$$\begin{cases} H_0: x(t)=n(t) \quad 0\leqslant t\leqslant \tau+T \\ H_1: x(t)=s(\omega,t-\tau)+n(t) \quad 0\leqslant t\leqslant \tau+T \end{cases} \tag{4.4.143}$$

式中，信号 $s(t)=A\sin(\omega t+\theta)$，其振幅 A 为常数，相位 θ 在 $(0,2\pi)$ 上为均匀分布，频率 ω 的概率密度 $p(\omega)$ 定义于 $\omega_l\leqslant\omega\leqslant\omega_h$，到达时间 τ 的概率密度 $p(\tau)$ 定义于 $0\leqslant\tau\leqslant\tau_m$。噪声 $n(t)$ 是均值为 0，功率谱密度为 $N_0/2$ 的高斯白噪声。

对于随机相位、频率和时延信号，采用多元信号检测的方法来确定信号是否存在，并识别它的频率和到达时间。通过将频率 $\omega_l\leqslant\omega\leqslant\omega_h$ 离散为 n 段，将到达时间 $0\leqslant\tau\leqslant\tau_m$ 离散为 m 段，此时假设是

$$\begin{cases} H_0: x(t)=n(t) \quad 0\leqslant t\leqslant \tau_m+T \\ H_{ij}: x(t)=s(\omega_i,t-\tau_j)+n(t) \quad 0\leqslant t\leqslant \tau_m+T \end{cases} \tag{4.4.144}$$

假设 H_{ij} 对假设 H_0 的似然比为

$$\Lambda_{ij}(x)=\exp\left(-\frac{E_s}{N_0}\right)\mathrm{I}_0\left[\frac{2AM_i(\tau_j+T)}{N_0}\right] \quad i=1,2,\cdots,n;\ j=1,2,\cdots,m \tag{4.4.145}$$

式中 $$M_i^2(\tau_j+T)=\left[\int_{\tau_j}^{\tau_j+T} x(t)\sin\omega_i(t-\tau_j)\mathrm{d}t\right]^2+\left[\int_{\tau_j}^{\tau_j+T} x(t)\cos\omega_i(t-\tau_j)\mathrm{d}t\right]^2 \tag{4.4.146}$$

设似然比检测门限为Λ_0，则判决规则为：如果没有一个$\Lambda_{ij}(x)$超过Λ_0，则判决假设H_0成立；否则，判决对应最大$\Lambda_{ij}(x)$的假设H_{ij}成立。由于$\mathrm{I}_0[2AM_i(\tau_j+T)/N_0]$是$M_i(\tau_j+T)$的单调增函数，故可直接用$M_i(\tau_j+T)$作为检测统计量，这时判决规则可以表述为：选择$M_i(\tau_j+T)$的最大值，若最大的$M_i(\tau_j+T)$小于门限，则选择$H_0$；否则，选择对应于$M_i(\tau_j+T)$最大值的假设$H_{ij}$。最佳接收机结构如图 4.4.13 所示。

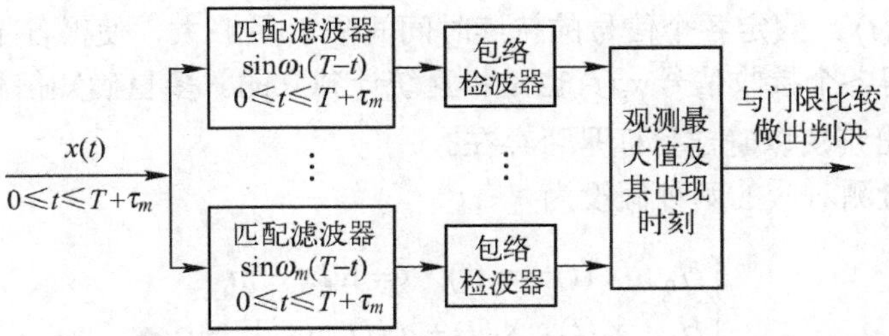

图 4.4.13　随机相位、频率和到达时间信号检测系统

4.5　多重信号的检测

本章前几节所讨论的信号检测问题都是假定在观测时间间隔内，接收设备接收的信号是单个信号或单个脉冲，并根据接收的单个信号或单个脉冲来判决有用信号是否出现或出现的是几个可能信号中的哪一个。在许多实际应用中，接收设备接收的信号往往是多个信号或多个脉冲，需要根据接收的多个信号或多个脉冲进行检测判决。例如，在雷达系统中，雷达发射机按一定重复频率发射一串脉冲，接收机则根据接收的目标反射回来的全部脉冲进行判决。对于雷达接收机，目标反射回来的全部脉冲是在不同的时间间隔内收到的，所以可看成是多个信号的检测问题。这种情况下，多个信号中各个信号都携带同样的信息，从这个意义上说，信息是重复的。在通信系统中，二元通信系统可以用重复发送信号$s_0(t)$和$s_1(t)$的方法来提高正确判决概率，这种技术称为分集技术。

多重信号是由多个在不同时间间隔内的信号顺序组成的信号，并且各个信号携带着同样的信息，各个信号的持续时间间隔相同。多重信号可以是确知的，也可能具有未知的随机参量。针对多重信号的检测就是多重信号检测。多重信号检测的目的很简单，就是把多个信号叠加在一起，致使噪声平均功率增加不多，而信号功率增加很多，使得信噪比大大提高，从而提高检测性能。

针对雷达系统的多重信号检测，通常假定在不同时间间隔接收的信号或者全都认为是含有信息的有用信号，或者全都看成是噪声。并且，不同时间间隔的噪声是相互统计独立的。本节只讨论针对雷达系统的多重信号检测方法，针对通信系统的多重信号检测方法也有类似的情形。在雷达情况下，接收机收到的多个脉冲称为回波脉冲串。脉冲串可以是确知的，也可能具有未知的随机参量。

多重信号的检测方法基本上与单个信号的检测方法相同，所不同的只是根据多个独立信号来构成似然比。

4.5.1　多重确知信号的检测

当多重信号的波形及所有参量都已知时，称为多重确知信号。多重确知信号不仅应当已知多重信号中每一个信号的全部参量，比如已知振幅、载波频率、初相、出现时间、脉冲宽度等，而且还必须使各个信号是相干的(即各个信号间的相对相位为已知)。对于雷达，多重确知信号就是确知脉冲串，也就是相干脉冲串。

1. 检测算法

设多重确知信号包含 m 个确知信号 $s_1(t), s_2(t), \cdots, s_m(t)$，每个信号的持续时间间隔均为 T。加性噪声为高斯白噪声，其均值为 0，功率谱密度为 $N_0/2$，对应各个信号的高斯白噪声为 $n_1(t), n_2(t), \cdots, n_m(t)$。假定各个信号的持续时间间隔 T 足够大，使得各个噪声 $n_i(t)$ 是相互统计独立的，从而使得各个接收信号 $x_i(t)$ 也是相互统计独立的。多重确知信号的检测就是要根据这 m 个接收信号做出判决以确定目标是否存在。

多重确知信号检测对应的两种假设为

$$\begin{cases} H_0:\ x_i(t) = n_i(t) & i = 1,2,\cdots,m \\ H_1:\ x_i(t) = s_i(t) + n_i(t) & i = 1,2,\cdots,m \end{cases} \tag{4.5.1}$$

由于各个接收信号 $x_i(t)$ 是相互统计独立的，故似然比为

$$\Lambda(x) = \frac{p(x_1, x_2, \cdots, x_m \mid H_1)}{p(x_1, x_2, \cdots, x_m \mid H_0)} = \frac{\prod_{i=1}^{m} p(x_i \mid H_1)}{\prod_{i=1}^{m} p(x_i \mid H_0)} = \prod_{i=1}^{m} \frac{p(x_i \mid H_1)}{p(x_i \mid H_0)} = \prod_{i=1}^{m} \Lambda(x_i) \tag{4.5.2}$$

式中：$\Lambda(x_i)$ 表示第 i 个接收信号 $x_i(t)$ 的似然比。这说明 m 个统计独立的接收信号的似然比等于各个接收信号似然比之积。

第 i 个接收信号 $x_i(t)$ 的似然函数是

$$p(x_i \mid H_1) = F\exp\left\{-\frac{1}{N_0}\int_0^T [x_i(t) - s_i(t)]^2\, \mathrm{d}t\right\} \tag{4.5.3}$$

$$p(x_i \mid H_0) = F\exp\left[-\frac{1}{N_0}\int_0^T x_i^2(t)\mathrm{d}t\right] \tag{4.5.4}$$

故第 i 个接收信号 $x_i(t)$ 的似然比为

$$\Lambda(x_i) = \exp\left[-\frac{1}{N_0}\int_0^T s_i^2(t)\mathrm{d}t\right]\exp\left[\frac{2}{N_0}\int_0^T x_i(t)s_i(t)\mathrm{d}t\right] \tag{4.5.5}$$

多重确知信号的似然比为

$$\Lambda(x) = \prod_{i=1}^{m} \exp\left[-\frac{E_i}{N_0}\right]\exp\left[\frac{2}{N_0}\int_0^T x_i(t)s_i(t)\mathrm{d}t\right] \tag{4.5.6}$$

式中，E_i 为第 i 个确知信号 $s_i(t)$ 的能量，即

$$E_i = \int_0^T s_i^2(t)\mathrm{d}t \tag{4.5.7}$$

利用对数似然比，多重确知信号检测的检测判决式为

$$\left(-\frac{1}{N_0}\right)\sum_{i=1}^{m}E_i+\frac{2}{N_0}\sum_{i=1}^{m}\int_0^T x_i(t)s_i(t)\mathrm{d}t \underset{H_0}{\overset{H_1}{\gtrless}} \ln \Lambda_0 \tag{4.5.8}$$

或等效为
$$\sum_{i=1}^{m}\int_0^T x_i(t)s_i(t)\mathrm{d}t \underset{H_0}{\overset{H_1}{\gtrless}} \frac{1}{2}N_0\ln\Lambda_0+\frac{1}{2}\sum_{i=1}^{m}E_i=\beta \tag{4.5.9}$$

式中，Λ_0、β 分别为门限。

2．检测系统结构

由多重确知信号检测的检测判决式可见，多重确知信号的最佳检测系统结构和单个确知信号检测的情况相似，只不过这里有 m 路相关器，将这 m 路的输出相加起来与门限比较。多重确知信号的最佳检测系统结构如图 4.5.1 所示。需要注意 2 点：① 图 4.5.1 中的积分器可以直接置于求和器之前，相关器也可以用匹配滤波器代替，只要在 T 时刻取样即可。② m 个接收信号的出现时间无论在检测判决式中还是在图 4.5.1 中都没有明确说明。如果各个接收信号顺序出现，那么在求和之前必须对这些信号加上时间延迟，这可用存储器或按时间间隔 T 依次抽头的抽头延迟线来实现。

如果多重确知信号是相同的，即 $s_i(t)=s[t-(i-1)T]$，这时检测系统的 m 路相关器均可用匹配滤波器代替，m 路匹配滤波器又可合为一路匹配滤波器，这一路匹配滤波器的输出经抽头延迟线适当延迟后求和(或称为积累)，即可实现多重确知信号的检测算法。多重相同确知信号的最佳检测系统结构如图 4.5.2 所示。

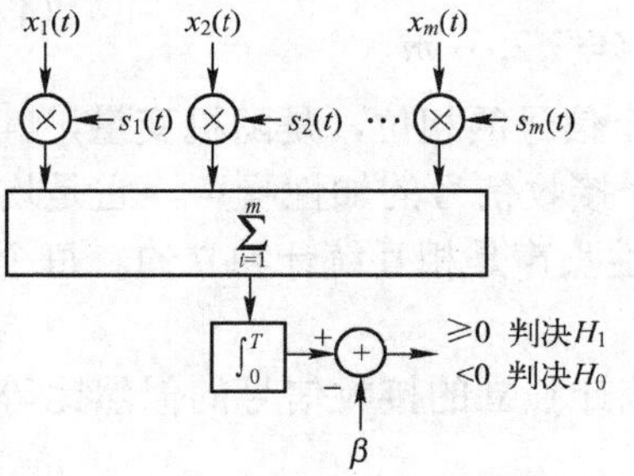

图 4.5.1　多重确知信号的最佳检测系统

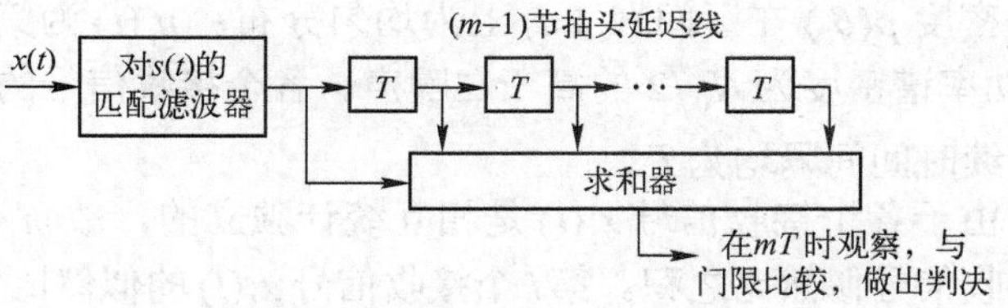

图 4.5.2　多重相同确知信号的最佳检测系统

3．检测性能分析

根据多重确知信号检测的检测判决式，选取检测统计量为

$$G=\sum_{i=1}^{m}\int_0^T x_i(t)s_i(t)\mathrm{d}t \tag{4.5.10}$$

因为多重信号为确知，噪声是统计独立的高斯白噪声，故检测统计量 G 服从高斯分布。显然，假设 H_0 下，G 的均值 $E[G|H_0]=0$。假设 H_1 下，G 的均值为

$$E[G|H_1]=\sum_{i=1}^{m}E_i=E \tag{4.5.11}$$

式中，E 为多重确知信号的能量。两种假设下方差相等，且为

$$\mathrm{Var}[G|H_0]=\mathrm{Var}[G|H_1]=\sum_{i=1}^{m}N_0E_i/2=N_0E/2 \tag{4.5.12}$$

于是，虚警概率为 $$P_{\mathrm{f}}=\int_{\beta}^{\infty}\frac{1}{\sqrt{\pi N_0E}}\exp\left(-\frac{G^2}{N_0E}\right)\mathrm{d}G=\mathrm{Q}\left(\beta\sqrt{\frac{2}{N_0E}}\right)\tag{4.5.13}$$

检测概率为 $$P_{\mathrm{d}}=\int_{\beta}^{\infty}\frac{1}{\sqrt{\pi N_0E}}\exp\left[-\frac{(G-E)^2}{N_0E}\right]\mathrm{d}G=\mathrm{Q}\left(\beta\sqrt{\frac{2}{N_0E}}-\sqrt{\frac{2E}{N_0}}\right)\tag{4.5.14}$$

式(4.5.13)和式(4.5.14)与式(4.2.62)和式(4.2.63)的形式完全相同，因而仍可使用图 4.2.4 和图 4.2.5 所示的曲线。对于所有单个信号能量都相等的特殊情况，有 $E/N_0=mE_{\mathrm{i}}/N_0$ 。因此，多重确知信号内信号数目增加一倍，检测性能就有 3dB 改善。这正是脉冲雷达系统要重复发射多个相干脉冲的原因。在雷达系统中，对确知脉冲串(相位相干脉冲串)的积累又称为相干积累。

4.5.2 多重同振幅随机相位信号的检测

如果多重信号的每一个信号的波形已知，除了相位是随机变量外，每一个信号的其他参量都已知，则称为多重随机相位信号。多重随机相位信号可以是多种多样的，例如每一个信号的振幅可以是已知的，但不一定相等；每一个信号的载波频率可以是已知的，但不一定相等。多重同振幅随机相位信号是指：除了相位是随机变量外，多重随机相位信号的每一个信号的其他参量都已知，且振幅和频率都相等。

1．检测算法及检测系统结构

多重同振幅随机相位信号检测对应的两种假设为

$$\begin{cases}H_0: \ x_i(t)=n_i(t) \quad i=1,2,\cdots,m\\ H_1: \ x_i(t)=A\sin(\omega t+\theta_i)+n_i(t) \quad i=1,2,\cdots,m\end{cases}\tag{4.5.15}$$

式中，A 和 ω 为信号振幅和频率，它们是常数；θ_i 为第 i 个信号的相位，是随机变量，其先验概率密度 $p(\theta_i)$ 在区间 $(0,2\pi)$ 上为均匀分布；$n_i(t)$ 为第 i 个接收信号的加性噪声，它是均值为 0，功率谱密度为 $N_0/2$ 的高斯白噪声。各个接收信号的加性噪声是相互统计独立的。每个信号的持续时间间隔均为 T 。

由于各个接收信号 $x_i(t)$ 是相互统计独立的，故 m 个统计独立的接收信号的似然比等于各个接收信号似然比之积。第 i 个接收信号 $x_i(t)$ 的似然比为

$$\Lambda(x_i)=\exp\left(-\frac{A^2T}{2N_0}\right)\mathrm{I}_0\left(\frac{2AM_i}{N_0}\right)\tag{4.5.16}$$

式中 $$M_i=\left\{\left[\int_0^T x_i(t)\sin\omega t\mathrm{d}t\right]^2+\left[\int_0^T x_i(t)\cos\omega t\mathrm{d}t\right]^2\right\}^{1/2}\tag{4.5.17}$$

多重同振幅随机相位信号的似然比为

$$\begin{aligned}\Lambda(x)&=\prod_{i=1}^{m}\Lambda(x_i)=\prod_{i=1}^{m}\exp\left(-\frac{A^2T}{2N_0}\right)\mathrm{I}_0\left(\frac{2AM_i}{N_0}\right)\\&=\exp\left(-\frac{mA^2T}{2N_0}\right)\prod_{i=1}^{m}\mathrm{I}_0\left(\frac{2AM_i}{N_0}\right)\end{aligned}\tag{4.5.18}$$

利用对数似然比，多重同振幅随机相位信号检测的检测判决式为

$$-\frac{mA^2T}{2N_0}+\sum_{i=1}^{m}\ln\mathrm{I}_0\left(\frac{2AM_i}{N_0}\right)\underset{H_0}{\overset{H_1}{\gtrless}}\ln\Lambda_0\tag{4.5.19}$$

或等效为
$$\sum_{i=1}^{m}\ln \mathrm{I}_0\left(\frac{2AM_i}{N_0}\right)\underset{H_0}{\overset{H_1}{\gtrless}}\ln \Lambda_0+\frac{mA^2T}{2N_0}=\beta \tag{4.5.20}$$
式中，Λ_0 和 β 分别为门限。

根据多重同振幅随机相位信号检测的检测判决式，得到多重同振幅随机相位信号的最佳检测系统结构，如图 4.5.3 所示。由于 m 个信号波形都相同，所以用一个匹配滤波器即可。多重同振幅随机相位信号的检测系统由匹配滤波器、包络检波器、计算 $\ln \mathrm{I}_0(2AM_i/N_0)$ 的器件及积累器组成。这种检测系统比较复杂，特别是要用实现 $\ln \mathrm{I}_0(\cdot)$ 运算的器件，比较困难。所以，需要针对不同的具体情况，做一些近似简化后实现检测系统。

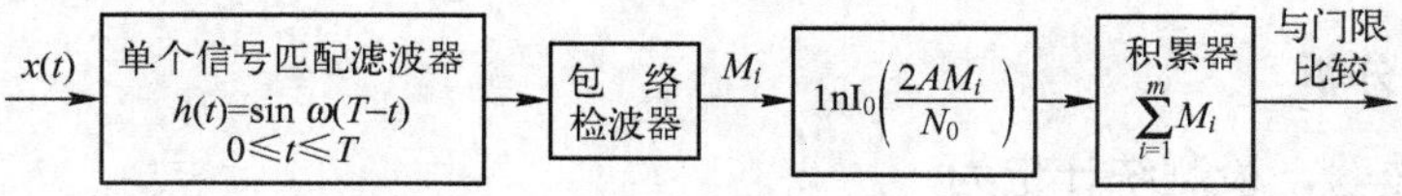

图 4.5.3　多重同振幅随机相位信号的最佳检测系统

对于小信噪比的情况，近似有
$$\mathrm{I}_0\left(\frac{2AM_i}{N_0}\right)\approx 1+\left(\frac{AM_i}{N_0}\right)^2 \tag{4.5.21}$$
从而有
$$\ln \mathrm{I}_0\left(\frac{2AM_i}{N_0}\right)\approx \ln\left[1+\left(\frac{AM_i}{N_0}\right)^2\right]\approx\left(\frac{AM_i}{N_0}\right)^2 \tag{4.5.22}$$
于是，得到小信噪比情况的多重同振幅随机相位信号检测的检测判决式为
$$\sum_{i=1}^{m}M_i^2\underset{H_0}{\overset{H_1}{\gtrless}}\frac{N_0^2}{A^2}\beta \tag{4.5.23}$$
这样，在小信噪比情况下，多重同振幅随机相位信号的最佳接收机可以用单个信号匹配滤波器、平方检波器和积累器来近似实现，如图 4.5.4 所示。在雷达中，检波器的输出称为“视频”，因此，在检波器输出端对信号求和，称为视频积累或检波后积累。检波后积累没有利用各脉冲间的相位信息，故亦称为非相干积累。

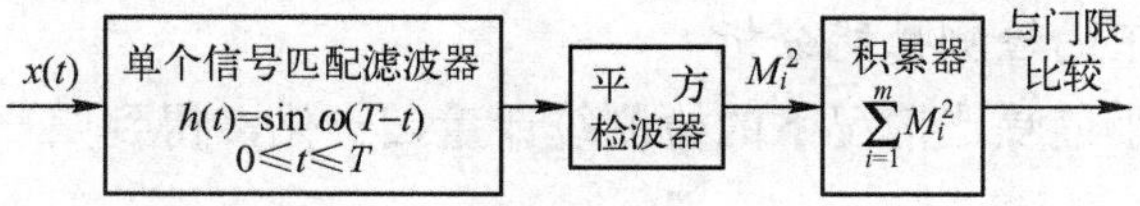

图 4.5.4　小信噪比情况下多重同振幅随机相位信号的最佳检测系统

对于大信噪比的情况，近似有
$$\mathrm{I}_0\left(\frac{2AM_i}{N_0}\right)\approx\frac{\exp(2AM_i/N_0)}{\sqrt{4\pi AM_i/N_0}} \tag{4.5.24}$$
从而有
$$\ln \mathrm{I}_0\left(\frac{2AM_i}{N_0}\right)\approx\frac{2AM_i}{N_0}-\frac{1}{2}\ln\left(\frac{4\pi AM_i}{N_0}\right)\approx\frac{2AM_i}{N_0} \tag{4.5.25}$$
于是，得到大信噪比情况的多重同振幅随机相位信号检测的检测判决式为

$$\sum_{i=1}^{m} M_i \underset{H_0}{\overset{H_1}{\gtrless}} \frac{N_0}{2A}\beta \tag{4.5.26}$$

大信噪比情况下多重同振幅随机相位信号的最佳检测系统如图 4.5.5 所示。与小信噪比情况不同，大信噪比情况下多重同振幅随机相位信号的最佳检测系统采用线性检波器(即包络检波器)，其输出正比于输入的包络。

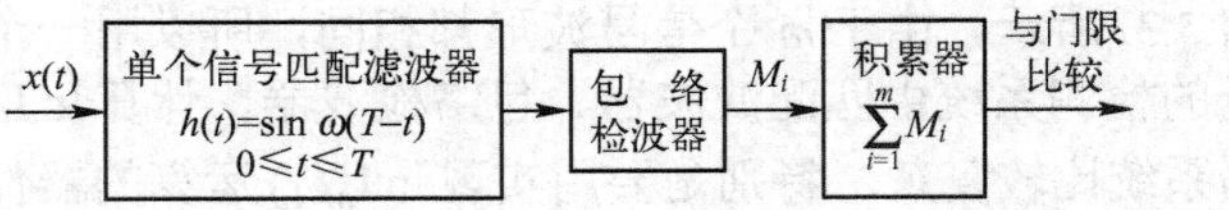

图 4.5.5　大信噪比情况下多重同振幅随机相位信号的最佳检测系统

2．检测性能分析

对于线性检波器，检测统计量为

$$G = \sum_{i=1}^{m} M_i \tag{4.5.27}$$

而对于平方律检波器，检测统计量为

$$G = \sum_{i=1}^{m} M_i^2 \tag{4.5.28}$$

无论对于线性检波器，还是对于平方律检波器，检测性能分析总是先根据 M_i 的分布，求出各种假设下检测统计量 G 的概率密度，再根据 G 的概率密度，求出虚警概率和检测概率。可以证明，线性检波器和平方律检波器二者的性能相差甚微，但在理论分析上，平方律检波器较之线性检波器易于处理。

（1）大信噪比情况下的检测性能分析

当有信号时，M_i 服从莱斯分布；无信号时，M_i 服从瑞利分布。在大信噪比情况下，检测统计量为 $G = \sum_{i=1}^{m} M_i$ 。由于数学上尚未找到莱斯分布、瑞利分布之和的分布的严格形式，一般用格拉姆-查理(Gram-Charlier)级数来近似求解。格拉姆-查理级数就是用高斯概率密度及其导数及所逼近的概率密度的各阶矩组成一个级数，来对该概率密度做近似。所用的矩的阶数越大，计算结果的精度越高。用格拉姆-查理级数近似地表示出检测统计量 G 的分布，便可确定大信噪比情况下的检测性能，详见参考文献[5]和[19]。

（2）小信噪比情况下的检测性能分析

为了分析方便，将小信噪比情况下的检测统计量归一化，得到归一化检测统计量为

$$B = \sum_{i=1}^{m} M_i^2 / \sigma_T^2 \tag{4.5.29}$$

式中

$$\sigma_T^2 = N_0 T / 4 \tag{4.5.30}$$

$$M_i^2 = M_{\mathrm{I}i}^2 + M_{\mathrm{Q}i}^2 \tag{4.5.31}$$

当信号存在时，B 为 $2m$ 自由度的非中心 χ^2 分布，即

$$p(B \mid H_1) = \frac{1}{2}\left(\frac{B}{v}\right)^{\frac{m-1}{2}} \exp\left(-\frac{B}{2}-\frac{v}{2}\right) \mathrm{I}_{m-1}\left[(Bv)^{\frac{1}{2}}\right] \tag{4.5.32}$$

式中，$\mathrm{I}_m(\cdot)$ 表示 m 阶第一类修正贝塞尔函数；非中心参量 v 为

$$v=\frac{mA^2T^2}{4\sigma_T^2}=\frac{2mE_i}{N_0}=\frac{2E}{N_0} \tag{4.5.33}$$

当信号不存在时，B 为 $2m$ 自由度的中心 χ^2 分布，即

$$p(B\,|\,H_0)=\frac{1}{2^m\,\Gamma(m)}B^{m-1}\exp\left(-\frac{B}{2}\right) \tag{4.5.34}$$

式中，$\Gamma(\cdot)$ 表示 Γ 函数。

当检测门限是 G_T 时，虚警概率为

$$P_{\mathrm{f}}=1-\int_0^{G_T}\frac{B^{m-1}}{2^m\,\Gamma(m)}\exp\left(-\frac{B}{2}\right)\mathrm{d}B=1-I\left(\frac{G_T}{2\sqrt{m}},m-1\right) \tag{4.5.35}$$

式中：$I(u,q)$ 是不完全 Γ 函数的皮尔逊形式，它的表示式为

$$I(u,q)=\frac{1}{\Gamma(q+1)}\int_0^{u\sqrt{q+1}}t^q\exp(-t)\mathrm{d}t \tag{4.5.36}$$

检测概率为 $P_{\mathrm{d}}=\int_{G_T}^{\infty}\frac{1}{2}\left(\frac{B}{v}\right)^{\frac{m-1}{2}}\exp\left(-\frac{B}{2}-\frac{v}{2}\right)\mathrm{I}_{m-1}\left[(Bv)^{\frac{1}{2}}\right]\mathrm{d}B=Q_m\left[\left(\frac{2mE_i}{N_0}\right)^{1/2},G_T^{1/2}\right]$ (4.5.37)

式中，$Q_m(\alpha,\beta)$ 称为广义马库姆函数，它等于 1 减去 $2m$ 自由度非中心 χ^2 分布的累积分布函数。它的表示式为

$$Q_m(\alpha,\beta)=\int_\beta^\infty t\left(\frac{t}{\alpha}\right)^{m-1}\exp\left(-\frac{t^2+\alpha^2}{2}\right)\mathrm{I}_{m-1}(\alpha\, t)\mathrm{d}t \tag{4.5.38}$$

根据虚警概率表示式，当给定脉冲积累数 m 和虚警概率 P_{f} 后，便可求出检测门限 G_T，再根据检测概率表示式，由给定的单个信号的信噪比 E_i/N_0、脉冲积累数 m 及已得到的检测门限 G_T，便能求出检测概率 P_{d}。

在雷达系统中，对于相干射频脉冲串信号，相干积累获得的信噪比改善与积累的脉冲数成正比。当 m 从 1 增大到 100 时，在同样检测性能条件下，所需要的单个脉冲信噪比减小到 1/100(即 $1/m$)，即−20dB。而对于非相干积累，其性能要比相干积累差一些，特别是在单个脉冲信噪比很小时，与相干积累差距更大。非相干积累对信噪比的改善几乎与积累脉冲数的平方根成正比。

4.5.3 多重不同振幅随机相位信号的检测

多重不同振幅随机相位信号是指：除了相位是随机变量外，多重随机相位信号的每一个信号的其他参量都已知，且频率都相等，振幅不同。对于非相干脉冲雷达，从固定点目标反射回来的回波脉冲串信号就是如此。非相干脉冲雷达从固定点目标反射回来的回波脉冲串称为非相干脉冲串。

对于多重不同振幅随机相位信号的检测，相应的两种假设为

$$\begin{cases}H_0：x_i(t)=n_i(t) \quad i=1,2,\cdots,m\\ H_1：x_i(t)=A_i\sin(\omega t+\theta_i)+n_i(t) \quad i=1,2,\cdots,m\end{cases} \tag{4.5.39}$$

式中，A_i 为第 i 个信号的振幅，是常数；ω 为信号的频率，是常数；θ_i 为第 i 个信号的相位，是随机变量，其先验概率密度 $p(\theta_i)$ 在区间 $(0,2\pi)$ 上为均匀分布；$n_i(t)$ 为第 i 个接收信号的加性噪声，它是均值为 0，功率谱密度为 $N_0/2$ 的高斯白噪声。各个接收信号的加性噪声是相互统计独立的。每个信号的持续时间间隔均为 T。

第 i 个接收信号 $x_i(t)$ 的似然比为

$$\Lambda(x_i)=\exp\left(-\frac{A_i^2 T}{2N_0}\right)\mathrm{I}_0\left(\frac{2A_iM_i}{N_0}\right) \tag{4.5.40}$$

多重不同振幅随机相位信号的似然比为

$$\begin{aligned}\Lambda(x)&=\prod_{i=1}^{m}\Lambda(x_i)=\prod_{i=1}^{m}\exp\left(-\frac{A_i^2 T}{2N_0}\right)\mathrm{I}_0\left(\frac{2A_iM_i}{N_0}\right)\\&=\exp\left(-\frac{1}{2N_0}\sum_{i=1}^{m}A_i^2T\right)\prod_{i=1}^{m}\mathrm{I}_0\left(\frac{2A_iM_i}{N_0}\right)\\&=\exp\left(-\frac{1}{N_0}\sum_{i=1}^{m}E_i\right)\prod_{i=1}^{m}\mathrm{I}_0\left(\frac{2A_iM_i}{N_0}\right)\end{aligned} \tag{4.5.41}$$

利用对数似然比，多重不同振幅随机相位信号检测的检测判决式为

$$-\frac{1}{N_0}\sum_{i=1}^{m}E_i+\sum_{i=1}^{m}\ln\mathrm{I}_0\left(\frac{2A_iM_i}{N_0}\right)\underset{H_0}{\overset{H_1}{\gtrless}}\ln\Lambda_0 \tag{4.5.42}$$

或等效为

$$\sum_{i=1}^{m}\ln\mathrm{I}_0\left(\frac{2A_iM_i}{N_0}\right)\underset{H_0}{\overset{H_1}{\gtrless}}\ln\Lambda_0+\frac{1}{N_0}\sum_{i=1}^{m}E_i=\beta \tag{4.5.43}$$

式中，Λ_0 和 β 分别为门限。

其他处理与多重同振幅随机相位信号的情况相同。多重不同振幅随机相位信号的检测系统的组成也与多重同振幅随机相位信号的相似，匹配滤波器之后也要加检波器，但其检波器之后的积累器需要按各自振幅 A_i 对各包络样本 M_i 进行加权求和。也就是说，信号幅度变化规律改变了，检测系统也应做相应的改变。在雷达情况下，雷达回波信号的振幅受天线波束调制，因而其最佳接收机应对回波脉冲按天线方向图加权积累。

4.5.4 多重随机振幅和相位信号的检测

多重随机振幅和相位信号是指：多重信号的每一个信号的振幅和相位是随机变量，频率是已知的且都相等。

1. 检测算法

对于多重随机振幅和相位信号的检测，相应的两种假设为

$$\begin{cases}H_0:\ x_i(t)=n_i(t) \quad i=1,2,\cdots,m\\ H_1:\ x_i(t)=A_i\sin(\omega t+\theta_i)+n_i(t) \quad i=1,2,\cdots,m\end{cases} \tag{4.5.44}$$

式中，A_i 为第 i 个信号的振幅，是服从瑞利分布的随机变量；ω 为信号的频率，是常数；θ_i 为第 i 个信号的相位，是随机变量，其先验概率密度 $p(\theta_i)$ 在区间 $(0,2\pi)$ 上为均匀分布；$n_i(t)$ 为第 i 个接收信号的加性噪声，它是均值为 0，功率谱密度为 $N_0/2$ 的高斯白噪声。各个接收信号的加性噪声是相互统计独立的。每个信号的持续时间间隔均为 T 。

假定多重随机振幅和相位信号的各个信号的振幅是相互统计独立的。第 i 个信号的振幅 A_i 的先验概率密度为

$$p(A_i)=\frac{A_i}{\sigma_A^2}\exp\left(-\frac{A_i}{2\sigma_A^2}\right) \quad i=1,2,\cdots,m \tag{4.5.45}$$

第 i 个接收信号 $x_i(t)$ 的似然比为

$$\Lambda(x_i)=\frac{N_0}{N_0+T\sigma_A^2}\exp\left[\frac{2\sigma_A^2M_i^2}{N_0(N_0+T\sigma_A^2)}\right] \tag{4.5.46}$$

多重随机振幅和相位信号的似然比为

$$\Lambda(x)=\prod_{i=1}^{m}\Lambda(x_i)=\prod_{i=1}^{m}\frac{N_0}{N_0+T\sigma_A^2}\exp\left[\frac{2\sigma_A^2M_i^2}{N_0(N_0+T\sigma_A^2)}\right] \tag{4.5.47}$$

利用对数似然比，多重不同振幅随机相位信号检测的检测判决式为

$$m\ln\left(\frac{N_0}{N_0+T\sigma_A^2}\right)+\sum_{i=1}^{m}\frac{2\sigma_A^2M_i^2}{N_0(N_0+T\sigma_A^2)}\underset{H_0}{\overset{H_1}{\gtrless}}\ln\Lambda_0 \tag{4.5.48}$$

或等效为

$$\sum_{i=1}^{m}M_i^2\underset{H_0}{\overset{H_1}{\gtrless}}\frac{N_0(N_0+T\sigma_A^2)}{2\sigma_A^2}\left[\ln\Lambda_0-m\ln\left(\frac{N_0}{N_0+T\sigma_A^2}\right)\right]=\beta \tag{4.5.49}$$

式中，Λ_0 和 β 分别为门限。

2．检测系统结构

多重随机振幅和相位信号检测的检测判决式与小信噪比情况的多重同振幅随机相位信号检测的检测判决式相同，只是门限不同，故它们的最佳检测系统结构也相同（见图 4.5.4），仅门限不同。

3．检测性能分析

为了分析多重随机振幅和相位信号检测的检测性能，仍利用归一化检测统计量

$$B=\sum_{i=1}^{m}M_i^2/\sigma_T^2 \tag{4.5.50}$$

于是虚警概率 $P_{\rm f}$ 表示式应与式(4.5.35)相同。

由于振幅 A_i 是随机变量，而非中心参量 v 是振幅 A_i 的函数，故 v 也是随机变量。对于给定的 v，检测概率由式(4.5.37)给出，即

$$P_{\rm d}(v)=\int_{G_T}^{\infty}\frac{1}{2}\left(\frac{B}{v}\right)^{\frac{m-1}{2}}\exp\left(-\frac{B}{2}-\frac{v}{2}\right){\rm I}_{m-1}\left[(Bv)^{\frac{1}{2}}\right]{\rm d}B \tag{4.5.51}$$

由于 $P_{\rm d}(v)$ 是随机变量 v 的函数，故检测概率 $P_{\rm d}$ 应是 $P_{\rm d}(v)$ 对 v 的统计平均。最终有

$$P_{\rm d}=1-\int_0^{G_T/2(1+\varepsilon)}\frac{z^{m-1}e^{-z}}{\Gamma(m)}{\rm d}z \tag{4.5.52}$$

式中，$\varepsilon=\sigma_A^2T/N_0$ 是单个信号的平均能量与噪声谱密度之比。

雷达工作时经常遇到幅度起伏的非相干脉冲串。复杂目标（如飞机）是由许多反射单元所组成的，目标的运动等将使有效反射面积发生变化，从而使雷达回波脉冲的振幅成为随机量。振幅起伏一般分为 2 类：一类是扫描-扫描起伏，即在天线一次扫描期间收到的脉冲振幅可以认为是不变的，但各次扫描间的脉冲串振幅则随机变化且统计独立。另一类是脉冲-脉冲起伏，即脉冲串中各脉冲间具有统计独立的随机振幅。

本章小结

信号检测的理论基础是贝叶斯统计决策和贝叶斯统计推断，所要求的已知条件有似然函数、假设的先验概率和判决的代价因子，其中似然函数是最基本的已知条件，各种准则都要有这个已知条件。似然函数是根据信道噪声概率密度得到的，因此信道噪声概率密度是信号检测的最基本的已知条件。第 3 章所讨论的信号检测的基本理论只是假定信道噪声概率密度是已知的，但没有假定信道噪声概率密度的具体形式。本章将信道噪声具体为高斯白噪声，也就是将第 3 章所讨论的信号检测的基本理论应用于高斯白噪声中的信号检测。

信号检测的判决准则有贝叶斯准则、最大后验概率准则、最小平均错误概率准则、极小极大准则、奈曼－皮尔逊准则和最大似然准则，各种统计推理准则都可以统一到似然比检测方法：似然比与门限比较，不同的准则只需对应不同的门限。本章就是根据似然比检测方法来讨论所有问题的，不再具体讨论门限对应何种判决准则。

本章在信道噪声为高斯白噪声这一背景下，讨论了二元确知信号的检测、多元确知信号的检测、二元随机参量信号的检测和多重信号的检测。多重信号的检测又分为多重确知信号的检测和多重随机参量信号的检测。无论对于何种形式信号的检测，研究过程主要有 3 个步骤：建立检测算法、构造检测系统和检测性能分析。建立检测算法包括 3 个步骤：根据信道噪声概率密度求出各种假设的似然函数，建立似然比检测判决式，最后将似然比检测判决式简化为检测统计量检测判决式(检测统计量与门限的比较表示式)。构造检测系统就是根据检测统计量检测判决式画出构造检测系统结构图。检测性能分析包括两个步骤：首先根据检测统计量的表示式，求出各种假设下检测统计量的概率密度；再根据检测统计量的概率密度，求出虚警概率和检测概率或平均错误概率。

随机参量信号检测需要注意的是：建立检测算法最终所用的似然函数或似然比是平均似然函数或平均似然比，它是对条件似然函数或条件似然比的统计平均。条件似然函数或条件似然比是以随机参量为条件的似然函数或以随机参量为条件的似然比，就是将随机参量作为确知参量得到的似然函数或似然比。凡是似然函数、似然比、错误概率或检测概率为随机参量的函数，都需要将它们对随机参量取统计平均，以去掉随机因素的影响，用平均似然函数、平均似然比、平均错误概率或平均检测概率代替原来的似然函数、似然比、错误概率或检测概率。

本章所讨论的多重信号检测的关键是假定了各个接收信号是相互统计独立的，使多重接收信号的似然比等于各个接收信号似然比之积，从而使问题的分析简便了。

思考题

4.1　概述理想白噪声和带限白噪声的特点。

4.2　在带限高斯白噪声情况下和理想高斯白噪声情况下，信号检测的方法有什么区别?

4.3　概述多重信号检测的含义、目的及方法。

4.4　归纳随机频率信号检测方法的特点。

4.5　归纳相干和非相干信号的特点。

习题

4.1　在 $0 \leqslant t \leqslant T$ 时间范围内，二元相干启闭键控(COOK)通信系统发送的二元信号为 $s_0(t)=0$，$s_1(t)=A\sin\omega_c t$，其中，信号的振幅 A 和频率 ω_c 已知，并假定发送两种信号的先验概率相等。二元信号在信道传输中叠加了均值为 0、功率谱密度为 $N_0/2$ 的高斯白噪声 $n(t)$。如果采用最小平均错误概率准则，试确定检测判决式，并计算平均错误概率。

4.2　在 $0 \leqslant t \leqslant T$ 时间范围内，二元通信系统发送的二元信号为 $s_0(t) = A\sin\omega_0 t$，$s_1(t) = A\sin 2\omega_0 t$，其中，信号的振幅 A 和频率 ω_0 已知。二元信号在信道传输中叠加了均值为 0、功率谱密度为 $N_0/2$ 的高斯白噪声 $n(t)$。假定发送两种信号的先验概率相等，试确定最小平均错误概率检测判决式，并计算平均错误概率。

4.3　在二元通信系统中，信号检测的两种假设为

$$H_0:\ x(t) = B\cos(\omega_2 t + \varphi) + n(t)$$

$$H_1:\ x(t) = A\cos\omega_1 t + B\cos(\omega_2 t + \varphi) + n(t)$$

其中，A、B、ω_1、ω_2 和 φ 为已知常数，观测时间为 $0 \leqslant t \leqslant T$。噪声 $n(t)$ 是均值为 0、功率谱密度为 $N_0/2$ 的高斯白噪声。（1）试确定似然比检测判决式。（2）说明信号 $s_0(t) = B\cos(\omega_2 t + \varphi)$ 对检测性能有无影响。

4.4　随机变量 x 服从均值为 0、方差为 σ^2 的高斯分布。两种假设下的观测值为 H_0：$y = x^2$，H_1：$y = \exp(x)$，试确定似然比检测判决式。

4.5　在二元数字通信系统中，信号检测的两种假设为

$$H_0:\ x(t) = s_0(t) + n(t) \quad 0 \leqslant t \leqslant 3T$$

$$H_1:\ x(t) = s_1(t) + n(t) \quad 0 \leqslant t \leqslant 3T$$

其中，信号 $s_0(t)$ 和 $s_1(t)$ 的波形如图 4.1 所示；噪声 $n(t)$ 是均值为 0、功率谱密度为 $N_0/2$ 的高斯白噪声。设两种假设的先验概率相等，采用最小平均错误概率准则进行检测，求 $E/N_0 = 2$ 时的平均错误概率，其中 E 是信号 $s_0(t)$ 和 $s_1(t)$ 的平均能量。

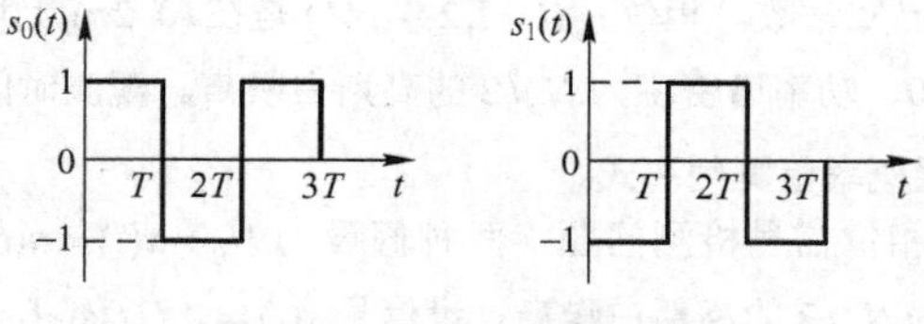

图 4.1　习题 4.5 中信号波形图

4.6　在通信系统中，所观测的随机变量 x 在 3 种假设下皆具有高斯概率密度

$$p(x \mid H_i) = \frac{1}{\sqrt{2\pi}\sigma_i}\exp\left[-\frac{(x-m_i)^2}{2\sigma_i^2}\right] \quad i = 1,2,3$$

其中，3 种假设下的各参数分别为

$$H_1:\ m_1 = 0, \sigma_1 = \sigma_{\mathrm{a}}$$

$$H_2:\ m_2 = m, \sigma_2 = \sigma_{\mathrm{a}},\ m > 0$$

$$H_3:\ m_3 = 0, \sigma_3 = \sigma_{\mathrm{b}},\ \sigma_{\mathrm{b}} > \sigma_{\mathrm{a}}$$

3 种假设是等概率的，采用最小错误概率准则进行判决。对于给定条件 $\sigma_{\mathrm{b}}^2 = 2\sigma_{\mathrm{a}}^2$，$\sigma_{\mathrm{a}} = m$：（1）试求最小错误概率检测判决式，画出判决区域；（2）计算最小错误概率。

4.7　在三元信号通信系统中，信号检测的 3 种假设为

$$H_0:\ x(t) = s_0(t) + n(t) = n(t)$$

$$H_1:\ x(t) = s_1(t) + n(t) = A\sin\omega_0 t + n(t)$$

$$H_2:\ x(t) = s_2(t) + n(t) = -A\sin\omega_0 t + n(t)$$

其中，A 和 ω_0 为已知常数，观测时间为 $0 \leqslant t \leqslant T$，且 $\omega_0 T = 2k\pi$，k 为正整数。噪声 $n(t)$ 是均值为 0、功率谱密度为 $N_0/2$ 的高斯白噪声。如果各个假设的先验概率相等：（1）设计最小平均错误概率的最佳检测系统的检测判决式；（2）求判决概率 $P(D_0 \mid H_0)$ 的表示式；（3）证明判决概率 $P(D_1 \mid H_1) = P(D_2 \mid H_2)$；（4）求平均正确判决概率。

4.8　在四元信号通信系统中，信号检测的 4 种假设为

$$H_i:\ x(t) = s_i(t) + n(t) = A\sin(\omega_0 t + i\pi/2) + n(t) \quad i = 0,1,2,3$$

其中，A 和 ω_0 为已知常数，观测时间为 $0 \leqslant t \leqslant T$，且 $\omega_0 T = 2k\pi$，k 为正整数。噪声 $n(t)$ 是均值为 0、功率谱密度为 $N_0/2$ 的高斯白噪声。如果各个假设的先验概率相等：（1）请设计采用最小平均错误概率准则的检测系统；（2）分析其检测性能。

4.9　在二元通信系统中，信号检测的两种假设为

$$H_0: x(t) = B\cos(\omega_2 t + \varphi) + n(t)$$

$$H_1: x(t) = A\cos\omega_1 t + B\cos(\omega_2 t + \varphi) + n(t)$$

其中，A、B、ω_1 和 ω_2 为已知常数，观测时间为 $0 \leqslant t \leqslant T$。相位 φ 是在 $(0, 2\pi)$ 上均匀分布的随机变量。噪声 $n(t)$ 是均值为 0、功率谱密度为 $N_0/2$ 的高斯白噪声。

（1）试确定似然比检测判决式。

（2）如果 $\int_0^T \cos\omega_1 t \cos\omega_2 t\mathrm{d}t = \int_0^T \cos\omega_1 t \sin\omega_2 t\mathrm{d}t = 0$，证明最佳检测系统可用 $G = \int_0^T x(t)\cos\omega_1 t\mathrm{d}t$ 作为检测统计量并对此加以讨论。

4.10　对于 M 元非相干频移键控信号检测问题，M 种假设为

$$H_1: x(t) = A\sin(\omega_1 t + \varphi_1) + n(t)$$

$$H_2: x(t) = A\sin(\omega_2 t + \varphi_2) + n(t)$$

$$\vdots$$

$$H_M: x(t) = A\sin(\omega_M t + \varphi_M) + n(t)$$

其中，A 和 $\omega_i\,(i = 1, 2, \cdots, M)$ 为已知常数。相位 $\varphi_i\,(i = 1, 2, \cdots, M)$ 是在 $(0, 2\pi)$ 上均匀分布的随机变量，并且相互统计独立。噪声 $n(t)$ 是均值为 0、功率谱密度为 $N_0/2$ 的高斯白噪声。观测时间为 $0 \leqslant t \leqslant T$。如果各个假设的先验概率相等，试确定最小错误概率检测判决式。

4.11　对于简单二元随机相位信号检测问题，两种假设为 H_0：$x(t) = n(t)$ 和 H_1：$x(t) = s(t) + n(t)$，噪声 $n(t)$ 是均值为 0、功率谱密度为 $N_0/2$ 的高斯白噪声。设信号 $s(t) = Af(t)\sin(\omega_c t + \varphi)$ 是窄带信号，观测时间为 $0 \leqslant t \leqslant T$，且 $2\pi/\omega_c << T$，包络 $f(t)$ 是慢变化的，相位 φ 是在 $(0, 2\pi)$ 上均匀分布的随机变量。证明信号检测的非相干匹配滤波器由冲激响应为 $h(t) = f(T-t)\sin[\omega_c(T-t)]$ 的线性滤波器后接一个包络检波器组成。

4.12　在多重二元确知信号检测中，如果两种假设分别为

$$H_0: x_k = s_0 + n_k,\quad k = 1, 2, \cdots, M$$

$$H_1: x_k = s_1 + n_k,\quad k = 1, 2, \cdots, M$$

其中，s_0 和 s_1 是确知信号，且 $s_1 > s_0$。已知观测噪声 n_k 服从均值为 0、方差为 σ^2 的高斯分布，且各次观测相互统计独立，似然比检测门限为 Λ_0。（1）确定似然比检测判决式。（2）确定判决概率 $P(D_1|H_0)$ 和 $P(D_1|H_1)$ 的计算式。

4.13　在多重二元随机相位信号检测中，如果两种假设分别为

$$H_0: x_i(t) = n_i(t),\quad i = 1, 2, \cdots, M$$

$$H_1: x_i(t) = s(t) + n_i(t),\quad i = 1, 2, \cdots, M$$

设信号 $s(t) = A\sin(\omega_c t + \varphi)$，其中，振幅 A 和频率 ω_c 已知，相位 φ 是在 $(0, 2\pi)$ 上均匀分布的随机变量。观测噪声 $n_i(t)$ 是均值为 0、功率谱密度为 $N_0/2$ 的高斯白噪声，且各次观测相互统计独立。如果似然比检测门限为 Λ_0，试确定似然比检测判决式。

4.14　在简单二元随机振幅与随机相位信号的检测中，两种假设下的接收信号为

$$H_0: x(t) = n(t),\quad 0 \leqslant t \leqslant T$$

$$H_1: x(t) = A\sin(\omega_c t + \varphi) + n(t),\quad 0 \leqslant t \leqslant T$$

其中，频率 ω_c 已知，且满足 $\omega_c T = 2k\pi$，k 为正整数。振幅 A 是离散随机变量，其概率分布为 $P(A = 0) = 1 - P_0$，$P(A = A_0) = P_0$。相位 φ 是在 $(0, 2\pi)$ 上均匀分布的随机变量，与随机振幅相互统计独立。噪声 $n(t)$ 是均值为 0、功率谱密度为 $N_0/2$ 的高斯白噪声。

（1）请采用奈曼－皮尔逊准则设计检测系统。

（2）证明信号检测概率 $P_D = (1-P_0)P_F + P_0 P_D(A_0)$，其中，$P_F$ 是错误判决概率 $P(D_1 | H_0)$，$P_D(A_0)$ 是 $A = A_0$ 的恒定振幅信号的正确判决概率 $P(D_1 | H_1)$。

4.15 在简单二元随机振幅与随机相位信号的检测中，两种假设下的接收信号为

$$H_0: x(t) = n(t), \quad 0 \leqslant t \leqslant T$$

$$H_1: x(t) = A\sin(\omega_c t + \varphi) + n(t), \quad 0 \leqslant t \leqslant T$$

其中，频率 ω_c 已知，且满足 $\omega_c T = 2k\pi$，k 为正整数。振幅 A 是随机变量，其概率密度为 $p(A) = \sum_{i=1}^{M} P_i \delta(A - A_i)$，相位 φ 是在 $(0, 2\pi)$ 上均匀分布的随机变量。观测噪声 $n(t)$ 是均值为 0、功率谱密度为 $N_0/2$ 的高斯白噪声。如果似然比检测门限为 Λ_0，试确定似然比检测判决式。

4.16 在简单二元随机振幅与随机相位信号的检测中，两种假设下的接收信号为

$$H_0: x(t) = n(t), \quad 0 \leqslant t \leqslant T$$

$$H_1: x(t) = A\sin(\omega_c t + \varphi) + n(t), \quad 0 \leqslant t \leqslant T$$

其中，频率 ω_c 已知，且满足 $\omega_c T = 2k\pi$，k 为正整数。振幅 A 是随机变量，其概率密度为

$$p(A) = (1-P_0)\delta(A) + P_0 \frac{A}{{A_0}^2}\exp\left(-\frac{A^2}{2{A_0}^2}\right) \quad A \geqslant 0, 0 < P_0 < 1$$

相位 φ 是在 $(0, 2\pi)$ 上均匀分布的随机变量。观测噪声 $n(t)$ 是均值为 0、功率谱密度为 $N_0/2$ 的高斯白噪声。

（1）如果似然比检测门限为 Λ_0，试确定似然比检测判决式。

（2）确定采用奈曼—皮尔逊准则的检测判决式。

（3）证明信号检测的正确判决概率 $P_D = P(D_1 | H_1) = (1-P_0)P_F + P_0 P_F^{1/\beta}$。其中，$P_F$ 是错误判决概率 $P(D_1 | H_0)$；$\beta = 1 + TA_0^2 / N_0$。

4.17 在多重二元随机相位信号检测中，如果两种假设分别为

$$H_0: x_i(t) = n_i(t), \quad i = 1, 2, \cdots, M$$

$$H_1: x_i(t) = A_i \sin(\omega_c t + \varphi_i) + n_i(t), \quad i = 1, 2, \cdots, M$$

其中，频率 ω_c 已知；振幅 A_i 是离散随机变量，且 $P(A_i = 0) = 1 - P_0$，$P(A_i = A_0) = P_0$；相位 φ_i 是在 $(0, 2\pi)$ 上均匀分布的随机变量，且 φ_i 与 φ_k 不相关（$i \neq k$）。观测噪声 $n_i(t)$ 是均值为 0、功率谱密度为 $N_0/2$ 的高斯白噪声，且 $n_i(t)$ 与 $n_k(t)$ 不相关（$i \neq k$）。如果似然比检测门限为 Λ_0，试确定似然比检测判决式。当 A_0 趋于 0 时，似然比检测判决式的渐进形式如何？

第 5 章　高斯色噪声中信号的检测

由第 3 章所讨论的信号检测的基本理论可知，无论是何种准则下的信号检测，均是以已知信道噪声的概率密度为前提的。因为第 3 章讨论的信号检测的基本理论，仅假定了信道噪声的概率密度为已知，而未指定其为何种具体形式。第 4 章在第 3 章的基础上，将信道噪声确定为高斯白噪声，讨论了信号的检测。本章将在信道噪声确定为高斯色噪声的前提下，讨论信号的检测。

5.1　高斯色噪声中信号检测的思路

如果噪声的功率谱密度在整个频带内的分布是非均匀的，则称为色噪声。色噪声的自相关函数不再是 δ 函数，故色噪声在任意两个不同时刻的取值不再是不相关的。如果色噪声服从高斯分布，则称为高斯色噪声。高斯色噪声既具有高斯噪声的特性，又具有色噪声的特性。

对于 $(0,T)$ 时间内信号加白噪声的观测波形，可以根据采样定理，在均匀时间间隔上对它进行幅度采样，或者说以辛格函数作为正交函数集对它进行展开，展开式的各项系数就是幅度采样值。对于高斯白噪声，在任意不同时刻采样所得的样本都是不相关的，这种采样所得的样本也是统计独立的，从而能够通过观测波形一维似然函数的连乘得出其多维似然函数，进而建立似然比检测。

对于高斯色噪声，在任意两个不同时刻的取值是相关的，根据采样定理，在均匀时间间隔上对它进行幅度采样所得的样本是相关的，这种采样所得的样本并不是统计独立的，因而难以直接用各个样本的概率密度求出其多维联合概率密度。因此，对于含有高斯色噪声的信号或高斯色噪声中的信号，不能通过在时域对幅度进行采样得到统计独立的样本，应该寻求新的方法解决信号检测问题。

高斯色噪声中信号检测的基本方法通常有两种：一种是白化处理方法，另一种是卡亨南-洛维(Karhunen-Loeve)展开方法。

白化处理方法采用匹配滤波器中讨论的白化处理方法，先将含有高斯色噪声的接收信号通过一个白化滤波器，使输入白化滤波器的色噪声在输出端变为白噪声，然后再按白噪声中信号检测的方法进行处理。

卡亨南-洛维展开方法就是把含有高斯色噪声的信号表示成正交展开的形式，将正交展开的系数作为样本，从而使样本是相互统计独立的。通过求取卡亨南-洛维展开系数的概率密度，并将它们相乘，得到所有卡亨南-洛维展开系数的联合概率密度（即含有高斯色噪声的信号的多维概率密度）；再由卡亨南-洛维展开系数的联合概率密度得到不同假设下的似然函数，从而就可以进行似然比检测。

信号检测的关键问题之一就是要找到能够保持信号信息不丢失而又相互统计独立的许多样本，从而使所有样本的联合概率密度等于各个样本概率密度的乘积。当然，含有高斯色噪声的信号可以用傅里叶级数展开，但只有当观测时间 T 趋于无穷大时，展开式各项系数才是不相关的，这一点在实际中常常得不到满足。

卡亨南-洛维展开是随机信号的一种正交展开，是研究信号检测的一种有力的数学工具。本章主要讨论高斯色噪声中信号检测的卡亨南-洛维展开方法。

5.2 卡亨南-洛维展开

为了分析问题方便，常将确知信号表示成正交展开的形式。对于随机信号，也可以表示成正交展开的形式。卡亨南-洛维展开就是一种将随机信号表示成正交展开的方法。

1．随机信号的正交展开

在时间$(0,T)$上定义的函数集$\{f_k(t),k=1,2,\cdots\}$，如果满足

$$\int_0^T f_k(t)f_i^*(t)\mathrm{d}t=\begin{cases}1 & k=i\\ 0 & k\neq i\end{cases} \tag{5.2.1}$$

则称此函数集是正交函数集。如果在平方可积或能量有限的函数空间中，不存在另一个函数$g(t)$，使

$$\int_0^T f_k(t)g^*(t)\mathrm{d}t=0 \quad k=1,2,\cdots \tag{5.2.2}$$

则正交函数集$\{f_k(t),k=1,2,\cdots\}$称为完备的正交函数集。

在时间$(0,T)$上的任意平方可积随机信号$x(t)$的正交展开表示为

$$x(t)=\lim_{m\to\infty}\sum_{k=1}^{m}x_k f_k(t)=\sum_{k=1}^{\infty}x_k f_k(t) \tag{5.2.3}$$

其展开系数为

$$x_k=\int_0^T x(t)f_k^*(t)\mathrm{d}t \quad k=1,2,\cdots \tag{5.2.4}$$

对于随机信号$x(t)$，展开系数x_k是随机变量，因此$x(t)$的正交展开应在平均意义上满足

$$\lim_{m\to\infty}E\left\{\left[x(t)-\sum_{k=1}^{m}x_k f_k(t)\right]^2\right\}=0 \tag{5.2.5}$$

即正交展开的均方误差等于零，或者说正交展开均方收敛于$x(t)$。

式(5.2.3)所示的随机信号$x(t)$的正交展开说明，$x(t)$可以由式(5.2.4)求得的x_k来恢复，也就是说，随机信号$x(t)$完全由其展开系数x_k确定。随机信号$x(t)$正交展开的展开系数x_k并不一定是不相关的。如果在随机信号$x(t)$正交展开的基础上，进一步要求正交展开系数x_k是不相关的，还需要进一步寻找使正交函数集$\{f_k(t),k=1,2,\cdots\}$满足这一要求的条件，也就是，要找到使展开系数x_k不相关的正交函数集$\{f_k(t),k=1,2,\cdots\}$。

2．随机信号的卡亨南-洛维展开

卡亨南-洛维展开的基本出发点是，根据随机信号$x(t)$的统计特性，适当地选择随机信号展开用的正交函数集$\{f_k(t)\}$，以使$x(t)$正交展开的展开系数x_k是互不相关的随机变量。用根据随机信号统计特性选择的正交函数集$\{f_k(t)\}$和展开系数x_k构成的正交展开称为卡亨南-洛维展开。也就是说，卡亨南-洛维展开就是使展开系数互不相关的正交展开。

设接收信号$x(t)$是确知信号$s(t)$和噪声$n(t)$之和，即

$$x(t)=s(t)+n(t) \quad 0\leqslant t\leqslant T \tag{5.2.6}$$

噪声$n(t)$是均值为0、自相关函数为$R_n(\tau)$的平稳随机过程。因此，$x(t)$也是一平稳随机过程。

随机信号$x(t)$的展开系数x_k的均值为

$$E[x_k]=E\left[\int_0^T x(t)f_k^*(t)\mathrm{d}t\right]=\int_0^T s(t)f_k^*(t)\mathrm{d}t \tag{5.2.7}$$

因为 $$x_k - E[x_k] = \int_0^T x(t) f_k^*(t)\mathrm{d}t - \int_0^T s(t) f_k^*(t)\mathrm{d}t = \int_0^T n(t) f_k^*(t)\mathrm{d}t \tag{5.2.8}$$

展开系数 x_k 的协方差为

$$\begin{aligned} E[(x_k - E[x_k])(x_i^* - E[x_i^*])] &= E\left[\int_0^T n(t) f_k^*(t)\mathrm{d}t \int_0^T n^*(t) f_i(t)\mathrm{d}t\right] \\ &= E\left[\int_0^T \int_0^T f_k^*(t_1) f_i(t_2) n(t_1) n^*(t_2)\mathrm{d}t_1\mathrm{d}t_2\right] \\ &= \int_0^T \int_0^T f_k^*(t_1) f_i(t_2) R_n(t_1 - t_2)\mathrm{d}t_1\mathrm{d}t_2 \end{aligned} \tag{5.2.9}$$

要使展开系数 x_k 互不相关，应使 x_k 的协方差为 $\lambda_k \delta_{ki}$。即当 $k \neq i$ 时，x_k 的协方差为 0；当 $k = i$ 时，x_k 的协方差为 λ_k。要使 x_k 的协方差为 $\lambda_k \delta_{ki}$，应使正交函数集 $\{f_k(t)\}$ 中的每一个函数都满足下列齐次积分方程

$$\int_0^T f_i(t_2) R_n(t_1 - t_2)\mathrm{d}t_2 = \lambda_i f_i(t_1) \quad 0 \leqslant t_1 \leqslant T \tag{5.2.10}$$

式中，$R_n(t_1 - t_2)$ 称为积分方程的核；$f_i(t)$ 称为积分方程的特征函数；λ_i 称为是积分方程的特征值。

将式(5.2.10)代入式(5.2.9)可得

$$E[(x_k - E[x_k])(x_i^* - E[x_i^*])] = \int_0^T \lambda_i f_k^*(t_1) f_i(t_1)\mathrm{d}t_1 = \begin{cases} \lambda_i & i = k \\ 0 & i \neq k \end{cases} \tag{5.2.11}$$

对于正交函数集 $\{f_k(t)\}$，如果满足式(5.2.10)，则可以使正交展开系数 x_k 互不相关。反过来可以证明：满足式(5.2.10)的特征函数是正交的。

因为噪声 $n(t)$ 是广义平稳随机过程，其自相关函数满足下述的对称性关系

$$R_n(t_1 - t_2) = E[n(t_1) n^*(t_2)] = R_n^*(t_2 - t_1) \tag{5.2.12}$$

将式(5.2.10)中的积分变量互换，取共轭，并将 i 换为 k，得

$$\int_0^T f_k^*(t_1) R_n^*(t_2 - t_1)\mathrm{d}t_1 = \lambda_k^* f_k^*(t_2) \tag{5.2.13}$$

将式(5.2.13)两端乘以 $f_i(t_2)$，并在 $(0, T)$ 上对 t_2 积分，得

$$\int_0^T \int_0^T f_k^*(t_1) f_i(t_2) R_n^*(t_2 - t_1)\mathrm{d}t_1\mathrm{d}t_2 = \int_0^T \lambda_k^* f_k^*(t_2) f_i(t_2)\mathrm{d}t_2 \tag{5.2.14}$$

另一方面，将式(5.2.10)两端直接乘以 $f_k^*(t_1)$，并在 $(0, T)$ 上对 t_1 积分，得

$$\int_0^T \int_0^T f_k^*(t_1) f_i(t_2) R_n(t_1 - t_2)\mathrm{d}t_1\mathrm{d}t_2 = \int_0^T \lambda_i f_i(t_1) f_k^*(t_1)\mathrm{d}t_1 \tag{5.2.15}$$

比较式(5.2.14)与式(5.2.15)，可见，由于自相关函数 $R_n(t_1 - t_2)$ 的对称性，两式左侧的双重积分彼此相等。因此，将式(5.2.14)与式(5.2.15)相减，则有

$$(\lambda_i - \lambda_k^*)\int_0^T f_i(t) f_k^*(t)\mathrm{d}t = 0 \tag{5.2.16}$$

如果令 $i = k$，则有

$$(\lambda_i - \lambda_i^*)\int_0^T |f_i(t)|^2\mathrm{d}t = 0 \tag{5.2.17}$$

因为式(5.2.17)中的积分不为 0，故有 $\lambda_i = \lambda_i^*$，即式(5.2.10)积分方程的特征值一定是实数。

如果令 $i \neq k$，则有

$$\int_0^T f_i(t) f_k^*(t)\mathrm{d}t = 0 \tag{5.2.18}$$

即对应于不同特征值的特征函数是正交的。这就证明了满足式(5.2.10)的所有特征函数必定是正交的。

综上所述，根据平稳噪声 $n(t)$ 的自相关函数 $R_n(\tau)$，通过求解积分方程式(5.2.10)所得到的所有特征函数 $f_k(t)$ 构成函数集 $\{f_k(t)\}$ 不但是正交函数集，而且还能够使随机信号的展开系数 x_k 是不相关的。

将接收信号进行卡亨南-洛维展开的过程：根据平稳噪声 $n(t)$ 的自相关函数 $R_n(\tau)$，通过求解式(5.2.10)所示的积分方程得到的所有特征函数 $f_k(t)$ 构成正交函数集 $\{f_k(t)\}$，由该 $\{f_k(t)\}$ 对接收信号 $x(t)$ 求得展开系数 x_k，再由 x_k 和 $\{f_k(t)\}$ 按式(5.2.3)构成的展开式就是接收信号的卡亨南-洛维展开。由正交函数集 $\{f_k(t)\}$ 对接收信号 $x(t)$ 求得的展开系数 x_k 是不相关的。

3．含有白噪声接收信号的正交展开

设接收信号 $x(t)$ 是确知信号 $s(t)$ 和噪声 $n(t)$ 之和，即 $x(t)=s(t)+n(t)$，接收时间为 $0\leqslant t\leqslant T$。噪声 $n(t)$ 是均值为 0、功率谱密度为 $S_n(\omega)=N_0/2$ 的白噪声，其自相关函数为 $R_n(\tau)=N_0\delta(\tau)/2$。设正交函数集 $\{f_k(t)\}$，接收信号 $x(t)$ 的展开系数为 x_k，x_k 的协方差为

$$\begin{aligned}E[(x_k-E[x_k])(x_i^*-E[x_i^*])]&=\int_0^T\int_0^T f_k^*(t_1)f_i(t_2)R_n(t_1-t_2)\mathrm{d}t_1\mathrm{d}t_2\\&=\frac{N_0}{2}\int_0^T\int_0^T f_k^*(t_1)f_i(t_2)\delta(t_1-t_2)\mathrm{d}t_1\mathrm{d}t_2\\&=\frac{N_0}{2}\int_0^T f_k^*(t_1)f_i(t_1)\mathrm{d}t_1=\frac{N_0}{2}\delta_{ik}\end{aligned}\tag{5.2.19}$$

这说明，在噪声 $n(t)$ 是白噪声的条件下，取任意正交函数集 $\{f_k(t)\}$ 对平稳随机信号 $x(t)$ 进行展开，其展开系数 x_k 之间都是互不相关的。这就是白噪声情况下正交函数集的任意性。

4．随机参量信号情况下接收信号的正交展开

设接收信号 $x(t)$ 是随机参量信号 $s(t,\theta)$ 和噪声 $n(t)$ 之和，即

$$x(t)=s(t,\theta)+n(t)\quad 0\leqslant t\leqslant T\tag{5.2.20}$$

式中，θ 是随机参量信号 $s(t,\theta)$ 的随机参量或未知参量；噪声 $n(t)$ 是均值为 0、自相关函数为 $R_n(\tau)$ 的平稳随机过程。

在有用信号是随机参量信号 $s(t,\theta)$ 的情况下，把随机参量 θ 看作是确知量，$s(t,\theta)$ 看作以 θ 为条件的信号，接收信号 $x(t)$ 的展开系数 x_k 是以 θ 为条件的展开系数 $x_k(\theta)$。对于由式(5.2.10)得到的正交函数集 $\{f_k(t)\}$，以 θ 为条件的展开系数 $x_k(\theta)$ 仍能够使式(5.2.11)成立，故此，以 θ 为条件的展开系数 $x_k(\theta)$ 之间都是互不相关的。因此，在有用信号是随机参量信号的情况下，接收信号 $x(t)$ 的正交展开仍然可以采用有用信号是确知信号情况下的卡亨南-洛维展开，展开系数只不过是以 θ 为条件的展开系数 $x_k(\theta)$。至于以随机参量 θ 为条件正交展开时，以 θ 为条件的展开系数的处理问题，需要视具体情况而定。

5.3　高斯色噪声中确知信号的检测

卡亨南-洛维展开能够将含有平稳噪声的接收信号表示为正交展开的形式，为研究高斯色噪声中确知信号的检测问题提供了有力工具。利用卡亨南-洛维展开处理高斯色噪声中确知信号的检测问题就是通过求取接收信号的卡亨南-洛维展开的展开系数，利用展开系数的不相关性，获得展开式系数的联合概率密度，再利用似然比检测方法做出判决。

1. 检测算法

对于高斯色噪声中二元确知信号的检测，相应的两种假设表示为

$$\begin{cases} H_0：x(t)=s_0(t)+n(t) & 0\leqslant t\leqslant T \\ H_1：x(t)=s_1(t)+n(t) & 0\leqslant t\leqslant T \end{cases} \tag{5.3.1}$$

式中，$s_0(t)$ 和 $s_1(t)$ 是确知信号；噪声 $n(t)$ 是均值为 0、自相关函数为 $R_n(\tau)$ 的高斯色噪声。

根据式(5.2.10)，由高斯色噪声的自相关函数 $R_n(\tau)$ 求出正交函数集 $\{f_k(t)\}$。因为自相关函数 $R_n(t_1-t_2)$ 为实对称函数，则式(5.2.10)的特征函数 $f_k(t)$ 是实函数。根据正交函数集 $\{f_k(t)\}$，得到展开系数

$$x_k=\int_0^T x(t)f_k^*(t)\mathrm{d}t \quad k=1,2,\cdots \tag{5.3.2}$$

由 x_k 和 $\{f_k(t)\}$，得到卡亨南-洛维展开为

$$x(t)=\sum_{k=1}^{\infty}x_k f_k(t) \tag{5.3.3}$$

由于 x_k 是对高斯过程 $x(t)$ 做线性运算得到的，所以 x_k 也是高斯分布的。又因为它们不相关，所以 x_k 是统计独立的。因此，为确定 x_k 的联合概率密度，只需求出它们的均值和方差，就能够得到其概率密度。所有展开系数 x_k 的联合概率密度等于各个展开系数 x_k 概率密度的乘积。

在假设 H_0 下，展开系数 x_k 的均值为

$$E[x_k\mid H_0]=E\left\{\int_0^T[s_0(t)+n(t)]f_k^*(t)\mathrm{d}t\right\}=\int_0^T s_0(t)f_k^*(t)\mathrm{d}t=s_{0k} \tag{5.3.4}$$

在假设 H_0 下，展开系数 x_k 的方差为

$$\mathrm{Var}[x_k\mid H_0]=E[(x_k-s_{0k})^2]=E\left[\int_0^T n(t)f_k^*(t)\mathrm{d}t\int_0^T n^*(u)f_k(u)\mathrm{d}u\right]=\lambda_k \tag{5.3.5}$$

在假设 H_0 下，将前 m 个展开系数 x_k 构成 m 维随机向量 $\boldsymbol{x}_m=[x_1,x_2,\cdots,x_m]^{\mathrm{T}}$，则随机向量 $\boldsymbol{x}_m$ 的似然函数为

$$p(\boldsymbol{x}_m\mid H_0)=\prod_{k=1}^{m}\left(\frac{1}{2\pi\lambda_k}\right)^{1/2}\exp\left[-\frac{(x_k-s_{0k})^2}{2\lambda_k}\right] \tag{5.3.6}$$

同理，在假设 H_1 下，展开系数 x_k 的均值和方差分别为

$$E[x_k\mid H_1]=\int_0^T s_1(t)f_k^*(t)\mathrm{d}t=s_{1k} \tag{5.3.7}$$

$$\mathrm{Var}[x_k\mid H_1]=E[(x_k-s_{1k})^2]=\lambda_k \tag{5.3.8}$$

在假设 H_1 下，随机向量 $\boldsymbol{x}_m$ 的似然函数为

$$p(\boldsymbol{x}_m\mid H_1)=\prod_{k=1}^{m}\left(\frac{1}{2\pi\lambda_k}\right)^{1/2}\exp\left[-\frac{(x_k-s_{1k})^2}{2\lambda_k}\right] \tag{5.3.9}$$

随机向量 $\boldsymbol{x}_m$ 的似然比为

$$\begin{aligned}\Lambda(\boldsymbol{x}_m)=\frac{p(\boldsymbol{x}_m\mid H_1)}{p(\boldsymbol{x}_m\mid H_0)}&=\exp\left[\sum_{k=1}^{m}-\frac{(x_k-s_{1k})^2}{2\lambda_k}+\frac{(x_k-s_{0k})^2}{2\lambda_k}\right]\\&=\exp\left[\frac{1}{2}\sum_{k=1}^{m}\frac{s_{1k}(2x_k-s_{1k})}{\lambda_k}-\frac{1}{2}\sum_{k=1}^{m}\frac{s_{0k}(2x_k-s_{0k})}{\lambda_k}\right]\end{aligned} \tag{5.3.10}$$

相应的对数似然比为

$$\ln \Lambda(\boldsymbol{x}_m)=\frac{1}{2}\sum_{k=1}^{m}\frac{s_{1k}(2x_k-s_{1k})}{\lambda_k}-\frac{1}{2}\sum_{k=1}^{m}\frac{s_{0k}(2x_k-s_{0k})}{\lambda_k} \tag{5.3.11}$$

为了方便，令式(5.3.11)第一项为

$$\begin{aligned}G_1(\boldsymbol{x}_m)&=\frac{1}{2}\sum_{k=1}^{m}\frac{s_{1k}(2x_k-s_{1k})}{\lambda_k}=\frac{1}{2}\sum_{k=1}^{m}\frac{s_{1k}}{\lambda_k}\left[2\int_0^T x(t)f_k(t)\mathrm{d}t-\int_0^T s_1(t)f_k(t)\mathrm{d}t\right]\\&=\int_0^T\left[x(t)-\frac{1}{2}s_1(t)\right]\sum_{k=1}^{m}\frac{s_{1k}}{\lambda_k}f_k(t)\mathrm{d}t=\int_0^T\left[x(t)-\frac{1}{2}s_1(t)\right]h_{1m}(t)\mathrm{d}t\end{aligned} \tag{5.3.12}$$

式中

$$h_{1m}(t)=\sum_{k=1}^{m}\frac{s_{1k}}{\lambda_k}f_k(t) \tag{5.3.13}$$

当$m\to\infty$时，有

$$G_1=\lim_{m\to\infty}G_1(\boldsymbol{x}_m)=\int_0^T\left[x(t)-\frac{1}{2}s_1(t)\right]h_1(t)\mathrm{d}t \tag{5.3.14}$$

式中

$$h_1(t)=\sum_{k=1}^{\infty}\frac{s_{1k}}{\lambda_k}f_k(t) \tag{5.3.15}$$

为了用较为简明的方法来表示$h_1(t)$，用$R_n(t-\tau)$乘以式(5.3.15)的两边，并在区间$0\leqslant\tau\leqslant T$上对$\tau$积分，则有

$$\int_0^T R_n(t-\tau)h_1(\tau)\mathrm{d}\tau=\sum_{k=1}^{\infty}\frac{s_{1k}}{\lambda_k}\int_0^T R_n(t-\tau)f_k(\tau)\mathrm{d}\tau=\sum_{k=1}^{\infty}s_{1k}f_k(t)=s_1(t) \tag{5.3.16}$$

显然，由式(5.3.16)可以求出$h_1(t)$。$h_1(t)$是确定的函数。

同理，令式(5.3.11)第二项为

$$G_0(\boldsymbol{x}_m)=\frac{1}{2}\sum_{k=1}^{m}\frac{s_{0k}(2x_k-s_{0k})}{\lambda_k} \tag{5.3.17}$$

当$m\to\infty$时，有

$$G_0=\lim_{m\to\infty}G_0(\boldsymbol{x}_m)=\int_0^T\left[x(t)-\frac{1}{2}s_0(t)\right]h_0(t)\mathrm{d}t \tag{5.3.18}$$

式中

$$h_0(t)=\sum_{k=1}^{\infty}\frac{s_{0k}}{\lambda_k}f_k(t) \tag{5.3.19}$$

并且，$h_0(t)$是积分方程

$$s_0(t)=\int_0^T R_n(t-\tau)h_0(\tau)\mathrm{d}\tau \tag{5.3.20}$$

的解，$h_0(t)$也是确定的函数。

令$G=G_1-G_0$，即

$$G=\lim_{m\to\infty}\ln\Lambda(\boldsymbol{x}_m) \tag{5.3.21}$$

于是，高斯色噪声中二元确知信号检测的判决式为

$$G=\int_0^T\left[x(t)-\frac{1}{2}s_1(t)\right]h_1(t)\mathrm{d}t-\int_0^T\left[x(t)-\frac{1}{2}s_0(t)\right]h_0(t)\mathrm{d}t\underset{H_0}{\overset{H_1}{\gtrless}}\ln\Lambda_0 \tag{5.3.22}$$

其等效判决式为

$$\int_0^T x(t)h_1(t)\mathrm{d}t-\int_0^T x(t)h_0(t)\mathrm{d}t\underset{H_0}{\overset{H_1}{\gtrless}}\ln\Lambda_0+\frac{1}{2}\int_0^T s_1(t)h_1(t)\mathrm{d}t-\frac{1}{2}\int_0^T s_0(t)h_0(t)\mathrm{d}t=\beta \tag{5.3.23}$$

式中，Λ_0为检测门限，根据选用的准则而定；β为对应最终检测统计量的检测门限。

2. 检测系统结构

根据高斯色噪声中二元确知信号检测的判决式，可以得到相应检测系统的结构，如图 5.3.1 所示。图 5.3.1 与图 4.2.2 所示的高斯白噪声中二元确知信号的检测系统的结构非常相似，只是图 5.3.1 的本地信号不再是 $s_0(t)$ 和 $s_1(t)$，而是 $h_0(t)$ 和 $h_1(t)$，它们分别是积分方程(5.3.20)和积分方程(5.3.16)的解。

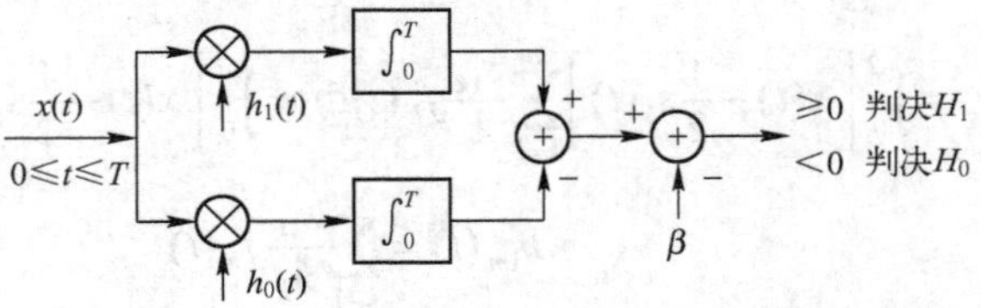

图 5.3.1　高斯色噪声中二元确知信号的最佳检测系统

因为相关运算可以用匹配滤波器来实现，图 5.3.1 中接收信号 $x(t)$ 对 $h_0(t)$ 和 $h_1(t)$ 的相关运算用两个分别对 $h_0(t)$ 和 $h_1(t)$ 匹配的匹配滤波器来实现，故得到匹配滤波器形式的高斯色噪声中二元确知信号的最佳检测系统，如图 5.3.2 所示。

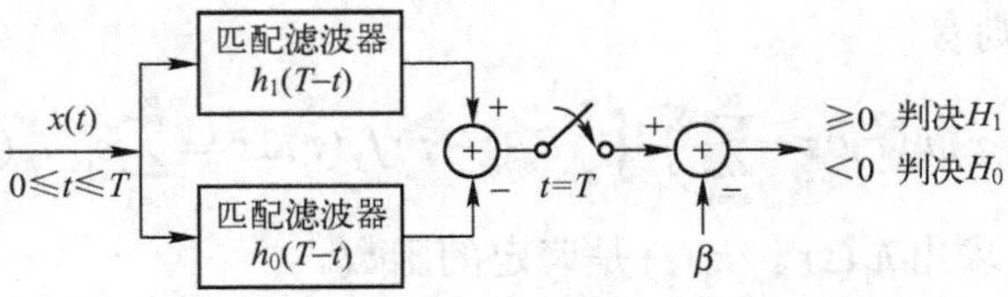

图 5.3.2　匹配滤波器形式的高斯色噪声中二元确知信号的最佳检测系统

图 5.3.2 中的 $h_1(T-t)$ 和 $h_0(T-t)$ 实际上是分别与 $s_1(t)$ 和 $s_0(t)$ 相匹配的广义匹配滤波器的冲激响应。令 $\eta_1(t)=h_1(T-t)$，$\eta_1(T-t)=h_1(t)$，则式(5.3.16)可以写成

$$\int_0^T R_n(t-\tau)\eta_1(T-\tau)\mathrm{d}\tau = s_1(t) \tag{5.3.24}$$

再令 $T-x=t$，$T-\tau=z$，则式(5.3.24)变为

$$s_1(T-x)=\int_0^T R_n(x-z)\eta_1(z)\mathrm{d}z \quad 0\leqslant x\leqslant T \tag{5.3.25}$$

由此可见，$\eta_1(t)=h_1(T-t)$ 是与 $s_1(t)$ 相匹配的广义匹配滤波器的冲激响应。同理，$\eta_0(t)=h_0(T-t)$ 是与 $s_0(t)$ 相匹配的广义匹配滤波器的冲激响应。

3. 检测性能分析

对于高斯色噪声中信号的检测，检测性能也有两种表征形式：一种是用虚警概率和检测概率来表征，另一种是用平均错误概率来表征。对于雷达系统，检测性能指标用虚警概率和检测概率(或漏极概率)来表征。对于通信系统，检测性能指标用平均错误概率来表征。一般二元信号的检测对应于二元通信系统的信号检测，其检测性能分析主要是分析其平均错误概率。

为了求出平均错误概率，首先必须确定检测统计量 G 在两种假设下的概率密度。因为 G 是对高斯随机信号 $x(t)$ 进行式(5.3.22)所示的线性运算得到的，所以 G 也是高斯随机变量。只要求出 G 在两种假设下的均值和方差，就可以得到 G 在两种假设下的概率密度。

G 在两种假设下的均值分别为

$$E[G|H_1]=E\left\{\int_0^T\left[s_1(t)+n(t)-\frac{1}{2}s_1(t)\right]h_1(t)\mathrm{d}t-\int_0^T\left[s_1(t)+n(t)-\frac{1}{2}s_0(t)\right]h_0(t)\mathrm{d}t\right\}$$

$$=\frac{1}{2}\int_0^T s_1(t)h_1(t)\mathrm{d}t-\frac{1}{2}\int_0^T[2s_1(t)-s_0(t)]h_0(t)\mathrm{d}t \tag{5.3.26}$$

$$E[G|H_0]=E\left\{\int_0^T\left[s_0(t)+n(t)-\frac{1}{2}s_1(t)\right]h_1(t)\mathrm{d}t-\int_0^T\left[s_0(t)+n(t)-\frac{1}{2}s_0(t)\right]h_0(t)\mathrm{d}t\right\}$$

$$=-\frac{1}{2}\int_0^T s_0(t)h_0(t)\mathrm{d}t+\frac{1}{2}\int_0^T[2s_0(t)-s_1(t)]h_1(t)\mathrm{d}t \tag{5.3.27}$$

式中，$h_0(t)$ 和 $h_1(t)$ 是积分方程

$$\int_0^T R_n(t-\tau)h_i(\tau)\mathrm{d}\tau=s_i(t)\quad i=0,1 \tag{5.3.28}$$

的解。

为了分析方便，引入积分方程逆核 $R_n^{-1}(t-\tau)$ 的概念，可解得 $h_0(t)$ 和 $h_1(t)$ 的显式表示式。逆核(或色噪声自相关函数的逆) $R_n^{-1}(t-\tau)$ 定义为

$$\int_0^T R_n^{-1}(t-\tau)R_n(\tau-u)\mathrm{d}\tau=\delta(t-u)\quad 0\leqslant t,\ u\leqslant T \tag{5.3.29}$$

将 $R_n^{-1}(u-t)$ 乘以式(5.3.28)，再在区间 $(0\leqslant t\leqslant T)$ 上对 t 积分，得到

$$\int_0^T\left[\int_0^T R_n^{-1}(u-t)R_n(t-\tau)\mathrm{d}t\right]h_i(\tau)\mathrm{d}\tau=\int_0^T R_n^{-1}(u-t)s_i(t)\mathrm{d}t \tag{5.3.30}$$

式(5.3.30)中等号左边的内积分等于 $\delta(u-\tau)$，则有

$$h_i(u)=\int_0^T R_n^{-1}(u-t)s_i(t)\mathrm{d}t\quad i=0,1 \tag{5.3.31}$$

将式(5.3.31)中变量互换，得

$$h_i(t)=\int_0^T R_n^{-1}(t-u)s_i(u)\mathrm{d}u\quad i=0,1 \tag{5.3.32}$$

将式(5.3.32)代入式(5.3.26)和式(5.3.27)中，得

$$E[G|H_1]=\frac{1}{2}\int_0^T\int_0^T R_n^{-1}(t-u)s_1(u)s_1(t)\mathrm{d}t\mathrm{d}u-\frac{1}{2}\int_0^T\int_0^T R_n^{-1}(t-u)s_0(u)[2s_1(t)-s_0(t)]\mathrm{d}t\mathrm{d}u$$

$$=\frac{1}{2}\int_0^T\int_0^T[s_1(t)-s_0(t)]R_n^{-1}(t-u)[s_1(u)-s_0(u)]\mathrm{d}t\mathrm{d}u \tag{5.3.33}$$

$$E[G|H_0]=-\frac{1}{2}\int_0^T\int_0^T R_n^{-1}(t-u)s_0(u)s_0(t)\mathrm{d}t\mathrm{d}u+\frac{1}{2}\int_0^T\int_0^T R_n^{-1}(t-u)s_1(u)[2s_0(t)-s_1(t)]\mathrm{d}t\mathrm{d}u$$

$$=-\frac{1}{2}\int_0^T\int_0^T[s_1(t)-s_0(t)]R_n^{-1}(t-u)[s_1(u)-s_0(u)]\mathrm{d}t\mathrm{d}u \tag{5.3.34}$$

在假设 H_1 为真的情况下，G 的方差为

$$\begin{aligned}\mathrm{Var}[G|H_1]&=E\left\{\{G-E[G|H_1]\}^2\right\}\\&=E\left\{\left\{\int_0^T n(t)[h_1(t)-h_0(t)]\mathrm{d}t\right\}^2\right\}\\&=\int_0^T\int_0^T E[n(t)n(u)][h_1(t)-h_0(t)][h_1(u)-h_0(u)]\mathrm{d}t\mathrm{d}u\\&=\int_0^T\int_0^T R_n(t-u)[h_1(t)-h_0(t)][h_1(u)-h_0(u)]\mathrm{d}t\mathrm{d}u\\&=\int_0^T[s_1(t)-s_0(t)][h_1(t)-h_0(t)]\mathrm{d}t\end{aligned}$$

$$=\int_0^T\int_0^T[s_1(t)-s_0(t)]R_n^{-1}(t-v)[s_1(v)-s_0(v)]\mathrm{d}t\mathrm{d}v$$

$$=\sigma_G^2 \tag{5.3.35}$$

同理，在假设 H_0 为真的情况下，G 的方差为

$$\mathrm{Var}[G\,|\,H_0]=E\left\{\{G-E[G\,|\,H_0]\}^2\right\}=E\left\{\left\{\int_0^T n(t)[h_1(t)-h_0(t)]\mathrm{d}t\right\}^2\right\}=\sigma_G^2 \tag{5.3.36}$$

G 在两种假设下的均值可以进一步表示为

$$E[G\,|\,H_1]=-E[G\,|\,H_0]=\sigma_G^2/2 \tag{5.3.37}$$

G 在两种假设下的概率密度为

$$p(G\,|\,H_1)=\frac{1}{\sqrt{2\pi}\sigma_G}\exp\left[-\frac{(G-\sigma_G^2/2)^2}{2\sigma_G^2}\right] \tag{5.3.38}$$

$$p(G\,|\,H_0)=\frac{1}{\sqrt{2\pi}\sigma_G}\exp\left[-\frac{(G+\sigma_G^2/2)^2}{2\sigma_G^2}\right] \tag{5.3.39}$$

如果采用最小平均错误概率准则，并假定两种假设的先验概率相等，则检测门限 $\varLambda_0=1$，高斯色噪声中二元确知信号检测的判决表示式为

$$G\underset{H_0}{\overset{H_1}{\gtrless}}\ln\varLambda_0=0 \tag{5.3.40}$$

于是，平均错误概率等于某种假设下的错误概率，即

$$P_\mathrm{e}=P(D_1\,|\,H_0)=P(D_0\,|\,H_1)$$

$$=\int_0^\infty\frac{1}{\sqrt{2\pi}\sigma_G}\exp\left[-\frac{(G+\sigma_G^2/2)^2}{2\sigma_G^2}\right]\mathrm{d}G$$

$$=\int_{\sigma_G/2}^\infty\frac{1}{\sqrt{2\pi}}\exp\left(-\frac{z^2}{2}\right)\mathrm{d}z=\mathrm{Q}\left(\frac{\sigma_G}{2}\right) \tag{5.3.41}$$

由式(5.3.41)可见，平均错误概率随 σ_G 增大而单调地减小，其原因是

$$E[G\,|\,H_1]-E[G\,|\,H_0]=\sigma_G^2 \tag{5.3.42}$$

将式(5.3.41)所示的高斯色噪声中二元确知信号检测的平均错误概率与式(4.2.52)所示的的高斯白噪声中二元确知信号检测的平均错误概率相比，除了用 $\sigma_G/2$ 代替 $\sqrt{(1-r_\mathrm{K})E_\mathrm{K}/N_0}$ 外，其余相同。通过令 $R_n(t-\tau)=N_0\delta(t-\tau)/2$，就可以证明高斯白噪声情况下的平均错误概率是高斯色噪声情况下的平均错误概率的特例。

上面讨论了高斯色噪声中二元确知信号的检测方法，其出发点是用卡亨南-洛维展开将接收信号展开为正交分量，利用高斯分布条件下正交展开系数的不相关性得到接收信号的似然函数，最终得到检测统计量与门限比较的检测判决式。其关键是根据给定的信号和噪声的相关函数求解积分方程，解得 $h_0(t)$ 和 $h_1(t)$。除了上述方法外，对于色噪声中检测确知信号的问题，也可以采用白化处理的方法，即先把接收信号通过白化滤波器，使其中的色噪声转换为白噪声，然后再按白噪声中确知信号的检测方法进行处理。

例 5.3.1 对于如下的二元信号检测问题：

$$H_0: x(t)=n(t) \quad 0 \leqslant t \leqslant T$$

$$H_1: x(t)=s(t)+n(t) \quad 0 \leqslant t \leqslant T$$

式中，$s(t)$为确知信号，$n(t)$为高斯色噪声，其相关函数为$R_n(\tau)=\alpha \mathrm{e}^{-\beta t}$。如果似然比检测门限为$\Lambda_0$，试求检测判决式。

解：对于该题所述的二元信号检测问题，需要求出在假设H_1下相关接收的信号$h(t)$。为求近似解$h(t)$，把观测区间扩展为$(-\infty, \infty)$，可得如下卷积积分

$$\int_{-\infty}^{\infty} R_n(t-\tau) h(\tau) \mathrm{d}\tau = s(t)$$

两边取傅里叶变换，得

$$H(\omega) S_n(\omega) = S(\omega)$$

式中，$S_n(\omega)$为噪声功率谱密度，即

$$S_n(\omega)=\int_{-\infty}^{\infty} R_n(\tau) \mathrm{e}^{-\mathrm{j}\omega\tau} \mathrm{d}\tau = \frac{2\alpha\beta}{\omega^2+\beta^2}$$

故$h(t)$的傅里叶变换为

$$H(\omega)=\frac{S(\omega)}{S_n(\omega)}=\frac{\omega^2+\beta^2}{2\alpha\beta} S(\omega)$$

则

$$h(t)=\frac{1}{2\alpha\beta}\left(-\frac{\mathrm{d}^2}{\mathrm{d}t^2}+\beta^2\right) s(t)$$

因此，检测判决式为

$$\int_0^T x(t) h(t) \mathrm{d}t \underset{H_0}{\overset{H_1}{\gtrless}} \ln \Lambda_0 + \frac{1}{2}\int_0^T s(t) h(t) \mathrm{d}t = \gamma$$

5.4 高斯色噪声中随机相位信号的检测

对于高斯色噪声中随机相位信号的检测问题，其特点是信号的初始相位随机或未知，并在$(0, 2\pi)$上均匀分布，似然函数是随机变量。当按照似然比检验方法进行信号检测时，除需要对似然比求统计平均外，其他步骤与确知信号检测的情况相类似。由于信道噪声是色噪声，自相关函数不是δ函数，并且随机参量又是初始相位，需要采用分析信号相位比较方便的复信号表示形式。

5.4.1 信号及噪声的复包络

尽管现实世界中的信号都是实信号，但实信号用复信号形式来表示，往往对含有相位信息的信号的运算及相位信息的分析与提取更方便。

对于实信号$x(t)$，相应的复信号就是其解析信号，即

$$x_{\mathrm{p}}(t) = x(t) + \mathrm{j}H[x(t)] \tag{5.4.1}$$

式中，$x_{\mathrm{p}}(t)$是与$x(t)$对应的解析信号；$H[x(t)]$表示$x(t)$的希尔伯持变换，它是信号$x(t)$与$1/\pi t$的卷积。解析信号的实部就是原信号。解析信号的频谱是原信号频谱正频率部分的 2 倍。

复信号除了式(5.4.1)所示的直角坐标形式外，还有常用的极坐标形式表示的复指数形

式，即

$$x_{\mathrm{p}}(t)=|x_{\mathrm{p}}(t)|\exp\{\mathrm{j}\arg[x_{\mathrm{p}}(t)]\} \tag{5.4.2}$$

式中，$|x_{\mathrm{p}}(t)|$ 是 $x_{\mathrm{p}}(t)$ 的模；$\arg[x_{\mathrm{p}}(t)]$ 表示 $x_{\mathrm{p}}(t)$ 的辐角。解析信号 $x_{\mathrm{p}}(t)$ 的模与辐角的表示式为

$$|x_{\mathrm{p}}(t)|=\sqrt{x^2(t)+\{H[x(t)]\}^2} \tag{5.4.3}$$

$$\arg[x_{\mathrm{p}}(t)]=\arctan\left\{\frac{H[x(t)]}{x(t)}\right\} \tag{5.4.4}$$

对于正弦或余弦形式的窄带信号 $s(t)=A(t)\cos[\omega t+\varphi(t)]$，可以不通过先求出解析信号，再转换为复指数信号的过程，直接写成复指数信号的形式，即

$$s_{\mathrm{p}}(t)=A(t)\exp\{\mathrm{j}[\omega t+\varphi(t)]\}=\tilde{A}(t)\exp(\mathrm{j}\omega t) \tag{5.4.5}$$

式中，$A(t)$ 是信号 $s(t)$ 的幅度函数；ω 是信号 $s(t)$ 载波的角频率；$\varphi(t)$ 是信号 $s(t)$ 的相位函数；$\tilde{A}(t)=A(t)\exp[\mathrm{j}\varphi(t)]$ 称为信号 $s(t)$ 的复包络。

窄带噪声可表示为

$$n(t)=u(t)\cos\omega t-v(t)\sin\omega t \tag{5.4.6}$$

式中，$u(t)$ 和 $v(t)$ 是噪声 $n(t)$ 的两个正交分量。噪声 $n(t)$ 的希尔伯特变换为

$$H[n(t)]=u(t)\cos\omega t+v(t)\sin\omega t \tag{5.4.7}$$

对应噪声 $n(t)$ 的解析信号为

$$n_{\mathrm{p}}(t)=n(t)+\mathrm{j}H[n(t)]=[u(t)+\mathrm{j}v(t)]\exp(\mathrm{j}\omega t) \tag{5.4.8}$$

噪声 $n(t)$ 的复包络为

$$\tilde{n}(t)=u(t)+\mathrm{j}v(t) \tag{5.4.9}$$

噪声复包络的相关函数为

$$\begin{aligned}E[\tilde{n}(t)\tilde{n}^*(t-\tau)]&=E\{[u(t)+\mathrm{j}v(t)][u(t-\tau)-\mathrm{j}v(t-\tau)]\}\\&=R_u(\tau)+R_v(\tau)-\mathrm{j}R_{uv}(\tau)+\mathrm{j}R_{vu}(\tau)\end{aligned} \tag{5.4.10}$$

可以证明两个正交分量的相关函数相等，即 $R_u(\tau)=R_v(\tau)$。由于 $u(t)$ 和 $v(t)$ 是实函数，则有

$$R_{vu}(\tau)=R_{uv}(-\tau)=-R_{uv}(\tau) \tag{5.4.11}$$

故噪声复包络的相关函数为

$$E[\tilde{n}(t)\tilde{n}^*(t-\tau)]=2[R_u(\tau)-\mathrm{j}R_{uv}(\tau)] \tag{5.4.12}$$

噪声 $n(t)$ 的相关函数为

$$R_n(\tau)=R_u(\tau)\cos\omega\tau+R_{uv}(\tau)\sin\omega\tau \tag{5.4.13}$$

可以证明 $R_n(\tau)$ 复包络为

$$\tilde{R}_n(\tau)=R_u(\tau)-\mathrm{j}R_{uv}(\tau) \tag{5.4.14}$$

由上述分析可见：窄带噪声复包络的相关函数等于噪声相关函数复包络的 2 倍，即

$$E[\tilde{n}(t)\tilde{n}^*(t-\tau)]=2\tilde{R}_n(\tau) \tag{5.4.15}$$

5.4.2 简单二元随机相位信号的检测

对于简单二元随机相位信号的检测，设发送设备发送的二元信号为

$$\begin{cases}s_0(t)=0 & 0\leqslant t\leqslant T\\ s_1(t,\theta)=A(t)\sin(\omega t+\theta) & 0\leqslant t\leqslant T\end{cases} \tag{5.4.16}$$

式中：$A(t)$ 为振幅；ω 为频率；θ 为相位，是随机变量，其先验概率密度 $p(\theta)$ 在区间 $(0,2\pi)$ 上为均匀分布，即

$$p(\theta)=\begin{cases}\dfrac{1}{2\pi} & 0\leqslant\theta\leqslant 2\pi \\ 0 & 其他\end{cases} \tag{5.4.17}$$

相位均匀分布意味着完全缺乏相位信息，是一种最不利的分布。

接收设备检测信号对应的两种假设为

$$\begin{cases}H_0：x(t)=s_0(t)+n(t)=n(t) \quad 0\leqslant t\leqslant T \\ H_1：x(t)=s_1(t,\theta)+n(t)=A(t)\sin(\omega t+\theta)+n(t) \quad 0\leqslant t\leqslant T\end{cases} \tag{5.4.18}$$

式中，$n(t)$ 是窄带高斯色噪声，其均值为 0，相关函数为 $R_n(\tau)$。式(5.4.18)所示假设模型的典型应用实例是具有随机初相的窄带雷达单个回波信号的检测。

信号的信息完全由其复包络携带，载波仅起到载体的作用，故只需用复包络就可以进行信号检测问题的研究。

基于复包络的简单二元随机相位信号检测的假设为

$$\begin{cases}H_0：\tilde{x}(t)=\tilde{n}(t) \quad 0\leqslant t\leqslant T \\ H_1：\tilde{x}(t)=\tilde{A}(t)+\tilde{n}(t)=A(t)\exp(\mathrm{j}\theta)+\tilde{n}(t) \quad 0\leqslant t\leqslant T\end{cases} \tag{5.4.19}$$

式中，$\tilde{x}(t)$ 是接收信号 $x(t)$ 的复包络；$\tilde{A}(t)=A(t)\exp(\mathrm{j}\theta)$ 是随机相位信号 $s_1(t,\theta)$ 的复包络；$\tilde{n}(t)$ 是窄带高斯色噪声 $n(t)$ 的复包络。

1. 似然函数

在假设 H_1 下，接收信号 $x(t)$ 的复包络 $\tilde{x}(t)$ 的卡亨南-洛维展开为

$$\tilde{x}(t)=\sum_{k=1}^{\infty}x_k f_k(t) \tag{5.4.20}$$

式中，$f_k(t)$ 满足以下积分方程

$$\int_0^T \tilde{R}_n(t-\tau)f_k(\tau)\mathrm{d}\tau=\lambda_k f_k(t) \tag{5.4.21}$$

式中，$\tilde{R}_n(\tau)$ 为噪声自相关函数 $R_n(\tau)$ 的复包络。展开系数为

$$x_k=\alpha_k+\mathrm{j}\beta_k=\int_0^T \tilde{x}(t)f_k^*(t)\mathrm{d}t \tag{5.4.22}$$

用类似于证明式(5.2.11)所用的方法，并且利用式(5.4.15)和式(5.4.21)，可以证明

$$E\left\{\{x_k-E[x_k]\}\{x_i-E[x_i]\}^*\right\}=2\lambda_k\delta_{ki} \tag{5.4.23}$$

这表明复包络 $\tilde{x}(t)$ 的展开系数 x_k 是不相关的，由于它们又是高斯的，因此它们是统计独立的。

复包络 $\tilde{x}(t)$ 的卡亨南-洛维展开的前 m 个展开系数的联合概率密度就等于各个展开系数概率密度的乘积。展开系数包含实部 α_k 和虚部 β_k 两个变量，故展开系数是二元高斯随机变量。要得到展开系数的概率密度，就需要求出实部 α_k 和虚部 β_k 的均值、方差及相关系数。

可以证明 $E[\tilde{n}(t)\tilde{n}(u)]=0$，并由此得到

$$E\left\{\{x_k-E[x_k]\}\{x_i-E[x_i]\}\right\}=0 \tag{5.4.24}$$

当 $k=i$ 时，由式(5.4.23)得到

$$E\left\{\{\alpha_k-E[\alpha_k]\}^2+\{\beta_k-E[\beta_k]\}^2\right\}=2\lambda_k \tag{5.4.25}$$

由式(5.4.24)得到
$$E\left\{\{\alpha_k - E[\alpha_k]\}^2 - \{\beta_k - E[\beta_k]\}^2\right\} = 0 \tag{5.4.26}$$
$$E\left\{\{\alpha_k - E[\alpha_k]\}\{\beta_k - E[\beta_k]\}\right\} = 0 \tag{5.4.27}$$
再由式(5.4.25)和式(5.4.26)联立求解，得到
$$E\left\{\{\alpha_k - E[\alpha_k]\}^2\right\} = E\left\{\{\beta_k - E[\beta_k]\}^2\right\} = \lambda_k \tag{5.4.28}$$
由式(5.4.27)可见，展开系数 x_k 的实部和虚部是统计独立的。由式(5.4.28)可见，x_k 的实部和虚部的方差都等于特征值 λ_k。于是，只需求出实部和虚部的均值，就可以写出 x_k 的概率密度。

在假设 H_1 下，复包络 $\tilde{x}(t)$ 的展开系数 x_k 的均值为
$$\begin{aligned}E[x_k \mid H_1,\theta] &= E\left[\int_0^T \tilde{x}(t) f_k^*(t)\mathrm{d}t\right] = E\left[\int_0^T [A(t)\exp(\mathrm{j}\theta) + \tilde{n}(t)] f_k^*(t)\mathrm{d}t\right] \\ &= \left[\int_0^T A(t) f_k^*(t)\mathrm{d}t\right]\exp(\mathrm{j}\theta) = A_k\exp(\mathrm{j}\theta)\end{aligned} \tag{5.4.29}$$
式中，A_k 为振幅 $A(t)$ 的展开系数。

由于 $x_k = \alpha_k + \mathrm{j}\beta_k$，故有
$$E[\alpha_k \mid H_1,\theta] = \mathrm{Re}[A_k\exp(\mathrm{j}\theta)] \tag{5.4.30}$$
$$E[\beta_k \mid H_1,\theta] = \mathrm{Im}[A_k\exp(\mathrm{j}\theta)] \tag{5.4.31}$$
式中，Re 和 Im 表示取实部和虚部。

在假设 H_1 下，复包络 $\tilde{x}(t)$ 的展开系数 x_k 的概率密度为
$$p(x_k \mid H_1,\theta) = \frac{1}{2\pi\lambda_k}\exp\left\{-\frac{\{\alpha_k - \mathrm{Re}[A_k\exp(\mathrm{j}\theta)]\}^2}{2\lambda_k} - \frac{\{\beta_k - \mathrm{Im}[A_k\exp(\mathrm{j}\theta)]\}^2}{2\lambda_k}\right\} \tag{5.4.32}$$
将复包络 $\tilde{x}(t)$ 的前 m 个展开系数 x_k 构成 m 维随机向量 $\boldsymbol{x}_m = [x_1, x_2, \cdots, x_m]^{\mathrm{T}}$，则 $\boldsymbol{x}_m$ 的似然函数为
$$\begin{aligned}p(\boldsymbol{x}_m \mid H_1,\theta) &= \prod_{k=1}^{m}\frac{1}{2\pi\lambda_k}\exp\left\{-\frac{\{\alpha_k - \mathrm{Re}[A_k\exp(\mathrm{j}\theta)]\}^2}{2\lambda_k} - \frac{\{\beta_k - \mathrm{Im}[A_k\exp(\mathrm{j}\theta)]\}^2}{2\lambda_k}\right\} \\ &= \prod_{k=1}^{m}\frac{1}{2\pi\lambda_k}\exp\left[-\frac{|x_k - A_k\exp(\mathrm{j}\theta)|^2}{2\lambda_k}\right]\end{aligned} \tag{5.4.33}$$
令 $\boldsymbol{x} = [x_1, x_2, \cdots, x_m, \cdots]^{\mathrm{T}}$，当 $m \to \infty$ 时，有
$$\begin{aligned}p(\boldsymbol{x} \mid H_1,\theta) &= C\exp\left[-\sum_{k=1}^{\infty}\frac{|x_k - A_k\exp(\mathrm{j}\theta)|^2}{2\lambda_k}\right] \\ &= C\exp\left\{-\sum_{k=1}^{\infty}\frac{|x_k|^2 + |A_k|^2 - 2\,\mathrm{Re}[x_k A_k^*\exp(-\mathrm{j}\theta)]}{2\lambda_k}\right\} \\ &= C\exp\left[-\sum_{k=1}^{\infty}\frac{|x_k|^2 + |A_k|^2}{2\lambda_k}\right]\exp\left\{\sum_{k=1}^{\infty}\mathrm{Re}\left[\frac{x_k A_k^*\exp(-\mathrm{j}\theta)}{\lambda_k}\right]\right\}\end{aligned} \tag{5.4.34}$$
式中，C 是常数。

定义两个实统计量 D 和 η，分别表示为
$$D = \left|\sum_{k=1}^{\infty}\frac{x_k A_k^*}{\lambda_k}\right| \tag{5.4.35}$$
$$D\exp(\mathrm{j}\eta) = \sum_{k=1}^{\infty}\frac{x_k A_k^*}{\lambda_k} \tag{5.4.36}$$

则有
$$\sum_{k=1}^{\infty}\mathrm{Re}\left[\frac{x_k A_k^*\exp(-\mathrm{j}\theta)}{\lambda_k}\right]=\mathrm{Re}\left[D\exp[\mathrm{j}(\eta-\theta)]\right]=D\cos(\eta-\theta) \tag{5.4.37}$$

于是，在假设 H_1 下，复包络 $\tilde{x}(t)$ 的展开系数的似然函数为

$$p(\boldsymbol{x}\,|\,H_1,\theta)=C\exp\left[-\sum_{k=1}^{\infty}\frac{|x_k|^2+|A_k|^2}{2\lambda_k}\right]\exp[D\cos(\eta-\theta)] \tag{5.4.38}$$

由于 $p(\boldsymbol{x}\,|\,H_1,\theta)$ 是随机变量 θ 的函数，需要将 $p(\boldsymbol{x}\,|\,H_1,\theta)$ 对 θ 进行统计平均得到平均似然函数

$$p(\boldsymbol{x}\,|\,H_1)=\frac{1}{2\pi}\int_{-\pi}^{\pi}p(\boldsymbol{x}\,|\,H_1,\theta)\mathrm{d}\theta=C\exp\left[-\sum_{k=1}^{\infty}\frac{|x_k|^2+|A_k|^2}{2\lambda_k}\right]\mathrm{I}_0(D) \tag{5.4.39}$$

为了确定 D 的等效表示式，由式(5.4.36)得

$$D\exp(\mathrm{j}\eta)=\int_0^T\tilde{x}(t)\left[\sum_{k=1}^{\infty}\frac{A_k^* f_k^*(t)}{\lambda_k}\right]\mathrm{d}t=\int_0^T\tilde{x}(t)\tilde{h}^*(t)\mathrm{d}t \tag{5.4.40}$$

式中
$$\tilde{h}^*(t)=\sum_{k=1}^{\infty}\frac{A_k^* f_k^*(t)}{\lambda_k} \tag{5.4.41}$$

于是
$$D=\left|\int_0^T\tilde{x}(t)\tilde{h}^*(t)\mathrm{d}t\right| \tag{5.4.42}$$

由式(5.4.42)可见，统计量 D 是将接收信号 $x(t)$ 送入复冲激响应为 $\tilde{h}^*(T-t)$ 的滤波器，然后将滤波器输出送入包络检波器，并在 $t=T$ 时刻对包络检波器输出进行取样。

为了确定滤波器冲激响应的复包络 $\tilde{h}(t)$ 的等效表示式，由式(5.4.41)得

$$\tilde{h}(t)=\sum_{k=1}^{\infty}\frac{A_k f_k(t)}{\lambda_k} \tag{5.4.43}$$

将式(5.4.43)两边乘以 $\tilde{R}_n(t-\tau)$，并对 τ 积分，得

$$\begin{aligned}\int_0^T\tilde{R}_n(t-\tau)\tilde{h}(\tau)\mathrm{d}\tau&=\sum_{k=1}^{\infty}\frac{A_k}{\lambda_k}\int_0^T\tilde{R}_n(t-\tau)f_k(\tau)\mathrm{d}\tau\\&=\sum_{k=1}^{\infty}A_k f_k(t)=A(t)\end{aligned} \tag{5.4.44}$$

由式(5.4.44)可见，滤波器冲激响应的复包络 $\tilde{h}(t)$ 是积分方程(5.4.44)的解。

总之，平均似然函数由式(5.4.39)给出，其中统计量 D 由式(5.4.42)给出，而滤波器冲激响应的复包络 $\tilde{h}(t)$ 是式(5.4.44)所示积分方程的解。

在假设 H_0 下，相当于信号振幅 $A(t)=0$ 的情况，统计量 $D=0$，$\mathrm{I}_0(D)=1$，滤波器冲激响应的复包络 $\tilde{h}(t)=0$，故复包络 $\tilde{x}(t)$ 的似然函数为

$$p(\boldsymbol{x}\,|\,H_0)=C\exp\left(-\sum_{k=1}^{\infty}\frac{|x_k|^2}{2\lambda_k}\right) \tag{5.4.45}$$

2．检测算法

高斯色噪声中简单二元随机相位信号的检测仍采用似然比检验方法。似然比为

$$\Lambda(\boldsymbol{x})=\frac{p(\boldsymbol{x}\,|\,H_1)}{p(\boldsymbol{x}\,|\,H_0)}=\exp\left(-\sum_{k=1}^{\infty}\frac{|A_k|^2}{2\lambda_k}\right)\mathrm{I}_0(D) \tag{5.4.46}$$

设检测门限为 Λ_0，高斯色噪声中简单二元随机相位信号检测的判决式为

$$\Lambda(\boldsymbol{x}) = \exp\left(-\sum_{k=1}^{\infty}\frac{|A_k|^2}{2\lambda_k}\right)\mathrm{I}_0(D) \underset{H_0}{\overset{H_1}{\gtrless}} \Lambda_0 \tag{5.4.47}$$

其等效检测判决式为

$$\mathrm{I}_0(D) \underset{H_0}{\overset{H_1}{\gtrless}} \Lambda_0 \exp\left(\sum_{k=1}^{\infty}\frac{|A_k|^2}{2\lambda_k}\right) \tag{5.4.48}$$

由于 $\mathrm{I}_0(D)$ 是统计量 D 的单调增函数，故检测判决式可以写成

$$D \underset{H_0}{\overset{H_1}{\gtrless}} \beta \tag{5.4.49}$$

式中，β 为对应检测统计量 D 的检测门限。

3．检测系统结构

由高斯色噪声中简单二元随机相位信号检测的判决式(5.4.49)可知，检测系统需要提取检测统计量 D，而提取 D 需要将接收信号 $x(t)$ 送入复冲激响应为 $\tilde{h}^*(T-t)$ 的带通滤波器来实现。D 的表达式中绝对值的含义是指对带通滤波器输出的包络进行抽样。滤波器冲激响应的复包络 $\tilde{h}(t)$ 是式(5.4.44)所示积分方程的解。滤波器的冲激响应为

$$h(t) = \mathrm{Re}[\tilde{h}^*(t)\exp(\mathrm{j}\omega t)] \tag{5.4.50}$$

根据式(5.4.49)，可以得到相应检测系统的结构，如图 5.4.1 所示。

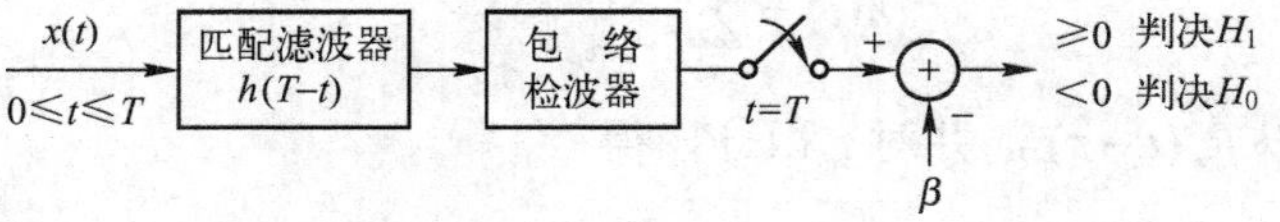

图 5.4.1　高斯色噪声中简单二元随机相位信号的最佳检测系统

5.4.3　一般二元随机相位信号的检测

对于一般二元随机相位信号的检测，设发送设备发送的二元信号为

$$\begin{cases} s_0(t,\theta_0) = b(t)\sin(\omega_0 t + \theta_0) & 0 \leqslant t \leqslant T \\ s_1(t,\theta_1) = a(t)\sin(\omega_1 t + \theta_1) & 0 \leqslant t \leqslant T \end{cases} \tag{5.4.51}$$

式中，$a(t)$ 和 $b(t)$ 为振幅；ω_0 和 ω_1 为频率，且频差 $\omega_1 - \omega_0$ 很小；θ_0 和 θ_1 为相位，均是随机变量，其先验概率密度 $p(\theta_0)$ 和 $p(\theta_1)$ 在区间 $(0, 2\pi)$ 上为均匀分布。

假设接收设备接收的信号为窄带信号，对应的两种假设为

$$\begin{cases} H_0：x(t) = s_0(t,\theta_0) + n(t) = b(t)\sin(\omega_0 t + \theta_0) + n(t) & 0 \leqslant t \leqslant T \\ H_1：x(t) = s_1(t,\theta_1) + n(t) = a(t)\sin(\omega_1 t + \theta_1) + n(t) & 0 \leqslant t \leqslant T \end{cases} \tag{5.4.52}$$

式中，$n(t)$ 是窄带高斯色噪声，其均值为 0，相关函数为 $R_n(\tau)$。式(5.4.52)所示假设模型的典型应用实例是一般二元通信系统信号的检测。

在假设 H_1 下，有用信号可以表示为

$$\begin{aligned}s_1(t,\theta_1) &= \mathrm{Re}\{a(t)\exp[\mathrm{j}(\omega_1-\omega_\mathrm{c})t]\exp(\mathrm{j}\theta_1)\exp(\mathrm{j}\omega_\mathrm{c}t)\}\\ &= \mathrm{Re}\{A(t)\exp(\mathrm{j}\theta_1)\exp(\mathrm{j}\omega_\mathrm{c}t)\} = \mathrm{Re}\{\tilde{A}(t)\exp(\mathrm{j}\omega_\mathrm{c}t)\}\end{aligned} \tag{5.4.53}$$

式中，$A(t)=a(t)\exp[\mathrm{j}(\omega_1-\omega_\mathrm{c})t]$，$\tilde{A}(t)=A(t)\exp(\mathrm{j}\theta_1)$ 是信号 $s_1(t,\theta_1)$ 的复包络；ω_c 是窄带信号的中心频率，也就是载波频率。假定频差 $\omega_1-\omega_\mathrm{c}$ 很小，因而 $A(t)$ 是时间的慢变化函数。

在假设 H_0 下，有用信号可以表示为

$$\begin{aligned}s_0(t,\theta_0) &= \mathrm{Re}\{b(t)\exp[\mathrm{j}(\omega_0-\omega_\mathrm{c})t]\exp(\mathrm{j}\theta_0)\exp(\mathrm{j}\omega_\mathrm{c}t)\}\\ &= \mathrm{Re}\{B(t)\exp(\mathrm{j}\theta_0)\exp(\mathrm{j}\omega_\mathrm{c}t)\} = \mathrm{Re}\{\tilde{B}(t)\exp(\mathrm{j}\omega_\mathrm{c}t)\}\end{aligned} \tag{5.4.54}$$

式中，$B(t)=b(t)\exp[\mathrm{j}(\omega_0-\omega_\mathrm{c})t]$，$\tilde{B}(t)=B(t)\exp(\mathrm{j}\theta_0)$ 是信号 $s_0(t,\theta_0)$ 的复包络；假定频差 $\omega_0-\omega_\mathrm{c}$ 很小，故 $B(t)$ 是时间的慢变化函数。

基于复包络的一般二元随机相位信号检测的假设为

$$\begin{cases}H_0:\ \tilde{x}(t)=\tilde{B}(t)+\tilde{n}(t)=B(t)\exp(\mathrm{j}\theta_0)+\tilde{n}(t) & 0\leqslant t\leqslant T\\ H_1:\ \tilde{x}(t)=\tilde{A}(t)+\tilde{n}(t)=A(t)\exp(\mathrm{j}\theta_1)+\tilde{n}(t) & 0\leqslant t\leqslant T\end{cases} \tag{5.4.55}$$

式中，$\tilde{x}(t)$ 是接收信号 $x(t)$ 的复包络；$\tilde{n}(t)$ 是窄带高斯色噪声 $n(t)$ 的复包络。

1．检测算法

采用简单二元随机相位信号似然函数的分析方法，可以得到两种假设下的似然函数。在假设 H_1 下，复包络 $\tilde{x}(t)$ 的平均似然函数为

$$p(\boldsymbol{x}\mid H_1)=C\exp\left[-\sum_{k=1}^{\infty}\frac{|x_k|^2+|A_k|^2}{2\lambda_k}\right]\mathrm{I}_0(D_1) \tag{5.4.56}$$

式中，x_k 为复包络 $\tilde{x}(t)$ 的卡亨南-洛维展开系数；A_k 为 $A(t)$ 的卡亨南-洛维展开系数；统计量 D_1 为

$$D_1=\left|\int_0^T \tilde{x}(t)\tilde{h}_1^*(t)\mathrm{d}t\right| \tag{5.4.57}$$

式中，滤波器冲激响应的复包络 $\tilde{h}_1(t)$ 是以下积分方程的解

$$\int_0^T \tilde{R}_n(t-\tau)\tilde{h}_1(\tau)\mathrm{d}\tau = A(t) \tag{5.4.58}$$

在假设 H_0 下，复包络 $\tilde{x}(t)$ 的平均似然函数为

$$p(\boldsymbol{x}\mid H_0)=C\exp\left[-\sum_{k=1}^{\infty}\frac{|x_k|^2+|B_k|^2}{2\lambda_k}\right]\mathrm{I}_0(D_0) \tag{5.4.59}$$

式中，B_k 为 $B(t)$ 的卡亨南-洛维展开系数；统计量 D_0 为

$$D_0=\left|\int_0^T \tilde{x}(t)\tilde{h}_0^*(t)\mathrm{d}t\right| \tag{5.4.60}$$

式中，滤波器冲激响应的复包络 $\tilde{h}_0(t)$ 是以下积分方程的解

$$\int_0^T \tilde{R}_n(t-\tau)\tilde{h}_0(\tau)\mathrm{d}\tau = B(t) \tag{5.4.61}$$

似然比为

$$\Lambda(\boldsymbol{x})=\frac{p(\boldsymbol{x}\mid H_1)}{p(\boldsymbol{x}\mid H_0)}=\frac{\mathrm{I}_0(D_1)}{\mathrm{I}_0(D_0)}\exp\left(-\sum_{k=1}^{\infty}\frac{|A_k|^2-|B_k|^2}{2\lambda_k}\right) \tag{5.4.62}$$

相应的对数似然比为

$$\ln\Lambda(\boldsymbol{x})=\ln\mathrm{I}_0(D_1)-\ln\mathrm{I}_0(D_0)+\gamma \tag{5.4.63}$$

式中
$$\gamma=-\sum_{k=1}^{\infty}\frac{|A_k|^2-|B_k|^2}{2\lambda_k} \tag{5.4.64}$$

设检测门限为 Λ_0，高斯色噪声中一般二元随机相位信号检测的判决式为

$$\ln\Lambda(\boldsymbol{x})=\ln \mathrm{I}_0(D_1)-\ln \mathrm{I}_0(D_0)+\gamma \underset{H_0}{\overset{H_1}{\gtrless}} \ln\Lambda_0 \tag{5.4.65}$$

其等效检测判决式为
$$\ln\Lambda(\boldsymbol{x})=\ln \mathrm{I}_0(D_1)-\ln \mathrm{I}_0(D_0) \underset{H_0}{\overset{H_1}{\gtrless}} \ln\Lambda_0-\gamma=\beta \tag{5.4.66}$$

2．检测系统结构

由高斯色噪声中一般二元随机相位信号检测的判决式可知，检测系统需要提取统计量 D_0 和 D_1，而提取 D_0 和 D_1 需要将接收信号 $x(t)$ 送入复冲激响应为 $\tilde{h}_0^*(T-t)$ 和 $\tilde{h}_1^*(T-t)$ 的带通滤波器来实现。D_0 和 D_1 的表达式中绝对值的含义是指对带通滤波器输出的包络进行抽样。

滤波器冲激响应的复包络 $\tilde{h}_0(t)$ 和 $\tilde{h}_1(t)$ 是式(5.4.61)和式(5.4.58)所示积分方程的解。滤波器的冲激响应为

$$h_0(t)=\mathrm{Re}[\tilde{h}_0^*(t)\exp(\mathrm{j}\omega_{\mathrm{c}}t)] \tag{5.4.67}$$

$$h_1(t)=\mathrm{Re}[\tilde{h}_1^*(t)\exp(\mathrm{j}\omega_{\mathrm{c}}t)] \tag{5.4.68}$$

根据高斯色噪声中一般二元随机相位信号检测的判决式，可以得到相应检测系统的结构，如图 5.4.2 所示。

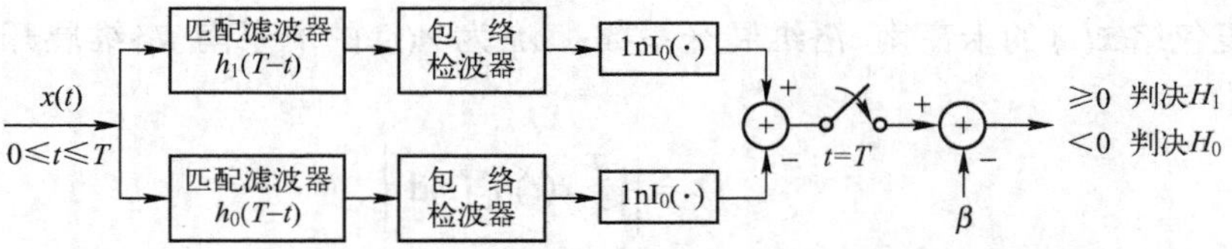

图 5.4.2　高斯噪声中一般二元随机相位信号的最佳检测系统

本章小结

高斯色噪声中信号的检测是将信道噪声具体为高斯色噪声，也就是将第 3 章所讨论的信号检测的基本理论应用于高斯色噪声中的信号检测。

由于高斯色噪声的自相关函数不再是 δ 函数，故高斯色噪声在任意两个不同时刻的取值不再是不相关的。因此，利用时域采取样定理的方法来研究高斯色噪声中信号的检测已经不适用了。

高斯色噪声中信号检测的基本方法通常有两种：一种是采用匹配滤波器中的白化处理方法，先将含有高斯色噪声的接收信号转换为含有高斯白噪声的信号，然后再按白噪声中信号检测的方法进行处理。另一种是卡亨南-洛维展开方法。本章主要讨论了采用卡亨南-洛维展开的高斯色噪声中信号检测的方法。

采用卡亨南-洛维展开的高斯色噪声中信号检测的方法就是将含有高斯色噪声的信号表示成正交展开的形式，将正交展开的系数作为样本，从而使样本是相互统计独立的。通过求取卡亨南-洛维展开系数的概率密度，并将它们相乘，得到所有卡亨南-洛维展开系数的联合概率密

度，再由卡亨南-洛维展开系数的联合概率密度得到不同假设下的似然函数，从而就可以依据似然比检验方法进行信号检测。

本章主要讨论了高斯色噪声中确知信号和随机相位信号的检测。有兴趣的读者可以在高斯色噪声中随机相位信号检测的基础上，继续深入讨论高斯色噪声中随机振幅和相位信号的检测、随机频率和相位信号的检测、随机相位和到达时间信号的检测、随机振幅、频率和相位信号的检测、随机频率和到达时间信号的检测。

本章所讨论的信号检测是以信道噪声为平稳的高斯色噪声为前提条件的，高斯色噪声的平稳性是通过其相关函数 $R_n(\tau)$ 来体现的，希望读者注意这一点。

思考题

5.1 在加性高斯白噪声情况下和加性高斯色噪声情况下，信号检测的方法有什么区别？

5.2 高斯色噪声中信号检测的基本方法有几种？

5.3 何谓卡亨南-洛维展开？

5.4 简述白噪声情况下正交函数集的任意性。白噪声情况下，满足采样定理的等间隔采样是何种正交展开？

习题

5.1 设输入信号为 $x(t)=m(t)+n(t)$，$0\leqslant t\leqslant T$，其中 $m(t)$ 是均值为 0、自相关函数为 $R_m(\tau)$ 的高斯色噪声；$n(t)$ 是均值为 0、自相关函数为 $R_n(\tau)=(N_0/2)\delta(\tau)$ 的高斯白噪声，且 $m(t)$ 与 $n(t)$ 统计独立。

（1）假定我们将 $x(t)$ 展成级数：

$$x(t)=\sum_{k=1}^{M}x_k\phi_k(t)=\sum_{k=1}^{M}(m_k+n_k)\phi_k(t)$$

式中，$x_k=\int_0^T x(t)\phi_k(t)\mathrm{d}t$（$m_k$ 和 n_k 也采取类似定义）。证明若选取 $\phi_k(t)$ 为 $R_m(\tau)$ 的特征函数，则系数 x_k 是统计独立的。

（2）求系数的协方差。

（3）采用有限系数集时，$x(t)$ 的概率密度取什么形式？

5.2 对于如下的二元信号检测问题：

$$H_0:\ x(t)=n(t)\quad 0\leqslant t\leqslant T$$
$$H_1:\ x(t)=m(t)+n(t)\quad 0\leqslant t\leqslant T$$

式中，$m(t)$ 是均值为 0、自相关函数为 $R_m(\tau)$ 的高斯色噪声；$n(t)$ 是均值为 0、自相关函数为 $R_n(\tau)=(N_0/2)\ \delta(\tau)$ 的高斯白噪声，且 $m(t)$ 与 $n(t)$ 统计独立。

（1）证明可以用下式作为检验统计量：

$$G_T=\sum_{k=1}^{M}\frac{\lambda_k x_k^2}{2\lambda_k+N_0}$$

式中，λ_k 是与核 $R_m(\tau)$ 有关的特征值。

（2）求各假设下 G_T 的均值和方差。

5.3 对于在白噪声和色噪声的混合背景中检测二元确知信号的检测问题：

$$H_0:\ x(t)=m(t)+n(t)\quad 0\leqslant t\leqslant T$$
$$H_1:\ x(t)=s(t)+m(t)+n(t)\quad 0\leqslant t\leqslant T$$

式中，$s(t)$ 是确知信号；$m(t)$ 是均值为 0、自相关函数为 $R_m(\tau)$ 的高斯色噪声；$n(t)$ 是均值为 0、自相关函数为 $R_n(\tau)=(N_0/2)\delta(\tau)$ 的高斯白噪声，且 $m(t)$ 与 $n(t)$ 统计独立。

证明可以用$\int_0^T [2x(t)-s(t)]h(t)\mathrm{d}t$作为检验统计量，而$h(t)$是下面积分方程的解：

$$h(t)+\frac{2}{N_0}\int_0^T h(\tau)R_m(t-\tau)\mathrm{d}\tau=\frac{1}{N_0}s(t) \quad 0\leqslant t\leqslant T$$

5.4　二元假设为

$$H_0: x(t)=n(t), 0\leqslant t\leqslant T; \quad H_1: x(t)=s(t)+n(t), 0\leqslant t\leqslant T$$

式中，$s(t)$是确知信号，其表示式为$s(t)=a^{t-t_0}u(t-t_0)$，$0<a<1$，$u(t)$是阶跃函数。$n(t)$是均值为 0 的高斯色噪声，其自相关函数为$R_n(\tau)=\dfrac{\sigma_0^2}{1-\rho}\rho^{|\tau|}, |\rho|<1$。求相关接收的本地信号$h(t)$。

5.5　二元假设为

$$H_0: x(t)=n(t), 0\leqslant t\leqslant T; \quad H_1: x(t)=s(t)+n(t), 0\leqslant t\leqslant T$$

式中，$s(t)$是确知信号；$n(t)$是均值为 0、自相关函数为$R_n(\tau)=\sigma_0^2\exp(-\alpha|\tau|)$的高斯色噪声。若采用卡亨南-洛维展开和奈曼-皮尔逊准则进行检测，求最佳检测器检测性能计算公式。

5.6　二元假设为

$$H_0: x(t)=n(t), 0\leqslant t\leqslant T; \quad H_1: x(t)=As(t)+n(t), 0\leqslant t\leqslant T$$

式中，$s(t)$是能量归一化确知信号；A是确定值；$n(t)$是均值为 0、功率谱密度为$S_n(\omega)=N_0/2$的高斯白噪声。假设先验概率$P(H_1)$和$P(H_0)$相等，采用正交级数展开法，求出最小错误概率准则的信号检测判决式和最佳检测系统，并研究其检测性能。

第6章 序列检测

第 3 章至第 5 章所讨论的信号检测都是对于固定的观测次数(观测样本数)完成的，或者是在预先确定好的观测时间内完成的，这样的信号检测称为固定观测次数(观测样本数)检测或固定观测时间检测，也称为常规检测。通常，观测次数(观测样本数)越多或观测时间越长，信噪比就越大，准确度就越高。在大信噪比情况下，需要较少的观测次数(观测样本数)或较短的观测时间，就可以满足检测的需要；在小信噪比情况下，需要较多的观测次数(观测样本数)或较长的观测时间，才能达到检测准确度的要求；在信噪比不稳定的情况下，需要的观测次数(观测样本数)或观测时间应随着实际情况不断变化，才能满足检测的需要。这就说明观测次数(观测样本数)或观测时间是影响检测性能的因素。在有些固定观测次数(观测样本数)检测或固定观测时间检测中，如果信噪比较大，只需要较少的观测次数(观测样本数)或较短的观测时间就可做出满意的判决，而事先规定的观测次数(观测样本数)或观测时间就显得过多或过长了；如果信噪比较小，就需要较多的观测次数(观测样本数)或较长的观测时间才能做出满意的判决，而事先规定的观测次数(观测样本数)或观测时间可能不够多或不够长。针对固定观测次数(观测样本数)检测或固定观测时间检测中观测次数(观测样本数)或观测时间不能自动适应检测性能或接收信号信噪比的不足，序列检测被提出。

序列检测是指那种事先不规定观测次数(观测样本数)或观测时间，而是留待检测过程中确定的检测，即观测次数(观测样本数)或观测时间不是事先不规定的，而是根据观测过程中实际判决情况来决定的信号检测。第 3 章至第 5 章所讨论的固定观测次数(观测样本数)检测或固定观测时间检测都是采用先观测后判决的方式，而序列检测采用边观测边判决的方式。序列检测也称为序贯检测。本章主要讨论二元序列检测。

6.1 序列检测的基本原理

对于序列检测，观测次数或观测时间是一个随机变量，它随检测情况的不同而随机变化。在大信噪比情况下，观测次数可能较少或观测时间可能较短；在小信噪比情况下，观测次数可能较多或观测时间可能较长。序列检测的特点就是把观测次数或观测时间作为随机变量而留待检测中确定。

对于二元序列检测，两种假设表示为

$$\begin{cases} H_0: \ x_i = s_{0i} + n_i \quad i = 1,2,\cdots \\ H_1: \ x_i = s_{1i} + n_i \quad i = 1,2,\cdots \end{cases} \tag{6.1.1}$$

式中，x_i 和 n_i 是对接收信号和噪声的第 i 次观测值；s_{0i} 和 s_{1i} 是对有用信号 $s_0(t)$ 和 $s_1(t)$ 的第 i 次观测值。前 i 次观测值组成的序列表示为向量 $\boldsymbol{x}_i = [x_1, x_2, \cdots, x_i]^{\mathrm{T}}$ 。

信号检测的各种判决准则可以统一到似然比检测方法，故采用似然比检测方法讨论二元序列检测问题。前 i 次观测值的似然比为

$$\Lambda(\boldsymbol{x}_i) = \frac{p(\boldsymbol{x}_i \mid H_1)}{p(\boldsymbol{x}_i \mid H_0)} = \frac{p(x_1, x_2, \cdots, x_i \mid H_1)}{p(x_1, x_2, \cdots, x_i \mid H_0)} \tag{6.1.2}$$

与固定观测次数检测或固定观测时间检测不同，序列检测需要设置两个门限：上门限

Λ_1和下门限Λ_0，当似然比$\Lambda(\boldsymbol{x}_i)$大于或等于$\Lambda_1$时，判决为假设$H_1$成立；当$\Lambda(\boldsymbol{x}_i)$小于或等于$\Lambda_0$时，判决为假设$H_0$成立；当$\Lambda(\boldsymbol{x}_i)$处于上、下门限之间时，不做判决，顺序再增加一次观测，再计算相应的似然比，按照类似规则与门限做比较，直到做出判决为止。可见，做出判决时，序列检测的观测次数或观测时间不是固定的。序列检测的似然比检测判决准则为

$$\begin{cases}\Lambda(\boldsymbol{x}_i)\geqslant\Lambda_1 & \text{判决}H_1\text{成立}\\ \Lambda(\boldsymbol{x}_i)\leqslant\Lambda_0 & \text{判决}H_0\text{成立}\\ \Lambda_0<\Lambda(\boldsymbol{x}_i)<\Lambda_1 & \text{增加一次观测，重新判决}\end{cases}\tag{6.1.3}$$

二元序列检测问题实质上是对观测空间$\Psi=\{\boldsymbol{x}_i\}$进行划分，将其划分为3个相邻但不重叠的区域：$\Psi_0$、$\Psi_1$和$\Psi_2$。如果$\boldsymbol{x}_i\in\Psi_0$，则判决$H_0$为真；如果$\boldsymbol{x}_i\in\Psi_1$，则判决$H_1$为真；如果$\boldsymbol{x}_i\in\Psi_2$，则不做出判决，继续进行第$i+1$次观测，重新进行判决。对于二元序列检测，$\Psi=\{\boldsymbol{x}_i\}$划分的示意图如图6.1.1所示。

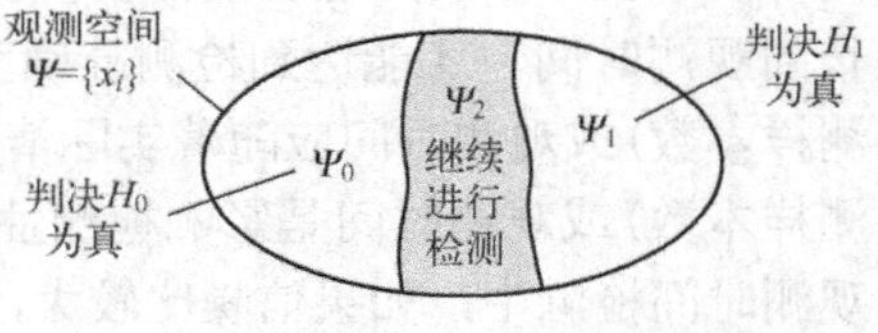

图 6.1.1　二元序列检测的判决域

序列检测是逐步进行的边观测边判决的过程。从所获得的第一次数据开始进行似然比检测，如果能做出明确判决，则检测结束；如果不能做出判决，则继续观测接收信号，采用新的观测数据与前面已有的观测数据按照同样的似然比检验方法进行联合判决，直至能做出判决为止。序列检测的最大优点是，在给定的检测性能指标要求下，它所用的平均观测次数最少，即平均检测时间最短。

6.2　采用修正的奈曼-皮尔逊准则的序列检测

在雷达和模式识别等许多应用领域中，序列检测常采用修正的奈曼-皮尔逊准则。修正的奈曼-皮尔逊准则是在给定虚警概率和漏报概率的条件下，确定似然比双门限值，通过逐步观测并进行似然比检验，以达到检测性能的准则。采用修正的奈曼-皮尔逊准则的序列检测称为沃尔德(A. Wald)序列检测。沃尔德序列检测就是利用修正的奈曼-皮尔逊准则，在给定虚警概率和漏报概率的条件下，从第一个观测数据开始就进行似然比检测，直至能做出判决为止。似然比检测的两个门限值可以由虚警概率和漏报概率来计算得到。

1．检测算法

假设观测数据满足独立同分布条件，并且已经检测到了第i次观测值。前i次观测值的似然比为

$$\begin{aligned}\Lambda(\boldsymbol{x}_i)&=\frac{p(\boldsymbol{x}_i\,|\,H_1)}{p(\boldsymbol{x}_i\,|\,H_0)}=\frac{p(x_1,x_2,\cdots,x_i\,|\,H_1)}{p(x_1,x_2,\cdots,x_i\,|\,H_0)}=\prod_{k=1}^{i}\frac{p(x_k\,|\,H_1)}{p(x_k\,|\,H_0)}\\&=\frac{p(x_i\,|\,H_1)}{p(x_i\,|\,H_0)}\prod_{k=1}^{i-1}\frac{p(x_k\,|\,H_1)}{p(x_k\,|\,H_0)}=\Lambda(x_i)\Lambda(\boldsymbol{x}_{i-1})\end{aligned}\tag{6.2.1}$$

其起始条件为

$$\Lambda(\boldsymbol{x}_1)=\Lambda(x_1)\tag{6.2.2}$$

沃尔德序列检测的似然比判决准则如式(6.1.3)所示。

2．检测门限

沃尔德序列检测的两个门限根据虚警概率和漏报概率来确定。

设虚警概率$P(D_1\,|\,H_0)$和漏报概率$P(D_0\,|\,H_1)$的给定值分别为α和β，则有

$$P_{\mathrm{f}} = P(D_1 \mid H_0) = \int_{\Psi_1} p(\boldsymbol{x}_i \mid H_0)\mathrm{d}\boldsymbol{x}_i = \alpha \tag{6.2.3}$$

$$\begin{aligned} P_{\mathrm{d}} &= P(D_1 \mid H_1) = \int_{\Psi_1} p(\boldsymbol{x}_i \mid H_1)\mathrm{d}\boldsymbol{x}_i = \int_{\Psi_1} \Lambda(\boldsymbol{x}_i) p(\boldsymbol{x}_i \mid H_0)\mathrm{d}\boldsymbol{x}_i \\ &= 1 - P(D_0 \mid H_1) = 1 - \beta \end{aligned} \tag{6.2.4}$$

式中，D_1表示判决假设H_1成立的判决；D_0表示判决假设H_0成立的判决。

当假设H_1为真并且判决是D_1时，必有$\Lambda(\boldsymbol{x}_i) \geqslant \Lambda_1$。根据式(6.2.4)，可得

$$1 - \beta = \int_{\Psi_1} \Lambda(\boldsymbol{x}_i) p(\boldsymbol{x}_i \mid H_0)\mathrm{d}\boldsymbol{x}_i \geqslant \Lambda_1 \int_{\Psi_1} p(\boldsymbol{x}_i \mid H_0)\mathrm{d}\boldsymbol{x}_i = \Lambda_1 \alpha \tag{6.2.5}$$

则有

$$\Lambda_1 \leqslant \frac{1-\beta}{\alpha} \tag{6.2.6}$$

当假设H_1为真并且判决是D_0时，必有$\Lambda(\boldsymbol{x}_i) \leqslant \Lambda_0$，即

$$p(\boldsymbol{x}_i \mid H_1) \leqslant \Lambda_0 p(\boldsymbol{x}_i \mid H_0) \tag{6.2.7}$$

在区域Ψ_0积分，可得

$$\int_{\Psi_0} p(\boldsymbol{x}_i \mid H_1)\mathrm{d}\boldsymbol{x}_i \leqslant \Lambda_0 \int_{\Psi_0} p(\boldsymbol{x}_i \mid H_0)\mathrm{d}\boldsymbol{x}_i = \Lambda_0 (1-\alpha) \tag{6.2.8}$$

则有

$$\Lambda_0 \geqslant \frac{\beta}{1-\alpha} \tag{6.2.9}$$

式(6.2.6)和式(6.2.9)给出的只是Λ_1的上界和Λ_0的下界。准确地确定Λ_1和Λ_0还是困难的，因为似然比是随观测次数i变化的函数，在检测终止时，通常不可能恰到门限值，而很可能要越过门限值，这种现象称为越界。通常假设越界不大，特别当观测次数i较大时，越界可忽略，即假定检测终止时，似然比恰等于门限值Λ_1和Λ_0，而不发生越界。在观测间隔选取得很小时，这种假定是完全可信的，因为第$i-1$次观测末越界，而第i次观测后检测终止，两次观测的似然比相差甚微，便可认为与边界重合。在此假定下，式(6.2.6)和式(6.2.9)中等号成立，即

$$\Lambda_1 = \frac{1-\beta}{\alpha} \tag{6.2.10}$$

$$\Lambda_0 = \frac{\beta}{1-\alpha} \tag{6.2.11}$$

式(6.2.10)和式(6.2.11)就是根据虚警概率和漏报概率确定门限的公式。

应该指出，虚警概率和漏报概率的取值还必须满足$\alpha \leqslant 0.5$，$\beta \leqslant 0.5$，否则，两个门限Λ_1和Λ_0要倒置。不过在实际中，这个条件一般都是满足的。

3．平均观测次数

平均观测次数或平均取样数目是序列检测的一个重要参数。总平均观测次数是两种假设下做出判决所需要的平均观测次数的平均，故需要先求出两种假设下做出判决所需要的平均观测次数。

为了便于分析，采用对数似然比的形式。序列检测的对数似然比及相应的门限为

$$\ln \Lambda(\boldsymbol{x}_i) = \ln \Lambda(x_i) + \ln \Lambda(\boldsymbol{x}_{i-1}) \tag{6.2.12}$$

$$\ln \Lambda_1 = \ln\left(\frac{1-\beta}{\alpha}\right) \tag{6.2.13}$$

$$\ln \Lambda_0 = \ln\left(\frac{\beta}{1-\alpha}\right) \tag{6.2.14}$$

如果序列检测到第 m 次观测时终止，即满足 $\ln\Lambda(\boldsymbol{x}_m)\geqslant\ln\Lambda_1$ 或 $\ln\Lambda(\boldsymbol{x}_m)\leqslant\ln\Lambda_0$ 之一。对于前者则判决假设 H_1 成立，对于后者则判决假设 H_0 成立，二者必有其一。由此可以求出，当假设 H_1 为真时，有

$$P[\ln\Lambda(\boldsymbol{x}_m)\leqslant\ln\Lambda_0]=\beta \tag{6.2.15}$$

$$P[\ln\Lambda(\boldsymbol{x}_m)\geqslant\ln\Lambda_1]=1-\beta \tag{6.2.16}$$

当假设 H_0 为真时，有

$$P[\ln\Lambda(\boldsymbol{x}_m)\leqslant\ln\Lambda_0]=1-\alpha \tag{6.2.17}$$

$$P[\ln\Lambda(\boldsymbol{x}_m)\geqslant\ln\Lambda_1]=\alpha \tag{6.2.18}$$

在两种假设下，对数似然比 $\ln\Lambda(\boldsymbol{x}_m)$ 的数学期望分别为

$$E[\ln\Lambda(\boldsymbol{x}_m)\,|\,H_1]=\beta\ln\Lambda_0+(1-\beta)\ln\Lambda_1 \tag{6.2.19}$$

$$E[\ln\Lambda(\boldsymbol{x}_m)\,|\,H_0]=\alpha\ln\Lambda_1+(1-\alpha)\ln\Lambda_0 \tag{6.2.20}$$

在每一个假设下，由于观测量 x_i 都是独立同分布的，则

$$\ln\Lambda(\boldsymbol{x}_m)=\ln\left[\prod_{i=1}^{m}\Lambda(x_i)\right]=\sum_{i=1}^{m}\ln\Lambda(x_i)=m\ln\Lambda(x_j) \tag{6.2.21}$$

式中，$\Lambda(x_j)$ 表示任意一次观测样本的对数似然比。

在假设 H_1 为真的条件下，有

$$E[\ln\Lambda(\boldsymbol{x}_m)\,|\,H_1]=E[m\ln\Lambda(x_i)\,|\,H_1]=E[m\,|\,H_1]E[\ln\Lambda(x_i)\,|\,H_1] \tag{6.2.22}$$

于是，在假设 H_1 下，所需的平均观测次数为

$$E[m\,|\,H_1]=\frac{E[\ln\Lambda(\boldsymbol{x}_m)\,|\,H_1]}{E[\ln\Lambda(x_i)\,|\,H_1]}=\frac{\beta\ln\Lambda_0+(1-\beta)\ln\Lambda_1}{E[\ln\Lambda(x_i)\,|\,H_1]} \tag{6.2.23}$$

同理，在假设 H_0 为真的条件下，所需的平均观测次数为

$$E[m\,|\,H_0]=\frac{E[\ln\Lambda(\boldsymbol{x}_m)\,|\,H_0]}{E[\ln\Lambda(x_i)\,|\,H_0]}=\frac{\alpha\ln\Lambda_1+(1-\alpha)\ln\Lambda_0}{E[\ln\Lambda(x_i)\,|\,H_0]} \tag{6.2.24}$$

根据两种假设下序列检测所需的平均观测次数，可求出总平均观测次数为

$$E[m]=P(H_0)E[m\,|\,H_0]+P(H_1)E[m\,|\,H_1] \tag{6.2.25}$$

对于序列检测，如果 $\ln\Lambda_0<\ln\Lambda(\boldsymbol{x}_m)<\ln\Lambda_1$，则不能做出判决，需要进行下一次观测，再做处理。一般情况下，$\ln\Lambda(\boldsymbol{x}_m)$ 落在 $\ln\Lambda_0$ 和 $\ln\Lambda_1$ 之间的概率应小于 1，即

$$P[\ln\Lambda_0<\ln\Lambda(\boldsymbol{x}_m)<\ln\Lambda_1]=q<1 \tag{6.2.26}$$

在 m 次观测中，$\ln\Lambda(\boldsymbol{x}_m)$ 全部落在 $\ln\Lambda_0$ 和 $\ln\Lambda_1$ 之间的概率之间的概率为

$$P[\ln\Lambda_0<\ln\Lambda(\boldsymbol{x}_m)<\ln\Lambda_1]=q^m \tag{6.2.27}$$

当 $m\to\infty$ 时，$\ln\Lambda(\boldsymbol{x}_m)$ 全部落在 $\ln\Lambda_0$ 和 $\ln\Lambda_1$ 之间而不能做出判决的概率等于 0，即序列检测肯定是有终止的，或者说序列检测以概率 1 结束。

虽然序列检测是会终止的，但可能有时会需要很多的观测次数才能做出判决，这在实际应用中是不希望的。因此，在使用序列检测时，通常规定一个观测次数的上限 m_{h}。当观测次数 i 达到 m_{h}，而仍不能做出判决时，就转为固定观测次数检测的方式，强迫做出假设 H_1 或假设 H_0 成立的判决。进行这样处理的这类序列检测称为可截断的序列检测。

例 6.2.1 在二元数字通信系统中，两种假设下的观测信号分别为

$$H_0:\ x_i = n_i\ ,i=1,2,\cdots;\ \ H_1:\ x_i = 1+n_i\ ,i=1,2,\cdots$$

其中，观测噪声 n_i 是均值为 0、方差为 1 的高斯噪声；各次观测统计独立，且观测是顺序进行的。设虚警概率 $\alpha=0.1$，漏报概率 $\beta=0.1$，两种假设的先验概率相等。试确定序列检测判决式，并计算在各个假设下观测次数的平均值。

解：在假设 H_1 和假设 H_0 下，第 i 次观测样本的似然函数为

$$p(x_i \mid H_1)=\frac{1}{\sqrt{2\pi}}\exp\left[-\frac{(x_i-1)^2}{2}\right] p(x_i \mid H_0)=\frac{1}{\sqrt{2\pi}}\exp\left(-\frac{x_i^2}{2}\right)$$

序列检测到第 m 次观测后，前 m 次观测样本的似然比函数为

$$\Lambda(\boldsymbol{x}_m)=\frac{p(\boldsymbol{x}_m \mid H_1)}{p(\boldsymbol{x}_m \mid H_0)}=\prod_{i=1}^{m}\frac{p(x_i \mid H_1)}{p(x_i \mid H_0)}=\prod_{i=1}^{m}\exp\left[-\frac{(x_i-1)^2}{2}+\frac{x_i^2}{2}\right]$$

$$=\exp\left(\sum_{i=1}^{m}x_i-\frac{m}{2}\right)$$

对数似然比为 $\ln\Lambda(\boldsymbol{x}_m)=\sum_{i=1}^{m}x_i-\frac{m}{2}$。

两个检测门限分别为

$$\ln\Lambda_1=\ln\left(\frac{1-\beta}{\alpha}\right)=\ln 9=2.197 \quad \ln\Lambda_0=\ln\left(\frac{\beta}{1-\alpha}\right)=-\ln 9=-2.197$$

所以检测判决式为：

如果 $\sum_{i=1}^{m}x_i \geqslant 2.197+\frac{m}{2}$，判决 H_1 成立；

如果 $\sum_{i=1}^{m}x_i \leqslant -2.197+\frac{m}{2}$，判决 H_0 成立；

如果 $-2.197+\frac{m}{2}<\sum_{i=1}^{m}x_i<2.197+\frac{m}{2}$，需要再进行一次观测后，再进行检验。

在假设 H_1 和假设 H_0 下，任意一次观测样本的对数似然比的数学期望为

$$E[\ln\Lambda(x_i) \mid H_1]=E[(x_i-1/2) \mid H_1]=E[(1+n_i-1/2) \mid H_1]=1/2$$
$$E[\ln\Lambda(x_i) \mid H_0]=E[(x_i-1/2) \mid H_0]=E[(n_i-1/2) \mid H_0]=-1/2$$

在假设 H_1 和假设 H_0 下，所需的平均观测次数为

$$E[m \mid H_1]=\frac{\beta\ln\Lambda_0+(1-\beta)\ln\Lambda_1}{E[\ln\Lambda(x_i) \mid H_1]}=3.5 \quad E[m \mid H_0]=\frac{\alpha\ln\Lambda_1+(1-\alpha)\ln\Lambda_0}{E[\ln\Lambda(x_i) \mid H_0]}=3.5$$

由于两种假设的先验概率相等，即 $P(H_0)=P(H_1)=1/2$，则总平均观测次数为

$$E[m]=P(H_0)E[m \mid H_0]+P(H_1)E[m \mid H_1]=3.5$$

因此，取样数为 4 就可以得到预期的检测性能。

6.3 序列检测与固定观测次数检测的比较

本节通过一个例子来说明序列检测相对于固定观测次数检测的优越性，二者比较的条件是每次采样的信噪比相同，表征检测性能的虚警概率和检测概率相同。比较的结果必然是序列检测的平均观测次数少于固定观测次数检测的观测次数。

设在高斯噪声干扰下，恒定电压信号的序列检测问题，其两种假设为

$$\begin{cases}H_0:\ x_i=n_i \quad i=1,2,\cdots \\ H_1:\ x_i=s_i+n_i \quad i=1,2,\cdots\end{cases} \tag{6.3.1}$$

式中，$s_i = a$ 表示电压信号；高斯噪声样本 n_i 的均值为 0，方差为 σ_n^2，并且各样本 n_i 相互统计独立。

在假设 H_1 和假设 H_0 下，第 i 次观测样本 x_i 的似然函数为

$$p(x_i | H_1) = \frac{1}{\sqrt{2\pi}\sigma_n} \exp\left[-\frac{(x_i - a)^2}{2\sigma_n^2}\right] \tag{6.3.2}$$

$$p(x_i | H_0) = \frac{1}{\sqrt{2\pi}\sigma_n} \exp\left(-\frac{x_i^2}{2\sigma_n^2}\right) \tag{6.3.3}$$

第 i 次观测样本的对数似然比为

$$\ln \Lambda(x_i) = \ln\left[\frac{p(x_i | H_1)}{p(x_i | H_0)}\right] = \frac{a x_i}{\sigma_n^2} - \frac{a^2}{2\sigma_n^2} = \frac{a x_i}{\sigma_n^2} - \frac{d}{2} \tag{6.3.4}$$

式中，$d = a^2 / \sigma_n^2$ 为信噪比。

在假设 H_1 和假设 H_0 下，任意一次观测样本的对数似然比的数学期望为

$$E[\ln \Lambda(x_i) | H_1] = d/2 \tag{6.3.5}$$

$$E[\ln \Lambda(x_i) | H_0] = -d/2 \tag{6.3.6}$$

于是，在假设 H_1 和假设 H_0 下，所需的平均观测次数为

$$E[m | H_1] = \frac{\beta \ln \Lambda_0 + (1-\beta) \ln \Lambda_1}{E[\ln \Lambda(x_i) | H_1]} = \frac{\beta \ln \Lambda_0 + (1-\beta) \ln \Lambda_1}{d/2} \tag{6.3.7}$$

$$E[m | H_0] = \frac{\alpha \ln \Lambda_1 + (1-\alpha) \ln \Lambda_0}{E[\ln \Lambda(x_i) | H_1]} = \frac{\alpha \ln \Lambda_1 + (1-\alpha) \ln \Lambda_0}{-d/2} \tag{6.3.8}$$

在等取样间隔 Δt 条件下，有信号和无信号时，序列检测的平均检测时间分别为 $E[m | H_1]\Delta t$ 和 $E[m | H_0]\Delta t$。

在相同条件下，对于固定观测次数检测，设观测次数为 k，k 个独立的观测样本组成的向量 $\boldsymbol{x}_k = [x_1, x_2, \cdots, x_k]^{\mathrm{T}}$。当有信号时，似然函数

$$p(\boldsymbol{x}_k | H_1) = \left(\frac{1}{\sqrt{2\pi}\sigma_n}\right)^k \exp\left[-\sum_{i=1}^{k} \frac{(x_i - a)^2}{2\sigma_n^2}\right] \tag{6.3.9}$$

当无信号时，似然函数

$$p(\boldsymbol{x}_k | H_0) = \left(\frac{1}{\sqrt{2\pi}\sigma_n}\right)^k \exp\left(-\sum_{i=1}^{k} \frac{x_i^2}{2\sigma_n^2}\right) \tag{6.3.10}$$

对数似然比为

$$\ln \Lambda(\boldsymbol{x}_k) = \ln\left[\frac{p(\boldsymbol{x}_k | H_1)}{p(\boldsymbol{x}_k | H_0)}\right] = \frac{a}{\sigma_n^2} \sum_{i=1}^{k} x_i - \frac{k a^2}{2\sigma_n^2} \tag{6.3.11}$$

对数似然比判决式为

$$\frac{a}{\sigma_n^2} \sum_{i=1}^{k} x_i - \frac{k a^2}{2\sigma_n^2} \underset{H_0}{\overset{H_1}{\gtrless}} \ln \Lambda_0 \tag{6.3.12}$$

或等效为

$$y_k = \sum_{i=1}^{k} x_i \underset{H_0}{\overset{H_1}{\gtrless}} \frac{\sigma_n^2}{a} \ln \Lambda_0 + \frac{k a}{2} = \beta_0 \tag{6.3.13}$$

式中，y_k 为检测统计量。因为 x_i 是独立同分布的高斯随机变量，故 y_k 也是高斯随机变量。

在假设 H_1 和假设 H_0 下，y_k 的数学期望为

$$E[y_k \mid H_1]=ka \tag{6.3.14}$$

$$E[y_k \mid H_0]=0 \tag{6.3.15}$$

在假设 H_1 和假设 H_0 下，检测统计量 y_k 的方差相同，且

$$\mathrm{Var}[y_k \mid H_1]=\mathrm{Var}[y_k \mid H_0]=k\sigma_n^2 \tag{6.3.16}$$

在假设 H_1 和假设 H_0 下，y_k 的概率密度为

$$p(y_k \mid H_1)=\frac{1}{\sqrt{2\pi k}\,\sigma_n}\exp\left[-\frac{(y_k-ka)^2}{2k\sigma_n^2}\right] \tag{6.3.17}$$

$$p(y_k \mid H_0)=\frac{1}{\sqrt{2\pi k}\,\sigma_n}\exp\left(-\frac{y_k^2}{2k\sigma_n^2}\right) \tag{6.3.18}$$

于是虚警概率为 $$P_{\mathrm{f}}=\int_{\beta_0}^{\infty}p(y_k \mid H_0)\mathrm{d}y_k=\alpha=1-\Phi\left(\frac{\beta_0}{\sqrt{k}\sigma_n}\right)=\Phi\left(-\frac{\beta_0}{\sqrt{k}\sigma_n}\right) \tag{6.3.19}$$

检测概率为 $$P_{\mathrm{d}}=\int_{\beta_0}^{\infty}p(y_k \mid H_1)\mathrm{d}y_k=1-\beta$$

$$=1-\Phi\left(\frac{\beta_0-ka}{\sqrt{k}\sigma_n}\right)=\Phi\left(-\frac{\beta_0-ka}{\sqrt{k}\sigma_n}\right) \tag{6.3.20}$$

联立以上二式可解得 $$k=\frac{\sigma_n^2[\Phi^{-1}(a)-\Phi^{-1}(1-\beta)]}{a^2} \tag{6.3.21}$$

式中，$\Phi^{-1}(\cdot)$ 是 $\Phi(\cdot)$ 的逆函数。

为了对序列检测与固定观测次数检测进行比较，将序列检测的平均观测取样数与固定观测次数检测的观测样本数之比定义为取样数缩短因子。在假设 H_1 和假设 H_0 下，取样数缩短因子分别为

$$\frac{E[m \mid H_1]}{k}=2\frac{\beta\ln\varLambda_0+(1-\beta)\ln\varLambda_1}{[\Phi^{-1}(a)-\Phi^{-1}(1-\beta)]^2} \tag{6.3.22}$$

$$\frac{E[m \mid H_0]}{k}=-2\frac{\alpha\ln\varLambda_1+(1-\alpha)\ln\varLambda_0}{[\Phi^{-1}(a)-\Phi^{-1}(1-\beta)]^2} \tag{6.3.23}$$

在 $\alpha=10^{-4}$ 和 $0.1<\beta<0.5$ 的条件下，式(6.3.23)和式(6.3.24)可简化成

$$\frac{E[m \mid H_1]}{k}=2\frac{\beta\ln\beta+(1-\beta)\ln\left(\dfrac{1-\beta}{\alpha}\right)}{[\Phi^{-1}(a)-\Phi^{-1}(1-\beta)]^2} \tag{6.3.24}$$

$$\frac{E[m \mid H_0]}{k}=\frac{-2\ln\beta}{[\Phi^{-1}(a)-\Phi^{-1}(1-\beta)]^2} \tag{6.3.25}$$

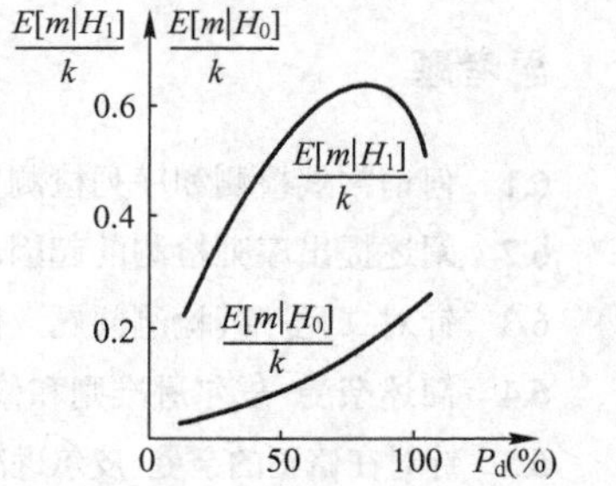

图 6.3.1　取样数缩短因子与发现概率的关系曲线

根据式(6.3.24)和式(6.3.25)，绘出假设 H_1 和假设 H_0 下取样数缩短因子与发现概率 P_{d} 的函数关系曲线，如图 6.3.1 所示。由图 6.3.1 可以看出：

（1）在给定条件下，无论发现概率为何值，序列检测的平均取样数都比固定观测次数检测的取样数少，都不超过固定取样数的 70%。

（2）无信号时序列检测相对于固定观测次数检测的取样数缩短因子比有信号时的取样数缩短因子小，即益处更大。

（3）取样数缩短因子基本上是发现概率的递增函数。发现概率越小，取样数缩短因子也越小，因而序列检测的优越性就越显著。

根据上述结论可以看出，序列检测最好应用于如下场合：① $\alpha \ll \beta$；② 无信号时的先验概率 $P(H_0)$ 远大于有信号时的先验概率 $P(H_1)$。雷达就属于后一种情况，因此序列检测适合于雷达，可使总平均取样数达到最小，从而节省了雷达搜索目标的时间，提高了搜索的效率。

本章小结

固定观测次数（观测样本数）检测或固定观测时间检测是在观测次数（观测样本数）或观测时间事先确定的情况下，使检测性能达到最佳的检测方法，其存在观测次数（观测样本数）或观测时间不能自动适应检测性能或接收信号信噪比的不足。于是，序列检测被提出。

固定观测次数检测或固定观测时间检测是在给定观测次数或观测时间的情况下，使检测性能最佳。序列检测是在给定检测性能的情况下，使观测次数最少或观测时间最短。固定观测次数检测或固定观测时间检测采用先观测后判决的方式，也就是完成事先规定观测次数或观测时间后，根据所有观测样本做出判决。序列检测采用边观测边判决的方式，也就是事先不规定观测次数或观测时间的情况下，按自然顺序观测接收信号得到观测样本，随时根据观测样本进行处理和做出判决。

本章主要讨论了二元序列检测的基本原理。二元序列检测采用统一的似然比检测方法，各种判决准则的不同体现在检测门限中。但是，二元序列检测的检测门限需要两个。在二元序列检测中，采用修正的奈曼-皮尔逊准则的序列检测是应用较广的一种，它是在给定虚警概率和漏报概率的条件下，确定似然比双门限值，通过逐步观测并进行似然比检测，以达到检测性能指标的准则。

序列检测的突出优点是在给定的检测性能要求下，所用的平均观测次数最少或平均检测时间最短。与固定观测次数检测相比，一般情况下序列检测可节省 1/2 以上样本数。它的缺点是，在检测的每一步都要重新调整检测统计量，并在做出判决之前还必须存储用过的样本。

思考题

6.1 何谓常规检测和序列检测？它们具有怎样的特点？

6.2 阐述提出序列检测的起因。

6.3 针对二元序列检测问题，简述似然比检测方法。

6.4 简述奈曼-皮尔逊准则和修正的奈曼-皮尔逊准则。

6.5 针对在修正的奈曼-皮尔逊准则下的二元序列检测问题，归纳可截断的序列检测的步骤。

习题

6.1 二元假设检验的两种假设为

$$H_0:\ x_i = n_i,\ i=1,2,\cdots;\quad H_1:\ x_i = 2+n_i,\ i=1,2,\cdots$$

观测噪声 n_i 是均值为 0、方差为 1 的高斯噪声，且各次观测统计独立。已知两种假设的先验概率相等，虚警概率 $\alpha = 0.05$，漏报概率 $\beta = 0.05$，采用序列似然比检测，求检测判决结束所需的平均样本数。

6.2 在二元数字通信系统中，两种假设下的观测信号分别为

$$H_0:\ x_i = n_i,\ i=1,2,\cdots;\quad H_1:\ x_i = 1+n_i,\ i=1,2,\cdots$$

其中，观测噪声 n_i 是均值为 0、方差为 1 的高斯噪声；各次观测统计独立，且观测是顺序进行的。设虚警概率

$\alpha = 10^{-4}$，漏报概率 $\beta = 0.1$，两种假设的先验概率相等。

（1）求序列似然比检测的检测门限并确定检测判决式。

（2）确定序列似然比检测的平均观测取样数。

（3）若采用常规的固定样本数的似然比检测，求满足检测性能所要求的取样数。

6.3　在信号的序列检测中，如果 2 个假设下的观测信号分别

$$H_0: x_i = s_{0i}, i = 1, 2, \cdots; \quad H_1: x_i = s_{1i}, i = 1, 2, \cdots$$

其中，s_{0i} 和 s_{1i} 是均值为 0、方差分别为 $\sigma_0^2 = 1$ 和 $\sigma_1^2 = 4$，且相互统计独立的高斯随机信号。已知虚警概率 $\alpha = 0.2$，漏报概率 $\beta = 0.1$，两种假设的先验概率分别为 $P(H_0) = 0.7$，$P(H_1) = 0.3$，求序列检测结束所需的平均观测次数。

6.4　在信号的序列检测中，两种假设下的观测信号分别为

$$H_0: x_i = n_i, i = 1, 2, \cdots; \quad H_1: x_i = 1 + n_i, i = 1, 2, \cdots$$

其中，观测噪声 n_i 是均值为 0、方差为 1 的高斯噪声；各次观测统计独立，且观测是顺序进行的。两种假设的先验概率分别为 $P(H_0) = 0.6$，$P(H_1) = 0.4$。

（1）求序列检测对于虚警概率 $\alpha = 0.1$ 和漏报概率 $\beta = 0.1$ 的检测门限，并求出所要求的平均观测数。

（2）求序列检测对于虚警概率 $\alpha = 10^{-3}$ 和漏报概率 $\beta = 10^{-3}$ 的检测门限，并求出所要求的平均观测数。

第 7 章 非参量检测

第 3 章至第 6 章所讨论的信号检测的理论基础是贝叶斯统计决策的理论和方法，其前提是已知信道噪声的概率密度，也就是要知道信道噪声统计特性的精确描述。在全部掌握信道噪声统计特性的前提下，信号检测只需对噪声的某些参量进行估值，就能构成适当的检测统计量和门限，保证必要的检测性能。因此，以已知信道噪声概率密度为前提的信号检测称为参量检测。信道噪声概率密度未知或部分已知情况下的信号检测称为非参量检测。本章讨论信号非参量检测的基本原理。

7.1 非参量检测的基本原理

参量检测以噪声的统计特性完全确知为前提，按性能要求所规定的某种最佳准则，用似然比检验方法，设计最佳检测器。

参量检测的特点是依赖于噪声的概率密度，也就是已知噪声的全部统计特性或噪声统计特性的精确描述。当噪声的概率密度准确获得且恒定时，参量检测的性能最佳。当噪声概率密度错误或者变化时，参量检测的检测性能会严重下降。例如，雷达系统不能实现恒虚警检测。

在许多实际情况中，噪声的统计特性往往事先不能确知，或者，噪声的统计特性有时随时间、空间、频率而变化，因而不能用一个固定的概率密度来充分描述。对于参量检测，一旦噪声的统计特性偏离了假设情况，即使微小的偏差，也会导致原来设计的最佳检测器性能严重恶化。因此，参量检测对噪声环境的适应性差，有一定的局限性。正是由于参量检测的局限性，自 20 世纪 60～80 年代，人们开始研究非参量检测理论。

非参量检测是在噪声概率密度未知或噪声概率密度部分已知的情况下，采用检测采样单元与邻近采样单元相比较的方法实施的信号检测。

在实际的检测问题中，常遇到的非参量检测有以下几种：① 噪声的概率密度是未知的；② 噪声的概率密度是未知的，而只知道概率密度非常一般的信息或一些定性的了解，例如，只知道噪声概率密度的对称性或噪声分布的中位数等；③ 知道噪声概率密度的一般形式，而噪声概率密度的一些关键参量是未知的，无法写出噪声概率密度的具体形式。例如，即使对于高斯噪声，若其自协方差函数或功率谱密度未知，也应属于非参量假设。在上述情况下，由于不知道似然函数的具体形式，因而不能采用似然比检验方法进行统计判决。也就是说，参量检测已无法使用，需要采用非参量检测。因此，参量检测的限制条件是比较严格的，而非参量检测的限制条件是比较宽松的。

对于非参量检测，无论实际噪声的统计特性如何，概率密度分布为何种形式，非参量检测的性能不变，恒虚警性能不变。非参量检测的实质就是把未知统计特性(如概率密度)的噪声变成概率密度为已知的噪声。因此，非参量检测也称为自由分布检测。

参量检测要求所建立的噪声统计特性模型与噪声环境的统计特性相匹配，针对性强，适应性差。然而，与参量检测相比较，由于非参量检测不知道或没有利用噪声的统计知识，虽然适应性强，但针对性差。因此，对于某种已知统计特性的噪声来说，非参量检测的性能一般低于参量检测的性能。另外，就已经提出的各种非参量检测器来说，其设备量都比参量检测器的大。

非参量检测是一种数理统计的检测方法，其基本原理是通过检测单元与邻近的若干参考单元相比较，统计地确定有无信号存在。非参量检测的基本方法有符号检测和秩检测。

7.2 符号检测

符号检测是以被检测信号的符号作为检测统计量的一种非参量检测方法。实现符号检测功能的系统称为符号检测器。

1. 符号检测算法

符号检测是一种最简单的非参量检测，它是只利用输入观测样本的“正”与“负”极性信息的一种检测方法。

对于符号检测，两种假设表示为

$$\begin{cases} H_0: \ x_i = n_i \quad i = 1,2,\cdots,m \\ H_1: \ x_i = s_i + n_i \quad i = 1,2,\cdots,m \end{cases} \tag{7.2.1}$$

式中，x_i 和 n_i 是对接收信号和噪声的第 i 次观测样本；s_i 是对有用信号 $s(t)$ 的第 i 次观测样本。假定 m 次观测样本是统计独立的；噪声分布的中位数为 0；有用信号观测样本 $s_i \geqslant 0(i = 1,2,\cdots,m)$，且至少有一个观测样本大于 0。

由于噪声分布的中位数为 0，信号不存在时，观测样本取正值的概率等于观测样本取负值的概率，即观测样本取正值的正样本的平均数目与观测样本取负值的负样本的平均数目相等。当信号存在时，有用信号为正值，观测样本取正值的概率大于观测样本取负值的概率，即正样本的平均数目大于负样本的平均数目。于是，信号检测就可以看作是简单地对正样本的计数。当正样本数目超过某个判决门限时，则判 H_1 为真，即信号存在；反之，则判 H_0 为真，即信号不存在。这种信号检测方法就是符号检测。

符号检测的检测统计量为

$$T_S(m) = \sum_{i=1}^{m} u(x_i) \tag{7.2.2}$$

式中，$u(x_i)$ 是单位阶跃函数，即

$$u(x_i) = \begin{cases} 1 & x_i > 0 \\ 0 & x_i \leqslant 0 \end{cases} \tag{7.2.3}$$

符号检测的判决式为

$$T_S(m) \underset{H_0}{\overset{H_1}{\gtrless}} \Lambda_S \tag{7.2.4}$$

式中，Λ_S 为符号检测的检测门限。Λ_S 是整数，由规定的虚警概率确定。

2. 符号检测器

根据符号检测的判决式，可以得到符号检测器的结构，如图 7.2.1 所示。它由量化器、积累器(求和器)和判决器组成。其中，量化器也可看作一种限幅器。

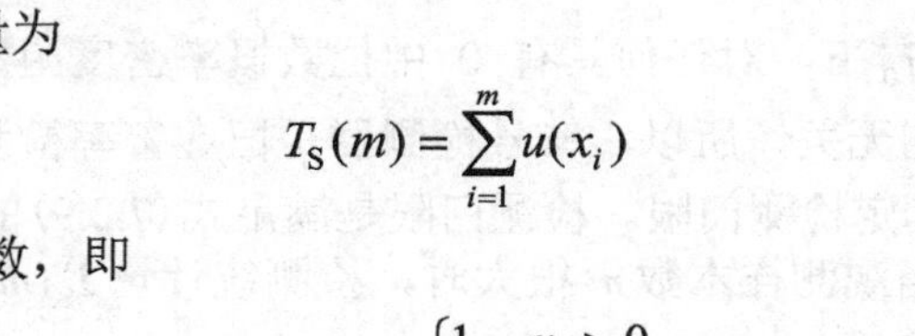

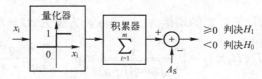

图 7.2.1 符号检测器的结构

3. 符号检测性能分析

因为符号检测先将观测样本 x_i 按其符号量化为 1 或 0，这相当于以 0 电平为检测门限对 x_i

进行判决，$x_i > 0$，输出 1；$x_i \leqslant 0$，输出 0。对于二元信号检测，x_i 经量化器的输出只取 1 和 0 两个数值，假定量化器的输出是 1 的概率为 q，则量化器的输出是 0 的概率为 $(1-q)$。检测统计量 $T_{\mathrm{S}}(m)$ 表示大于 0 的观测样本的个数，其分布律为二项(式)分布。

在假设 H_1 下，$T_{\mathrm{S}}(m)$ 的分布律为

$$P\left[T_{\mathrm{S}}(m)=k \mid H_1\right]=C_m^k q^k (1-q)^{m-k} \quad k=0,1,2,\cdots,m \tag{7.2.5}$$

式中，C_m^k 为二项(式)系数，表示从 m 个不同的元素中，每次取出 k 个不同元素的组合的种数，其表示式为

$$C_m^k=\binom{m}{k}=\frac{m!}{(m-k)!k!} \tag{7.2.6}$$

检测概率是在假设 H_1 下，$T_{\mathrm{S}}(m)$ 超过检测门限 Λ_{S} 的概率，即

$$P_{\mathrm{d}}=\sum_{k=\Lambda_{\mathrm{S}}}^{m} C_m^k q^k (1-q)^{m-k} \tag{7.2.7}$$

在假设 H_0 下，$q=1/2$，则 $T_{\mathrm{S}}(m)$ 的分布律为

$$P\left[T_{\mathrm{S}}(m)=k \mid H_0\right]=C_m^k \left(\frac{1}{2}\right)^m \quad k=0,1,2,\cdots,m \tag{7.2.8}$$

虚警概率是在假设 H_0 下，$T_{\mathrm{S}}(m)$ 超过 Λ_{S} 的概率，即

$$P_{\mathrm{f}}=\left(\frac{1}{2}\right)^m \sum_{k=\Lambda_{\mathrm{S}}}^{m} C_m^k \tag{7.2.9}$$

由式(7.2.9)可见，在假设 H_0 下，对任何具有 0 中位数概率密度函数的噪声，符号检测的虚警概率与噪声的分布及参数均无关，所以，符号检测器是恒虚警率检测器。同时，由要求的虚警概率，可以利用式(7.2.9)确定检测门限。检测门限是满足式(7.2.9)的最小整数。

根据中心极限定理，当观测样本数 m 很大时，检测统计量 $T_{\mathrm{S}}(m)$ 趋近于高斯随机变量，并表示为 T_{S}，则 T_{S} 的概率密度为

$$p(T_{\mathrm{S}}|H_i)=\frac{1}{\sqrt{2\pi}\sigma_{\mathrm{S}}}\exp\left[-\frac{(T_{\mathrm{S}}-\mu_{\mathrm{S}})^2}{2\sigma_{\mathrm{S}}^2}\right] \quad i=0,1 \tag{7.2.10}$$

式中，均值为 $\mu_{\mathrm{S}}=mq$；方差为 $\sigma_{\mathrm{S}}^2=mq(1-q)$。在假设 H_0 下，$q=1/2$。

当 m 很大时，在假设 H_0 下，T_{S} 的均值为 $m/2$，方差为 $m/4$，则虚警概率为

$$\begin{aligned}P_{\mathrm{f}}&=\int_{\Lambda_{\mathrm{S}}}^{\infty} p(T_{\mathrm{S}} \mid H_0)\mathrm{d}T_{\mathrm{S}}=\int_{\Lambda_{\mathrm{S}}}^{\infty}\frac{1}{\sqrt{\pi m/2}}\exp\left[-\frac{(T_{\mathrm{S}}-m/2)^2}{m/2}\right]\mathrm{d}T_{\mathrm{S}}\\&=\mathrm{Q}\left(\frac{2\Lambda_{\mathrm{S}}-m}{\sqrt{m}}\right)=1-\Phi\left(\frac{2\Lambda_{\mathrm{S}}-m}{\sqrt{m}}\right)=\Phi\left(\frac{m-2\Lambda_{\mathrm{S}}}{\sqrt{m}}\right)\end{aligned} \tag{7.2.11}$$

当 m 很大时，在假设 H_1 下，T_{S} 的均值为 $\mu_{\mathrm{S}}=mq$，方差为 $\sigma_{\mathrm{S}}^2=mq(1-q)$，则检测概率为

$$\begin{aligned}P_{\mathrm{d}}&=\int_{\Lambda_{\mathrm{S}}}^{\infty} p(T_{\mathrm{S}} \mid H_1)\mathrm{d}T_{\mathrm{S}}=\int_{\Lambda_{\mathrm{S}}}^{\infty}\frac{1}{\sqrt{\pi mq(1-q)}}\exp\left[-\frac{(T_{\mathrm{S}}-mq)^2}{2mq(1-q)}\right]\mathrm{d}T_{\mathrm{S}}\\&=\mathrm{Q}\left(\frac{\Lambda_{\mathrm{S}}-mq}{\sqrt{mq(1-q)}}\right)=1-\Phi\left(\frac{\Lambda_{\mathrm{S}}-mq}{\sqrt{mq(1-q)}}\right)=\Phi\left(\frac{mq-\Lambda_{\mathrm{S}}}{\sqrt{mq(1-q)}}\right)\end{aligned} \tag{7.2.12}$$

例 7.2.1 对于符号检测，两种假设表示为

$$\begin{cases} H_0: \ x_i = n_i \quad i=1,2,\cdots,m \\ H_1: \ x_i = s_i + n_i \quad i=1,2,\cdots,m \end{cases}$$

式中，信号观测样本 $s_i \geqslant 0 (i=1,2,\cdots,m)$；噪声分布 n_i 的中位数为 0。对接收信号进行了 $m=12$ 次独立观测，观测样本为

$$\{x_1, x_2, \cdots, x_{12}\} = \{0.23, 0.07, -3.05, 1.21, 0.56, 2.01, -1.72, 0.03, 0.96, 0.32, 0.06, 1.08\}$$

如果要求虚警概率 $P_{\mathrm{f}} \leqslant 0.1$，试确定检测门限，并根据这 12 次观测做出检测判决。

解： 根据 P_{f} 与检测门限 Λ_{S} 的关系，当 $\Lambda_{\mathrm{S}} = 9$ 时

$$P_{\mathrm{f}} = \left(\frac{1}{2}\right)^m \sum_{k=\Lambda_{\mathrm{S}}}^{m} C_m^k = \left(\frac{1}{2}\right)^{12} \sum_{k=9}^{12} C_{12}^9 = 0.074$$

当 $\Lambda_{\mathrm{S}} = 8$ 时，$P_{\mathrm{f}} = 0.121$。因此，选取 $\Lambda_{\mathrm{S}} = 9$。

符号检测的检测统计量为

$$T_{\mathrm{S}}(12) = \sum_{i=1}^{12} u(x_i) = 10 > \Lambda_{\mathrm{S}}$$

因此，根据这 12 次观测判决假设 H_1 成立。

7.3 秩 检 测

符号检测只利用了观测样本的正负符号信息，而没有利用观测样本的幅值信息。秩检测是一种利用观测样本正负符号信息和幅值信息的一种非参量检测方法，也称为 Wilcoxon 检测或符号秩检测。实现秩检测功能的系统称为秩检测器。

1. 秩检测算法

对于秩检测，两种假设表示为

$$\begin{cases} H_0: \ x_i = n_i \quad i=1,2,\cdots,m \\ H_1: \ x_i = s_i + n_i \quad i=1,2,\cdots,m \end{cases} \tag{7.3.1}$$

式中，x_i 和 n_i 是对接收信号和噪声的第 i 次观测样本；s_i 是对有用信号 $s(t)$ 的第 i 次观测样本。假定 m 次观测样本是统计独立的；噪声分布的中位数为 0；噪声观测样本 n_i 具有相同的概率密度，且概率密度是偶对称的(对称分布)，即 $p(n_i) = p(-n_i)$；有用信号观测样本 $s_i \geqslant 0 (i=1,2,\cdots,m)$，且至少有一个观测样本大于 0。

将 m 个观测样本 $x_1, x_2, \cdots, x_m$ 先存储起来，然后按观测样本绝对值的大小，把观测样本从小到大排列起来（如果出现观测样本绝对值相等的情况，可以任意排序），即

$$|y_1| \leqslant |y_2| \leqslant \cdots \leqslant |y_m| \tag{7.3.2}$$

式中，y_k 是观测样本绝对值第 k 个小的样本，定义它的秩为 k。如果第 i 个观测样本 x_i 的绝对值是第 k 个小的，将 x_i 的秩记为 R_i，则 $R_i = k$。

秩检测的检测统计量为

$$T_{\mathrm{W}}(m) = \sum_{i=1}^{m} R_i u(x_i) \tag{7.3.3}$$

式中，$u(x_i)$ 是单位阶跃函数。$u(x_i)$ 体现了 x_i 的正负符号信息，秩 R_i 体现了 x_i 的幅度信息。

秩检测的判决式为

$$T_{\mathrm{W}}(m) \underset{H_0}{\overset{H_1}{\gtrless}} \Lambda_{\mathrm{W}} \tag{7.3.4}$$

式中，Λ_W 为秩检测的检测门限。Λ_W 是整数，由规定的虚警概率所确定。

2．秩检测器

根据秩检测的判决式，可以得到秩检测器的结构，如图 7.3.1 所示。秩检测器由量化器、求秩器、积累器(求和器)和判决器组成。秩检测器也称为 Wilcoxon 检测器。

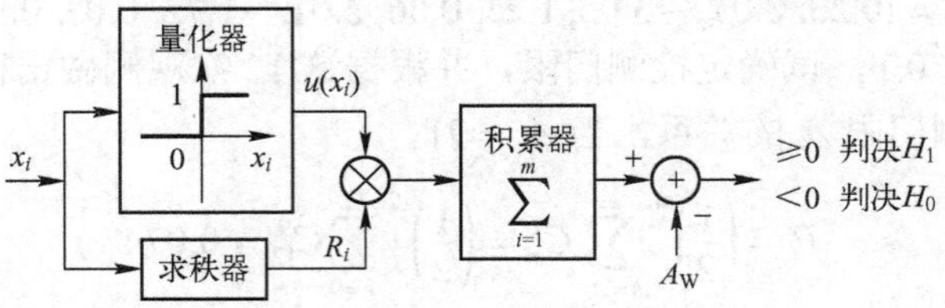

图 7.3.1　秩检测器的结构

3．秩检测性能分析

将 m 个观测样本 $x_1,x_2,\cdots,x_m$ 按绝对值的大小，从小到大排列起来得到一个样本序列 $y_1,y_2,\cdots,y_m$。按绝对值从小到大的排序过程就相当于将原始的观测样本序列 $(x_1,x_2,\cdots,x_m)$ 映射到一个特定的样本序列 $(y_1,y_2,\cdots,y_m)$。

对于样本序列 $(y_1,y_2,\cdots,y_m)$，秩检测的检测统计量为

$$T_W(m)=\sum_{i=1}^{m} iu(y_i)=\sum_{i=1}^{m} d_i \tag{7.3.5}$$

式中，$d_i=iu(y_i)$ 称为符号秩。

在假设 H_0 下，噪声观测样本 n_i 具有相同的对称的概率密度，则观测样本 x_i 也具有相同的对称的概率密度。每个观测样本可能取正值的概率等于可能取负值的概率。如果观测样本可能取正值，则 $d_i=i$；如果观测样本可能取负值，则 $d_i=0$；并且，这两种情况是等概率的。这样，由观测样本序列 $(x_1,x_2,\cdots,x_m)$ 映射而来的样本序列 $(y_1,y_2,\cdots,y_m)$ 共有 2^m 种组合状态，每种组合状态出现的概率均为 2^{-m}。同样，所有符号秩也组成一个序列 $(d_1,d_2,\cdots,d_m)$，它由序列 $(y_1,y_2,\cdots,y_m)$ 映射而来。序列 $(d_1,d_2,\cdots,d_m)$ 共有 2^m 种组合状态，每种组合状态出现的概率均为 2^{-m}。检测统计量 $T_W(m)$ 也就有 2^m 个可能的取值，每个可能取值的概率均为 2^{-m}。在奈曼-皮尔逊意义下，秩检测的检测门限 Λ_W 由给定的虚警概率来确定，虚警概率是指检测统计量 $T_W(m)$ 超过或等于 Λ_W 的概率，即 $T_W(m)\geqslant\Lambda_W$ 的可能数目 k 乘以概率 2^{-m}，其中 $1\leqslant k\leqslant 2^m$。给定虚警概率 P_f 后，k 也就确定了。于是，这样来规定检测门限 Λ_W：使得检测统计量 $T_W(m)$ 的 2^m 个可能取值中仅有 k 个超过或等于 Λ_W。

对于所有的统计独立的具有相同的对称分布的观测样本，样本序列 $(y_1,y_2,\cdots,y_m)$ 组合状态出现的概率是不变的。所有不同的统计独立的具有相同的对称分布的观测样本将对应同一个序列 $(d_1,d_2,\cdots,d_m)$，而 $T_W(m)$ 是所有符号秩之和，$T_W(m)$ 的概率分布对于所有的统计独立的具有相同的对称分布的观测样本都是不变的。因此，当检测门限确定后，秩检测具有恒虚警特性。

为了简便明了地讨论检测概率，不失一般性地假设观测样本 x_i 的秩就是 i，即各个样本之间有如下关系

$$|x_1|\leqslant|x_2|\leqslant\cdots\leqslant|x_m| \tag{7.3.6}$$

对于每个观测样本，可能取正值，也可能取负值。m 个观测样本共有 2^m 种符号组合，对于第 k 种符号组合，其出现概率记为 P_k，即

$$P_k=\prod_{i=1}^{m} q_k(x_i) \quad k=1,2,\cdots,2^m \tag{7.3.7}$$

式中，$q_k(x_i)$ 是第 k 种符号组合中，x_i 取正值或负值的概率。其实，$q_k(x_i)$ 与 k 无关，即

$$q_k(x_i)=\begin{cases}\int_0^{\infty} p(x\mid H_1)\mathrm{d}x & x_i>0 \\ \int_{-\infty}^{0} p(x\mid H_1)\mathrm{d}x & x_i<0\end{cases}=\begin{cases}\int_0^{\infty} p(x-\mu_{\mathrm{W}})\mathrm{d}x=q & x_i>0 \\ \int_{-\infty}^{0} p(x-\mu_{\mathrm{W}})\mathrm{d}x=1-q & x_i<0\end{cases} \tag{7.3.8}$$

式中，μ_{W} 为有用信号观测样本 s_i 的均值；q 为观测样本 x_i 取正值的概率。

对于第 k 种符号组合，可以计算出检测统计量 $T_{\mathrm{W}k}$ 的值，即

$$T_{\mathrm{W}k}=\sum_{i=1}^{m} iu(x_i)=\sum_{i=1}^{m} d_i \tag{7.3.9}$$

若 $T_{\mathrm{W}k}\geqslant \varLambda_{\mathrm{W}}$，则对应的第 k 种符号组合出现的概率 P_k 应计入检测概率 P_{d}，作为检测概率 P_{d} 的组成部分；反之，若 $T_{\mathrm{W}k}<\varLambda_{\mathrm{W}}$，则对应的第 k 种符号组合出现的概率 P_k 不计入检测概率 P_{d}。于是得

$$P_{\mathrm{d}}=\sum_{\substack{k=1\\ T_{\mathrm{W}k}\geqslant\varLambda_{\mathrm{W}}}}^{2^m} P_k=\sum_{\substack{k=1\\ T_{\mathrm{W}k}\geqslant\varLambda_{\mathrm{W}}}}^{2^m}\left[\prod_{i=1}^{m} q_k(x_i)\right]=\sum_{k=1}^{2^m} u(T_{\mathrm{W}k}-\varLambda_{\mathrm{W}})P_k \tag{7.3.10}$$

式中，$u(T_{\mathrm{W}k}-\varLambda_{\mathrm{W}})$ 为单位阶跃函数。

根据中心极限定理，当观测样本数 m 很大时，检测统计量 $T_{\mathrm{W}}(m)$ 趋近于高斯随机变量，并表示为 T_{W}。

当观测样本数 m 很大时，仍然假设观测样本 x_i 的秩就是 i。在假设 H_0 下，由于单位阶跃函数 $u(x_i)$ 只取 1 和 0 两个数值，并且取 1 和 0 的概率相等，均为 $1/2$，则检测统计量 T_{W} 的均值和方差为

$$\mu_0=E\left[\sum_{i=1}^{m} iu(x_i)\right]=\sum_{i=1}^{m} iE[u(x_i)]=\frac{m(m+1)}{4} \tag{7.3.11}$$

$$\sigma_0^2=\mathrm{Var}\left[\sum_{i=1}^{m} iu(x_i)\right]=\sum_{i=1}^{m} i^2\mathrm{Var}[u(x_i)]=\frac{m(m+1)(2m+1)}{24} \tag{7.3.12}$$

则虚警概率为

$$P_{\mathrm{f}}=\int_{\varLambda_{\mathrm{W}}}^{\infty} p(T_{\mathrm{W}}\mid H_0)\mathrm{d}T_{\mathrm{S}}=\int_{\varLambda_{\mathrm{W}}}^{\infty}\frac{1}{\sqrt{2\pi}\sigma_0}\exp\left[-\frac{(T_{\mathrm{W}}-\mu_0)^2}{2\sigma_0^2}\right]\mathrm{d}T_{\mathrm{W}}$$

$$=\mathrm{Q}\left(\frac{\varLambda_{\mathrm{W}}-\mu_0}{\sigma_0}\right)=1-\Phi\left(\frac{\varLambda_{\mathrm{W}}-\mu_0}{\sigma_0}\right)=\Phi\left(\frac{\mu_0-\varLambda_{\mathrm{W}}}{\sigma_0}\right) \tag{7.3.13}$$

当观测样本数 m 很大时，在假设 H_1 下，由于观测样本 x_i 取正值的概率为 q，则检测统计量 T_{W} 的均值和方差为

$$\mu_1=E\left[\sum_{i=1}^{m} iu(x_i)\right]=\sum_{i=1}^{m} iE[u(x_i)]=\frac{m(m+1)q}{4} \tag{7.3.14}$$

$$\sigma_1^2=\mathrm{Var}\left[\sum_{i=1}^{m} iu(x_i)\right]=\sum_{i=1}^{m} i^2\mathrm{Var}[u(x_i)]=\frac{m(m+1)(2m+1)q(1-q)}{6} \tag{7.3.15}$$

则检测概率为

$$P_{\mathrm{d}}=\int_{\varLambda_{\mathrm{W}}}^{\infty} p(T_{\mathrm{W}}\mid H_1)\mathrm{d}T_{\mathrm{W}}=\int_{\varLambda_{\mathrm{W}}}^{\infty}\frac{1}{\sqrt{2\pi}\sigma_1}\exp\left[-\frac{(T_{\mathrm{W}}-\mu_1)^2}{2\sigma_1^2}\right]\mathrm{d}T_{\mathrm{W}}$$

$$=\mathrm{Q}\left(\frac{\varLambda_{\mathrm{W}}-\mu_1}{\sigma_1}\right)=1-\Phi\left(\frac{\varLambda_{\mathrm{W}}-\mu_1}{\sigma_1}\right)=\Phi\left(\frac{\mu_1-\varLambda_{\mathrm{W}}}{\sigma_1}\right) \tag{7.3.16}$$

例 7.3.1 对于秩检测，两种假设表示为

$$\begin{cases} H_0: x_i = n_i \quad i=1,2,\cdots,m \\ H_1: x_i = s_i + n_i \quad i=1,2,\cdots,m \end{cases}$$

式中，信号观测样本 $s_i \geqslant 0 (i=1,2,\cdots,m)$；噪声分布 n_i 的中位数为 0，其概率密度为对称的。对接收信号进行了 $m=6$ 次独立观测，观测样本为 $\{x_1,x_2,\cdots,x_6\}=\{0.23, 0.07, -2.65, -2.65, 0.03, 2.12, -3.36\}$。如果检测门限 $\Lambda_W=12$，试根据这 6 次观测做出检测判决。

解：因为观测样本为 $\{x_1,x_2,\cdots,x_6\}=\{0.23, 0.07, -2.65, 0.03, 2.12, -3.36\}$，观测样本按照绝对值从小到大的排列为

$$|x_4|<|x_2|<|x_1|<|x_5|<|x_3|<|x_6|$$

它们的秩分别为 $R_1=3, R_2=2, R_3=5, R_4=1, R_5=4, R_6=6$。

观测样本的单位阶跃函数分别为 $u(x_1)=1$，$u(x_2)=1$，$u(x_3)=0$，$u(x_4)=1$，$u(x_5)=1$，$u(x_6)=0$。

秩检测的检测统计量为

$$T_W(6)=\sum_{i=1}^{6} R_i u(x_i)=10<\Lambda_W$$

因此，根据这 6 次观测判决假设 H_0 成立。

7.4 检测器的渐近相对效率与效验

在非参量检测中，一个检测问题往往会有不同的解决方案。也就是说，给定假设 H_0 和 H_1，会存在若干个不同的检测器。因此，需要衡量不同检测器的性能，来确定检测器的优劣或有用性。

衡量不同检测器的性能指标有两种。一种是有限样本容量下的指标，对于通信系统，常用平均错误概率；对于雷达系统，常用虚警概率和检测概率。另一种是渐近性能指标，是样本容量趋于无限大，而信号幅度趋于 0 情况下的性能指标，通常用渐近相对效率和效验来表示。

衡量不同检测器有用性的常用比较方法有两种。一种是在同一个假设 H_0 下，对两个非参量检测器进行比较。另一种是在假设 H_0 或假设 H_1 的一个子集下，把非参量检测器与相应的参量检测器进行比较。

1．检测器的渐近相对效率

两个检测器对于同样的假设 H_0 和 H_1，当具有相同的虚警概率及检测概率时，第一个检测器所需要的观测样本数是 M_1，第二个检测器所需要的观测样本数是 M_2，第一个检测器对于第二个检测器的相对效率定义为

$$\rho_{12}=M_2/M_1 \tag{7.4.1}$$

检测器的相对效率是有限观测样本条件下的相对效率，由于实际计算时比较麻烦，因此采用渐近相对效率。检测器的渐近相对效率定义为两个检测器在 $H_1 \to H_0$ 条件下，样本数趋于无穷大时，第一个检测器对于第二个检测器的相对效率。即

$$\mathrm{ARE}_{12}=\lim_{\substack{M_1\to\infty \\ M_2\to\infty \\ H_1\to H_0}} \frac{M_2}{M_1} \tag{7.4.2}$$

对于简单二元信号检测的假设模型

$$\begin{cases} H_0: x=n \\ H_1: x=As+n \end{cases} \tag{7.4.3}$$

式中，x 是接收信号；s 是有用信号；A 是有用信号 s 的幅度，且为正值；n 是噪声。当

$A \to 0$ 时，就意味着 $H_1 \to H_0$，也意味着信噪比趋于 0。为了得到规定的功效，观测样本数将趋于无穷大。由于检测器的渐近相对效率是在允许 $H_1 \to H_0$ 条件下得到的，它基本上是检测器性能的弱信号测度。因此，检测器的渐近相对效率可以作为检测器的性能指标。

在某种假设 H_0 和 H_1 下，如果第二个检测器是最佳检测器，则第一个检测器对于第二个检测器的相对效率 $\text{ARE}_{12}<1$。如果噪声环境偏离了最佳检测器原来设计的假定，最佳检测器的性能就可能变差，而第一个检测器可能是一个对噪声环境不敏感的检测器，在这种情形下，第一个检测器对于第二个检测器的相对效率 $\text{ARE}_{12}>1$，大多数非参量检测器都具有这种特性。

实际上，检测器的渐近相对效率是在相同的虚警概率及检测概率、相同的假设 H_0、假设 H_1 中信噪比趋于 0 的条件下，比较两个检测器的一种性能指标。

2．检测器的效验

对于式(7.4.3)所示的简单二元信号检测的假设模型，检测器的效验定义如下

$$\varepsilon = \lim_{M \to \infty} \frac{1}{M} \left\{ \frac{\left. \dfrac{\partial^m E[T_M(x) \mid H_1, A]}{\partial A^m} \right|_{A=0}}{\sigma[T_M(x) \mid H_0]} \right\}^{1/mU} \tag{7.4.4}$$

式中，U 是常数；$T_M(x)$ 是观测样本数为 M 时，检测器的检测统计量；$\sigma^2[T_M(x) \mid H_0]$ 是 $T_M(x)$ 在假设 H_0 下的方差；m 是 $E[T_M(x) \mid H_1, A]$ 在 $A=0$ 处第一个非 0 导数的阶数。大多数工程应用中，通常取 $mU = 1/2$，$m=1$，因此，效验可以写作

$$\varepsilon = \lim_{M \to \infty} \frac{1}{M} \frac{\left\{ \left. \dfrac{\partial E[T_M(x) \mid H_1, A]}{\partial A} \right|_{A=0} \right\}^2}{\sigma^2[T_M(x) \mid H_0]} \tag{7.4.5}$$

式中，分子部分是信号增量平方，分母部分是噪声平均功率，其比值称为增量信噪比。因此，效验的物理意义就是增量信噪比。

对于两个具有相同虚警概率及检测概率的检测器，如果第一个检测器的效验为 ε_1，第二个检测器的效验为 ε_2，当检测统计量满足正则条件时，可以证明：第一个检测器相对于第二个检测器的渐近相对效率与效验的关系为

$$\text{ARE}_{12} = \lim_{\substack{M_1 \to \infty \\ M_2 \to \infty \\ H_1 \to H_0}} \frac{M_2}{M_1} = \frac{\varepsilon_1}{\varepsilon_2} \tag{7.4.6}$$

根据检测器的渐近相对效率与效验的定义，就可以分析符号检测器和秩检测器相对于其他检测器的渐近相对效率以及它们的效验，详见参考文献[19]和[41]。

虽然非参量检测能在很广泛的条件下保持恒虚警率，但它未能充分利用输入数据的统计信息，因而是一种保守的方法，其检测性能也比最佳参量检测的性能差。如果不知道输入数据的精确分布但能获得其近似分布，这时若用非参量检测，则显得过于保守，将造成输入数据统计信息的损失。若采用参量检测也不恰当，因为所掌握的输入数据统计知识不完全。针对这种情况的信号检测称为稳健(Robust)检测。

稳健检测是噪声统计特性局部已知情况下的信号检测方法，这种方法介于参量检测与非参量检测方法之间，并且在一定程度上兼有参量检测和非参量检测方法的优点，其检测性能既具有稳健性，又接近最佳参量检测方法的性能。

稳健检测的基本思路与极大极小准则相似。在已知噪声近似分布的情况，先按照某种准

则，找出噪声的“最不利分布”；然后按照似然比检测的方法，找出最不利分布下的最佳检测。

本章小结

参量检测是以噪声的概率密度已知为前提，以似然比检验方法为基础，按性能要求所规定的某种最佳准则，来设计最佳检测器的。非参量检测是信道噪声概率密度为未知情况下的信号检测方法，其基本思想是通过检测单元与邻近的若干参考单元相比较，统计地确定有无信号存在。参量检测针对性强，但适应性差。非参量检测适应性强，但针对性差。

非参量检测方法种类很多，本章主要讨论了两种基本的非参量检测方法：符号检测和秩检测。符号检测的前提是噪声分布的中位数为 0，噪声观测样本统计是独立的。秩检测的前提是噪声分布的中位数为 0，噪声观测样本统计是独立的且具有相同的对称的概率密度。与参量检测的研究过程相同，符号检测和秩检测的研究过程也是先分析检测算法，得到检测器结构，再分析检测性能。

本章还简要介绍了样本容量趋于无穷大情况下的检测器的渐近性能指标——渐近相对效率和效验，它们用来衡量不同检测器的性能，比较检测器的优劣或有用性。

思考题

7.1　比较信号参量检测与非参量检测的特点。

7.2　说明符号检测具有恒虚警特性的理由。

7.3　比较符号检测与秩检测的特点。

习题

7.1　对于符号检测，两种假设表示为

$$\begin{cases} H_0:\ x_i = n_i \quad i = 1,2,\cdots,m \\ H_1:\ x_i = s_i + n_i \quad i = 1,2,\cdots,m \end{cases}$$

式中，信号观测样本 $s_i \geqslant 0 (i = 1,2,\cdots,m)$；噪声分布 n_i 的中位数为 0。对接收信号进行了 $m = 6$ 次独立观测，观测样本为 $\{x_1, x_2, \cdots, x_6\} = \{0.23, 0.07, -2.65, 0.03, 2.12, -3.36\}$。如果要求虚警概率 $P_{\mathrm{f}} \leqslant 0.1$，试确定检测门限，并根据这 6 次观测做出检测判决。

7.2　在信号的非参量检测中，对接收信号进行了 7 次独立观测，观测样本为 $\{x_1, x_2, \cdots, x_7\} = \{5, 8, 1, -7, -2, -8, -10\}$。观测样本 $x_i (i = 1,2,\cdots,7)$ 在两种假设下的概率为 H_0：$P(x_i \geqslant 0) = 1/2$，H_1：$P(x_i \geqslant 0) > 1/2$。如果要求虚警概率 $P_{\mathrm{f}} \leqslant 0.1$，试采用符号检测做出检测判决。

7.3　对于秩检测，两种假设表示为

$$\begin{cases} H_0:\ x_i = n_i \quad i = 1,2,\cdots,m \\ H_1:\ x_i = s_i + n_i \quad i = 1,2,\cdots,m \end{cases}$$

式中，信号观测样本 $s_i \geqslant 0 (i = 1,2,\cdots,m)$；噪声分布 n_i 的中位数为 0，其概率密度为对称的。对接收信号进行了 $m = 4$ 次独立观测，观测样本为 $\{x_1, x_2, x_3, x_4\} = \{1.5, 2.6, -0.5, 0.8\}$。如果检测门限 $\Lambda_{\mathrm{W}} = 6$，试根据这 6 次观测做出检测判决。

7.4　在信号的非参量检测中，对接收信号进行了 7 次独立观测，观测样本为 $\{x_1, x_2, \cdots, x_7\} = \{-5, -1, 2, 10, 8, 7, -6\}$。观测样本 $x_i (i = 1,2,\cdots,7)$ 在两种假设下的概率为 H_0：$P(x_i \geqslant 0) = 1/2$，H_1：$P(x_i \geqslant 0) > 1/2$。如果检测门限 $\Lambda_{\mathrm{W}} = 16$，试采用秩检测做出检测判决。

第 8 章　信号参量估计的基本理论

信号估计是信号检测与估计的基本问题之一，也是信息传输系统中接收设备的基本任务之一。信号参量可能是具有一定先验概率分布的随机变量，也可能是非随机的变量，但它们往往是有用的信息或包含着有用的信息。在某些通信系统中，接收机中的解调过程就是一种信号参量的估计过程。由于信息传输系统的发送设备所发送的载有信息的信号在传输过程中，受到信道噪声的干扰而发生畸变，从而使信号参量失真，使得估计信号参量的精确度受到一定影响。因此，在信息传输系统的接收设备中，不但要通过信号检测确定信号存在与否或者信号是属于哪种状态，还需要进一步估计出信号参量。

信号估计理论主要研究如何从接收信号的观测值或观测波形出发，来估计信号的未知参量或未知波形。信号参量估计理论主要研究如何从接收信号的观测值或观测波形出发，来估计信号的未知参量，其数学基础是数理统计中贝叶斯统计的贝叶斯统计决策的理论和方法。

8.1　信号参量估计的实质

信号参量估计是信息传输系统中接收设备经常遇到的实际问题。例如，通信系统中，通过估计信号的载波频率，以便能从接收信号中解调出携带信息的基带信号；在雷达系统中，通过测量目标回波信号的时间延迟及多普勒频率等参量，就可以确定目标的距离和径向速度等参数。在这样的一些系统中，载有信息的信号在传输过程中由于受到信道噪声的影响，使接收信号成为随机信号，而随机信号的波形是不确定的，致使噪声环境中不可能精确地测定信号的参量，而只能对其做出尽可能精确的估计。显然，信号参量的估计需要通过对随机信号观测数据的处理来估计信号参量，所以要用统计的方法。信号参量估计是一个对随机信号的统计推断或统计决策的过程，与数理统计中的参数估计问题相似。数理统计中参数估计问题是对随机变量的统计推断或统计决策，而不是对随机信号的统计推断或统计决策。这就启发我们借鉴数理统计中统计推断或统计决策的思路，以数理统计中统计推断或统计决策理论为基础，研究随机信号的参数估计问题，也就是信号参量估计问题，由此所形成的一套理论就是信号参量估计理论。

信号参量估计的实质就是数理统计中参数估计向随机信号的拓展，也就是随机信号的参数估计问题，信号参量估计理论所研究的是具有随机特性的信号处理问题，采用统计推断或统计决策的研究方法，是统计信号处理的理论基础之一。

在数理统计中，已知总体分布的类型，根据总体的样本对总体分布中的未知参数做出估计；未知总体分布的类型，根据总体的样本对总体的某些数字特征做出估计，二者统称为参数估计。参数估计包括点估计和区间估计两种形式。在信号检测与估计中，信号参量估计主要是指：已知总体分布的类型，根据信号总体的观测样本对总体分布中的未知参量做出估计。

设信号总体 X 的概率密度表示为 $p(x,\theta)$，其中概率密度的类型已知，但参量 $\theta\in\Theta$ 未知，这里 Θ 为参量空间。对总体 X 做 k 次观察得到样本 $\boldsymbol{x}=[x_1,x_2,\cdots,x_k]^{\mathrm{T}}$。所谓信号参量估计就是通过总体的样本构造适当的统计量，对总体概率密度中的未知参量 θ 的大小进行估计。有时，也直接估计未知参量的某个已知函数 $g(\theta)$。

信号参量估计有两种基本的形式：点估计和区间估计。点估计是用一统计量 $\hat{\theta}(\boldsymbol{x})$ 作为参

量 θ 的估计，称 $\hat{\theta}(\boldsymbol{x})$ 为 θ 的估计量。估计量 $\hat{\theta}(\boldsymbol{x})$ 常简记为 $\hat{\theta}$。当获得样本观测值 $\boldsymbol{x}=[x_1,x_2,\cdots,x_k]^{\mathrm{T}}$ 时，把样本观测值代入估计量得到 θ 的估计值 $\hat{\theta}$。区间估计是用两个统计量 $\hat{\theta}_1<\hat{\theta}_2$，以一定的信度(概率)认定参数 θ 满足 $\hat{\theta}_1\leqslant\theta\leqslant\hat{\theta}_2$，称 $[\hat{\theta}_1,\hat{\theta}_2]$ 为 θ 的置信区间。如果未知参量 θ 是 m 维向量，那么可以用样本构造 m 维空间的一个区域，使得该区域含有未知参数(m 维空间中的一点)的概率达到一定的值，这样的区域称为置信域。

对于同一个参量 θ，可以有许多不同的估计量，或者说，对于参量 θ 有许多不同的估计方法。因此，需要研究衡量或评价估计量优劣的标准。

参数估计是统计学的一类重要问题。解决参数估计问题，可以采用经典统计推断、贝叶斯统计推断或贝叶斯统计决策的理论和方法。经典统计推断利用总体信息和样本信息；贝叶斯统计推断除了利用总体信息和样本信息外，还利用了先验信息；贝叶斯统计决策除了利用总体信息、样本信息和先验信息外，还利用了损失函数。

信号参量估计问题其实就是随机信号的参数估计问题。解决随机信号的参数估计问题，可以采用经典统计推断、贝叶斯统计推断或贝叶斯统计决策的理论和方法。信号参量估计的思路是借鉴贝叶斯统计决策的理论和方法，解决随机信号的参数估计问题。

信号参量估计就是针对随机信号的参数估计问题。依据贝叶斯统计思路，研究随机信号的参数估计问题，也就是随机信号的贝叶斯参数估计，相应的研究结果构成信号参量估计的基本理论。为了方便区分，本书将针对随机信号的贝叶斯参数估计称为随机信号参量贝叶斯估计，简称为信号参量贝叶斯估计。参数估计与参量估计并无差别，只是数理统计习惯上使用参数估计这一术语，而信号检测与估计习惯上使用参量估计这一术语。

对于信号参量估计，应用贝叶斯统计决策的理论和方法时，状态空间应变为参量空间 $\Theta=\{\theta\}$，θ 为信号参量。如果对信号参量 θ 做点估计，判决空间一般取参量空间，即 $\Phi=\Theta=\{\theta\}$；如果对信号参量 θ 做区间估计，判决空间 Φ 就是参量空间 Θ 上的一切可能的区间构成的集合。设信号总体 X 的概率密度为 $p(x,\theta)$，$\boldsymbol{x}=[x_1,x_2,\cdots,x_k]^{\mathrm{T}}$ 是对信号总体 X 的一个观测样本，所有观测样本构成观测空间 $\Psi=\{\boldsymbol{x}\}$，估计量 $\hat{\theta}$ 就是从观测空间 $\Psi=\{\boldsymbol{x}\}$ 到判决空间 Φ 上的一个决策函数，代价函数 $L(\theta,\hat{\theta})$ 就是用 $\hat{\theta}$ 去估计真值 θ 时所引起的损失。这样一来，信号参量估计就成为一个特殊的贝叶斯统计决策。通过使贝叶斯风险最小，求解估计量 $\hat{\theta}$。这就是信号参量估计的思路。

对未知或随机参量 θ 做出估计，实质上是对观测空间 $\Psi=\{\boldsymbol{x}\}$ 的每一个点 $\boldsymbol{x}=[x_1,x_2,\cdots,x_k]^{\mathrm{T}}$，在判决空间 Φ 中寻求一点与之对应。也就是寻找估计量 $\hat{\theta}$，使决策在某种意义上达到“最佳”。具体讲，对某个参量的估计，就是用观测数据 $\boldsymbol{x}=[x_1,x_2,\cdots,x_k]^{\mathrm{T}}$ 构造一个函数 $\hat{\theta}(\boldsymbol{x})$，使它在某种统计平均意义下最接近待估计参量的真值，不同的估计准则，规定了不同的函数关系。

本章所讨论主要内容的前提是已知信号总体概率密度的类型和信号形式，而信号中所含有的参量是未知的。

本章主要讨论信号参量估计的基本理论，包括信号参量估计的基本概念、描述、贝叶斯估计、最大后验估计、最大似然估计，以及评价估计量的性能指标。此外，还讨论了线性最小均方误差估计和最小二乘估计。

8.2 信号参量估计的基本原理

在信息传输系统中，信息源产生的信息由发送设备加载(调制)到信号中，载有信息的信号经信道传输送至接收设备，接收设备从接收的信号中恢复出原始信号及信息。信号在传输过程中，不可避免地受到噪声的干扰，使信号产生失真，而从失真的信号中恢复出原始信号及信息往往需要估计信号参量。因此，信号参量估计成为信息传输系统中接收设备的基本任务之一，接收设备应该包含信号参量估计系统以实现信号参量估计这一功能，信号参量估计系统也就成为接收设备的基本组成部分之一。信号参量估计理论的主要任务就是依据贝叶斯统计决策的理论和方法，设计信号参量估计系统的数学模型和系统模型。

1．信号参量估计的信息传输系统模型

研究设计信号参量估计系统的信号参量估计理论离不开信号参量估计所在的信息传输系统，并将信号参量估计所在的信息传输系统称为信号参量估计的信息传输系统。因此，信号参量估计理论研究的第一步是要确定信号参量估计的信息传输系统模型。本书所讨论的信号参量估计的信息传输系统模型是加性噪声情况下的信息传输系统模型，如图 8.2.1 所示。通常，接收设备依次进行匹配滤波、信号检测、信号参量估计。接收设备自然也就包括匹配滤波器、信号检测系统及信号参量估计系统。当然，也有信号检测和信号参量估计同时进行，联合优化的情况。

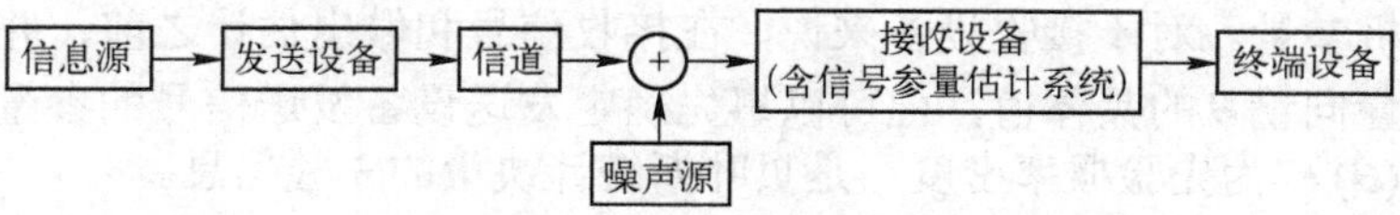

图 8.2.1　加性噪声情况下的信息传输系统模型

2．信号参量估计的信号模型

信号参量估计的信号模型是指信号在信号参量估计的信息传输系统中的关系式，通常特指接收设备的接收信号模型，即接收信号的数学描述。

设发送设备发送的信号为$s(t,\boldsymbol{\theta})$，信道的加性噪声为$n(t)$，接收设备的接收信号为$x(t)$，则加性噪声情况下的信息传输系统的接收信号模型为

$$x(t)=s(t,\boldsymbol{\theta})+n(t)=s(t,\theta_1,\theta_2,\cdots,\theta_m)+n(t) \tag{8.2.1}$$

式中，$\boldsymbol{\theta}=[\theta_1,\theta_2,\cdots,\theta_m]^{\mathrm{T}}$为未知参量向量，表示未知参量信号的$m$个未知参量。由于噪声是随机信号，故接收设备的接收信号也是随机信号。

在信号参量估计中，将所有可以观测的接收信号组成的集合称为观测空间，并记为$\varPsi=\{x(t)\}$。如果k维向量表示对连续时间的接收信号$x(t)$进行的k次观测，并且接收信号$x(t)$可以由k维向量$\boldsymbol{x}=[x_1,x_2,\cdots,x_k]^{\mathrm{T}}$来表示，则观测空间为$k$维向量组成的集合$\varPsi=\{\boldsymbol{x}=[x_1,x_2,\cdots,x_k]^{\mathrm{T}}\}$。信号参量估计中的观测空间就是贝叶斯统计决策问题中的样本空间。

由于本章讨论的是信号参量估计的基本理论，它对连续时间的接收信号组成的观测空间和k维向量组成的观测空间均适合，故在没有特别说明的情况下，观测空间一般记为$\varPsi=\{x\}$。观测空间$\varPsi=\{x\}$可以是连续时间接收信号组成的观测空间，也可以是k维向量组成的观测空间。

3．参量空间及判决空间

对于信号参量估计，信号$s(t,\boldsymbol{\theta})$的所有参量向量组成的集合称为参量空间，记作$\varTheta=\{\boldsymbol{\theta}\}$。对于$m$维参量向量$\boldsymbol{\theta}$，参量空间$\varTheta=\{\boldsymbol{\theta}\}$是$m$维空间；如果参量向量$\boldsymbol{\theta}$是单个参量，那么参量空间就是一段直线。

如果对信号参量向量$\boldsymbol{\theta}$做点估计，判决空间一般取参量空间，即$\Phi=\Theta=\{\boldsymbol{\theta}\}$；如果对信号参量向量$\boldsymbol{\theta}$做区域估计，判决空间$\Phi$就是参量空间$\Theta$上的一切可能的区域构成的集合。

为了表述方便，将单个参量称为单个参量，多个参量组成的向量称为参量向量，单个参量或参量向量统称为参量向量。

4．信号参量估计所需的信息

信号参量估计所需的信息是指未知信号、噪声以及信息传输系统的统计特性，也就是贝叶斯统计决策所需的信息，包括先验信息、抽样信息和损失信息。对于信号参量估计问题，先验信息就是信息源和发送设备发送信号的参量向量$\boldsymbol{\theta}$的概率分布或概率密度。总体信息就是信道噪声的概率分布或概率密度；样本信息就是接收设备接收的信号；通常将总体信息和样本信息综合在一起构成抽样信息，并通过似然函数来反映抽样信息。损失信息就是信号参量估计系统做出正确或错误判决的代价函数，表示信号参量估计系统所做决策的正确程度。

（1）先验信息

设发送设备发送具有未知参量向量信号$s(t,\boldsymbol{\theta})$，未知参量可能是未知非随机参量，也可能是未知随机参量。根据贝叶斯统计学的观点，把未知参量看成随机变量，故将信号的未知参量均看作是未知随机参量。对于接收设备来说，在接收信号和做出估计之前，并不能确定发送设备发送信号的参量向量$\boldsymbol{\theta}$的具体值，但可以事先确定发送设备发送信号的参量向量$\boldsymbol{\theta}$的联合概率密度$p(\boldsymbol{\theta})$，$p(\boldsymbol{\theta})$称为先验概率密度，是贝叶斯统计决策的先验信息。

（2）抽样信息

信道噪声的概率分布是信道噪声统计特性的描述。对于式(8.2.1)所示的接收信号模型，如果发送设备发送的信号$s(t,\boldsymbol{\theta})$是具有未知参量信号(信号形式已知)，则接收设备接收信号的概率分布形式与噪声的概率分布形式相同，只是概率分布的参数不相同。如果把接收设备的接收信号看作总体，对于发送设备发送具有未知参量信号(信号形式已知)的情况，知道了信道噪声的概率分布形式，就知道了接收设备接收信号的概率分布形式，从而也就知道了接收设备所接收信号的总体分布。

知道了接收设备所接收信号的总体分布，就容易得到似然函数。设信道噪声的概率密度为$p(n)$，如果发送设备发送信号$s(t,\boldsymbol{\theta})$，此时接收设备的接收信号应该为$x(t)=s(t,\boldsymbol{\theta})+n(t)$，也就是接收设备对接收信号做了信号参量向量为$\boldsymbol{\theta}$的假设。以信号参量向量$\boldsymbol{\theta}$为条件的接收信号的条件分布为

$$p(x\,|\,\boldsymbol{\theta})=p(n)\,|_{n=x-s}=p(x-s(\boldsymbol{\theta})) \tag{8.2.2}$$

条件分布$p(x\,|\,\boldsymbol{\theta})$就是似然函数，它是对接收信号统计特性的描述，是对发送设备和信道统计特性的综合反映，也是接收信号观测样本信息与接收的信号总体信息的综合反映。

（3）损失信息

信道噪声的存在使接收设备接收信号具有不确定性，接收设备的信号参量估计系统做出估计时，估计量$\hat{\boldsymbol{\theta}}$与真实参量$\boldsymbol{\theta}$可能不同。为了描述估计量$\hat{\boldsymbol{\theta}}$与真实参量$\boldsymbol{\theta}$的不同所产生的损失或付出的代价，引入代价函数的概念。如果发送设备发送信号的真实参量为$\boldsymbol{\theta}$，而信号参量估计系统将信号参量估计为$\hat{\boldsymbol{\theta}}$，定义信号参量估计系统为此付出的代价为代价函数$c(\boldsymbol{\theta},\hat{\boldsymbol{\theta}})$。真实参量$\boldsymbol{\theta}$与估计量$\hat{\boldsymbol{\theta}}$之差$\boldsymbol{\varepsilon}=\boldsymbol{\theta}-\hat{\boldsymbol{\theta}}$称为估计误差。

代价函数的选择，应当反映问题的实际情况，也要考虑便于数学处理。对于单参量估计的情况，一般选用的代价函数与估计误差$\varepsilon=\theta-\hat{\theta}$有关，即$c(\theta,\hat{\theta})=c(\theta-\hat{\theta})$，而且误差越大，代价越大，这种考虑在很多场合下是合理的。例如，炮瞄雷达测距误差越大，炮火的命中率越低，从而增加了我方付出的代价。

由于代价函数反映的是代价或损失，因而代价函数$c(\theta,\hat{\theta})$应为非负函数，即代价函数的非负性。

由于估计量$\hat{\theta}$是对真实参量θ的估计，当$\hat{\theta}$等于θ时，所产生的代价或损失最小，因而$c(\theta,\hat{\theta})$应在估计误差$\varepsilon=0$时达到最小值，即代价函数的最小性。代价函数的最小性也反映了代价函数是凹函数。

代价函数用于衡量$\hat{\theta}$与θ的差别所产生的代价或损失，误差越大，代价越大，因而代价函数$c(\theta,\hat{\theta})$应是误差绝对值$|\theta-\hat{\theta}|$的非减函数，即代价函数的非减性。

由于$\hat{\theta}$可能大于θ，也可能小于θ，无论$\hat{\theta}$大于或小于θ，只要$|\theta-\hat{\theta}|$相同，估计量所产生的代价或损失应是相同的，故代价函数是关于$\theta-\hat{\theta}=0$的对称函数，即代价函数的对称性。

常用的典型代价函数有误差平方代价函数、误差绝对值代价函数及均匀代价函数。

误差平方代价函数的数学表示式为

$$c(\theta,\hat{\theta})=c(\theta-\hat{\theta})=(\theta-\hat{\theta})^2 \tag{8.2.3}$$

误差平方代价函数的图形如图 8.2.2 所示。

误差绝对值代价函数的数学表示式为

$$c(\theta,\hat{\theta})=c(\theta-\hat{\theta})=|\theta-\hat{\theta}| \tag{8.2.4}$$

误差绝对值代价函数的图形如图 8.2.3 所示。

均匀代价函数的数学表示式为

$$c(\theta,\hat{\theta})=c(\theta-\hat{\theta})=\begin{cases}1 & |\theta-\hat{\theta}|>\varDelta \\ 0 & |\theta-\hat{\theta}|\leqslant\varDelta\end{cases} \tag{8.2.5}$$

式中，$\varDelta$为正的常数。均匀代价函数的图形如图 8.2.4 所示。

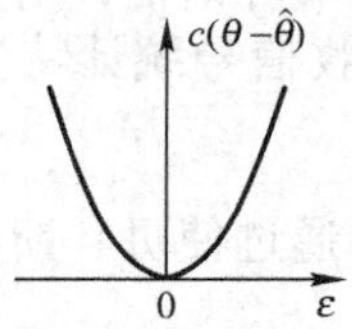

图 8.2.2　误差平方代价函数

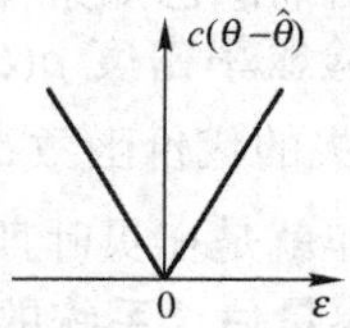

图 8.2.3　误差绝对值代价函数

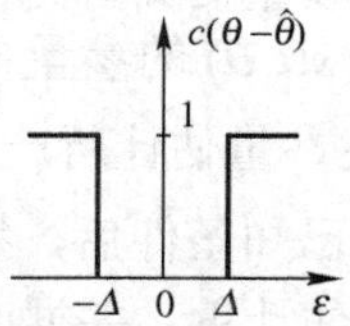

图 8.2.4　均匀代价函数

如果知道了信号参量估计问题的参量空间及所需的信息，一个贝叶斯统计决策问题就被给定了，信号参量估计问题就变为一个贝叶斯统计决策问题，这种情况下的信号参量估计问题也就给定了。

5．信号参量估计的准则

信号参量估计的准则就是使估计量达到最佳的标准。将信号参量估计问题变为一个贝叶斯统计决策问题，相应的信号参量估计的准则就是使贝叶斯风险最小的贝叶斯准则。

6．信号参量估计的估计量

对于信号参量估计这样一个贝叶斯统计决策问题，通过使贝叶斯风险最小，就可以得到信号参量估计的估计量。在信号参量估计中，估计量就是最佳信号参量估计算法，也是信号参量估计系统的数学模型。

7．估计量的性能评价

对于同一个参量向量，可以有许多不同的估计量，或者说，对同一个参量向量有许多不同的估计方法，这就存在选用哪一种估计方法或估计量的问题。因此，需要对估计量性能进行评价，因而需要研究估计量的性能指标。

8．设计信号参量估计系统框图

依据估计量的数学表示式，设计信号参量估计系统的系统模型，并画出系统框图。

总之，上述内容既是信号参量估计问题的描述，也是信号参量估计算法或信号参量估计系统设计的步骤。可以归纳为 4 个步骤：一是确定信号参量估计所需的已知条件；二是寻求一种准则下的估计量；三是评估估计量的性能；四是设计信号参量估计系统框图。

8.3 信号参量贝叶斯估计

研究信号参量估计问题，可以采用经典统计推断、贝叶斯统计推断或贝叶斯统计决策的理论和方法。采用贝叶斯统计决策的理论和方法研究信号参量估计问题所形成的理论和方法称为信号参量贝叶斯估计，常简称为贝叶斯估计。

信号参量贝叶斯估计的步骤通常有：一是确定信号参量估计所需的已知条件；二是寻求一种估计量，使信号参量估计引入的贝叶斯风险达到最小；三是评估估计量的性能；四是设计信号参量估计系统的系统模型。

1．信号参量贝叶斯估计所需的已知条件

设发送信号为 $s(t,\boldsymbol{\theta})$，信道的加性噪声为 $n(t)$，接收信号为 $x(t)$，信号参量估计的信号模型为 $x(t)=s(t,\boldsymbol{\theta})+n(t)$。其中 $\boldsymbol{\theta}=[\theta_1,\theta_2,\cdots,\theta_m]^{\mathrm{T}}$ 为未知参量向量。参量空间 $\Theta=\{\boldsymbol{\theta}\}$ 是 m 维空间。

任何信号参量估计首先需要确定其所需的已知条件。信号参量贝叶斯估计所需的已知条件有：发送信号 $s(t,\boldsymbol{\theta})$ 的参量向量 $\boldsymbol{\theta}$ 的先验概率密度 $p(\boldsymbol{\theta})$，反映接收信号统计特性的似然函数 $p(x\,|\,\boldsymbol{\theta})$，描述参量估计所产生代价或损失的代价函数 $c(\boldsymbol{\theta},\hat{\boldsymbol{\theta}})$。

有了上述已知条件后，接下来的工作就是在贝叶斯准则下，即通过使贝叶斯风险最小，得到信号参量的估计量，并据此设计信号参量估计系统的系统模型。

2．贝叶斯风险准则下的估计量

在信号参量估计所需的已知条件确定的情况下，信号参量估计就是根据观测信号，计算估计量。信号参量估计系统对观测信号做参量估计时，依据的标准不同，做出的估计量也就不同。

设发送信号 $s(t,\boldsymbol{\theta})$ 的估计量为 $\hat{\boldsymbol{\theta}}$，它是从观测空间 $\Psi=\{x\}$ 到参量空间 $\Theta=\{\boldsymbol{\theta}\}$ 上的一个函数，相当于统计决策问题中的决策函数。如果 $s(t,\boldsymbol{\theta})$ 的参量向量为 $\boldsymbol{\theta}$，信号参量估计系统的估计量为 $\hat{\boldsymbol{\theta}}$，则 $\hat{\boldsymbol{\theta}}$ 的风险函数是代价函数 $c(\boldsymbol{\theta},\hat{\boldsymbol{\theta}})$ 对条件样本概率密度或似然函数 $p(x\,|\,\boldsymbol{\theta})$ 的统计平均，即

$$R(\boldsymbol{\theta},\hat{\boldsymbol{\theta}})=\int_{\Psi}c(\boldsymbol{\theta},\hat{\boldsymbol{\theta}})p(x\,|\,\boldsymbol{\theta})\mathrm{d}x \tag{8.3.1}$$

由于事先并不知道 $s(t,\boldsymbol{\theta})$ 的真实参量向量 $\boldsymbol{\theta}$，风险函数也就具有不确定性，需要将风险函数对 $\boldsymbol{\theta}$ 的先验概率密度求统计平均，得到平均风险，此平均风险就是贝叶斯风险。信号参量估计的贝叶斯风险是风险函数对先验概率密度的数学期望，即

$$R(\hat{\boldsymbol{\theta}})=\int_{\{\boldsymbol{\theta}\}}\int_{\Psi}c(\boldsymbol{\theta},\hat{\boldsymbol{\theta}})p(x\,|\,\boldsymbol{\theta})p(\boldsymbol{\theta})\mathrm{d}x\mathrm{d}\boldsymbol{\theta}=\int_{\{\boldsymbol{\theta}\}}\int_{\Psi}c(\boldsymbol{\theta},\hat{\boldsymbol{\theta}})p(x,\boldsymbol{\theta})\mathrm{d}x\mathrm{d}\boldsymbol{\theta}$$

$$=\int_{\Psi}\left[\int_{\{\boldsymbol{\theta}\}}c(\boldsymbol{\theta},\hat{\boldsymbol{\theta}})p(\boldsymbol{\theta}\,|\,x)\mathrm{d}\boldsymbol{\theta}\right]p(x)\mathrm{d}x \tag{8.3.2}$$

式中，$p(\boldsymbol{\theta}\,|\,x)$ 表示在给定观测信号 x 条件下，待估参量向量 $\boldsymbol{\theta}$ 的条件概率密度，即 $\boldsymbol{\theta}$ 的后验概率密度。

信号参量估计的贝叶斯风险准则就是选择估计量为 $\hat{\boldsymbol{\theta}}$，使贝叶斯风险达到最小的准则。由于式(8.3.2)中的内积分及 $p(x)$ 均为非负，所以使贝叶斯风险最小等效为使内积分最小，即

$$R(\hat{\boldsymbol{\theta}}\,|\,x)=\int_{\{\boldsymbol{\theta}\}}c(\boldsymbol{\theta},\hat{\boldsymbol{\theta}})p(\boldsymbol{\theta}\,|\,x)\mathrm{d}\boldsymbol{\theta} \tag{8.3.3}$$

最小。式中，$R(\hat{\boldsymbol{\theta}}\,|\,x)$ 称为条件贝叶斯风险，或称为条件平均代价。它表示在观测向量 x 已知条件下的贝叶斯风险或平均代价。由此可知，贝叶斯估计就是使贝叶斯风险或条件贝叶斯风险达到最小的估计。

将条件贝叶斯风险 $R(\hat{\boldsymbol{\theta}}\,|\,x)$ 对 $\hat{\boldsymbol{\theta}}$ 求最小，就能求得参量向量 $\boldsymbol{\theta}$ 的贝叶斯估计量 $\hat{\boldsymbol{\theta}}_{\mathrm{B}}$。对具有已知先验概率密度 $p(\boldsymbol{\theta})$ 的参量向量 $\boldsymbol{\theta}$，结合 3 种典型代价函数，可以导出 3 种重要的贝叶斯估计。

3．最小均方误差估计

最小均方误差估计就是代价函数为误差平方代价函数的贝叶斯估计，其准则是使估计误差平方的统计平均达到最小。

对于单参量 θ 估计的情况，如果选用误差平方代价函数 $c(\theta,\hat{\theta})=(\theta-\hat{\theta})^2$，信号参量估计的贝叶斯风险为

$$R(\hat{\theta})=\int_{-\infty}^{\infty}\int_{\Psi}(\theta-\hat{\theta})^2 p(x\,|\,\theta)p(\theta)\mathrm{d}x\mathrm{d}\theta \tag{8.3.4}$$

它实际是估计量 $\hat{\theta}$ 对真实参量 θ 的均方误差。因此，选用误差平方代价函数时，贝叶斯风险准则具体化为最小均方误差准则，此时的贝叶斯估计量 $\hat{\theta}$ 也称为最小均方误差估计量 $\hat{\theta}_{\mathrm{MS}}$。在这种情况下，条件贝叶斯风险为

$$R(\hat{\theta}\,|\,x)=\int_{-\infty}^{\infty}(\theta-\hat{\theta})^2 p(\theta\,|\,x)\mathrm{d}\theta \tag{8.3.5}$$

使均方误差最小与使条件贝叶斯风险最小是等价的，于是通过条件贝叶斯风险最小求解估计量。$\hat{\theta}_{\mathrm{MS}}$ 应满足如下方程

$$\left.\frac{\partial R(\hat{\theta}\,|\,x)}{\partial\hat{\theta}}\right|_{\hat{\theta}=\hat{\theta}_{\mathrm{MS}}}=0 \tag{8.3.6}$$

将式(8.3.5)代入上式得

$$\left.\int_{-\infty}^{\infty}2(\hat{\theta}-\theta)p(\theta\,|\,x)\mathrm{d}\theta\right|_{\hat{\theta}=\hat{\theta}_{\mathrm{MS}}}=0 \tag{8.3.7}$$

因为

$$\int_{-\infty}^{\infty}p(\theta\,|\,x)\mathrm{d}\theta=1 \tag{8.3.8}$$

则式(8.3.7)的解为

$$\hat{\theta}_{\mathrm{MS}}=\frac{\int_{-\infty}^{\infty}\theta p(\theta\,|\,x)\mathrm{d}\theta}{\int_{-\infty}^{\infty}p(\theta\,|\,x)\mathrm{d}\theta}=\int_{-\infty}^{\infty}\theta p(\theta\,|\,x)\mathrm{d}\theta=E[\theta\,|\,x] \tag{8.3.9}$$

式(8.3.9)表明，参量 θ 的最小均方误差估计量 $\hat{\theta}_{\mathrm{MS}}$ 是参量 θ 对后验概率密度函数的均值。因为 $p(\theta\,|\,x)$ 是指得到观测信号 x 后参量 θ 的概率密度函数，所以最小均方误差估计又称为条件均值估计。$\hat{\theta}_{\mathrm{MS}}$ 也称为参量 θ 的条件均值。因为式(8.3.5)对 $\hat{\theta}$ 的二阶偏导数为正(等于 2)，所以由式(8.3.9)求得的估计量 $\hat{\theta}_{\mathrm{MS}}$ 能使贝叶斯风险达到极小值。

对于由 m 个参量组成的参量向量 $\boldsymbol{\theta}=[\theta_1,\theta_2,\cdots,\theta_m]^{\mathrm{T}}$，误差平方代价函数为

$$c(\boldsymbol{\theta},\hat{\boldsymbol{\theta}})=\sum_{k=1}^{m}(\theta_k-\hat{\theta}_k)^2 \tag{8.3.10}$$

贝叶斯风险为

$$R(\hat{\boldsymbol{\theta}})=\int_{\{\boldsymbol{\theta}\}}\int_{\Psi}\sum_{k=1}^{m}(\theta_k-\hat{\theta}_k)^2 p(x|\boldsymbol{\theta})p(\boldsymbol{\theta})\mathrm{d}x\mathrm{d}\boldsymbol{\theta} \tag{8.3.11}$$

相应的条件贝叶斯风险为

$$R(\hat{\boldsymbol{\theta}}|x)=\int_{\{\boldsymbol{\theta}\}}\sum_{k=1}^{m}(\theta_k-\hat{\theta}_k)^2 p(\boldsymbol{\theta}|x)\mathrm{d}\boldsymbol{\theta} \tag{8.3.12}$$

最小均方误差估计量 $\hat{\theta}_{k\mathrm{MS}}$ 应满足如下方程

$$\left.\frac{\partial R(\hat{\boldsymbol{\theta}}|x)}{\partial\hat{\theta}_k}\right|_{\hat{\theta}_k=\hat{\theta}_{k\mathrm{MS}}}=0 \quad k=1,2,\cdots,m \tag{8.3.13}$$

求解由 m 个式(8.3.13)所示方程组成的联立方程，就可以同时获得 m 个参量的估计向量 $\hat{\boldsymbol{\theta}}_{\mathrm{MS}}$。

如果 m 个参量相互统计独立，则第 k 个参量的最小均方误差估计为

$$\hat{\theta}_{k\mathrm{MS}}=\int_{-\infty}^{\infty}\theta_k p(\theta_k|x)\mathrm{d}\theta_k=E[\theta_k|x] \quad k=1,2,\cdots,m \tag{8.3.14}$$

在这种情况下，每个参量的最小均方误差估计量可以通过条件均值单独求得，m 个单独求得的估计量组成估计向量。

4．条件中值估计

对于单参量 θ 估计的情况，如果选用误差绝对值代价函数 $c(\theta,\hat{\theta})=|\theta-\hat{\theta}|$，则条件贝叶斯风险为

$$\begin{aligned}R(\hat{\theta}|x)&=\int_{-\infty}^{\infty}|\theta-\hat{\theta}|\,p(\theta|x)\mathrm{d}\theta\\&=\int_{-\infty}^{\hat{\theta}}(\hat{\theta}-\theta)p(\theta|x)\mathrm{d}\theta+\int_{\hat{\theta}}^{\infty}(\theta-\hat{\theta})p(\theta|x)\mathrm{d}\theta\end{aligned} \tag{8.3.15}$$

贝叶斯估计应满足 $\partial R(\hat{\theta}|x)/\partial\hat{\theta}=0$，故有

$$\int_{-\infty}^{\hat{\theta}}p(\theta|x)\mathrm{d}\theta=\int_{\hat{\theta}}^{\infty}p(\theta|x)\mathrm{d}\theta \tag{8.3.16}$$

式(8.3.16)意味着

$$P(\theta>\hat{\theta})=P(\theta<\hat{\theta}) \tag{8.3.17}$$

即估计量 $\hat{\theta}$ 是条件分布 $p(\theta|x)$ 的条件中值或条件中位数，故称为条件中值估计，或称为条件中位数估计，条件中值记为 $\hat{\theta}_{\mathrm{MED}}$。由此可见，选用误差绝对值代价函数时的贝叶斯估计就是条件中值估计。

如果条件分布 $p(\theta|x)$ 是对称的，则 $E[\theta|x]=\hat{\theta}_{\mathrm{MED}}$，此时条件中值估计与条件均值估计一致。

对于由 m 个参量组成的参量向量 $\boldsymbol{\theta}=[\theta_1,\theta_2,\cdots,\theta_m]^{\mathrm{T}}$，误差绝对值代价函数为

$$c(\boldsymbol{\theta},\hat{\boldsymbol{\theta}})=\sum_{k=1}^{m}|\theta_k-\hat{\theta}_k| \tag{8.3.18}$$

贝叶斯风险为

$$R(\hat{\boldsymbol{\theta}})=\int_{\{\boldsymbol{\theta}\}}\int_{\Psi}\sum_{k=1}^{m}|\theta_k-\hat{\theta}_k|\,p(x|\boldsymbol{\theta})p(\boldsymbol{\theta})\mathrm{d}x\mathrm{d}\boldsymbol{\theta} \tag{8.3.19}$$

相应的条件贝叶斯风险为

$$R(\hat{\boldsymbol{\theta}} \mid x)=\int_{\{\boldsymbol{\theta}\}} \sum_{k=1}^{m} |\theta_k-\hat{\theta}_k| p(\boldsymbol{\theta} \mid x) \mathrm{d} \boldsymbol{\theta} \tag{8.3.20}$$

贝叶斯估计量应满足如下方程

$$\left.\frac{\partial R(\hat{\boldsymbol{\theta}} \mid x)}{\partial \hat{\theta}_k}\right|_{\hat{\theta}_k=\hat{\theta}_{k\mathrm{MED}}}=0 \qquad k=1,2,\cdots,m \tag{8.3.21}$$

求解由 m 个式(8.3.21)所示方程组成的联立方程，就可以同时获得 m 个参量的估计向量 $\hat{\boldsymbol{\theta}}_{\mathrm{MED}}$。

如果 m 个参量相互统计独立，则第 k 个参量的贝叶斯估计量应满足

$$\int_{-\infty}^{\hat{\theta}_k} p(\theta_k \mid x) \mathrm{d} \theta_k=\int_{\hat{\theta}_k}^{\infty} p(\theta_k \mid x) \mathrm{d} \theta_k \quad k=1,2,\cdots,m \tag{8.3.22}$$

在这种情况下，每个参量的贝叶斯估计量可以通过条件中值单独求得，m 个单独求得的估计量组成估计向量。

5．最大后验估计

对于单参量 θ 估计的情况，如果选用均匀代价函数，则条件贝叶斯风险为

$$\begin{aligned} R(\hat{\theta} \mid x) &=\int_{-\infty}^{\hat{\theta}-\Delta} p(\theta \mid x) \mathrm{d} \theta+\int_{\hat{\theta}+\Delta}^{\infty} p(\theta \mid x) \mathrm{d} \theta \\ &=1-\int_{\hat{\theta}-\Delta}^{\hat{\theta}+\Delta} p(\theta \mid x) \mathrm{d} \theta \end{aligned} \tag{8.3.23}$$

对于任意很小的正数 Δ，使条件贝叶斯风险最小，就应使式(8.3.23)中第二项积分最大，相应地使第二项积分中的后验概率密度函数 $p(\theta \mid x)$ 最大。使 $p(\theta \mid x)$ 最大的 θ 值作为其估计量 $\hat{\theta}$ 的估计称为最大后验估计，估计量记为 $\hat{\theta}_{\mathrm{MAP}}$。

如果 $p(\theta \mid x)$ 的最大值处于 θ 的允许范围内，且 $p(\theta \mid x)$ 具有连续的一阶导数，则获得最大值的必要条件是

$$\left.\frac{\partial p(\theta \mid x)}{\partial \theta}\right|_{\theta=\hat{\theta}_{\mathrm{MAP}}}=0 \tag{8.3.24}$$

因为自然对数是自变量的单调函数，所以有

$$\left.\frac{\partial \ln p(\theta \mid x)}{\partial \theta}\right|_{\theta=\hat{\theta}_{\mathrm{MAP}}}=0 \tag{8.3.25}$$

式(8.3.24)和式(8.3.25)称为最大后验估计方程。利用最大后验估计方程求解估计量 $\hat{\theta}_{\mathrm{MAP}}$ 时，在每一种情况下都必须检验所求得的解是否能使 $p(\theta \mid x)$ 绝对最大。

为了反映观测信号 x 和先验概率密度函数 $p(\theta)$ 对估计量的影响，将贝叶斯公式

$$p(\theta \mid x)=\frac{p(x \mid \theta) p(\theta)}{p(x)} \tag{8.3.26}$$

代入式(8.3.25)中，可得到另一种形式的最大后验估计方程，即

$$\left.\left[\frac{\partial \ln p(x \mid \theta)}{\partial \theta}+\frac{\partial \ln p(\theta)}{\partial \theta}\right]\right|_{\theta=\hat{\theta}_{\mathrm{MAP}}}=0 \tag{8.3.27}$$

尽管最大后验估计是由均匀代价函数的贝叶斯估计推出来的，但最大后验估计并不需要知道代价函数，仅需要已知先验概率密度和似然函数。

对于由 m 个参量组成的参量向量 $\boldsymbol{\theta}=[\theta_1,\theta_2,\cdots,\theta_m]^{\mathrm{T}}$，最大后验估计方程组为

$$\left.\frac{\partial p(\boldsymbol{\theta}\mid x)}{\partial\theta_k}\right|_{\theta_k=\hat{\theta}_{k\mathrm{MAP}}}=0\qquad k=1,2,\cdots,m \tag{8.3.28}$$

或

$$\left.\frac{\partial \ln p(\boldsymbol{\theta}\mid x)}{\partial\theta_k}\right|_{\theta_k=\hat{\theta}_{k\mathrm{MAP}}}=0\qquad k=1,2,\cdots,m \tag{8.3.29}$$

式(8.3.28)所示的最大后验估计方程组可以简明地表示为

$$\left.\frac{\partial p(\boldsymbol{\theta}\mid x)}{\partial\boldsymbol{\theta}}\right|_{\boldsymbol{\theta}=\hat{\boldsymbol{\theta}}_{\mathrm{MAP}}}=\mathbf{0} \tag{8.3.30}$$

式中

$$\frac{\partial p(\boldsymbol{\theta}\mid x)}{\partial\boldsymbol{\theta}}=\left[\frac{\partial p(\boldsymbol{\theta}\mid x)}{\partial\theta_1}\quad\frac{\partial p(\boldsymbol{\theta}\mid x)}{\partial\theta_2}\quad\cdots\quad\frac{\partial p(\boldsymbol{\theta}\mid x)}{\partial\theta_m}\right]^{\mathrm{T}} \tag{8.3.31}$$

同理，也可以将式(8.3.29)所示的最大后验估计方程组写成简明表示形式。

例 8.3.1 在时间 $0\leqslant t\leqslant T$ 内，观测信号为 $x(t)=\theta+n(t)$。θ 是被估计的参量，服从均值为 μ、方差为 σ_θ^2 的高斯分布。噪声 $n(t)$ 服从均值为 0、方差为 σ_n^2 的高斯分布。根据观测信号的 k 次独立观测：（1）对 θ 做出估计；（2）画出估计系统框图；（3）求估计量的均方误差。

解：（1）设观测信号的 k 次独立观测样本为

$$x_i=\theta+n_i\quad i=1,2,\cdots,k$$

并将 k 次独立观测样本 $x_1,x_2,\cdots,x_k$ 表示为随机观测向量 $\boldsymbol{x}=[x_1,x_2,\cdots,x_k]^{\mathrm{T}}$，因为 $x_1,x_2,\cdots,x_k$ 之间相互统计独立，在以参量 θ 为条件下，观测向量的似然函数为 $x_1,x_2,\cdots,x_k$ 的联合概率密度，即

$$\begin{aligned}p(\boldsymbol{x}\mid\theta)&=p(x_1,x_2,\cdots,x_k\mid\theta)=\prod_{i=1}^{k}p(x_i\mid\theta)\\&=(2\pi\sigma_n^2)^{-k/2}\exp\left[-\sum_{i=1}^{k}\frac{(x_i-\theta)^2}{2\sigma_n^2}\right]\end{aligned}$$

参量 θ 的先验概率密度为

$$p(\theta)=\frac{1}{\sqrt{2\pi}\sigma_\theta}\exp\left[-\frac{(\theta-\mu)^2}{2\sigma_\theta^2}\right]$$

参量 θ 的后验概率密度为

$$p(\theta\mid\boldsymbol{x})=\frac{p(\theta)p(\theta\mid\boldsymbol{x})}{p(\boldsymbol{x})}=\frac{p(\theta)p(\theta\mid\boldsymbol{x})}{\int_{\{\theta\}}p(\theta)p(\boldsymbol{x}\mid\theta)\mathrm{d}\theta}$$

要得到 $p(\theta\mid\boldsymbol{x})$，需要计算出 $p(\boldsymbol{x})$，而 $p(\boldsymbol{x})$ 的计算比较麻烦。但是，$p(\boldsymbol{x})$ 与参量 θ 无关，对于 $p(\theta\mid\boldsymbol{x})$ 来说，$p(\boldsymbol{x})$ 只相当于一个常数。也就是说，$p(\theta\mid\boldsymbol{x})$ 的函数形式只取决于 $p(\boldsymbol{x}\mid\theta)$ 和 $p(\theta)$，而与 $p(\boldsymbol{x})$ 无关。于是，$p(\theta\mid\boldsymbol{x})$ 可以写作

$$p(\theta\mid\boldsymbol{x})=\frac{1}{p(\boldsymbol{x})}\left(\frac{1}{2\pi\sigma_n^2}\right)^{k/2}\left(\frac{1}{2\pi\sigma_\theta^2}\right)^{1/2}\exp\left\{-\frac{1}{2}\left[\sum_{i=1}^{k}\frac{(x_i-\theta)^2}{\sigma_n^2}+\frac{(\theta-\mu)^2}{\sigma_\theta^2}\right]\right\}$$

令 $\sigma_m^2=\sigma_\theta^2\sigma_n^2/(k\sigma_\theta^2+\sigma_n^2)$，并使上式的指数项内化成完全平方的形式，则可求得

$$p(\theta\mid\boldsymbol{x})=K(\boldsymbol{x})\exp\left\{-\frac{1}{2\sigma_m^2}\left[\theta-\sigma_m^2\left(\frac{1}{\sigma_n^2}\sum_{i=1}^{k}x_i+\frac{\mu}{\sigma_\theta^2}\right)\right]^2\right\}$$

式中，$K(\boldsymbol{x})$ 是与参量 θ 无关的项。由上式可见，后验分布 $p(\theta\mid\boldsymbol{x})$ 为高斯分布。由于高斯分布

的峰值、均值和中值都相同，因此，参量θ的最小均方误差估计$\hat{\theta}_{\mathrm{MS}}$、条件中值估计$\hat{\theta}_{\mathrm{MED}}$和最大后验估计$\hat{\theta}_{\mathrm{MAP}}$三者相等，即

$$\hat{\theta}_{\mathrm{MS}} = \hat{\theta}_{\mathrm{MED}} = \hat{\theta}_{\mathrm{MAP}}$$

最简单的方法是求最大后验估计$\hat{\theta}_{\mathrm{MAP}}$。为此，需要求解的最大后验估计方程为

$$\left.\frac{\partial \ln p(\theta\,|\,\boldsymbol{x})}{\partial \theta}\right|_{\theta=\hat{\theta}_{\mathrm{MAP}}} = 0$$

解得
$$\hat{\theta}_{\mathrm{MAP}} = \sigma_m^2\left(\frac{1}{\sigma_n^2}\sum_{i=1}^{k} x_i + \frac{\mu}{\sigma_\theta^2}\right) = \frac{\sigma_m^2}{\sigma_n^2}\sum_{i=1}^{k} x_i + \frac{\sigma_m^2\mu}{\sigma_\theta^2}$$

（2）令$\alpha = \sigma_m^2/\sigma_n^2$，$\beta = \sigma_m^2\mu/\sigma_\theta^2$，则估计系统框图如图 8.3.1 所示。

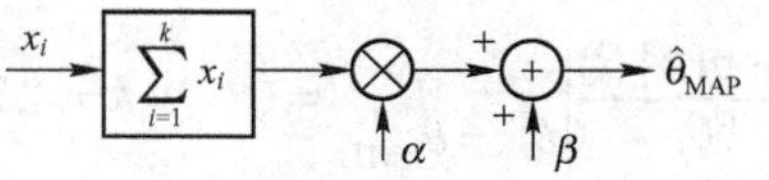

图 8.3.1　例题 8.3.1 的估计系统框图

（3）最大后验估计量$\hat{\theta}_{\mathrm{MAP}}$的均方误差为

$$E[(\theta-\hat{\theta}_{\mathrm{MAP}})^2] = E\left\{\left[\theta - \sigma_m^2\left(\frac{1}{\sigma_n^2}\sum_{i=1}^{k} x_i + \frac{\mu}{\sigma_\theta^2}\right)\right]^2\right\} = \frac{\sigma_\theta^2\sigma_n^2}{k\sigma_\theta^2 + \sigma_n^2}$$

8.4　最大似然估计

贝叶斯估计需要已知条件：先验概率密度、代价函数和似然函数。最大后验估计并不需要知道代价函数，仅需要已知先验概率密度和似然函数。如果似然函数是已知的，而先验概率密度和代价函数均是未知的，信号参量估计通常采用最大似然估计。

似然函数$p(x\,|\,\boldsymbol{\theta})$表示在未知参量向量$\boldsymbol{\theta}$的条件下，观测信号$x$的条件概率密度。最大似然估计的基本原理是对于待定的参量向量$\boldsymbol{\theta}$，考虑观测信号x落在一个小区域$\mathrm{d}x$内的概率$p(x\,|\,\boldsymbol{\theta})\mathrm{d}x$，取概率$p(x\,|\,\boldsymbol{\theta})\mathrm{d}x$最大对应的那个参量向量$\boldsymbol{\theta}$作为估计量。在小区域$\mathrm{d}x$一定的情况下，由于$p(x\,|\,\boldsymbol{\theta})$是非负的，概率$p(x\,|\,\boldsymbol{\theta})\mathrm{d}x$最大就对应似然函数$p(x\,|\,\boldsymbol{\theta})$最大。使似然函数$p(x\,|\,\boldsymbol{\theta})$最大的参量向量$\boldsymbol{\theta}$作为估计量的估计方法称为最大似然估计，相应的估计量称为最大似然估计量，记为$\hat{\boldsymbol{\theta}}_{\mathrm{ML}}$。

对于单参量θ估计的情况，最大似然估计量的方程是

$$\left.\frac{\partial p(x\,|\,\theta)}{\partial \theta}\right|_{\theta=\hat{\theta}_{\mathrm{ML}}} = 0 \tag{8.4.1}$$

因为自然对数是自变量的单调函数，所以有

$$\left.\frac{\partial \ln p(x\,|\,\theta)}{\partial \theta}\right|_{\theta=\hat{\theta}_{\mathrm{ML}}} = 0 \tag{8.4.2}$$

式(8.4.1)和式(8.4.2)称为最大似然估计方程。

最大似然估计也可以看作是最大后验估计的特例。如果不知道未知参量θ的先验概率密度$p(\theta)$，可以设想θ是均匀分布的，这意味着对于未知参量θ几乎一无所知，认为它取各种值的

可能性都差不多，这当然是一种最不利的分布。在这样的条件下，式(8.3.27)的第二项变为0，从而最大后验估计转化为最大似然估计。在一些情况下，虽然知道被估计量θ的先验概率密度$p(\theta)$，但不用最大后验估计，而用最大似然估计构造估计量也是可以的。

由于最大似然估计没有(或不能)利用被估计参量的先验知识，所以其性能一般说要比贝叶斯估计差。如果不知道未知参量θ的先验概率密度$p(\theta)$，或者计算(获得)后验概率密度$p(\theta|x)$比计算(获得)似然函数$p(x|\theta)$要困难得多时，最大似然估计不失为一种性能优良的、实用的估计方法。对于绝大多数实用的最大似然估计，当观测数据足够多时，其性能是最优的。而且，最大似然估计具有不变性，这在实际估计中也是很有用的特性。

对于由m个参量组成的参量向量$\boldsymbol{\theta}=[\theta_1,\theta_2,\cdots,\theta_m]^{\mathrm{T}}$，最大似然估计方程组为

$$\left.\frac{\partial p(x|\boldsymbol{\theta})}{\partial\theta_k}\right|_{\theta_k=\hat{\theta}_{k\mathrm{ML}}}=0 \qquad k=1,2,\cdots,m \tag{8.4.3}$$

或

$$\left.\frac{\partial \ln p(x|\boldsymbol{\theta})}{\partial\theta_k}\right|_{\theta_k=\hat{\theta}_{k\mathrm{ML}}}=0 \qquad k=1,2,\cdots,m \tag{8.4.4}$$

式(8.4.4)所示的最大似然估计方程组可以简明地表示为

$$\left.\frac{\partial \ln p(x|\boldsymbol{\theta})}{\partial\boldsymbol{\theta}}\right|_{\boldsymbol{\theta}=\hat{\boldsymbol{\theta}}_{\mathrm{ML}}}=\mathbf{0} \tag{8.4.5}$$

式中

$$\frac{\partial \ln p(x|\boldsymbol{\theta})}{\partial\boldsymbol{\theta}}=\left[\frac{\partial \ln p(x|\boldsymbol{\theta})}{\partial\theta_1}\quad\frac{\partial \ln p(x|\boldsymbol{\theta})}{\partial\theta_2}\quad\cdots\quad\frac{\partial \ln p(x|\boldsymbol{\theta})}{\partial\theta_m}\right]^{\mathrm{T}} \tag{8.4.6}$$

同理，也可以将式(8.4.3)所示的最大似然估计方程组写成简明表示形式。

最大似然估计具有不变性：如果$\hat{\theta}_{\mathrm{ML}}$是$\theta$的最大似然估计，且$u=g(\theta)$，则$u$的最大似然估计为$\hat{u}_{\mathrm{ML}}=g(\hat{\theta}_{\mathrm{ML}})$。也就是说，用原始参量的最大似然估计量$\hat{\theta}_{\mathrm{ML}}$替换变换关系中的参量$\theta$，可以求出变换后的参量$u$的最大似然估计量$\hat{u}_{\mathrm{ML}}=g(\hat{\theta}_{\mathrm{ML}})$。最大似然估计的这个性质称为不变性。

例 8.4.1 在时间$0\leqslant t\leqslant T$内，观测信号为$x(t)=\theta+n(t)$。θ是被估计的参量，噪声$n(t)$服从均值为0、方差为σ^2的高斯分布。根据观测信号的k次独立观测，求参量θ的最大似然估计$\hat{\theta}_{\mathrm{ML}}$和均方误差。

解： 设观测信号的k次独立观测样本为

$$x_i=\theta+n_i \quad i=1,2,\cdots,k$$

并将k次独立观测样本$x_1,x_2,\cdots,x_k$表示为随机观测向量$\boldsymbol{x}=[x_1,x_2,\cdots,x_k]^{\mathrm{T}}$，因为$x_1,x_2,\cdots,x_k$之间相互统计独立，在以参量$\theta$为条件下，观测向量的似然函数为$x_1,x_2,\cdots,x_k$的联合概率密度，即

$$\begin{aligned}p(\boldsymbol{x}|\theta)&=p(x_1,x_2,\cdots,x_k|\theta)=\prod_{i=1}^{k}p(x_i|\theta)\\&=(2\pi\sigma^2)^{-k/2}\exp\left[-\sum_{i=1}^{k}\frac{(x_i-\theta)^2}{2\sigma^2}\right]\end{aligned}$$

最大似然估计方程为

$$\left.\frac{\partial \ln p(\boldsymbol{x}|\theta)}{\partial\theta}\right|_{\theta=\hat{\theta}_{\mathrm{ML}}}=\left.\frac{1}{\sigma^2}\left(\sum_{i=1}^{k}x_i-k\theta\right)\right|_{\theta=\hat{\theta}_{\mathrm{ML}}}=0$$

从而解得参量θ的最大似然估计为

$$\hat{\theta}_{\mathrm{ML}}=\frac{1}{k}\sum_{i=1}^{k}x_i$$

可见，$\hat{\theta}_{\mathrm{ML}}$是观测样本的平均值。

$\hat{\theta}_{\mathrm{ML}}$的均方误差为 $$E[(\theta-\hat{\theta}_{\mathrm{ML}})^2]=E\left[\left(\theta-\frac{1}{k}\sum_{i=1}^{k}x_i\right)^2\right]=\frac{1}{k}\sigma^2$$

8.5 估计量的性能指标

对于同一个参量θ，往往有若干种方法进行估计，不同的估计方法可能会产生不同的估计量，这就存在采用哪一种估计方法或估计量的问题。为了选择估计效果最优良的估计量，需要衡量估计量的性能，这就需要建立估计量的性能指标。

估计量是随机信号观测样本的函数，利用随机信号的一个观测样本计算估计量所得到的值称为估计值。由于样本是随机变量，使每次所得的估计值都可能不同，也就是说，信号参量的估计量是一个随机变量。因此，不能根据一个估计值来评价其好坏，需要应用统计的方法分析和评价各种估计量的质量。既然估计量是随机变量，它就具有均值和方差等统计数字特征，故可以利用这些特征对估计量的性能进行比较、评价。评价估计量的性能指标主要有 4 个：无偏性、有效性、一致性及充分性。

1. 无偏性

当对信号进行多次观测后，可以构造出估计量$\hat{\theta}$，它是一个随机变量。如果$\hat{\theta}$的均值等于被估计量θ的真值(对非随机参量)或θ的均值(对随机参量)，则称为无偏估计量。能够成为无偏估计量的估计量称其具有无偏性。

对于非随机参量θ，如果估计量$\hat{\theta}$满足

$$E[\hat{\theta}]=\theta \tag{8.5.1}$$

则$\hat{\theta}$称为θ的无偏估计量。

对于随机参量θ，如果估计量$\hat{\theta}$满足

$$E[\hat{\theta}]=E[\theta] \tag{8.5.2}$$

则$\hat{\theta}$称为θ的无偏估计量。

对于非随机参量θ，如果估计量$\hat{\theta}$是根据有限N次观测量构造的，且满足

$$\lim_{N\to\infty}E[\hat{\theta}]=\theta \tag{8.5.3}$$

则$\hat{\theta}$称为θ的渐近无偏估计量。

对于随机参量θ，如果估计量$\hat{\theta}$是根据有限N次观测量构造的，且满足

$$\lim_{N\to\infty}E[\hat{\theta}]=E[\theta] \tag{8.5.4}$$

则估计量$\hat{\theta}$称为θ的渐近无偏估计量。

对于非随机参量θ，如果估计量$\hat{\theta}$满足

$$E[\hat{\theta}]=\theta+b(\hat{\theta}) \tag{8.5.5}$$

则$\hat{\theta}$称为θ的有偏估计量。式中：$b(\hat{\theta})$称为偏差。

对于随机参量θ，如果估计量$\hat{\theta}$满足

$$E[\hat{\theta}]=E[\theta]+b(\hat{\theta}) \tag{8.5.6}$$

则 $\hat{\theta}$ 称为 θ 的有偏估计量。

类似于上述方法，同样可以定义渐近有偏估计量。

估计量的无偏性是评价估计量优劣的一种性能指标，其意义是：保证估计值分布在被估计参量或被估计参量的均值附近。

2. 有效性

对于一个估计量，仅用无偏性来评价它是不够的。因为即使估计量是一个无偏估计量，如果它的方差很大，那么估计的误差可能很大。因此，除了希望估计量是无偏估计量外，还希望估计量的方差尽可能地小。估计量的方差越小，它在参量真值附近的聚集程度越高。所以，估计量的方差应该作为评价估计量优劣的一种性能指标。

对于同一个参量 θ，有两个无偏估计量 $\hat{\theta}_1$ 和 $\hat{\theta}_2$，如果 $\hat{\theta}_1$ 的方差比 $\hat{\theta}_2$ 的方差小，则称 $\hat{\theta}_1$ 比 $\hat{\theta}_2$ 有效。具有最小方差的估计量称为有效估计量。最小方差或均方误差由克拉美-罗（Cramer-Rao）下限给出，将在 8.6 节介绍。有效估计量就是估计误差最小的估计量。

3. 一致性

如果被估计量 θ 的估计量 $\hat{\theta}$ 是根据有限 N 次观测量构造的，自然随着观测次数 N 的增加，估计量的质量有所提高，即估计值趋于被估计值的真值，或者估计的均方误差逐步减小。

对于任意小的正数 δ，如果估计量 $\hat{\theta}$ 满足

$$\lim_{N\to\infty} P(|\hat{\theta}-\theta|>\delta)=0 \tag{8.5.7}$$

则 $\hat{\theta}$ 称为一致（概率收敛的）估计量。

如果估计量 $\hat{\theta}$ 的均方误差满足

$$\lim_{N\to\infty} E[(\hat{\theta}-\theta)^2]=0 \tag{8.5.8}$$

则 $\hat{\theta}$ 称为均方一致（均方收敛的）估计量。

式（8.5.7）定义的一致性和式（8.5.8）定义的均方一致性是常用的两种一致性定义，二者并无矛盾。实际中，常用均方一致性来检验估计量是否具有一致性。

4. 充分性

对于观测数据 x，如果被估计量 θ 的估计量 $\hat{\theta}(x)$ 使得似然函数 $p(x|\theta)$ 分解成

$$p(x|\theta)=g(\hat{\theta}(x)|\theta)h(x) \quad h(x)\geqslant 0 \tag{8.5.9}$$

则 $\hat{\theta}(x)$ 称为充分估计量。式中，$g(\hat{\theta}(x)|\theta)$ 是通过 $\hat{\theta}(x)$ 才与 x 有关的函数，并且以 θ 为参量，即 $g(\hat{\theta}(x)|\theta)$ 只是 $\hat{\theta}(x)$ 和 θ 的函数；函数 $h(x)$ 只是 x 的函数，与参量 θ 无关。函数 $g(\hat{\theta}(x)|\theta)$ 可以是估计量 $\hat{\theta}(x)$ 的概率密度函数。

充分估计量的意义是，充分估计量比其他估计量能够提供更多的有关参量 θ 的信息，或者说，充分估计量 $\hat{\theta}(x)$ 体现了含在观测数据 x 中有关参量 θ 的全部有用信息。

如果一个估计量是有效估计量，则它必定是充分估计量。然而，充分估计量不一定是有效估计量。因此，有效估计量只需在充分估计量中寻找就足够了。

对同一个参量，用不同的方法求得的估计量可能是不同的，无偏性、有效性、一致性及充分性就是评价估计量的基本标准。评价估计量，不能从一个估计量的某次具体表现上去衡量好坏，而应看其整体性质。无偏估计不是给出准确无误的估计，而是给出平均无误的估计。同一个参量的无偏估计很多，方差小者为优，这正是有效性。自然地，希望样本容量大时，估计量应接近被估计的参量，从而引出了统计量的一致性。由于一致性是在极限意义下引进的，因

而，只有样本容量相当大时，才能显示优越性。而在实际中往往难以增大样本容量，而且证明估计量的一致性并不容易。有效估计量必定是充分估计量，因而充分性包含在了有效性之中。因此，在实际中，常常使用无偏性和有效性这两个指标评价估计量的性能。

8.6 克拉美–罗不等式

一个估计量最基本的统计特征体现在偏差和方差上。精确地表示均方误差往往是困难的。在这些情况下，希望得到均方误差可能达到的一个下限，而克拉美–罗不等式给出了估计的方差或均方误差的下限。也就是说，克拉美–罗下限就是有效估计量的方差或均方误差，实际的估计量的方差或均方误差不可能再低于它。

克拉美–罗不等式是指在一定条件下，任何估计量都存在一个方差下限。它分为单个非随机参量、单个随机参量、非随机参量向量和随机参量向量 4 种情况，下面主要讨论前两种情况，后两种情况详见参考文献[21]。

1．单个非随机参量情况的克拉美–罗不等式

定理 8.6.1 设$\hat{\theta}$是单个非随机参量θ的任意无偏估计量，$p(x|\theta)$为似然函数，则估计量$\hat{\theta}$的方差满足

$$\mathrm{Var}[\hat{\theta}]=E[(\hat{\theta}-\theta)^2]\geqslant\frac{1}{E\left[\left(\dfrac{\partial\ln p(x|\theta)}{\partial\theta}\right)^2\right]}\tag{8.6.1}$$

或

$$\mathrm{Var}[\hat{\theta}]=E[(\hat{\theta}-\theta)^2]\geqslant\frac{-1}{E\left[\dfrac{\partial^2\ln p(x|\theta)}{\partial\theta^2}\right]}\tag{8.6.2}$$

当且仅当对所有的x和θ都满足

$$\frac{\partial\ln p(x|\theta)}{\partial\theta}=K(\theta)(\hat{\theta}-\theta)\tag{8.6.3}$$

时，式(8.6.1)和式(8.6.2)两个不等式的等号成立。其中，$K(\theta)$可以是θ的函数，但不能是x的函数，也可以是任意非 0 常数K。式(8.6.1)和式(8.6.2)称为单个非随机参量情况的克拉美–罗不等式。克拉美–罗不等式的右端是无偏估计量$\hat{\theta}$的方差下限，称为克拉美–罗下限或克拉美–罗下界。

证明：由于$\hat{\theta}$是单个非随机参量θ的任意无偏估计量，有

$$E[\hat{\theta}-\theta]=\int(\hat{\theta}-\theta)p(x|\theta)\mathrm{d}x=0\tag{8.6.4}$$

由于此处x既可以表示观测信号，也可以表示观测信号的n维观测向量，故积分用一般的积分符号表示。将式(8.6.4)两边对θ求偏导，得到

$$\begin{aligned}\frac{\partial E[\hat{\theta}-\theta]}{\partial\theta}&=\frac{\partial}{\partial\theta}\left[\int(\hat{\theta}-\theta)p(x|\theta)\mathrm{d}x\right]\\&=\int\frac{\partial p(x|\theta)}{\partial\theta}(\hat{\theta}-\theta)\mathrm{d}x-\int p(x|\theta)\mathrm{d}x=0\end{aligned}\tag{8.6.5}$$

式(8.6.5)中，第二项是条件概率密度$p(x|\theta)$在x的整个取值上的积分，故积分结果等于 1；第一项中对θ的偏导部分利用

$$\frac{\partial p(x|\theta)}{\partial\theta}=\frac{\partial\ln p(x|\theta)}{\partial\theta}p(x|\theta)\tag{8.6.6}$$

则式(8.6.5)可写为
$$\int \frac{\partial \ln p(x|\theta)}{\partial \theta}(\hat{\theta}-\theta)p(x|\theta)\mathrm{d}x=1 \tag{8.6.7}$$
利用 $p(x|\theta)=\sqrt{p(x|\theta)}\sqrt{p(x|\theta)}$，式(8.6.7)可改写成
$$\int \frac{\partial \ln p(x|\theta)}{\partial \theta}\sqrt{p(x|\theta)}\left[(\hat{\theta}-\theta)\sqrt{p(x|\theta)}\right]\mathrm{d}x=1 \tag{8.6.8}$$
施瓦兹不等式为
$$\left[\int g(x)h(x)\mathrm{d}x\right]^2 \leqslant \int g^2(x)\mathrm{d}x\int h^2(x)\mathrm{d}x \tag{8.6.9}$$
当 $g(x)$ 和 $h(x)$ 线性相关时，即当且仅当某个非 0 常数 k，对所有 x 都满足
$$h(x)=kg(x) \tag{8.6.10}$$
时，式(8.6.9)所示的不等式取等号。

利用施瓦兹不等式，式(8.6.8)可改写成
$$\int\left(\frac{\partial \ln p(x|\theta)}{\partial \theta}\right)^2 p(x|\theta)\mathrm{d}x\int(\hat{\theta}-\theta)^2 p(x|\theta)\mathrm{d}x \geqslant 1 \tag{8.6.11}$$
将式(8.6.11)进一步改写成
$$E\left[\left(\frac{\partial \ln p(x|\theta)}{\partial \theta}\right)^2\right]E[(\hat{\theta}-\theta)^2]\geqslant 1 \tag{8.6.12}$$
从而得到单个非随机参量情况的克拉美-罗不等式的第一种形式
$$\mathrm{Var}[\hat{\theta}]=E[(\hat{\theta}-\theta)^2]\geqslant \frac{1}{E\left[\left(\frac{\partial \ln p(x|\theta)}{\partial \theta}\right)^2\right]} \tag{8.6.13}$$
单个非随机参量情况的克拉美-罗不等式的另一种形式推导如下：由
$$\int p(x|\theta)\mathrm{d}x=1 \tag{8.6.14}$$
可以得到 $\partial p(x|\theta)/\partial\theta$ 和 $\partial^2 p(x|\theta)/\partial\theta^2$ 存在且绝对可积。式(8.6.14)两边对 θ 求偏导，并利用式(8.6.6)，可得到
$$\int \frac{\partial p(x|\theta)}{\partial \theta}\mathrm{d}x=\int \frac{\partial \ln p(x|\theta)}{\partial \theta}p(x|\theta)\mathrm{d}x=0 \tag{8.6.15}$$
将式(8.6.15)两边对 θ 求偏导，得
$$\int \frac{\partial^2 \ln p(x|\theta)}{\partial \theta^2}p(x|\theta)\mathrm{d}x+\int\left(\frac{\partial \ln p(x|\theta)}{\partial \theta}\right)^2 p(x|\theta)\mathrm{d}x=0 \tag{8.6.16}$$
于是有
$$E\left[\left(\frac{\partial \ln p(x|\theta)}{\partial \theta}\right)^2\right]=-E\left[\frac{\partial^2 \ln p(x|\theta)}{\partial \theta^2}\right] \tag{8.6.17}$$
将式(8.6.17)代入式(8.6.13)，从而得到克拉美-罗不等式的另一种形式为
$$\mathrm{Var}[\hat{\theta}]=E[(\hat{\theta}-\theta)^2]\geqslant \frac{-1}{E\left[\frac{\partial^2 \ln p(x|\theta)}{\partial \theta^2}\right]} \tag{8.6.18}$$
根据施瓦兹不等式取等号的条件，当且仅当对所有的 θ 和 x 都满足
$$\frac{\partial \ln p(x|\theta)}{\partial \theta}=K(\theta)(\hat{\theta}-\theta) \tag{8.6.19}$$
时，克拉美-罗不等式取等号。式(8.6.19)就是 $\hat{\theta}$ 为有效估计量必须满足的条件。常常用此条件检验一个无偏估计量是否为有效估计量。

2．单个随机参量情况的克拉美-罗不等式

定理 8.6.2 设$\hat{\theta}$是单个随机参量θ的任意无偏估计量，$p(x,\theta)$为观测信号x与待估随机参量θ的联合概率密度，则估计量$\hat{\theta}$的均方误差满足

$$E[(\hat{\theta}-\theta)^2]\geqslant\frac{1}{E\left[\left(\frac{\partial\ln p(x,\theta)}{\partial\theta}\right)^2\right]} \tag{8.6.20}$$

或

$$E[(\hat{\theta}-\theta)^2]\geqslant\frac{-1}{E\left[\frac{\partial^2\ln p(x,\theta)}{\partial\theta^2}\right]} \tag{8.6.21}$$

当且仅当对所有的x和θ都满足

$$\frac{\partial\ln p(x,\theta)}{\partial\theta}=(\hat{\theta}-\theta)k \tag{8.6.22}$$

时，式(8.6.20)和式(8.6.21)两个不等式的等号成立。式(8.6.22)中，k为任意非 0 常数。式(8.6.20)和式(8.6.21)称为单个随机参量情况的克拉美-罗不等式。克拉美-罗不等式的右端是无偏估计量$\hat{\theta}$的均方误差下限，称为克拉美-罗下限。

证明：由于$\hat{\theta}$是单个随机参量θ的任意无偏估计量，有

$$E[\hat{\theta}]=E[\theta] \tag{8.6.23}$$

又因为$\hat{\theta}$是观测信号x的函数，而被估计量θ是随机参量，所以估计误差$\hat{\theta}-\theta$的均值为

$$E[\hat{\theta}-\theta]=\iint(\hat{\theta}-\theta)p(x,\theta)\mathrm{d}x\mathrm{d}\theta=0 \tag{8.6.24}$$

将式(8.6.24)两边对θ求偏导，得到

$$\frac{\partial E[\hat{\theta}-\theta]}{\partial\theta}=\iint\frac{\partial p(x,\theta)}{\partial\theta}(\hat{\theta}-\theta)\mathrm{d}x\mathrm{d}\theta-\iint p(x,\theta)\mathrm{d}x\mathrm{d}\theta=0 \tag{8.6.25}$$

式(8.6.25)中，第二项是联合概率密度$p(x,\theta)$在x和θ整个取值上的积分，故积分结果等于 1；第一项中对θ的偏导部分利用

$$\frac{\partial p(x,\theta)}{\partial\theta}=\frac{\partial\ln p(x,\theta)}{\partial\theta}p(x,\theta) \tag{8.6.26}$$

则式(8.6.25)可写为

$$\iint\frac{\partial\ln p(x,\theta)}{\partial\theta}(\hat{\theta}-\theta)p(x,\theta)\mathrm{d}x\,\mathrm{d}\theta=1 \tag{8.6.27}$$

利用$p(x,\theta)=\sqrt{p(x,\theta)}\sqrt{p(x,\theta)}$，式(8.6.27)可改写成

$$\iint\frac{\partial\ln p(x,\theta)}{\partial\theta}\sqrt{p(x,\theta)}\left[(\hat{\theta}-\theta)\sqrt{p(x,\theta)}\right]\mathrm{d}x\mathrm{d}\theta=1 \tag{8.6.28}$$

利用施瓦兹不等式，得到

$$\iint\left(\frac{\partial\ln p(x,\theta)}{\partial\theta}\right)^2p(x,\theta)\mathrm{d}x\mathrm{d}\theta\iint(\hat{\theta}-\theta)^2p(x,\theta)\mathrm{d}x\mathrm{d}\theta\geqslant1 \tag{8.6.29}$$

将式(8.6.29)进一步改写成

$$E\left[\left(\frac{\partial\ln p(x,\theta)}{\partial\theta}\right)^2\right]E[(\hat{\theta}-\theta)^2]\geqslant1 \tag{8.6.30}$$

从而得到单个随机参量情况的克拉美-罗不等式的第一种形式

$$E[(\hat{\theta}-\theta)^2] \geqslant \frac{1}{E\left[\left(\frac{\partial \ln p(x,\theta)}{\partial \theta}\right)^2\right]} \tag{8.6.31}$$

注意：式(8.6.31)两端的数学期望是在 x 和 θ 两者上求的，求数学期望的概率密度是联合概率密度 $p(x,\theta)$。

单个随机参量情况的克拉美-罗不等式的另一种形式推导如下：由

$$\iint p(x,\theta)\mathrm{d}x\,\mathrm{d}\theta = 1 \tag{8.6.32}$$

可以得到 $\partial p(x,\theta)/\partial\theta$ 和 $\partial^2 p(x,\theta)/\partial\theta^2$ 存在且绝对可积。式(8.6.32)两边对 θ 求偏导，并利用式(8.6.26)，可得到

$$\iint \frac{\partial \ln p(x|\theta)}{\partial \theta} p(x|\theta)\mathrm{d}x\mathrm{d}\theta = 0 \tag{8.6.33}$$

将式(8.6.33)两边对 θ 求偏导，得

$$\iint \frac{\partial^2 \ln p(x,\theta)}{\partial \theta^2} p(x,\theta)\mathrm{d}x\mathrm{d}\theta + \iint \left(\frac{\partial \ln p(x,\theta)}{\partial \theta}\right)^2 p(x,\theta)\mathrm{d}x\mathrm{d}\theta = 0 \tag{8.6.34}$$

于是有

$$E\left[\left(\frac{\partial \ln p(x,\theta)}{\partial \theta}\right)^2\right] = -E\left[\frac{\partial^2 \ln p(x,\theta)}{\partial \theta^2}\right] \tag{8.6.35}$$

将式(8.6.35)代入式(8.6.31)，从而得到克拉美-罗不等式的另一种形式为

$$E[(\hat{\theta}-\theta)^2] \geqslant \frac{-1}{E\left[\frac{\partial^2 \ln p(x,\theta)}{\partial \theta^2}\right]} \tag{8.6.36}$$

根据施瓦兹不等式取等号的条件，当且仅当对所有的 θ 和 x 都满足

$$\frac{\partial \ln p(x,\theta)}{\partial \theta} = (\hat{\theta}-\theta)k \tag{8.6.37}$$

时，单个随机参量情况的克拉美-罗不等式取等号。在单个非随机参量情况，使用施瓦兹不等式时仅对 x 求积分，因此系数 $K(\theta)$ 必然是 θ 的函数。在单个随机参量情况，使用施瓦兹不等式时对 x 和 θ 两者求二重积分，所以系数 k 不再是 θ 的函数。

3．关于单个参量情况的克拉美-罗不等式的讨论

对单个参量情况的克拉美-罗不等式做如下的讨论。

（1）任何单个待估计参量，它的有效估计量并不一定总存在。对于任一无偏估计量，只有当满足式(8.6.3)或式(8.6.22)的条件时，待估计参量的有效估计量才存在。因此，常用式(8.6.3)或式(8.6.22)来检验任意无偏估计量是否是有效估计量，即满足式(8.6.3)或式(8.6.22)，则无偏估计量是有效估计量，否则不是有效估计量。

（2）当有效估计量存在时，此有效估计量的方差或均方误差就是克拉美-罗下限。

（3）对于单个非随机参量，当有效估计量 $\hat{\theta}_{\mathrm{E}}$ 存在时，则 $\hat{\theta}_{\mathrm{E}}$ 等于最大似然估计 $\hat{\theta}_{\mathrm{ML}}$，即 $\hat{\theta}_{\mathrm{E}} = \hat{\theta}_{\mathrm{ML}}$。

对于单个非随机参量，$\hat{\theta}_E$ 满足式(8.6.3)的条件，即

$$\frac{\partial \ln p(x|\theta)}{\partial \theta} = K(\theta)(\hat{\theta}_{\mathrm{E}}-\theta) \tag{8.6.38}$$

令式(8.6.38)等号两边的 $\theta = \hat{\theta}_{\mathrm{ML}}$，于是有

$$\left.\frac{\partial \ln p(x\,|\,\theta)}{\partial \theta}\right|_{\theta=\hat{\theta}_{\mathrm{ML}}} = K(\hat{\theta}_{\mathrm{ML}})(\hat{\theta}_{\mathrm{E}} - \hat{\theta}_{\mathrm{ML}}) \tag{8.6.39}$$

式(8.6.39)左边正是最大似然估计方程，根据最大似然估计的定义，它应等于0，即

$$\left.\frac{\partial \ln p(x\,|\,\theta)}{\partial \theta}\right|_{\theta=\hat{\theta}_{\mathrm{ML}}} = 0 \tag{8.6.40}$$

式(8.6.39)右边也必须等于0，于是有

$$K(\hat{\theta}_{\mathrm{ML}})(\hat{\theta}_{\mathrm{E}} - \hat{\theta}_{\mathrm{ML}}) = 0 \tag{8.6.41}$$

故有 $\hat{\theta}_{\mathrm{E}} = \hat{\theta}_{\mathrm{ML}}$。

（4）对于单个随机参量，当有效估计量 $\hat{\theta}_{\mathrm{E}}$ 存在时，它等于最大后验估计 $\hat{\theta}_{\mathrm{MAP}}$，即 $\hat{\theta}_{\mathrm{E}} = \hat{\theta}_{\mathrm{MAP}}$。

对于单个随机参量，$\hat{\theta}_{\mathrm{E}}$ 满足式(8.6.22)的条件，即

$$\frac{\partial \ln p(x,\theta)}{\partial \theta} = (\hat{\theta}_{\mathrm{E}} - \theta)k \tag{8.6.42}$$

式(8.6.42)进一步变为

$$\frac{\partial \ln p(\theta\,|\,x)}{\partial \theta} = (\hat{\theta}_{\mathrm{E}} - \theta)k \tag{8.6.43}$$

令式(8.6.43)等号两边的 $\theta = \hat{\theta}_{\mathrm{MAP}}$，于是有

$$\left.\frac{\partial \ln p(\theta\,|\,x)}{\partial \theta}\right|_{\theta=\hat{\theta}_{\mathrm{MAP}}} = (\hat{\theta}_{\mathrm{E}} - \hat{\theta}_{\mathrm{MAP}})k \tag{8.6.44}$$

式(8.6.44)左边正是最大后验估计方程，根据最大后验估计的定义，它应等于0，即

$$\left.\frac{\partial \ln p(\theta\,|\,x)}{\partial \theta}\right|_{\theta=\hat{\theta}_{\mathrm{MAP}}} = 0 \tag{8.6.45}$$

式(8.6.44)右边也必须等于0，于是有

$$(\hat{\theta}_{\mathrm{E}} - \hat{\theta}_{\mathrm{MAP}})k = 0 \tag{8.6.46}$$

故有 $\hat{\theta}_{\mathrm{E}} = \hat{\theta}_{\mathrm{MAP}}$。

（5）当单个待估计参量的有效估计量不存在时，对于各种估计量，包括最大似然估计，都不知道它的方差或均方误差与下限接近的程度。

（6）有效估计量一定是建立在无偏的基础上的。因为克拉美-罗不等式、克拉美-罗下限以及不等式取等号的条件，都是在任意无偏估计量基础上导出的，所以检验一个估计量的性能，首先要检验它是否无偏，只有在无偏估计量的基础上，才能进一步检验它的有效性。如果估计量是有偏的，就谈不上它的有效性问题。

（7）只有无偏的和有效的估计量，其估计的方差或均方误差才能达到克拉美-罗下限，并可通过计算克拉美-罗下限求得该估计量的方差或均方误差。

4．单个非随机参量函数情况的克拉美-罗不等式

在一些情况下，待估计参量不是单个非随机参量 θ，而是单个非随机参量的函数 $\gamma = u(\theta)$，下面给出这种情况的克拉美-罗不等式。

定理 8.6.3 设单个非随机参量 θ 的函数 $\gamma = u(\theta)$，其估计量 $\hat{\gamma}$ 是 γ 的任意无偏估计量，$p(x\,|\,\theta)$ 为似然函数，则 $\hat{\gamma}$ 的方差满足

$$\mathrm{Var}[\hat{\gamma}] = E[(\hat{\gamma} - \gamma)^2] \geqslant \frac{\left(\dfrac{\partial u(\theta)}{\partial \theta}\right)^2}{E\left[\left(\dfrac{\partial \ln p(x\,|\,\theta)}{\partial \theta}\right)^2\right]} \tag{8.6.47}$$

或
$$\mathrm{Var}[\hat{\gamma}]=E[(\hat{\gamma}-\gamma)^2]\geqslant\frac{-\left(\dfrac{\partial u(\theta)}{\partial\theta}\right)^2}{E\left[\dfrac{\partial^2\ln p(x\mid\theta)}{\partial\theta^2}\right]} \tag{8.6.48}$$

当且仅当对所有的 x 和 θ 都满足

$$\frac{\partial\ln p(x\mid\theta)}{\partial\theta}=K(\theta)(\hat{\gamma}-\gamma) \tag{8.6.49}$$

时，式(8.6.47)和式(8.6.48)两个不等式的等号成立。其中，$K(\theta)$ 可以是 θ 的函数，但不能是 x 的函数，也可以是任意非 0 常数 K。式(8.6.47)和式(8.6.48)称为单个非随机参量函数情况的克拉美-罗不等式。克拉美-罗不等式的右端是无偏估计量 $\hat{\gamma}$ 的方差下限，称为克拉美-罗下限。

证明：由于 $\hat{\gamma}$ 是 γ 的任意无偏估计量，有

$$E[\hat{\gamma}-\gamma]=\int(\hat{\gamma}-\gamma)p(x\mid\theta)\mathrm{d}x=0 \tag{8.6.50}$$

将式(8.6.50)两边对 θ 求偏导，得到

$$\frac{\partial E[\hat{\gamma}-\gamma]}{\partial\theta}=\int\frac{\partial p(x\mid\theta)}{\partial\theta}(\hat{\gamma}-\gamma)\mathrm{d}x-\frac{\partial u(\theta)}{\partial\theta}\int p(x\mid\theta)\mathrm{d}x=0 \tag{8.6.51}$$

利用式(8.6.6)得到
$$\left(\frac{\partial u(\theta)}{\partial\theta}\right)^{-1}\int\frac{\partial\ln p(x\mid\theta)}{\partial\theta}(\hat{\gamma}-\gamma)p(x\mid\theta)\mathrm{d}x=1 \tag{8.6.52}$$

再利用施瓦兹不等式，就可以得到式(8.6.47)所示的克拉美-罗不等式，进一步可以得到式(8.6.48)所示的另一种形式的克拉美-罗不等式。利用施瓦兹不等式取等号的条件，可得到式(8.6.49)等号成立的条件式

5．非随机参量向量情况的克拉美-罗不等式

对于由 m 个非随机参量组成的非随机参量向量 $\boldsymbol{\theta}=[\theta_1,\theta_2,\cdots,\theta_m]^{\mathrm{T}}$，下面给出这种情况的克拉美-罗下限。

定理 8.6.4 设 $\hat{\boldsymbol{\theta}}=[\hat{\theta}_1,\hat{\theta}_2,\cdots,\hat{\theta}_m]^{\mathrm{T}}$ 是非随机参量向量 $\boldsymbol{\theta}=[\theta_1,\theta_2,\cdots,\theta_m]^{\mathrm{T}}$ 的任意无偏估计向量，$p(x\mid\boldsymbol{\theta})$ 为似然函数，如果 $\hat{\theta}_i$ 是被估计的 $\boldsymbol{\theta}$ 的第 i 个参量 θ_i 的任意无偏估计量，则 $\hat{\theta}_i$ 的方差满足

$$\mathrm{Var}[\hat{\theta}_i]=E[(\hat{\theta}_i-\theta_i)^2]\geqslant\Psi_{ii}\quad i=1,2,\cdots,m \tag{8.6.53}$$

式中，Ψ_{ij} 是 $m\times m$ 阶矩阵 $\boldsymbol{\Psi}=\boldsymbol{J}^{-1}$ 的第 i 行第 j 列元素。矩阵 $\boldsymbol{J}$ 的第 i 行第 j 列元素为

$$J_{ij}=E\left[\frac{\partial\ln p(x\mid\boldsymbol{\theta})}{\partial\theta_i}\frac{\partial\ln p(x\mid\boldsymbol{\theta})}{\partial\theta_j}\right]=-E\left[\frac{\partial^2\ln p(x\mid\boldsymbol{\theta})}{\partial\theta_i\partial\theta_j}\right]\quad i,j=1,2,\cdots,m \tag{8.6.54}$$

矩阵 $\boldsymbol{J}$ 通常称为费希尔(Fisher)信息矩阵，它表示从观测数据中获得的信息。

当且仅当对所有的 x 和 $\boldsymbol{\theta}$ 都满足

$$\frac{\partial\ln p(x\mid\boldsymbol{\theta})}{\partial\boldsymbol{\theta}}=\boldsymbol{J}(\hat{\boldsymbol{\theta}}-\boldsymbol{\theta}) \tag{8.6.55}$$

时，不等式(8.6.53)的等号成立。式(8.6.53)就是非随机参量向量情况的克拉美-罗不等式，不等式的右边就是克拉美-罗下限。

如果对于 m 维非随机参量向量 $\boldsymbol{\theta}$ 的任意无偏估计向量 $\hat{\boldsymbol{\theta}}$ 中的每一个参量 $\hat{\theta}_i$，式(8.6.53)的等号均成立，那么这种估计称为联合有效估计。所以，Ψ_{ii} 是 $\hat{\theta}_i$ 的方差的下限，即克拉美-罗下限。

非随机参量向量情况的克拉美-罗不等式的推导，详见参考文献[21]。

6．随机参量向量情况的克拉美-罗不等式

对于由 m 个随机参量组成的随机参量向量 $\boldsymbol{\theta}=[\theta_1,\theta_2,\cdots,\theta_m]^{\mathrm{T}}$，下面给出这种情况的克拉美-罗下限。

定理 8.6.5 设 $\hat{\boldsymbol{\theta}}=[\hat{\theta}_1,\hat{\theta}_2,\cdots,\hat{\theta}_m]^{\mathrm{T}}$ 是随机参量向量 $\boldsymbol{\theta}=[\theta_1,\theta_2,\cdots,\theta_m]^{\mathrm{T}}$ 的任意无偏估计向量，$p(x|\boldsymbol{\theta})$ 为似然函数，如果 $\hat{\theta}_i$ 是被估计的 $\boldsymbol{\theta}$ 的第 i 个参量 θ_i 的任意无偏估计量，则 $\hat{\theta}_i$ 的均方误差满足

$$E[(\hat{\theta}_i-\theta_i)^2]\geqslant \varPsi_{\mathrm{T}ii}\quad i=1,2,\cdots,m \tag{8.6.56}$$

式中，$\varPsi_{\mathrm{T}ij}$ 是 $m\times m$ 阶矩阵 $\boldsymbol{\varPsi}_{\mathrm{T}}=\boldsymbol{J}_{\mathrm{T}}^{-1}$ 的第 i 行第 j 列元素。$\boldsymbol{J}_{\mathrm{T}}=\boldsymbol{J}_{\mathrm{D}}+\boldsymbol{J}_{\mathrm{P}}$ 为信息矩阵。矩阵 $\boldsymbol{J}_{\mathrm{D}}$ 的第 i 行第 j 列元素为

$$J_{\mathrm{D}ij}=E\left[\frac{\partial \ln p(x|\boldsymbol{\theta})}{\partial\theta_i}\frac{\partial \ln p(x|\boldsymbol{\theta})}{\partial\theta_j}\right]=-E\left[\frac{\partial^2 \ln p(x|\boldsymbol{\theta})}{\partial\theta_i\partial\theta_j}\right]\quad i,j=1,2,\cdots,m \tag{8.6.57}$$

矩阵 $\boldsymbol{J}_{\mathrm{P}}$ 的第 i 行第 j 列元素为

$$J_{\mathrm{P}ij}=E\left[\frac{\partial \ln p(\boldsymbol{\theta})}{\partial\theta_i}\frac{\partial \ln p(\boldsymbol{\theta})}{\partial\theta_j}\right]=-E\left[\frac{\partial^2 \ln p(\boldsymbol{\theta})}{\partial\theta_i\partial\theta_j}\right]\quad i,j=1,2,\cdots,m \tag{8.6.58}$$

当且仅当对所有的 x 和 $\boldsymbol{\theta}$ 都满足

$$\frac{\partial \ln p(x|\boldsymbol{\theta})}{\partial\boldsymbol{\theta}}=\boldsymbol{J}_{\mathrm{T}}(\hat{\boldsymbol{\theta}}-\boldsymbol{\theta}) \tag{8.6.59}$$

时，不等式(8.6.56)的等号成立。式(8.6.56)就是随机参量向量情况的克拉美-罗不等式，不等式的右边就是克拉美-罗下限。

矩阵 $\boldsymbol{J}_{\mathrm{D}}$ 是数据信息矩阵，它表示从观测数据中获得的信息；矩阵 $\boldsymbol{J}_{\mathrm{P}}$ 是先验信息矩阵，它表示从先验知识中获得的信息。

随机参量向量情况的克拉美-罗不等式的推导，详见参考文献[21]。

7．非随机参量向量函数情况的克拉美-罗不等式

对于 m 维非随机参量向量 $\boldsymbol{\theta}=[\theta_1,\theta_2,\cdots,\theta_m]^{\mathrm{T}}$，如果估计 m 维向量 $\boldsymbol{\theta}$ 的 k 维函数 $\boldsymbol{\gamma}=[\gamma_1,\gamma_2,\cdots,\gamma_k]^{\mathrm{T}}=\boldsymbol{u}(\boldsymbol{\theta})$，这就是非随机参量向量函数的估计问题。

定理 8.6.6 设 $\hat{\boldsymbol{\gamma}}=[\hat{\gamma}_1,\hat{\gamma}_2,\cdots,\hat{\gamma}_k]^{\mathrm{T}}$ 是非随机参量向量函数 $\boldsymbol{\gamma}=\boldsymbol{u}(\boldsymbol{\theta})$ 的任意无偏估计向量，$p(x|\boldsymbol{\theta})$ 为似然函数，如果 $\hat{\gamma}_i$ 是被估计向量 $\boldsymbol{\gamma}=\boldsymbol{u}(\boldsymbol{\theta})$ 的第 i 个参量 γ_i 的任意无偏估计量，则 $\hat{\gamma}_i$ 的方差满足

$$\mathrm{Var}[\hat{\gamma}_i]=E[(\hat{\gamma}_i-\gamma_i)^2]\geqslant \varPsi_{\mathrm{F}ii}\quad i=1,2,\cdots,m \tag{8.6.60}$$

式中，$\varPsi_{\mathrm{F}ij}$ 是矩阵 $\boldsymbol{\varPsi}_{\mathrm{F}}$ 的第 i 行第 j 列元素。有

$$\boldsymbol{\varPsi}_{\mathrm{F}}=\frac{\partial \boldsymbol{u}(\boldsymbol{\theta})}{\partial\boldsymbol{\theta}^{\mathrm{T}}}\boldsymbol{J}^{-1}\frac{\partial \boldsymbol{u}^{\mathrm{T}}(\boldsymbol{\theta})}{\partial\boldsymbol{\theta}} \tag{8.6.61}$$

当且仅当对所有的 x 和 $\boldsymbol{\theta}$ 都满足

$$\frac{\partial \boldsymbol{u}(\boldsymbol{\theta})}{\partial\boldsymbol{\theta}^{\mathrm{T}}}\boldsymbol{J}^{-1}\frac{\partial \ln p(x|\boldsymbol{\theta})}{\partial\boldsymbol{\theta}}=\frac{1}{k(\boldsymbol{\theta})}(\hat{\boldsymbol{\gamma}}-\boldsymbol{\gamma}) \tag{8.6.62}$$

时，不等式(8.6.60)的等号成立。式(8.6.60)就是非随机参量向量函数情况的克拉美-罗不等式，不等式的右边就是克拉美-罗下限。

例 8.6.1 在时间 $0\leqslant t\leqslant T$ 内，观测信号为 $x(t)=\theta+n(t)$。θ 是被估计的非随机参量，噪声 $n(t)$ 服从均值为 0、方差为 σ^2 的高斯分布。根据观测信号的 k 次独立观测，对参量 θ 进行最

大似然估计 $\hat{\theta}_{\mathrm{ML}}$。（1）分析最大似然估计的无偏性、一致性、充分性和有效性；（2）求克拉美-罗下限。

解：（1）由例 8.4.1 可知，观测向量 $\boldsymbol{x}=[x_1,x_2,\cdots,x_k]^{\mathrm{T}}$ 的似然函数为

$$p(\boldsymbol{x}\mid\theta)=\left(\frac{1}{\sqrt{2\pi}\sigma}\right)^k\exp\left[-\sum_{i=1}^{k}\frac{(x_i-\theta)^2}{2\sigma^2}\right]$$

最大似然估计为
$$\hat{\theta}_{\mathrm{ML}}=\frac{1}{k}\sum_{i=1}^{k}x_i$$

$\hat{\theta}_{\mathrm{ML}}$ 的均值为
$$E[\hat{\theta}_{\mathrm{ML}}]=E\left[\frac{1}{k}\sum_{i=1}^{k}x_i\right]=\theta$$

所以，$\hat{\theta}_{\mathrm{ML}}$ 是无偏估计量。

$\hat{\theta}_{\mathrm{ML}}$ 的均方误差满足

$$\lim_{k\to\infty}E[(\theta-\hat{\theta}_{\mathrm{ML}})^2]=\lim_{k\to\infty}E\left[\left(\theta-\frac{1}{k}\sum_{i=1}^{k}x_i\right)^2\right]=\lim_{k\to\infty}\left(\frac{1}{k}\sigma^2\right)=0$$

所以，$\hat{\theta}_{\mathrm{ML}}$ 是均方一致估计量。

因为
$$\begin{aligned}
p(\boldsymbol{x}\mid\theta)&=\left(\frac{1}{\sqrt{2\pi}\sigma}\right)^k\exp\left[-\sum_{i=1}^{k}\frac{(x_i-\theta)^2}{2\sigma^2}\right]\\
&=\left(\frac{1}{\sqrt{2\pi}\sigma}\right)^k\exp\left[\frac{-1}{2\sigma^2}\left(\sum_{i=1}^{k}x_i^2-2\theta\sum_{i=1}^{k}x_i+k\theta^2\right)\right]\\
&=\left(\frac{1}{\sqrt{2\pi}\sigma}\right)^k\exp\left\{\frac{-k}{2\sigma^2}\left[\frac{1}{k}\sum_{i=1}^{k}x_i^2-\left(\frac{1}{k}\sum_{i=1}^{k}x_i\right)^2+\left(\frac{1}{k}\sum_{i=1}^{k}x_i\right)^2-\frac{2\theta}{k}\sum_{i=1}^{k}x_i+\theta^2\right]\right\}\\
&=\left(\frac{1}{\sqrt{2\pi}\sigma}\right)^k\exp\left\{\frac{-k}{2\sigma^2}\left[\frac{1}{k}\sum_{i=1}^{k}x_i^2-\left(\frac{1}{k}\sum_{i=1}^{k}x_i\right)^2\right]\right\}\exp\left\{\frac{-k}{2\sigma^2}\left(\frac{1}{k}\sum_{i=1}^{k}x_i-\theta\right)^2\right\}\\
&=\frac{1}{\sqrt{k}}\left(\frac{1}{\sqrt{2\pi}\sigma}\right)^{k-1}\exp\left\{\frac{-k}{2\sigma^2}\left[\frac{1}{k}\sum_{i=1}^{k}x_i^2-\left(\frac{1}{k}\sum_{i=1}^{k}x_i\right)^2\right]\right\}\left(\frac{\sqrt{k}}{\sqrt{2\pi}\sigma}\right)\exp\left\{\frac{-k}{2\sigma^2}(\hat{\theta}_{\mathrm{ML}}-\theta)^2\right\}\\
&=g(\hat{\theta}_{\mathrm{ML}}\mid\theta)h(\boldsymbol{x})
\end{aligned}$$

所以，$\hat{\theta}_{\mathrm{ML}}$ 是充分估计量。

因为
$$\frac{\partial\ln p(\boldsymbol{x}\mid\theta)}{\partial\theta}=\frac{1}{\sigma^2}\left(\sum_{i=1}^{k}x_i-k\theta\right)=\frac{k}{\sigma^2}(\hat{\theta}_{\mathrm{ML}}-\theta)=k(\theta)(\hat{\theta}_{\mathrm{ML}}-\theta)$$

其中，$k(\theta)=k/\sigma^2$ 与观测向量 $\boldsymbol{x}$ 无关，故 $\hat{\theta}_{\mathrm{ML}}$ 是有效估计量。

（2）因为
$$\frac{\partial^2\ln p(\boldsymbol{x}\mid\theta)}{\partial\theta^2}=\frac{-k}{\sigma^2}$$

则克拉美-罗下限为
$$\frac{-1}{E\left[\dfrac{\partial^2\ln p(\boldsymbol{x}\mid\theta)}{\partial\theta^2}\right]}=\frac{\sigma^2}{k}$$

例 8.6.2 在时间 $0\leqslant t\leqslant T$ 内，观测信号为 $x(t)=\theta+n(t)$。θ 是被估计的随机参量，服从均值为 μ、方差为 σ_θ^2 的高斯分布。噪声 $n(t)$ 服从均值为 0、方差为 σ_n^2 的高斯分布。根据观测

信号的k次独立观测：（1）求估计量$\hat{\theta}$可能达到的最小均方误差；（2）求θ的有效估计量。

解：（1）由例 8.3.1 可知，观测向量$\boldsymbol{x}=[x_1,x_2,\cdots,x_k]^{\mathrm{T}}$的似然函数为

$$p(\boldsymbol{x}\mid\theta)=(2\pi\sigma_n^2)^{-k/2}\exp\left[-\sum_{i=1}^{k}\frac{(x_i-\theta)^2}{2\sigma_n^2}\right]$$

参量θ的先验概率密度为

$$p(\theta)=\frac{1}{\sqrt{2\pi}\sigma_\theta}\exp\left[-\frac{(\theta-\mu)^2}{2\sigma_\theta^2}\right]$$

联合概率密度为

$$p(\boldsymbol{x},\theta)=p(\boldsymbol{x}\mid\theta)p(\theta)$$

联合概率密度的对数为

$$\ln p(\boldsymbol{x},\theta)=\ln p(\boldsymbol{x}\mid\theta)+\ln p(\theta)$$

则有

$$\frac{\partial\ln p(\boldsymbol{x},\theta)}{\partial\theta}=\frac{\partial\ln p(\boldsymbol{x}\mid\theta)}{\partial\theta}+\frac{\partial\ln p(\theta)}{\partial\theta}=\frac{1}{\sigma_n^2}\sum_{i=1}^{k}(x_i-\theta)-\frac{1}{\sigma_\theta^2}(\theta-\mu)$$

$$\frac{\partial^2\ln p(\boldsymbol{x},\theta)}{\partial\theta^2}=\frac{-k}{\sigma_n^2}-\frac{1}{\sigma_\theta^2}=\frac{-(k\sigma_\theta^2+\sigma_n^2)}{\sigma_n^2\sigma_\theta^2}$$

所以，克拉美-罗不等式为

$$E[(\hat{\theta}-\theta)^2]\geqslant\frac{-1}{E\left[\frac{\partial^2\ln p(\boldsymbol{x},\theta)}{\partial\theta^2}\right]}=\frac{\sigma_\theta^2\sigma_n^2}{k\sigma_\theta^2+\sigma_n^2}$$

估计量$\hat{\theta}$可能达到的最小均方误差为$\sigma_\theta^2\sigma_n^2\big/(k\sigma_\theta^2+\sigma_n^2)$。

（2）因为θ的有效估计量$\hat{\theta}_{\mathrm{E}}$满足

$$\frac{\partial\ln p(\boldsymbol{x},\theta)}{\partial\theta}=\frac{\partial\ln p(\theta\mid\boldsymbol{x})}{\partial\theta}=k(\hat{\theta}_{\mathrm{E}}-\theta)$$

最大后验估计方程为

$$\left.\frac{\partial\ln p(\theta\mid\boldsymbol{x})}{\partial\theta}\right|_{\theta=\hat{\theta}_{\mathrm{MAP}}}=k(\hat{\theta}_{\mathrm{E}}-\hat{\theta}_{\mathrm{MAP}})=0$$

因此，$\hat{\theta}_{\mathrm{E}}$为最大后验估计，即

$$\hat{\theta}_{\mathrm{MAP}}=\sigma_m^2\left(\frac{1}{\sigma_n^2}\sum_{i=1}^{k}x_i+\frac{\mu}{\sigma_\theta^2}\right)=\frac{\sigma_m^2}{\sigma_n^2}\sum_{i=1}^{k}x_i+\frac{\sigma_m^2\mu}{\sigma_\theta^2}$$

其中，$\sigma_m^2=\sigma_\theta^2\sigma_n^2\big/(k\sigma_\theta^2+\sigma_n^2)$。

8.7 线性最小均方误差估计

对被估计参量的估计实际就是用信号的观测数据x构造一个函数$\hat{\theta}(x)$，使它在某种统计平均意义下最接近被估计参量的真值，不同的估计准则，规定了不同的函数关系，本章前面讨论的几种估计准则所规定的函数关系，一般地说都是非线性的，因而实现起来比较困难。除此以外，前面讨论的几种估计方法，都要求已知观测信号和被估计参量的完备统计知识。例如，贝叶斯估计要求已知观测信号的似然函数、被估计参量的先验概率密度及代价函数；最大后验估计要求已知观测信号的似然函数和被估计参量的先验概率密度；最大似然估计要求已知观测信号的似然函数。如果观测信号的似然函数、被估计参量的先验概率密度及代价函数未知，而已知观测信号和被估计参量的前二阶矩，即均值、方差，在这种情况下，可以采用线性最小均方误差估计。估计量是观测量的线性函数，并以均方误差最小为准则的估计，称为线性最小均方误差估计(Linear Minimum Mean Square Error Estimation)。

由于线性最小均方误差估计仅需已知观测信号和被估计参量的前二阶矩，在实际中比较容易满足，作为线性估计将使估计器的实现得到简化，所以应用非常广泛。并且，估计量具有重要的正交性质：估计的误差向量与观测向量正交。这一正交性质常称为正交原理，是信号最佳线性滤波和估计算法的基础，在随机信号处理中占有十分重要的地位。

最小均方误差估计是一种最佳估计，而线性最小均方误差估计是一种准最佳估计。与最小均方误差估计相比较，虽然线性最小均方误差估计的性能稍差些，但由于便于实现，因而实用范围较广。

8.7.1 单个参量的线性最小均方误差估计

对于单个参量，将先讨论单次观测，再讨论多次观测的线性最小均方误差估计。

1. 单个参量的单次观测情况

线性最小均方误差估计的估计量是观测数据的某种最佳线性函数，在所有线性函数中，它与被估计参量之间的均方误差最小。

设单个被估计参量为θ，一次观测得到的数据为x，建立一个x的线性函数$\hat{\theta}$作为对θ的估计量，也就是说，估计量是观测量的线性函数，即

$$\hat{\theta} = ax + b \tag{8.7.1}$$

式中，a和b为常系数。线性最小均方误差估计就是选择系数a和b使$\hat{\theta}$与θ的均方误差最小，即

$$E[\varepsilon^2] = E[(\hat{\theta} - \theta)^2] = E[(ax + b - \theta)^2] \tag{8.7.2}$$

最小。式中，$\varepsilon = \hat{\theta} - \theta$为估计误差。

为了确定a和b，$E[\varepsilon^2]$分别对a和b求偏导数，并令其等于0，有

$$\frac{\partial E[\varepsilon^2]}{\partial a} = 2aE[x^2] + 2bE[x] - 2E[\theta x] = 0 \tag{8.7.3}$$

$$\frac{\partial E[\varepsilon^2]}{\partial b} = 2aE[x] + 2b - 2E[\theta] = 0 \tag{8.7.4}$$

联立求解，得到

$$a = \mu_{\theta x} / \sigma_x^2 \tag{8.7.5}$$

$$b = m_\theta - am_x \tag{8.7.6}$$

式中，$m_\theta = E[\theta]$是被估计参量θ的均值；$m_x = E[x]$是观测数据x的均值；σ_x^2是观测数据x的方差，即$\sigma_x^2 = E[(x - m_x)^2] = E[x^2] - m_x^2$；$\mu_{\theta x}$为$\theta$和$x$的协方差，即

$$\mu_{\theta x} = E[(\theta - m_\theta)(x - m_x)] = E[\theta x] - m_\theta m_x \tag{8.7.7}$$

由式(8.7.5)和式(8.7.6)可见，建立线性最小均方误差估计的估计量，只需要已知θ和x的前二阶矩。将式(8.7.5)和式(8.7.6)代入式(8.7.1)，得到线性最小均方误差估计的估计量为

$$\hat{\theta}_{\text{LMS}} = \frac{\mu_{\theta x}}{\sigma_x^2} x + m_\theta - am_x \tag{8.7.8}$$

为了得到最小均方误差，先将式(8.7.6)所示的b代入式(8.7.2)，得到

$$E[\varepsilon^2] = E\{[(\theta - m_\theta) - a(x - m_x)]^2\} = \sigma_\theta^2 - 2a\mu_{\theta x} + a^2\sigma_x^2 \tag{8.7.9}$$

再将式(8.7.5)所示的系数a代入式(8.7.9)，便可得到最小均方误差为

$$E[\varepsilon^2] = \sigma_\theta^2 - 2\frac{\mu_{\theta x}^2}{\sigma_x^2} + \frac{\mu_{\theta x}^2}{\sigma_x^2} = \sigma_\theta^2 - \frac{\mu_{\theta x}^2}{\sigma_x^2} \tag{8.7.10}$$

可以证明，当x与θ的联合概率密度$p(x,\theta)$为高斯分布时，线性最小均方误差估计与最小均方误差估计一致，这时，$\hat{\theta}_{\mathrm{LMS}}$不再是$\theta$的一种准最佳估计，而成为最佳估计了。

2．单个参量的多次观测情况

设单个被估计参量为θ，N次观测得到的数据为$x_1,x_2,\cdots,x_N$，建立一个观测数据的线性函数$\hat{\theta}$作为对θ的估计量

$$\hat{\theta}=\sum_{k=1}^{N}a_k x_k+b \tag{8.7.11}$$

式中，$a_1,a_2,\cdots,a_N,b$为常系数。线性最小均方误差估计就是选择各权重系数a_k和b，使均方误差

$$E[\varepsilon^2]=E[(\hat{\theta}-\theta)^2]=E\{[(\sum_{k=1}^{N}a_k x_k+b)-\theta]^2\} \tag{8.7.12}$$

最小。为此，将式(8.7.12)分别对$a_k(k=1,2,\cdots,N)$和b求偏导数，并令其等于0，可以得到

$$\frac{\partial E[\varepsilon^2]}{\partial b}=E[2(\sum_{k=1}^{N}a_k x_k+b-\theta)]=0 \tag{8.7.13}$$

$$\frac{\partial E[\varepsilon^2]}{\partial a_i}=E[2x_i(\sum_{k=1}^{N}a_k r_k+b-\theta)]=0 \quad i=1,2,\cdots,N \tag{8.7.14}$$

联立求解，得到

$$b=m_\theta-\sum_{k=1}^{N}a_k m_{xk} \tag{8.7.15}$$

$$E[(\sum_{k=1}^{N}a_k x_k+b-\theta)x_i]=E[\varepsilon x_i]=0 \quad i=1,2,\cdots,N \tag{8.7.16}$$

式中，$m_{xk}=E[x_k]$是观测数据x_k的均值。

解式(8.7.13)和式(8.7.14)组成的方程组，便可决定系数b和$a_k(k=1,2,\cdots,N)$，它们都只取决于θ和x_k的一、二阶矩。

式(8.7.16)是实现线性最小均方误差估计的重要条件，它说明误差与各个观测值正交，故将式(8.7.16)称为正交条件或正交原理。

将式(8.7.13)和式(8.7.14)联立求解的系数b和$a_k(k=1,2,\cdots,N)$代入式(8.7.11)中，便可得到线性最小均方误差估计的估计量$\hat{\theta}_{\mathrm{LMS}}$，并且

$$E[\hat{\theta}_{\mathrm{LMS}}]=E[\sum_{k=1}^{N}a_k x_k+b]=E[\theta] \tag{8.7.17}$$

可见，线性最小均方误差估计是无偏估计。

线性最小均方误差估计的均方误差表示为

$$E[\varepsilon^2]=E[\varepsilon(\hat{\theta}_{\mathrm{LMS}}-\theta)]=E[\varepsilon\hat{\theta}_{\mathrm{LMS}}]-E[\varepsilon\theta] \tag{8.7.18}$$

利用正交原理以及$\hat{\theta}_{\mathrm{LMS}}$是无偏估计，式(8.7.18)中的第一项为

$$\begin{aligned}E[\varepsilon\hat{\theta}_{\mathrm{LMS}}]&=E[\varepsilon(\sum_{k=1}^{N}a_k x_k+m_\theta-\sum_{k=1}^{N}a_k m_{xk})]\\&=\sum_{k=1}^{N}a_k E[\varepsilon x_k]+(m_\theta-\sum_{k=1}^{N}a_k m_{xk})E[\varepsilon]=0\end{aligned} \tag{8.7.19}$$

故

$$E[\varepsilon^2]=-E[\varepsilon\theta] \tag{8.7.20}$$

式(8.7.20)也是一个非常重要的公式，它说明线性最小均方误差估计的均方误差等于误差与被估计参量乘积的数学期望。

8.7.2 参量向量的线性最小均方误差估计

设被估计参量向量为$\boldsymbol{\theta}=[\theta_1,\theta_2,\cdots,\theta_M]^{\mathrm{T}}$，$N$次观测得到的数据为$x_1,x_2,\cdots,x_N$，观测数据组成观测向量为$\boldsymbol{x}=[x_1,x_2,\cdots,x_N]^{\mathrm{T}}$，建立一个观测向量$\boldsymbol{x}$的线性函数$\hat{\boldsymbol{\theta}}$作为对$\boldsymbol{\theta}$的估计量

$$\hat{\boldsymbol{\theta}}=\boldsymbol{A}\boldsymbol{x}+\boldsymbol{b} \tag{8.7.21}$$

式中，$\boldsymbol{A}$为$M\times N$阶的常数矩阵；$\boldsymbol{b}$为M行常数向量。定义估计误差向量为$\boldsymbol{\varepsilon}=\hat{\boldsymbol{\theta}}-\boldsymbol{\theta}$。线性最小均方误差估计就是选择矩阵$\boldsymbol{A}$和向量$\boldsymbol{b}$使均方误差最小，即

$$E[\boldsymbol{\varepsilon}^{\mathrm{T}}\boldsymbol{\varepsilon}]=E[(\hat{\boldsymbol{\theta}}-\boldsymbol{\theta})^{\mathrm{T}}(\hat{\boldsymbol{\theta}}-\boldsymbol{\theta})]=E[(\boldsymbol{A}\boldsymbol{x}+\boldsymbol{b}-\boldsymbol{\theta})^{\mathrm{T}}(\boldsymbol{A}\boldsymbol{x}+\boldsymbol{b}-\boldsymbol{\theta})] \tag{8.7.22}$$

最小。

将式(8.7.22)分别对向量$\boldsymbol{b}$和矩阵$\boldsymbol{A}$求偏导，并令结果等于 0，即可解得向量$\boldsymbol{b}$和矩阵$\boldsymbol{A}$。利用向量函数对向量变量求导的乘法法则和矩阵函数对矩阵变量求导的法则，并考虑到求导运算和求均值运算次序是可以交换的，可以得到

$$\begin{aligned}\frac{\partial E[\boldsymbol{\varepsilon}^{\mathrm{T}}\boldsymbol{\varepsilon}]}{\partial \boldsymbol{b}}&=E[2(\boldsymbol{A}\boldsymbol{x}+\boldsymbol{b}-\boldsymbol{\theta})]=2(\boldsymbol{A}E[\boldsymbol{x}]+\boldsymbol{b}-E[\boldsymbol{\theta}])\\&=2(\boldsymbol{A}\boldsymbol{m}_x+\boldsymbol{b}-\boldsymbol{m}_\theta)=0\end{aligned} \tag{8.7.23}$$

$$\begin{aligned}\frac{\partial E[\boldsymbol{\varepsilon}^{\mathrm{T}}\boldsymbol{\varepsilon}]}{\partial \boldsymbol{A}}&=E\left[\frac{\partial}{\partial \boldsymbol{A}}[(\boldsymbol{A}\boldsymbol{x}+\boldsymbol{b}-\boldsymbol{\theta})^{\mathrm{T}}(\boldsymbol{A}\boldsymbol{x}+\boldsymbol{b}-\boldsymbol{\theta})]\right]\\&=E\left[\frac{\partial}{\partial \boldsymbol{A}}\{\mathrm{Tr}[(\boldsymbol{A}\boldsymbol{x}+\boldsymbol{b}-\boldsymbol{\theta})(\boldsymbol{A}\boldsymbol{x}+\boldsymbol{b}-\boldsymbol{\theta})^{\mathrm{T}}]\}\right]\\&=2E[\boldsymbol{A}\boldsymbol{x}\boldsymbol{x}^{\mathrm{T}}+\boldsymbol{b}\boldsymbol{x}^{\mathrm{T}}-\boldsymbol{\theta}\boldsymbol{x}^{\mathrm{T}}]\\&=2(\boldsymbol{A}E[\boldsymbol{x}\boldsymbol{x}^{\mathrm{T}}]+\boldsymbol{b}E[\boldsymbol{x}^{\mathrm{T}}]-E[\boldsymbol{\theta}\boldsymbol{x}^{\mathrm{T}}])=0\end{aligned} \tag{8.7.24}$$

联立求解，得

$$\boldsymbol{b}=\boldsymbol{m}_\theta-\boldsymbol{A}\boldsymbol{m}_x \tag{8.7.25}$$

$$\boldsymbol{A}=\boldsymbol{C}_{\theta x}\boldsymbol{C}_x^{-1} \tag{8.7.26}$$

式中，$\boldsymbol{m}_\theta=E[\boldsymbol{\theta}]$是被估计参量向量$\boldsymbol{\theta}$的均值；$\boldsymbol{m}_x=E[\boldsymbol{x}]$是观测向量$\boldsymbol{x}$的均值；$\boldsymbol{C}_x$是$\boldsymbol{x}$的协方差矩阵；$\boldsymbol{C}_{\theta x}$为$\boldsymbol{\theta}$和$\boldsymbol{x}$的互协方差矩阵。$\boldsymbol{C}_x$和$\boldsymbol{C}_{\theta x}$的表示式为

$$\boldsymbol{C}_x=\mathrm{Cov}[\boldsymbol{x},\boldsymbol{x}]=E[(\boldsymbol{x}-\boldsymbol{m}_x)(\boldsymbol{x}-\boldsymbol{m}_x)^{\mathrm{T}}]=E[\boldsymbol{x}\boldsymbol{x}^{\mathrm{T}}]-\boldsymbol{m}_x\boldsymbol{m}_x^{\mathrm{T}} \tag{8.7.27}$$

$$\boldsymbol{C}_{\theta x}=\mathrm{Cov}[\boldsymbol{\theta},\boldsymbol{x}]=E[(\boldsymbol{\theta}-\boldsymbol{m}_\theta)(\boldsymbol{x}-\boldsymbol{m}_x)^{\mathrm{T}}]=E[\boldsymbol{\theta}\boldsymbol{x}^{\mathrm{T}}]-\boldsymbol{m}_\theta\boldsymbol{m}_x^{\mathrm{T}} \tag{8.7.28}$$

将式(8.7.25)和式(8.7.26)代入式(8.7.21)，便可得到线性最小均方误差估计的估计量

$$\hat{\boldsymbol{\theta}}_{\mathrm{LMS}}=\boldsymbol{C}_{\theta x}\boldsymbol{C}_x^{-1}(\boldsymbol{x}-\boldsymbol{m}_x)+\boldsymbol{m}_\theta \tag{8.7.29}$$

由式(8.7.24)可得

$$E[(\hat{\boldsymbol{\theta}}_{\mathrm{LMS}}-\boldsymbol{\theta})\boldsymbol{x}^{\mathrm{T}}]=E[\varepsilon\boldsymbol{x}^{\mathrm{T}}]=\boldsymbol{0} \tag{8.7.30}$$

它说明误差向量与观测向量正交，故将式(8.7.30)称为正交条件或正交原理。

由式(8.7.29)可得

$$E[\hat{\boldsymbol{\theta}}_{\mathrm{LMS}}]=E[\boldsymbol{C}_{\theta x}\boldsymbol{C}_x^{-1}(\boldsymbol{x}-\boldsymbol{m}_x)+\boldsymbol{m}_\theta]=\boldsymbol{m}_\theta \tag{8.7.31}$$

可见，线性最小均方误差估计是无偏估计。

8.7.3 线性最小均方误差估计的性质

线性最小均方误差估计具有许多重要性质，归纳如下，也算是对线性最小均方误差估计的总结。

（1）线性最小均方误差估计的估计量是观测量的线性函数。

（2）线性最小均方误差估计只需要已知观测量和被估计参量的前二阶矩。

（3）线性最小均方误差估计的估计量是无偏估计量。

（4）线性最小均方误差估计的估计量具有正交性质，即估计误差与观测量正交。

（5）当观测量与被估计参量的联合概率密度为高斯分布时，线性最小均方误差估计与最小均方误差估计一致。

线性最小均方误差估计是在假定估计量是观测量的线性函数的前提下，使估计量的均方误差最小。而最小均方误差估计则没有这一附加条件。因此，最小均方误差估计是一种最佳估计，而线性最小均方误差估计是一种准最佳估计。可以证明，当观测量与被估计参量的联合概率密度为高斯分布时，线性最小均方误差估计的估计量是最小均方误差估计的估计量。也就是在这种条件下，线性最小均方误差估计达到了最佳。

（6）线性最小均方误差估计的估计量在线性变换上的可转换性。

如果 $\hat{\boldsymbol{\theta}}_{\mathrm{LMS}}$ 是 M 维被估计参量向量 $\boldsymbol{\theta}$ 的线性最小均方误差估计向量，$\boldsymbol{C}$ 是 $L \times M$ 维常值矩阵，$\boldsymbol{d}$ 是 L 维常值向量，则 $\boldsymbol{\theta}$ 的线性函数

$$\boldsymbol{\alpha} = \boldsymbol{C}\boldsymbol{\theta} + \boldsymbol{d} \tag{8.7.32}$$

的线性最小均方误差估计向量为

$$\hat{\boldsymbol{\alpha}}_{\mathrm{LMS}} = \boldsymbol{C}\hat{\boldsymbol{\theta}}_{\mathrm{LMS}} + \boldsymbol{d} \tag{8.7.33}$$

（7）线性最小均方误差估计的估计量的可叠加性。

如果 $\hat{\boldsymbol{\theta}}_{1\mathrm{LMS}}$ 和 $\hat{\boldsymbol{\theta}}_{2\mathrm{LMS}}$ 分别是同维被估计参量向量 $\boldsymbol{\theta}_1$ 和 $\boldsymbol{\theta}_2$ 的线性最小均方误差估计的估计向量，则 $\boldsymbol{\theta}_1$ 和 $\boldsymbol{\theta}_2$ 之和

$$\boldsymbol{\beta} = \boldsymbol{\theta}_1 + \boldsymbol{\theta}_2 \tag{8.7.34}$$

的线性最小均方误差估计向量为

$$\hat{\boldsymbol{\beta}}_{\mathrm{LMS}} = \hat{\boldsymbol{\theta}}_{1\mathrm{LMS}} + \hat{\boldsymbol{\theta}}_{2\mathrm{LMS}} \tag{8.7.35}$$

8.8 最小二乘估计

前面讨论的几种估计方法，要求已知观测信号和被估计参量的完备或部分统计知识。例如，贝叶斯估计要求已知观测信号的似然函数、被估计参量的先验概率密度及代价函数；最大后验估计要求已知观测信号的似然函数和被估计参量的先验概率密度；最大似然估计要求已知观测信号的似然函数；线性最小均方误差估计要求已知观测信号和被估计参量的前二阶矩。最小二乘估计(Least Square Estimation)不需要观测量和被估计参量的任何先验统计知识，只需要关于被估计参量的观测信号模型，就可实现信号参量的估计，并能使误差平方和达到最小。最小二乘估计将估计问题作为确定性的最佳化问题来处理，它可以看作是从贝叶斯估计开始的不断放宽要求的一种估计。

虽然最小二乘估计的性能不如前面讨论的几种估计方法，并且，如果没有关于观测量的某些统计假设，其性能也无法评价，但是，最小二乘估计易于实现，仍然是应用很广泛的一种估计方法。

8.8.1 最小二乘估计准则

对于单个被估计参量 θ，设信号模型为 $s_1(\theta), s_2(\theta), \cdots, s_N(\theta)$，由于存在观测噪声或信号模型不精确性的情况，使得对信号的观测受到扰动，如果对信号进行了 N 次观测得到观测量 $x_1, x_2, \cdots, x_N$，被估计参量 θ 的估计量 $\hat{\theta}$ 使

$$J(\hat{\theta})=\sum_{k=1}^{N}[x_k - s_k(\hat{\theta})]^2 \tag{8.8.1}$$

达到最小的估计称为最小二乘估计，相应的估计量记为$\hat{\theta}_{\mathrm{LS}}$。可见，最小二乘估计是使误差$\varepsilon_k = x_k - s_k(\theta)$的平方和达到最小的估计。或者说，最小二乘估计的准则是使误差的平方和达到最小。它实际是用算术平均去近似统计平均，故观测次数尽可能的多。

对于被估计参量向量$\boldsymbol{\theta}=[\theta_1,\theta_2,\cdots,\theta_M]^{\mathrm{T}}$，设信号模型为$\boldsymbol{s}(\boldsymbol{\theta})=[s_1(\boldsymbol{\theta}), s_2(\boldsymbol{\theta}),\cdots,s_N(\boldsymbol{\theta})]^{\mathrm{T}}$，对信号进行$N$（$N\geqslant M$）次观测得到的数据为$x_1,x_2,\cdots,x_N$，观测数据组成观测向量为$\boldsymbol{x}=[x_1,x_2,\cdots,x_N]^{\mathrm{T}}$，被估计参量向量$\boldsymbol{\theta}$的估计向量$\hat{\boldsymbol{\theta}}$使

$$J(\hat{\boldsymbol{\theta}})=\boldsymbol{\varepsilon}^{\mathrm{T}}\boldsymbol{\varepsilon}=[\boldsymbol{x}-\boldsymbol{s}(\hat{\boldsymbol{\theta}})]^{\mathrm{T}}[\boldsymbol{x}-\boldsymbol{s}(\hat{\boldsymbol{\theta}})] \tag{8.8.2}$$

达到最小的估计称为最小二乘估计，相应的估计向量记为$\hat{\boldsymbol{\theta}}_{\mathrm{LS}}$。式中，$\boldsymbol{\varepsilon}=\boldsymbol{x}-\boldsymbol{s}(\hat{\boldsymbol{\theta}})$为误差向量。对于被估计参量向量，最小二乘估计同样是使误差的平方和达到最小的估计，其准则是使误差的平方和达到最小。

根据信号模型$\boldsymbol{s}(\boldsymbol{\theta})$，最小二乘估计可分为线性最小二乘估计和非线性最小二乘估计。本书主要讨论线性最小二乘估计。

8.8.2 单个参量的线性最小二乘估计

对于单个被估计参量θ，设线性最小二乘估计的信号模型为

$$s_k(\theta)=h_k\theta \quad k=1,2,\cdots,N \tag{8.8.3}$$

式中，$\boldsymbol{h}=[h_1,h_2,\cdots,h_N]^{\mathrm{T}}$是已知的观测系数向量。假定对信号做$N$次观测，得到观测方程为

$$x_k = h_k\theta+\varepsilon_k \quad k=1,2,\cdots,N \tag{8.8.4}$$

式中，$\boldsymbol{x}=[x_1,x_2,\cdots,x_N]^{\mathrm{T}}$是已知的观测向量；$\boldsymbol{\varepsilon}=[\varepsilon_1,\varepsilon_2,\cdots,\varepsilon_N]^{\mathrm{T}}$是未知的误差向量，它是一个随机向量，又称为观测噪声向量，并且没有任何先验的统计知识。

线性最小二乘估计的目的是在信号模型为线性函数的前提下，根据使误差的平方和达到最小的准则，设法利用已知的$\boldsymbol{x}$和$\boldsymbol{h}$来估计参量θ。

设被估计参量θ的估计量为$\hat{\theta}$，则误差的平方和为

$$J(\hat{\theta})=\sum_{k=1}^{N}\varepsilon_k^2=\sum_{k=1}^{N}(x_k-h_k\hat{\theta})^2 \tag{8.8.5}$$

为了使$J(\hat{\theta})$达到最小，令

$$\frac{\partial J(\hat{\theta})}{\partial\hat{\theta}}=-2\sum_{k=1}^{N}(x_k-h_k\hat{\theta})h_k=0 \tag{8.8.6}$$

当观测系数$h_k\,(k=1,2,\cdots,N)$不全为0时，由式(8.8.6)可求得线性最小二乘估计的估计量为

$$\hat{\theta}_{\mathrm{LS}}=\sum_{k=1}^{N}h_k x_k\Bigg/\sum_{k=1}^{N}h_k^2 \tag{8.8.7}$$

因为

$$\frac{\partial^2 J(\hat{\theta})}{\partial\hat{\theta}^2}=2\sum_{k=1}^{N}h_k^2 \tag{8.8.8}$$

是非负的数，所以，$\hat{\theta}_{\mathrm{LS}}$是使$J(\hat{\theta})$为最小的估计量。

将式(8.8.7)代入式(8.8.5)，得最小二乘估计误差的平方和为

$$J_{\min}(\hat{\theta})=\sum_{k=1}^{N}x_k^2-\left(\sum_{k=1}^{N}h_k x_k\right)^2\Bigg/\sum_{k=1}^{N}h_k^2 \tag{8.8.9}$$

对于单个参量，线性最小二乘估计的估计量具有以下性质。

（1）线性最小二乘估计的估计量是观测向量的线性函数。

由式(8.8.7)可见，线性最小二乘估计的估计量$\hat{\theta}_{\text{LS}}$是观测量$x_1,x_2,\cdots,x_N$的线性函数。

（2）如果误差或观测噪声的均值$E[\varepsilon_k]=0(k=1,2,\cdots,N)$，则线性最小二乘估计的估计量是无偏的。

由式(8.8.7)可得

$$E[\hat{\theta}_{\text{LS}}]=\frac{1}{\sum_{k=1}^{N}h_k^2}E\left[\sum_{k=1}^{N}h_k x_k\right]=\frac{1}{\sum_{k=1}^{N}h_k^2}E\left[\sum_{k=1}^{N}h_k(h_k\theta+\varepsilon_k)\right]=E[\theta] \tag{8.8.10}$$

（3）如果误差或观测噪声的均值$E[\varepsilon_k]=0$，$E[\varepsilon_i\varepsilon_k]=\sigma_\varepsilon^2\delta_{ik}$，$E[\theta\varepsilon_k]=0$，则线性最小二乘估计的估计量的均方误差为

$$E[(\hat{\theta}_{\text{LS}}-\theta)^2]=\sigma_\varepsilon^2\Big/\sum_{k=1}^{N}h_k^2 \tag{8.8.11}$$

例 8.8.1 假设某一台电源的电压是恒定的，用一个电压表测量电源的电压，由于电压表制作和观察者读数习惯等因素的影响，使电压表的测量值与实际值之间也会有误差。用电压表对电源电压进行两次测量，测量结果分别为216V和220V，求电源电压的最小二乘估计。

解：设电源电压为θ，则电源电压的观测方程为

$$x_k=\theta+\varepsilon_k \quad k=1,2$$

式中，x_k和ε_k表示第k次电源电压测量值和测量误差。

误差的平方和为

$$J(\theta)=\sum_{k=1}^{2}\varepsilon_k^2=\sum_{k=1}^{2}(x_k-\theta)^2$$

误差的平方和对θ求导，并令结果等于0，得到

$$\frac{\partial J(\theta)}{\partial\theta}=-2\sum_{k=1}^{2}(x_k-\theta)=0$$

由此得到θ的最小二乘估计为

$$\hat{\theta}_{\text{LS}}=\frac{1}{2}\sum_{k=1}^{2}x_k=\frac{1}{2}(216+220)=218\text{V}$$

8.8.3 参量向量的线性最小二乘估计

对于被估计参量向量$\boldsymbol{\theta}=[\theta_1,\theta_2,\cdots,\theta_M]^{\text{T}}$，设线性最小二乘估计的信号模型为

$$\boldsymbol{s}(\boldsymbol{\theta})=\boldsymbol{H\theta} \tag{8.8.12}$$

式中，$\boldsymbol{H}$是已知的$N\times M$阶矩阵（$N\geqslant M$），称为观测矩阵。假定对信号做N次观测，得到观测方程为

$$\boldsymbol{x}=\boldsymbol{H\theta}+\boldsymbol{\varepsilon} \tag{8.8.13}$$

式中，$\boldsymbol{x}=[x_1,x_2,\cdots,x_N]^{\text{T}}$是已知的观测向量；$\boldsymbol{\varepsilon}=[\varepsilon_1,\varepsilon_2,\cdots,\varepsilon_N]^{\text{T}}$是未知的误差向量，它是一个随机向量，又称为$N$维观测噪声向量，并且没有任何先验的统计知识。

线性最小二乘估计的目的是在信号模型为线性函数的前提下，根据使误差的平方和达到最小的准则，设法利用已知的$\boldsymbol{x}$和$\boldsymbol{H}$来估计参量向量$\boldsymbol{\theta}$。设被估计参量向量$\boldsymbol{\theta}$的估计向量为$\hat{\boldsymbol{\theta}}=[\hat{\theta}_1,\hat{\theta}_2,\cdots,\hat{\theta}_M]^{\text{T}}$，则误差的平方和为

$$J(\hat{\boldsymbol{\theta}})=\sum_{k=1}^{N}\varepsilon_k^2=\boldsymbol{\varepsilon}^{\mathrm{T}}\boldsymbol{\varepsilon}=(\boldsymbol{x}-\boldsymbol{H}\hat{\boldsymbol{\theta}})^{\mathrm{T}}(\boldsymbol{x}-\boldsymbol{H}\hat{\boldsymbol{\theta}}) \\ =\boldsymbol{x}^{\mathrm{T}}\boldsymbol{x}-\boldsymbol{x}^{\mathrm{T}}\boldsymbol{H}\hat{\boldsymbol{\theta}}-\hat{\boldsymbol{\theta}}^{\mathrm{T}}\boldsymbol{H}^{\mathrm{T}}\boldsymbol{x}+\hat{\boldsymbol{\theta}}^{\mathrm{T}}\boldsymbol{H}^{\mathrm{T}}\boldsymbol{H}\hat{\boldsymbol{\theta}} \tag{8.8.14}$$

为了使 $J(\hat{\boldsymbol{\theta}})$ 达到最小，令

$$\frac{\partial J(\hat{\boldsymbol{\theta}})}{\partial\hat{\boldsymbol{\theta}}}=-2\boldsymbol{H}^{\mathrm{T}}(\boldsymbol{x}-\boldsymbol{H}\hat{\boldsymbol{\theta}})=\mathbf{0} \tag{8.8.15}$$

当矩阵 $\boldsymbol{H}^{\mathrm{T}}\boldsymbol{H}$ 非奇异时，由式(8.8.15)可求得线性最小二乘估计的估计向量为

$$\hat{\boldsymbol{\theta}}_{\mathrm{LS}}=(\boldsymbol{H}^{\mathrm{T}}\boldsymbol{H})^{-1}\boldsymbol{H}^{\mathrm{T}}\boldsymbol{x} \tag{8.8.16}$$

因为

$$\frac{\partial^2 J(\hat{\boldsymbol{\theta}})}{\partial\hat{\boldsymbol{\theta}}^2}=2\boldsymbol{H}^{\mathrm{T}}\boldsymbol{H} \tag{8.8.17}$$

是非负定的矩阵，所以，$\hat{\boldsymbol{\theta}}_{\mathrm{LS}}$ 是使 $J(\hat{\boldsymbol{\theta}})$ 为最小的估计向量。

将式(8.8.16)代入式(8.8.14)，得最小二乘估计误差的平方和为

$$J_{\min}(\hat{\boldsymbol{\theta}})=\boldsymbol{x}^{\mathrm{T}}[\boldsymbol{I}-\boldsymbol{H}(\boldsymbol{H}^{\mathrm{T}}\boldsymbol{H})^{-1}\boldsymbol{H}^{\mathrm{T}}]\boldsymbol{x} \tag{8.8.18}$$

对于参量向量，线性最小二乘估计的估计向量具有以下性质。

（1）线性最小二乘估计的估计量是观测量的线性函数。

由式(8.8.16)可见，线性最小二乘估计的估计向量 $\hat{\boldsymbol{\theta}}_{\mathrm{LS}}$ 是观测向量 $\boldsymbol{x}$ 的线性函数。

（2）如果误差向量或观测噪声向量的均值向量为 $\mathbf{0}$，则线性最小二乘估计的估计向量是无偏的。

如果 $E[\boldsymbol{\varepsilon}]=\mathbf{0}$，则有

$$E[\hat{\boldsymbol{\theta}}_{\mathrm{LS}}]=E[(\boldsymbol{H}^{\mathrm{T}}\boldsymbol{H})^{-1}\boldsymbol{H}^{\mathrm{T}}\boldsymbol{x}]=E[(\boldsymbol{H}^{\mathrm{T}}\boldsymbol{H})^{-1}\boldsymbol{H}^{\mathrm{T}}(\boldsymbol{H}\boldsymbol{\theta}+\boldsymbol{\varepsilon})]=E[\boldsymbol{\theta}] \tag{8.8.19}$$

（3）如果误差向量或观测噪声向量的均值向量为 $\mathbf{0}$，协方差矩阵为 $\boldsymbol{C}_{\varepsilon}$，被估计参量向量是非随机向量，则线性最小二乘估计的估计向量的均方误差阵为

$$\boldsymbol{M}_{\mathrm{LS}}=E[(\hat{\boldsymbol{\theta}}_{\mathrm{LS}}-\boldsymbol{\theta})^{\mathrm{T}}(\hat{\boldsymbol{\theta}}_{\mathrm{LS}}-\boldsymbol{\theta})]=(\boldsymbol{H}^{\mathrm{T}}\boldsymbol{H})^{-1}\boldsymbol{H}^{\mathrm{T}}\boldsymbol{C}_{\varepsilon}\boldsymbol{H}(\boldsymbol{H}^{\mathrm{T}}\boldsymbol{H})^{-1} \tag{8.8.20}$$

如果被估计参量向量是非随机向量，且估计向量是无偏的，则估计向量的均方误差阵就是估计误差向量的协方差阵。

8.8.4 加权线性最小二乘估计

前面讨论的线性最小二乘估计，直接将观测量用于参量估计，这就相当于将每次观测量同等对待来处理，或者是说，将每次观测量的精度看作是相同的。在信号的观测过程中，如果各次观测噪声的强度是不一样的，则所得的各次观测量的精度也是不同的，因此同等对待各次观测量是不合理的。由于观测噪声较小的观测量的精度较高，应当为其赋予较大的权值，使其对改善结果有更大的影响，才能获得更精确的估计结果。

将观测量乘以与本次观测噪声强度成反比的权值后再构造估计量，这就是加权线性最小二乘估计。这种估计需要已知线性观测噪声的前二阶矩。假定观测噪声向量 $\boldsymbol{\varepsilon}$ 的均值向量和协方差矩阵分别为 $E[\boldsymbol{\varepsilon}]=\mathbf{0}$ 和 $E[\boldsymbol{\varepsilon}\boldsymbol{\varepsilon}^{\mathrm{T}}]=\boldsymbol{C}_{\varepsilon}$。本节主要讨论参量向量的加权线性最小二乘估计。

加权线性最小二乘估计就是使加权误差的平方和

$$J_{\mathrm{W}}(\hat{\boldsymbol{\theta}})=\boldsymbol{\varepsilon}^{\mathrm{T}}\boldsymbol{W}\boldsymbol{\varepsilon}=(\boldsymbol{x}-\boldsymbol{H}\hat{\boldsymbol{\theta}})^{\mathrm{T}}\boldsymbol{W}(\boldsymbol{x}-\boldsymbol{H}\hat{\boldsymbol{\theta}}) \tag{8.8.21}$$

达到最小，相应的估计向量称为加权线性最小二乘估计的估计向量，记为 $\hat{\boldsymbol{\theta}}_{\mathrm{WLS}}$。式中，$\boldsymbol{W}$ 称为加权矩阵，它是 $N\times N$ 阶的对称正定矩阵。当 $\boldsymbol{W}=\boldsymbol{I}$ 时，就退化为非加权的线性最小二乘估计。

为了使 $J_W(\hat{\boldsymbol{\theta}})$ 达到最小，令

$$\frac{\partial J(\hat{\boldsymbol{\theta}})}{\partial \hat{\boldsymbol{\theta}}} = -2\boldsymbol{H}^{\mathrm{T}}\boldsymbol{W}(\boldsymbol{x}-\boldsymbol{H}\hat{\boldsymbol{\theta}}) = \boldsymbol{0} \tag{8.8.22}$$

当矩阵 $\boldsymbol{H}^{\mathrm{T}}\boldsymbol{W}\boldsymbol{H}$ 非奇异时，由式(8.8.15)可求得

$$\hat{\boldsymbol{\theta}}_{\mathrm{WLS}} = (\boldsymbol{H}^{\mathrm{T}}\boldsymbol{W}\boldsymbol{H})^{-1}\boldsymbol{H}^{\mathrm{T}}\boldsymbol{W}\boldsymbol{x} \tag{8.8.23}$$

因为

$$\frac{\partial^2 J_W(\hat{\boldsymbol{\theta}})}{\partial \hat{\boldsymbol{\theta}}^2} = 2\boldsymbol{H}^{\mathrm{T}}\boldsymbol{W}\boldsymbol{H} \tag{8.8.24}$$

是非负定的矩阵，所以，$\hat{\boldsymbol{\theta}}_{\mathrm{WLS}}$ 是使 $J_W(\hat{\boldsymbol{\theta}})$ 为最小的估计向量。

对于参量向量，加权线性最小二乘估计的估计向量具有以下性质。

（1）其估计量是观测量的线性函数。

（2）如果误差向量或观测噪声向量的均值向量为 **0**，则其估计向量是无偏的。

（3）如果误差向量或观测噪声向量的均值向量为 **0**，协方差矩阵为 $\boldsymbol{C}_\varepsilon$，被估计参量向量是非随机向量，则估计向量的均方误差矩阵为

$$\begin{aligned}\boldsymbol{M}_{\mathrm{WLS}} &= E[(\hat{\boldsymbol{\theta}}_{\mathrm{WLS}}-\boldsymbol{\theta})^{\mathrm{T}}(\hat{\boldsymbol{\theta}}_{\mathrm{WLS}}-\boldsymbol{\theta})] \\ &= (\boldsymbol{H}^{\mathrm{T}}\boldsymbol{W}\boldsymbol{H})^{-1}\boldsymbol{H}^{\mathrm{T}}\boldsymbol{W}\boldsymbol{C}_\varepsilon\boldsymbol{W}\boldsymbol{H}(\boldsymbol{H}^{\mathrm{T}}\boldsymbol{W}\boldsymbol{H})^{-1}\end{aligned} \tag{8.8.25}$$

在估计误差向量的均方误差阵中，观测矩阵 $\boldsymbol{H}$ 和观测噪声向量的协方差矩阵 $\boldsymbol{C}_\varepsilon$ 是已知的，现在的问题是，如何选择加权矩阵 $\boldsymbol{W}$ 才能使均方误差矩阵取最小值。可以证明，当 $\boldsymbol{W}=\boldsymbol{C}_\varepsilon^{-1}$ 时，估计误差向量的均方误差矩阵是最小的，此时的加权矩阵称为最佳加权矩阵，记为 $\boldsymbol{W}_{\mathrm{OPT}}$。

例 8.8.2 用电表对电源电压进行两次相互独立的测量，测量结果分别为 216V 和 220V。假定两次测量误差的均值都为 0，第一次测量误差的方差为 16，第二次测量误差的方差为 4，求电源电压的加权最小二乘估计。

解： 设电源电压为 θ，则电源电压的观测方程为

$$x_k = \theta + \varepsilon_k \quad k = 1,2$$

式中，x_k 和 ε_k 表示第 k 次电源电压测量值和测量误差。向量形式的观测方程为

$$\boldsymbol{x} = \boldsymbol{H}\theta + \boldsymbol{\varepsilon}$$

式中，$\boldsymbol{x} = [216, 220]^{\mathrm{T}}$；$\boldsymbol{H} = [1,1]^{\mathrm{T}}$；$\boldsymbol{\varepsilon} = [\varepsilon_1, \varepsilon_2]^{\mathrm{T}}$。

最佳加权矩阵为

$$\boldsymbol{W}_{\mathrm{OPT}} = \boldsymbol{C}_\varepsilon^{-1} = \begin{bmatrix} 16 & 0 \\ 0 & 4 \end{bmatrix}^{-1}$$

电压的加权最小二乘估计为

$$\hat{\theta}_{\mathrm{WLS}} = (\boldsymbol{H}^{\mathrm{T}}\boldsymbol{W}_{\mathrm{OPT}}\boldsymbol{H})^{-1}\boldsymbol{H}^{\mathrm{T}}\boldsymbol{W}_{\mathrm{OPT}}\boldsymbol{x} = 219.2\mathrm{V}$$

上述讨论的是线性最小二乘估计，其主要特点之一就是假定信号模型是被估计参量的线性函数，然后在这一前提下，依据使误差的平方和达到最小的准则构造估计量。当然，也可以假定信号模型是被估计参量的非线性函数，依据使误差的平方和达到最小的准则构造估计量，从而形成非线性最小二乘估计。

本章小结

信号参量估计是适当地选择一个统计量作为未知参量的估计，此统计量称为估计量。如果已取得信号的一观测样本，将观测样本值代入估计量，得到估计量的值，以该值作为未知参量的近似值。估计量的值称为估计值。

信号参量估计问题其实就是随机信号的参数估计问题，是数理统计中参数估计向随机信号的拓展。信号参量估计的思路是借鉴贝叶斯统计决策的理论和方法，解决随机信号的参数估计问题。

本章所讨论主要内容的前提是已知信号总体概率密度的类型和信号形式，而信号参量是未知的。本章主要讨论了 5 个方面的内容：信号参量贝叶斯估计、最大似然估计、评价估计量的性能指标、线性最小均方误差估计及最小二乘估计。贝叶斯估计中的最大后验估计也可以看作是单独的一种估计方法，因为它不需要已知代价函数。

从采用的准则来看，贝叶斯估计的准则是使贝叶斯风险达到最小，最大后验估计的准则是使后验概率密度函数达到最大，最大似然估计的准则是使似然函数达到最大，线性最小均方误差估计的准则是使均方误差达到最小，最小二乘估计的准则是使误差平方和达到最小。

从需要的已知条件来看，贝叶斯估计要求已知观测信号的似然函数、被估计参量的先验概率密度及代价函数；最大后验估计要求已知观测信号的似然函数和被估计参量的先验概率密度；最大似然估计要求已知观测信号的似然函数；线性最小均方误差估计要求已知观测信号和被估计参量的前二阶矩。最小二乘估计需要已知被估计参量的观测信号模型。它们可以看作是需要的已知条件不断放宽的估计方法。当然了，从估计系统实现的难易程度来看，要求的已知条件越少，越易于实现。

从估计量的函数形式来看，贝叶斯估计、最大后验估计及最大似然估计的估计量通常是非线性函数，非线性最小二乘估计的估计量是非线性函数，线性最小均方误差估计和线性最小二乘估计的估计量是线性函数。

从估计的性能来看，如果按照性能依次降低的顺序排列，它们通常的排序是贝叶斯估计、最大后验估计、最大似然估计、线性最小均方误差估计和最小二乘估计。

对于同一个参量，往往有若干种方法进行估计，不同的估计方法可能会产生不同的估计量，这就需要对估计量进行评价。评价估计量的性能指标主要有 4 个：无偏性、有效性、一致性及充分性。在实际中，常使用无偏性和有效性来评价估计量的性能。

信号参量估计的根本任务就是设计最佳信号参量估计算法或最佳信号参量估计系统。在信号参量估计问题的信息传输系统模型、信号模型、参量空间及判决空间确定的情况下，设计信号参量估计算法或信号参量估计系统的步骤也可以归纳为 4 大步骤：一是确定信号参量估计所需的已知条件；二是寻求一种准则下的估计量；三是评估估计量的性能；四是设计信号参量估计系统框图。

思考题

8.1 信号参量估计中的代价函数应具有什么特点？

8.2 信号参量估计中常用的代价函数有哪几种，各有什么特点？

8.3 简述信号参量估计的最佳准则及应用条件。

8.4 说明贝叶斯估计、最大后验估计和最大似然估计的区别和联系。

8.5 评价估计量的性能指标有哪几种？其物理意义各是什么？

8.6 克拉美-罗不等式取决于哪些因素？其意义又是什么？

8.7 概述线性最小均方误差估计的主要性质。

习题

8.1 假定在高斯信道内传输信号，其随机参量 A 的后验概率密度 $p(A|x)$ 也是高斯分布的。试证明参量

A 的贝叶斯估计有：$\hat{A}_{MS} = \hat{A}_{MAP} = \hat{A}_{ABS}$。

8.2 已知被估计参量 θ 的后验概率密度函数为

$$p(\theta \mid x) = (x+\lambda)^2 \theta \exp[-(x+\lambda)\theta] \quad \theta \geqslant 0$$

求：（1）参量 θ 的最小均方误差估计；（2）参量 θ 的最大后验估计。

8.3 如果通过一次观测量 x 来估计信号的随机参量 θ，已知 $p(x,\theta) = p(x \mid \theta)p(\theta)$ 中

$$p(\theta \mid x) = \theta \exp(-\theta x) \quad \theta \geqslant 0, x \geqslant 0$$

$$p(\theta) = 2\exp(-2\theta) \quad \theta \geqslant 0$$

（1）求参量 θ 的最小均方误差估计；（2）求参量 θ 的最大后验估计；（3）通过 M 次独立观测量 $x_1, x_2, \cdots, x_M$，求参量 θ 的最大后验估计。

8.4 利用代价函数 $C(\alpha, \hat{\alpha}) = \begin{cases} 0, & |\alpha - \hat{\alpha}| < \Delta \\ 1, & |\alpha - \hat{\alpha}| \geqslant \Delta \end{cases}$，求参量 α 的贝叶斯估计。

（1）设后验密度函数 $p(\alpha \mid x)$ 定义在 $-\infty < \alpha < \infty$ 范围内，一般来说，这个估计量是 Δ 的函数吗？

（2）设 Δ 趋于零时，估计是怎样的？

（3）设 $p(\alpha \mid x)$ 是单峰的，并相对于中位数对称，那么估计又是怎样的？它是 Δ 的函数吗？

8.5 设观测信号 $x(t) = s(t) + n(t)$，其中 $n(t)$ 是均值为 0、方差为 σ_n^2 的高斯白噪声。$s(t)$ 以等可能性取值 -1 和 1，且与 $n(t)$ 相互统计独立。试根据一次观测值 $x = s + n$，对 s 进行最小均方估计和最大后验估计。

8.6 设 M 个独立观测样本为 $x_k = \theta^3 + n_k$，$k = 1,2,\cdots,M$，其中 θ 是待估计参量，是均值为 0、方差为 σ_θ^2 的高斯随机变量；n_k 是均值为 0、方差为 σ_n^2 的高斯白噪声。试求参量 θ 的最大后验估计量 $\hat{\theta}_{MAP}$ 需要求解的方程。

8.7 设雷达所测目标距离的真值为 R，由于有噪声干扰，每次测量的结果为 $x_k = R + n_k$，其中 n_k 是造成测量误差的干扰。假定 n_k 是均值为 0、方差为 σ_k^2 的高斯白噪声。如果每次测距都是独立的，试通过 M 次独立观测对目标距离 R 做出估计。

8.8 设 M 个独立观测样本为 $x_k = (\theta/2) + n_k$，$k = 1,2,\cdots,M$，其中 n_k 是均值为 0、方差为 σ^2 的高斯白噪声，且 $E[\theta n_k] = 0$。

（1）求参量 θ 的最大似然估计 $\hat{\theta}_{ML}$，并分析 $\hat{\theta}_{ML}$ 的性能。

（2）如果参量 θ 的先验概率密度为

$$p(\theta) = \begin{cases} \dfrac{1}{4}\exp\left(-\dfrac{\theta}{4}\right) & \theta \geqslant 0 \\ 0 & \theta < 0 \end{cases}$$

求参量 θ 的最大后验估计 $\hat{\theta}_{MAP}$，分析 $\hat{\theta}_{MAP}$ 的无偏性，并求其均方误差。

8.9 设 M 个独立观测样本为 $x_k = \theta + n_k$，$k = 1,2,\cdots,M$，其中 θ 是未知参量，n_k 是均值为 0、方差为 σ^2 的高斯白噪声。如果待估计量为 $A = b\theta + c$，其中 b 是任意非 0 常数，c 是任意常数，试求 A 的有效估计量及克拉美-罗下限。

8.10 设 M 个独立观测样本为 $x_k = \theta + n_k$，$k = 1,2,\cdots,M$，其中 θ 是未知参量，n_k 是均值为 0、方差为 σ^2 的高斯白噪声。如果待估计量为 $B = \theta^2$，试判断 B 的估计量的有效性，并求克拉美-罗下限。

8.11 根据方差为 σ^2、未知均值为 μ 的高斯过程的 M 个统计独立样本，求出均值的最大后验估计量。设关于均值的唯一先验知识是：它大于或等于 0。

（1）这个估计量是怎样的？

（2）它的概率密度函数如何？

8.12 设 $x(t)$ 是均值为 μ、方差为 σ^2 的高斯过程，$x(t)$ 的 M 个统计独立样本为 $x_1, x_2, \cdots, x_M$。如果均值 μ 未知，方差 σ^2 已知：（1）求均值 μ 的最大似然估计 $\hat{\mu}_{ML}$；（2）分析 $\hat{\mu}_{ML}$ 的性能；（3）求 $\hat{\mu}_{ML}$ 的均方误差。

8.13　设 $x(t)$ 是均值为 μ 、方差为 σ^2 的高斯过程，$x(t)$ 的 M 个统计独立样本为 $x_1,x_2,\cdots,x_M$ 。如果均值 μ 已知，方差 σ^2 未知：（1）求方差 σ^2 的最大似然估计 $\hat{\sigma}^2_{\mathrm{ML}}$；（2）证明 $\hat{\sigma}^2_{\mathrm{ML}}$ 为充分估计量；（3）证明 $\hat{\sigma}^2_{\mathrm{ML}}$ 是有效估计量；（4）求 $\hat{\sigma}^2_{\mathrm{ML}}$ 的均方误差。

8.14　设 $x(t)$ 是均值为 μ 、方差为 σ^2 的高斯过程，$x(t)$ 的 M 个统计独立样本为 $x_1,x_2,\cdots,x_M$ 。如果均值 μ 和方差 σ^2 均未知：（1）求均值 μ 和方差 σ^2 的最大似然估计 $\hat{\mu}_{\mathrm{ML}}$ 和 $\hat{\sigma}^2_{\mathrm{ML}}$；（2）分析 $\hat{\mu}_{\mathrm{ML}}$ 和 $\hat{\sigma}^2_{\mathrm{ML}}$ 的性能。

8.15　设 $n(t)$ 是均值为 0、方差为 σ^2 的高斯白噪声。现取噪声 $n(t)$ 的 M 个独立样本 $n_1,n_2,\cdots,n_M$ ，通过方差 σ^2 的最大似然估计量 $\hat{\sigma}^2_{\mathrm{ML}}$ ，求以分贝表示的噪声功率估计量 $\hat{P}_{\mathrm{ML}}$ 。以分贝表示的噪声功率的定义为 $P=10\lg\sigma^2$ 。

8.16　设随机变量 x 服从参量为 $\lambda\,(\lambda>0)$ 的泊松分布，即其概率分布为

$$P(x\mid\lambda)=\frac{\lambda^x}{x!}\mathrm{e}^{-\lambda}\quad x=0,1,2,\cdots$$

对随机变量 x 独立观测 M 次，得到观测样本 $x_1,x_2,\cdots,x_M$ 。根据观测样本 $x_1,x_2,\cdots,\ x_M$ ，试求参量 λ 的最大似然估计，并求 λ 最大似然估计的均值和方差。

8.17　设 $y=f(x,a,b)=a+bx$ ，其中 a 和 b 是待定参数。对 x 和 y 独立观测 M 次，得到 $x_1,x_2,\cdots,x_M$ 和 $y_1,y_2,\cdots,y_M$ ，试用最小二乘法估计 $\hat{a}_{\mathrm{LS}}$ 和 $\hat{b}_{\mathrm{LS}}$ 。

8.18　设信号的 M 个独立观测样本为 $x_k=As_k+\varepsilon_k$ ，$k=1,2,\cdots,M$ ，其中 A 为信号幅度，是未知参量；ε_k 是观测误差。通过 M 次独立观测，得到样本 $x_1,x_2,\cdots,x_M$ 和样本 $s_1,s_2,\cdots,s_M$ ，试求信号幅度 A 的最小二乘估计。

第 9 章 高斯噪声中信号参量估计

第 8 章讨论的是信号参量估计的基本理论，除了将代价函数具体化了，似然函数、被估计参量的概率密度和信号形式均未具体化。本章讨论将似然函数具体化为高斯噪声情况的信号参量估计，并且将信号形式具体化正弦或余弦函数。本章可以看作是上一章基本理论的应用。

本章所讨论内容的前提是信道噪声为加性高斯噪声，且信号形式是正弦或余弦函数，而信号参量是未知的。

9.1 概 述

信号参量估计所依据的主要因素是观测信号的观测量。观测量应该保持原有观测信号的信息，也应该保证统计处理所需的统计特性要求。原有观测信号的信息和统计特性的要求在一定程度上可以通过信号的带宽和信道噪声的带宽来体现。获取观测量的方式也就取决于信号的带宽和信道噪声的带宽。因为接收设备的内部噪声总是存在，并且其带宽一般要比信号的带宽大，而接收设备内部噪声分布在其整个带宽范围内，接收设备内部噪声又是信道噪声的组成部分，故其带宽一般要比信号的带宽大。因此，在对信号进行统计处理时，只需考虑噪声的带宽就可以了。具体讲，以噪声带宽为依据进行信号采样，可以同时兼顾信号不失真和统计处理的要求。

信号参量估计中，接收信号 $x(t)$ 为发送信号 $s(t,\boldsymbol{\theta})$ 与信道噪声 $n(t)$ 相加，则接收信号模型为

$$x(t)=s(t,\boldsymbol{\theta})+n(t)=s(t,\theta_1,\theta_2,\cdots,\theta_m)+n(t) \tag{9.1.1}$$

式中，$\boldsymbol{\theta}=[\theta_1,\theta_2,\cdots,\theta_m]^{\mathrm{T}}$ 为未知参量向量。

信号参量估计就是利用接收信号连续波形或其他的独立采样值来确定信号的未知参量向量(可以是确定性的量，也可以是随机变量)。具体讲，就是利用 $x(t)$ 连续波形或其独立采样值构造一个函数 $\hat{\boldsymbol{\theta}}(t)$ 作为对未知参量向量 $\boldsymbol{\theta}$ 的估计量。采用的最佳估计准则不同，函数 $\hat{\boldsymbol{\theta}}(t)$ 的形式便可能不同，因此存在各种不同的估计量。典型的构造估计量的最佳估计准则有：贝叶斯估计准则、最大后验估计准则及最大似然估计准则。

最大似然估计仅要求已知观测信号的似然函数 $p(x\,|\,\boldsymbol{\theta})$，而似然函数包含了 3 个要素：观测信号总体的概率密度、发送信号的形式及观测信号的观测数据。因为观测信号的随机性由信道噪声的随机性决定，故观测信号总体的概率密度就是信道噪声的概率密度。被估计参量向量 $\boldsymbol{\theta}$ 通过发送信号 $s(t,\boldsymbol{\theta})$ 体现在似然函数中。

对于高斯噪声，通常是按照白噪声和色噪声分类进行讨论和处理的。高斯白噪声按照时域采样定理就可以使时域采样相互统计独立，而高斯色噪声按照卡亨南-洛维展开使展开式的各个分量相互统计独立。对于高斯白噪声，通常是按照带限高斯白噪声和理想高斯白噪声分类进行讨论和处理的。带限高斯白噪声可以用有限的时域采样值代替时域的连续观测，而理想高斯白噪声需要时域的连续观测。本章主要以理想高斯白噪声为代表，讨论高斯白噪声中信号参量的估计。

大多数信息传输系统利用电磁波作为载体来传输信息，而电磁波的信号形式主要是正弦或余弦函数，故本章将以正弦或余弦函数为代表，讨论高斯噪声中信号参量的估计。

信号参量估计的方法主要有贝叶斯估计、最大后验估计及最大似然估计。贝叶斯估计要求已知观测信号的似然函数、被估计参量的先验概率密度及代价函数；最大后验估计要求已知观测信号的似然函数和被估计参量的先验概率密度；最大似然估计要求已知观测信号的似然函数。本章主要以最大似然估计为代表来讨论高斯噪声中信号参量的估计。本章可以看作是第 8 章所讨论的信号参量估计基本理论在信道噪声为高斯噪声情况的具体应用。

9.2 高斯白噪声中信号单个参量估计

贝叶斯估计、最大后验估计及最大似然估计均可以实现高斯白噪声中单个信号参量估计，只不过要求的已知条件不同而已。本节以最大似然估计为代表，讨论高斯白噪声中单个信号参量估计的方法，其他估计方法可以参考该分析方法类推。

9.2.1 高斯白噪声中信号单个参量的最大似然估计

设信息传输系统中发送设备发送的信号为 $s(t,\theta)$，信道的加性噪声为 $n(t)$，在观测时间 $(0,T)$ 内，接收设备的接收信号为

$$x(t)=s(t,\theta)+n(t)\quad 0\leqslant t\leqslant T \tag{9.2.1}$$

式中，θ 为单个被估计参量。

高斯白噪声中单个信号参量最大似然估计需要的已知条件是：发送信号 $s(t,\theta)$ 的信号形式已知；信道噪声 $n(t)$ 为 0 均值高斯白噪声。如果信号形式是正弦函数，被估计参量 θ 可以是信号的振幅、相位、频率及时延等。

对接收信号的观测方式或采样方式取决于高斯白噪声的带宽。如果高斯白噪声是带宽有限的，则可以按照采样定理用有限的时域离散的接收信号采样值代替时域的连续观测。如果高斯白噪声是带宽无限的，则必须连续观测接收信号。

1．带限高斯白噪声情况

对于 0 均值的带限高斯白噪声，其功率谱密度为

$$G_{\mathrm{n}}(\omega)=\begin{cases}N_0/2 & |\omega|<B_{\mathrm{n}}\\ 0 & \text{其他}\end{cases} \tag{9.2.2}$$

式中，B_{n} 为高斯白噪声功率谱密度的带宽。在观测时间 $(0,T)$ 内，对接收信号统计独立采样的数目为

$$N=TB_{\mathrm{n}}/\pi \tag{9.2.3}$$

为了对信号参量做出估计，对接收信号做 N 次独立采样，得到

$$x_k=s_k(\theta)+n_k\quad k=1,2,\cdots,N \tag{9.2.4}$$

式中，x_k 为接收信号的第 k 次观测值；$s_k(\theta)$ 为有用信号的第 k 次观测值；n_k 为噪声的第 k 次观测值。带限高斯白噪声情况下信号参量估计就是根据 N 次观测值组成的观测向量

$$\boldsymbol{x}=[x_1,x_2,\cdots,x_n]^{\mathrm{T}} \tag{9.2.5}$$

构造估计量 $\hat{\theta}$ 作为被估计参量 θ 的估计。

由于信道噪声是 0 均值的带限高斯白噪声，故噪声第 k 次观测值 n_k 的概率密度为

$$p(n_k)=\frac{1}{\sqrt{2\pi}\sigma_n}\exp\left(-\frac{n_k^2}{2\sigma_n^2}\right) \tag{9.2.6}$$

式中，σ_n^2 为带限高斯白噪声的方差。将式(9.2.4)代入式(9.2.6)，得到接收信号第 k 次观测值的似然函数为

$$p(x_k|\theta)=\frac{1}{\sqrt{2\pi}\sigma_n}\exp\left\{-\frac{[x_k-s_k(\theta)]^2}{2\sigma_n^2}\right\} \tag{9.2.7}$$

由于接收信号的 N 次观测值是相互统计独立的，观测向量 $\boldsymbol{x}$ 的联合概率密度是各次观测值概率密度的乘积，故 $\boldsymbol{x}$ 的似然函数为

$$p(\boldsymbol{x}|\theta)=\prod_{k=1}^{N}p(x_k|\theta)=\left(\frac{1}{\sqrt{2\pi}\sigma_n}\right)^N\prod_{k=1}^{N}\exp\left\{-\frac{[x_k-s_k(\theta)]^2}{2\sigma_n^2}\right\} \tag{9.2.8}$$

其对数似然函数为

$$\ln p(\boldsymbol{x}|\theta)=-N\ln(\sqrt{2\pi}\sigma_n)-\frac{1}{2\sigma_n^2}\sum_{k=1}^{N}[x_k-s_k(\theta)]^2 \tag{9.2.9}$$

上式对 θ 求偏导，得最大似然估计方程为

$$\frac{\partial\ln p(\boldsymbol{x}|\theta)}{\partial\theta}=\frac{1}{\sigma_n^2}\sum_{k=1}^{N}[x_k-s_k(\theta)]\frac{\partial s_k(\theta)}{\partial\theta}\bigg|_{\theta=\hat{\theta}_{\mathrm{ML}}}=0 \tag{9.2.10}$$

求解该方程就可以得到 θ 的最大似然估计量 $\hat{\theta}_{\mathrm{ML}}$。

当信号参量 θ 的先验概率密度 $p(\theta)$ 已知时，可以采用最大后验估计得到被估计参量 θ。最大后验估计方程为

$$\begin{aligned}\frac{\partial\ln p(\theta|\boldsymbol{x})}{\partial\theta}&=\left[\frac{\partial\ln p(\boldsymbol{x}|\theta)}{\partial\theta}+\frac{\partial\ln p(\theta)}{\partial\theta}\right]\bigg|_{\theta=\hat{\theta}_{\mathrm{MAP}}}\\&=\left[\frac{1}{\sigma_n^2}\sum_{k=1}^{N}[x_k-s_k(\theta)]\frac{\partial s_k(\theta)}{\partial\theta}\bigg|+\frac{\partial\ln p(\theta)}{\partial\theta}\right]\bigg|_{\theta=\hat{\theta}_{\mathrm{MAP}}}=0\end{aligned} \tag{9.2.11}$$

2．理想高斯白噪声情况

对于 0 均值的理想高斯白噪声，即带宽无限的高斯白噪声，其功率谱密度为

$$G_{\mathrm{n}}(\omega)=N_0/2 \tag{9.2.12}$$

由于高斯白噪声的带宽无限大，需要对接收信号统计独立采样的数目为无限大，应该在观测时间 $(0,T)$ 内连续观测接收信号［见式(9.2.1)］。接收信号 $x(t)$ 的似然函数为

$$p(x|\theta)=F\exp\left\{\frac{-1}{N_0}\int_0^T[x(t)-s(t,\theta)]^2\,\mathrm{d}t\right\} \tag{9.2.13}$$

式中

$$F=\lim_{N\to\infty}\left(\frac{1}{\pi N_0}\right)^{N/2} \tag{9.2.14}$$

$x(t)$ 的对数似然函数为

$$\ln p(x|\theta)=\ln F-\frac{1}{N_0}\int_0^T[x(t)-s(t,\theta)]^2\,\mathrm{d}t \tag{9.2.15}$$

上式对 θ 的偏导数为

$$\frac{\partial\ln p(x|\theta)}{\partial\theta}=\frac{2}{N_0}\int_0^T[x(t)-s(t,\theta)]\frac{\partial s(t,\theta)}{\partial\theta}\,\mathrm{d}t \tag{9.2.16}$$

令上式等于 0，得最大似然估计方程为

$$\int_0^T[x(t)-s(t,\theta)]\frac{\partial s(t,\theta)}{\partial\theta}\,\mathrm{d}t\bigg|_{\theta=\hat{\theta}_{\mathrm{ML}}}=0 \tag{9.2.17}$$

求解该方程就可以得到 θ 的最大似然估计量 $\hat{\theta}_{\mathrm{ML}}$。

对数似然函数对 θ 求二阶偏导，得

$$\frac{\partial^2 \ln p(x|\theta)}{\partial\theta^2} = \frac{-2}{N_0}\int_0^T\left[\frac{\partial s(t,\theta)}{\partial\theta}\right]^2 \mathrm{d}t + \frac{2}{N_0}\int_0^T [x(t)-s(t,\theta)]\frac{\partial^2 s(t,\theta)}{\partial\theta^2}\mathrm{d}t \tag{9.2.18}$$

在被估计参量 θ 是非随机参量情况下，将对数似然函数对 θ 的二阶偏导在 x 上求数学期望，可以得到克拉美-罗下限。由于式(9.2.18)的第一项与 $x(t)$ 无关，故其期望等于本身；由于 $x(t)-s(t,\theta)=n(t)$，而 $n(t)$ 是 0 均值的，故第二项的数字期望为 0，于是

$$E\left[\frac{\partial^2 \ln p(x|\theta)}{\partial\theta^2}\right] = \frac{-2}{N_0}\int_0^T\left[\frac{\partial s(t,\theta)}{\partial\theta}\right]^2 \mathrm{d}t \tag{9.2.19}$$

如果被估计参量 θ 是非随机参量，且估计量 $\hat{\theta}$ 是 θ 的无偏估计，则估计量的克拉美-罗不等式为

$$\mathrm{Var}[\hat{\theta}] = E[(\hat{\theta}-\theta)^2] \geqslant \frac{-1}{E\left[\dfrac{\partial^2 \ln p(x|\theta)}{\partial\theta^2}\right]} = \frac{1}{\dfrac{2}{N_0}\displaystyle\int_0^T\left[\frac{\partial s(t,\theta)}{\partial\theta}\right]^2 \mathrm{d}t} \tag{9.2.20}$$

在 θ 是随机参量情况下，由于不知道 θ 的先验概率密度，但为了对数似然函数对 θ 的二阶偏导在 x 和 θ 上求数学期望，可以将 θ 的先验概率密度假定为均匀分布。

当 θ 的先验概率密度 $p(\theta)$ 已知时，可以采用最大后验估计得到被估计参量 θ。最大后验估计方程为

$$\begin{aligned}\frac{\partial \ln p(\theta|x)}{\partial\theta} &= \left[\frac{\partial \ln p(x|\theta)}{\partial\theta} + \frac{\partial \ln p(\theta)}{\partial\theta}\right]\Bigg|_{\theta=\hat{\theta}_{\mathrm{MAP}}} \\ &= \left[\frac{2}{N_0}\int_0^T [x(t)-s(t,\theta)]\frac{\partial s(t,\theta)}{\partial\theta}\mathrm{d}t + \frac{\partial \ln p(\theta)}{\partial\theta}\right]\Bigg|_{\theta=\hat{\theta}_{\mathrm{MAP}}} = 0\end{aligned} \tag{9.2.21}$$

最大后验估计方程只不过比最大似然估计方程多了先验概率密度 $p(\theta)$ 对 θ 求偏导的一项，但方法基本相同，故本章以最大似然估计为例，来讨论高斯白噪声情况下信号参量估计方法。

由上述讨论可见，带限高斯白噪声和理想高斯白噪声情况下信号参量最大似然估计方法基本相同，故本章以理想高斯白噪声为例进行讨论。

9.2.2 信号幅度的估计

当信号幅度是待估计的未知参量时，有用信号可以表示为

$$s(t,A) = As(t) \quad 0 \leqslant t \leqslant T \tag{9.2.22}$$

式中，$s(t)$ 为确知信号；A 为信号幅度，是被估计参量，它可以是非随机或随机参量。

1. 信号幅度的最大似然估计量

对于接收信号 $x(t)=s(t,A)+n(t)$，当噪声 $n(t)$ 是均值为 0、功率谱密度为 $N_0/2$ 的高斯白噪声时，将式(9.2.22)代入式(9.2.17)后，可得最大似然估计方程为

$$\int_0^T [x(t)-As(t)]s(t)\mathrm{d}t\Bigg|_{A=\hat{A}_{\mathrm{ML}}} = 0 \tag{9.2.23}$$

求解式(9.2.23)，得到信号幅度的最大似然估计量为

$$\hat{A}_{\mathrm{ML}} = \int_0^T x(t)s(t)\mathrm{d}t \Big/ \int_0^T s^2(t)\mathrm{d}t \tag{9.2.24}$$

如果 $s(t)$ 的能量表示为 $\int_0^T s^2(t)\mathrm{d}t = E_{s0}$，则

$$\hat{A}_{ML}=\frac{1}{E_{s0}}\int_0^T x(t)s(t)\mathrm{d}t \tag{9.2.25}$$

2．信号幅度估计系统的结构

信号幅度 A 的最大似然估计量 $\hat{A}_{ML}$ 由接收信号 $x(t)$ 与已知信号 $s(t)$ 的相关运算获得，估计系统可用相关器来实现，如图 9.2.1 所示。相关运算也可以由匹配滤波器输出在 $t=T$ 时刻采样得到，估计系统也可以由匹配滤波器来实现，如图 9.2.2 所示。

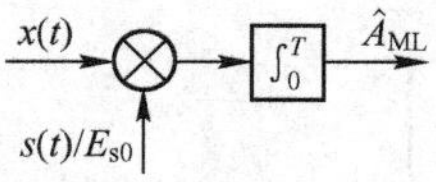

图 9.2.1　信号幅度最大似然估计的相关器实现

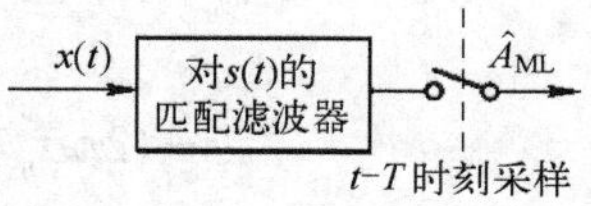

图 9.2.2　信号幅度最大似然估计的匹配滤波器实现

3．信号幅度估计的性能分析

$\hat{A}_{ML}$ 的性能分析主要是分析其无偏性和有效性。$\hat{A}_{ML}$ 的数学期望为

$$E[\hat{A}_{ML}]=E\left[\frac{1}{E_{s0}}\int_0^T x(t)s(t)\mathrm{d}t\right]=E\left\{\frac{1}{E_{s0}}\int_0^T[As(t)+n(t)]s(t)\mathrm{d}t\right\}$$

$$=E\left[\frac{1}{E_{s0}}\int_0^T As^2(t)\mathrm{d}t\right]+E\left[\frac{1}{E_{s0}}\int_0^T n(t)s(t)\mathrm{d}t\right]=E[A]=A \tag{9.2.26}$$

故 $\hat{A}_{ML}$ 是无偏估计。当信号幅度 A 是非随机变量时，有

$$E[\hat{A}_{ML}]=E[A]=A \tag{9.2.27}$$

$\hat{A}_{ML}$ 的方差为　$\mathrm{Var}[\hat{A}_{ML}]=E[(\hat{A}_{ML}-A)^2]=E\left\{\left[\frac{1}{E_{s0}}\int_0^T x(t)s(t)\mathrm{d}t-A\right]^2\right\}$

$$=E\left\{\left[\frac{1}{E_{s0}}\int_0^T[As(t)+n(t)]s(t)\mathrm{d}t-A\right]^2\right\}=E\left\{\left[\frac{1}{E_{s0}}\int_0^T n(t)s(t)\mathrm{d}t\right]^2\right\}$$

$$=E\left[\frac{1}{E_{s0}^2}\int_0^T\int_0^T n(t)n(\tau)s(t)s(\tau)\mathrm{d}t\mathrm{d}\tau\right]=\frac{1}{E_{s0}^2}\int_0^T\int_0^T E[n(t)n(\tau)]s(t)s(\tau)\mathrm{d}t\mathrm{d}\tau$$

$$=\frac{N_0}{2E_{s0}^2}\int_0^T s^2(t)\mathrm{d}t=\frac{N_0}{2E_{s0}} \tag{9.2.28}$$

其中利用了理想高斯白噪声的相关函数，即

$$E[n(t)n(\tau)]=\frac{N_0}{2}\delta(t-\tau) \tag{9.2.29}$$

当信号幅度 A 是非随机变量时，将式(9.2.22)代入式(9.2.20)后，得到 A 的估计量 $\hat{A}$ 的克拉美-罗不等式为

$$\mathrm{Var}[\hat{A}]\geqslant\frac{1}{\dfrac{2}{N_0}\displaystyle\int_0^T\left[\frac{\partial s(t,\theta)}{\partial A}\right]^2\mathrm{d}t}=\frac{1}{\dfrac{2}{N_0}\displaystyle\int_0^T s^2(t)\mathrm{d}t}=\frac{N_0}{2E_{s0}} \tag{9.2.30}$$

当 A 是随机变量，而又不知道其先验概率密度时，可以将其先验概率密度看作均匀分布。在这种情况下，估计量 $\hat{A}$ 的克拉美-罗不等式与式(9.2.30)相同。

信号幅度 A 估计量的克拉美-罗下限为 $N_0/(2E_{s0})$，$\hat{A}_{ML}$ 的方差也为 $N_0/(2E_{s0})$，故 $\hat{A}_{ML}$ 为 A 的无偏有效估计。

例 9.2.1　设观测样本为 $x_k=As_k+n_k$，$k=1,2,\ldots,M$，s_k 是确知信号的样本，n_k 是均值为

0、方差为σ_n^2的高斯白噪声样本，A和σ_n^2均为未知的非随机参量。根据观测样本x_k对A和σ_n^2做出估计，并分析估计性能。

解：将M次观测样本$x_1,x_2,\cdots,x_M$表示为随机观测向量$\boldsymbol{x}=[x_1,x_2,\cdots,x_M]^{\mathrm{T}}$，因为$x_1,x_2,\cdots,x_M$之间相互统计独立，在以参量$A$和$\sigma_n^2$为条件下，观测向量的似然函数为$x_1,x_2,\cdots,x_M$的联合概率密度，即

$$p(\boldsymbol{x}\,|\,A,\sigma_n^2)=p(x_1,x_2,\cdots,x_M\,|\,A,\sigma_n^2)=\prod_{k=1}^{M}p(x_k\,|\,A,\sigma_n^2)$$

$$=(2\pi\sigma_n^2)^{-M/2}\exp\left[-\sum_{k=1}^{M}\frac{(x_k-As_k)^2}{2\sigma_n^2}\right]$$

对数似然函数为
$$\ln p(\boldsymbol{x}\,|\,A,\sigma_n^2)=-\frac{M}{2}\ln(2\pi\sigma_n^2)-\sum_{k=1}^{M}\frac{(x_k-As_k)^2}{2\sigma_n^2}$$

上式对A求导，并令结果等于0，得到

$$\frac{\partial\ln p(\boldsymbol{x}\,|\,A,\sigma_n^2)}{\partial A}=\frac{1}{\sigma_n^2}\sum_{k=1}^{M}(x_k-As_k)s_k=0$$

对数似然函数对噪声方差σ_n^2求导，并令结果等于0，得到

$$\frac{\partial\ln p(\boldsymbol{x}\,|\,A,\sigma_n^2)}{\partial\sigma_n^2}=\frac{1}{2(\sigma_n^2)^2}\sum_{k=1}^{M}(x_k-As_k)^2-\frac{M}{2\sigma_n^2}=0$$

联立求解，得到A和σ_n^2的最大似然估计分别为

$$\hat{A}_{\mathrm{ML}}=\frac{\sum_{k=1}^{M}x_ks_k}{\sum_{k=1}^{M}s_k^2}=C\sum_{k=1}^{M}x_ks_k\qquad \hat{\sigma}_{n\mathrm{ML}}^2=\frac{1}{M}\sum_{k=1}^{M}(x_k-\hat{A}_{\mathrm{ML}}s_k)^2$$

式中，$C=\left(\sum_{k=1}^{M}s_k^2\right)^{-1}$，为一常数。显然，此时$\hat{A}_{\mathrm{ML}}$的表达式与式(9.2.25)中的振幅估计是一致的，因为和式$\sum_{k=1}^{M}x_ks_k$可以看作相关积分的离散形式。

因为$\hat{A}_{\mathrm{ML}}$的均值为
$$E[\hat{A}_{\mathrm{ML}}]=C\sum_{k=1}^{M}E[x_ks_k]=C\sum_{k=1}^{M}As_k^2=A$$

因此，$\hat{A}_{\mathrm{ML}}$是无偏估计。

对数似然函数对A的二阶偏导数为

$$\frac{\partial^2\ln p(\boldsymbol{x}\,|\,A,\sigma_n^2)}{\partial A^2}=-\frac{1}{\sigma_n^2}\sum_{k=1}^{M}s_k^2$$

则克拉美-罗下限为
$$\frac{-1}{E\left[\frac{\partial^2\ln p(\boldsymbol{x}\,|\,A)}{\partial A^2}\right]}=\sigma_n^2\left(\sum_{k=1}^{M}s_k^2\right)^{-1}=C\sigma_n^2$$

$\hat{A}_{\mathrm{ML}}$的均方误差为
$$E[(A-\hat{A}_{\mathrm{ML}})^2]=E\left[\left(A-C\sum_{k=1}^{M}x_ks_k\right)^2\right]=E\left[\left(C\sum_{k=1}^{M}As_k^2-C\sum_{k=1}^{M}x_ks_k\right)^2\right]$$

$$=E\left[\left(C\sum_{k=1}^{M}n_ks_k\right)^2\right]=C^2\sum_{k=1}^{M}\sum_{i=1}^{M}E[n_kn_i]s_ks_i$$

$$=C^2\sigma_n^2\left(\sum_{k=1}^{M}s_k^2\right)=C\sigma_n^2$$

可见，$\hat{A}_{ML}$ 的均方误差等于克拉美-罗下限。因此，$\hat{A}_{ML}$ 是有效估计。

方差 σ_n^2 的最大似然估计 $\hat{\sigma}_{n\text{ML}}^2$ 的均值为

$$E[\hat{\sigma}_{n\text{ML}}^2]=E\left[\frac{1}{M}\sum_{k=1}^{M}(x_k-\hat{A}_{\text{ML}}s_k)^2\right]$$

$$=\frac{1}{M}\sum_{k=1}^{M}E\{[(x_k-As_k)-(\hat{A}_{\text{ML}}s_k-As_k)]^2\}$$

$$=\sigma_n^2+\frac{\sigma_n^2}{M}-2E\left[\frac{1}{M}\sum_{k=1}^{M}(x_k-As_k)(\hat{A}_{\text{ML}}s_k-As_k)\right]$$

$$=\sigma_n^2+\frac{\sigma_n^2}{M}-\frac{2}{MC}E[(\hat{A}_{\text{ML}}-A)^2]$$

$$=\sigma_n^2+\frac{\sigma_n^2}{M}-\frac{2\sigma_n^2}{M}=\sigma_n^2-\frac{\sigma_n^2}{M}=\frac{(M-1)\sigma_n^2}{M}$$

故 $\hat{\sigma}_{n\text{ML}}^2$ 是有偏估计。

当 M 足够大时，使 $(M-1)/M\approx 1$，则 $\hat{\sigma}_{n\text{ML}}^2$ 的均值为

$$E[\hat{\sigma}_{n\text{ML}}^2]=E\left[\frac{1}{M}\sum_{k=1}^{M}(x_k-\hat{A}_{\text{ML}}s_k)^2\right]=\frac{(M-1)\sigma_n^2}{M}=\sigma_n^2$$

故 $\hat{\sigma}_{n\text{ML}}^2$ 是渐近无偏估计。

对数似然函数对 σ_n^2 的导数为

$$\frac{\partial\ln p(\boldsymbol{x}\mid A,\sigma_n^2)}{\partial\sigma_n^2}=\frac{1}{2(\sigma_n^2)^2}\sum_{k=1}^{M}(x_k-\hat{A}_{\text{ML}}s_k)^2-\frac{M}{2\sigma_n^2}$$

$$=\frac{M}{2\sigma_n^4}\hat{\sigma}_{n\text{ML}}^2-\frac{M\sigma_n^2}{2\sigma_n^4}=\frac{M}{2\sigma_n^4}(\hat{\sigma}_{n\text{ML}}^2-\sigma_n^2)$$

式中，$M/(2\sigma_n^4)$ 就是 $K(\sigma_n^2)$，故 $\hat{\sigma}_{n\text{ML}}^2$ 是渐近有效估计量。

由于对数似然函数对 σ_n^2 的二阶偏导数为

$$\frac{\partial^2\ln p(\boldsymbol{x}\mid A,\sigma_n^2)}{\partial(\sigma_n^2)^2}=\frac{-1}{\sigma_n^6}\sum_{k=1}^{M}(x_k-As_k)^2+\frac{M}{2\sigma_n^4}$$

并且，$\hat{\sigma}_{n\text{ML}}^2$ 是渐近无偏的有效估计量，$\hat{\sigma}_{n\text{ML}}^2$ 的均方误差等于克拉美-罗下限，即

$$E[(\hat{\sigma}_{n\text{ML}}^2-\sigma_n^2)^2]=\frac{-1}{E\left[\dfrac{\partial^2\ln p(\boldsymbol{x}\mid\sigma_n^2)}{\partial(\sigma_n^2)^2}\right]}=\frac{2\sigma_n^4}{M}$$

9.2.3 信号相位的估计

当信号相位是待估计的未知参量时，有用信号可以表示为

$$s(t,\theta)=A\sin(\omega t+\theta)\quad 0\leqslant t\leqslant T \tag{9.2.31}$$

式中，A 为信号幅度，是常数；ω 为角频率，是常数；θ 为相位，是未知的被估计参量，它可以是非随机或随机参量。

1. 信号相位的最大似然估计量

对于接收信号 $x(t)=s(t,\theta)+n(t)$，当噪声 $n(t)$ 是均值为 0、功率谱密度为 $N_0/2$ 的高斯白噪声时，由式(9.2.17)所示的最大似然估计方程，得到相位最大似然估计方程为

$$\int_0^T [x(t)-A\sin(\omega t+\theta)]A\cos(\omega t+\theta)\mathrm{d}t\bigg|_{\theta=\hat{\theta}_{\mathrm{ML}}}=0 \tag{9.2.32}$$

利用倍角公式 $\sin 2\alpha = 2\sin\alpha\cos\alpha$，将式(9.2.32)进一步化简得到

$$\int_0^T Ax(t)\cos(\omega t+\theta)\mathrm{d}t\bigg|_{\theta=\hat{\theta}_{\mathrm{ML}}}-\frac{A^2}{2}\int_0^T \sin 2(\omega t+\theta)\mathrm{d}t\bigg|_{\theta=\hat{\theta}_{\mathrm{ML}}}=0 \tag{9.2.33}$$

当 $\omega T=k\pi$，k 为整数时，式(9.2.33)中的第二项积分为 0。或者，采用窄带信号时，满足 $\omega T\gg 1$ 的条件，则式(9.2.33)中的第二项积分等于 0 或近似等于 0。因此，相位的最大似然估计方程变为

$$\int_0^T x(t)\cos(\omega t+\hat{\theta}_{\mathrm{ML}})\mathrm{d}t=0 \tag{9.2.34}$$

利用三角函数公式 $\cos(\alpha+\beta)=\cos\alpha\cos\beta-\sin\alpha\sin\beta$，将式(9.2.34)展开后得

$$\cos\hat{\theta}_{\mathrm{ML}}\int_0^T x(t)\cos\omega t\mathrm{d}t=\sin\hat{\theta}_{\mathrm{ML}}\int_0^T x(t)\sin\omega t\mathrm{d}t \tag{9.2.35}$$

从而得信号相位最大似然估计量为

$$\hat{\theta}_{\mathrm{ML}}=\arctan\left[\frac{\int_0^T x(t)\cos\omega t\mathrm{d}t}{\int_0^T x(t)\sin\omega t\mathrm{d}t}\right] \tag{9.2.36}$$

2. 信号相位估计系统的结构

根据信号相位最大似然估计量的表示式，得到其系统结构如图 9.2.3 所示。该系统由两路相关器组成，通过反正切函数输出。两路相关器也可以用两路匹配滤波器来等效，它们的冲激响应分别为 $\cos\omega(T-t)$ 和 $\sin\omega(T-t)$。因为反正切函数是多值函数，因此相位估计量也是多值的，但在 $(-\pi,\pi)$ 范围内只有一个数值。

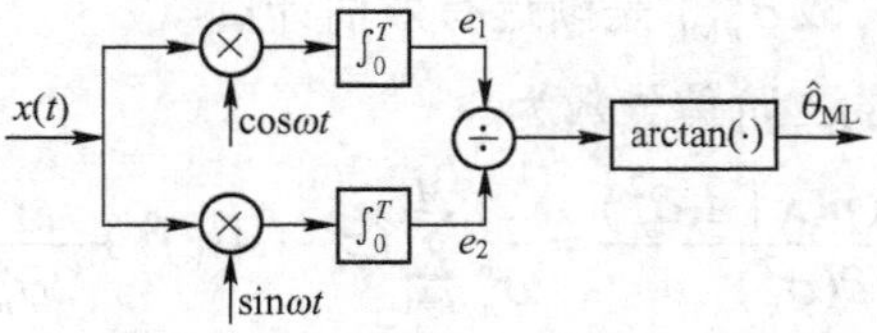

图 9.2.3　信号相位最大似然估计系统结构

3. 信号相位估计的性能分析

信号相位最大似然估计系统的两路相关器的输出为

$$e_1=\int_0^T x(t)\cos\omega t\mathrm{d}t \tag{9.2.37}$$

$$e_2=\int_0^T x(t)\sin\omega t\mathrm{d}t \tag{9.2.38}$$

两路相关器的输出是相互正交的高斯变量。它们的均值为

$$E[e_1]=\frac{AT}{2}\sin\theta \tag{9.2.39}$$

$$E[e_2]=\frac{AT}{2}\cos\theta \tag{9.2.40}$$

方差为
$$\sigma_{e1}^2=\sigma_{e2}^2=N_0T/4=\sigma^2 \tag{9.2.41}$$

式中，σ^2 为信道噪声的方差(功率)。

信号相位估计的克拉美-罗下限可用式(9.2.20)计算。因为

$$\frac{\partial s(t,\theta)}{\partial\theta}=A\cos(\omega t+\theta) \tag{9.2.42}$$

则有
$$\int_0^T\left[\frac{\partial s(t,\theta)}{\partial\theta}\right]^2\mathrm{d}t=\int_0^T A^2\cos^2(\omega t+\theta)\mathrm{d}t=\frac{A^2T}{2}=E_\mathrm{s} \tag{9.2.43}$$

式中，E_s 为信号能量。由式(9.2.20)得到信号相位估计的克拉美-罗不等式为

$$\mathrm{Var}[\hat{\theta}]\geqslant\frac{1}{\dfrac{2}{N_0}\displaystyle\int_0^T\left[\frac{\partial s(t,\theta)}{\partial\theta}\right]^2\mathrm{d}t}=\frac{N_0}{2E_\mathrm{s}} \tag{9.2.44}$$

相关器的积分器相当于低通滤波器，起到平滑滤波的作用，滤除信号中的高频项，对噪声引起的变化也起到平滑作用。因此，两路相关器的积分器的输出近似为式(9.2.39)和式(9.2.40)所示的表示式。在高信噪比情况下，由式(9.2.36)可得

$$\begin{aligned}E[\hat{\theta}_\mathrm{ML}]&=E\left\{\arctan\left[\frac{\int_0^T x(t)\cos\omega t\mathrm{d}t}{\int_0^T x(t)\sin\omega t\mathrm{d}t}\right]\right\}\approx E\left\{\arctan\left[\frac{E[e_1]}{E[e_2]}\right]\right\}\\&=E\left\{\arctan\left[\frac{\sin\theta}{\cos\theta}\right]\right\}\approx E[\theta]\end{aligned} \tag{9.2.45}$$

因此，信号相位的最大似然估计量 $\hat{\theta}_\mathrm{ML}$ 是无偏的。还可以证明(详见参考文献[18])：在高信噪比情况下，$\hat{\theta}_\mathrm{ML}$ 是有效的，其方差等于克拉美-罗下限 $N_0/(2E_\mathrm{s})$。

例 9.2.2 设观测信号为 $x(t)=A\cos(\omega t+\theta)+n(t)$，其中 A 和 ω 为已知的常数，θ 为未知参量。噪声 $n(t)$ 是均值为 0、方差为 σ_n^2 的高斯白噪声。根据 $x(t)$ 的样本 x_k $(k=1,2,\cdots,M)$，求相位 θ 的最大似然估计及克拉美-罗下限。

解： 将 M 次观测样本 $x_1,x_2,\cdots,x_M$ 表示为随机观测向量 $\boldsymbol{x}=[x_1,x_2,\cdots,x_M]^\mathrm{T}$，因为 $x_1,x_2,\cdots,x_M$ 之间相互统计独立，在以参量 θ 为条件下，观测向量的似然函数为 $x_1,x_2,\cdots,x_M$ 的联合概率密度，即

$$\begin{aligned}p(\boldsymbol{x}\,|\,\theta)&=p(x_1,x_2,\cdots,x_M\,|\,\theta)=\prod_{k=1}^{M}p(x_k\,|\,\theta)\\&=(2\pi\sigma_n^2)^{-M/2}\exp\left[-\sum_{k=1}^{M}\frac{(x_k-s_k)^2}{2\sigma_n^2}\right]\end{aligned}$$

式中，$s_k=A\cos(\omega k\Delta t+\theta)$，$\Delta t$ 为 $x(t)$ 的时间间隔。

对数似然函数为
$$\ln p(\boldsymbol{x}\,|\,\theta)=-\frac{M}{2}\ln(2\pi\sigma_n^2)-\frac{1}{2\sigma_n^2}\sum_{k=1}^{M}(x_k^2-2x_ks_k+s_k^2)$$

式中
$$\sum_{k=1}^{M}s_k^2=A^2\sum_{k=1}^{M}\cos^2(\omega k\Delta t+\theta)=\frac{A^2}{2}\sum_{k=1}^{M}[1+\cos2(\omega k\Delta t+\theta)]=\frac{A^2M}{2}$$

则
$$\ln p(\boldsymbol{x}\,|\,\theta)=-\frac{M}{2}\ln(2\pi\sigma_n^2)-\frac{MA^2}{4\sigma_n^2}-\frac{1}{2\sigma_n^2}\sum_{k=1}^{M}[x_k^2-2x_kA\cos(\omega k\Delta t+\theta)]$$

上式对 θ 求导，并令结果等于 0，得到

$$\frac{\partial}{\partial\theta}\ln p(\boldsymbol{x}\mid\theta) = -\frac{A}{\sigma_n^2}\sum_{k=1}^{M} x_k\sin(\omega k\Delta t+\theta)$$

$$= -\frac{A}{\sigma_n^2}\sum_{k=1}^{M} x_k\sin(\omega k\Delta t)\cos\theta - \frac{A}{\sigma_n^2}\sum_{k=1}^{M} x_k\cos(\omega k\Delta t)\sin\theta = 0$$

则 θ 的最大似然估计为

$$\hat{\theta}_{\mathrm{ML}} = -\arctan\left[\frac{\sum_{k=1}^{M} x_k\sin(\omega k\Delta t)}{\sum_{k=1}^{M} x_k\cos(\omega k\Delta t)}\right]$$

在高信噪比条件下，$\hat{\theta}_{\mathrm{ML}}$ 的均值为

$$E[\hat{\theta}_{\mathrm{ML}}] = E\left\{-\arctan\left[\frac{\sum_{k=1}^{M} x_k\sin(\omega k\Delta t)}{\sum_{k=1}^{M} x_k\cos(\omega k\Delta t)}\right]\right\}$$

$$= E\left\{-\arctan\left[\frac{\sum_{k=1}^{M}[A\cos(\omega k\Delta t+\theta)+n_k]\sin(\omega k\Delta t)}{\sum_{k=1}^{M}[A\cos(\omega k\Delta t+\theta)+n_k]\cos(\omega k\Delta t)}\right]\right\}$$

$$\approx E\left\{-\arctan\left[\frac{\sum_{k=1}^{M} A\cos(\omega k\Delta t+\theta)\sin(\omega k\Delta t)}{\sum_{k=1}^{M} A\cos(\omega k\Delta t+\theta)\cos(\omega k\Delta t)}\right]\right\}$$

$$= E\left\{-\arctan\left[\frac{-\sin\theta}{\cos\theta}\right]\right\} = \theta$$

因此，$\hat{\theta}_{\mathrm{ML}}$ 是无偏估计。

对数似然函数对 θ 的二阶偏导数为

$$\frac{\partial^2 \ln p(\boldsymbol{x}\mid\theta)}{\partial\theta^2} = -\frac{A}{\sigma_n^2}\sum_{k=1}^{M} x_k\cos(\omega k\Delta t+\theta)$$

$$= -\frac{A}{\sigma_n^2}\sum_{k=1}^{M}[A\cos(\omega k\Delta t+\theta)+n_k]\cos(\omega k\Delta t+\theta)$$

$\hat{\theta}_{\mathrm{ML}}$ 的克拉美-罗下限为

$$\frac{-1}{E\left[\frac{\partial^2 \ln p(\boldsymbol{x}\mid\theta)}{\partial\theta^2}\right]} = \frac{2\sigma_n^2}{MA^2}$$

9.2.4 信号频率的估计

当信号频率是待估计的未知参量时，有用信号可以表示为

$$s(t,\omega) = A(t)\sin(\omega t+\theta) \quad 0\leqslant t\leqslant T \tag{9.2.46}$$

式中，$A(t)$ 为信号幅度，是已知的时间函数；ω 为角频率，是未知的被估计参量，它可以是非随机或随机参量；θ 为相位，是在 $(0, 2\pi)$ 上均匀分布的随机变量。

1．信号频率的最大似然估计量

对于接收信号 $x(t)=s(t,\omega)+n(t)$，当噪声 $n(t)$ 是均值为 0、功率谱密度为 $N_0/2$ 的高斯白噪声时，为了求得信号频率的最大似然估计量 $\hat{\omega}_{\mathrm{ML}}$，首先需要获得以频率为参量的接收信号 $x(t)$ 的似然函数 $p[x(t)\,|\,\omega]$，然后由最大似然估计方程求得 $\hat{\omega}_{\mathrm{ML}}$。

由于有用信号 $s(t,\omega)$ 中，除频率 ω 是待估计量外，还假定相位 θ 是在 $(0,2\pi)$ 上均匀分布的随机变量。所以，首先求出以 ω 为参量、以 θ 为条件的似然函数 $p[x(t)\,|\,\omega,\theta]$，然后将 $p[x(t)\,|\,\omega,\theta]$ 对相位 θ 求统计平均得 $p[x(t)\,|\,\omega]$。最后由最大似然估计方程求得频率 ω 的最大似然估计量 $\hat{\omega}_{\mathrm{ML}}$。

以频率 ω 为参量、以相位 θ 为条件的接收信号 $x(t)$ 的似然函数为

$$\begin{aligned}p[x(t)\,|\,\omega,\theta]&=F\exp\left\{-\frac{1}{N_0}\int_0^T[x(t)-s(t,\omega)]^2\,\mathrm{d}t\right\}\\&=K\exp\left(-\frac{E_{\mathrm{s}}}{N_0}\right)\exp\left[-\frac{1}{N_0}\int_0^T x(t)s(t,\omega)\mathrm{d}t\right]\end{aligned}\tag{9.2.47}$$

式中

$$K=F\exp\left[-\frac{1}{N_0}\int_0^T x^2(t)\mathrm{d}t\right]\tag{9.2.48}$$

$$E_{\mathrm{s}}=\int_0^T s^2(t,\omega)\mathrm{d}t\tag{9.2.49}$$

式中，E_{s} 为信号能量。

将式(9.2.47)中的积分项展开为

$$\begin{aligned}\int_0^T x(t)s(t,\omega)\mathrm{d}t&=\int_0^T x(t)A(t)\sin(\omega t+\theta)\mathrm{d}t\\&=\cos\theta\int_0^T x(t)A(t)\sin\omega t\mathrm{d}t+\sin\theta\int_0^T x(t)A(t)\cos\omega t\mathrm{d}t\\&=M_{\mathrm{I}}\cos\theta+M_{\mathrm{Q}}\sin\theta=M\cos(\theta-\xi)\end{aligned}\tag{9.2.50}$$

式中

$$M_{\mathrm{I}}=\int_0^T x(t)A(t)\sin\omega t\mathrm{d}t=M\cos\xi\tag{9.2.51}$$

$$M_{\mathrm{Q}}=\int_0^T x(t)A(t)\cos\omega t\mathrm{d}t=M\sin\xi\tag{9.2.52}$$

$$M=\sqrt{M_{\mathrm{I}}^2+M_{\mathrm{Q}}^2}\tag{9.2.53}$$

$$\xi=\arctan\left[\frac{\int_0^T x(t)\cos\omega t\mathrm{d}t}{\int_0^T x(t)\sin\omega t\mathrm{d}t}\right]=\arctan\left(\frac{M_{\mathrm{Q}}}{M_{\mathrm{I}}}\right)\tag{9.2.54}$$

于是可得

$$p[x(t)\,|\,\omega,\theta]=K\exp\left(-\frac{E_{\mathrm{s}}}{N_0}\right)\exp\left[\frac{2M}{N_0}\cos(\theta-\xi)\right]\tag{9.2.55}$$

将 $p[x(t)\,|\,\omega,\theta]$ 对相位 θ 在 $(0,2\pi)$ 上求统计平均，得

$$\begin{aligned}p[x(t)\,|\,\omega]&=K\exp\left(-\frac{E_{\mathrm{s}}}{N_0}\right)\int_0^{2\pi}\exp\left[\frac{2M}{N_0}\cos(\theta-\xi)\right]\frac{\mathrm{d}\theta}{2\pi}\\&=K\exp\left(-\frac{E_{\mathrm{s}}}{N_0}\right)\mathrm{I}_0\left(\frac{2M}{N_0}\right)\end{aligned}\tag{9.2.56}$$

使似然函数 $p[x(t)\,|\,\omega]$ 达到最大的 ω 就是 ω 的最大似然估计量 $\hat{\omega}_{\mathrm{ML}}$。因为 $\mathrm{I}_0(y)$ 是 y 的单调函数，因此使 $p[x(t)\,|\,\omega]$ 最大，就等效于使 M^2 或 M 最大。

2．信号频率估计系统的结构

因为以频率 ω 为参量的接收信号 $x(t)$ 的似然函数 $p[x(t)|\omega]$ 的极大化与统计量 M 的极大化是一致的，使 M 极大的频率 ω 就是相应的频率最大似然估计量 $\hat{\omega}_{\mathrm{ML}}$。因此，信号频率估计系统应该能够得到统计量 M。将接收信号 $x(t)$ 送入与 $A(t)\sin\omega t$ 相匹配的滤波器中，后接包络检波器，即可得到统计量 M。

通常，待估计的频率 ω 是一定频率范围内的某个值，即 $\omega_l \leqslant \omega \leqslant \omega_h$。为了提高估计的精度，选择适当的频率间隔 $\Delta\omega$，将频率范围分为 m 个频率区间，即

$$m = (\omega_h - \omega_l)/\Delta\omega \tag{9.2.57}$$

第 i 个频率区间的中心频率为

$$\omega_i = \omega_l + i\Delta\omega \quad i = 1,2,\cdots,m \tag{9.2.58}$$

选择 m 个匹配滤波器，每一个匹配滤波器的通频带对应一个频率区间，每一个匹配滤波器连接一个包络检波器，就得到对应一个频率区间的统计量 M。因此，信号频率最大似然估计系统应该由一系列对不同频率区间匹配的滤波器并联所组成，并且在各个匹配滤波器后面接有包络检波器，如图 9.2.4 所示。

第 i 个支路匹配滤波器和包络检波器的输出就是第 i 个频率区间的中心频率 ω_i 所对应的统计量 M_i。将 m 个支路输出的统计量 M_i 接在择大输出电路上就可以得到最大的统计量 $M_{\max}$，它等效于选择最大似然函数 $p[x(t)|\omega]$。最大统计量 $M_{\max}$ 所对应的支路的中心频率 ω_i 就是频率的最大似然估计量 $\hat{\omega}_{\mathrm{ML}}$。

匹配滤波器的数目决定于预期的频率变化范围和频率间隔 $\Delta\omega$。显然，$\Delta\omega$ 越小，则频率估计的精度就越高，相应的匹配滤波器数目就越多。实际上，也没有必要把滤波器的频率间隔 $\Delta\omega$ 划分得小于频率估计的最小方差，即克拉美-罗下限。通常是取 $\Delta\omega = 2\pi/T$ 或 $\Delta\omega = \pi/T$，其中 T 为信号持续时间，即观测时间。

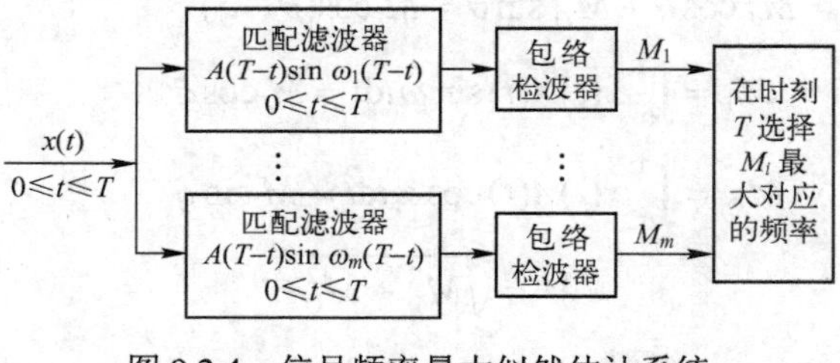

图 9.2.4　信号频率最大似然估计系统

例 9.2.3　设观测信号为 $x(t) = A\cos(\omega t + \theta) + n(t)$，其中 A 为已知的常数，ω 为未知的确定参量，θ 为随机参量。噪声 $n(t)$ 是均值为 0、方差为 σ_n^2 的高斯白噪声，且与 θ 相互统计独立。根据 $x(t)$ 的样本 x_k $(k = 1,2,\cdots,M)$，对信号的频率 ω 和相位 θ 做出估计。

解：将 M 次观测样本 $x_1, x_2, \cdots, x_M$ 表示为随机观测向量 $\boldsymbol{x} = [x_1, x_2, \cdots, x_M]^{\mathrm{T}}$，因为 $x_1, x_2, \cdots, x_M$ 之间相互统计独立，在以参量 ω、θ 为条件下，观测向量的似然函数为 $x_1, x_2, \cdots, x_M$ 的联合概率密度，即

$$\begin{aligned} p(\boldsymbol{x}|\omega,\theta) &= p(x_1, x_2, \cdots, x_M|\omega,\theta) = \prod_{k=1}^{M} p(x_k|\omega,\theta) \\ &= (2\pi\sigma_n^2)^{-M/2} \exp\left[-\sum_{k=1}^{M} \frac{(x_k - s_k)^2}{2\sigma_n^2}\right] \end{aligned}$$

式中，$s_k = A\cos(\omega k\Delta t + \theta)$，$\Delta t$ 为观测信号 $x(t)$ 的时间间隔。

对数似然函数为

$$\begin{aligned}\ln p(\boldsymbol{x}\mid\omega,\theta)&=-\frac{M}{2}\ln(2\pi\sigma_n^2)-\frac{1}{2\sigma_n^2}\sum_{k=1}^{M}(x_k^2-2x_ks_k+s_k^2)\\&=-\frac{M}{2}\ln(2\pi\sigma_n^2)-\frac{MA^2}{4\sigma_n^2}-\frac{1}{2\sigma_n^2}\sum_{k=1}^{M}[x_k^2-2x_kA\cos(\omega k\Delta t+\theta)]\\&=-\frac{M}{2}\ln(2\pi\sigma_n^2)-\frac{MA^2}{4\sigma_n^2}-\frac{1}{2\sigma_n^2}\sum_{k=1}^{M}x_k^2+\frac{A}{2\sigma_n^2}\sum_{k=1}^{M}2x_k\cos(\omega k\Delta t+\theta)\\&=-\frac{M}{2}\ln(2\pi\sigma_n^2)-\frac{MA^2}{4\sigma_n^2}-\frac{1}{2\sigma_n^2}\sum_{k=1}^{M}x_k^2+\frac{A}{2\sigma_n^2}[\mathrm{e}^{\mathrm{j}\theta}X^*(\omega)+\mathrm{e}^{-\mathrm{j}\theta}X(\omega)]\end{aligned}$$

式中

$$X(\omega)=\sum_{k=1}^{M}x_k\exp(-\mathrm{j}\omega k\Delta t)=B(\omega)\exp[\mathrm{j}\phi(\omega)]$$

对数似然函数分别对 ω 和 θ 求导，并令结果等于 0，得到

$$\begin{aligned}\frac{\partial}{\partial\omega}\ln p(\boldsymbol{x}\mid\omega,\theta)=&\frac{A\mathrm{e}^{\mathrm{j}\theta}}{2\sigma_n^2}[B'(\omega)\mathrm{e}^{-\mathrm{j}\phi(\omega)}-\mathrm{j}\mathrm{e}^{-\mathrm{j}\phi(\omega)}B(\omega)\phi'(\omega)]+\\&\frac{A\mathrm{e}^{-\mathrm{j}\theta}}{2\sigma_n^2}[B'(\omega)\mathrm{e}^{\mathrm{j}\phi(\omega)}+\mathrm{j}\mathrm{e}^{\mathrm{j}\phi(\omega)}B(\omega)\phi'(\omega)]=0\end{aligned}$$

$$\frac{\partial}{\partial\theta}\ln p(\boldsymbol{x}\mid\omega,\theta)=\frac{A\mathrm{e}^{\mathrm{j}\theta}}{2\sigma_n^2}[\mathrm{j}B(\omega)\mathrm{e}^{-\mathrm{j}\phi(\omega)}]-\frac{A\mathrm{e}^{-\mathrm{j}\theta}}{2\sigma_n^2}[\mathrm{j}B(\omega)\mathrm{e}^{\mathrm{j}\phi(\omega)}]=0$$

将以上两式化简，得到最大似然估计方程组为

$$\begin{cases}B'(\omega)[\mathrm{e}^{\mathrm{j}\theta-\mathrm{j}\phi(\omega)}+\mathrm{e}^{-\mathrm{j}\theta+\mathrm{j}\phi(\omega)}]+\mathrm{j}B(\omega)\phi'(\omega)[\mathrm{e}^{-\mathrm{j}\theta+\mathrm{j}\phi(\omega)}-\mathrm{e}^{\mathrm{j}\theta-\mathrm{j}\phi(\omega)}]=0\\\mathrm{e}^{\mathrm{j}\theta-\mathrm{j}\phi(\omega)}-\mathrm{e}^{-\mathrm{j}\theta+\mathrm{j}\phi(\omega)}=0\end{cases}$$

由最大似然估计方程组求得 ω 和 θ 的最大似然估计为

$$\begin{cases}B'(\hat{\omega}_{\mathrm{ML}})=0\text{，即 }\hat{\omega}_{\mathrm{ML}}\text{ 是 }B(\omega)\text{ 取最大值时的 }\omega\\\hat{\theta}_{\mathrm{ML}}=\phi(\hat{\omega}_{\mathrm{ML}})\text{，即 }\hat{\theta}_{\mathrm{ML}}\text{ 是 }\omega=\hat{\omega}_{\mathrm{ML}}\text{ 时的 }\phi(\omega)\end{cases}$$

同时估计频率和相位时，需要先估计频率，再估计相位。以 $B(\omega)$ 的峰值频率为最大似然估计频率，$B(\omega)$ 的峰值所对应的相位为最大似然估计相位。

9.2.5 信号时延的估计

信号时延是指信号的时间延迟。在雷达系统中，通过测量目标回波相对于发射信号的时间延迟，便可以确定目标的径向距离。对于需要测量到达时间的其他电子系统，信号时延的估计方法同样适用于到达时间的估计。

对于信号时延的估计，既可以在基带信号(即低频信号)情形下实施，也可以在窄带信号(即中频信号)情形下实施。在基带信号情形下实施时延估计，可以避免讨论相位而使问题简化。在窄带信号情形下实施时延估计，需要考虑在 $(0, 2\pi)$ 上均匀分布的随机相位。一般是在基带信号情形下进行时延估计。

信号接收设备通常采用超外差接收机，基带信号是超外差接收机包络检波器之后的信号，而超外差接收机包络检波器之后的加性噪声不再是高斯白噪声。但是，为了计算简单，仍然采用高斯白噪声模型进行计算。当然，这样得到的结果是近似的。

1. 信号时延的最大似然估计量

当信号时延是待估计的未知参量时，有用基带信号可以表示为

$$s(t,\tau)=s(t-\tau)\quad 0\leqslant t,\tau\leqslant T \tag{9.2.59}$$

式中，τ 为待估计的信号时延。信号时延实际是接收信号中有用成分的到达时刻，它一般不会超过信号的观测时间 T 。

接收信号表示为
$$x(t)=s(t-\tau)+n(t)\quad 0\leqslant t,\tau\leqslant T \tag{9.2.60}$$

式中，$n(t)$ 是均值为 0、功率谱密度为 $N_0/2$ 的高斯白噪声。

由式(9.2.17)可知，信号时延 τ 的最大似然估计量 $\hat{\tau}_{\mathrm{ML}}$ 应是最大似然估计方程

$$\int_0^T[x(t)-s(t-\tau)]\frac{\partial s(t-\tau)}{\partial\tau}\mathrm{d}t=0 \tag{9.2.61}$$

的解。上式的左边可以写成

$$\begin{aligned}&\int_0^T x(t)\frac{\partial s(t-\tau)}{\partial\tau}\mathrm{d}t-\int_0^T s(t-\tau)\frac{\partial s(t-\tau)}{\partial\tau}\mathrm{d}t\\&=\int_0^T x(t)\frac{\partial s(t-\tau)}{\partial\tau}\mathrm{d}t-\frac{1}{2}\frac{\partial}{\partial\tau}\left[\int_0^T s^2(t-\tau)\mathrm{d}t\right]\\&=\int_0^T x(t)\frac{\partial s(t-\tau)}{\partial\tau}\mathrm{d}t-\frac{1}{2}\frac{\partial E_{\mathrm{s}}}{\partial\tau}=\int_0^T x(t)\frac{\partial s(t-\tau)}{\partial\tau}\mathrm{d}t\end{aligned} \tag{9.2.62}$$

于是，式(9.2.61)可化简为

$$\int_0^T x(t)\frac{\partial s(t-\tau)}{\partial\tau}\mathrm{d}t=0 \tag{9.2.63}$$

由于
$$\frac{\partial s(t-\tau)}{\partial\tau}=-\frac{\partial s(t-\tau)}{\partial t} \tag{9.2.64}$$

这样，式(9.2.63)也可以等效为

$$\int_0^T x(t)\frac{\partial s(t-\tau)}{\partial t}\mathrm{d}t=0 \tag{9.2.65}$$

因此，信号时延 τ 的最大似然估计量 $\hat{\tau}_{\mathrm{ML}}$ 是式(9.2.63)或式(9.2.65)的解。

信号时延 τ 的最大似然估计的原理说明，如图 9.2.5 所示。有用基带信号 $s(t-\tau)$ 如图 9.2.5(a)所示；有用基带信号的导数 $\partial s(t-\tau)/\partial t$ 是双极性的，如图 9.2.5(b)所示；将有用基带信号的导数 $\partial s(t-\tau)/\partial t$ 整形，得到矩形双极性波门 $b(t)$ ，如图 9.2.5(c)所示；接收信号的基带信号 $x(t)$ 如图 9.2.5(d)所示。信号时延 τ 最大似然估计的作用就是使波门 $b(t)$ 与 $x(t)$ 乘积的积分等于 0，这就要求波门 $b(t)$ 的中心分界线能够精确地对准包含在 $x(t)$ 中的信号峰值，从而达到精确测定信号时延 τ 的目的。

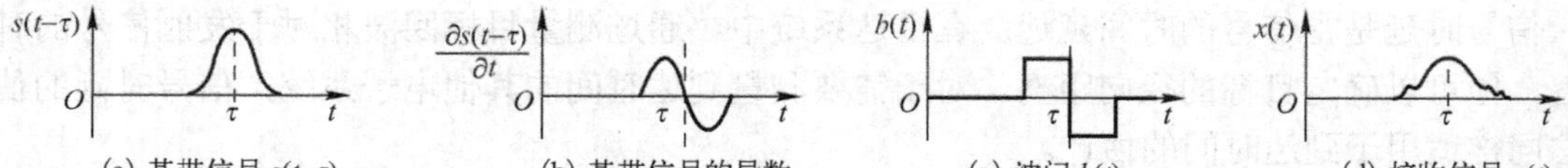

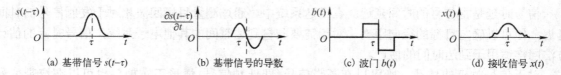

(a) 基带信号 $s(t-\tau)$　(b) 基带信号的导数　(c) 波门 $b(t)$　(d) 接收信号 $x(t)$

图 9.2.5　信号时延的最大似然估计原理说明

2．信号时延估计系统的结构

根据信号时延 τ 的最大似然估计的原理，得到信号时延最大似然估计系统的结构，如图 9.2.6 所示。波门控制电路用于控制波门中心在时间轴上移动。波门形成电路用于产生矩形双极性波门。将波门与接收信号进行时间互相关运算，如果波门中心没有对准接收信号的中心，则相关器将输出一个误差信号去控制波门形成电路，使之调节波门中心对准接收信号的中心。对准时的波门中心就是接收信号时延的估计。

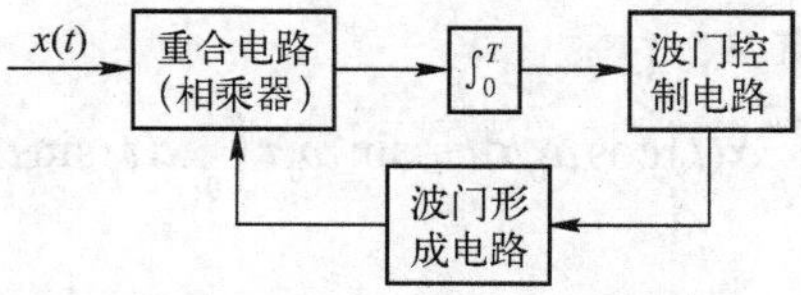

图 9.2.6　信号时延最大似然估计系

3．信号时延估计的性能分析

对于信号时延的无偏估计 $\hat{\tau}$，克拉美-罗不等式为

$$\mathrm{Var}[\hat{\tau}] \geqslant \frac{1}{\dfrac{2}{N_0}\displaystyle\int_0^T \left[\frac{\partial s(t-\tau)}{\partial \tau}\right]^2 \mathrm{d}t} = \frac{1}{\dfrac{2}{N_0}\displaystyle\int_0^T \left[\frac{\partial s(t-\tau)}{\partial t}\right]^2 \mathrm{d}t} \tag{9.2.66}$$

因为是计算信号时延估计 $\hat{\tau}$ 的方差下限，不妨令 $\tau = 0$，于是有

$$\mathrm{Var}[\tau] \geqslant \frac{1}{\dfrac{2}{N_0}\displaystyle\int_0^T \left[\frac{\partial s(t)}{\partial t}\right]^2 \mathrm{d}t} \tag{9.2.67}$$

已知有用信号 $s(t)$ 波形，由式(9.2.67)就可以算出时延估计 $\hat{\tau}$ 的克拉美-罗下限。

为了分析信号时延估计 $\hat{\tau}$ 的克拉美-罗下限与信噪比和信号带宽之间的关系，可对式(9.2.67)做进一步的变形。设有用信号 $s(t)$ 的傅里叶变换为 $S(\mathrm{j}\omega)$，由于 $\partial s(t)/\partial t$ 的傅里叶变换为 $\mathrm{j}\omega S(\mathrm{j}\omega)$，根据帕塞瓦尔定理，可得

$$\int_0^T \left[\frac{\partial s(t)}{\partial t}\right]^2 \mathrm{d}t = \frac{1}{2\pi}\int_{-\infty}^{\infty} \omega^2 |S(\mathrm{j}\omega)|^2 \,\mathrm{d}\omega \tag{9.2.68}$$

于是频域表示形式的克拉美-罗不等式为

$$\mathrm{Var}[\tau] \geqslant \frac{1}{\dfrac{1}{\pi N_0}\displaystyle\int_{-\infty}^{\infty} \omega^2 |S(\mathrm{j}\omega)|^2 \,\mathrm{d}\omega} \tag{9.2.69}$$

由于接收到的有用信号成分的能量为

$$E_\mathrm{s} = \int_0^T s^2(t)\mathrm{d}t = \frac{1}{2\pi}\int_{-\infty}^{\infty} |S(\mathrm{j}\omega)|^2 \,\mathrm{d}\omega \tag{9.2.70}$$

定义接收到的有用信号成分的均方根带宽为

$$W_\mathrm{s} = \frac{\displaystyle\int_{-\infty}^{\infty} \omega^2 |S(\mathrm{j}\omega)|^2 \,\mathrm{d}\omega}{\displaystyle\int_{-\infty}^{\infty} |S(\mathrm{j}\omega)|^2 \,\mathrm{d}\omega} \tag{9.2.71}$$

信号时延估计 $\hat{\tau}$ 的克拉美-罗不等式又可表示为

$$\mathrm{Var}[\tau] \geqslant \frac{N_0}{2E_\mathrm{s}W_\mathrm{s}^2} \tag{9.2.72}$$

由式(9.2.72)可见，提高信噪比 $2E_\mathrm{s}/N_0$，增加信号的带宽(或减小信号的时宽)，可以减小信号时延估计的方差下限，即提高信号时延估计的精度。

例 9.2.4　设接收信号 $x(t) = A\sin[\omega_0(t-\tau)] + n(t)$，其中 A 和 ω_0 均为已知的确定参量，噪声 $n(t)$ 是功率谱密度为 $N_0/2$ 的高斯白噪声，求信号时延 τ 的最大似然估计。

解： 信号时延 τ 的最大似然估计方程为

$$\int_0^T x(t)\frac{\partial}{\partial \tau}\{A\sin[\omega_0(t-\tau)]\}\mathrm{d}t = 0$$

式中，T 为观测时间。进一步有

$$\cos\omega_0\tau\int_0^T x(t)\cos\omega_0 t\mathrm{d}t+\sin\omega_0\tau\int_0^T x(t)\sin\omega_0 t\mathrm{d}t=0$$

信号时延 τ 的最大似然估计为

$$\hat{\tau}_{\mathrm{ML}}=\frac{1}{\omega_0}\arctan\left[\frac{-\int_0^T x(t)\cos\omega_0 t\mathrm{d}t}{\int_0^T x(t)\sin\omega_0 t\mathrm{d}t}\right]$$

9.3 高斯白噪声中信号多个参量估计

对于同一个信号，需要估计的参量可能不止一个，而是多个，也就是需要同时估计一个信号的多个参量，这就是信号多个参量估计或联合估计的问题。信号多个参量估计是单参量估计的直接推广。

信号多个参量估计的方法主要有贝叶斯估计、最大后验估计及最大似然估计。贝叶斯估计要求已知观测信号的似然函数、被估计多个参量的先验概率密度及代价函数；最大后验估计要求已知观测信号的似然函数和被估计多个参量的先验概率密度；最大似然估计要求已知观测信号的似然函数。本节主要以最大似然估计为代表来讨论信号多个参量估计。

1．信号多个参量的最大似然估计

对于高斯白噪声中信号多个参量估计，接收信号模型为

$$x(t)=s(t,\boldsymbol{\theta})+n(t)=s(t,\theta_1,\theta_2,\cdots,\theta_m)+n(t) \tag{9.3.1}$$

式中，$\theta_1,\theta_2,\cdots,\theta_m$ 是有用信号 $s(t,\boldsymbol{\theta})$ 的 m 个未知参量；$\boldsymbol{\theta}=[\theta_1,\theta_2,\cdots,\theta_m]^{\mathrm{T}}$ 为未知参量向量；$n(t)$ 是均值为 0、功率谱密度为 $N_0/2$ 的高斯白噪声。

在高斯白噪声情况下，接收信号 $x(t)$ 的似然函数为

$$p[x(t)\mid\boldsymbol{\theta}]=F\exp\left\{-\frac{1}{N_0}\int_0^T[x(t)-s(t,\boldsymbol{\theta})]^2\,\mathrm{d}t\right\} \tag{9.3.2}$$

在同时估计信号多个参量的情况下，对数似然函数对每个参量的偏导数为

$$\frac{\partial\ln p[x(t)\mid\boldsymbol{\theta}]}{\partial\theta_i}=\frac{2}{N_0}\int_0^T[x(t)-s(t,\boldsymbol{\theta})]\frac{\partial s(t,\boldsymbol{\theta})}{\partial\theta_i}\mathrm{d}t \tag{9.3.3}$$

因此，信号参量向量 $\boldsymbol{\theta}=[\theta_1,\theta_2,\cdots,\theta_m]^{\mathrm{T}}$ 的最大似然估计方程组为

$$\int_0^T[x(t)-s(t,\boldsymbol{\theta})]\frac{\partial s(t,\boldsymbol{\theta})}{\partial\theta_i}\mathrm{d}t=0\quad i=1,2,\cdots,m \tag{9.3.4}$$

信号参量向量 $\boldsymbol{\theta}=[\theta_1,\theta_2,\cdots,\theta_m]^{\mathrm{T}}$ 的最大似然估计就是最大似然估计方程组的解。

2．信号多个参量估计的性能指标

与信号单参量估计的情况相同，信号多个参量估计可以采用无偏性、有效性、一致性及充分性等指标来评价估计量的性能。对于信号多个参量估计，主要用无偏性和有效性指标来评价估计量的性能。

无偏性是与估计的均值相联系的性能指标。信号多个参量估计无偏性的定义与单个参量情况完全相似，只不过这里采用向量记号。

对于待估计向量 $\boldsymbol{\theta}=[\theta_1,\theta_2,\cdots,\theta_m]^{\mathrm{T}}$ 为确定性的未知参量向量，如果估计向量 $\hat{\boldsymbol{\theta}}=[\hat{\theta}_1,\hat{\theta}_2,\cdots,\hat{\theta}_m]^{\mathrm{T}}$ 满足

$$E[\hat{\boldsymbol{\theta}}]=\boldsymbol{\theta} \tag{9.3.5}$$

则估计向量$\hat{\boldsymbol{\theta}}=[\hat{\theta}_1,\hat{\theta}_2,\cdots,\hat{\theta}_m]^{\mathrm{T}}$称为未知参量向量$\boldsymbol{\theta}=[\theta_1,\theta_2,\cdots,\theta_m]^{\mathrm{T}}$的无偏估计向量。

对于待估计向量$\boldsymbol{\theta}=[\theta_1,\theta_2,\cdots,\theta_m]^{\mathrm{T}}$为随机的未知参量向量，如果估计向量$\hat{\boldsymbol{\theta}}=[\hat{\theta}_1,\hat{\theta}_2,\cdots,\hat{\theta}_m]^{\mathrm{T}}$满足

$$E[\hat{\boldsymbol{\theta}}]=E[\boldsymbol{\theta}] \tag{9.3.6}$$

则估计向量$\hat{\boldsymbol{\theta}}=[\hat{\theta}_1,\hat{\theta}_2,\cdots,\hat{\theta}_m]^{\mathrm{T}}$称为未知参量向量$\boldsymbol{\theta}=[\theta_1,\theta_2,\cdots,\theta_m]^{\mathrm{T}}$的无偏估计向量。

有效性是与估计的方差或均方误差相联系的性能指标。信号多个参量估计的有效性是单参量情况的推广。

设待估计向量$\boldsymbol{\theta}=[\theta_1,\theta_2,\cdots,\theta_m]^{\mathrm{T}}$的两个估计向量$\hat{\boldsymbol{\theta}}_1$和$\hat{\boldsymbol{\theta}}_2$分别具有方差$\mathrm{Var}[\hat{\boldsymbol{\theta}}_1]$和$\mathrm{Var}[\hat{\boldsymbol{\theta}}_2]$，如果满足

$$\mathrm{Var}[\hat{\boldsymbol{\theta}}_1]<\mathrm{Var}[\hat{\boldsymbol{\theta}}_2] \tag{9.3.7}$$

则称$\hat{\boldsymbol{\theta}}_1$比$\hat{\boldsymbol{\theta}}_2$有效。

任何无偏估计量的方差都不能小于一个特定的方差下限，这个下限由克拉美-罗不等式给出。达到方差下限的无偏估计量称为有效估计量。

待估计向量$\boldsymbol{\theta}$为确定性的参量向量情况和随机参量向量情况时，估计向量$\hat{\boldsymbol{\theta}}$的克拉美-罗不等式及克拉美-罗下限，参见 8.5.5 节。

为了更好地理解估计向量$\hat{\boldsymbol{\theta}}$的克拉美-罗不等式及克拉美-罗下限，以信号仅含两个未知确定参量θ_1和θ_2的情况为例做进一步的具体说明。

对于含有两个未知确定参量的信号，接收信号模型为

$$x(t)=s(t,\boldsymbol{\theta})+n(t)=s(t,\theta_1,\theta_2)+n(t) \tag{9.3.8}$$

式中，θ_1和θ_2是有用信号$s(t,\boldsymbol{\theta})$的两个未知确定参量；$\boldsymbol{\theta}=[\theta_1,\theta_2]^{\mathrm{T}}$为未知参量向量；$n(t)$是均值为 0、功率谱密度为$N_0/2$的高斯白噪声。

费希尔信息矩阵$\boldsymbol{J}$的元素为

$$J_{ij}=E\left[\frac{\partial\ln p[x(t)\,|\,\boldsymbol{\theta}]}{\partial\theta_i}\frac{\partial\ln p[x(t)\,|\,\boldsymbol{\theta}]}{\partial\theta_j}\right]=-E\left[\frac{\partial^2\ln p[x(t)\,|\,\boldsymbol{\theta}]}{\partial\theta_i\partial\theta_j}\right]\qquad i,j=1,2 \tag{9.3.9}$$

$\boldsymbol{J}$的逆矩阵$\boldsymbol{\Psi}$等于$\boldsymbol{J}$的伴随矩阵除以$\boldsymbol{J}$的行列式，即

$$\boldsymbol{\Psi}=\boldsymbol{J}^{-1}=\frac{1}{\det\boldsymbol{J}}\begin{bmatrix}J_{22} & -J_{12}\\ -J_{12} & J_{11}\end{bmatrix} \tag{9.3.10}$$

式中，$|\boldsymbol{J}|$是矩阵$\boldsymbol{J}$的行列式，即

$$\det\boldsymbol{J}=J_{11}J_{22}-J_{12}^2 \tag{9.3.11}$$

于是，参量θ_1和θ_2的估计量$\hat{\theta}_1$和$\hat{\theta}_2$的克拉美-罗下限分别为

$$\Psi_{11}=\frac{J_{22}}{\det\boldsymbol{J}}=\frac{J_{22}}{J_{11}J_{22}\left[1-J_{12}^2/(J_{11}J_{22})\right]}=\frac{1}{J_{11}(1-\rho_{12}^2)} \tag{9.3.12}$$

$$\Psi_{22}=\frac{J_{11}}{\det\boldsymbol{J}}=\frac{J_{11}}{J_{11}J_{22}\left[1-J_{12}^2/(J_{11}J_{22})\right]}=\frac{1}{J_{22}(1-\rho_{12}^2)} \tag{9.3.13}$$

式中，ρ_{12}称为两个参量联合估计的相关系数，即

$$\rho_{12}^2=J_{12}\Big/\sqrt{J_{11}J_{22}} \tag{9.3.14}$$

如果$\hat{\theta}_1$和$\hat{\theta}_2$不相关，则$\rho_{12}=0$，两个参量联合有效估计的方差等于单个参量有效估计的方

差；如果 $\hat{\theta}_1$ 和 $\hat{\theta}_2$ 相关，则 ρ_{12} 取值于 0～1 之间，这时两个参量联合有效估计的方差大于单个参量有效估计的方差。也就是，两个估计量的相关将使联合估计的性能变坏。

在高斯白噪声情况下，对数似然函数对每个参量的偏导数为

$$\frac{\partial \ln p[x(t)|\boldsymbol{\theta}]}{\partial \theta_i}=\frac{2}{N_0}\int_0^T\left[x(t)-s(t,\boldsymbol{\theta})\right]\frac{\partial s(t,\boldsymbol{\theta})}{\partial \theta_i}\mathrm{d}t=\frac{2}{N_0}\int_0^T n(t)\frac{\partial s(t,\boldsymbol{\theta})}{\partial \theta_i}\mathrm{d}t \tag{9.3.15}$$

费希尔信息矩阵 $\boldsymbol{J}$ 的元素为

$$J_{ij}=E\left[\frac{\partial \ln p[x(t)|\boldsymbol{\theta}]}{\partial \theta_i}\frac{\partial \ln p[x(t)|\boldsymbol{\theta}]}{\partial \theta_j}\right]=\frac{4}{N_0^2}\int_0^T\int_0^T E[n(t)n(u)]\frac{\partial s(t,\boldsymbol{\theta})}{\partial \theta_i}\frac{\partial s(u,\boldsymbol{\theta})}{\partial \theta_j}\mathrm{d}t\mathrm{d}u$$

$$=\frac{4}{N_0^2}\int_0^T\frac{\partial s(t,\boldsymbol{\theta})}{\partial \theta_i}\frac{\partial s(t,\boldsymbol{\theta})}{\partial \theta_j}\mathrm{d}t \tag{9.3.16}$$

由 $\boldsymbol{J}$ 的元素 J_{ij}，便可以求出 Ψ_{ij}，从而求出高斯白噪声情况下两个参量联合估计的克拉美-罗下限。

9.4　高斯色噪声中信号参量估计

对于高斯色噪声中信号参量估计，本节只讨论两种情况：非随机相位信号和随机相位信号。非随机相位信号是指其待估计参量都是非随机变量，其中包括初始相位；随机相位信号是指其初始相位为随机变量，而其他待估计参量都是非随机变量。对于随机相位信号的情况，初始相位作为随机参量在求似然函数时被平均掉了，它适用于窄带信号的情况。

9.4.1　非随机相位信号的参量估计

先讨论非随机相位信号单个参量的最大似然估计，再将所得结果推广到非随机相位信号多参量估计的情况。

1．非随机相位信号单个参量的最大似然估计

对于高斯色噪声中非随机相位信号的单个参量估计，接收信号模型为

$$x(t)=s(t,\theta)+n(t) \tag{9.4.1}$$

式中，θ 是有用信号 $s(t,\theta)$ 的未知参量，是非随机参量；$n(t)$ 是均值为 0、自相关函数为 $R_n(\tau)$ 的平稳高斯噪声。

通过卡亨南-洛维展开的方法，得到接收信号似然函数表示式为

$$p[x(t)|\theta]=C\exp\left\{-\frac{1}{2}\int_0^T\int_0^T[x(t)-s(t,\theta)]R_n^{-1}(t-\tau)[x(\tau)-s(\tau,\theta)]\mathrm{d}t\mathrm{d}\tau\right\} \tag{9.4.2}$$

对数似然函数的表示式为

$$\ln p[x(t)|\theta]=\ln C-\frac{1}{2}\int_0^T\int_0^T[x(t)-s(t,\theta)]R_n^{-1}(t-\tau)[x(\tau)-s(\tau,\theta)]\mathrm{d}t\mathrm{d}\tau \tag{9.4.3}$$

式中，C 是一个与参量 θ 无关的量；$R_n^{-1}(t,\tau)$ 是逆核，满足关系式

$$\int_0^T R_n^{-1}(t,\tau)R_n(\tau,\beta)\mathrm{d}\tau=\delta(t-\beta) \tag{9.4.4}$$

对数似然函数对参量 θ 的偏导数为

$$\frac{\partial \ln p[x(t)|\theta]}{\partial \theta}=\frac{1}{2}\int_0^T\int_0^T\frac{\partial s(t,\theta)}{\partial \theta}R_n^{-1}(t-\tau)[x(\tau)-s(\tau,\theta)]\mathrm{d}t\mathrm{d}\tau+$$

$$\frac{1}{2}\int_0^T\int_0^T[x(t)-s(t,\theta)]R_n^{-1}(t-\tau)\frac{\partial s(\tau,\theta)}{\partial\theta}\mathrm{d}t\mathrm{d}\tau \tag{9.4.5}$$

由于$R_n^{-1}(t-\tau)=R_n^{-1}(\tau-t)$，所以式(9.4.5)中的两个积分实际上是相同的。于是将式(9.4.5)写成

$$\frac{\partial\ln p[x(t)\,|\,\theta]}{\partial\theta}=\int_0^T\int_0^T\frac{\partial s(t,\theta)}{\partial\theta}R_n^{-1}(t-\tau)[x(\tau)-s(\tau,\theta)]\mathrm{d}t\mathrm{d}\tau \tag{9.4.6}$$

和第5章的讨论相仿，定义函数$g(\tau,\theta)$，它满足积分方程

$$\int_0^T R_n(t-\tau)g(\tau,\theta)\mathrm{d}\tau=s(t,\theta) \tag{9.4.7}$$

积分方程的形式解是

$$g(\tau,\theta)=\int_0^T R_n^{-1}(t-\tau)s(t,\theta)\mathrm{d}t \tag{9.4.8}$$

函数$g(\tau,\theta)$对参量θ的偏导数为

$$\frac{\partial g(\tau,\theta)}{\partial\theta}=\int_0^T\frac{\partial s(t,\theta)}{\partial\theta}R_n^{-1}(t-\tau)\mathrm{d}t \tag{9.4.9}$$

将式(9.4.9)代入式(9.4.6)，得到

$$\frac{\partial\ln p[x(t)\,|\,\theta]}{\partial\theta}=\int_0^T\frac{\partial g(\tau,\theta)}{\partial\theta}[x(\tau)-s(\tau,\theta)]\mathrm{d}\tau \tag{9.4.10}$$

于是，非随机相位信号单个参量的最大似然估计方程为

$$\int_0^T\frac{\partial g(\tau,\theta)}{\partial\theta}[x(\tau)-s(\tau,\theta)]\mathrm{d}\tau=0 \tag{9.4.11}$$

参量θ的最大似然估计量$\hat{\theta}_{\mathrm{ML}}$就是最大似然估计方程的解。

2．非随机相位信号单个参量估计的克拉美-罗不等式

利用$n(\tau)=x(\tau)-s(\tau,\theta)$，将式(9.4.10)改写为

$$\frac{\partial\ln p[x(t)\,|\,\theta]}{\partial\theta}=\int_0^T\frac{\partial g(\tau,\theta)}{\partial\theta}n(\tau)\mathrm{d}\tau \tag{9.4.12}$$

故有

$$\begin{aligned}E\left\{\left[\frac{\partial\ln p[x(t)\,|\,\theta]}{\partial\theta}\right]^2\right\}&=\int_0^T\int_0^T E[n(t)n(\tau)]\frac{\partial g(t,\theta)}{\partial\theta}\frac{\partial g(\tau,\theta)}{\partial\theta}\mathrm{d}t\mathrm{d}\tau\\&=\int_0^T\int_0^T R_n(t-\tau)\frac{\partial g(t,\theta)}{\partial\theta}\frac{\partial g(\tau,\theta)}{\partial\theta}\mathrm{d}t\mathrm{d}\tau\end{aligned} \tag{9.4.13}$$

由式(9.4.9)得

$$\frac{\partial s(t,\theta)}{\partial\theta}=\int_0^T R_n(t-\tau)\frac{\partial g(\tau,\theta)}{\partial\theta}\mathrm{d}\tau \tag{9.4.14}$$

将式(9.4.14)代入式(9.4.13)，得

$$E\left\{\left[\frac{\partial\ln p[x(t)\,|\,\theta]}{\partial\theta}\right]^2\right\}=\int_0^T\frac{\partial s(t,\theta)}{\partial\theta}\frac{\partial g(t,\theta)}{\partial\theta}\mathrm{d}t \tag{9.4.15}$$

所以，对于参量θ的无偏估计量$\hat{\theta}$，克拉美-罗不等式为

$$\mathrm{Var}[\hat{\theta}]\geqslant\left[\int_0^T\frac{\partial s(t,\theta)}{\partial\theta}\frac{\partial g(t,\theta)}{\partial\theta}\mathrm{d}t\right]^{-1} \tag{9.4.16}$$

3．非随机相位信号振幅的最大似然估计

对于高斯色噪声中非随机相位信号振幅的估计，接收信号模型为

$$x(t)=s(t,A)+n(t)=As(t)+n(t) \tag{9.4.17}$$

式中，A是有用信号$s(t,A)$的幅度，是非随机参量；$s(t)$为确知信号；$n(t)$是均值为0、自相关函数为$R_n(\tau)$的平稳高斯噪声。

非随机相位信号振幅的最大似然估计方程为

$$\int_0^T \frac{\partial g(\tau, A)}{\partial A}[x(\tau)-As(\tau)]\mathrm{d}\tau = 0 \tag{9.4.18}$$

设函数 $h(\tau)$ 满足积分方程

$$\int_0^T R_n(t-\tau)h(\tau)\mathrm{d}\tau = s(t) \tag{9.4.19}$$

式(9.4.19)两边同乘以 A，得到

$$\int_0^T R_n(t-\tau)Ah(\tau)\mathrm{d}\tau = As(t) = s(t,A) = \int_0^T R_n(t-\tau)g(\tau,A)\mathrm{d}\tau \tag{9.4.20}$$

故有

$$g(\tau,A) = Ah(\tau) \tag{9.4.21}$$

将式(9.4.21)代入式(9.4.18)，则最大似然估计方程可写为

$$\int_0^T h(\tau)[x(\tau)-As(\tau)]\mathrm{d}\tau = 0 \tag{9.4.22}$$

信号振幅 A 的最大似然估计量为

$$\hat{A}_{\mathrm{ML}} = \int_0^T h(\tau)x(\tau)\mathrm{d}\tau \bigg/ \int_0^T h(\tau)s(\tau)\mathrm{d}\tau \tag{9.4.23}$$

因为 $s(t,A) = As(t)$，则

$$\frac{\partial s(\tau,A)}{\partial A} = s(t) \tag{9.4.24}$$

又因为 $g(t,A) = Ah(t)$，则

$$\frac{\partial g(t,A)}{\partial A} = h(t) \tag{9.4.25}$$

所以，信号振幅 A 的无偏估计量 $\hat{A}$ 的克拉美-罗不等式为

$$\mathrm{Var}[\hat{A}] \geqslant \left[\int_0^T \frac{\partial s(t,A)}{\partial A}\frac{\partial g(t,A)}{\partial A}\mathrm{d}t\right]^{-1} = \left[\int_0^T s(t)h(t)\mathrm{d}t\right]^{-1} \tag{9.4.26}$$

4．非随机相位信号多个参量的最大似然估计

对于高斯色噪声中非随机相位信号的多个参量估计，接收信号模型为

$$x(t) = s(t,\boldsymbol{\theta}) + n(t) = s(t,\theta_1,\theta_2,\cdots,\theta_m) + n(t) \tag{9.4.27}$$

式中，$\theta_1,\theta_2,\cdots,\theta_m$ 是有用信号 $s(t,\boldsymbol{\theta})$ 的 m 个未知参量，其中包括初始相位，它们是非随机参量；$\boldsymbol{\theta}=[\theta_1,\theta_2,\cdots,\theta_m]^{\mathrm{T}}$ 为未知参量向量；$n(t)$ 是均值为 0、自相关函数为 $R_n(\tau)$ 的平稳高斯噪声。

通过采用与非随机相位信号单个参量最大似然估计相似的分析方法，得到信号未知参量向量 $\boldsymbol{\theta}=[\theta_1,\theta_2,\cdots,\theta_m]^{\mathrm{T}}$ 的最大似然估计方程组为

$$\int_0^T \frac{\partial g(\tau,\boldsymbol{\theta})}{\partial \theta_i}[x(\tau)-s(\tau,\boldsymbol{\theta})]\mathrm{d}\tau = 0 \quad i=1,2,\cdots,m \tag{9.4.28}$$

式中，函数 $g(\tau,\boldsymbol{\theta})$ 满足积分方程

$$\int_0^T R_n(t-\tau)g(\tau,\boldsymbol{\theta})\mathrm{d}\tau = s(t,\boldsymbol{\theta}) \tag{9.4.29}$$

对于信号的多个参量估计，需要计算费希尔信息矩阵 $\boldsymbol{J}$。费希尔信息矩阵的元素为

$$J_{ij} = -E\left\{\frac{\partial^2 \ln p[x(t)\,|\,\boldsymbol{\theta}]}{\partial\theta_i\partial\theta_j}\right\} \tag{9.4.30}$$

类似于式(9.4.10)，有 $$\frac{\partial \ln p[x(t)\mid \boldsymbol{\theta}]}{\partial \theta_i}=\int_0^T \frac{\partial g(\tau,\boldsymbol{\theta})}{\partial \theta_i}[x(\tau)-s(\tau,\boldsymbol{\theta})]\mathrm{d}\tau \tag{9.4.31}$$

故有 $$\frac{\partial^2 \ln p[x(t)\mid \boldsymbol{\theta}]}{\partial \theta_i \partial \theta_j}=\int_0^T \frac{\partial^2 g(\tau,\boldsymbol{\theta})}{\partial \theta_i \partial \theta_j}[x(\tau)-s(\tau,\boldsymbol{\theta})]\mathrm{d}\tau-\int_0^T \frac{\partial g(\tau,\boldsymbol{\theta})}{\partial \theta_i}\frac{\partial g(\tau,\boldsymbol{\theta})}{\partial \theta_j}\mathrm{d}\tau \tag{9.4.32}$$

因为$n(\tau)=x(\tau)-s(\tau,\boldsymbol{\theta})$，$n(t)$的均值为 0，因此

$$J_{ij}=\int_0^T \frac{\partial g(\tau,\boldsymbol{\theta})}{\partial \theta_i}\frac{\partial g(\tau,\boldsymbol{\theta})}{\partial \theta_j}\mathrm{d}\tau \tag{9.4.33}$$

$\boldsymbol{J}$ 的逆矩阵为$\boldsymbol{\Psi}$，求出$\boldsymbol{\Psi}=\boldsymbol{J}^{-1}$之后，便可得到克拉美-罗不等式为

$$\mathrm{Var}[\hat{\theta}_i]\geqslant \Psi_{ii} \quad i=1,2,\cdots,m \tag{9.4.34}$$

式中，Ψ_{ii} 为矩阵$\boldsymbol{\Psi}$ 的对角线元素。

9.4.2 随机相位信号的参量估计

对于随机相位信号的参量估计，接收信号的似然函数是随机相位的函数，需要将似然函数对随机相位进行统计平均，得到平均似然函数，从而去掉随机相位作为随机因素的影响。

在窄带信号情况下，接收信号 $x(t)$ 可用复包络 $\tilde{x}(t)$ 表示为

$$x(t)=\mathrm{Re}[\tilde{x}(t)\exp(\mathrm{j}\omega t)] \tag{9.4.35}$$

$\tilde{x}(t)$ 由两部分组成 $$\tilde{x}(t)=\tilde{A}(t)\exp(\mathrm{j}\theta)+\tilde{n}(t) \tag{9.4.36}$$

式中，$\tilde{A}(t)\exp(\mathrm{j}\theta)$ 是有用信号成分的复包络；$\tilde{n}(t)$ 是噪声 $n(t)$ 的复包络；$n(t)$ 是窄带高斯色噪声，其均值为 0，相关函数为 $R_n(\tau)$。

在高信噪比的情况下，平均了相位参量之后，对数似然函数可写成

$$\ln p[x(t)]\approx \ln K+D \tag{9.4.37}$$

式中，K 是一个与待估计参量无关的量；

$$D=\left|\int_0^T \tilde{x}(t)\tilde{g}^*(t)\mathrm{d}t\right| \tag{9.4.38}$$

式中，$\tilde{g}(t)$ 是下式的解

$$\int_0^T \tilde{R}_n(t-\tau)\tilde{g}(\tau)\mathrm{d}\tau=\tilde{A}(t) \tag{9.4.39}$$

式中，$\tilde{R}_n(t-\tau)$ 是噪声自相关函数的复包络。

在高信噪比条件下，使式(9.4.37)达到最大的参量就是最大似然估计量。也就相当于，使 D 达到最大的参量就是最大似然估计量。

本章小结

信号参量估计的方法主要有贝叶斯估计、最大后验估计及最大似然估计。贝叶斯估计要求已知接收信号的似然函数、被估计参量的先验概率密度及代价函数；最大后验估计要求已知接收信号的似然函数和被估计参量的先验概率密度；最大似然估计要求已知接收信号的似然函数。因此，接收信号的似然函数是信号参量估计最基本的已知条件。接收信号的似然函数是根据信道噪声概率密度得到的，从而信道噪声概率密度是信号参量估计的最基本的已知条件。本章将信道噪声具体为高斯噪声，也就是将第 8 章所讨论的信号参量估

计的基本理论应用于高斯噪声中的参量估计。本章主要以最大似然估计为代表，讨论了信号参量估计。

在高斯白噪声和高斯色噪声情况下，接收信号的似然函数的求取方法是不同的。在高斯白噪声情况下，接收信号的似然函数是通过对接收信号时域采样的方法获得的；在高斯色噪声情况下，接收信号的似然函数是通过卡亨南-洛维展开的方法获得的。因此，本章分别讨论了高斯白噪声和高斯色噪声中信号参量估计。高斯白噪声中信号参量估计又分为了高斯白噪声中信号单个参量和多个参量估计。

由于高斯白噪声可以分为带限高斯白噪声和理想高斯白噪声，并且在这两种情况下信号参量的最大似然估计方法基本相同，故本章以理想高斯白噪声为例，来讨论高斯白噪声情况下的信号参量估计方法。

对于高斯白噪声中信号单个参量估计，以正弦或余弦信号为代表，分别讨论了信号幅度、相位、频率及时延的估计。

各种信号参量估计的研究过程或步骤是相同的，一般包括：推导出待估计参量的最大似然估计量，构造信号参量估计系统的结构，分析信号参量估计的性能。

思考题

9.1 比较高斯噪声中信号参量估计的最大后验估计与最大似然估计的特点。

9.2 时延估计的方差与哪些因素有关？

习题

9.1 设观测样本为 $x_k = As_k + n_k$，$k = 1,2,\cdots,M$，s_k 是确知信号的样本，n_k 是均值为 0、方差为 σ_n^2 的高斯白噪声样本，A 为未知的非随机参量。根据观测样本 x_k 对系数 A 做出估计，并分析估计性能。

9.2 设观测样本为 $x_k = As_k + n_k$，$k = 1,2,\cdots,M$，s_k 是确知信号的样本，n_k 是均值为 0、方差为 σ_n^2 的高斯白噪声样本，A 为已知的非随机参量，噪声方差 σ_n^2 是未知的非随机参量。根据观测样本 x_k 对噪声方差 σ_n^2 做出估计，并分析估计性能。

9.3 设观测样本为 $x_k = As_k + n_k$，$k = 1,2,\cdots,M$，s_k 是确知信号的样本，n_k 是均值为 0、方差为 σ_n^2 的高斯白噪声样本，A 为未知的随机参量，服从均值为 μ_A、方差为 σ_A^2 的高斯分布。（1）根据观测样本 x_k，求振幅 A 的最大后验估计。（2）分析振幅 A 最大后验估计的性能。（3）求振幅 A 最大后验估计的均方误差。

9.4 在时间 $0 \leqslant t \leqslant T$ 内，接收信号为 $x(t) = As(t) + n(t)$，其中 $s(t)$ 为完全已知的信号，$n(t)$ 是均值为 0、功率谱密度为 $N_0/2$ 的高斯白噪声。振幅 A 是未知的随机参量，服从均值为 0、方差为 σ_A^2 的高斯分布。（1）试求振幅 A 的最大后验估计；（2）分析振幅 A 的最大后验估计的性能，并求最大后验估计的均方误差。

9.5 设观测信号为 $x(t) = A\sin(\omega t + \theta) + n(t)$，其中 A 和 ω 为已知的常数，θ 为随机参量。噪声 $n(t)$ 是均值为 0、方差为 σ_n^2 的高斯白噪声，且与 θ 相互统计独立。根据观测信号 $x(t)$ 的样本 x_k $(k = 1,2,\cdots,M)$，对信号的相位 θ 做出估计。

9.6 在时间 $0 \leqslant t \leqslant T$ 内，接收信号为 $x(t) = A\sin(\omega_0 t + \theta) + n(t)$，其中 A 和 ω_0 为已知的确定参量，$n(t)$ 是均值为 0、功率谱密度为 $N_0/2$ 的高斯白噪声。相位 θ 是未知的随机参量，在 $(0,2\pi)$ 上均匀分布。试求相位 θ 的最大后验估计。

9.7 设观测信号为 $x(t) = A\cos(\omega t + \theta) + n(t)$，其中 A 和 ω 为未知的确定参量，θ 为随机参量。噪声 $n(t)$ 是均值为 0、方差为 σ_n^2 的高斯白噪声，且与 θ 相互统计独立。根据观测信号 $x(t)$ 的样本 x_k $(k = 1,2,\cdots,M)$，对信号的 A、ω 和 θ 做出估计。

9.8 设观测信号为 $x(t)=A\cos(\omega t+\theta)+n(t)$，其中 A 和 ω 为未知的确定参量，θ 为随机参量。噪声 $n(t)$ 是均值为 0、方差为 σ_n^2 的高斯白噪声，且与 θ 相互统计独立，而方差 σ_n^2 是未知的确定参量。根据观测信号 $x(t)$ 的样本 x_k $(k=1,2,\cdots,M)$，对信号的 A、ω、θ 和 σ_n^2 做出估计。

9.9 在时间 $0\leqslant t\leqslant T$ 内，接收信号为 $x(t)=A\sin(\omega_0 t+\theta)+n(t)$，其中 ω_0 为已知的确定参量，$n(t)$ 是均值为 0、功率谱密度为 $N_0/2$ 的高斯白噪声。相位 θ 是未知的随机参量，在 $(0,2\pi)$ 上均匀分布，试求振幅 A 的最大似然估计。

9.10 在时间 $0\leqslant t\leqslant T$ 内，接收信号为 $x(t)=A\sin(\omega_0 t+\theta)+n(t)$，其中 ω_0 为已知的确定参量，$n(t)$ 是均值为 0、功率谱密度为 $N_0/2$ 的高斯白噪声。相位 θ 是未知的随机参量，在 $(0,2\pi)$ 上均匀分布。振幅 A 是未知的随机参量，服从均值为 μ_A、方差为 σ_A^2 的高斯分布。试求振幅 A 的最大后验估计。

9.11 设接收信号 $x(t)=A[1+\cos\omega_0(t-\tau)]+n(t)$，其中 A 和 ω_0 均为已知的确定参量，$n(t)$ 是功率谱密度为 $N_0/2$ 的高斯白噪声，求信号时延 τ 的最大似然估计。

9.12 设接收信号 $x(t)=s(t-\tau)+n(t)$，其中 τ 为信号 $s(t)$ 到达的时延，$n(t)$ 是功率谱密度为 $N_0/2$ 的高斯白噪声。已知

$$s(t)=\begin{cases}0, & t<-L-\varDelta\\ \dfrac{A}{\varDelta}(t+L+\varDelta), & -(L+\varDelta)\leqslant t<-L\\ A, & -L\leqslant t<L\\ -\dfrac{A}{\varDelta}(t-L-\varDelta), & L\leqslant t<L+\varDelta\\ 0, & t\geqslant L+\varDelta\end{cases}$$

其中 L 和 Δ 均为已知常量。设 E 为信号 $s(t)$ 的能量，试证明信号 $s(t)$ 的到达时延 τ 的无偏估计值 $\hat{\tau}$ 的最小方差满足下式：$\sigma_{\hat{\tau}}^2\geqslant\dfrac{\varDelta(\Delta+3L)}{6(E/N_0)}$。

9.13 设接收信号 $x(t)=s(t-\tau)+n(t)$，其中 τ 为信号 $s(t)$ 到达的时延，$n(t)$ 是功率谱密度为 $N_0/2$ 的高斯白噪声。已知

$$s(t)=\begin{cases}0, & t<-(2m+1)\pi/\omega_0\\ A(1+\cos\omega_0 t), & -(2m+1)\pi/\omega_0\leqslant t<-2m\pi/\omega_0\\ A, & -2m\pi/\omega_0\leqslant t<2m\pi/\omega_0\\ A(1+\cos\omega_0 t), & 2m\pi/\omega_0\leqslant t<(2m+1)\pi/\omega_0\\ 0, & t\geqslant(2m+1)\pi/\omega_0\end{cases}$$

其中 A 和 ω_0 均为已知常量，m 为整数。试证明信号 $s(t)$ 的到达时延 τ 的无偏估计值 $\hat{\tau}$ 的最小方差满足下式：$\sigma_{\hat{\tau}}^2\geqslant\dfrac{3+4m}{(2E/N_0)\omega_0^2}$，式中，$E$ 为信号 $s(t)$ 的能量。

9.14 在时间 $0\leqslant t\leqslant T$ 内，接收信号为 $x(t)=A\sin(\omega_0 t+\theta)+n(t)$，其中 ω_0 为已知的确定参量，$n(t)$ 是均值为 0、功率谱密度为 $N_0/2$ 的高斯白噪声。振幅 A 和相位 θ 均是未知参量，试求振幅 A 和相位 θ 的最大似然估计。

9.15 在时间 $0\leqslant t\leqslant T$ 内，接收信号为 $x(t)=A\sin(\omega_0 t+\theta)+n(t)$，其中 ω_0 为已知的确定参量，$n(t)$ 是均值为 0、功率谱密度为 $N_0/2$ 的高斯白噪声。相位 θ 是未知的随机参量，在 $(0,2\pi)$ 上均匀分布。振幅 A 是未知的随机参量，服从均值为 μ_A、方差为 σ_A^2 的高斯分布。试求振幅 A 和相位 θ 的最大后验估计。

9.16 在时间 $0\leqslant t\leqslant T$ 内，接收信号为 $x(t)=As(t)+n(t)$，其中 $s(t)$ 为完全已知的信号，$n(t)$ 是均值为 0、自相关函数为 $R_n(\tau)$ 的高斯色噪声。振幅 A 是未知参量。（1）试求振幅 A 的最大似然估计；（2）分析振幅 A 的最大似然估计的性能，并求振幅 A 的最大似然估计的均方误差。

第 10 章　信号波形估计

第 8 章和第 9 章分别讨论了信号参量估计的基本理论和高斯噪声中信号参量估计，它们均假定信号参量在观测时间内不变。在许多实际问题中，信号参量本身就是随机过程或时变参量，因此要估计的是信号波形。本章将讨论用于信号波形估计的最佳线性估计理论，即维纳滤波和卡尔曼滤波理论。

10.1　信号波形估计的概念及分类

信号波形估计就是从被噪声干扰的接收信号中分离出有用信号的整个信号波形，而不只是信号的一个或几个参量。它是估计理论的一个重要组成部分。

从接收信号中滤除噪声以提取有用信号的过程称为滤波。因此，信号波形估计常称为滤波，关于滤波的理论和方法称为滤波理论，实现滤波的相应装置称为滤波器。滤波的目的就是从被噪声干扰的接收信号中分离出有用信号来，最大限度地抑制噪声。滤波是信号处理中经常采用的主要方法之一，具有十分重要的应用价值。滤波理论是用来估计信号波形或系统状态的，是估计理论的一个重要组成部分。

根据滤波器的输出是否为输入的线性函数，可将它分为线性滤波器和非线性滤波器两种。线性滤波器和非线性滤波器所实现的滤波也就称为线性滤波和非线性滤波。

信号波形估计常采用最佳线性估计或最佳线性滤波。最佳线性滤波是以最小均方误差为最佳准则的线性滤波，也就是使滤波器的输出与期望输出之间的均方误差为最小的线性滤波。最佳线性滤波主要包括维纳滤波(Wiener filtering)和卡尔曼滤波(Kalman filtering)。维纳滤波是用线性滤波器实现对平稳随机过程的最佳线性估计，而卡尔曼滤波则用递推的算法解决包括非平稳随机过程在内的波形的最佳线性估计问题。

采用线性最小均方误差准则作为最佳线性滤波准则的原因是：这种准则下的理论分析比较简单，且可以得到解析的结果。贝叶斯估计和最大似然估计都要求对观测值做概率密度描述，线性最小均方误差估计却放松了要求，不再要求已知概率密度的假设，而只要求已知观测值的一、二阶矩。

最佳线性滤波或最佳线性估计所要解决的问题是：给定有用信号和加性噪声的混合信号波形，寻求一种线性运算作用于此混合波形，得到的结果将是信号与噪声的最佳分离，最佳的含义就是使估计的均方误差最小。或者说，最佳线性滤波所要解决的问题就是选取线性滤波器的单位冲激响应或传输函数，使估计的均方误差达到最小。

信号参量估计假定信号参量在观测时间内是不变的，是静态估计。信号波形估计所涉及的信号参量是时变的，故信号波形估计是动态估计。

信号波形估计中，接收设备的接收信号 $x(t)$ 为有用信号 $s(t)$ 与信道噪声 $n(t)$ 相加，则接收信号模型为

$$x(t) = s(t) + n(t) \tag{10.1.1}$$

有用信号 $s(t)$ 是被估计的信号波形。

设一个线性系统，其单位冲激响应为 $h(t)$，在输入为接收信号 $x(t)$ 的情况下，输出 $y(t)$ 为

有用信号 $s(t)$ 的波形估计，这个线性系统称为线性估计器，或称为线性滤波器。线性估计器框图如图 10.1.1 所示。

图 10.1.1　线性估计器框图

线性估计器的输出 $y(t)$ 作为有用信号 $s(t)$ 的波形估计，可以用一般形式表示为 $y(t)=\hat{s}(t+\alpha)$，其中 $\hat{s}(t+\alpha)$ 表示有用信号 $s(t+\alpha)$ 的估计量。线性估计器的期望输出 $s(t+\alpha)$ 与实际输出 $y(t)$ 之间的差值称为误差，即 $e(t)=s(t+\alpha)-y(t)$。误差平方的均值称为均方误差，即

$$E[e^2(t)]=E\{[s(t+\alpha)-y(t)]^2\} \tag{10.1.2}$$

使均方误差最小的线性估计器就是最佳线性估计器。最佳线性估计所要解决的问题就是寻找使均方误差达到最小的线性滤波器的单位冲激响应 $h(t)$。维纳滤波器的参数是时不变的，适用于平稳随机信号。卡尔曼滤波器参数可以是时不变的，也可以是时变的，既适用于平稳随机信号，也适用于非平稳随机信号。

根据 α 的取值范围不同，波形估计可以分为如下 3 种类型。

（1）若 $\alpha=0$，则称为滤波，即线性估计器试图从观测波形 $x(t)$ 中，尽可能地排除噪声 $n(t)$ 的干扰，分离出有用信号 $s(t)$ 本身。它是根据当前和过去的观测值 $x(t)$、$x(t-1)$、…，对当前的有用信号值 $s(t)$ 进行估计，使 $y(t)=\hat{s}(t)$。

（2）若 $\alpha>0$，则称为预测或外推，即线性估计器试图估计当前时刻 t 以后的未来 α 个时间单位的有用信号波形值，如雷达预测运动目标的轨迹等属于这种情况。它是根据过去的观测值估计未来的有用信号值，使 $y(t)=\hat{s}(t+\alpha)$。

（3）若 $\alpha<0$，则称为平滑或内插，即线性估计器试图估计当前时刻 t 以前的过去 α 个时间单位的有用信号波形值，如数据平滑、地物照片处理等属于这种情况。它是根据过去的观测值估计过去的信号值，使 $y(t)=\hat{s}(t+\alpha)$。

10.2　维 纳 滤 波

维纳滤波是一种从噪声中提取有用信号波形的最佳线性滤波方法。实现维纳滤波的线性时不变系统称为维纳滤波器。实现维纳滤波所要求的条件是：维纳滤波器的输入信号为有用信号和噪声之和，输入信号是平稳随机过程，并且已知它的一、二阶矩。维纳滤波采用最小均方误差准则作为信号波形估计或滤波的最佳准则，也就是使维纳滤波器的期望输出与实际输出之间的均方误差为最小。采用维纳滤波解决信号波形估计问题就是根据噪声环境的一、二阶统计特性，求出维纳滤波器的单位冲激响应或传输函数。

维纳滤波的研究就是根据观测信号(接收信号)的自相关函数(或功率谱密度)和观测信号与有用信号的互相关函数(或互功率谱密度)，求解出满足最小均方误差准则约束的线性系统的冲激响应或传输函数。

维纳滤波通常分为连续随机过程的维纳滤波和离散随机过程的维纳滤波。

维纳滤波器不是自适应滤波器，自适应滤波器的滤波系数是时变的，而维纳滤波器的参数是固定的，它适用于一、二阶统计特性不随时间变化的平稳随机过程。

无论平稳随机过程是连续的还是离散的，是标量的还是向量的，维纳滤波器都可应用。对某些问题，还可求出滤波器传递函数的显式解，并进而采用由简单的物理元件组成的网络构成维纳滤波器。维纳滤波器的缺点是，要求得到半无限时间区间内的全部观测数据的条件很难满足，同时它也不能用于噪声为非平稳的随机过程的情况，对于向量情况应用也不方便。因此，维纳滤波在实际问题中应用不多。

10.2.1 连续随机过程的维纳滤波

根据随机过程的时间自变量取值是否连续，随机过程可分为时间连续随机过程和时间离散随机过程。如果随机过程的时间变量在整个连续观测区间内都有定义，则是时间连续随机过程，简称为连续随机过程；如果随机过程仅在一些离散的观测时间点上才有定义，则称为时间离散随机过程，简称为离散随机过程。连续随机过程的时间变量和幅度均取连续值。离散随机过程的时间变量取离散值，而幅度取连续值。离散随机过程也称为随机序列。

1. 维纳-霍夫方程

设接收信号为

$$x(t)=s(t)+n(t) \tag{10.2.1}$$

式中，$s(t)$ 是有用信号；$n(t)$ 是信道噪声。$s(t)$ 和 $n(t)$ 都是均值为 0 的平稳随机过程，且二者是联合平稳的。它们的自相关函数均是已知的，且互相关函数也是已知的。

设滤波器是线性时不变系统，其单位冲激响应为 $g(t)$，输入为接收信号 $x(t)$，输出为

$$y(t)=\int_{-\infty}^{\infty}g(\tau)x(t-\tau)\mathrm{d}\tau=\int_{-\infty}^{\infty}g(t-\tau)x(\tau)\mathrm{d}\tau \tag{10.2.2}$$

设滤波器的输出 $y(t)$ 是对信号 $s(t+\alpha)$ 的波形估计，即 $y(t)=\hat{s}(t+\alpha)$，其中 $\hat{s}(t+\alpha)$ 表示有用信号 $s(t+\alpha)$ 的估计量。$y(t)$ 与期望输出 $s(t+\alpha)$ 之间的误差为

$$e(t)=s(t+\alpha)-y(t)$$

均方误差为

$$E[e^2(t)]=E\{[s(t+\alpha)-y(t)]^2\} \tag{10.2.3}$$

使均方误差最小的单位冲激响应 $g(t)$ 就是维纳滤波器的单位冲激响应。

将式(10.2.2)代入式(10.2.3)得

$$\begin{aligned}E[e^2(t)]&=E\{[s(t+\alpha)-y(t)]^2\}=E[s^2(t+\alpha)-2s(t+\alpha)y(t)+y^2(t)]\\&=E[s^2(t+\alpha)-2s(t+\alpha)\int_{-\infty}^{\infty}g(\tau)x(t-\tau)\mathrm{d}\tau+\int_{-\infty}^{\infty}\int_{-\infty}^{\infty}g(\tau)x(t-\tau)g(\eta)x(t-\eta)\mathrm{d}\eta\mathrm{d}\tau]\\&=R_{ss}(0)-2\int_{-\infty}^{\infty}g(\tau)R_{xs}(\alpha+\tau)\mathrm{d}\tau+\int_{-\infty}^{\infty}\int_{-\infty}^{\infty}g(\tau)g(\eta)R_{xx}(\tau-\eta)\mathrm{d}\eta\mathrm{d}\tau\end{aligned} \tag{10.2.4}$$

式中，$R_{ss}(\tau)$ 为 $s(t)$ 的自相关函数；$R_{ss}(0)$ 为 $s(t)$ 的平均功率；$R_{xx}(\tau)$ 为 $x(t)$ 的自相关函数；$R_{xs}(\tau)$ 为 $x(t)$ 和 $s(t)$ 的互相关函数。

由式(10.2.4)可知，当输入信号与噪声的统计特性已经确定时，它的第一项与系统特性无关，而第二、三项均与系统特性 $g(t)$ 有关。由于均方误差 $E[e^2(t)]$ 是 $g(t)$ 的函数，对应于不同的 $g(t)$ 有不同的 $E[e^2(t)]$。因此，寻求维纳滤波器的问题也就归结为寻求使式(10.2.4)达到最小的线性系统的单位冲激响应 $g(t)$。这个问题可以用变分法解决。

按照常用的变分方法，令线性系统单位冲激响应 $g(t)$ 的扰动表示形式为

$$g(t)=h(t)+\varepsilon\xi(t) \tag{10.2.5}$$

式中，$h(t)$ 为线性系统的最佳单位冲激响应，就是使均方误差达到最小的单位冲激响应；ε 是一个绝对值较小的可变参数，称为扰动因子；$\xi(t)$ 为任意一个有连续导数的函数，称为扰动函数。显然，当 ε 趋于 0 时，$g(t)$ 接近于最佳单位冲激响应 $h(t)$。

将式(10.2.5)代入式(10.2.4)得

$$\begin{aligned}E[e^2(t)]=R_{ss}(0)-2\int_{-\infty}^{\infty}[h(\tau)+\varepsilon\xi(\tau)]R_{xs}(\alpha+\tau)\mathrm{d}\tau+\\\int_{-\infty}^{\infty}\int_{-\infty}^{\infty}[h(\tau)+\varepsilon\xi(\tau)][h(\eta)+\varepsilon\xi(\eta)]R_{xx}(\tau-\eta)\mathrm{d}\eta\mathrm{d}\tau\end{aligned} \tag{10.2.6}$$

这样，均方误差 $E[e^2(t)]$ 是扰动因子 ε 的函数，且在 $\varepsilon=0$ 处有最小值。为了得到 $E[e^2(t)]$ 达到最小值的必要条件，将 $E[e^2(t)]$ 对 ε 求一阶导数，并在 $\varepsilon=0$ 时，令导数 $\partial E[e^2(t)]/\partial\varepsilon=0$，则得到

$$\int_{-\infty}^{\infty}\xi(\eta)[-R_{xs}(\alpha+\eta)+\int_{-\infty}^{\infty}h(\tau)R_{xx}(\eta-\tau)\mathrm{d}\tau]\mathrm{d}\eta=0 \tag{10.2.7}$$

对于任意给定的扰动函数$\xi(t)$，要使式(10.2.7)成立，只有使

$$\int_{-\infty}^{\infty}h(\tau)R_{xx}(\eta-\tau)\mathrm{d}\tau=R_{xs}(\alpha+\eta) \tag{10.2.8}$$

成立。式(10.2.8)是维纳滤波器必须满足的基本方程，常称为维纳-霍夫(Wiener-Hopf)方程，也就是，能使均方误差达到最小的线性滤波器的单位冲激响应所需满足的方程。通过求解维纳-霍夫方程，就可以得到维纳滤波器的单位冲激响应$h(t)$。求解维纳-霍夫方程与维纳滤波器是因果(物理可实现)的还是非因果(物理不可实现)的有关，下面分别就这两种情况，来讨论维纳-霍夫方程的求解问题。

2. 非因果(物理不可实现)维纳滤波器

为了求出维纳滤波器的单位冲激响应$h(t)$，必须解维纳-霍夫方程。如果对$h(t)$不施加限制，即$h(t)\neq 0$，$-\infty<t<\infty$，则维纳滤波器是非因果的。非因果滤波器不仅要利用过去的数据，还要使用尚未得到的数据，因而是物理不可实现的。它不能用于实时处理的情况，只可用于事后的数据分析。例如，对录取数据进行飞行分析时，非因果解是很有用的。

对于非因果维纳滤波器，维纳-霍夫方程变为

$$\int_{-\infty}^{\infty}h(\tau)R_{xx}(\eta-\tau)\mathrm{d}\tau=R_{xs}(\alpha+\eta)\quad -\infty<\eta<\infty \tag{10.2.9}$$

在这种情况下，式(10.2.9)左边的项恰好具有卷积积分的形式，利用拉普拉斯变换法很容易解出非因果维纳滤波器的传输函数。因此，对式(10.2.9)两边取拉普拉斯变换，有

$$H(s)G_{xx}(s)=G_{xs}(s)\exp(\alpha s) \tag{10.2.10}$$

式中，$H(s)$是非因果维纳滤波器单位冲激响应$h(t)$的拉普拉斯变换，即非因果维纳滤波器的传输函数；$G_{xx}(s)$是$R_{xx}(\tau)$的拉普拉斯变换；$G_{xs}(s)$是$R_{xs}(\tau)$的拉普拉斯变换。

非因果维纳滤波器的传输函数为

$$H(s)=\frac{G_{xs}(s)\exp(\alpha s)}{G_{xx}(s)} \tag{10.2.11}$$

其单位冲激响应$h(t)$通过对$H(s)$求拉普拉斯逆变换而获得。

当有用信号与噪声统计独立时，有$R_{xx}(\tau)=R_{ss}(\tau)+R_{nn}(\tau)$，$R_{xs}(\tau)=R_{ss}(\tau)$，其中$R_{nn}(\tau)$为噪声$n(t)$的自相关函数。在这种情况下，非因果维纳滤波器的传输函数为

$$H(s)=\frac{G_{xs}(s)\exp(\alpha s)}{G_{ss}(s)+G_{nn}(s)}=\frac{G_{ss}(s)\exp(\alpha s)}{G_{ss}(s)+G_{nn}(s)} \tag{10.2.12}$$

式中，$G_{ss}(s)$是$R_{ss}(\tau)$的拉普拉斯变换；$G_{nn}(s)$是$R_{nn}(\tau)$的拉普拉斯变换。

令$s=\mathrm{j}\omega$，则非因果维纳滤波器的传输函数为

$$H(\omega)=\frac{G_{xs}(\omega)\exp(\mathrm{j}\alpha\omega)}{G_{ss}(\omega)+G_{nn}(\omega)}=\frac{G_{ss}(\omega)\exp(\mathrm{j}\alpha\omega)}{G_{ss}(\omega)+G_{nn}(\omega)} \tag{10.2.13}$$

式中，$G_{xs}(\omega)$是$x(t)$与$s(t)$的互功率谱密度；$G_{ss}(\omega)$是有用信号$s(t)$的功率谱密度；$G_{nn}(\omega)$是噪声$n(t)$的功率谱密度。由式(10.2.13)可见，当$G_{nn}(\omega)$较小时，$H(\omega)$较大；当$G_{nn}(\omega)$较大时，$H(\omega)$较小。维纳滤波就是通过这种方法抑制噪声而恢复有用信号的。

为了得到非因果维纳滤波器的最小均方误差，将式(10.2.4)重新排列各项之后，可以写成为

$$E[e^2(t)]=R_{ss}(0)-\int_{-\infty}^{\infty}h(\tau)R_{xs}(\alpha+\tau)\mathrm{d}\tau+\int_{-\infty}^{\infty}h(\tau)[-R_{xs}(\alpha+\tau)+\int_{-\infty}^{\infty}h(\eta)R_{xx}(\tau-\eta)\mathrm{d}\eta]\mathrm{d}\tau \tag{10.2.14}$$

非因果维纳滤波器使维纳-霍夫方程成立，而维纳-霍夫方程使式(10.2.14)的第三项中方括

号内的项为 0。因此，非因果维纳滤波器的最小均方误差的时域表达式为

$$E[e^2(t)]_{\min} = R_{ss}(0) - \int_{-\infty}^{\infty} h(\tau) R_{xs}(\alpha+\tau)\mathrm{d}\tau$$
$$= R_{ss}(0) - \int_{-\infty}^{\infty}\int_{-\infty}^{\infty} h(\tau)h(\eta)R_{xx}(\tau-\eta)\mathrm{d}\eta\mathrm{d}\tau \tag{10.2.15}$$

其频域表达式为

$$E[e^2(t)]_{\min} = \frac{1}{2\pi}\int_{-\infty}^{\infty}[G_{ss}(\omega) - H(\omega)G_{xs}(\omega)\exp(\mathrm{j}\alpha\omega)]\mathrm{d}\omega$$
$$= \frac{1}{2\pi}\int_{-\infty}^{\infty}[G_{ss}(\omega) - |H(\omega)|^2 G_{xx}(\omega)]\mathrm{d}\omega \tag{10.2.16}$$

3. 因果(物理可实现的)维纳滤波器

如果维纳滤波器是因果的，其 $h(t)=0$，$t<0$，则维纳-霍夫方程变为

$$\int_{0}^{\infty} h(\tau) R_{xx}(\eta-\tau)\mathrm{d}\tau = R_{xs}(\alpha+\eta) \quad \eta \geqslant 0 \tag{10.2.17}$$

上式的求解方法通常有两种：频谱因式分解法和白化处理方法。

(1) 频谱因式分解法

如果接收信号 $x(t)$ 是具有有理功率谱密度的平稳随机过程，可以采用频谱因式分解法求解式(10.2.17)所示的维纳-霍夫方程。该方法就是从非因果维纳滤波器中将因果部分单独分离出来，形成物理可实现的因果维纳滤波器，具体过程如下：首先，为了使用卷积定理求解，需要将因果维纳滤波器的维纳-霍夫方程式(10.2.17)对 η 成立的区间扩大到 $(-\infty,\infty)$，得到非因果维纳滤波器的维纳-霍夫方程式(10.2.9)；通过拉普拉斯变换，得到式(10.2.11)所示的非因果维纳滤波器的传输函数 $H(s)$；接着进行如下的频谱因式分解，得到因果维纳滤波器的传输函数。

对接收信号 $x(t)$ 的自相关函数 $R_{xx}(\tau)$ 的拉普拉斯变换 $G_{xx}(s)$ 进行因式分解，得到

$$G_{xx}(s) = G_{xx}^{+}(s)G_{xx}^{-}(s) \tag{10.2.18}$$

式中，$G_{xx}^{+}(s)$ 的所有零点和极点都在 s 平面的左半平面，对应于正时间函数；$G_{xx}^{-}(s)$ 的所有零点和极点都在 s 平面的右半平面，对应于负时间函数。位于 ω 轴上的所有零点和极点平分给 $G_{xx}^{+}(s)$ 和 $G_{xx}^{-}(s)$。

非因果维纳滤波器的传输函数 $H(s)$ 满足

$$H(s)G_{xx}^{+}(s)G_{xx}^{-}(s) = G_{xs}(s)\exp(\alpha s),$$

故有

$$H(s) = \frac{G_{xs}(s)\exp(\alpha s)}{G_{xx}^{+}(s)G_{xx}^{-}(s)} = \frac{1}{G_{xx}^{+}(s)}\frac{G_{xs}(s)\exp(\alpha s)}{G_{xx}^{-}(s)}$$
$$= \frac{1}{G_{xx}^{+}(s)}\left\{\left[\frac{G_{xs}(s)\exp(\alpha s)}{G_{xx}^{-}(s)}\right]^{+} + \left[\frac{G_{xs}(s)\exp(\alpha s)}{G_{xx}^{-}(s)}\right]^{-}\right\} \tag{10.2.19}$$

式中，$[\cdot]^{+}$ 的所有零点和极点都在 s 平面的左半平面，对应于正时间函数；$[\cdot]^{-}$ 的所有零点和极点都在 s 平面的右半平面，对应于负时间函数。位于 ω 轴上的所有零点和极点平分给 $[\cdot]^{+}$ 和 $[\cdot]^{-}$。

对于物理可实现的因果滤波器，单位冲激响应 $h(t)=0$，$t<0$，即 $h(t)$ 是正时间函数，其传输函数 $H(s)$ 的所有零点和极点都在 s 平面的左半平面。对于负时间函数 $a(t)$，其拉普拉斯变换 $A(s)$ 的所有零点和极点都在 s 平面的右半平面。因此，从非因果维纳滤波器的传输函数 $H(s)$ 中分离出所有零点和极点都在 s 平面的左半平面的因式，就构成物理可实现的因果维纳滤波器的传输函数 $H_{\mathrm{c}}(s)$，故有

$$H_{\mathrm{c}}(s) = \frac{1}{G_{xx}^{+}(s)}\left[\frac{G_{xs}(s)\exp(\alpha s)}{G_{xx}^{-}(s)}\right]^{+} \tag{10.2.20}$$

对 $H_c(s)$ 求拉普拉斯逆变换，就可以得到其单位冲激响应 $h_c(t)$ 。

对于物理可实现的因果维纳滤波器，将式(10.2.17)代入式(10.2.4)，得到相应的最小均方误差为

$$E[e^2(t)]_{\min} = R_{ss}(0) - \int_0^{\infty} h_c(\tau) R_{xs}(\alpha + \tau) \mathrm{d}\tau \tag{10.2.21}$$

只需在非因果维纳滤波器的最小均方误差的频域表达式(10.2.16)中，令 $H(\omega) = H_c(\omega)$，就可以得到因果维纳滤波器的最小均方误差的频域表达式。

（2）*白化处理方法*

当积分方程式(10.2.17)中的 $R_{xx}(\eta - \tau)$ 是 δ 函数时，求解就变得非常容易。换句话说，如果滤波器的输入是一个白色随机过程，积分方程就可以直接求解。因此，白化处理方法的基本思路是先将输入信号变为白色随机过程，然后让白色随机过程通过对应于这个白色随机过程的维纳滤波器，得到期望的输出信号。把信号转化为白色随机过程的过程称为白化，对应的滤波器称为白化滤波器。

当接收信号 $x(t)$ 是非白平稳随机过程时，首先用白化滤波器 $H_w(s)$ 对 $x(t)$ 进行白化处理，使白化滤波器输出是一个白色随机过程 $w(t)$；然后针对 $w(t)$ 设计一个线性最小均方误差滤波器 $H_2(s)$。这样，维纳滤波器就是 $H_w(s)$ 与 $H_2(s)$ 的级联，其传输函数为

$$H_c(s) = H_w(s) H_2(s) \tag{10.2.22}$$

维纳滤波器的结构如图 10.2.1 所示，其白化滤波器将有色随机过程白化处理成白色随机过程。

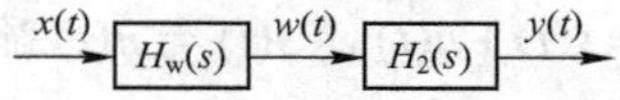

图 10.2.1　维纳滤波器结构

如果接收信号 $x(t)$ 是具有有理功率谱密度 $G_{xx}(\omega)$ 的平稳随机过程， $G_{xx}(\omega)$ 对应的复频域表示式 $G_{xx}(s)$ 可以写为

$$G_{xx}(s) = G_{xx}^{+}(s) G_{xx}^{-}(s) = G_{xx}^{+}(s)[G_{xx}^{+}(s)]^{*} \tag{10.2.23}$$

式中，$[G_{xx}^{+}(s)]^{*}$ 是 $G_{xx}^{+}(s)$ 的复共轭，且 $G_{xx}^{-}(s) = [G_{xx}^{+}(s)]^{*}$ 。

如果要求白化滤波器能够将接收信号 $x(t)$ 变换为白色随机过程 $w(t)$，则要求白化滤波器的传输函数 $H_w(s)$ 满足

$$|H_w(s)|^2 \, G_{xx}(s) = 1 \tag{10.2.24}$$

又因为 $|H_w(s)|^2 = H_w(s) H_w^{*}(s)$，故有

$$H_w(s) H_w^{*}(s) = \frac{1}{G_{xx}^{+}(s)[G_{xx}^{+}(s)]^{*}} \tag{10.2.25}$$

从而得

$$H_w(s) = 1 / G_{xx}^{+}(s) \tag{10.2.26}$$

接收信号 $x(t)$ 经过白化滤波器后变换为白色随机过程 $w(t)$， $w(t)$ 的自相关函数 $R_{ww}(\tau) = \delta(\tau)$ 。对应输入的白色随机过程 $w(t)$ 时，维纳滤波器 $H_2(s)$ 的输出 $y(t)$ 是对有用信号 $s(t+\alpha)$ 的波形估计，即 $y(t) = \hat{s}(t+\alpha)$，则相应的维纳-霍夫方程为

$$\int_0^{\infty} h_2(\tau) R_{ww}(\eta - \tau) \mathrm{d}\tau = R_{ws}(\alpha + \eta) \quad \eta \geqslant 0 \tag{10.2.27}$$

式中，$h_2(t)$ 是维纳滤波器 $H_2(s)$ 的单位冲激响应。

求解式(10.2.27)得到

$$h_2(\eta) = \begin{cases} R_{ws}(\alpha + \eta) & \eta \geqslant 0 \\ 0 & \eta < 0 \end{cases} \tag{10.2.28}$$

对于白色随机过程 $w(t)$ 的因果维纳滤波器的传输函数为

$$H_2(s)=\int_{-\infty}^{\infty}h_2(\tau)\exp(-s\tau)\mathrm{d}\tau=\int_0^{\infty}R_{ws}(\alpha+\tau)\exp(-s\tau)\mathrm{d}\tau$$
$$=[G_{ws}(s)\exp(\alpha s)]^+ \tag{10.2.29}$$

白色随机过程 $w(t)$ 与有用信号 $s(t+\alpha)$ 的互相关函数为

$$R_{ws}(\alpha+\tau)=E[s(t+\alpha)w(t-\tau)]=E\left[s(t+\alpha)\int_{-\infty}^{\infty}h_{\mathrm{w}}(u)x(t-\tau-u)\mathrm{d}u\right]$$
$$=\int_{-\infty}^{\infty}h_{\mathrm{w}}(u)E[s(t+\alpha)x(t-\tau-u)]\mathrm{d}u=\int_{-\infty}^{\infty}h_{\mathrm{w}}(u)R_{xs}(\alpha+\tau+u)\mathrm{d}u$$
$$=\int_{-\infty}^{\infty}h_{\mathrm{w}}(-v)R_{xs}(\alpha+\tau-v)\mathrm{d}v \tag{10.2.30}$$

上式两边取拉普拉斯变换，得到

$$G_{ws}(s)\exp(\alpha s)=H_{\mathrm{w}}(-s)G_{xs}(s)\exp(\alpha s)$$
$$=\frac{G_{xs}(s)\exp(\alpha s)}{G_{xx}^{+}(-s)}=\frac{G_{xs}(s)\exp(\alpha s)}{G_{xx}^{-}(s)} \tag{10.2.31}$$

根据白化滤波器的传输函数 $H_{\mathrm{w}}(s)$、对应白色随机过程 $w(t)$ 的维纳滤波器的传输函数 $H_2(s)$ 及 $G_{ws}(s)$，由白化处理方法得到因果维纳滤波器的传输函数为

$$H_{\mathrm{c}}(s)=H_{\mathrm{w}}(s)H_2(s)=\frac{1}{G_{xx}^{+}(s)}\left[\frac{G_{xs}(s)\exp(\alpha s)}{G_{xx}^{-}(s)}\right]^+ \tag{10.2.32}$$

它与频谱因式分解法的结论完全一致。

例 10.2.1 设观测信号为 $x(t)=s(t)+n(t)$，$s(t)$ 与 $n(t)$ 都为 0 均值平稳随机过程，且互不相关。已知信号和噪声的自相关函数分别为

$$R_{ss}(\tau)=\mathrm{e}^{-|\tau|},\quad R_{nn}(\tau)=\delta(\tau)$$

试设计只滤波不预测的非因果和因果维纳滤波器，并计算滤波的最小均方误差。

解：对信号和噪声的自相关函数分别进行双边拉普拉斯变换，得

$$G_{ss}(s)=\int_{-\infty}^{\infty}R_{ss}(\tau)\mathrm{e}^{-s\tau}\mathrm{d}\tau=\int_{-\infty}^{0}\mathrm{e}^{\tau}\mathrm{e}^{-s\tau}\mathrm{d}\tau+\int_0^{\infty}\mathrm{e}^{-\tau}\mathrm{e}^{-s\tau}\mathrm{d}\tau$$
$$=\frac{1}{1-s}+\frac{1}{1+s}=\frac{2}{1-s^2}$$
$$G_{nn}(s)=\int_{-\infty}^{\infty}R_{nn}(\tau)\mathrm{e}^{-s\tau}\mathrm{d}\tau=\int_{-\infty}^{\infty}\delta(\tau)\mathrm{e}^{-s\tau}\mathrm{d}\tau=1$$

因为信号和噪声是不相关的，所以拉普拉斯变量 s 形式的观测信号功率谱为

$$G_{xx}(s)=G_{ss}(s)+G_{nn}(s)=\frac{2}{-s^2+1}+1=\frac{-s^2+3}{-s^2+1}$$

观测信号与信号的互功率谱为

$$G_{xs}(s)=G_{ss}(s)=\frac{2}{-s^2+1}$$

（1）非因果维纳滤波器

非因果维纳滤波器的传输函数为

$$H(s)=\frac{G_{xs}(s)}{G_{xx}(s)}=\frac{2}{-s^2+3}=\frac{1/\sqrt{3}}{s+\sqrt{3}}+\frac{1/\sqrt{3}}{-s+\sqrt{3}}$$

该传输函数的第一项和第二项分别对应于单位冲激响应的正和负时间部分。因此，非因果维纳滤波器的单位冲激响应为

$$h(t)=\begin{cases}\dfrac{1}{\sqrt{3}}\exp(-\sqrt{3}t) & t\geqslant 0\\ \dfrac{1}{\sqrt{3}}\exp(\sqrt{3}t) & t<0\end{cases}$$

非因果维纳滤波器的最小均方误差为

$$E[e^2(t)]_{\min}=\frac{1}{2\pi}\int_{-\infty}^{\infty}\frac{G_{ss}(\omega)G_{nn}(\omega)}{G_{ss}(\omega)+G_{nn}(\omega)}\mathrm{d}\omega=0.577$$

（2）因果维纳滤波器

对 $G_{xx}(s)$ 进行因式分解，得

$$G_{xx}(s)=G_{xx}^{+}(s)G_{xx}^{-}(s)=\left[\frac{s+\sqrt{3}}{s+1}\right]\left[\frac{-s+\sqrt{3}}{-s+1}\right]$$

然后，构成 $G_{xs}(s)/G_{xx}^{-}(s)$ 函数

$$\frac{G_{xs}(s)}{G_{xx}^{-}(s)}=\frac{\dfrac{2}{-s^2+1}}{\dfrac{-s+\sqrt{3}}{-s+1}}=\frac{2}{(-s+\sqrt{3})(s+1)}=\frac{\sqrt{3}-1}{s+1}+\frac{\sqrt{3}-1}{-s+\sqrt{3}}$$

因果维纳滤波器的传输函数为

$$H_{\mathrm{c}}(s)=\frac{1}{G_{xx}^{+}(s)}\left[\frac{G_{xs}(s)}{G_{xx}^{-}(s)}\right]^{+}=\frac{1}{\dfrac{s+\sqrt{3}}{s+1}}\frac{\sqrt{3}-1}{s+1}=\frac{\sqrt{3}-1}{s+\sqrt{3}}$$

单位冲激响应为

$$h_{\mathrm{c}}(t)=\begin{cases}(\sqrt{3}-1)\exp(-\sqrt{3}t) & t\geqslant 0\\ 0 & t<0\end{cases}$$

最小均方误差为

$$E[e^2(t)]_{\min}=\frac{1}{2\pi}\int_{-\infty}^{\infty}[G_{ss}(\omega)-|H_{\mathrm{c}}(\omega)|^2\,G_{xx}(\omega)]\mathrm{d}\omega=0.732$$

例 10.2.2 设观测信号为 $x(t)=s(t)+n(t)$，信号 $s(t)$ 的自相关函数为 $R_{ss}(\tau)=\sigma^2\mathrm{e}^{-\beta|\tau|}$，$\beta>0$；噪声 $n(t)$=0，其自相关函数为 $R_{nn}(\tau)=0$。对 t 时刻经过 α 个单位后的信号 $s(t+\alpha)$ 进行最佳估计，试设计因果维纳滤波器。

解：对信号的自相关函数进行双边拉普拉斯变换，得

$$G_{ss}(s)=\int_{-\infty}^{\infty}R_{ss}(\tau)\mathrm{e}^{-s\tau}\mathrm{d}\tau=\frac{2\sigma^2\beta}{\beta^2-s^2}$$

因为噪声 $n(t)$=0，故有 $G_{xx}(s)=G_{xs}(s)=G_{ss}(s)$。将 $G_{xx}(s)$ 因式分解，得

$$G_{xx}(s)=G_{xx}^{+}(s)G_{xx}^{-}(s)=\left[\frac{\sqrt{2\sigma^2\beta}}{s+\beta}\right]\left[\frac{\sqrt{2\sigma^2\beta}}{-s+\beta}\right]$$

然后，构成 $G_{xs}(s)/G_{xx}^{-}(s)$ 函数

$$\frac{G_{xs}(s)}{G_{xx}^{-}(s)}=G_{xx}^{+}(s)=\frac{\sqrt{2\sigma^2\beta}}{s+\beta}$$

因为对 t 时刻经过 α 个单位后的信号进行最佳估计，因此 $G_{xs}(s)/G_{xx}^{-}(s)$ 首先必须乘以 $\mathrm{e}^{\alpha s}$，然后再求结果的正时间部分。

现在需要求出

$$\left[\frac{G_{xs}(s)}{G_{xx}^{-}(s)}\mathrm{e}^{\alpha s}\right]^{+}=\left[\frac{\sqrt{2\sigma^2\beta}}{s+\beta}\mathrm{e}^{\alpha s}\right]^{+}$$

的表示式。为此，令

$$\Phi(s)=\frac{G_{xs}(s)}{G_{xx}^{-}(s)}=G_{xx}^{+}(s)=\frac{\sqrt{2\sigma^2\beta}}{s+\beta}$$

与 $\Phi(s)$ 相应的时域函数为

$$\phi(t)=\sqrt{2\sigma^2\beta}\,\mathrm{e}^{-\beta t}\quad t\geqslant 0$$

则 $[\Phi(s)\mathrm{e}^{\alpha s}]^{+}$ 便是 $\phi(t+\alpha)$ 的因果可实现部分。由于

$$\phi(t+\alpha)=\begin{cases}\sqrt{2\sigma^2\beta}\,\mathrm{e}^{-\beta(t+\alpha)} & \alpha\geqslant 0\\ 0\quad 0\leqslant t<|\alpha| & \alpha<0\\ \sqrt{2\sigma^2\beta}\,\mathrm{e}^{-\beta(t+\alpha)} & t\geqslant|\alpha|,\alpha<0\end{cases}$$

对 $\phi(t+\alpha)$ 取拉普拉斯变换，得

$$[\Phi(s)\mathrm{e}^{\alpha s}]^{+}=\begin{cases}\dfrac{\sqrt{2\sigma^2\beta}}{s+\beta}\mathrm{e}^{-\beta\alpha} & \alpha\geqslant 0\\ \dfrac{\sqrt{2\sigma^2\beta}}{s+\beta}\mathrm{e}^{\alpha s} & \alpha<0\end{cases}$$

因果维纳滤波器的传输函数为

$$H_{\mathrm{c}}(s)=\frac{1}{G_{xx}^{+}(s)}\left[\frac{G_{xs}(s)}{G_{xx}^{-}(s)}\mathrm{e}^{\alpha s}\right]^{+}=\frac{[\Phi(s)\mathrm{e}^{\alpha s}]^{+}}{G_{xx}^{+}(s)}=\begin{cases}\mathrm{e}^{-\beta\alpha} & \alpha\geqslant 0\\ \mathrm{e}^{\alpha s} & \alpha<0\end{cases}$$

对 $H_{\mathrm{c}}(s)$ 取拉普拉斯逆变换，得到因果维纳滤波器的单位冲激响应为

$$h_{\mathrm{c}}(t)=\begin{cases}\mathrm{e}^{-\beta\alpha}\delta(t) & \alpha\geqslant 0\\ \delta(t+\alpha) & \alpha<0\end{cases}$$

10.2.2 离散随机过程的维纳滤波

维纳滤波是一种实现最小均方误差滤波的线性加权法，其基本思路可归纳为：如何对输入的当前值和过去值加权，以便得到所关心的变量在某时刻的最佳估计。最佳准则是估计的均方误差最小。依照这种思路，可以方便地把维纳滤波推广到离散随机过程的情况。

类似于连续随机过程的维纳滤波，设计离散随机过程的维纳滤波器，就是寻求在线性最小均方误差准则下线性滤波器的传输函数 $H(z)$ 或单位脉冲响应 $h(k)$，其实质是解离散的维纳-霍夫方程。

1. 离散的维纳-霍夫方程

设 $x(k)$ 是通过对接收信号 $x(t)$ 进行时间域取样所形成的离散随机过程，则离散接收信号为

$$x(k)=s(k)+n(k)\tag{10.2.33}$$

式中，$x(k)=x(t_k)$ 是接收信号 $x(t)$ 在时刻 t_k 的观测值；$s(k)=s(t_k)$ 是有用信号 $s(t)$ 在时刻 t_k 的观测值；$n(k)=n(t_k)$ 是噪声 $n(t)$ 在时刻 t_k 的观测值。离散有用信号 $s(k)$ 和离散噪声 $n(k)$ 均是均值为 0 的离散平稳随机过程，且二者是联合平稳的。$s(k)$ 和 $n(k)$ 的自相关函数均是已知的，且 $s(k)$ 和 $n(k)$ 的互相关函数也是已知的。

一个线性时不变系统，如果它的单位脉冲响应为 $h(k)$，当输入离散接收信号 $x(k)$ 时，则输出为

$$y(k)=\sum_i h(i)x(k-i)\tag{10.2.34}$$

为了方便，在未涉及维纳滤波器具体形式时，暂且不对 $h(k)$、$x(k)$ 及 $y(k)$ 的序列长度做规定。

希望离散接收信号 $x(k)$ 通过线性系统 $h(k)$ 后得到的输出 $y(k)$ 尽量接近于有用信号 $s(k)$，因此称 $y(k)$ 为 $s(k)$ 的估计值，用 $\hat{s}(k)$ 表示，即 $y(k)=\hat{s}(k)$ 。从当前的和过去的观察值 $x(k),x(k-1),x(k-2),\cdots$，估计当前的有用信号值 $y(k)=\hat{s}(k)$ 称为滤波；从当前的和过去的观察值，估计将来的有用信号值 $y(k)=\hat{s}(k+M)(M>0)$ 称为预测或外推；从当前的和过去的观察值，估计过去的有用信号值 $y(k)=\hat{s}(k-M)(M>1)$ 称为平滑或内插。

离散接收信号 $x(k)$ 通过线性系统 $h(k)$ 所实现的离散卷积运算，实际上是通过对输入离散接收信号的当前和过去的观察值 $x(k),x(k-1),x(k-2),\cdots$ 的线性加权，来估计有用信号的当前值、未来值或过去的值。离散维纳滤波是以最小均方误差为准则的最佳线性滤波或最佳线性估计。

对于有用信号 $s(k)$ 的估计值 $\hat{s}(k)$，$s(k)$ 与 $\hat{s}(k)$ 之间的误差为

$$e(k)=s(k)-\hat{s}(k)=s(k)-y(k)=s(k)-\sum_i h(i)x(k-i) \tag{10.2.35}$$

均方误差为

$$E[e^2(k)]=E\{[s(k)-y(k)]^2\}=E\left\{\left[s(k)-\sum_i h(i)x(k-i)\right]^2\right\} \tag{10.2.36}$$

现在的问题是需要求得使 $E[e^2(k)]$ 最小的 $h(k)$，为此，将 $E[e^2(k)]$ 对各 $h(j)$ 求偏导，并令其结果等于 0，得

$$\frac{\partial E[e^2(k)]}{\partial h(j)}=-2E\left\{\left[s(k)-\sum_i h(i)x(k-i)\right]x(k-j)\right\}=0 \tag{10.2.37}$$

对任意整数 j，都有

$$E[e(k)x(k-j)]=0 \tag{10.2.38}$$

式(10.2.38)称为正交原理。

如果两个随机变量之积的数学期望为 0，则称这两个随机变量是正交的。正交原理是指采用最小均方误差准则的最佳线性滤波器的误差与输入信号当前的和过去的观察值正交。对于采用最小均方误差准则的连续线性滤波器，同样存在正交原理。线性最小均方误差准则与正交原理是等效的。正交原理是线性滤波器满足最小均方误差准则的充分必要条件。因此，可以直接利用正交原理来论证线性滤波器的最佳性，或者直接利用正交原理来获得最佳线性滤波器的一些结果。

由式(10.2.37)可以得到离散的维纳-霍夫方程为

$$R_{xs}(j)=\sum_i h(i)R_{xx}(j-i) \tag{10.2.39}$$

式中，$R_{xs}(k)$ 为 $x(k)$ 与 $s(k)$ 的互相关函数；$R_{xx}(k)$ 为 $x(k)$ 的自相关函数；j 为任意整数。离散的维纳-霍夫方程中求和的范围不同，其求解方法也不同。

维纳滤波器的设计和计算问题可以归结为根据已知离散接收信号与离散有用信号的互相关函数 $R_{xs}(k)$ 和离散接收信号的自相关函数 $R_{xx}(k)$，求解离散的维纳-霍夫方程以得到满足线性最小均方误差的离散维纳滤波器的单位脉冲响应 $h(k)$。

利用正交原理，由式(10.2.36)可以得到离散维纳滤波器的最小均方误差为

$$E[e^2(k)]_{\min}=R_{ss}(0)-\sum_i h(i)R_{xs}(i) \tag{10.2.40}$$

式中，$R_{ss}(k)$ 为 $s(k)$ 的自相关函数。

当单位脉冲响应 $h(k)$ 的序号变量 k 取不同值时，离散维纳滤波器有下述的 3 种情况。

（1）如果 k 从 0 到 $M-1$ 取有限个整数值，离散维纳滤波器是有限冲激响应(FIR)离散维纳滤波器。

（2）如果 k 从 $-\infty$ 到 ∞ 取所有整数值，离散维纳滤波器是非因果无限冲激响应(IIR)离散维

纳滤波器。

（3）如果k从0到∞取整数值，离散维纳滤波器是因果无限冲激响应(IIR)离散维纳滤波器。

2．有限冲激响应离散维纳滤波器

对于有限冲激响应离散维纳滤波器，其$h(k)\neq 0$，$0<k<M-1$，则其输出为

$$y(k)=\hat{s}(k)=\sum_{i=0}^{M-1}h(i)x(k-i) \tag{10.2.41}$$

维纳-霍夫方程为

$$R_{xs}(j)=\sum_{i=0}^{M-1}h(i)R_{xx}(j-i) \tag{10.2.42}$$

上式的矩阵形式为

$$\boldsymbol{R}_{xx}\boldsymbol{H}=\boldsymbol{R}_{xs} \tag{10.2.43}$$

式中：$\boldsymbol{H}$是由单位脉冲响应序列组成的向量；$\boldsymbol{R}_{xx}$为离散输入信号$x(k)$的自相关矩阵，其元素为$R_{xx}(k)$；$\boldsymbol{R}_{xs}$为互相关向量，其元素为$R_{xs}(k)$。$\boldsymbol{H}$、$\boldsymbol{R}_{xs}$和$\boldsymbol{R}_{xx}$的定义为

$$\boldsymbol{H}=[h(0),h)(1),\cdots,h(M-1)]^{\mathrm{T}} \tag{10.2.44}$$

$$\boldsymbol{R}_{xs}=[R_{xs}(0),R_{xs}(1),\cdots,R_{xs}(M-1)]^{\mathrm{T}} \tag{10.2.45}$$

$$\boldsymbol{R}_{xx}=\begin{bmatrix} R_{xx}(0) & R_{xx}(1) & \cdots & R_{xx}(M-1) \\ R_{xx}(1) & R_{xx}(0) & \cdots & R_{xx}(M-2) \\ \vdots & \vdots & \ddots & \vdots \\ R_{xx}(M-1) & R_{xx}(M-2) & \cdots & R_{xx}(0) \end{bmatrix} \tag{10.2.46}$$

由式(10.2.43)解得

$$\boldsymbol{H}=\boldsymbol{R}_{xx}^{-1}\boldsymbol{R}_{xs} \tag{10.2.47}$$

当M较大时，自相关矩阵$\boldsymbol{R}_{xx}$及其逆矩阵的计算量大，对存储量的要求也较高。

有限冲激响应离散维纳滤波器的最小均方误差为

$$E[e^2(k)]_{\min}=R_{ss}(0)-\sum_{i=0}^{M-1}h(i)R_{xs}(i) \tag{10.2.48}$$

3．非因果无限冲激响应离散维纳滤波器

如果对离散维纳滤波器的单位脉冲响应$h(k)$不施加约束条件，即$h(k)\neq 0$，$-\infty<k<\infty$，则构成非因果无限冲激响应离散维纳滤波器。其输出为

$$y(k)=\hat{s}(k)=\sum_{i=-\infty}^{\infty}h(i)x(k-i) \tag{10.2.49}$$

非因果离散维纳滤波器不仅要利用过去的观测数据，要求利用未来的观测数据，不能用于实时处理，因而是物理不可实现的，只能用于事后的数据分析。

其维纳-霍夫方程为

$$R_{xs}(j)=\sum_{i=-\infty}^{\infty}h(i)R_{xx}(j-i) \tag{10.2.50}$$

对上式两边取Z变换，得

$$H(z)G_{xx}(z)=G_{xs}(z) \tag{10.2.51}$$

式中，$H(z)$是离散维纳滤波器的单位脉冲响应$h(k)$的Z变换；$G_{xx}(z)$是$R_{xx}(k)$的Z变换，也就是离散输入信号$x(k)$的自功率谱；$G_{xs}(z)$是$R_{xs}(k)$的Z变换，也就是$x(k)$与离散有用信号$s(k)$的互功率谱。

非因果无限冲激响应离散维纳滤波器的传输函数$H(z)$为

$$H(z)=G_{xs}(z)/G_{xx}(z) \tag{10.2.52}$$

对$H(z)$进行逆Z变换，可以得到相应的单位脉冲响应$h(k)$。

非因果无限冲激响应离散维纳滤波器的最小均方误差为

$$E[e^2(k)]_{\min} = R_{ss}(0) - \sum_{i=-\infty}^{\infty} h(i)R_{xs}(i) \tag{10.2.53}$$

由围线积分法求逆 Z 变换的公式和帕塞伐尔定理，得到最小均方误差的 z 域表示形式为

$$E[e^2(k)]_{\min} = \frac{1}{2\pi \mathrm{j}}\oint [G_{ss}(z) - H(z)G_{xs}(z^{-1})]z^{-1}\mathrm{d}z \tag{10.2.54}$$

4．因果无限冲激响应离散维纳滤波器

对于因果无限冲激响应离散维纳滤波器，其 $h(k) \neq 0$，$0 \leqslant k < \infty$，则其输出为

$$y(k) = \hat{s}(k) = \sum_{i=0}^{\infty} h(i)x(k-i) \tag{10.2.55}$$

维纳-霍夫方程为

$$R_{xs}(j) = \sum_{i=0}^{\infty} h(i)R_{xx}(j-i) \quad j \geqslant 0 \tag{10.2.56}$$

类似于因果连续维纳滤波器的维纳-霍夫方程的求解方法，式(10.2.56)的求解方法通常有两种：频谱因式分解法和白化处理方法。

（1）频谱因式分解法

如果离散输入信号 $x(k)$ 是具有有理功率谱密度的离散平稳随机过程，频谱因式分解法求解式(10.2.56)所示维纳-霍夫方程的具体过程如下：首先，为了使用卷积定理求解，需要将(10.2.56)扩展为非因果无限冲激响应离散维纳滤波器的维纳-霍夫方程式(10.2.50)；通过 Z 变换，得到式(10.2.52)所示的传输函数 $H(z)$；接着进行如下的因式分解，得到因果无限冲激响应离散维纳滤波器的传输函数。

如果离散输入信号 $x(k)$ 的功率谱密度 $G_{xx}(\omega)$ 是有理函数，对 $G_{xx}(\omega)$ 对应的 z 域表示式 $G_{xx}(z)$ 进行因式分解，得到

$$G_{xx}(z) = G_{xx}^{+}(z)G_{xx}^{-}(z) \tag{10.2.57}$$

式中，$G_{xx}^{+}(z)$ 的所有零点和极点都位于单位圆 $|z|<1$ 内；$G_{xx}^{-}(z)$ 的所有零点和极点都位于单位圆 $|z|>1$ 外。位于单位圆 $|z|=1$ 上的所有零点和极点平分给 $G_{xx}^{+}(z)$ 和 $G_{xx}^{-}(z)$。

非因果无限冲激响应离散维纳滤波器的传输函数 $H(z)$ 满足

$$H(z)G_{xx}^{+}(z)G_{xx}^{-}(z) = G_{xs}(z)$$

故有

$$H(z) = \frac{G_{xs}(z)}{G_{xx}^{+}(z)G_{xx}^{-}(z)} = \frac{1}{G_{xx}^{+}(z)}\left\{\left[\frac{G_{xs}(z)}{G_{xx}^{-}(z)}\right]^{+} + \left[\frac{G_{xs}(z)}{G_{xx}^{-}(z)}\right]^{-}\right\} \tag{10.2.58}$$

式中，$[\cdot]^{+}$ 的所有零点和极点都位于单位圆 $|z|<1$ 内；$[\cdot]^{-}$ 的所有零点和极点都位于单位圆 $|z|>1$ 外。位于单位圆 $|z|=1$ 上的所有零点和极点平分给 $[\cdot]^{+}$ 和 $[\cdot]^{-}$。

因果无限冲激响应离散维纳滤波器的传输函数为

$$H_{\mathrm{c}}(z) = \frac{1}{G_{xx}^{+}(z)}\left[\frac{G_{xs}(z)}{G_{xx}^{-}(z)}\right]^{+} \tag{10.2.59}$$

对 $H_{\mathrm{c}}(z)$ 求逆 Z 变换，就可以得到其单位脉冲响应 $h_{\mathrm{c}}(k)$。

（2）白化处理方法

与因果连续维纳滤波器的情况类似，对于因果无限冲激响应离散维纳滤波器，白化处理方法的基本思路是先将离散输入信号变为离散白色随机过程，然后让离散白色随机过程通过对应于这个白色随机过程的离散维纳滤波器，得到期望的离散输出信号。

如果离散输入信号 $x(k)$ 是有色离散平稳随机过程，则需要利用白化滤波器把输入序列 $x(k)$ 进行白化处理，使之变换成白色离散平稳随机过程。如果离散输入信号 $x(k)$ 的功率谱密

度 $G_{xx}(\omega)$ 是有理函数，有理功率谱密度 $G_{xx}(\omega)$ 对应的 z 域表示式 $G_{xx}(z)$ 可以写为 $G_{xx}(z)=G_{xx}^{+}(z)G_{xx}^{-}(z)$，则白化滤波器的传输函数为

$$H_{\mathrm{w}}(z)=\frac{1}{G_{xx}^{+}(z)} \tag{10.2.60}$$

设白化滤波器输出的白色离散平稳随机过程为 $w(k)$，则其相应的维纳滤波器的传输函数为

$$H_2(z)=[G_{ws}(z)]^{+} \tag{10.2.61}$$

采用与因果连续维纳滤波器中式(10.2.31)的类似处理方法，得到

$$G_{ws}(z)=H_{\mathrm{w}}(z^{-1})G_{xs}(z)=\frac{G_{xs}(z)}{G_{xx}^{-}(z)} \tag{10.2.62}$$

将白化滤波器 $H_{\mathrm{w}}(z)$ 与对应于白色离散平稳随机过程 $w(k)$ 的维纳滤波器 $H_2(z)$ 级联，便得到对应于离散输入信号 $x(k)$ 的因果无限冲激响应离散维纳滤波器的传输函数为

$$H_{\mathrm{c}}(z)=H_{\mathrm{w}}(z)H_2(z)=\frac{1}{G_{xx}^{+}(z)}\left[\frac{G_{xs}(z)}{G_{xx}^{-}(z)}\right]^{+} \tag{10.2.63}$$

它与频谱因式分解法的结论完全一致。

因果无限冲激响应离散维纳滤波器的最小均方误差为

$$E[e^2(k)]_{\min}=R_{ss}(0)-\sum_{i=0}^{\infty}h_{\mathrm{c}}(i)R_{xs}(i) \tag{10.2.64}$$

由围线积分法求逆 Z 变换的公式和帕塞伐尔定理，得到其 z 域表示形式为

$$E[e^2(k)]_{\min}=\frac{1}{2\pi\mathrm{j}}\oint[G_{ss}(z)-H_{\mathrm{c}}(z)G_{xs}(z^{-1})]z^{-1}\mathrm{d}z \tag{10.2.65}$$

注意：非因果和因果无限冲激响应离散维纳滤波器的最小均方误差的表示式具有相同的形式，只是二者的维纳滤波器的传输函数或单位脉冲响应有所不同。非因果情况下，使用非因果无限冲激响应离散维纳滤波器的传输函数或单位脉冲响应；因果情况下，使用因果无限冲激响应离散维纳滤波器的传输函数或单位脉冲响应。

例 10.2.3 设观测序列为 $x(k)=s(k)+n(k)$，其中 $s(k)$ 代表所希望得到的信号序列，噪声序列 $n(k)$ 是 0 均值的白噪声序列，且 $n(k)$ 与 $s(k)$ 互不相关。已知

$$G_{ss}(z)=\frac{0.36}{(1-0.8z^{-1})(1-0.8z)},\quad G_{nn}(z)=1$$

试求物理可实现与物理不可实现两种情况下的维纳滤波器及相应的最小均方误差。

解：因为信号和噪声是不相关的，即 $G_{sn}(z)=0$，则有

$$G_{xs}(z)=G_{ss}(z)$$

$$G_{xx}(z)=G_{ss}(z)+G_{nn}(z)=\frac{0.36}{(1-0.8z^{-1})(1-0.8z)}+1$$

$$=1.6\frac{(1-0.5z^{-1})(1-0.5z)}{(1-0.8z^{-1})(1-0.8z)}=G_{xx}^{+}(z)G_{xx}^{-}(z)$$

其中

$$G_{xx}^{+}(z)=1.6\frac{1-0.5z^{-1}}{1-0.8z^{-1}},\quad G_{xx}^{-}(z)=\frac{1-0.5z}{1-0.8z}$$

(1) 物理可实现情况

物理可实现维纳滤波器的传输函数为

$$H_{\mathrm{c}}(z)=\frac{1}{G_{xx}^{+}(z)}\left[\frac{G_{xs}(z)}{G_{xx}^{-}(z)}\right]^{+}=\frac{1-0.8z^{-1}}{1.6(1-0.5z^{-1})}\left[\frac{0.36}{(1-0.8z^{-1})(1-0.5z)}\right]^{+}$$

因为 $$\mathrm{ZT}^{-1}\left[\frac{0.36}{(1-0.8z^{-1})(1-0.5z)}\right]=\mathrm{ZT}^{-1}\left[\frac{3}{5}\frac{1}{(1-0.8z^{-1})}+\frac{3}{5}\frac{0.5z}{(1-0.5z)}\right]$$
$$=\frac{3}{5}(0.8)^k u(k)-\frac{3}{5}(2)^k u(-k-1)$$

式中，$\mathrm{ZT}^{-1}[\cdot]$表示逆Z变换。对于物理可实现情况，应取$k\geq 0$，故有

$$\left[\frac{0.36}{(1-0.8z^{-1})(1-0.5z)}\right]^{+}=\frac{3/5}{1-0.8z^{-1}}$$

则 $$H_{\mathrm{c}}(z)=\frac{1-0.8z^{-1}}{1.6(1-0.5z^{-1})}\frac{3/5}{1-0.8z^{-1}}=\frac{3/8}{1-0.5z^{-1}}$$

考虑到$G_{xs}(z)=G_{ss}(z)=G_{ss}(z^{-1})=G_{xs}(z^{-1})$，得到

$$E[e^2(k)]_{\min}=\frac{1}{2\pi \mathrm{j}}\oint_c [G_{ss}(z)-H(z)G_{xs}(z)]z^{-1}\mathrm{d}z$$
$$=\frac{1}{2\pi \mathrm{j}}\oint_c \left\{\frac{0.36}{(1-0.8z^{-1})(1-0.8z)}\left[1-\frac{0.225}{(1-0.5z^{-1})(1-0.5z)}\right]\right\}z^{-1}\mathrm{d}z$$
$$=\frac{1}{2\pi \mathrm{j}}\oint_c \frac{0.9z(1.025-0.5z^{-1}-0.5z)}{(z-0.8)(z-1/0.8)(z-0.5)(z-2)}\mathrm{d}z$$

取单位圆为积分围线c，上式等于单位圆内的极点（$z=0.5$）的留数，即

$$E[e^2(k)]_{\min}=\frac{0.36\times(5/8)}{(1-0.8\times 0.5)}=\frac{3}{8}$$

而在经过此滤波器以前的均方误差为

$$E[e^2(k)]=E\{[x(k)-s(k)]^2\}=E[n^2(k)]=G_{nn}(0)=1$$

所以通过维纳滤波器后均方误差下降 8/3（≈2.7）倍。

（2）物理不可实现情况

物理不可实现维纳滤波器的传输函数为

$$H(z)=\frac{G_{xs}(z)}{G_{xx}(z)}=\frac{G_{ss}(z)}{G_{ss}(z)+G_{nn}(z)}=\frac{\dfrac{0.36}{(1-0.8z^{-1})(1-0.8z)}}{\dfrac{0.36}{(1-0.8z^{-1})(1-0.8z)}+1}$$
$$=\frac{0.225}{(1-0.5z^{-1})(1-0.5z)}=\left[\frac{3}{10}\frac{1}{(1-0.5z^{-1})}+\frac{3}{10}\frac{0.5z}{(1-0.5z)}\right]$$

经逆Z变换，得到 $$h(t)=\mathrm{ZT}^{-1}\left[\frac{3}{10}\frac{1}{(1-0.5z^{-1})}+\frac{3}{10}\frac{0.5z}{(1-0.5z)}\right]$$
$$=\frac{3}{10}(0.5)^k u(k)-\frac{3}{10}(2)^k u(-k-1)$$

最小均方误差为

$$E[e^2(k)]_{\min}=\frac{1}{2\pi \mathrm{j}}\oint_c [G_{ss}(z)-H(z)G_{xs}(z)]z^{-1}\mathrm{d}z$$
$$=\frac{1}{2\pi \mathrm{j}}\oint_c \left\{\frac{0.36}{(1-0.8z^{-1})(1-0.8z)}\left[1-\frac{0.225}{(1-0.5z^{-1})(1-0.5z)}\right]\right\}z^{-1}\mathrm{d}z$$
$$=\frac{1}{2\pi \mathrm{j}}\oint_c \frac{0.9z(1.025-0.5z^{-1}-0.5z)}{(z-0.8)(z-1/0.8)(z-0.5)(z-2)}\mathrm{d}z$$

取单位圆为积分围线c，在单位圆内有两个极点：$z=0.8$和$z=0.5$。上式等于这 2 个极点的留

数之和，故有

$$E[e^2(k)]_{\min}=\frac{0.9\times0.8(1.025-0.5/0.8-0.5\times0.8)}{(0.8-1/0.8)(0.8-0.5)(0.8-2)}+\frac{0.9\times0.5(1.025-0.5/0.5-0.5\times0.5)}{(0.5-0.8)(0.5-1/0.8)(0.5-2)}=\frac{3}{10}$$

前面求得物理可实现的 $E[e^2(k)]_{\min}=3/8$，所以在此例中物理不可实现情况的均方误差略小于(即稍好于)物理可实现的情况。可以证明，物理可实现情况的最小均方误差总不会小于物理不可实现的情况。

前面讨论的是离散随机过程的维纳滤波器。它以当前的以及全部过去的观测数据 $x(k),x(k-1),x(k-2),\cdots$ 来获取当前有用信号 $s(k)$ 的估计值 $\hat{s}(k)$。离散随机过程的维纳预测器是以当前的以及全部过去的观测数据 $x(k),x(k-1),x(k-2),\cdots$ 来获取将来的有用信号 $s(k+M)$ 估计值 $\hat{s}(k+M),M>0$ 的。

离散随机过程的维纳预测器的实际输出 $y(k)=\hat{s}(k+M)$，而期望得到的输出为 $s(k+M)$。

离散随机过程的维纳预测器与维纳滤波器并无本质区别。维纳滤波器期望得到的输出为 $s(k)$，而实际得到的输出为 $\hat{s}(k)$；维纳预测器期望得到的输出为 $s(k+M)$，而实际得到的输出为 $\hat{s}(k+M)$。

离散随机过程的维纳预测器的分析方法与维纳滤波器的分析方法相同，只需将离散随机过程的维纳滤波器分析过程中的 $s(k)$ 替换为 $s(k+M)$，$\hat{s}(k)$ 替换为 $\hat{s}(k+M)$，$e(k)$ 替换为 $e(k+M)$，$R_{xs}(k)$ 替换为 $R_{xs}(k+M)$，$G_{xs}(z)$ 替换为 $z^M G_{xs}(z)$，就可以得到离散随机过程的维纳预测器的结果。

综上所述，离散随机过程的维纳滤波问题一般可用以下 4 个公式表示：

$$\begin{cases}x(k)=s(k)+n(k)\\ y(k)=\hat{s}(k+M)=\sum\limits_i h(i)x(k-i)\quad M\geqslant 0\\ E[e^2(k+M)]=E\{[s(k+M)-y(k)]^2\}=\min\\ R_{xs}(j+M)=\sum\limits_i h(i)R_{xx}(j-i)\quad M\geqslant 0\end{cases}\tag{10.2.66}$$

维纳滤波就是根据观测信号的自相关函数(或功率谱密度)和观测信号与有用信号的互相关函数(或互功率谱密度)，求解满足最小均方误差准则约束的维纳-霍夫方程，得到的解是维纳滤波器的冲激响应或传输函数。

在理论和应用上，维纳滤波存有一定的不足。首先，对于随机过程每一时刻的估计，维纳滤波需要利用该时刻以前的全部观测数据，每一次估计都需用全部数据重新算一次。因此，如果用计算机按照这种方法进行处理，那么存储量与计算量比较大，甚至不能实时处理。其次，维纳滤波通常限制在研究和处理平稳随机过程，很难推广到非平稳随机过程。

10.3 卡尔曼滤波

卡尔曼滤波和维纳滤波都是解决以最小均方误差为准则的最佳线性滤波或最佳线性估计问题。但是，它们的适用范围、处理方法和实现方式等方面有较大的差别。在适用范围方面，维纳滤波只适用于平稳随机过程，时不变线性系统；而卡尔曼滤波则可适用于平稳随机过程和非平稳随机过程，时不变和时变的线性系统。在处理方法和实现方式上，维纳滤波是根据当前的以及全部过去的观测数据 $x(k),x(k-1),x(k-2),\cdots$ 来估计信号的当前值的，它的解是以均方误差最小条件下所得到的系统的传输函数 $H(z)$ 或单位脉冲响应 $h(k)$ 的形式给出的。卡尔曼滤波不需要全部过去的观察数据，只是根据前一次的估计值和当前的观测值 $x(k)$ 来估计信号的当前值，它是用状态方程和递推方法进行估计的，其解是以估计值的形式给出的。

从信号模型的建立来看，维纳滤波的信号模型是从信号和噪声的相关函数得到的；而卡尔曼滤波的信号模型是从信号的状态方程和观测方程得到的。在维纳滤波中，可以将任何具有有理功率谱密度的随机信号 $x(k)$ 或 $s(k)$ 看作是白色噪声通过一个线性网络所形成的，并由此得到维纳滤波器的信号模型。在卡尔曼滤波中，由状态方程和观测方程共同描述了信号模型。

维纳滤波通过对当前的以及全部过去的观测数据进行线性加权运算来估计信号的当前值，计算量大，难以实现实时处理以及多个变量同时估计。卡尔曼滤波只需根据前一次的估计值和当前的观测值，通过递推算法来估计信号的当前值，计算效率高，便于实时处理。卡尔曼滤波采用状态空间向量模型，适用于多输入多输出系统。

设计维纳滤波器要求已知信号与噪声的相关函数，设计卡尔曼滤波器要求已知状态方程、观测方程及其统计特性。

卡尔曼滤波也分为连续形式和离散形式两种。由于目前几乎全部采用数字信号处理，所以，本节只讨论离散卡尔曼滤波。先讨论向量卡尔曼滤波，然后讨论标量卡尔曼滤波。

10.3.1 向量卡尔曼滤波

标量卡尔曼滤波是一维卡尔曼滤波，是对单个随机信号的最佳线性滤波和预测。向量卡尔曼滤波是多维卡尔曼滤波，是对多个随机信号同时进行的最佳线性滤波和预测。例如，在雷达跟踪滤波问题中，需要同时估计目标的 3 个坐标及 3 个速度分量。向量卡尔曼滤波主要包括 3 个方面的内容：信号模型、预测算法及滤波算法。

1. 向量卡尔曼滤波的信号模型

向量卡尔曼滤波的信号模型包括状态方程和观测方程。

（1）状态方程

描述系统状态的变量称为状态变量，信号是描述系统状态的一种方式。因此，信号也是状态变量。描述系统状态变化的状态变量的数学表示式称为状态方程。

设 m 个状态变量或随机信号组成状态向量，在 k 时刻的状态向量表示为

$$\boldsymbol{S}(k)=[s_1(k)\ \ s_1(k)\ \ \cdots s_m(k)]^{\mathrm{T}} \tag{10.3.1}$$

式中，$s_1(k),s_2(2),\cdots,s_m(k)$ 分别为 m 个状态变量或随机信号。

设离散时间系统的状态方程表示为

$$\boldsymbol{S}(k)=\boldsymbol{A}(k,k-1)\boldsymbol{S}(k-1)+\boldsymbol{D}(k-1)\boldsymbol{U}(k-1)+\boldsymbol{\Gamma}(k-1)\boldsymbol{W}(k-1) \tag{10.3.2}$$

式中，$\boldsymbol{A}(k,k-1)$ 是系统从 $k-1$ 时刻到 k 时刻的（一步）状态转移矩阵，是 $m\times m$ 阶矩阵；$\boldsymbol{W}(k-1)$ 是 $k-1$ 时刻系统受到的 l 维扰动噪声向量，称为状态噪声向量或系统噪声向量；$\boldsymbol{\Gamma}(k-1)$ 是 $k-1$ 时刻反映扰动噪声向量对系统状态向量影响程度的 $m\times l$ 阶扰动矩阵；$\boldsymbol{U}(k-1)$ 是 $k-1$ 时刻系统的输入信号向量，是 r 维列向量；$\boldsymbol{D}(k-1)$ 是 $k-1$ 时刻反映输入信号向量对系统状态向量影响程度的 $m\times r$ 阶控制矩阵。

状态方程式(10.3.2)中的控制项 $\boldsymbol{D}(k-1)\boldsymbol{U}(k-1)$ 表示系统输入信号对状态变量变化的贡献。如果控制项 $\boldsymbol{D}(k-1)\boldsymbol{U}(k-1)$ 不存在，相应的卡尔曼滤波称为无控制卡尔曼滤波；如果控制项 $\boldsymbol{D}(k-1)\boldsymbol{U}(k-1)$ 存在，相应的卡尔曼滤波称为有控制卡尔曼滤波。

如果状态变量或信号 $s_1(k),s_2(2),\cdots,s_m(k)$ 是相互独立的，则状态转移矩阵 $\boldsymbol{A}(k,k-1)$ 是一个对角矩阵。如果 $\boldsymbol{A}(k,k-1)$ 为时变矩阵，也就是随着时刻 k 而变化，则状态方程可以表示具有时变系数的信号，即非平稳随机过程。如果 $\boldsymbol{A}(k,k-1)$ 为时不变矩阵，也就是不随着时刻 k

而变化，则状态方程表示具有时不变系数的信号，即平稳随机过程。

（2）观测方程

卡尔曼滤波需要依据观测数据对系统状态进行估计，因此，系统信号模型除了要建立状态方程外，还需要建立观测方程。设观测方程为

$$\boldsymbol{X}(k)=\boldsymbol{C}(k)\boldsymbol{S}(k)+\boldsymbol{V}(k) \tag{10.3.3}$$

式中，$\boldsymbol{X}(k)$ 是 k 时刻的观测向量，是 q 维列向量；$\boldsymbol{C}(k)$ 是 k 时刻的 $q\times m$ 阶观测矩阵；$\boldsymbol{V}(k)$ 是 k 时刻的观测噪声向量，是 q 维列向量。

由状态方程与观测方程，即式(10.3.2)与式(10.3.3)，可以得到向量卡尔曼滤波的信号模型，如图 10.3.1 所示。

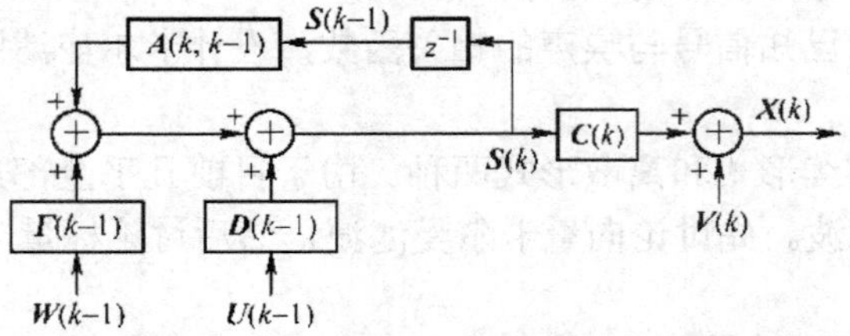

图 10.3.1　向量卡尔曼滤波的信号模型

（3）信号模型的统计特性

卡尔曼滤波的信号模型除了给出状态方程和观测方程之外，还需要假定一些随机向量的统计特性。

（1）系统噪声向量 $\boldsymbol{W}(k)$ 是 0 均值的白噪声随机向量序列，即有 $E[\boldsymbol{W}(k)]=\boldsymbol{0}$，且系统噪声协方差矩阵

$$\boldsymbol{Q}(k)=E[\boldsymbol{W}(k)\boldsymbol{W}^{\mathrm{T}}(k)] \tag{10.3.4}$$

为非负定矩阵。若系统噪声向量的各分量之间不相关，则 $\boldsymbol{Q}(k)$ 为对角矩阵。

（2）观测噪声向量 $\boldsymbol{V}(k)$ 是 0 均值的白噪声随机向量序列，即有 $E[\boldsymbol{V}(k)]=\boldsymbol{0}$，且观测噪声协方差矩阵

$$\boldsymbol{R}(k)=E[\boldsymbol{V}(k)\boldsymbol{V}^{\mathrm{T}}(k)] \tag{10.3.5}$$

为正定矩阵。若观测噪声向量的各分量之间不相关，则 $\boldsymbol{R}(k)$ 为对角矩阵。

（3）$\boldsymbol{W}(k)$ 与 $\boldsymbol{V}(k)$ 相互独立，即

$$E[\boldsymbol{W}(k)\boldsymbol{V}^{\mathrm{T}}(k)]=\boldsymbol{0} \tag{10.3.6}$$

（4）初始状态向量 $\boldsymbol{S}(0)$ 的均值和协方差矩阵为

$$E[\boldsymbol{S}(0)]=\boldsymbol{m}_{\mathrm{S0}} \tag{10.3.7}$$

$$E\{[\boldsymbol{S}(0)-\boldsymbol{m}_{\mathrm{S0}}][\boldsymbol{S}(0)-\boldsymbol{m}_{\mathrm{S0}}]^{\mathrm{T}}\}=\boldsymbol{P}_{\mathrm{S0}} \tag{10.3.8}$$

（5）$\boldsymbol{S}(0)$ 与每一时刻的 $\boldsymbol{W}(k)$ 相互独立，也与每一时刻的 $\boldsymbol{V}(k)$ 相互独立。即

$$E[\boldsymbol{S}(0)\boldsymbol{W}^{\mathrm{T}}(k)]=\boldsymbol{0} \tag{10.3.9}$$

$$E[\boldsymbol{S}(0)\boldsymbol{V}^{\mathrm{T}}(k)]=\boldsymbol{0} \tag{10.3.10}$$

2．向量卡尔曼滤波基本公式

卡尔曼滤波是一种递推的估计，只要获知上一时刻状态的估计值以及当前时刻的观测值就可以计算出当前时刻状态的估计值，不需要记录观测或者估计的历史信息。卡尔曼滤波器与大多数滤波器不同之处，在于它是一种纯粹的时域滤波器。

卡尔曼滤波包括两个阶段：预测与滤波。在预测阶段，卡尔曼滤波器使用上一时刻状态的滤波估计值，做出对当前时刻状态的预测估计值。在滤波阶段，卡尔曼滤波器利用对当前时刻的观测值优化在预测阶段获得的预测估计值，以获得一个更精确的新滤波估计值。因此，滤波

也常称为更新，是通过当前时刻的观测值的处理去更新预测值的。

（1）基本变量

在预测阶段，卡尔曼滤波器的两个基本变量是：预测状态向量 $\hat{\boldsymbol{S}}(k|k-1)$ 和预测误差协方差矩阵 $\boldsymbol{P}(k|k-1)$。

预测误差向量为
$$\tilde{\boldsymbol{S}}(k|k-1)=\boldsymbol{S}(k)-\hat{\boldsymbol{S}}(k|k-1) \tag{10.3.11}$$
则预测协方差矩阵为
$$\boldsymbol{P}(k|k-1)=E[\tilde{\boldsymbol{S}}(k|k-1)\tilde{\boldsymbol{S}}^{\mathrm{T}}(k|k-1)] \tag{10.3.12}$$
预测协方差矩阵反映了状态预测的精确程度(精度)。

在滤波阶段，卡尔曼滤波器的 3 个基本变量是：状态滤波向量 $\hat{\boldsymbol{S}}(k|k)$、滤波增益矩阵 $\boldsymbol{K}(k)$ 和滤波协方差矩阵 $\boldsymbol{P}(k|k)$。

滤波误差向量为
$$\tilde{\boldsymbol{S}}(k|k)=\boldsymbol{S}(k)-\hat{\boldsymbol{S}}(k|k) \tag{10.3.13}$$
则滤波协方差矩阵为
$$\boldsymbol{P}(k|k)=E[\tilde{\boldsymbol{S}}(k|k)\tilde{\boldsymbol{S}}^{\mathrm{T}}(k|k)] \tag{10.3.14}$$
滤波协方差矩阵反映了状态滤波的精度。

（2）基本公式

卡尔曼滤波有 5 个基本公式。在预测阶段，卡尔曼滤波有 2 个基本公式：状态预测公式和预测协方差矩阵公式。在滤波阶段，卡尔曼滤波有 3 个基本公式：滤波增益矩阵公式、状态滤波公式和滤波协方差矩阵公式。

1）状态预测公式

卡尔曼滤波的实质是根据观测数据 $\boldsymbol{X}(1),\boldsymbol{X}(2),\cdots,\boldsymbol{X}(k)$ 寻求对状态向量 $\boldsymbol{S}(k)$ 在 k 时刻的最佳估计 $\hat{\boldsymbol{S}}(k|k)$。卡尔曼滤波的特点是采用迭代运算。当得到了在 $k-1$ 时刻对状态向量 $\boldsymbol{S}(k-1)$ 的最佳估计 $\hat{\boldsymbol{S}}(k-1|k-1)$ 和在 k 时刻得到新的观测数据 $\boldsymbol{X}(k)$ 后，先对 k 时刻的状态向量 $\boldsymbol{S}(k)$ 做一个最佳预测 $\hat{\boldsymbol{S}}(k|k-1)$。对系统噪声 $\boldsymbol{W}(k)$ 的最佳预测应当是其均值，由于 $\boldsymbol{W}(k)$ 是 0 均值白噪声序列，因此 $\boldsymbol{W}(k)$ 的最佳预测应等于 0。由状态方程式(10.3.2）可以得到 $\boldsymbol{S}(k)$ 的一步最佳预测 $\hat{\boldsymbol{S}}(k|k-1)$，即
$$\hat{\boldsymbol{S}}(k|k-1)=\boldsymbol{A}(k,k-1)\hat{\boldsymbol{S}}(k-1|k-1)+\boldsymbol{D}(k-1)\boldsymbol{U}(k-1) \tag{10.3.15}$$

2）预测协方差矩阵公式

将状态向量 $\boldsymbol{S}(k)$ 及其最佳预测 $\hat{\boldsymbol{S}}(k|k-1)$ 代入预测协方差矩阵，并利用正交原理，经过矩阵运算推导而得到的预测协方差矩阵公式为
$$\boldsymbol{P}(k|k-1)=\boldsymbol{A}(k,k-1)\boldsymbol{P}(k-1|k-1)\boldsymbol{A}^{\mathrm{T}}(k,k-1)+\boldsymbol{\Gamma}(k-1)\boldsymbol{Q}(k-1)\boldsymbol{\Gamma}^{\mathrm{T}}(k-1) \tag{10.3.16}$$

3）滤波增益矩阵公式

对于卡尔曼滤波，滤波增益矩阵公式是使均方误差达到最小的条件。也就说，使状态向量达到最佳估计的滤波增益矩阵公式为
$$\boldsymbol{K}(k)=\boldsymbol{P}(k|k-1)\boldsymbol{C}^{\mathrm{T}}(k)[\boldsymbol{C}(k)\boldsymbol{P}(k|k-1)\boldsymbol{C}^{\mathrm{T}}(k)+\boldsymbol{R}(k)]^{-1} \tag{10.3.17}$$

卡尔曼滤波的实现关键就是不断地调整滤波增益矩阵，它是一种自适应滤波器。滤波增益矩阵与观测数据无关。

4）状态滤波公式

状态向量的一步最佳预测 $\hat{\boldsymbol{S}}(k|k-1)$ 不可能完全准确，它不会正好等于 k 时刻的状态向量 $\boldsymbol{S}(k)$ 的最佳估计 $\hat{\boldsymbol{S}}(k|k)$，应当用获得的新观测数据 $\boldsymbol{X}(k)$ 进行修正。修正的过程分为 3 步：

① 根据观测方程式(10.3.3)，由状态向量的一步最佳预测 $\hat{\boldsymbol{S}}(k|k-1)$ 构造 k 时刻观测数据 $\boldsymbol{X}(k)$ 一步最佳预测 $\hat{\boldsymbol{X}}(k|k-1)=\boldsymbol{C}(k)\hat{\boldsymbol{S}}(k|k-1)$；

② 构造 k 时刻观测数据 $\boldsymbol{X}(k)$ 与其一步最佳预测 $\hat{\boldsymbol{X}}(k|k-1)$ 之差 $\boldsymbol{X}(k)-\hat{\boldsymbol{X}}(k|k-1)$，形成

状态修正或更新的新息或更新值；

③ 将滤波增益矩阵 $\boldsymbol{K}(k)$ 与新息的乘积，加到状态向量的一步最佳预测 $\hat{\boldsymbol{S}}(k|k-1)$ 上，就完成了状态修正。因此，状态滤波公式为

$$\hat{\boldsymbol{S}}(k|k)=\hat{\boldsymbol{S}}(k|k-1)+\boldsymbol{K}(k)[\boldsymbol{X}(k)-\boldsymbol{C}(k)\hat{\boldsymbol{S}}(k|k-1)] \tag{10.3.18}$$

5）滤波协方差矩阵公式

将状态向量 $\boldsymbol{S}(k)$ 及其最佳滤波 $\hat{\boldsymbol{S}}(k|k)$ 代入滤波协方差矩阵，并利用正交原理，经过矩阵运算推导而得到的滤波协方差矩阵公式为

$$\boldsymbol{P}(k|k)=[\boldsymbol{I}-\boldsymbol{K}(k)\boldsymbol{C}(k)]\boldsymbol{P}(k|k-1) \tag{10.3.19}$$

由卡尔曼滤波的 5 个基本公式可以得到向量卡尔曼滤波的框图，如图 10.3.2 所示。

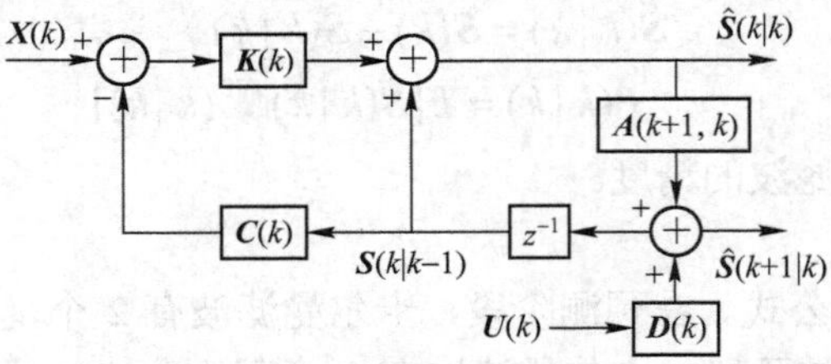

图 10.3.2　向量卡尔曼滤波的框图

3. 向量卡尔曼滤波基本公式的推导

在给定卡尔曼滤波的状态方程、观测方程和统计特性的条件下，依据线性最小均方误差准则，根据直观理解和物理概念来推导向量卡尔曼滤波基本公式。

（1）状态预测公式的推导

预测公式是根据在 $k-1$ 时刻的状态向量估计 $\hat{\boldsymbol{S}}(k-1|k-1)$ 预测 k 时刻的状态向量 $\hat{\boldsymbol{S}}(k|k-1)$。由于状态向量 $\boldsymbol{S}(k)$ 是随机向量，对其预测应当是其均值，又由于系统噪声 $\boldsymbol{W}(k)$ 是 0 均值白噪声序列，根据状态方程式(10.3.2)，由 $k-1$ 时刻的状态向量估计 $\hat{\boldsymbol{S}}(k-1|k-1)$ 可以得到 k 时刻状态向量 $\boldsymbol{S}(k)$ 的一步预测为

$$\hat{\boldsymbol{S}}(k|k-1)=\boldsymbol{A}(k,k-1)\hat{\boldsymbol{S}}(k-1|k-1)+\boldsymbol{D}(k-1)\boldsymbol{U}(k-1) \tag{10.3.20}$$

（2）状态滤波公式的推导

由于观测向量 $\boldsymbol{X}(k)$ 是随机向量，对其预测应当是其均值，又由于观测噪声 $\boldsymbol{V}(k)$ 是 0 均值白噪声序列，根据观测方程式(10.3.3)，由 k 时刻状态向量 $\boldsymbol{S}(k)$ 的一步预测 $\hat{\boldsymbol{S}}(k|k-1)$ 可以得到 k 时刻观测向量 $\boldsymbol{X}(k)$ 的预测为

$$\hat{\boldsymbol{X}}(k|k-1)=\boldsymbol{C}(k)\hat{\boldsymbol{S}}(k|k-1)] \tag{10.3.21}$$

实际的 k 时刻观测向量 $\boldsymbol{X}(k)$ 与预测向量 $\hat{\boldsymbol{X}}(k|k-1)$ 之间有误差，即

$$\begin{aligned}\tilde{\boldsymbol{X}}(k|k-1)&=\boldsymbol{X}(k)-\hat{\boldsymbol{X}}(k|k-1)=\boldsymbol{X}(k)-\boldsymbol{C}(k)\hat{\boldsymbol{S}}(k|k-1)\\&=\boldsymbol{C}(k)[\boldsymbol{S}(k)-\hat{\boldsymbol{S}}(k|k-1)]+\boldsymbol{V}(k)\\&=\boldsymbol{C}(k)\tilde{\boldsymbol{S}}(k|k-1)+\boldsymbol{V}(k)\end{aligned} \tag{10.3.22}$$

这一误差称为新息或更新值、残差。

由于新息包含了状态预测误差，经过适当加权，就可以用来修正状态向量 $\boldsymbol{S}(k)$ 的一步预测 $\hat{\boldsymbol{S}}(k|k-1)$ 而得到状态向量 $\boldsymbol{S}(k)$ 的估计，即

$$\hat{\boldsymbol{S}}(k|k)=\hat{\boldsymbol{S}}(k|k-1)+\boldsymbol{K}(k)[\boldsymbol{X}(k)-\boldsymbol{C}(k)\hat{\boldsymbol{S}}(k|k-1)] \tag{10.3.23}$$

（3）滤波增益矩阵和滤波协方差矩阵公式的推导

滤波增益矩阵是根据滤波协方差矩阵 $\boldsymbol{P}(k|k)=E[\tilde{\boldsymbol{S}}(k|k)\tilde{\boldsymbol{S}}^{\mathrm{T}}(k|k)]$ 最小的准则来确定的。

因为滤波误差向量为

$$\begin{aligned}\tilde{\boldsymbol{S}}(k|k) &= \boldsymbol{S}(k) - \hat{\boldsymbol{S}}(k|k) \\ &= \boldsymbol{S}(k) - \hat{\boldsymbol{S}}(k|k-1) - \boldsymbol{K}(k)[\boldsymbol{X}(k) - \boldsymbol{C}(k)\hat{\boldsymbol{S}}(k|k-1)] \\ &= \tilde{\boldsymbol{S}}(k|k-1) - \boldsymbol{K}(k)[\boldsymbol{C}(k)\tilde{\boldsymbol{S}}(k|k-1) + \boldsymbol{V}(k)] \\ &= [\boldsymbol{I} - \boldsymbol{K}(k)\boldsymbol{C}(k)]\tilde{\boldsymbol{S}}(k|k-1) - \boldsymbol{K}(k)\boldsymbol{V}(k)\end{aligned} \tag{10.3.24}$$

由于状态向量预测 $\hat{\boldsymbol{S}}(k|k-1)$ 是根据 $k-1$ 时刻前的观测向量 $\boldsymbol{X}(k-1)$，$\boldsymbol{X}(k-2)$，…，$\boldsymbol{X}(1)$ 对 k 时刻的状态所做的估计，因此 $\hat{\boldsymbol{S}}(k|k-1)$ 与观测噪声向量 $\boldsymbol{V}(k)$ 相互独立。由于状态向量 $\boldsymbol{S}(k)$ 与 $\boldsymbol{V}(k)$ 相互独立，因此 $\boldsymbol{V}(k)$ 与 $\tilde{\boldsymbol{S}}(k|k-1) = \boldsymbol{S}(k) - \hat{\boldsymbol{S}}(k|k-1)$ 相互独立。由于 $\boldsymbol{V}(k)$ 是 0 均值的向量，故有

$$E[\tilde{\boldsymbol{S}}(k|k-1)\boldsymbol{V}^{\mathrm{T}}(k)] = E[\boldsymbol{V}(k)\tilde{\boldsymbol{S}}^{\mathrm{T}}(k|k-1)] = 0$$

滤波协方差矩阵为

$$\begin{aligned}&\boldsymbol{P}(k|k) = E[\tilde{\boldsymbol{S}}(k|k)\tilde{\boldsymbol{S}}^{\mathrm{T}}(k|k)] \\ &= E[\{[\boldsymbol{I} - \boldsymbol{K}(k)\boldsymbol{C}(k)]\tilde{\boldsymbol{S}}(k|k-1) - \boldsymbol{K}(k)\boldsymbol{V}(k)\} \times \{[\boldsymbol{I} - \boldsymbol{K}(k)\boldsymbol{C}(k)]\tilde{\boldsymbol{S}}(k|k-1) - \boldsymbol{K}(k)\boldsymbol{V}(k)\}^{\mathrm{T}}] \\ &= [\boldsymbol{I} - \boldsymbol{K}(k)\boldsymbol{C}(k)]E[\tilde{\boldsymbol{S}}(k|k-1)\tilde{\boldsymbol{S}}^{\mathrm{T}}(k|k-1)][\boldsymbol{I} - \boldsymbol{K}(k)\boldsymbol{C}(k)]^{\mathrm{T}} + \boldsymbol{K}(k)E[\{\boldsymbol{V}(k)\boldsymbol{V}^{\mathrm{T}}(k)]\boldsymbol{K}^{\mathrm{T}}(k) - \\ &[\boldsymbol{I} - \boldsymbol{K}(k)\boldsymbol{C}(k)]E[\tilde{\boldsymbol{S}}(k|k-1)\boldsymbol{V}^{\mathrm{T}}(k)]\boldsymbol{K}^{\mathrm{T}}(k) - \boldsymbol{K}(k)E[\boldsymbol{V}(k)\tilde{\boldsymbol{S}}^{\mathrm{T}}(k|k-1)][\boldsymbol{I} - \boldsymbol{K}(k)\boldsymbol{C}(k)]^{\mathrm{T}} \\ &= [\boldsymbol{I} - \boldsymbol{K}(k)\boldsymbol{C}(k)]\boldsymbol{P}(k|k-1)[\boldsymbol{I} - \boldsymbol{K}(k)\boldsymbol{C}(k)]^{\mathrm{T}} + \boldsymbol{K}(k)\boldsymbol{R}(k)\boldsymbol{K}^{\mathrm{T}}(k)\end{aligned} \tag{10.3.25}$$

将式(10.3.25)展开，并同时加上和减去

$$\boldsymbol{P}(k|k-1)\boldsymbol{C}^{\mathrm{T}}(k)[\boldsymbol{C}(k)\boldsymbol{P}(k|k-1)\boldsymbol{C}^{\mathrm{T}}(k) + \boldsymbol{R}(k)]^{-1}\boldsymbol{C}(k)\boldsymbol{P}(k|k-1)$$

这一项，再把有关 $\boldsymbol{K}(k)$ 的项合并到一起，则有

$$\begin{aligned}\boldsymbol{P}(k|k) = &\boldsymbol{P}(k|k-1) - \boldsymbol{P}(k|k-1)\boldsymbol{C}^{\mathrm{T}}(k)[\boldsymbol{C}(k)\boldsymbol{P}(k|k-1)\boldsymbol{C}^{\mathrm{T}}(k) + \\ &\boldsymbol{R}(k)]^{-1}\boldsymbol{C}(k)\boldsymbol{P}(k|k-1) + [\boldsymbol{I} + \boldsymbol{C}(k)\boldsymbol{P}(k|k-1)\boldsymbol{C}^{\mathrm{T}}(k) + \boldsymbol{R}(k)] \times \\ &\{\boldsymbol{K}(k) - \boldsymbol{P}(k|k-1)\boldsymbol{C}^{\mathrm{T}}(k)[\boldsymbol{C}(k)\boldsymbol{P}(k|k-1)\boldsymbol{C}^{\mathrm{T}}(k) + \boldsymbol{R}(k)]^{-1}\}\end{aligned} \tag{10.3.26}$$

在式(10.3.26)中，前两项不含 $\boldsymbol{K}(k)$ 因子，因此，为了使滤波协方差矩阵 $\boldsymbol{P}(k|k)$ 最小，只有使

$$\boldsymbol{K}(k) = \boldsymbol{P}(k|k-1)\boldsymbol{C}^{\mathrm{T}}(k)[\boldsymbol{C}(k)\boldsymbol{P}(k|k-1)\boldsymbol{C}^{\mathrm{T}}(k) + \boldsymbol{R}(k)]^{-1} \tag{10.3.27}$$

相应的滤波协方差矩阵为

$$\begin{aligned}\boldsymbol{P}(k|k) &= \boldsymbol{P}(k|k-1) - \boldsymbol{P}(k|k-1)\boldsymbol{C}^{\mathrm{T}}(k)[\boldsymbol{C}(k)\boldsymbol{P}(k|k-1)\boldsymbol{C}^{\mathrm{T}}(k) + \boldsymbol{R}(k)]^{-1}\boldsymbol{C}(k)\boldsymbol{P}(k|k-1) \\ &= [\boldsymbol{I} - \boldsymbol{K}(k)\boldsymbol{C}(k)]\boldsymbol{P}(k|k-1)\end{aligned} \tag{10.3.28}$$

（4）预测协方差矩阵公式的推导

预测误差向量为

$$\begin{aligned}\tilde{\boldsymbol{S}}(k|k-1) &= \boldsymbol{S}(k) - \hat{\boldsymbol{S}}(k|k-1) \\ &= \boldsymbol{A}(k,k-1)\boldsymbol{S}(k-1) + \boldsymbol{D}(k-1)\boldsymbol{U}(k-1) + \boldsymbol{\Gamma}(k-1)\boldsymbol{W}(k-1) - \\ &\quad \boldsymbol{A}(k,k-1)\hat{\boldsymbol{S}}(k-1|k-1) - \boldsymbol{D}(k-1)\boldsymbol{U}(k-1) \\ &= \boldsymbol{A}(k,k-1)\tilde{\boldsymbol{S}}(k-1|k-1) + \boldsymbol{\Gamma}(k-1)\boldsymbol{W}(k-1)\end{aligned} \tag{10.3.29}$$

由于系统噪声 $\boldsymbol{W}(k-1)$ 只影响状态向量 $\boldsymbol{S}(k)$，而不影响 $\hat{\boldsymbol{S}}(k-1|k-1)$ 和 $\boldsymbol{S}(k-1)$，因此 $\boldsymbol{W}(k-1)$ 与 $\tilde{\boldsymbol{S}}(k-|k-1) = \boldsymbol{S}(k-1) - \hat{\boldsymbol{S}}(k-1|k-1)$ 相互独立。由于 $\boldsymbol{W}(k-1)$ 是 0 均值的向量，故有 $E[\tilde{\boldsymbol{S}}(k-1|k-1)\boldsymbol{W}^{\mathrm{T}}(k-1)] = 0$，$E[\boldsymbol{V}(k-1)\tilde{\boldsymbol{S}}^{\mathrm{T}}(k-1|k-1)] = 0$。

预测协方差矩阵为

$$
\begin{aligned}
\boldsymbol{P}(k|k-1) &= E[\tilde{\boldsymbol{S}}(k|k-1)\tilde{\boldsymbol{S}}^{\mathrm{T}}(k|k-1)] \\
&= E\{[\boldsymbol{A}(k,k-1)\tilde{\boldsymbol{S}}(k-1|k-1)+\boldsymbol{\Gamma}(k-1)\boldsymbol{W}(k-1)]\times \\
&\quad [\boldsymbol{A}(k,k-1)\tilde{\boldsymbol{S}}(k-1|k-1)+\boldsymbol{\Gamma}(k-1)\boldsymbol{W}(k-1)]^{\mathrm{T}}\} \\
&= \boldsymbol{A}(k,k-1)\boldsymbol{P}(k-1|k-1)\boldsymbol{A}^{\mathrm{T}}(k,k-1)+\boldsymbol{\Gamma}(k-1)\boldsymbol{Q}(k-1)\boldsymbol{\Gamma}^{\mathrm{T}}(k-1)
\end{aligned}
\tag{10.3.30}
$$

以上是根据物理概念获得向量卡尔曼滤波基本公式的直观推导方法。向量卡尔曼滤波基本公式还可以通过正交投影的推导方法获得，详见参考文献[21]、[61]和[63]。

4. 离散卡尔曼滤波的计算步骤

离散卡尔曼滤波的计算包括 3 个步骤：确定模型参数、确定初始值和递推计算。

（1）*确定模型参数*

离散卡尔曼滤波递推计算首先需要确定模型参数。模型参数包括：状态转移矩阵 $\boldsymbol{A}(k,k-1)$、控制矩阵 $\boldsymbol{D}(k)$、扰动矩阵 $\boldsymbol{\Gamma}(k)$、观测矩阵 $\boldsymbol{C}(k)$、系统噪声向量 $\boldsymbol{W}(k)$ 的协方差矩阵 $\boldsymbol{Q}(k)$ 及观测噪声向量 $\boldsymbol{V}(k)$ 的协方差矩阵 $\boldsymbol{R}(k)$。

通过建立状态方程，确定 $\boldsymbol{A}(k,k-1)$、$\boldsymbol{D}(k)$ 和 $\boldsymbol{\Gamma}(k)$；通过建立观测方程，确定 $\boldsymbol{C}(k)$；通过分析信号模型的统计特性，确定 $\boldsymbol{Q}(k)$ 和 $\boldsymbol{R}(k)$。

（2）*确定初始值*

在模型参数矩阵确定后，第 2 步就是确定初始值。因为离散卡尔曼滤波是系统状态向量的一种递推估计，递推算法需要确定初始值。初始值包括初始状态滤波值 $\hat{\boldsymbol{S}}(0|0)$ 和初始滤波协方差矩阵 $\boldsymbol{P}(0|0)$。

为了能从 $k=1$ 时刻开始递推计算，需要确定 $\hat{\boldsymbol{S}}(0|0)$ 和 $\boldsymbol{P}(0|0)$。

$\hat{\boldsymbol{S}}(0|0)$ 的确定应使状态滤波的均方误差

$$
E\{[\boldsymbol{S}(0)-\hat{\boldsymbol{S}}(0|0)]^{\mathrm{T}}[\boldsymbol{S}(0)-\hat{\boldsymbol{S}}(0|0)]\} \tag{10.3.31}
$$

最小。为此，将式(10.3.31)对 $\hat{\boldsymbol{S}}(0|0)$ 求偏导数，并令它等于 0，得到

$$
E[\hat{\boldsymbol{S}}(0|0)] = E[\boldsymbol{S}(0)] \tag{10.3.32}
$$

因此，选择初始时刻状态矢量的均值作为初始状态滤波值，即 $\hat{\boldsymbol{S}}(0|0)=E[\boldsymbol{S}(0)]$，这显然是合理的。进一步地，选择初始时刻状态矢量的协方差矩阵作为初始滤波协方差矩阵 $\boldsymbol{P}(0|0)$，即

$$
\boldsymbol{P}(0|0) = E\{[\boldsymbol{S}(0)-\hat{\boldsymbol{S}}(0|0)][\boldsymbol{S}(0)-\hat{\boldsymbol{S}}(0|0)]^{\mathrm{T}}\} \tag{10.3.33}
$$

如果并不了解初始状态的统计特性，常取 $\hat{\boldsymbol{S}}(0|0)=\boldsymbol{0}$，$\boldsymbol{P}(0|0)=\varepsilon\boldsymbol{I}$，其中 ε 为一个较大的正数。在此情况下，滤波器不能保证是无偏的。由于 $\boldsymbol{P}(0|0)$ 并不是真实的初始滤波协方差矩阵，所以实际的估计均方误差也不一定是最小的。如果系统是一致完全随机可控和一致完全随机可观测的，则卡尔曼滤波器一定是一致渐近稳定的，随着滤波步数的增加，随意选取的滤波初值 $\hat{\boldsymbol{S}}(0|0)$ 和 $\boldsymbol{P}(0|0)$ 对滤波值 $\hat{\boldsymbol{S}}(k|k)$ 和 $\boldsymbol{P}(k|k)$ 的影响将逐渐减弱直至消失，估计逐渐趋向无偏，估计的均方误差也逐渐和真实 $\boldsymbol{P}(0|0)$ 时的结果相一致。因此，在不了解初始状态的统计特性的情况下，一般应将滤波器设计成一致渐近稳定的。关于滤波器一致渐近稳定的讨论，详见参考文献[61]。

初始值的确定通常需要根据具体情况，通过以前的先验知识或前几次的观测数据，确定 $\hat{\boldsymbol{S}}(0|0)$ 和 $\boldsymbol{P}(0|0)$。在无任何先验知识的情况下，可以利用前几次的观测数据确定初始值，而在利用前几次的观测数据确定初始值时，不做卡尔曼滤波递推计算。

（3）*递推计算*

当给定了滤波递推计算的模型参数矩阵和初始值之后，就可按照以下 5 个步骤进行卡尔曼滤波递推计算了。

① 状态预测

根据式(10.3.15)，由 $k-1$ 时刻状态向量的滤波值 $\hat{\boldsymbol{S}}(k-1|k-1)$ 及 $k-1$ 时刻的输入信号向量 $\boldsymbol{U}(k-1)$，求得 k 时刻的状态向量的预测值 $\hat{\boldsymbol{S}}(k|k-1)$。

② 预测协方差矩阵计算

根据式(10.3.16)，由 $k-1$ 时刻的滤波协方差矩阵 $\boldsymbol{P}(k-1|k-1)$ 及 $k-1$ 时刻的系统噪声协方差矩阵 $\boldsymbol{Q}(k-1)$，求得 k 时刻的预测协方差矩阵 $\boldsymbol{P}(k|k-1)$。

③ 滤波增益矩阵计算

根据式(10.3.17)，由 k 时刻的预测协方差矩阵 $\boldsymbol{P}(k|k-1)$ 及 k 时刻的观测噪声协方差矩阵 $\boldsymbol{R}(k)$，求得 k 时刻的滤波增益矩阵 $\boldsymbol{K}(k)$。

④ 状态滤波

根据式(10.3.18)，由 k 时刻的状态向量的预测值 $\hat{\boldsymbol{S}}(k|k-1)$、$k$ 时刻的观测数据 $\boldsymbol{X}(k)$ 及 k 时刻的滤波增益矩阵 $\boldsymbol{K}(k)$，求得 k 时刻状态向量的滤波值 $\hat{\boldsymbol{S}}(k|k)$。

⑤ 滤波协方差矩阵计算

根据式(10.3.19)，由 k 时刻的预测协方差矩阵 $\boldsymbol{P}(k|k-1)$ 和 k 时刻的滤波增益矩阵 $\boldsymbol{K}(k)$，求得 k 时刻的滤波协方差矩阵 $\boldsymbol{P}(k|k)$。

卡尔曼滤波过程就是上述 5 个步骤依次递推运算的过程。可以看出，计算量主要集中在滤波增益矩阵的求解上。卡尔曼滤波的好坏主要取决于对观测噪声和系统噪声认识的准确程度。卡尔曼滤波递推算法流程图如图 10.3.3 所示。

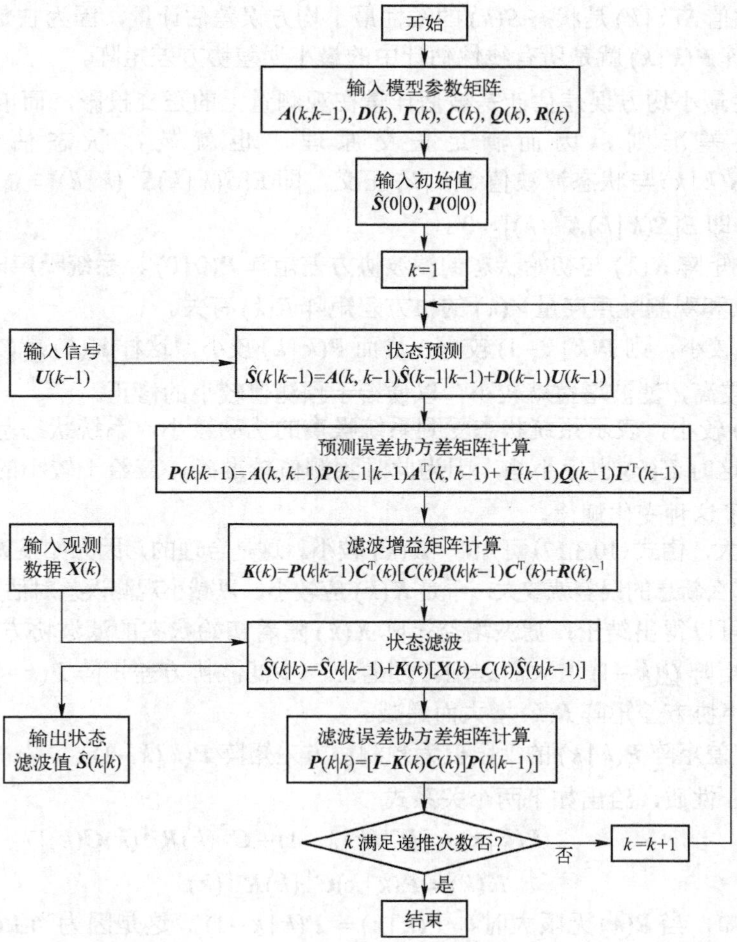

图 10.3.3　卡尔曼滤波递推算法流程图

5. 离散卡尔曼滤波的特点和性质

通过前面的讨论可以归纳出离散卡尔曼滤波的主要特点和性质。

（1）离散卡尔曼滤波的主要特点

① 卡尔曼滤波的任务是：选择合适的滤波增益矩阵 $\boldsymbol{K}(k)$，使滤波协方差矩阵 $\boldsymbol{P}(k\,|\,k)$ 取得最小值。

② 离散卡尔曼滤波的信号模型是由状态方程和观测方程描述的；状态转移矩阵 $\boldsymbol{A}(k,k-1)$、观测矩阵 $\boldsymbol{C}(k)$ 和扰动矩阵 $\boldsymbol{\Gamma}(k)$ 可以是时变的；系统噪声向量 $\boldsymbol{W}(k)$、观测噪声向量 $\boldsymbol{V}(k)$ 的协方差矩阵 $\boldsymbol{Q}(k)$ 和 $\boldsymbol{R}(k)$ 也是时变的。因此，离散卡尔曼滤波适用于向量的非平稳随机过程的状态估计。

③ 离散卡尔曼滤波的状态估计采用递推估计算法，数据存储量少，运算量小，特别是避免了高阶矩阵求逆问题，提高了运算效率。

④ 由于离散卡尔曼滤波的滤波增益矩阵 $\boldsymbol{K}(k)$ 与观测数据无关，所以有可能离线算出，从而减少实时在线计算量，提高了实时处理能力。

⑤ 离散卡尔曼滤波不仅能够同时得到状态滤波值 $\hat{\boldsymbol{S}}(k\,|\,k)$ 和状态一步预测值 $\hat{\boldsymbol{S}}(k\,|\,k-1)$，而且同时得到滤波协方差矩阵 $\boldsymbol{P}(k\,|\,k)$ 和预测协方差矩阵 $\boldsymbol{P}(k\,|\,k-1)$，它们是状态滤波和状态一步预测的精度指标。

（2）离散卡尔曼滤波的主要性质

① 状态滤波值 $\hat{\boldsymbol{S}}(k\,|\,k)$ 是状态 $\boldsymbol{S}(k)$ 的线性最小均方误差估计量，因为它是无偏估计量，所以滤波协方差矩阵 $\boldsymbol{P}(k\,|\,k)$ 就是所有线性估计中的最小误差协方差矩阵。

② 由于线性最小均方误差估计是被估计量在观测量上的正交投影，而卡尔曼滤波采用线性最小均方误差准则，因而满足正交原理。也就是，状态估计的误差矢量 $\tilde{\boldsymbol{S}}(k\,|\,k)=\boldsymbol{S}(k)-\hat{\boldsymbol{S}}(k\,|\,k)$ 与状态滤波值 $\hat{\boldsymbol{S}}(k\,|\,k)$ 正交，即 $E[\tilde{\boldsymbol{S}}(k\,|\,k)\hat{\boldsymbol{S}}^{\mathrm{T}}(k\,|\,k)]=\boldsymbol{0}$；$\tilde{\boldsymbol{S}}(k\,|\,k)$ 与观测数据 $\boldsymbol{X}(k)$ 正交，即 $E[\tilde{\boldsymbol{S}}(k\,|\,k)\boldsymbol{X}^{\mathrm{T}}(k)]=\boldsymbol{0}$。

③ 滤波增益矩阵 $\boldsymbol{K}(k)$ 与初始状态的滤波协方差矩阵 $\boldsymbol{P}(0\,|\,0)$、系统噪声向量 $\boldsymbol{W}(k-1)$ 的协方差矩阵 $\boldsymbol{Q}(k-1)$ 和观测噪声向量 $\boldsymbol{V}(k)$ 的协方差矩阵 $\boldsymbol{R}(k)$ 有关。

如果 $\boldsymbol{P}(0\,|\,0)$ 较小，则 $\boldsymbol{P}(k\,|\,k-1)$ 较小，进而 $\boldsymbol{P}(k\,|\,k)$ 较小，这样 $\boldsymbol{K}(k)$ 就较小。这表示初始状态估计的精度较高，滤波增益就较小，以便给于预测值较小的修正。

如果 $\boldsymbol{Q}(k-1)$ 较小，表示系统状态受到系统噪声的扰动较小，系统状态基本按自身的状态转移规律变化，这时 $\boldsymbol{K}(k)$ 也应小些，因为此时预测值较准确，应给于较小的修正。离散卡尔曼滤波公式反映了这种变化规律。

如果 $\boldsymbol{R}(k)$ 较大，由式(10.3.17)可知， $\boldsymbol{K}(k)$ 较小。这是合理的，因为如果 $\boldsymbol{R}(k)$ 较大，表示观测的误差较大，那么新息的误差就较大，于是 $\boldsymbol{K}(k)$ 应较小，以减小观测误差对估计结果的影响。

综上所述，可以得出结论：滤波增益矩阵 $\boldsymbol{K}(k)$ 随着初始状态的滤波协方差矩阵 $\boldsymbol{P}(0\,|\,0)$ 和系统噪声协方差矩阵 $\boldsymbol{Q}(k-1)$ 增大而递增，随着上一步滤波协方差矩阵 $\boldsymbol{P}(k-1\,|\,k-1)$ 增大而递增，随着观测噪声协方差矩阵 $\boldsymbol{R}(k)$ 增大而递减。

④ 滤波协方差矩阵 $\boldsymbol{P}(k\,|\,k)$ 的上限值为预测协方差矩阵 $\boldsymbol{P}(k\,|\,k-1)$。

为了说明这一性质，给出如下两个关系式

$$\boldsymbol{P}(k\,|\,k)=[\boldsymbol{P}^{-1}(k\,|\,k-1)+\boldsymbol{C}^{\mathrm{T}}(k)\boldsymbol{R}^{-1}(k)\boldsymbol{C}(k)]^{-1} \tag{10.3.34}$$

$$\boldsymbol{K}(k)=\boldsymbol{P}(k\,|\,k)\boldsymbol{C}^{\mathrm{T}}(k)\boldsymbol{R}^{-1}(k) \tag{10.3.35}$$

由式(10.3.34)可知，当 $\boldsymbol{R}(k)$ 无限大时， $\boldsymbol{P}(k\,|\,k)=\boldsymbol{P}(k\,|\,k-1)$。这是因为当 $\boldsymbol{R}(k)$ 无限大时，由

式(10.3.35)可知，此时 $\boldsymbol{K}(k)=\boldsymbol{0}$，所以 $\hat{\boldsymbol{S}}(k|k)=\hat{\boldsymbol{S}}(k|k-1)$，因而 $\boldsymbol{P}(k|k)=\boldsymbol{P}(k|k-1)$。在通常情况下，$\boldsymbol{R}(k)$ 是有限的，这样就有 $\boldsymbol{P}(k|k)<\boldsymbol{P}(k|k-1)$，即滤波协方差矩阵 $\boldsymbol{P}(k|k)$ 通常应小于预测协方差矩阵 $\boldsymbol{P}(k|k-1)$，这显然是合理的。

例 10.3.1 边扫描边跟踪体制的平面雷达采用卡尔曼滤波算法跟踪运动目标。

雷达通过其天线向一定方向的空间辐射电磁波，被辐射出去的电磁波在空间向前传播。如果向前传播的电磁波未遇到目标，则电磁波继续向前传播，直至能量损耗完。如果向前传播的电磁波遇到目标，则目标对电磁波产生散射，后向散射的电磁波返回到雷达，并被雷达接收，进行处理，获得目标的位置及特征信息。雷达所接收的目标这部分后向散射的电磁波称为目标回波。雷达通过测量目标回波相对于发射电磁信号的时间延迟值来确定目标的径向距离，并根据接收到目标回波时雷达天线波束指向中心来确定目标的方向。平面雷达是指只测量目标的距离和方位，而不测量目标仰角或高度的雷达。边扫描边跟踪体制是指雷达天线每搜索指定的空间区域一个周期，仅得到目标的一次数据。雷达天线搜索指定的空间区域是通过天线波束扫描指定的空间区域实现的，故雷达天线搜索指定的空间区域常称为雷达天线扫描指定的空间区域。雷达天线扫描指定的空间区域所用的时间称为扫描周期，记为 T，通常为 2s～10s。这样，每隔时间间隔 T，便获得一次被跟踪运动目标的观测数据。如果被跟踪运动目标的速度不是很高，扫描周期 T 也不是较长的条件下，取一阶近似，可以认为在一个扫描周期内，被跟踪的运动目标在径向上和方位上均做匀速直线运动，但要考虑径向上和方位上的随机加速度影响。请在建立被跟踪运动目标信号模型的基础上，研究其径向距离、径向速度、方位和方位速度的卡尔曼滤波递推估计问题。

解：根据题意，首先建立被跟踪运动目标的信号模型及统计特性假设，然后研究被跟踪运动目标状态的卡尔曼滤波递推估计问题。

（1）建立被跟踪运动目标信号模型

建立被跟踪运动目标信号模型就是要建立运动目标的状态方程和观测方程，并对信号模型的统计特性进行描述。

针对雷达对运动目标的边扫描边跟踪问题，首先将雷达的观测时间以扫描周期 T 为取样时间间隔，第 k 个扫描周期对应于第 k 个时刻。

设在 k 时刻目标的径向距离为 $r(k)$，径向速度为 $\dot{r}(k)$；在 $k+1$ 时刻，目标的径向距离为 $r(k+1)$。由于扫描周期 T 不是太大，运动目标径向距离方程为

$$r(k+1)=r(k)+T\dot{r}(k)$$

尽管目标做匀速直线运动，考虑到运动目标会受到随机加速度的影响，设 k 时刻目标的随机径向加速度为 $u_1(k)$，则径向速度方程为

$$\dot{r}(k+1)=\dot{r}(k)+Tu_1(k)=\dot{r}(k)+w_1(k)$$

式中，$w_1(k)=Tu_1(k)$，表示径向速度在估计取样间隔 T 内的变化量。设 $u_1(k)$ 是一个 0 均值的平稳白噪声过程，即 $E[u_1(k)]=0$，$E[u_1(k)u_1(i)]=\sigma_{u1}^2\delta(k,i)$。由于 $w_1(k)=Tu_1(k)$，则 $w_1(k)$ 同样是 0 均值的平稳白噪声过程，即 $E[w_1(k)]=0$，$E[w_1(k)w_1(i)]=\sigma_{w1}^2\delta(k,i)$，$\sigma_{w1}^2=T^2\sigma_{u1}^2$。这种对飞行体加速度的假定是相当合理的，因为由发动机推力的短时间不规则性或阵风等随机因素引起的加速度大致符合这种模型。

在方位上，令 $\theta(k)$ 和 $\dot{\theta}(k)$ 分别表示 k 时刻运动目标的方位角和方位角速度。采用与径向距离和径向速度类似的分析方法，则方位角方程和方位角速度方程分别为

$$\theta(k+1)=\theta(k)+T\dot{\theta}(k)$$

$$\dot{\theta}(k+1)=\dot{\theta}(k)+Tu_2(k)=\dot{\theta}(k)+w_2(k)$$

式中，$u_2(k)$ 为 k 时刻运动目标的随机方位加速度；$w_2(k)=Tu_2(k)$，表示方位角速度在估计取

样间隔 T 内的变化量。设方位加速度 $u_2(k)$ 是一个 0 均值的平稳白噪声过程，即 $E[u_2(k)]=0$，$E[u_2(k)u_2(i)]=\sigma_{u2}^2\delta(k,i)$。由于 $w_2(k)=Tu_2(k)$，则 $w_2(k)$ 同样是 0 均值的平稳白噪声过程，即 $E[w_2(k)]=0$，$E[w_2(k)w_2(i)]=\sigma_{w2}^2\delta(k,i)$，$\sigma_{w2}^2=T^2\sigma_{u2}^2$。

为了表示方便，令

$$\boldsymbol{S}(k)=[s_1(k),s_2(k),s_3(k),s_4(k)]^{\mathrm{T}}=[r(k),\dot{r}(k),\theta(k),\dot{\theta}(k)]^{\mathrm{T}}$$

运动目标的状态方程为

$$\begin{bmatrix} s_1(k+1) \\ s_2(k+1) \\ s_3(k+1) \\ s_4(k+1) \end{bmatrix}=\begin{bmatrix} 1 & T & 0 & 0 \\ 0 & 1 & 0 & 0 \\ 0 & 0 & 1 & T \\ 0 & 0 & 0 & 1 \end{bmatrix}\begin{bmatrix} s_1(k) \\ s_2(k) \\ s_3(k) \\ s_4(k) \end{bmatrix}+\begin{bmatrix} 0 \\ w_1(k) \\ 0 \\ w_2(k) \end{bmatrix}$$

向量形式的状态方程为

$$\boldsymbol{S}(k+1)=\boldsymbol{A}\boldsymbol{S}(k)+\boldsymbol{W}(k)$$

现在来讨论雷达对运动目标的观测方程。雷达系统每隔时间 T 提供一次关于径向距离 $r(k)=s_1(k)$ 和方位角 $\theta(k)=s_3(k)$ 的测量数据，这种测量的噪声一般是加性的，于是径向距离和方位角的测量方程分别为

$$x_1(k)=s_1(k)+v_1(k)$$
$$x_2(k)=s_3(k)+v_2(k)$$

雷达对运动目标的观测方程为

$$\begin{bmatrix} x_1(k) \\ x_2(k) \end{bmatrix}=\begin{bmatrix} 1 & 0 & 0 & 0 \\ 0 & 0 & 1 & 0 \end{bmatrix}\begin{bmatrix} s_1(k) \\ s_2(k) \\ s_3(k) \\ s_4(k) \end{bmatrix}+\begin{bmatrix} v_1(k) \\ v_2(k) \end{bmatrix}$$

向量形式的观测方程为

$$\boldsymbol{X}(k)=\boldsymbol{C}\boldsymbol{S}(k)+\boldsymbol{V}(k)$$

式中，$v_1(k)$ 和 $v_2(k)$ 分别为径向距离测量和方位测量的观测噪声。假设 $v_1(k)$ 和 $v_2(k)$ 为 0 均值的白噪声，其方差分别为 σ_{v1}^2 和 σ_{v2}^2，而且 $v_1(k)$ 和 $v_2(k)$ 相互独立，即 $E[v_1(k)v_2(k)]=0$。

（2）确定系统噪声和观测噪声的协方差矩阵

为了进行卡尔曼滤波的递推计算，还需要确定系统噪声和观测噪声的协方差矩阵。

系统噪声或机动噪声的协方差矩阵为

$$\boldsymbol{Q}(k)=E[\boldsymbol{W}(k)\boldsymbol{W}^{\mathrm{T}}(k)]=\begin{bmatrix} 0 & 0 & 0 & 0 \\ 0 & \sigma_{w1}^2 & 0 & 0 \\ 0 & 0 & 0 & 0 \\ 0 & 0 & 0 & \sigma_{w2}^2 \end{bmatrix}=\boldsymbol{Q}$$

径向加速度 $u_1(k)$ 和方位加速度 $u_2(k)$ 与发动机推力的随机变化及随机阵风的扰动有关，其方差 σ_{u1}^2 和 σ_{u2}^2 都可以看作与时间无关，故方差 σ_{w1}^2 和 σ_{w2}^2 也与时间无关。有了 σ_{w1}^2 和 σ_{w2}^2 参量就可确定矩阵 $\boldsymbol{Q}(k)$。

为了简化分析，假设 $u_1(k)$ 和 $u_2(k)$ 都是均匀分布的。$u_1(k)$ 在 $[-M_1,M_1]$ 内均匀分布，其概率密度为 $p(u_1)=1/2M_1$；$u_2(k)$ 在 $[-M_2,M_2]$ 内均匀分布，其概率密度为 $p(u_1)=1/2M_2$。$u_1(k)$ 的方差 $\sigma_{u1}^2=M_1^2/3$，$u_2(k)$ 的方差 $\sigma_{u2}^2=M_2^2/3$，则 $\sigma_{w1}^2=T^2\sigma_{u1}^2=T^2M_1^2/3$，$\sigma_{w2}^2=T^2\sigma_{u2}^2=T^2M_2^2/3$。

观测噪声的协方差矩阵为

$$\boldsymbol{R}(k)=E[\boldsymbol{V}(k)\boldsymbol{V}^{\mathrm{T}}(k)]=\begin{bmatrix}\sigma_{v1}^2 & 0\\ 0 & \sigma_{v2}^2\end{bmatrix}=\boldsymbol{R}$$

（3）卡尔曼滤波初始值的确定

启动卡尔曼滤波递推计算需要确定初始值：第一个状态估计以及相应于这一估计的第一个滤波协方差矩阵。

因为平面雷达只观测被跟踪目标的径向距离和方位角，而不具有测速的能力，所以需要利用前两次的观测数据 $x_1(1)$、$x_2(1)$、$x_1(2)$ 和 $x_2(2)$ 来确定滤波的初始状态值 $\hat{\boldsymbol{S}}(2|2)$ 和 $\boldsymbol{P}(2|2)$，从时刻 $k=3$ 开始递推估计。这样，利用前两次的观测数据得到的时刻 $k=2$ 的状态滤波值为

$$\hat{\boldsymbol{S}}(2|2)=\begin{bmatrix}\hat{s}_1(2|2)\\ \hat{s}_2(2|2)\\ \hat{s}_3(2|2)\\ \hat{s}_4(2|2)\end{bmatrix}=\begin{bmatrix}x_1(2)\\ \dfrac{1}{T}\left[x_1(2)-x_1(1)\right]\\ x_2(2)\\ \dfrac{1}{T}\left[x_2(2)-x_2(1)\right]\end{bmatrix}$$

再根据观测方程：$x_1(k)=s_1(k)+v_1(k)$，$x_2(k)=s_3(k)+v_2(k)$，得到

$$\hat{\boldsymbol{S}}(2|2)=\begin{bmatrix}s_1(2)+v_1(2)\\ \dfrac{1}{T}\left[s_1(2)-s_1(1)\right]+\dfrac{1}{T}\left[v_1(2)-v_1(1)\right]\\ s_3(2)+v_2(2)\\ \dfrac{1}{T}\left[s_3(2)-s_3(1)\right]+\dfrac{1}{T}\left[v_2(2)-v_2(1)\right]\end{bmatrix}$$

时刻 $k=2$ 的状态方程为

$$\boldsymbol{S}(2)=\begin{bmatrix}s_1(2)\\ s_2(2)\\ s_3(2)\\ s_4(2)\end{bmatrix}=\begin{bmatrix}1 & T & 0 & 0\\ 0 & 1 & 0 & 0\\ 0 & 0 & 1 & T\\ 0 & 0 & 0 & 1\end{bmatrix}\begin{bmatrix}s_1(1)\\ s_2(1)\\ s_3(1)\\ s_4(1)\end{bmatrix}+\begin{bmatrix}0\\ w_1(1)\\ 0\\ w_2(1)\end{bmatrix}$$

再根据状态方程：$s_1(k+1)=s_1(k)+Ts_2(k)$，$s_3(k+1)=s_3(k)+Ts_4(k)$，得到

$$\boldsymbol{S}(2)=\begin{bmatrix}s_1(1)+Ts_2(1)\\ s_2(1)+w_1(1)\\ s_3(1)+Ts_4(1)\\ s_4(2)+w_2(1)\end{bmatrix}=\begin{bmatrix}s_1(2)\\ \dfrac{1}{T}\left[s_1(2)-s_1(1)\right]+w_1(1)\\ s_3(2)\\ \dfrac{1}{T}\left[s_3(2)-s_3(1)\right]+w_2(1)\end{bmatrix}$$

时刻 $k=2$ 的状态滤波误差为

$$\boldsymbol{e}(2|2)=\boldsymbol{S}(2)-\hat{\boldsymbol{S}}(2|2)=\begin{bmatrix}-v_1(2)\\ w_1(1)-\dfrac{1}{T}\left[v_1(2)-v_1(1)\right]\\ -v_2(2)\\ w_2(1)-\dfrac{1}{T}\left[v_2(2)-v_2(1)\right]\end{bmatrix}$$

时刻 $k=2$ 的状态滤波协方差矩阵为

$$\boldsymbol{P}(2|2)=E[\boldsymbol{e}(2|2)\boldsymbol{e}^{\mathrm{T}}(2|2)]=\begin{bmatrix} p_{11} & p_{12} & p_{13} & p_{14} \\ p_{21} & p_{22} & p_{23} & p_{24} \\ p_{31} & p_{32} & p_{33} & p_{34} \\ p_{41} & p_{42} & p_{43} & p_{44} \end{bmatrix}$$

由于$\boldsymbol{W}(k)$和$\boldsymbol{V}(k)$之间不相关，而且$\boldsymbol{W}(k)$和$\boldsymbol{V}(k)$各自的样本之间亦不相关，故元素p_{ij}可算出如下

$$p_{11}=E[v_1^2(2)]=\sigma_{v1}^2\text{，}\quad p_{12}=p_{21}=E\left\{v_1(2)\left[\frac{v_1(2)-v_1(1)}{T}-w_1(1)\right]\right\}=\frac{\sigma_{v1}^2}{T}$$

$$p_{13}=p_{31}=E[v_1(2)v_2(2)]=0\text{，}\quad p_{14}=p_{41}=E\left\{v_1(2)\left[\frac{v_2(2)-v_2(1)}{T}-w_2(1)\right]\right\}=0$$

$$p_{22}=E\left\{\left[w_1(1)-\frac{v_1(2)-v_1(1)}{T}\right]\left[w_1(1)-\frac{v_1(2)-v_1(1)}{T}\right]\right\}=\sigma_{w1}^2+\frac{2\sigma_{v1}^2}{T^2}$$

$$p_{23}=p_{32}=E\left\{v_2(2)\left[\frac{v_1(2)-v_1(1)}{T}-w_1(1)\right]\right\}=0$$

$$p_{24}=p_{42}=E\left\{\left[w_1(1)-\frac{v_1(2)-v_1(1)}{T}\right]\left[w_2(1)-\frac{v_2(2)-v_2(1)}{T}\right]\right\}=0$$

$$p_{33}=E[v_2^2(2)]=\sigma_{v2}^2\text{，}\quad p_{34}=p_{43}=E\left\{v_2(2)\left[\frac{v_2(2)-v_2(1)}{T}-w_2(1)\right]\right\}=\frac{\sigma_{v2}^2}{T}$$

$$p_{44}=E\left\{\left[w_2(1)-\frac{v_2(2)-v_2(1)}{T}\right]\left[w_2(1)-\frac{v_2(2)-v_2(1)}{T}\right]\right\}=\sigma_{w2}^2+\frac{2\sigma_{v2}^2}{T^2}$$

这样，通过两点观测数据就确定了卡尔曼滤波递推计算的初始值：$\hat{\boldsymbol{S}}(2|2)$和$\boldsymbol{P}(2|2)$，卡尔曼滤波递推计算是从$k=3$时刻开始的。

（4）卡尔曼滤波递推计算

根据运动目标状态方程和观测方程，确定模型参数矩阵：状态转移矩阵$\boldsymbol{A}$和观测矩阵$\boldsymbol{C}$；通过分析信号模型的统计特性，确定系统噪声协方差矩阵$\boldsymbol{Q}$和观测噪声协方差矩阵$\boldsymbol{R}$；应用两点观测数据就确定了卡尔曼滤波递推计算的初始值：$k=2$时刻的滤波值$\hat{\boldsymbol{S}}(2|2)$和滤波协方差矩阵$\boldsymbol{P}(2|2)$。从$k=3$时刻开始卡尔曼滤波递推计算。

由$k-1$时刻的滤波值$\hat{\boldsymbol{S}}(k-1|k-1)$，根据预测公式$\hat{\boldsymbol{S}}(k|k-1)=\boldsymbol{A}\hat{\boldsymbol{S}}(k-1|k-1)$，求得$k$时刻的预测值$\hat{\boldsymbol{S}}(k|k-1)$。

由$k-1$时刻的滤波协方差矩阵$\boldsymbol{P}(k-1|k-1)$，根据预测协方差矩阵公式$\boldsymbol{P}(k|k-1)=\boldsymbol{AP}(k-1|k-1)\boldsymbol{A}^{\mathrm{T}}+\boldsymbol{Q}$，求得$k$时刻的预测协方差矩阵$\boldsymbol{P}(k|k-1)$。

由k时刻的预测协方差矩阵$\boldsymbol{P}(k|k-1)$，根据滤波增益矩阵公式$\boldsymbol{K}(k)=\boldsymbol{P}(k|k-1)\boldsymbol{C}^{\mathrm{T}}[\boldsymbol{CP}(k|k-1)\boldsymbol{C}^{\mathrm{T}}+\boldsymbol{R}]^{-1}$，求得$k$时刻的滤波增益矩阵$\boldsymbol{K}(k)$。

由k时刻的状态向量的预测值$\hat{\boldsymbol{S}}(k|k-1)$、观测数据$\boldsymbol{X}(k)$及滤波增益矩阵$\boldsymbol{K}(k)$，根据滤波公式$\hat{\boldsymbol{S}}(k|k)=\hat{\boldsymbol{S}}(k|k-1)+\boldsymbol{K}(k)[\boldsymbol{X}(k)-\boldsymbol{C}\hat{\boldsymbol{S}}(k|k-1)]$，求得$k$时刻的滤波值$\hat{\boldsymbol{S}}(k|k)$。

由k时刻的预测协方差矩阵$\boldsymbol{P}(k|k-1)$和滤波增益矩阵$\boldsymbol{K}(k)$，根据滤波协方差矩阵公式$\boldsymbol{P}(k|k)=[\boldsymbol{I}-\boldsymbol{K}(k)\boldsymbol{C}]\boldsymbol{P}(k|k-1)$，求得$k$时刻的滤波协方差矩阵$\boldsymbol{P}(k|k)$。

接下来按上述递推计算过程，进行$k+1$时刻的滤波递推计算，依此类推，直到满足要求，完成卡尔曼滤波递推计算。

（5）简要的具体计算

根据运动目标状态方程和分析其统计特特，确定状态转移矩阵 $\boldsymbol{A}$ 和系统噪声协方差矩阵 $\boldsymbol{Q}$，这需要已知天线扫描周期 T、目标随机径向加速度和方位加速度的方差。假设 $T=15\text{s}$，径向加速度和方位加速度均服从均匀分布，最大随机径向加速度 $M_1=2.1\text{m/s}^2$，最大随机方位加速度 $M_2=1.3\times10^{-5}\ \text{rad/s}^2$，则得到方差 $\sigma_{w1}^2=10^3/3$ 和 $\sigma_{w2}^2=1.3\times10^{-8}$，从而确定了 $\boldsymbol{Q}$。天线扫描周期 $T=15\text{s}$ 确定状态转移矩阵 $\boldsymbol{A}$。

根据观测方程和分析其统计特性，确定观测矩阵 $\boldsymbol{C}$ 和观测噪声协方差矩阵 $\boldsymbol{R}$，这需要雷达径向距离测量噪声方差 σ_{v1}^2 和方位测量噪声方差 σ_{v2}^2。假设 $\sigma_{v1}=1000\text{m}$，$\sigma_{v2}=0.017\text{rad}$（也就是1°），则得到 $\boldsymbol{R}$。观测矩阵 $\boldsymbol{C}$ 直接由观测方程确定。

由 σ_{w1}^2、σ_{w2}^2、σ_{v1}^2、σ_{v2}^2 和 T，就可以求得时刻 $k=2$ 的状态滤波协方差矩阵为

$$\boldsymbol{P}(2|2)=\begin{bmatrix}10^6 & 6.7\times10^4 & 0 & 0\\ 6.7\times10^4 & 0.9\times10^4 & 0 & 0\\ 0 & 0 & 2.9\times10^{-4} & 1.9\times10^{-5}\\ 0 & 0 & 1.9\times10^{-5} & 2.6\times10^{-6}\end{bmatrix}$$

利用前两次`的观测数据 $\boldsymbol{X}(1)$ 和 $\boldsymbol{X}(2)$ 来确定滤波的初始状态值 $\hat{\boldsymbol{S}}(2|2)$，从时刻 $k=3$ 开始，就可根据观测数据 $\boldsymbol{X}(k)$，进行卡尔曼滤波递推计算，估计运动目标状态，实现对目标的跟踪.

前面曾经指出，预测协方差矩阵 $\boldsymbol{P}(k|k-1)$、滤波增益矩阵 $\boldsymbol{K}(k)$ 和滤波协方差矩阵 $\boldsymbol{P}(k|k)$ 有可能离线算出，下面通过这三者的递推计算来反映卡尔曼滤波递推计算过程。

由 $\boldsymbol{P}(k|k-1)=\boldsymbol{A}\boldsymbol{P}(k-1|k-1)\boldsymbol{A}^{\text{T}}+\boldsymbol{Q}(k-1)$，求得 $k=3$ 时刻的预测协方差矩阵为

$$\boldsymbol{P}(3|2)=\begin{bmatrix}5\times10^6 & 2\times10^5 & 0 & 0\\ 2\times10^5 & 9.3\times10^3 & 0 & 0\\ 0 & 0 & 14.5\times10^{-4} & 5.8\times10^{-5}\\ 0 & 0 & 5.8\times10^{-5} & 2.6\times10^{-6}\end{bmatrix}$$

由 $\boldsymbol{K}(k)=\boldsymbol{P}(k|k-1)\boldsymbol{C}^{\text{T}}[\boldsymbol{C}\boldsymbol{P}(k|k-1)\boldsymbol{C}^{\text{T}}+\boldsymbol{R}(k)]^{-1}$，求得 $k=3$ 时刻的滤波增益矩阵为

$$\boldsymbol{K}(3)=\begin{bmatrix}1.33 & 0\\ 3.3\times10^{-2} & 0\\ 0 & 1.33\\ 0 & 3.3\times10^{-2}\end{bmatrix}$$

由 $\boldsymbol{P}(k|k)=[\boldsymbol{I}-\boldsymbol{K}(k)\boldsymbol{C}]\boldsymbol{P}(k|k-1)$，求得 $k=3$ 时刻的滤波协方差矩阵 $\boldsymbol{P}(3|3)$。用同样的方法可以算出 $k=4,5,\cdots$ 时的结果。

6．卡尔曼滤波的发散现象

如果卡尔曼滤波是稳定的，随着滤波递推运算的推进，卡尔曼滤波估计的精度应该越来越高，滤波协方差矩阵也应趋于稳定值或有界值。但在实际应用中，随着滤波递推运算次数的增加，由于估计误差的均值和估计误差协方差可能越来越大，使滤波逐渐失去准确估计的作用，这种现象称为卡尔曼滤波发散。

引起卡尔曼滤波发散的主要原因有2点：模型误差和计算误差。

（1）模型误差发散

卡尔曼滤波采用线性递推的方法获得系统状态的最佳估计，所以适应性强，应用范围广，估计精度高，是信号波形估计的一种好方法。人们在设计卡尔曼滤波时，认为分析的过程是按

某一规律发展的。因此，卡尔曼滤波的关键是建立系统的信号模型，要求系统的信号模型是准确的。如果系统的信号模型不准确，不能真实地反映系统的物理过程，与实际情况有较大的出入，使得模型与观测数据不匹配而导致估计误差越来越大，造成滤波发散。

模型误差源主要有：模型与实际物理过程不能很好地符合；模型不适当的线性化或降维处理；系统状态噪声和测量噪声的统计参数选取不合理。这种由于模型建立过于粗糙或失真所引起的发散称为模型误差发散。

当选择的系统模型不准确时，由于新观测值对估计值的修正作用下降，陈旧观测值的修正作用相对上升，是引发滤波发散的一个重要因素。因此，逐渐减小陈旧观测值的权重，相应地增大新观测值的权重，是抑制这类发散的一个可行途径。常用的方法有衰减记忆法、限定记忆法、限定下界法等。另外，通过人为地增加模型输入噪声方差，用扩大了的系统噪声来补偿模型误差，抑制模型不准确所造成的发散现象，也是一种常见的策略，常用的方法有伪随机噪声法等。当然，这些方法都是以牺牲滤波最佳性为代价而换取滤波收敛性的。

（2）计算误差发散

计算机存储单元的长度有限，不可避免地存在舍入误差，它相当于在状态方程和观测方程中加入噪声。由于卡尔曼滤波是递推过程，随着滤波递推运算次数的增加，舍入误差将逐渐积累，这种积累误差很有可能使估计误差协方差矩阵失去非负定性，甚至失去对称性，使滤波增益矩阵逐渐失去合适的加权作用而导致发散。这种由于计算舍入误差所引起的发散称为计算误差发散。

为克服计算误差所引起的滤波发散现象，可以采用双精度运算法或平方根法。双精度运算法就是采用双精度运算使发散现象得以改善，但会增加运算量。平方根法就是用平方根形式的协方差矩阵代替原来的协方差矩阵，但计算量会增加很多。

卡尔曼滤波还存在一种类似于发散问题，而又不是发散现象的情况，它是由于系统不可观察引起的。所谓不可观察，是指系统有一个或几个状态变量是隐含的，现有的观测数据不能提供足够的信息来估计所有的状态变量。这种发散问题表现为估计值误差不稳定或者均方误差阵的主对角线上有一项或几项无限增长。

如果出现了这种情况，且防止计算误差发散的措施也采取了，那么就有可能是系统不可观察问题存在。系统不可观察问题与模型误差发散和计算误差发散的性质不同。在某种意义上，系统不可观察问题不能归结为发散，因为此时卡尔曼滤波在不利的环境下还是找出了可能范围内的良好估值。

10.3.2 标量卡尔曼滤波

同向量卡尔曼滤波一样，标量卡尔曼滤波主要包括 3 个方面的内容：信号模型、预测算法及滤波算法。

1. 标量卡尔曼滤波的信号模型

标量卡尔曼滤波的信号模型包括信号的状态方程和观测方程。

（1）状态方程

标量状态方程表示为

$$s(k) = as(k-1) + w(k-1) \tag{10.3.36}$$

式中，$s(k)$ 是 k 时刻的状态信号值；a 为模型的系统参数；$w(k)$ 为状态噪声或系统噪声。

（2）观测方程

卡尔曼滤波需要依据观测数据对系统状态进行估计，除了状态方程外，还需要建立观测方程。设观测方程为

$$x(k)=cs(k)+n(k) \tag{10.3.37}$$

式中，$x(k)$ 是观测序列；$n(k)$ 是观测噪声序列，是来自观测过程中的干扰；c 称为观测参数。

（3）信号模型的统计特性

卡尔曼滤波的信号模型除了给出状态方程和观测方程之外，还需要假定一些随机变量的统计特性。

① 系统噪声 $w(k)$ 是均值为 0、方差为 σ_w^2 的白噪声序列，即有

$$E[w(k)]=0 \tag{10.3.38}$$

$$E[w(i)w(j)]=\sigma_w^2\delta(i,j) \tag{10.3.39}$$

式中，当 $i=j$ 时，$\delta(i,j)=1$；当 $i\neq j$ 时，$\delta(i,j)=0$。

② 观测噪声 $n(k)$ 是均值为 0，方差为 σ_n^2 的加性白噪声序列，即有

$$E[n(k)]=0 \tag{10.3.40}$$

$$E[n(i)n(j)]=\sigma_n^2\delta(i,j) \tag{10.3.41}$$

③ 系统噪声 $w(k)$ 与观测噪声 $n(k)$ 相互独立，即

$$E[w(i)n(j)]=0 \tag{10.3.42}$$

④ 初始状态 $s(0)$ 的均值和方差为

$$E[s(0)]=m_{s0} \tag{10.3.43}$$

$$\mathrm{Var}[s(0)]=\sigma_{s0}^2 \tag{10.3.44}$$

⑤ 初始状态 $s(0)$ 与每一时刻的系统噪声 $w(k)$ 相互独立，也与每一时刻的观测噪声 $n(k)$ 相互独立。即

$$E[s(0)w(k)]=0 \tag{10.3.45}$$

$$E[s(0)n(k)]=0 \tag{10.3.46}$$

2．标量卡尔曼滤波基本公式

标量卡尔曼滤波也包括两个阶段：预测与滤波。在预测阶段，卡尔曼滤波器使用上一时刻状态的滤波估计，做出对当前时刻状态的预测估计。在滤波阶段，卡尔曼滤波器利用对当前时刻的观测值优化在预测阶段获得的预测估计，以获得一个更精确的新滤波估计。

（1）基本变量

在预测阶段，标量卡尔曼滤波器的两个基本变量是：预测状态 $\hat{s}(k|k-1)$ 和预测均方误差 $p(k|k-1)$。

预测误差为
$$\tilde{s}(k|k-1)=s(k)-\hat{s}(k|k-1) \tag{10.3.47}$$

预测均方误差为
$$p(k|k-1)=E[\tilde{s}^2(k|k-1)] \tag{10.3.48}$$

预测均方误差反映了状态预测的精度。

在滤波阶段，标量卡尔曼滤波器的 3 个基本变量是：状态滤波 $\hat{s}(k|k)$、滤波增益 $b(k)$ 和滤波均方误差 $p(k|k)$。

滤波误差为
$$\tilde{s}(k|k)=s(k)-\hat{s}(k|k) \tag{10.3.49}$$

则滤波均方误差为
$$p(k|k)=E[\tilde{s}^2(k|k)] \tag{10.3.50}$$

滤波均方误差反映了状态滤波的精度。

（2）基本公式

标量卡尔曼滤波有 5 个基本公式。在预测阶段，标量卡尔曼滤波有两个基本公式：状态预测公式和预测均方误差公式。在滤波阶段，标量卡尔曼滤波有 3 个基本公式：滤波增益公式、状态滤波公式和滤波均方误差公式。

① 状态预测公式 $$\hat{s}(k|k-1)=a\hat{s}(k-1|k-1) \tag{10.3.51}$$

② 预测均方误差公式 $$p(k|k-1)=a^2p(k-1|k-1)+\sigma_w^2 \tag{10.3.52}$$

③ 滤波增益公式 $$b(k)=\frac{cp(k|k-1)}{c^2p(k|k-1)+\sigma_n^2} \tag{10.3.53}$$

④ 状态滤波公式 $$\hat{s}(k|k)=\hat{s}(k|k-1)+b(k)[x(k)-c\hat{s}(k|k-1)] \tag{10.3.54}$$

⑤ 滤波均方误差公式 $$p(k|k)=p(k|k-1)[1-cb(k)] \tag{10.3.55}$$

3．标量卡尔曼滤波的特点

根据标量卡尔曼滤波基本公式，讨论其主要特点。

（1）状态滤波 $\hat{s}(k|k)$ 是状态 $s(k)$ 的无偏估计，滤波均方误差 $p(k|k)$ 是基于观测值 $x(1)$，$x(2),\cdots,x(k)$ 的状态 $s(k)$ 的所有线性估计中最小的均方误差。

（2）根据式(10.3.54)，滤波增益公式可以写成

$$\begin{aligned}\hat{s}(k|k)&=\hat{s}(k|k-1)+b(k)[x(k)-c\hat{s}(k|k-1)]\\&=[1-cb(k)]\hat{s}(k|k-1)+b(k)x(k)\end{aligned} \tag{10.3.56}$$

由式(10.3.56)可知，滤波增益 $b(k)$ 决定了对观测值 $x(k)$ 和状态预测值 $\hat{s}(k|k-1)$ 利用的比例程度。如果 $b(k)$ 增加，观测值 $x(k)$ 利用的权重增加，而状态预测值 $\hat{s}(k|k-1)$ 利用的权重降低。如果 $b(k)$ 降低，观测值 $x(k)$ 利用的权重降低，而状态预测值 $\hat{s}(k|k-1)$ 利用的权重增加。

（3）由式(10.3.52)和式(10.3.53)可知，滤波增益 $b(k)$ 由观测噪声方差 σ_n^2、系统噪声方差 σ_w^2 和上一步滤波均方误差 $p(k-1|k-1)$ 决定。

在 σ_n^2 和 σ_w^2 一定的情况下，如果上一步滤波精度较高，即滤波均方误差 $p(k-1|k-1)$ 较小，进而预测均方误差 $p(k|k-1)$ 较小，则滤波增益 $b(k)$ 就较小，观测值 $x(k)$ 利用的权重降低，而状态预测值 $\hat{s}(k|k-1)$ 利用的权重增加。反之，滤波增益 $b(k)$ 较大，观测值 $x(k)$ 利用的权重增加，而状态预测值 $\hat{s}(k|k-1)$ 利用的权重降低。

在 σ_w^2 和 $p(k-1|k-1)$ 一定的情况下，如果观测精度较差，即 σ_n^2 较大，则 $b(k)$ 较小，$x(k)$ 利用的权重降低，而 $\hat{s}(k|k-1)$ 利用的权重增加。反之，$b(k)$ 较大，$x(k)$ 利用的权重增加，而 $\hat{s}(k|k-1)$ 利用的权重降低。也就是说，当观测噪声增大时，滤波增益应该取得小一些，以减弱观测噪声的影响。

在 σ_n^2 和 $p(k-1|k-1)$ 一定的情况下，如果系统状态受到系统噪声的扰动较小，即 σ_w^2 较小，进而 $p(k|k-1)$ 较小，则 $b(k)$ 较小，$x(k)$ 利用的权重降低，而 $\hat{s}(k|k-1)$ 利用的权重增加。反之，$b(k)$ 就较大，$x(k)$ 利用的权重增加，而 $\hat{s}(k|k-1)$ 利用的权重降低。也就是说，系统噪声较小时，状态转移的随机波动就小，滤波增益应该取得小一些，使新的观测值对状态预测值的校正影响下降。

综上所述，可以得出结论：滤波增益 $b(k)$ 随着系统噪声方差 σ_w^2 增大而递增，随着上一步滤波均方误差 $p(k-1|k-1)$ 增大而递增，随着观测噪声方差 σ_n^2 增大而递减。卡尔曼滤波能定量识别各种信息的质量，自动确定对这些信息的利用程度。

（4）因为滤波均方误差 $p(k-1|k-1)\geqslant 0$，由式(10.3.52)可知，$p(k|k-1)\geqslant\sigma_w^2$，这说明系统噪声方差 σ_w^2 限制了状态预测精度。

（5）根据式(10.3.52)、(10.3.53)和(10.3.55)，滤波均方误差公式可以写成

$$p(k|k)=\frac{[a^2p(k-1|k-1)+\sigma_w^2]\sigma_n^2}{c^2[a^2p(k-1|k-1)+\sigma_w^2]+\sigma_n^2} \tag{10.3.57}$$

由式(10.3.57)可知，在 $p(0|0)$ 取较大值的情况下，随着估计过程的进行，滤波均方误差 $p(k|k)$ 是逐渐下降的，这说明估计在起作用。当 $p(0|0)\gg\sigma_n^2$ 时，从第一个测量就将滤波器误

差方差从 $p(0|0)$ 减小到 $p(1|1) \leqslant \sigma_n^2/c^2 \ll p(0|0)$。

（6）当 $\sigma_w^2 \gg \sigma_n^2$ 时，由式(10.3.57)可得 $p(k|k) \approx \sigma_n^2/c^2$，这说明在 c 一定的情况下，状态滤波精度由观测噪声方差 σ_n^2 决定。

4. 标量卡尔曼滤波的递推计算

当给定了滤波递推计算的起始条件后，依据标量卡尔曼滤波的 5 个基本公式，便可以通过递推计算持续地给出各个时刻的预测值和滤波值，并给出各个时刻的预测均方误差和滤波均方误差。

标量卡尔曼滤波递推计算的起始条件包括两部分：模型参数和初始值。滤波递推计算的模型参数是指 a、c、σ_w^2 及 σ_n^2，初始值是指 $\hat{s}(0|0)$ 和 $p(0|0)$。

对于初始值，如果有系统状态的先验信息可以利用，则取 $\hat{s}(0|0) = E[s(0)]$，$p(0|0) = \mathrm{Var}[s(0)]$，也就是要已知初始状态的均值和方差。如果没有先验信息可以利用，则 $p(0|0)$ 和 $\hat{s}(0|0)$ 随意取值就可以，因为随着递推的进行，$\hat{s}(k|k)$ 会逐渐收敛。但是，对于 $p(0|0)$，一般不要取得过小，因为这样可能会令卡尔曼滤波相信给定的 $\hat{s}(0|0)$ 是系统最优的，从而使算法不能收敛。

在给定模型参数 a、c、σ_w^2 及 σ_n^2 的情况下，如果初始值 $\hat{s}(0|0)$ 和 $p(0|0)$ 任意选取，在 $k=1$ 时刻，将 $\hat{s}(0|0)$ 代入式(10.3.51)，算出 $\hat{s}(1|0)$；将 $p(0|0)$ 代入式(10.3.52)，算出 $p(1|0)$；将 $p(1|0)$ 代入式(10.3.53)，算出 $b(1)$；将 $b(1)$、$\hat{s}(1|0)$ 和 $k=1$ 时刻的观测值 $x(1)$ 代入式(10.3.54)，算出 $\hat{s}(1|1)$；将 $b(1)$ 和 $p(1|0)$ 代入式(10.3.55)，算出 $p(1|1)$；至此，$k=1$ 时刻的计算完成。在 $k=2$ 时刻，将 $\hat{s}(1|1)$ 和 $p(1|1)$ 作为初始值，将 $\hat{s}(1|1)$ 代入式(10.3.51)，算出 $\hat{s}(2|1)$；将 $p(1|1)$ 代入式(10.3.52)，算出 $p(2|1)$；将 $p(2|1)$ 代入式(10.3.53)，算出 $b(2)$；将 $b(2)$、$\hat{s}(2|1)$ 和 $k=2$ 时刻的观测值 $x(2)$ 代入式(10.3.54)，算出 $\hat{s}(2|2)$；将 $b(2)$ 和 $p(2|1)$ 代入式(10.3.55)，算出 $p(2|2)$；至此，$k=2$ 时刻的计算完成。如此反复迭代计算。

例 10.3.2 设系统状态方程为 $s(k) = 0.5s(k-1) + w(k-1)$，观测方程为 $x(k) = s(k) + n(k)$，其中，$s(k)$、$x(k)$、$w(k)$ 及 $n(k)$ 均是标量。系统噪声 $w(k)$ 是均值为 0、方差为 $\sigma_w^2 = 1$ 的白噪声。观测噪声 $n(k)$ 是均值为 0、方差为 $\sigma_n^2 = 2$ 的白噪声。系统噪声 $w(k)$ 与观测噪声 $n(k)$ 互不相关。系统初始条件为 $E[s(0)] = 0$，$\mathrm{Var}[s(0)] = 1$。已知两次观测数据为 $x(1) = 4$，$x(2) = 2$，求状态滤波 $\hat{s}(2|2)$ 与滤波均方误差 $p(2|2)$。

解： 由已知条件可知，卡尔曼滤波的 5 个基本公式：状态预测、预测均方误差、滤波增益、状态滤波及滤波均方误差公式分别为

$$\hat{s}(k|k-1) = 0.5\hat{s}(k-1|k-1)$$

$$p(k|k-1) = 0.25p(k-1|k-1) + 1$$

$$b(k) = \frac{p(k|k-1)}{p(k|k-1)+2}$$

$$\hat{s}(k|k) = \hat{s}(k|k-1) + b(k)[x(k) - \hat{s}(k|k-1)]$$

$$p(k|k) = p(k|k-1)[1-b(k)]$$

取初始值 $\hat{s}(0|0) = E[s(0)] = 0$，$p(0|0) = \mathrm{Var}[s(0)] = 1$。

当 $k=1$ 时，有

$$\hat{s}(1|0) = 0.5\hat{s}(0|0) = 0$$

$$p(1|0) = 0.25p(0|0) + 1 = 0.25 + 1 = 1.25$$

$$b(1) = p(1|0)/[p(1|0)+2] = 1.25/3.25 = 0.38$$

$$\hat{s}(1|1) = \hat{s}(1|0) + b(1)[x(1) - \hat{s}(1|0)] = 1.54$$

$$p(1|1) = p(1|0)[1-b(1)] = 1.25 \times 0.62 = 0.78$$

当 $k=2$ 时，有
$$\hat{s}(2|1)=0.5\hat{s}(1|1)=0.5\times1.54=0.77$$
$$p(2|1)=0.25p(1|1)+1=0.25\times0.78+1=1.19$$
$$b(2)=p(2|1)/[p(2|1)+2]=1.19/3.19=0.37$$
$$\hat{s}(2|2)=\hat{s}(2|1)+b(2)[x(2)-\hat{s}(2|1)]=1.28$$
$$p(2|2)=p(2|1)[1-b(2)]=0.75$$

例 10.3.3 假设某一个房间的温度是恒定的，但由于受众多因素的影响，室内温度有一定的起伏，将使室内温度有起伏的众多因素的影响看作一个系统噪声扰动的结果，并把这个噪声看作是均值为 0、方差为 σ_w^2 的高斯白噪声。用一个温度计测量室内温度，由于温度计制作和观察者读数习惯等因素的影响，使测量值与实际值之间也会有偏差，将引起读数偏差的众多因素归结为一个测量噪声。测量噪声是均值为 0、方差为 σ_n^2 的高斯白噪声，且与系统噪声相互独立。试用卡尔曼滤波根据观测值来估算实际室内温度。

解： 根据题意，将房间看成一个系统，室内的实际温度是系统状态变量，温度变化偏差是系统噪声 $w(k)$ 扰动的结果，$w(k)$ 是均值为 0、方差为 σ_w^2 的高斯白噪声。温度计读数是观测值，读数误差是测量噪声 $n(k)$，$n(k)$ 是均值为 0、方差为 σ_n^2 的高斯白噪声。

由于房间的温度是恒定的，当前时刻与前一时刻的温度相同，故 $a=1$。又因为没有控制量项，因此得出状态方程为
$$s(k)=s(k-1)+w(k-1)$$
由于温度计是直接测量房间的温度，故 $c=1$，观测方程为
$$x(k)=s(k)+n(k)$$
式中，$s(k)$ 表示 k 时刻实际室内温度；$x(k)$ 表示 k 时刻温度计测量的室内温度。

卡尔曼滤波的 5 个基本公式：状态预测、预测均方误差、滤波增益、状态滤波及滤波均方误差公式分别为
$$\hat{s}(k|k-1)=\hat{s}(k-1|k-1)$$
$$p(k|k-1)=p(k-1|k-1)+\sigma_w^2$$
$$b(k)=\frac{p(k|k-1)}{p(k|k-1)+\sigma_n^2}$$
$$\hat{s}(k|k)=\hat{s}(k|k-1)+b(k)[x(k)-\hat{s}(k|k-1)]$$
$$p(k|k)=p(k|k-1)[1-b(k)]$$

利用卡尔曼滤波的 5 个基本公式进行递推估计，需要确定初始值 $\hat{s}(0|0)$ 和 $p(0|0)$。如果有室内温度的一些数值，则取 $\hat{s}(0|0)=E[s(0)]$，$p(0|0)=\mathrm{Var}[s(0)]$；如果没有室内温度任何数值，则可以选取 $\hat{s}(0|0)=20$，$p(0|0)=10$。

本章小结

信号波形估计也称为滤波，是从被噪声干扰的接收信号中分离出有用信号的整个信号波形，是估计理论的一个重要组成部分。

信号波形估计常采用最佳线性滤波。最佳线性滤波是以最小均方误差为最佳准则的线性滤波，也就是使滤波器的输出与期望输出之间的均方误差为最小的线性滤波。最佳线性滤波主要包括维纳滤波和卡尔曼滤波。维纳滤波是用线性滤波器实现对平稳随机过程的最佳线性估计，而卡尔曼滤波则用递推算法解决包括非平稳随机过程在内的波形的最佳线性估计问题。

维纳滤波是以最小均方误差为准则的最佳线性滤波，只适用于平稳随机过程，时不变线性系统，计算量大，实时性差。维纳滤波的信号模型是从信号和噪声的相关函数得到的。维纳滤

波根据当前的以及全部过去的观测数据 $x(k), x(k-1), x(k-2), \cdots$ 来估计信号的当前值，它的解是以均方误差最小条件下所得到的系统的传输函数 $H(s)$ 或单位冲激响应 $h(t)$ 的形式给出的。维纳滤波器的基本方程是维纳-霍夫方程。求解维纳-霍夫方程，就可以得到维纳滤波器的单位冲激响应 $h(t)$ 或单位脉冲响应 $h(k)$。

本章讨论了连续随机过程的维纳滤波和离散随机过程的维纳滤波。针对连续随机过程，讨论了相应的连续维纳-霍夫方程，并分别讨论了非因果连续维纳滤波器及因果连续维纳滤波器的传输函数 $H(s)$ 和单位冲激响应 $h(t)$ 的求取方法。针对离散随机过程，讨论了相应的离散维纳-霍夫方程，并分别讨论了有限冲激响应离散维纳滤波器、非因果无限冲激响应离散维纳滤波器及因果无限冲激响应离散维纳滤波器的传输函数 $H(z)$ 和单位脉冲响应 $h(k)$ 的求取方法。

卡尔曼滤波是以最小均方误差为准则的最佳线性滤波，不仅适用于平稳随机过程，也能适用于非平稳随机过程，不仅适用于时不变线性系统，也能适用于时变线性系统，适用于多输入多输出系统，滤波精度高，计算效率高，便于实时处理。卡尔曼滤波是从状态方程和观测方程着手建立其信号模型的。卡尔曼滤波采用递推算法，根据上一时刻状态的估计值以及当前时刻的观测值就可以计算出当前时刻状态的估计值。卡尔曼滤波器是一种纯粹的时域滤波器，不需要像通常意义上的滤波器那样，通过频域设计再转换到时域实现。

本章讨论了标量卡尔曼滤波和向量卡尔曼滤波。无论是标量卡尔曼滤波，还是向量卡尔曼滤波，均讨论了状态方程和观测方程的建立、卡尔曼滤波及预测。卡尔曼滤波分为两个阶段：预测和滤波，由 5 个基本公式，即状态预测公式、预测误差协方差矩阵公式、滤波增益矩阵公式、状态滤波公式和滤波误差协方差矩阵公式组成。本章也简要讨论了卡尔曼滤波初始值的选取方法及发散现象。

思考题

10.1 简述最佳线性估计或最佳线性滤波的最佳准则，所要求的噪声统计知识及所要解决的问题。

10.2 概述波形估计的 3 种类型。

10.3 比较维纳滤波和卡尔曼滤波的主要特点。

10.4 从静态和动态估计的观点，简述信号参量估计和波形估计的特点。

10.5 概括描述由 $k-1$ 时刻到 k 时刻的向量卡尔曼滤波递推计算的 5 个步骤。

10.6 归纳卡尔曼滤波递推计算初始值选取方法。

10.7 简述离散卡尔曼滤波的主要特点。

10.8 简述离散卡尔曼滤波的主要性质。

10.9 概述卡尔曼滤波发散现象及其产生的原因。

习题

10.1 设观测过程为 $x(t)=s(t)+n(t)$，$x(t)$ 与 $s(t)$ 均为 0 均值平稳随机过程；$s(t)$ 与 $n(t)$ 互不相关，并且

$$R_{ss}(\tau)=\mathrm{e}^{-a|\tau|},\ a>0\ ;\ \ R_{nn}(\tau)=\mathrm{e}^{-b|\tau|},\ b>0$$

试设计一个非因果维纳滤波器的冲激响应 $h(t)$，并求最小均方误差。

10.2 已知观测信号 $x(t)=s(t)+n(t)$，信号 $s(t)$ 与噪声 $n(t)$ 都为 0 均值平稳随机信号，且互不相关。又知

$$R_{nn}(\tau)=\mathrm{e}^{-|\tau|},\ \ R_{ss}(\tau)=\frac{7}{12}\mathrm{e}^{-2|\tau|}-\frac{1}{6}\mathrm{e}^{-|\tau|}$$

试求因果维纳滤波器的冲激响应 $h(t)$。

10.3 设观测信号为 $x(t)=s(t)+n(t)$，信号功率谱为 $G_{ss}(\omega)=1/(\omega^2+1)$，噪声功率谱为 $G_{nn}(\omega)=1$，且

信号与噪声不相关，求非因果和因果维纳滤波器(只滤波不预测)。

10.4　设线性时不变滤波器输入的观测信号 $x(t)$ 是平稳随机过程，其功率谱密度为 $G_{xx}(s)=2k/(k^2-s^2)$，其中 $k>0$，试设计一个物理可实现的白化滤波器 $H_w(s)$，它的输出功率谱密度为 1。

10.5　设观测信号为 $x(t)=s(t)+n(t)$，信号 $s(t)$ 与噪声 $n(t)$ 都为 0 均值平稳随机信号，且互不相关。已知信号和噪声的自相关函数分别为

$$R_{ss}(\tau)=\frac{7}{12}\mathrm{e}^{-|\tau|/2}，\ R_{nn}(\tau)=\frac{5}{6}\mathrm{e}^{-|\tau|}$$

试设计对信号 $s(t+\alpha)$ 进行最佳估计的因果维纳滤波器，并计算最小均方误差。

10.6　设观测序列为 $x(k)=s(k)+n(k)$，信号序列 $s(k)$ 为 0 均值平稳随机序列，其功率谱为 $G_{ss}(\omega)=\frac{3.5}{4\cos\omega-8.5}$，噪声序列 $n(k)$ 是 0 均值的白噪声序列，且与 $s(k)$ 互不相关，其功率谱为 $G_{nn}(\omega)=1$。试求非因果和因果 IIR 维纳滤波器的传输函数。

10.7　设观测序列为 $x(k)=s(k)+n(k)$，其中 $s(k)$ 代表所希望得到的信号序列，噪声序列 $n(k)$ 是 0 均值的白噪声序列，且 $n(k)$ 与 $s(k)$ 互不相关。已知

$$G_{ss}(z)=\frac{0.38}{(1-0.6z^{-1})(1-0.6z)}，\ G_{nn}(z)=1$$

试求物理可实现与物理不可实现两种情况下的维纳滤波器及相应的最小均方误差。

10.8　设观测序列为 $x(k)=s(k)$，并且已知

$$G_{ss}(z)=\frac{1-a^2}{(1-az^{-1})(1-az)}，\ -1<a<1$$

试求估计 $s(k+N)$ 的因果和非因果维纳预测器。

10.9　设观测序列为 $x(k)=s(k)+n(k)$，有用信号 $s(k)$ 与噪声 $n(k)$ 统计独立，$n(k)$ 是均值为 0、方差为 1 的白噪声序列，且有用信号自相关函数为 $R_{ss}(m)=0.6^{|m|}$，其中 m 为整数。试设计一个长度为 $M=2$ 的维纳滤波器来估计 $s(k)$，并求最小均方误差。

10.10　有一信号 $s(k)$，其自相关函数为 $R_{ss}(m)=0.8^{|m|}$，其中 m 为整数。观测信号 $s(k)$ 时，混叠了均值为 0、方差为 0.45 的白噪声 $n(k)$，且信号与噪声统计独立。试设计一个长度等于 3 的 FIR 数字滤波器，使其输出值与真实信号之间的均方误差最小。

10.11　在测试某正弦信号 $s(k)=\sin(k\pi/4)$ 的过程中叠加有均值为 0、方差为 σ_n^2 的白噪声 $n(k)$，即测试结果为 $x(k)=s(k)+n(k)$。设计一个长度为 $M=4$ 的有限冲激响应滤波器，对 $x(k)$ 进行滤波后得到 $s(k)$ 的估计值 $\hat{s}(k)$，使 $s(k)$ 与 $\hat{s}(k)$ 误差的均方值最小。求该滤波器的冲激响应和估计误差的平均功率。

10.12　设平稳随机信号序列为 $s(k)$，其自相关函数序列为 $R_{ss}(m)=\delta(m)+0.5\delta(m-1)+0.5\delta(m+1)$。在传输 $s(k)$ 时，混入了一个均值为 0、方差为 0.45 的白噪声 $n(k)$，且信号与噪声统计独立。设计一个因果 IIR 维纳滤波器，当 $x(k)=s(k)+n(k)$ 作为输入时，输出为 $s(k)$ 的估计值，并计算均方误差值。

10.13　设观测序列为 $x(k)=s(k)+n(k)$，有用信号 $s(k)$ 与噪声 $n(k)$ 统计独立，$n(k)$ 是均值为 0、方差为 1 的白噪声序列，且有用信号自相关函数为 $R_{ss}(m)=0.8^{|m|}$，其中 m 为整数。试设计一个物理可实现的维纳预测器估计 $s(k+1)$，并求最小均方误差。

10.14　设观测序列为 $x(k)=s(k)+n(k)$，其中 $s(k)$ 代表所希望得到的信号序列，噪声序列 $n(k)$ 是均值为 0、方差为 1 的白噪声序列，且 $n(k)$ 与 $s(k)$ 互不相关。已知信号序列功率谱密度为

$$G_{ss}(z)=\frac{0.36}{(1-0.8z^{-1})(1-0.8z)}$$

求卡尔曼滤波信号模型中的系统参数 a 与观测参数 c。

10.15　设观测序列为 $x(k)=s(k)+n(k)$，其中 $s(k)$ 代表所希望得到的信号序列，噪声序列 $n(k)$ 是均值为 0、方差为 1 的白噪声序列，且 $n(k)$ 与 $s(k)$ 互不相关。已知信号序列功率谱密度为

$$G_{ss}(z)=\frac{0.36}{(1-0.8z^{-1})(1-0.8z)}$$

卡尔曼滤波的状态估计初始值 $\hat{s}(0|0)=0$，滤波均方误差初始值 $p(0|0)=1$。（1）试设计卡尔曼滤波器；（2）完成 $k=1,2,3$ 的卡尔曼滤波递推计算；（3）求滤波均方误差 $p(k|k)$ 的稳态解及稳态的状态估计公式。

10.16 设信号的状态方程为 $s(k+1)=0.8s(k)+w(k)$，系统噪声 $w(k)$ 是均值为 0、方差为 $\sigma_w^2=0.36$ 的白噪声。观测方程为 $x(k)=s(k)+n(k)$，观测噪声 $n(k)$ 是均值为 0、方差为 1 的白噪声，且 $n(k)$ 与 $s(k)$ 和 $w(k)$ 互不相关。已知状态估计初始值 $\hat{s}(0|0)=0$，滤波均方误差初始值 $p(0|0)=1$。（1）试设计卡尔曼滤波器；（2）完成 $k=1,2,3$ 的卡尔曼滤波递推计算；（3）求滤波均方误差 $p(k|k)$ 的稳态解及稳态的状态估计公式。

10.17 假设某一台电源的输出电压是恒定的，当前时刻与前一时刻的输出电压相同，无系统噪声扰动的影响。用一个电压表测量电源的输出电压，由于电压表制作和观察者读数习惯等因素的影响，使电压表的测量值与实际值之间也会有偏差，将电压表读数偏差看作是一个测量噪声引起的。测量噪声是均值为 0、方差为 σ_n^2 的白噪声，且 $\sigma_n^2=0.1\text{V}^2$。电压表测量输出电压的测量值如表 10.1 所示，试用卡尔曼滤波根据观测值来估算实际输出电压。

表 10.1 电压表测量输出电压的测量值

时间(ms)	1	2	3	4	5	6	7	8	9	10
电压（V)	0.39	0.50	0.48	0.29	0.25	0.32	0.34	0.48	0.41	0.45

10.18 设系统状态方程为 $s(k)=s(k-1)+w(k-1)$，观测方程为 $x(k)=s(k)+n(k)$。系统噪声 $w(k)$ 是均值为 0、方差 σ_w^2=1 的白噪声。测量噪声 $n(k)$ 是均值为 0、方差 σ_n^2=2 的白噪声，且与系统噪声相互独立。前两次的观测值为 $x(1)=2$，$x(2)=3$。初始值为 $\hat{s}(0|0)=E[s(0)]=1$，$p(0|0)=\text{Var}[s(0)]=10$。求 $\hat{s}(2|2)$ 和稳态滤波均方误差 $p(k|k)$。

10.19 估计一个常值标量 x，测量有白噪声，状态方程和测量方程如下：

$$x(k+1)=x(k)\quad z(k+1)=x(k+1)+v(k+1)$$

式中，$x(k)$、$z(k+1)\in R$，$v(k+1)\sim N(0,r)$，$x(0)\sim N(m,P_0)$。求（1）$\hat{x}(k|k)$ 和 $p(k|k)$ 的表示式。（2）当 $k\to\infty$ 时，$\hat{x}(k|k)$ 和 $p(k|k)$ 的表示式。（3）当 $r\to\infty$ 时，$\hat{x}(k|k)$ 和 $p(k|k)$ 的表示式。

10.20 设一个标量随机信号的状态方程和测量方程如下：

$$s(k)=as(k-1)+w(k-1)\quad x(k)=s(k)+v(k)$$

其中，$\{w(k)\}$ 是一个 $N(0,q)$，$\{v(k)\}$ 是一个 $N(0,r)$，$x(0)$ 是一个 $N(0,P(0))$，a 是一个常值，两个高斯白噪声序列和 $x(0)$ 是相互独立的。初始值 $p(0|0)=P_0$。试分析系统噪声方差 q、测量噪声方差 r 和初始值 P_0 对预测精度和滤波精度的影响。

10.21 设系统信号模型的状态方程和观测方程分别为

$$\boldsymbol{s}_k=\boldsymbol{A}\boldsymbol{s}_{k-1}+\boldsymbol{w}_{k-1},\quad x_k=\boldsymbol{C}\boldsymbol{s}_k+n_k$$

式中

$$\boldsymbol{A}=\begin{bmatrix}1 & 1\\ 0 & 1\end{bmatrix},\quad \boldsymbol{C}=[1\quad 0]$$

$\boldsymbol{w}_{k-1}$ 和 n_k 都是均值为 0 的白噪声随机序列，与系统的初始状态 $\boldsymbol{s}_0$ 无关，且有

$$\boldsymbol{Q}_k=E[\boldsymbol{w}_k\boldsymbol{w}_k^{\mathrm{T}}]=\begin{bmatrix}0 & 0\\ 0 & 1\end{bmatrix}=\boldsymbol{Q}\quad \boldsymbol{R}_k=E[n_kn_k]=2+(-1)^k$$

系统初始时刻 $(k=0)$ 的状态矢量 $\boldsymbol{s}_0$ 的协方差矩阵为 $\boldsymbol{P}_0=\begin{bmatrix}10 & 0\\ 0 & 10\end{bmatrix}$。求 $k=1,2$ 时状态滤波的增益矩阵 $\boldsymbol{K}_k$。

10.22 假设一运动目标在 x,y 平面上沿 $y=x$ 方向运动，由于外界干扰，其运动轨迹发生了偏移。以时间 T 为间隔，可以直接观测目标的位置，试采用卡尔曼滤波方法跟踪估计其运动状态。

10.23 设目标以匀速度 v 从原点开始做直线运动，速度 v 受到时变噪声 w_k 的扰动。现以等时间间隙 T 对

目标的距离 r 进行直接测量，并且 r 的测量受到测距的观测噪声 n_k 的影响。试建立运动目标的离散状态方程和观测方程。

10.24 设目标以匀加速度 a 从原点开始做直线运动，加速度 a 受到时变扰动噪声 w_k 的影响。现以等时间间隙 T 对目标的距离 r 进行直接测量，并且 r 的测量受到测距的观测噪声 n_k 的影响。试建立运动目标的离散状态方程和观测方程。

10.25 设目标以匀速度 v 从原点开始做直线运动，速度 v 受到时变噪声 w_k 的扰动。现以等时间间隙 T 对目标的距离 r 进行直接测量，并且 r 的测量受到测距的观测噪声 n_k 的影响。假设在 $t=0$ 时刻开始，目标位于原点，观测时间间隔 $T=2\text{s}$。目标在原点时，距离 r_0 的均值 $E[r_0]=0\text{km}$，方差 $\sigma_{r0}^2=2(\text{km})^2$；速度 v_0 的均值 $E[v_0]=0.3\text{km/s}$，方差 $\sigma_{v0}^2=0.2(\text{km/s})^2$。速度扰动噪声 w_k 是均值为 0、方差为 $\sigma_w^2=0.2(\text{km/s})^2$ 的白噪声随机序列。观测噪声 n_k 是均值为 0、方差为 $\sigma_n^2=0.8(\text{km})^2$ 的白噪声随机序列，且与速度扰动噪声 w_k 不相关。w_k、n_k 与目标初始状态 (r_0,v_0) 彼此互不相关。

（1）建立运动目标的状态方程和观测方程。

（2）如果运动目标距离 x_k 的首次测量数据为 $x_1=0.66\text{km}$，试求 $k=1$ 时刻的卡尔曼滤波、滤波误差协方差矩阵及对 $k=2$ 时刻的状态预测值。

10.26 若飞机相对于雷达做径向匀加速直线运动，现通过对飞机的距离的测量来估计飞机的距离、速度和加速度。如果：

（1）从 $t=2\text{s}$ 开始测量，测量时间间隔为 $T=2\text{s}$；

（2）设 $t=kT$ 时刻，飞机到雷达的距离为 r_k，径向速度为 v_k，径向加速度为 a_k。已知 $E[r_0]=0\text{km}$，$\sigma_{r0}^2=8(\text{km})^2$，$E[v_0]=0\text{km/s}$，$\sigma_{v0}^2=10(\text{km/s})^2$，$E[a_0]=0.2\text{km/s}^2$，$\sigma_{a0}^2=5(\text{km/s}^2)^2$；

（3）忽略扰动噪声 w_{k-1} 对飞机的扰动；

（4）观测噪声 n_k 是均值为 0、方差 $\sigma_n^2=0.15(\text{km})^2$ 的白噪声随机序列，且与扰动噪声 w_{k-1}、r_0、v_0 和 a_0 均互不相关。

在获得距离观测值 x_k 为 $x_1=0.36\text{km}$ 的情况下，求 r_1、v_1 和 a_1 的估计值及其均方误差，并求状态一步预测值。

10.27 假设一运动目标在 x,y 平面上做匀速直线运动，测量值为二维坐标 (x,y)，对距离及速度进行估计，测量时间周期为 $T=0.1\text{s}$。目标初始位置为 $(5\text{km},5\text{km})$，速度为 $(-200\text{m/s},-200\text{m/s})$；$x,y$ 方向上目标加速度都是均值为 0、均方差为 2m/s^2 的高斯噪声。x,y 方向上距离测量误差的均值为 0、均方差为 30m，试采用卡尔曼滤波方法跟踪估计其运动状态。

10.28 假设一运动目标在 x,y 平面上做匀加速直线运动，测量值为二维坐标 (x,y)，对距离及速度进行估计，测量时间周期为 $T=0.1\text{s}$。目标初始位置为 $(5\text{km},5\text{km})$，速度为 $(-200\text{m/s},-200\text{m/s})$，加速度为 $(-20\text{m/s}^2,-20\text{m/s}^2)$；$x,y$ 方向上目标加速度的扰动噪声都是均值为 0、均方差为 0.2m/s^2 的高斯噪声。x,y 方向上距离测量误差的均值为 0、均方差为 30m，试采用卡尔曼滤波方法跟踪估计其运动状态。

附录A　本书内容编排的逻辑关系

信号检测与估计的内容编排及研究方法的分类主要与信道噪声统计特性、信号的多少和信号是确知信号还是随机参量信号这 3 个因素有关。依据这 3 个因素的不同排列顺序，信号检测与估计的内容编排及研究方法就会有不同的分类方式。本书是依据信道噪声统计特性、信号是确知信号还是随机参量信号、信号的多少这样的顺序来编排本书内容的。为了方便读者更好地理解和把握信号检测与估计的内容和研究方法，将本书内容编排的逻辑关系以图形的形式列出。

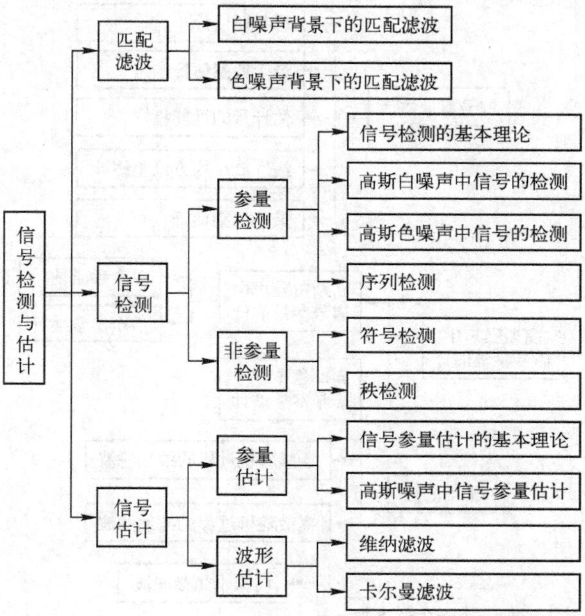

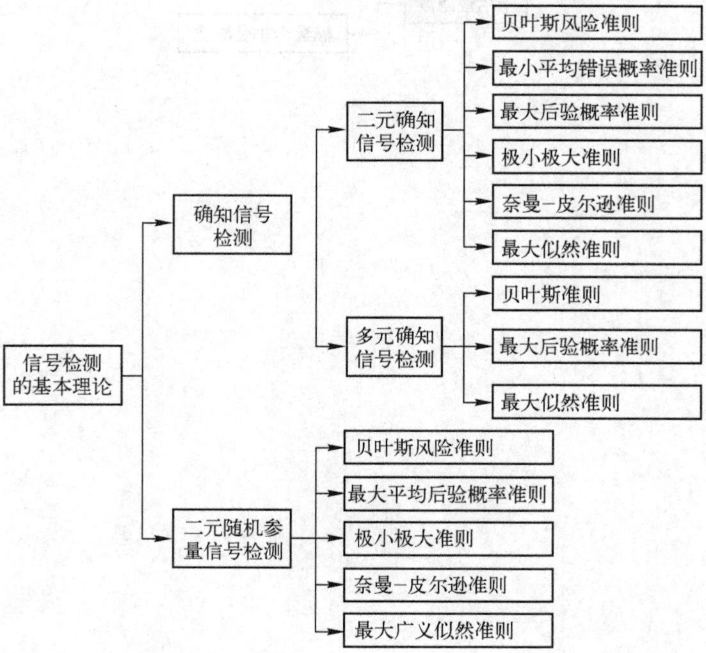

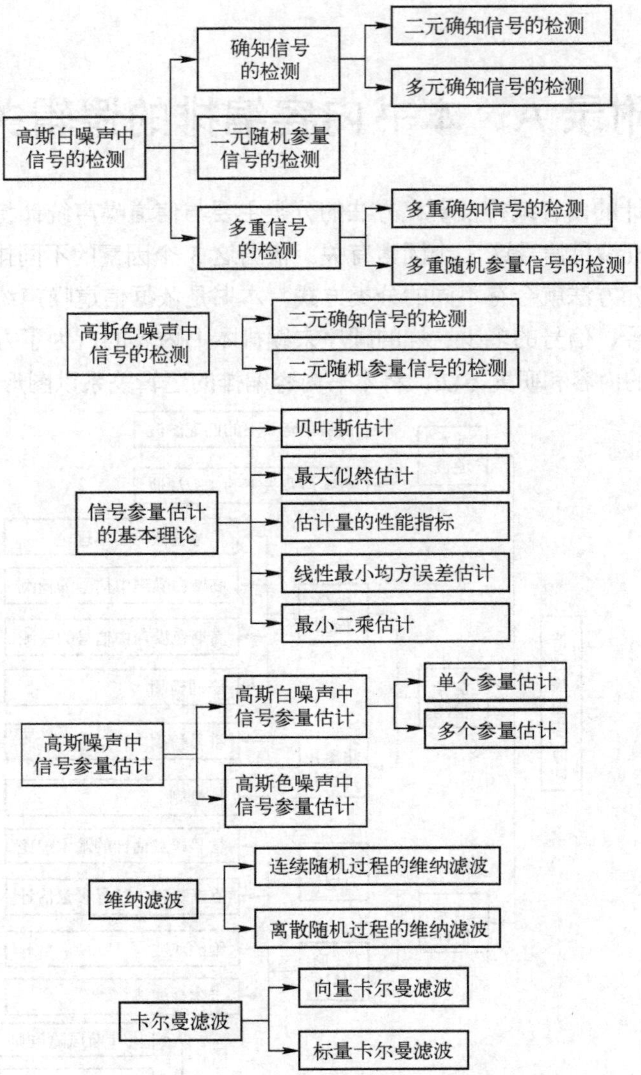
高斯白噪声中信号的检测
确知信号的检测
二元确知信号的检测
多元确知信号的检测
二元随机参量信号的检测
多重信号的检测
多重确知信号的检测
多重随机参量信号的检测
高斯色噪声中信号的检测
二元确知信号的检测
二元随机参量信号的检测
信号参量估计的基本理论
贝叶斯估计
最大似然估计
估计量的性能指标
线性最小均方误差估计
最小二乘估计
高斯噪声中信号参量估计
高斯白噪声中信号参量估计
单个参量估计
多个参量估计
高斯色噪声中信号参量估计
维纳滤波
连续随机过程的维纳滤波
离散随机过程的维纳滤波
卡尔曼滤波
向量卡尔曼滤波
标量卡尔曼滤波

附录B 实验指导书

信号检测与估计是一门理论性很强的专业基础课，主要研究匹配滤波器、信号检测、信号参量估计及波形估计的基本理论和方法，与实际应用联系密切。信号检测与估计实验是验证、巩固和研究信号检测与估计理论和方法的必要环节。

通过实验，使学生巩固所学信号检测与估计的基本理论和方法，提高综合运用所学知识，独立分析问题、解决问题的能力，加强综合设计及创新能力的培养，养成实事求是、严肃认真的科研作风，为今后的工作打下良好的基础。

这里介绍4个实验：匹配滤波器的仿真验证、信号检测的仿真验证、信号参量估计的仿真验证和卡尔曼滤波的仿真验证。

所有实验的实验仪器包括：①硬件实验平台：通用个人计算机；②软件实验平台：32位或64位Windows操作系统，MATLAB软件。

各个实验的实验原理参见本书的相应章节。

所有实验的实验要求均为：①设计仿真计算的MATLAB程序，给出软件清单；②完成实验报告，对实验过程进行描述，给出实验结果，对实验数据进行分析，给出结论。

B.1 匹配滤波器的仿真验证

一、实验目的

通过利用MATLAB编程，验证匹配滤波器的基本原理和特性，进一步掌握匹配滤波器的基本概念和基本原理，加深对匹配滤波器性质的理解，掌握匹配滤波器的一般设计方法，深刻认识匹配滤波器的一些实际应用，熟悉用计算机进行数据分析的方法。

二、实验内容

1．生成几种含有加性噪声的信号(矩形脉冲、正弦信号、线性调频脉冲)，设计相应的匹配滤波器，观察匹配滤波器输出的信号波形及信噪比达到最大的时刻。

2．生成几种或一种信号，观察以下波形：

（1）信号时域波形、信号的幅度谱和相位谱；

（2）匹配滤波器的单位冲激响应，匹配滤波器的幅频特性、相频特性；

（3）匹配滤波器输出信号的波形、输出信号的幅度谱和相位谱。

3．针对一种信号，研究匹配滤波器的如下特性：

（1）匹配滤波器对波形相同而幅值不同的信号具有适应性；

（2）匹配滤波器对波形相同而时延不同的信号具有适应性；

（3）匹配滤波器对频移信号不具有适应性。

4．针对一种信号，研究信噪比对匹配滤波器输出的影响。

三、参考程序

此处仅给出“实验内容 1”的参考程序，其他实验内容的参考程序参见出版社教材网站上的相应程序。

```
% 程序名称：Matched_Filter_teat01.m
%%%%%%%%%%%%%%%%%%%匹配滤波器实验(1)%%%%%%%%%%%%%%%
% 程序功能：针对矩形脉冲、正弦信号、线性调频信号，设计相应的匹配滤波器，
%          观察匹配滤波器输出的信号波形及信噪比达到最大的时刻。
% 程序说明：生成矩形脉冲、正弦信号、线性调频信号，设计相应的匹配滤波器，
%          比较匹配滤波器冲激响应与信号的时域关系，比较匹配滤波器幅频
%          特性和相频特性与信号频域的幅度谱和相位谱的关系。
%%%%%%%%%%%%%%%%%%%%%%%%%%%%%%%%%%%%%%%%%%%%%%%%%%%%%%%
%% 清理运行环境
clear all;  close all;  clc;
%% 参数设定
fc = 30;      %频率
k=3;          %线性调频斜率
to=2;         %观测时间长度
dt=0.01;      %采样时间间隔
fs = 1/dt;    %采样频率
t=0:dt:to;
t1=0:dt:2*to;
%% -1-矩形脉冲信号匹配滤波
st1=5*rectpuls(t,2);              %矩形脉冲信号
nt1=randn(1,length(t));           %噪声
xt1=st1+nt1;                      %矩形脉冲信号+噪声
ht1=5*rectpuls((to-t),2);         %匹配滤波器冲激响应
yt1=conv2(ht1,xt1);               %匹配滤波器输出
figure;
subplot(211);  plot(t,st1);
axis([0,4,-10,10]);  xlabel('t/s');  ylabel('s(t)/v');  title('有用信号');
subplot(212);  plot(t,ht1);
axis([0,4,-10,10]);  xlabel('t/s');  ylabel('h(t)/v');  title('匹配滤波器冲激响应');
figure;
subplot(211);  plot(t,xt1);
axis([0,4,-10,10]);  xlabel('t/s');  ylabel('x(t)/v');  title('匹配滤波器输入信号');
subplot(212);  plot(t1,yt1);
xlabel('t/s');  ylabel('y(t)/v');  title('匹配滤波器输出信号');
figure;
subplot(211);  N=length(t);
spectrum_st1 = fftshift(fft(st1,N));
freq_st1 =-fs/2:fs/(N-1):fs/2;
plot(freq_st1,abs(spectrum_st1));
```

```
xlabel('频率/Hz');   ylabel('幅度');   title('有用信号的幅度谱');
subplot(212);   plot(freq_st1,angle(spectrum_st1));
xlabel('频率/Hz');   ylabel('相位/弧度');   title('有用信号的相位谱');
figure;
subplot(211);   N=length(t);
spectrum_ht1 = fftshift(fft(ht1,N));
freq_ht1 =-fs/2:fs/(N-1):fs/2;
plot(freq_ht1,abs(spectrum_ht1));
xlabel('频率/Hz');   ylabel('幅度');   title('匹配滤波器的幅频特性');
subplot(212);   plot(freq_ht1,angle(spectrum_ht1));
xlabel('频率/Hz');   ylabel('相位/弧度');   title('匹配滤波器的相频特性');
figure;
subplot(211);
spectrum_yt1 = fftshift(fft(yt1,N));
freq_yt1 = (-N/2:N/2-1)*fs/N;
plot(freq_yt1,abs(spectrum_yt1));
xlabel('频率/Hz');   ylabel('幅度');   title('匹配滤波器输出信号的幅度谱');
subplot(212);   plot(freq_yt1,angle(spectrum_yt1));
xlabel('频率/Hz');   ylabel('相位/弧度');   title('匹配滤波器输出信号的相位谱');
%% -2-正弦信号匹配滤波
st2=3*sin(2*pi*fc*t);              %正弦信号
nt2=randn(1,length(t));            %噪声
xt2=st2+nt2;                       %正弦信号+噪声
ht2=3*sin(2*pi*fc*(to-t));         %匹配滤波器冲激响应
yt2=conv2(xt2,ht2);                %匹配滤波器输出
figure;
subplot(211);   plot(t,st2);
axis([0,4,-10,10]);   xlabel('t/s');   ylabel('s(t)/v');   title('有用信号');
subplot(212);   plot(t,ht2);
axis([0,4,-10,10]);   xlabel('t/s');   ylabel('h(t)/v');   title('匹配滤波器冲激响应');
figure;
subplot(211);   plot(t,xt2);
axis([0,4,-10,10]);   xlabel('t/s');   ylabel('x(t)/v');   title('匹配滤波器输入信号');
subplot(212);   plot(t1,yt2);
xlabel('t/s');   ylabel('y(t)/v');   title('匹配滤波器输出信号');
figure;
subplot(211);   N=length(t);
spectrum_st2 = fftshift(fft(st2,N));
freq_st2 =-fs/2:fs/(N-1):fs/2;
plot(freq_st2,abs(spectrum_st2));
```

```
xlabel('频率/Hz');    ylabel('幅度');    title('有用信号的幅度谱');
subplot(212);    plot(freq_st2,angle(spectrum_st2));
xlabel('频率/Hz');    ylabel('相位/弧度');    title('有用信号的相位谱');
figure;
subplot(211);    N=length(t);
spectrum_ht2 = fftshift(fft(ht2,N));
freq_ht2 =-fs/2:fs/(N-1):fs/2;
plot(freq_ht2,abs(spectrum_ht2));
xlabel('频率/Hz');    ylabel('幅度');    title('匹配滤波器的幅频特性');
subplot(212);    plot(freq_ht2,angle(spectrum_ht2));
xlabel('频率/Hz');    ylabel('相位/弧度');    title('匹配滤波器的相频特性');
figure;
subplot(211);
spectrum_yt2 = fftshift(fft(yt2,N));
freq_yt2 = (-N/2:N/2-1)*fs/N;
plot(freq_yt2,abs(spectrum_yt2));
xlabel('频率/Hz');    ylabel('幅度');    title('匹配滤波器输出信号的幅度谱');
subplot(212);    plot(freq_yt2,angle(spectrum_yt2));
xlabel('频率/Hz');    ylabel('相位/弧度');    title('匹配滤波器输出信号的相位谱');
%% -3-线性调频信号匹配滤波
st3=3*sin(2*pi*fc*t+pi*k*t.^2);                          %线性调频信号
nt3=randn(1,length(t));                                   %噪声
xt3=st3+nt3;                                              %线性调频信号+噪声
ht3=3*sin(2*pi*fc*(to-t)+pi*k*(to-t).^2);                 %匹配滤波器冲激响应
yt3=conv2(xt3,ht3);                                       %匹配滤波器输出
figure;
subplot(211);    plot(t,st3);
axis([0,4,-10,10]);    xlabel('t/s');    ylabel('s(t)/v');    title('有用信号');
subplot(212);    ;plot(t,ht3);
axis([0,4,-10,10]);    xlabel('t/s');    ylabel('h(t)/v');    title('匹配滤波器冲激响应');
figure;
subplot(211);    plot(t,xt3);
axis([0,4,-10,10]);    xlabel('t/s');    ylabel('x(t)/v');    title('输入信号');
subplot(212);    plot(t1,yt3);
xlabel('t/s');    ylabel('y(t)/v');    title('匹配滤波器输出信号');
figure;
subplot(211);    N=length(t);
spectrum_st3 = fftshift(fft(st3,N));
freq_st3 =-fs/2:fs/(N-1):fs/2;
plot(freq_st3,abs(spectrum_st3));
```

```
xlabel('频率/Hz');   ylabel('幅度');   title('有用信号的幅度谱');
subplot(212);   plot(freq_st3,angle(spectrum_st3));
xlabel('频率/Hz');   ylabel('相位/弧度');   title('有用信号的相位谱');
figure;
subplot(211);   N=length(t);
spectrum_ht3 = fftshift(fft(ht3,N));
freq_ht3 =-fs/2:fs/(N-1):fs/2;
plot(freq_ht3,abs(spectrum_ht3));
xlabel('频率/Hz');   ylabel('幅度');   title('匹配滤波器的幅频特性');
subplot(212);   plot(freq_ht3,angle(spectrum_ht3));
xlabel('频率/Hz');   ylabel('相位/弧度');   title('匹配滤波器的相频特性');
figure;
subplot(211);
spectrum_yt3 = fftshift(fft(yt3,N));
freq_yt3 = (-N/2:N/2-1)*fs/N;
plot(freq_yt3,abs(spectrum_yt3));
xlabel('频率/Hz');   ylabel('幅度');   title('匹配滤波器输出信号的幅度谱');
subplot(212);   plot(freq_yt3,angle(spectrum_yt3));
xlabel('频率/Hz');   ylabel('相位/弧度');   title('匹配滤波器输出信号的相位谱');
%%%%%%%%%%%%%%%%%%%%%%%%%%%%%%%%%%%%结束%%%%%%%%%%%%%%%%%%%%%%%%%%%%%%%%%%%%%%%%
```

B.2 信号检测的仿真验证

一、实验目的

通过对信号检测过程及性能分析的仿真，掌握信号检测的基本概念和基本原理，加深对信号检测的贝叶斯、奈曼-皮尔逊及似然比等准则的理解，掌握信号检测的一般方法，熟悉用计算机进行信号检测性能仿真分析的方法，认识信号检测的一些实际应用。

二、实验内容

1．针对高斯白噪声中二元确知信号，仿真信号检测过程，分析检测门限、噪声的方差及取样间隔对检测的影响检测。

（1）利用贝叶斯、最小平均错误概率及似然比检测方法，对信号是否到达进行检测；

（2）通过仿真多次信号检测过程，计算不同检测方法的检测概率 P_d、误警概率 P_f、漏警概率 P_m 和贝叶斯风险；

（3）通过改变检测门限，分析检测门限对检测概率 P_d、虚警概率 P_f、漏警概率 P_m 和贝叶斯风险的影响；

（4）通过改变噪声方差，分析噪声方差对检测概率 P_d、虚警概率 P_f、漏警概率 P_m 和贝叶斯风险的影响；

（5）将信号取样间隔减小 1 倍(相应的取样点数增加 1 倍)，分析取样间隔对检测概率 P_d、虚警概率 P_f、漏警概率 P_m 和贝叶斯风险的影响。

2．针对正弦信号，利用奈曼-皮尔逊检测方法分析检测性能，给出检测概率与虚警概率的关系曲线。

（1）通过编程，计算二元确知信号检测的检测概率与虚警概率的理论关系曲线；

（2）利用奈曼-皮尔逊检测方法，通过仿真二元确知信号检测过程，得出检测概率与虚警概率的仿真关系曲线，并与理论关系曲线比较。

三、参考程序

此处仅给出“实验内容 1”中（2）的参考程序，其他实验内容的参考程序参见出版社教材网站上的相应程序。

```
% 程序名称：detection_test02.m
%%%%%%%%%%%%%%%%%%%%信号检测实验(2)%%%%%%%%%%%%%%% %%
% 程序功能：高斯白噪声中二元确知信号的检测。
% 程序说明：(1)模型假设: H0: x(t)=n(t),表示没有接收到信号 s(t)的情况；
%                        H1: x(t)=s(t)+n(t),表示接收到信号 s(t)的情况。
%          (2)确知信号为正弦信号。
%          (3)检测方法:贝叶斯检测、似然比检测。
%          (4)观察检测概率、漏警概率、虚警概率。
%%%%%%%%%%%%%%%%%%%%%%%%%%%%%%%%%%%%%%%%%%%%%%%%%%%%%
%% 清理运行环境
clear all;   close all;   clc;
%% 产生有用信号
n=1:200;            % 采样点数(观测数据长度)
Tb=1;               %观测时间长度
A=1;                %有用信号振幅,改变振幅,验证匹配滤波器对不同幅值具有适应性
fc=6;               %频率
dt=0.005;           %采样时间间隔
t=0:dt:Tb-dt;
s=A*sin(2*pi*fc*t);           %输入的有用信号(正弦信号)
% s=A*cos(2*pi*fc*t);             %输入的有用信号(余弦信号)
figure(1);
subplot(211);   plot(n,s);   title('信号 s(n)');            % 画信号 s(t)图
%% 噪声初始条件设定
sigma2=25;                        % 高斯白噪声方差
%% 贝叶斯检测初始条件设定
% 最小平均错误概率准则或最大后验概率准则检测时,取 c00=0,c11=0,c01=1,c10=1
c00=0;              % 假设 H0,判决为 H0 的代价因子
c11=0;              % 假设 H1,判决为 H1 的代价因子
c01=2;              % 假设 H1,判决为 H0 的代价因子
c10=1;              % 假设 H0,判决为 H1 的代价因子
PH1=0.6;            % 假设 H1 的先验概率
```

```
PH0=1-PH1;        % 假设 H0 的先验概率
door1=(c10-c00)*PH0/(PH1*(c01-c11));         % 贝叶斯检测门限
%% 似然比检测初始条件设定
door2=2/3;                     % 采用最大似然检测时,door=1
%% 重复模拟检测试验次数设定
M=1000;                        % 重复试验次数
%% 重复 1000 次贝叶斯检测模拟试验
for   m=1:M
% 产生高斯白噪声 n(t)
n1=sqrt(sigma2)*randn(1,200);
subplot(212);   plot(n,n1);   title('噪声 n(t)');               % 画噪声 n(t)图
%产生接收信号 x(t)
x11=s(n)+n1;                              % 信号 s(t)存在的接收信号 x1(t)
x10=n1;                                    % 信号 s(t)不存在的接收信号 x0(t)
figure(2);
subplot(211);   plot(n,x11);                       % 画接收信号 x1(t)图
title('信号 s(t)存在的接收信号 x1(t)')
subplot(212);   plot(n,x10);                       % 画接收信号 x0(t)图
title('信号 s(t)不存在的接收信号 x0(t)')
y11=x11.*s;
y10=x10.*s;
es=s.*s;
y11=sum(y11);                             % y1 是 x1(i)*s(i)求和
y10=sum(y10);                             % y0 是 x0(i)*s(i)求和
es=sum(es);                               % es 是 s(i)*s(i)求和
gama1=sigma2*log(door1)+0.5*es;           % 对应检测统计量的测门限
if y11>gama1;
    a1(m)=1;                              % 检测到信号
else
    a1(m)=0;                              % 未检测到信号
end
if y10>gama1;
    b1(m)=1;                              % 检测到信号
else
    b1(m)=0;                              % 未检测到信号
end
end
%% 计算贝叶斯检测的检测概率、漏警概率、虚警概率和贝叶斯检测
pd1=sum(a1)/M;                 % 计算检测概率
pm1=1-sum(a1)/M;               % 计算漏警概率
```

```
pf1=sum(b1)/M;              % 计算虚警概率
risk1= c00*(1-pf1)+c10*pf1+c01*pm1+c11*pd1;  % 计算贝叶斯风险。
%% 显示贝叶斯检测结果
disp('---------显示贝叶斯检测结果--------');
fprintf('检测概率为：');
disp(pd1);
fprintf('漏警概率为：')
disp(pm1);
fprintf('虚警概率为：')
disp(pf1);
fprintf('贝叶斯风险为：')
disp(risk1);
%% 重复 1000 次似然比检测模拟试验
for  m=1:M
% 产生高斯白噪声 n(t)
n2=sqrt(sigma2)*randn(1,200);
%产生接收信号 x(t)
x21=s(n)+n2;                          % 信号 s(t)存在的接收信号 x1(t)
x20=n2;                               % 信号 s(t)不存在的接收信号 x0(t)
y21=x21.*s;
y20=x20.*s;
es=s.*s;
y21=sum(y21);                         % y1 是 x1(i)*s(i)求和
y20=sum(y20);                         % y0 是 x0(i)*s(i)求和
es=sum(es);                           % es 是 s(i)*s(i)求和
gama2=sigma2*log(door2)+0.5*es;       % 对应检测统计量的测门限
if y21>gama2;
    a2(m)=1;                          % 检测到信号
else
    a2(m)=0;                          % 未检测到信号
end
if y20>gama2;
    b2(m)=1;                          % 检测到信号
else
    b2(m)=0;                          % 未检测到信号
end
end
%% 计算贝叶斯检测的检测概率、漏警概率和虚警概率
pd2=sum(a2)/M;              % 计算检测概率
pm2=1-sum(a2)/M;            % 计算漏警概率
```

```
pf2=sum(b2)/M;          % 计算虚警概率
%risk2= c00*(1-pf2)+c10*pf2+c01*pm2+c11*pd2;   % 计算贝叶斯风险。
%% 显示似然比检测结果
disp('---------显示似然比检测结果--------');
fprintf('检测概率为：');
disp(pd2);
fprintf('漏警概率为：')
disp(pm2);
fprintf('虚警概率为：')
disp(pf2);
%%%%%%%%%%%%%%%%%%%%%结束%%%%%%%%%%%%%%%%%%%%%%%%
```

B.3 信号参量估计的仿真验证

一、实验目的

通过对信号参量估计及性能分析的仿真，掌握信号参量估计的基本概念和基本原理，加深对信号参量贝叶斯估计、最大后验估计及最大似然估计的理解，掌握信号参量估计一般方法，熟悉用计算机进行信号参量估计性能仿真分析的方法，认识信号参量估计的一些实际应用。

二、实验内容

设观测信号为 $x(t)=A\cos(2\pi f_{\mathrm{c}}t+\theta)+n(t)$，其中 A、f_{c} 和 θ 为信号的振幅、频率和相位。噪声 $n(t)$ 是均值为 0、方差为 σ_n^2 的高斯白噪声。根据观测信号 $x(t)$ 的样本 x_k $(k=1,2,\cdots,M)$，采用最大似然估计方法，对高斯白噪声中信号参量估计进行仿真分析，给出仿真分析结果。

1．针对信号振幅、相位和噪声方差分别为未知参量时，进行参量估计。

2．针对信号振幅、相位和噪声方差均为未知参量时，进行多个参量同时估计。

3．针对信号振幅、相位和噪声方差均为未知参量时，通过多个参量同时估计的多次模拟，分析估计量的均方误差。

4．针对信号振幅、相位和噪声方差均为未知参量时，通过多个参量同时估计的多次模拟，将估计量的均方误差与克拉美-罗下限的理论计算值进行比较分析。

5．针对信号振幅、相位和噪声方差均为未知参量时，通过改变观测信号的样本数量，进行多个参量同时估计，分析估计量的均方误差。

6．针对信号振幅、相位和噪声方差均为未知参量时，通过改变观测信号的样本数量，进行多个参量同时估计，将估计量的均方误差与克拉美-罗下限的理论计算值进行比较分析。

7．研究信噪比对信号参量估计性能的影响。

三、参考程序

此处仅给出“实验内容 4”的参考程序，其他实验内容的参考程序参见出版社教材网站上的相应程序。

```
% 程序名称：estimation_test02.m
```

```
%%%%%%%%%%%%%%%%信号估计实验(2)%%%%%%%%%%%%%%
% 程序功能：高斯白噪声中信号参量的最大似然估计。
% 程序说明：(1)x=Asin(wt+phase)+noise,其中 A 为信号幅值,大小未知；phase 为信号初
%             始相位,大小未知；noise 为高斯白噪声,其均值为 0，方差为 sigma^2。
%           (2)估计信号幅值 A,噪声方差 sigma^2 和相位 phase。
%           (3)重复 M 次估计模拟试验,并与克拉美-罗下限的理论计算比较。
%%%%%%%%%%%%%%%%%%%%%%%%%%%%%%%%%%%%%%%%%
%% 清理运行环境
clear all;   close all;   clc;
%% 参数设定
M=1000;                         % 重复模拟检测试验次数
%% 产生信号
sigma=1;                        % 高斯白噪声标准差
A=2;                            % 信号幅值
phase=pi/3;                     % 信号初始相位
fc=2;                           % 信号频率
dt=0.001;                       % 采样时间间隔
t=0:dt:1;                       % 时间采样点
N=length(t);                    % 信号采样点数(观测数据长度)
s0=sin(2*pi*fc*t+phase);        % 幅值为 1 的正弦信号
s=A*s0;                         % 幅值为 A 的正弦信号
%% 重复 1000 次估计模拟试验
for k=1:M
    R=normrnd(0,sigma,[1,N]);           % 均值为 0，方差为 sigma^2 的高斯白噪声
    x=s+R;                              % 接收信号 x(t)
    Es=sum(s0.*s0);
    L=x*s0';
    Iphase=sum(x.*cos(2*pi*fc*t));
    Qphase=sum(x.*sin(2*pi*fc*t));
    aml(k)=L/Es;                                % 幅值估计值
    sigmaml(k)=(x-aml(k)*s0)*(x-aml(k)*s0)'/N;  % 噪声方差估计值
    phaseml(k)=atan(Iphase/Qphase);             % 相位估计值
    var_aml(k)=(aml-A)*(aml-A)'/k;
    var_sigmaml(k)=(sigmaml-sigma^2)*(sigmaml-sigma^2)'/k;
    var_phaseml(k)=(phaseml-phase)*(phaseml-phase)'/k;
end
%% 克拉美-罗下限的理论计算
aCRLB=sigma^2/(s0*s0');                 % 幅值估计的理论克拉美-罗下限
sCRLB=2*sigma^4/N;                      % 方差估计的理论克拉美-罗下限
pCRLB=2*sigma^2/(N*A^2);                % 相位估计的理论克拉美-罗下限
```

```
%% 显示估计结果
aml_aver=sum(aml)/M;
fprintf('幅值估计值的平均值为：');
disp(aml_aver);
sigmaml_aver=sum(sigmaml)/M;
fprintf('噪声方差估计值的平均值为：');
disp(sigmaml_aver);
phaseml_aver=sum(phaseml)/M;
fprintf('相位估计值的平均值为：');
disp(phaseml_aver);
var_aml1=(aml-A)*(aml-A)'/M;
fprintf('幅值估计的均方误差为：');
disp(var_aml1);
var_sigmaml1=(sigmaml-sigma^2)*(sigmaml-sigma^2)'/M;
fprintf('噪声方差估计的均方误差为：');
disp(var_sigmaml1);
var_phaseml1=(phaseml-phase)*(phaseml-phase)'/M;
fprintf('相位估计的均方误差为：');
disp(var_phaseml1);
var_aml2=(aml-aml_aver)*(aml-aml_aver)'/M;
fprintf('幅值估计的均方误差为：');
disp(var_aml2);
var_sigmaml2=(sigmaml-sigmaml_aver)*(sigmaml-sigmaml_aver)'/M;
fprintf('噪声方差估计的均方误差为：');
disp(var_sigmaml2);
var_phaseml2=(phaseml-phaseml_aver)*(phaseml-phaseml_aver)'/M;
fprintf('相位估计的均方误差为：');
disp(var_phaseml2);
fprintf('幅值估计的理论克拉美-罗下限：');
disp(aCRLB);
fprintf('噪声方差估计的理论克拉美-罗下限：');
disp(sCRLB);
fprintf('相位估计的理论克拉美-罗下限：');
disp(pCRLB);
%% 绘制估计结果
kk=1:M;
I1=ones(1,M);
figure;
plot(aml);    grid;
xlabel('模拟试验次数');    ylabel('幅值估计值');    title('幅值估计')
```

```
figure;
plot(sigmaml);    grid;
xlabel('模拟试验次数');    ylabel('噪声方差估计值');    title('噪声方差估计')
figure;
plot(phaseml);    grid;
xlabel('模拟试验次数');    ylabel('相位估计值');    title('相位估计')
figure;
plot(kk,aCRLB*I1,'b',kk,var_aml,'r');    grid;
xlabel('模拟试验次数');    ylabel('幅值估计的均方误差');    title('幅值估计的均方误差');
legend('理论克拉美-罗下限','幅值估计的均方误差');
figure;
plot(kk,sCRLB*I1,'b',kk,var_sigmaml,'r');    grid;
xlabel('模拟试验次数');    ylabel('噪声方差估计的均方误差');
title('噪声方差估计的均方误差');
legend('理论克拉美-罗下限','噪声方差估计的均方误差');
figure;
plot(kk,pCRLB*I1,'b',kk,var_phaseml,'r');    grid;
xlabel('模拟试验次数');    ylabel('相位估计的均方误差');    title('相位估计的均方误差');
legend('理论克拉美-罗下限','相位估计的均方误差');
%%%%%%%%%%%%%%%%%%%%结束%%%%%%%%%%%%%%%%%%%%
```

B.4 卡尔曼滤波的仿真验证

一、实验目的

卡尔曼滤波是一种效率高的最优估计算法，广泛应用于导航、控制、雷达、遥感遥测及计算机图像处理等领域。通过本实验，掌握卡尔曼滤波的基本原理和解决问题的基本思想，加深对信号模型、卡尔曼滤波及参数物理意义的理解，掌握卡尔曼滤波算法的基本特点及递推流程，熟悉卡尔曼滤波算法实际应用的基本步骤和方法。

二、实验内容

假设雷达对在三维空间做匀加速运动的目标进行观测，测量值为目标的三维坐标(x, y, z)，对目标的距离、速度、加速度进行估计。运动目标的初始位置为(1000m, 000m, 1000m)，初始速度为(200m/s, 100m/s, 100m/s)，加速度为$(20\text{m/s}^2, 15\text{m/s}^2, 10\text{m/s}^2)$，目标三维的加加速度都是均值为 0 的高斯噪声，均方差都是2m/s^3。雷达对目标的三维距离观测噪声都是均值为 0 的高斯噪声，均方差都是 30m。建立雷达对目标的跟踪算法，并进行仿真分析，给出仿真分析结果。

1．建立算法

（1）建立状态方程及观测方程；

（2）给出卡尔曼滤波递推算法公式；

（3）确定模型参数及初始值。

2．编程仿真计算

（1）模拟目标真实运动轨迹；

（2）形成观测数据；

（3）递推估计目标三维距离、速度及加速度；

（4）计算估计误差。

3．通过仿真，分析模型参数及初始值对卡尔曼滤波递推算法的影响。

三、参考程序

```
% 程序名称：kalman_teat.m
%%%%%%%%%%%%%%%%%%%卡尔曼滤波实验%%%%%%%%%%%%%%%%%%
% 程序功能：目标三维匀加速运动状态的卡尔曼滤波。
% 程序说明：  (1)雷达对运动目标进行观测,然后进行卡尔曼滤波,雷达的采样周期 T 为 0.1
%             秒,采样点数 length 为 500。
%             雷达的观测量为[x y z]',状态向量为[x Vx Ux x Vy Uy z Vz Uz]'。
%             (2)假设目标的初始位置为(xc0 yc0 zc0),初始速度为(Vx Vy Vz),加速度为
%             (Ux Uy Uz)。
%             目标的三维匀加速运动方程(不考虑系统噪声的运动):
%             t=k*T; (k=1:1:length)
%             x=xc0+t*Vx+0.5*Ux*t^2;
%             y=yc0+t*Vy+0.5*Uy*t^2;
%             z=zc0+t*Vz+0.5*Uz*t^2;
%             (3)状态方程：X(k+1)=A*X(k)+W(k),其中 A 是状态转移矩阵,W(k)是系统噪声。
%             观测方程：Z(k)=C*X(k)+V(k),其中 C 是观测矩阵,V(k)是观测噪声。
%             (4)假设目标的初始位置在(1000,1000,1000),目标的初始速度为 Vx=200m/s,
%             Vy=100m/s,Vy=100m/s,目标的加速度为 Ux=20m/s^2,Uy=15m/s^2,Uz=
%             10m/s^2。
%             目标三维的加加速度都是 0 均值高斯分布噪声,均方差都是 2m/s^3。加加速度*T=加速度。
%             三维的距离观测噪声都是 0 均值高斯分布噪声,均方差都是 30m。
%%%%%%%%%%%%%%%%%%%%%%%%%%%%%%%%%%%%%%%%%%%%%%%%%%%%%%%%%%%%%%%%%
%% 清理运行环境
clear all;   close all;   clc;
%% 初始条件给定
T=0.1;                                  % 采样周期为 0.1 秒
length=500;                             % 采样点数(观测数据长度)
State=zeros(9,length);                  % 目标状态数据的初始化
State1=zeros(9,length);                 % 目标状态数据的初始化
MeasureRadar=zeros(3,length);           % 目标轨迹观测数据的初始化
MeasureRadar1=zeros(3,length);          % 目标轨迹观测数据的初始化
IdealTrack=zeros(3,length);             % 目标真实轨迹数据的初始化
IdealTrack1=zeros(3,length);            % 目标真实轨迹数据的初始化
```

```
X=zeros(9,length);                  % 目标状态滤波数据的初始化
P=zeros(9,9,length);                % 滤波误差协方差矩阵的初始化
W=zeros(9,length);                  % 系统噪声数据的初始化
V=zeros(3,length);                  % 观测噪声数据的初始化
Wvar1=0.04;                         % 系统噪声方差
Wvar2=0.04;                         % 系统噪声方差
Wvar3=0.04;                         % 系统噪声方差
Vvar1=900;                          % 观测噪声方差
Vvar2=900;                          % 观测噪声方差
Vvar3=900;                          % 观测噪声方差
W1=sqrt(Wvar1)*randn(1,length);     % 产生方差为 Wvar1 的高斯分布的系统噪声数据
W1=W1-mean(W1);                     % 产生均值为 0,方差为 Wvar1 的高斯分布的系统噪声数据
W2=sqrt(Wvar2)*randn(1,length);     % 产生方差为 Wvar2 的高斯分布的系统噪声数据
W2=W2-mean(W2);                     % 产生均值为 0,方差为 Wvar1 的高斯分布的系统噪声数据
W3=sqrt(Wvar3)*randn(1,length);     % 产生方差为 Wvar3 的高斯分布的系统噪声数据
W3=W3-mean(W3);                     % 产生均值为 0,方差为 Wvar1 的高斯分布的系统噪声数据
V1=sqrt(Vvar1)*randn(1,length);     % 产生方差为 Vvar1 的高斯分布的观测噪声数据
V1=V1-mean(V1);                     % 产生均值为 0,方差为 Wvar1 的高斯分布的观测噪声数据
V2=sqrt(Vvar2)*randn(1,length);     % 产生方差为 Vvar2 的高斯分布的观测噪声数据
V2=V2-mean(V2);                     % 产生均值为 0,方差为 Wvar1 的高斯分布的观测噪声数据
V3=sqrt(Vvar3)*randn(1,length);     % 产生方差为 Vvar3 的高斯分布的观测噪声数据
V3=V3-mean(V3);                     % 产生均值为 0,方差为 Wvar1 的高斯分布的观测噪声数据
%% 模型参数的设置
%%%%% 状态方程的状态转移矩阵
A=[1 T T^2/2 0 0 0 0 0 0
   0 1 T 0 0 0 0 0 0
   0 0 1 0 0 0 0 0 0
   0 0 0 1 T T^2/2 0 0 0
   0 0 0 0 1 T 0 0 0
   0 0 0 0 0 1 0 0 0
   0 0 0 0 0 0 1 T T^2/2
   0 0 0 0 0 0 0 1 T
   0 0 0 0 0 0 0 0 1];
%%%%% 观测方程的观测矩阵
C=[1 0 0 0 0 0 0 0 0
   0 0 0 1 0 0 0 0 0
   0 0 0 0 0 0 1 0 0];
%%%%% 系统噪声和观测噪声的产生
for k0=1:1:length
    W(:,k0)=[0 0  W1(:,k0) 0 0  W2(:,k0)  0 0  W3(:,k0)]';
```

```
    V(:,k0)=[V1(:,k0) V2(:,k0) V3(:,k0)]';
end
%%%%% 系统噪声的协方差矩阵设置，可设为方阵，可设为对角阵
Q=[0 0 0 0 0 0 0 0 0
   0 0 0 0 0 0 0 0 0
   0 0 Wvar1 0 0 0 0 0 0
   0 0 0 0 0 0 0 0 0
   0 0 0 0 0 0 0 0 0
   0 0 0 0 0 Wvar2 0 0 0
   0 0 0 0 0 0 0 0 0
   0 0 0 0 0 0 0 0 0
   0 0 0 0 0 0 0 0 Wvar3];
%%%%% 观测噪声的协方差矩阵设置，可设为方阵，可设为对角阵
R=[Vvar1 0 0
   0 Vvar2 0
   0 0 Vvar3];
%% 目标真实运动轨迹的产生
%%%%% 目标运动参数初始值的设置
    xc0=1000;                          % 目标在 x 方向的初始位置为 1000 米
    Vx=200;                            % 目标在 x 方向的初始速度为 250m/s
    Ux=20;                             % 目标在 x 方向的加速度为 3m/s^2
    yc0=1000;                          % 目标在 y 方向的初始位置为 1000 米
    Vy=100;                            % 目标在 y 方向的初始速度为 100m/s
    Uy=15;                             % 目标在 y 方向的加速度为 0m/s^2
    zc0=1000;                          % 目标在 z 方向的初始高度为 1000 米
    Vz=100;                            % 目标在 z 方向的初始速度为 10m/s
    Uz=10;                             % 目标在 y 方向的加速度为 0m/s^2
    Sta=[xc0 Vx   Ux yc0 Vy Uy   zc0 Vz Uz]';      % 目标状态数据的初始值
    Sta1=[xc0 Vx   Ux yc0 Vy Uy   zc0 Vz Uz]';     % 目标状态数据的初始值
for k=1:1:length
%%%%% 目标理想运动轨迹、真实运动轨迹、观测轨迹的产生
    Sta1=A*Sta1;                       % 目标理想运动状态(未考虑系统噪声的运动)
    IdealTrack1(:,k)=C*Sta1;       % 目标在三维空间中的理想运动轨迹(未考虑系统噪声的运动)
    MeasureRadar1(:,k)=C*Sta1+V(:,k); % 目标在三维空间中的观测轨迹(未考虑系统噪声的运动)
    Sta=A*Sta+W(:,k);                  % 目标状态方程:目标的真实运动状态(考虑系统噪声的运动)
    State(:,k)=Sta;
    IdealTrack(:,k)=C*Sta;             % 目标在三维空间中的真实运动轨迹(考虑系统噪声的运动)
    MeasureRadar(:,k)=C*Sta+V(:,k);% 观测方程:目标在三维空间中的观测轨迹(考虑系统噪声的运动)
    figure(1);
    %%%%% 绘制目标在三维空间中的真实轨迹
```

```
    plot3(IdealTrack(1,k),IdealTrack(2,k),IdealTrack(3,k),'r');
    zoom on; grid on;
    title('三维空间中的真实轨迹,观测轨迹,滤波轨迹');
    xlabel('x 轴(m)');   ylabel('y 轴(m)');   zlabel('z 轴(m)');
    hold on;
    %%%%% 绘制目标在三维空间中的观测轨迹
    plot3(MeasureRadar(1,k),MeasureRadar(2,k),MeasureRadar(3,k),'k');
    hold on;
end
%% 初始值设定
%%%%% 状态滤波初始值的设置,通过前三个观测数据形成初始值
for k=1:3
    x(k)=MeasureRadar(1,k);
    y(k)=MeasureRadar(2,k);
    z(k)=MeasureRadar(3,k);
end
x0=x(3);
vx0=(x(3)-x(2))/T;
ux0=(x(3)+x(1)-2*x(2))/T;
y0=y(3);
vy0=(y(3)-y(2))/T;
uy0=(y(3)+y(1)-2*y(2))/T;
z0=z(3);
vz0=(z(3)-z(2))/T;
uz0=(z(3)+z(1)-2*z(2))/T;
X(:,1)=[x(1) (x(2)-x(1))/T ux0 y(1) (y(2)-y(1))/T   uy0 z(1) (z(2)-z(1))/T uz0]';
X(:,2)=[x(2) (x(3)-x(2))/T ux0 y(2) (y(3)-y(2))/T   uy0 z(2) (z(3)-z(2))/T uz0]';
FilterState=[x0 vx0   ux0 y0 vy0 uy0 z0 vz0 uz0]';
X(:,3)=FilterState;
%%%%% 滤波误差协方差矩阵初始值的设置
p11=Vvar1; p12=Vvar1/T; p13=Vvar1/(T^2);
p14=0; p15=0; p16=0; p17=0; p18=0; p19=0;
p21=p12; p22=2*Vvar1/(T^2); p23=3*Vvar1/(T^3)+Wvar1;
p24=0; p25=0; p26=0; p27=0; p28=0; p29=0;
p31=p13; p32=p23; p33=6*Vvar1/(T^4)+Wvar1;
p34=0; p35=0; p36=0; p37=0; p38=0; p39=0;
p41=0; p42=0; p43=0; p44=Vvar2; p45=Vvar2/T;
p46=Vvar2/(T^2); p47=0; p48=0; p49=0;
p51=0; p52=0; p53=0; p54=p45; p55=2*Vvar2/(T^2);
p56=3*Vvar2/(T^3)+Wvar2; p57=0; p58=0; p59=0;
```

```
p61=0; p62=0; p63=0; p64=p46; p65=p56;
p66=6*Vvar2/(T^4)+Wvar2; p67=0; p68=0; p69=0;
p71=0; p72=0; p73=0; p74=0; p75=0; p76=0;
p77=Vvar3; p78=Vvar3/T; p79=Vvar3/(T^2);
p81=0; p82=0; p83=0; p84=0; p85=0; p86=0; p87=p78;
p88=2*Vvar3/(T^2); p89=3*Vvar3/(T^3)+Wvar3;
p91=0; p92=0; p93=0; p94=0; p95=0; p96=0; p97=p79;
p98=p89; p99=6*Vvar3/(T^4)+Wvar3;
FilterP=[p11 p12 p13 p14 p15 p16 p17 p18 p19
        p21 p22 p23 p24 p25 p26 p27 p28 p29
        p31 p32 p33 p34 p35 p36 p37 p38 p39
        p41 p42 p43 p44 p45 p46 p47 p48 p49
        p51 p52 p53 p54 p55 p56 p57 p58 p59
        p61 p62 p63 p64 p65 p66 p67 p68 p69
        p71 p72 p73 p74 p75 p76 p77 p78 p79
        p81 p82 p83 p84 p85 p86 p87 p88 p89
        p91 p92 p93 p94 p95 p96 p97 p98 p99];
for kk=1:1:3
    P(:,:,kk)=FilterP;
end
%% 卡尔曼滤波算法
for i=4:1:length
    Z=MeasureRadar(:,i);                          % 观测数据
    ForcastX=A*FilterState;                       % 一步状态预测
    ForcastP=A*FilterP*A'+Q;                      % 预测误差协方差矩阵计算
    K=ForcastP*C'*inv(C*ForcastP*C'+R);           % 滤波增益矩阵计算
    FilterState=ForcastX+K*(Z-C*ForcastX);        % 状态滤波
    FilterP=(eye(9)-K*C)*ForcastP;                % 滤波误差协方差矩阵计算
    X(:,i)=FilterState;
    P(:,:,i)=FilterP;
    plot3(X(1,i),X(4,i),X(7,i));              % 绘制目标在三维空间中的滤波轨迹
end
hold off;
%% 滤波方误差
k3=1:length;
error_x(k3)=P(1,1,k3);
error_Vx(k3)=P(2,2,k3);
error_Ux(k3)=P(3,3,k3);
error_y(k3)=P(4,4,k3);
error_Vy(k3)=P(5,5,k3);
```

```
error_Uy(k3)=P(6,6,k3);
error_z(k3)=P(7,7,k3);
error_Vz(k3)=P(8,8,k3);
error_Uz(k3)=P(9,9,k3);
%% 绘图
kk=1:1:length;
figure;
subplot(3,1,1);   plot(kk*T,State(1,:));
title('x 方向的位置');   xlabel('时间(s)');   ylabel('x(m)');
hold on;   plot(kk*T,X(1,:),'r');
subplot(3,1,2);   plot(kk*T,State(4,:));
title('y 方向的位置');   xlabel('时间(s)');   ylabel('y(m)');
hold on;   plot(kk*T,X(4,:),'r');
subplot(3,1,3);   plot(kk*T,State(7,:));
title('z 方向的位置');   xlabel('时间(s)');   ylabel('z(m)');
hold on;   plot(kk*T,X(7,:),'r');
figure;
subplot(3,1,1);   plot(kk*T,0*kk*T,'k',kk*T,X(1,:)-State(1,:));
title('x 方向的位置误差');   xlabel('时间(s)');   ylabel('e(x)(m)');
subplot(3,1,2);   plot(kk*T,0*kk*T,'k',kk*T,X(4,:)-State(4,:));
title('y 方向的位置误差');   xlabel('时间(s)');   ylabel('e(y)(m)');
subplot(3,1,3);   plot(kk*T,0*kk*T,'k',kk*T,X(7,:)-State(7,:));
title('z 方向的位置误差');   xlabel('时间(s)');   ylabel('e(z)(m)');
figure;
subplot(3,1,1);   plot(kk*T,State(2,:));
title('x 方向的速度');   xlabel('时间(s)');   ylabel('Vx(m/s)');
hold on;   plot(kk*T,X(2,:),'r');
subplot(3,1,2);   plot(kk*T,State(5,:));
title('y 方向的速度');   xlabel('时间(s)');   ylabel('Vy(m/s)');
hold on;   plot(kk*T,X(5,:),'r');
subplot(3,1,3);   plot(kk*T,State(8,:));
title('z 方向的速度');   xlabel('时间(s)');   ylabel('Vz(m/s)');
hold on;   plot(kk*T,X(8,:),'r');
figure;
subplot(3,1,1);   plot(kk*T,0*kk*T,'k',kk*T,X(2,:)-State(2,:));
title('x 方向的速度误差');   xlabel('时间(s)');   ylabel('e(Vx)(m/s)');
subplot(3,1,2);   plot(kk*T,0*kk*T,'k',kk*T,X(5,:)-State(5,:));
title('y 方向的速度误差');   xlabel('时间(s)');   ylabel('e(Vy)(m/s)');
subplot(3,1,3);   plot(kk*T,0*kk*T,'k',kk*T,X(8,:)-State(8,:));
title('z 方向的速度误差');   xlabel('时间(s)');   ylabel('e(Vz)(m/s)');
```

```
figure;
subplot(3,1,1);   plot(kk*T,State(3,:));
title('x 方向的加速度');   xlabel('时间(s)');   ylabel('Ux(m/s^2)');
hold on;   plot(kk*T,X(3,:),'r');
subplot(3,1,2);   plot(kk*T,State(6,:));
title('y 方向的加速度');   xlabel('时间(s)');   ylabel('Uy(m/s^2)');
hold on;   plot(kk*T,X(6,:),'r');
subplot(3,1,3);   plot(kk*T,State(9,:));
title('z 方向的加速度');   xlabel('时间(s)');   ylabel('Uz(m/s^2)');
hold on;   plot(kk*T,X(9,:),'r');
figure;
subplot(3,1,1);   plot(kk*T,0*kk*T,'k',kk*T,X(3,:)-State(3,:));
title('x 方向的加速度误差');   xlabel('时间(s)');   ylabel('e(Ux)(m/s^2)');
subplot(3,1,2);   plot(kk*T,0*kk*T,'k',kk*T,X(6,:)-State(6,:));
title('y 方向的加速度误差');   xlabel('时间(s)');   ylabel('e(Uy)(m/s^2)');
subplot(3,1,3);   plot(kk*T,0*kk*T,'k',kk*T,X(9,:)-State(9,:));
title('z 方向的加速度误差');   xlabel('时间(s)');   ylabel('e(Uz)(m/s^2)');
figure;
subplot(3,1,1);   plot(kk*T,error_x(:));
title('x 方向位置的滤波均方误差');   xlabel('时间(s)');   ylabel('e(x)(m^2)');
subplot(3,1,2);   plot(kk*T,error_y(:));
title('y 方向位置的滤波均方误差');   xlabel('时间(s)');   ylabel('e(y)(m^2)');
subplot(3,1,3);   plot(kk*T,error_z(:));
title('z 方向位置的滤波均方误差');   xlabel('时间(s)');   ylabel('e(z)(m^2)');
figure;
subplot(3,1,1);   plot(kk*T,error_Vx(:));
title('x 方向速度的滤波均方误差');   xlabel('时间(s)');   ylabel('e^2(Vx) ((m/s)^2)');
subplot(3,1,2);   plot(kk*T,error_Vy(:));
title('y 方向速度的滤波均方误差');   xlabel('时间(s)');   ylabel('e^2(Vy) ((m/s)^2)');
subplot(3,1,3);   plot(kk*T,error_Vz(:));
title('z 方向速度的滤波均方误差');   xlabel('时间(s)');   ylabel('e^2(Vz) ((m/s)^2)');
figure;
subplot(3,1,1);   plot(kk*T,error_Ux(:));
title('x 方向加速度的滤波均方误差');   xlabel('时间(s)');   ylabel('e^2(Ux) ((m/s^2)^2)');
subplot(3,1,2);   plot(kk*T,error_Uy(:));
title('y 方向加速度的滤波均方误差');   xlabel('时间(s)');   ylabel('e^2(Uy) ((m/s^2)^2)');
subplot(3,1,3);   plot(kk*T,error_Uz(:));
title('z 方向加速度的滤波均方误差');   xlabel('时间(s)');   ylabel('e^2(Uz) ((m/s^2)^2)');
%%%%%%%%%%%%%%%%%%%%结束%%%%%%%%%%%%%%%%%%%%%%%%
```

附录C　Q函数和误差函数

为了方便读者使用 Q 函数、标准正态累积分布函数、误差函数和补误差函数，下面简要给出它们的定义、性质及其相互之间的关系。

1．Q 函数

（1）定义

$$Q(y)=\frac{1}{\sqrt{2\pi}}\int_{y}^{\infty}\exp\left(-\frac{x^2}{2}\right)\mathrm{d}x \tag{C.1}$$

Q 函数称为补标准正态累积分布函数或标准正态概率右尾函数。

（2）性质

① 当 $y>0$ 时，Q 函数是单调减函数；

② $Q(0)=1/2$；

③ 当 $y>0$ 时，$Q(-y)=1-Q(y)$。

2．标准正态累积分布函数

（1）定义

$$\Phi(y)=\frac{1}{\sqrt{2\pi}}\int_{-\infty}^{y}\exp\left(-\frac{x^2}{2}\right)\mathrm{d}x \tag{C.2}$$

标准正态累积分布函数常简称为 Φ 函数。

（2）性质

① Φ 函数是单调增函数；

② $\Phi(0)=1/2$；

③ $Q(y)=1-\Phi(y)$；

④ 当 $y>0$ 时，$\Phi(-y)=1-\Phi(y)$。

3．误差函数

（1）定义

$$\mathrm{erf}(y)=\frac{2}{\sqrt{\pi}}\int_{0}^{y}\exp(-x^2)\mathrm{d}x \tag{C.3}$$

（2）性质

① 误差函数是奇函数，即 $\mathrm{erf}(-y)=-\mathrm{erf}(y)$；

② $\mathrm{erf}(-\infty)=-1$，$\mathrm{erf}(\infty)=1$。

4．补误差函数

（1）定义

$$\mathrm{erfc}(y)=\frac{2}{\sqrt{\pi}}\int_{y}^{\infty}\exp(-x^2)\mathrm{d}x \tag{C.4}$$

（2）性质

① $\mathrm{erfc}(y)=1-\mathrm{erf}(y)$；

② $\mathrm{erfc}(-y)=2-\mathrm{erfc}(y)$， $\mathrm{erf}(\infty)=1$；

③ $\mathrm{erfc}(\infty)=0$。

5．Q 函数、标准正态累积分布函数、误差函数及补误差函数之间的关系

$$\mathrm{Q}(y)=\frac{1}{2}\mathrm{erfc}\left(\frac{y}{\sqrt{2}}\right) \tag{C.5}$$

$$\mathrm{erfc}(y)=2\mathrm{Q}(\sqrt{2}y) \tag{C.6}$$

$$\mathrm{erf}(y)=1-2\mathrm{Q}(\sqrt{2}y) \tag{C.7}$$

$$\Phi(y)=\frac{1}{2}+\frac{1}{2}\mathrm{erf}\left(\frac{y}{\sqrt{2}}\right)=1-\frac{1}{2}\mathrm{erfc}\left(\frac{y}{\sqrt{2}}\right)=\frac{1}{2}\mathrm{erfc}\left(\frac{-y}{\sqrt{2}}\right) \tag{C.8}$$

附录D 最优化方法

信号检测与估计所涉及的数学方法主要有贝叶斯统计方法和最优化方法。在本书中，依据一定准则采用最优化方法得到最佳信号统计处理算法是重要的步骤。为了使读者更好地理解最优方法在信号检测与估计中的应用，本附录简要介绍最优化方法。

1．最优化方法的概念

最优化方法研究的问题是最优化问题。从一般意义上说，最优化问题就是从所处理事物的一切可行的方案中选择最合理的一种方案，以达到最优的处理结果或目标。将达到最优目标的方案称为最优方案或最优决策。最优化方法是指求解最优化问题的方法或寻找最优方案的方法。从数学意义上说，最优化问题是在某些特定的约束条件下，寻找某些可选择的变量应该取何值，使所选定的目标函数达到最大或最小值。最优化方法是针对最优化问题的求极值方法。随着科学技术的日益发展，最优化方法已被广泛地应用到社会科学、自然科学、工程技术等各个领域，发挥着重要的作用。

2．最优化方法的步骤

最优化方法解决实际问题的步骤有：

① 提出最优化问题：收集有关数据和资料，确定最优目标；

② 建立最优化问题的数学模型：确定变量，列出目标函数和约束条件；

③ 分析模型，选择合适的最优化方法；

④ 求解：采用解析法、数值方法和其他方法求最优解；

⑤ 最优解的检验和实施。

上述5个步骤相互支持和相互制约，有时需要反复交叉进行。

3．最优化模型

（1）最优化模型的要素

最优化问题一般有3个要素：方案、约束条件和目标。目标应是方案的函数。根据所处理事物的领域或场合的不同，方案可能是一个决策、计划、设计或控制。

最优化模型是最优化问题的数学模型，是对最优化问题的数学描述。根据最优化问题的要素，最优化模型一般包含3个要素：变量、约束条件和目标函数。

变量是指能够反映方案逐步调整的参量，也被称为设计变量或决策变量。在最优化过程中，经过逐步调整变量，能够达到最优目标。如果最优化问题需要k个变量$x_1,x_2,\cdots,x_k$表示。通常将变量表示成向量的形式：$\boldsymbol{x}=(x_1,x_2,\cdots,x_k)$。在最优化问题中，变量$\boldsymbol{x}=(x_1,x_2,\cdots,x_k)$的一次取值就代表一个方案，是$k$维空间中的一个点。

约束条件是指在求最优解时对变量的某些限制条件，通常用数学表达式来表示。约束条件可分为等式约束和不等式约束两种。

目标函数是最优化目标评价标准的数学描述，是变量的函数。通常将目标函数用$f(x_1,x_2,\cdots,x_k)$来表示。最优化问题归结为在约束条件下，使目标函数达到最小或最大。为了叙述方便，一般把最优化问题统一为使目标函数达到最小的问题。使目标函数达到最大的问题可以转化成使负的目标函数达到最小的问题。使目标函数达到最小表示为 $\min f(x_1,x_2,\cdots,x_k)$，其中min表示最小。

（2）最优化模型的一般形式

对于不同的实际问题，最优化模型有不同的形式，但经过适当的变换都可以转换成一般形式，即

$$\min f(x_1,x_2,\cdots,x_k) \tag{D.1}$$

$$\text{s.t.}\begin{cases} h_u(x_1,x_2,\cdots,x_k)=0 & u=1,2,\cdots,p \quad \text{(D.2)} \\ g_v(x_1,x_2,\cdots,x_k)\geqslant 0 & v=1,2,\cdots,q \quad \text{(D.3)} \end{cases}$$

式中，s.t.是英文 subject to 的缩写，表示“受限于”。式(D.2)和式(D.3)分别是等式约束和不等式约束。等式约束是将点 $\boldsymbol{x}=(x_1,x_2,\cdots,x_k)$ 限制在空间中的某些曲线或曲面上。不等式约束是将点 $\boldsymbol{x}=(x_1,x_2,\cdots,x_k)$ 限制在空间中的某些区域内。

满足约束条件(D.2)和(D.3)的 $\boldsymbol{x}=(x_1,x_2,\cdots,x_k)$ 称为可行解或容许解，也称为可行点或容许点。全体可行解构成的集合称为可行集，也称为容许集。满足式(D.1)的可行解称为最优解或最优点，也就是极小点，记为 $\boldsymbol{x}^*$。与最优解相应的目标函数值 $f(\boldsymbol{x}^*)$ 称为最优值。

4．最化问题的分类

按照最优化模型中3个要素的不同表现形式，最优化问题有多种分类方法。

（1）按照约束条件是否存在，最优化问题分为无约束最优化问题和约束最优化问题。不带约束条件的最优化问题称为无约束最优化问题；带约束条件的最优化问题称为约束最优化问题。

（2）按照目标函数和约束条件的类型，最优化问题分为线性最优化问题和非线性最优化问题。如果目标函数和约束条件都是线性函数，则最优化问题被称为线性最优化问题；如果目标函数和约束条件中存在非线性函数，则最优化问题被称为非线性最优化问题。

（3）按照目标函数的数量，最优化问题分为单目标最优化问题和多目标最优化问题。如果只有一个目标函数，则最优化问题被称为单目标最优化问题；如果同时有多个目标函数，则最优化问题被称为多目标最优化问题。

（4）按照变量是否连续，最优化问题分为连续变量最优化问题和离散变量最优化问题。如果变量是连续变量，则最优化问题被称为连续变量最优化问题；如果变量是离散变量，则最优化问题被称为离散变量最优化问题。

（5）按照变量是否与时间无关，最优化问题分为静态最优化问题和动态最优化问题。如果变量与时间无关，则最优化问题被称为静态最优化问题；如果变量与时间有关，则最优化问题被称为动态最优化问题。

（6）按照变量是否确定，最优化问题分为确定性最优问题和随机性最优问题。如果变量是确定性变量，则最优化问题被称为确定性最优问题；如果变量是随机性变量，则最优化问题被称为随机性最优问题。

5．最优化方法的类型

不同类型的最优化问题可以有不同的最优化方法，即使同一类型的问题也可有多种最优化方法。反之，某些最优化方法可适用于不同类型的模型。最优化问题的求解方法主要有解析法和数值方法。

解析法是由最优的必要条件得到一组方程或不等式，再通过求解这组方程或不等式得到

最优解。一般是用求导数的方法或变分法求出必要条件，通过必要条件将问题简化。这种方法只适用于目标函数和约束条件有明显的解析表达式的情况。

数值方法以梯度法或最速下降法为基础，采用直接搜索的方法经过迭代算法搜索到最优解。当目标函数较为复杂或者不能用变量显函数描述时，无法用解析法求最优解，应采用数值方法。

对于多目标最优化问题，通常将分目标函数经处理或数学变换，转变成一个单目标函数，然后采用单目标最优化方法求解。

6. 无约束最优化模型的最优化方法

如果最优化模型的一般形式只有式(D.1)，而无约束条件(D.2)和(D.3)，就是无约束最优化模型。对于无约束最优化模型，目标函数 $f(x_1,x_2,\cdots,x_k)$ 是定义在 k 维空间上的可微函数，最优化的解析方法是：首先将目标函数 $f(x_1,x_2,\cdots,x_k)$ 通过对 k 个变量 $x_1,x_2,\cdots,x_k$ 分别求偏导数并等于 0，得到方程组，即

$$\frac{\partial f(x_1,x_2,\cdots,x_k)}{\partial x_i}=0 \qquad i=1,2,\cdots,k \tag{D.4}$$

由方程组(D.4)解出驻点，并验证这些驻点是不是极值点。

对于无约束最优化模型，也可以采用一些常用的不等式得到最优解。例如，Cauchy-Schwarz 不等式和 Minkowski 不等式。

设 $g_1(y)$、$g_2(y)$ 都是变量 y 的 2 次可积函数，则有 Cauchy-Schwarz 不等式

$$\int|g_1(y)g_2(y)|\mathrm{d}y \leqslant \left(\int|g_1(y)|^2\,\mathrm{d}y\right)^{1/2}\left(\int|g_2(y)|^2\,\mathrm{d}y\right)^{1/2} \tag{D.5}$$

不等式(D.5)中，等号成立的充要条件是存在一个不为零的常数 β_1，使得 $g_1(y)=\beta_1 g_2(x)$。

设 $g_1(y)$、$g_2(y)$ 都是变量 y 的 p 次 $(p\geqslant 1)$ 可积函数，则有 Minkowski 不等式

$$\left(\int|g_1(y)+g_2(y)|^p\,\mathrm{d}y\right)^{1/p} \leqslant \left(\int|g_1(y))|^p\,\mathrm{d}y\right)^{1/p}+\left(\int|g_2(y)|^p\,\mathrm{d}y\right)^{1/p} \tag{D.6}$$

不等式(D.6)中，当 $p>1$ 时，等号成立的充要条件是存在一个不为零的非负常数 β_2，使得 $g_1(y)=\beta_2 g_2(y)$；当 $p=1$ 时，等号成立的充要条件是 $\arg g_1(y)=\arg g_2(y)$。其中 arg 表示幅角。

7. 约束最优化模型的最优化方法

按照约束条件的不同，约束最优化模型有 3 种形式：等式约束最优化模型、不等式约束最优化模型、等式和不等式约束最优化模型。

如果最优化模型的一般形式有式(D.1)和约束条件(D.2)，就是等式约束最优化模型。求解等式约束最优化模型的解析法通常采用拉格朗日乘数法，即把这个模型转化为求

$$L(x_1,x_2,\cdots,x_k;\lambda_1,\cdots,\lambda_p)=f(x_1,x_2,\cdots,x_k)-\sum_{u=1}^{p}\lambda_u h_u(x_1,\cdots,x_k) \tag{D.7}$$

的无约束最优化模型极值问题。式(D.7)中，$\lambda_1,\lambda_2,\cdots,\lambda_p$ 称为拉格朗日乘数。

如果最优化模型的一般形式有式(D.1)和约束条件(D.3)，就是不等式约束最优化模型。不等式约束最优化模型的求解通常采用内点惩罚函数法，即构造如下增广目标函数

$$L(x_1,x_2,\cdots,x_k,\mu)=f(x_1,x_2,\cdots,x_k)+\mu\sum_{v=1}^{q}\frac{1}{g_v(x_1,x_2,\cdots,x_k)} \tag{D.8}$$

式中，μ称为惩罚因子，且$\mu>0$。将不等式约束最优化模型的最优化问题变换成式(D.8)所示的无约束最优化模型的求极值问题。当$\mu\to 0$时，式(D.8)的解就是不等式约束最优化模型的最优解。内点惩罚函数法只能处理不等式约束最优化模型，不能处理等式约束最优化模型。

如果最优化模型的一般形式有式(D.1)及约束条件(D.2)和(D.3)，就是等式和不等式约束最优化模型。等式和不等式约束最优化模型的求解通常采用外点罚函数法，即构造如下增广目标函数

$$L(\boldsymbol{x},\mu)=f(\boldsymbol{x})+\mu\sum_{u=1}^{p}[h_u(\boldsymbol{x})]^2+\mu\sum_{v=1}^{q}\{\max[g_v(\boldsymbol{x}),0]\}^2 \tag{D.9}$$

式中，μ称为惩罚因子，且$\mu>0$；$\max[y_1,y_2]$表示在y_1和y_2中选取大的那一个。将等式和不等式约束最优化模型的最优化问题变换成式(D.9)所示的无约束最优化模型的求极值问题。当$\mu\to\infty$时，式(D.9)的解就是等式和不等式约束最优化模型的最优解。外点罚函数法既可以处理不等式约束最优化问题，又可以处理等式约束最优化问题。

参 考 文 献

[1] Trees H L V. Detection, Estimation and Modulation Theory, Part I. New York: John Wiley & Sons, Inc., 2001.

[2] [美] H L 范特里斯著. 毛士艺, 周荫清, 张其善译. 检测、估计和调制理论, 卷 I. 北京: 国防工业出版社, 1983.

[3] Whalen A D. Detection of Signals in Noise. New York: Academic Press, 1971.

[4] McDonough R N, Whalen A D. Detection of Signals in Noise (2nd ed.). San Diego: Academic Press, 1995.

[5] [美] A D 惠伦著. 刘其培, 迟惠生译. 噪声中信号的检测. 北京: 科学出版社, 1977.

[6] Barkat M. Signal Detection and Estimation (2nd ed.). Norwood, MA: Artech House, Inc., 2005.

[7] Helstrom C W. Elements of Signal Detection and Estimation. New Jersey: Prentice Hall, 1995.

[8] McNicol D. A Primer of Signal Detection Theory. New Jersey: Lawrence Erlbaum Associates, Inc., 2005.

[9] Srinath M D, Rajasekaran P K. An Introduction to Statistical Signal Processing with Application. New York: John Wiley & Sons, Inc., 1979.

[10] [美] M D 斯里纳思, P K 雷杰斯卡兰著. 朱正中, 田立生等译. 统计信号处理及其应用导论. 北京: 国防工业出版社, 1982.

[11] Kay S M. Fundamentals of Statistical Signal Processing, Volume I: Estimation Theory. New Jersey: Prentice Hall, 1993.

[12] Kay S M. Fundamentals of Statistical Signal Processing, Volume II: Detection Theory. New Jersey: Prentice Hall, 1998.

[13] Kay S M 著. 罗鹏飞, 张文明等译. 统计信号处理基础——估计与检测理论. 北京: 电子工业出版社, 2003.

[14] Poor H V. An Introduction to Signal Detection and Estimation (2nd ed.). New York: Springer-Verlag, 1994.

[15] Wickens T D. Elementary Signal Detection Theory. New York: Oxford University Press, Inc., 2002.

[16] Levy B C. Principles of Signal Detection and Parameter Estimation. New York: Springer-Verlag, 2008.

[17] Scharf L L. Statistical Signal Processing: Detection, Estimation, and Time Series Analysis. Addison-Wesley Publishing Company, Inc., 1991.

[18] Schonhoff T, Giordano A A. 信号检测与估计——理论与应用（英文版）. 北京: 电子工业出版社, 2007.

[19] 刘有恒. 信号检测与估计. 北京: 人民邮电出版社, 1989.

[20] 李道本. 信号的统计检测与估计理论. 北京: 北京邮电大学出版社, 1996.

[21] 赵树杰, 赵建勋. 信号检测与估计理论. 北京: 清华大学出版社, 2005.

[22] 段凤增. 信号检测理论. 哈尔滨: 哈尔滨工业大学出版社, 1988.

[23] 段凤增. 信号检测理论（第 2 版）. 哈尔滨: 哈尔滨工业大学出版社, 2002.

[24] 向敬成, 王意青, 毛自灿等. 信号检测与估计. 北京: 国防工业出版社, 1990.

[25] 向敬成, 王意青, 毛自灿等. 信号检测与估计. 北京: 电子工业出版社, 1994.

[26] 张明友, 吕明. 信号检测与估计（第 2 版）. 北京: 电子工业出版社, 2005.

[27] 张明友. 信号检测与估计（第 3 版）. 北京: 电子工业出版社, 2011.

[28] 张立毅, 张雄, 李化. 信号检测与估计. 北京: 清华大学出版社, 2010.

[29] 张立毅, 张雄, 李化. 信号检测与估计（第 2 版）. 北京: 清华大学出版社, 2014.

[30] 沈锋, 徐定杰, 周卫东. 信号检测与估计. 北京: 国防工业出版社, 2011.

[31] 沈允春, 田园. 信号检测与估计. 哈尔滨: 哈尔滨工程大学出版社, 2007.

[32] 梁红，张效民．信号检测与估值．西安：西北工业大学出版社, 2011.
[33] 田琬逸，张效民．信号检测与估值．西安：西北工业大学出版社, 1990.
[34] 齐国清．信号检测与估计——原理及应用．北京：电子工业出版社, 2010.
[35] 玉宏禹．统计信号处理理论计算与题解．北京：国防工业出版社, 1996.
[36] 景占荣，羊彦．信号检测与估计．北京：化学工业出版社, 2004.
[37] 鞠德航，林可祥，陈捷．信号检测理论导论．北京：科学出版社, 1997.
[38] 黄载禄．统计信号处理基础．武汉：华中工学院出版社, 1986.
[39] 汪源源．现代信号处理理论和方法．上海：复旦大学出版社, 2003.
[40] 张树京．统计信号处理．北京：人民邮电出版社, 1988.
[41] 沈凤麟，叶中付，钱玉美．信号统计分析与处理．合肥：中国科学技术大学出版社, 2001.
[42] 罗鹏飞，张文明．随机信号分析与处理．北京：清华大学出版社, 2006.
[43] 罗抟翼，程桂芬．随机信号处理与控制基础．北京：化学工业出版社, 2002.
[44] 赵建勋．信号检测与估计理论学习辅导与习题解答．北京：清华大学出版社, 2007.
[45] 张立毅，孙云山，张晓琴，等．信号检测与估计学习辅导与习题解答．北京：清华大学出版社, 2014.
[46] 陆光华，彭学愚，张林让，等．随机信号处理．西安：西安电子科技大学出版社, 2002.
[47] 丁玉美，阔永红，高新波．数字信号处理——时域离散随机信号处理．西安：西安电子科技大学出版社, 2002.
[48] 张旭东，陆明泉．离散随机信号处理．北京：清华大学出版社, 2005.
[49] 赵淑清，郑薇．随机信号分析．哈尔滨：哈尔滨工业大学出版社, 1999.
[50] 赵淑清，郑薇．随机信号分析（第 2 版）．北京：电子工业出版社, 2011.
[51] 姚天任，孙洪．现代数字信号处理．武汉：华中理工大学出版社, 1999.
[52] 赵后今．概率论与数理统计简明教程．天津：天津科技翻译出版公司, 1994.
[53] 柴根象，钱伟民．统计学教程．上海：同济大学出版社, 2004.
[54] 肖筱南，茹世才，欧阳克智，等．新编概率论与数理统计．北京：北京大学出版社, 2002.
[55] Kotz S，吴喜之．现代贝叶斯统计学．北京：中国统计出版社, 2000.
[56] 茆诗松．贝叶斯统计．北京：中国统计出版社, 1999.
[57] 张尧庭，陈汉峰．贝叶斯统计推断．北京：科学出版社, 1991.
[58] [美] Berger J O 著．贾乃光译．统计决策论及贝叶斯分析（第 2 版）．北京：中国统计出版社, 1998.
[59] 杨振海，张忠占．应用数理统计．北京：北京工业大学出版社, 2002.
[60] 付梦印，邓志红，张继伟. Kalman 滤波理论及其在导航系统中的应用（第 1 版）．北京：科学出版社, 2003.
[61] 付梦印，邓志红，闫莉萍. Kalman 滤波理论及其在导航系统中的应用（第 2 版）．北京：科学出版社, 2010.
[62] 秦永元，张洪钺，汪淑华，等．卡尔曼滤波与组合导航原理（第 1 版）．西安：西北工业大学出版社, 1998.
[63] 秦永元，张洪钺，汪淑华，等．卡尔曼滤波与组合导航原理（第 2 版）．西安：西北工业大学出版社, 2012.
[64] [美] Dan Simon 著，张勇刚，李宁等译．最优状态估计．北京：国防工业出版社, 2013.
[65] Grewal M S, ANDREWS A P. Kalman Filtering : Theory and Practice Using MATLAB（3rd ed）. Hoboken（New Jersey）: John Wiley & Sons, Inc., 2008.
[66] 达新宇，陈树新，王瑜，等．通信原理教程．北京：北京邮电大学出版社, 2005.
[67] 王开荣，刘琼芳，肖剑．最优化方法．北京：科学出版社, 2012.

反侵权盗版声明

举报电话：（010）88254396；（010）88258888

传　　真：（010）88254397

E-mail：dbqq@phei.com.cn

通信地址：北京市海淀区万寿路 173 信箱

电子工业出版社总编办公室

邮　　编：100036